中 外 物 理 学 精 品 书 系

本 书 出 版 得 到 " 国 家 出 版 基 金 " 资 助

U0201548

国家出版基金项目
NATIONAL PUBLICATION FOUNDATION

中外物理学精品书系

前沿系列·51

脉冲星物理

吴鑫基　乔国俊　徐仁新　编著

北京大学出版社
PEKING UNIVERSITY PRESS

图书在版编目(CIP)数据

脉冲星物理/吴鑫基,乔国俊,徐仁新编著.—北京:北京大学出版社,2018.8
(中外物理学精品书系)
ISBN 978-7-301-29696-7

Ⅰ.①脉⋯　Ⅱ.①吴⋯ ②乔⋯ ③徐⋯　Ⅲ.①脉冲星—研究　Ⅳ.①P145.6

中国版本图书馆 CIP 数据核字(2018)第 156997 号

书　　　　名	脉冲星物理
	MAICHONGXING WULI
著作责任者	吴鑫基　乔国俊　徐仁新　编著
责 任 编 辑	刘　啸
标 准 书 号	ISBN 978-7-301-29696-7
出 版 发 行	北京大学出版社
地　　　　址	北京市海淀区成府路 205 号　　100871
网　　　　址	http://www.pup.cn　新浪微博　@北京大学出版社
电 子 信 箱	zpup@pup.cn
电　　　　话	邮购部 62752015　发行部 62750672　编辑部 62754271
印 刷 者	天津中印联印务有限公司
经 销 者	新华书店
	730 毫米×980 毫米　16 开本　31.5 印张　插页 3　600 千字
	2018 年 8 月第 1 版　2020 年 2 月第 2 次印刷
定　　　　价	95.00 元

序　言

　　物理学是研究物质、能量以及它们之间相互作用的科学。她不仅是化学、生命、材料、信息、能源和环境等相关学科的基础，同时还与许多新兴学科和交叉学科的前沿紧密相关。在科技发展日新月异和国际竞争日趋激烈的今天，物理学不再囿于基础科学和技术应用研究的范畴，而是在国家发展与人类进步的历史进程中发挥着越来越关键的作用。

　　我们欣喜地看到，改革开放四十年来，随着中国政治、经济、科技、教育等各项事业的蓬勃发展，我国物理学取得了跨越式的进步，成长出一批具有国际影响力的学者，做出了很多为世界所瞩目的研究成果。今日的中国物理，正在经历一个历史上少有的黄金时代。

　　在我国物理学科快速发展的背景下，近年来物理学相关书籍也呈现百花齐放的良好态势，在知识传承、学术交流、人才培养等方面发挥着无可替代的作用。然而从另一方面看，尽管国内各出版社相继推出了一些质量很高的物理教材和图书，但系统总结物理学各门类知识和发展，深入浅出地介绍其与现代科学技术之间的渊源，并针对不同层次的读者提供有价值的学习和研究参考，仍是我国科学传播与出版领域面临的一个富有挑战性的课题。

　　为积极推动我国物理学研究、加快相关学科的建设与发展，特别是集中展现近年来中国物理学者的研究水平和成果，北京大学出版社在国家出版基金的支持下于 2009 年推出了"中外物理学精品书系"，并于 2018 年启动了书系的二期项目，试图对以上难题进行大胆的探索。书系编委会集结了数十位来自内地和香港顶尖高校及科研院所的知名学者。他们都是目前各领域十分活跃的知名专家，从而确保了整套丛书的权威性和前瞻性。

　　这套书系内容丰富、涵盖面广、可读性强，其中既有对我国物理学发展的梳理和总结，也有对国际物理学前沿的全面展示。可以说，"中外物理学精品书系"力图完整呈现近现代世界和中国物理科学发展的全貌，是一套目前国内为数不多的兼具学术价值和阅读乐趣的经典物理丛书。

　　"中外物理学精品书系"的另一个突出特点是,在把西方物理的精华要义"请进来"的同时,也将我国近现代物理的优秀成果"送出去"。物理学在世界范围内的重要性不言而喻。引进和翻译世界物理的经典著作和前沿动态,可以满足当前国内物理教学和科研工作的迫切需求。与此同时,我国的物理学研究数十年来取得了长足发展,一大批具有较高学术价值的著作相继问世。这套丛书首次成规模地将中国物理学者的优秀论著以英文版的形式直接推向国际相关研究的主流领域,使世界对中国物理学的过去和现状有更多、更深入的了解,不仅充分展示出中国物理学研究和积累的"硬实力",也向世界主动传播我国科技文化领域不断创新发展的"软实力",对全面提升中国科学教育领域的国际形象起到一定的促进作用。

　　习近平总书记在 2018 年两院院士大会开幕会上的讲话强调,"中国要强盛、要复兴,就一定要大力发展科学技术,努力成为世界主要科学中心和创新高地"。中国未来的发展在于创新,而基础研究正是一切创新的根本和源泉。我相信,在第一期的基础上,第二期"中外物理学精品书系"会努力做得更好,不仅可以使所有热爱和研究物理学的人们从中获取思想的启迪、智力的挑战和阅读的乐趣,也将进一步推动其他相关基础科学更好更快地发展,为我国的科技创新和社会进步做出应有的贡献。

"中外物理学精品书系"编委会主任

中国科学院院士,北京大学教授

王恩哥

2018 年 7 月于燕园

内 容 提 要

  本书系统阐述了脉冲星的基本知识,全书共分十六章.在第一章概括性地介绍与脉冲星和中子星研究相关的历史和背景之后,本书依次介绍了射电望远镜(第二章)、脉冲星探测技术(第三章)、脉冲到达时间特性(第四章)、单个脉冲的观测特征(第五、六章)、平均脉冲的观测特性及唯象描述(第七章)、磁层中粒子的加速与辐射过程(第八、九章)等内容.本书第十章讨论了脉冲星内部物质构成.它与脉冲星的辐射有关,并涉及强相互作用的低能行为.本书第十一章至第十五章内容包括毫秒脉冲星及其应用(第十一章)、射电脉冲双星和引力理论检验(第十二章)、恒星演化与X射线脉冲星(第十三、十四章)、星际介质探针(第十五章)等.最后,本书展望了脉冲星研究的未来(第十六章).

  本书是天文和物理专业高年级本科生、研究生较全面地了解脉冲星物理的教材.本书内容丰富并反映前沿热点,也适合科研工作者进一步深入研究时参考.

序

20 世纪 70 年代开始,天体物理学的成就被纳入诺贝尔物理学奖的授奖范围,迄今获奖的成果共十三项,其中脉冲星的观测成果占了两项.

脉冲星,在被发现四十多年之后仍吸引着众多天文学家的追求.这除了因为它本身的特异性质之外,还因为它在天文世界中结合面如此之广,以至于能够分别与不同学科在许多前沿领域上交叉,如

一、在天体演化学上.

它被证认为中子星,这是 20 世纪天文学的一个里程碑式的成就.它启动了包括中子星、黑洞在内的致密天体的"强研究".它把演化的线索延伸到了高能天体物理学领域.对它本身的探索带来了对天文观测能力和观测方法的挑战.

二、在天体物理学与物理学上.

作为一种有着极其致密的内部结构、极强的表面磁场、非常高而稳定的自转速度,且偶尔会发生"星震"的恒星,它的动力学行为、辐射机制、与周围物质的相互作用等的研究,都为恒星物理学带来了新的拓展.

这些拓展要求结合相应的基础物理研究,研究结果用以帮助建立脉冲星的结构模型、动力学模型、辐射模型.针对性的天文观测既用以验证和开拓这些模型,也包含了对物理学结果的验证.

20 世纪 80 年代初毫秒脉冲星的发现,使脉冲星的研究和"应用"登上了更高一层楼.脉冲双星作为一个新的搜索和研究的目标,不但联系到了毫秒脉冲星研究的孕育,而且成功地测定了引力辐射效应,并以此而著称.

三、在时间计量和研究上.

毫秒脉冲星以它极其稳定的脉冲周期 P(已包含极其稳定的周期变化率 $\dot{P}$ 的修正),可望用以监测(和修正)原子时的"长期频率稳定度"(一个时间基准的长期频率稳定度是它作为基准的基本特性之一).关键技术为精确测量脉冲星的"脉冲到达时刻".这包括要求尽可能高的"信噪比",并修正了已知的各

种系统影响. 目前"脉冲到达时刻"的测量精度约为 $0.1\sim1\,\mu s$,最高的测量精度达 $0.030\,\mu s$. 当先后两次测量的时间间距以年计(例如三年)时,监测到的时标"长期频率稳定度"可达 $10^{-14}\sim10^{-15}$. 目前原子时的"长期频率稳定度"亦约为 $10^{-14}\sim10^{-15}$,两者"可比". 目前周期测得最精确的脉冲星是毫秒脉冲星 PSR J0437—4715,其周期为$(0.005\,757\,451\,831\,072\,007\pm0.000\,000\,000\,000\,000\,008)$s,周期长期稳定度已经超过原子时了. 在这种稳定度极限上的误差除了来自各种测量的随机噪音外,主要来源为原子时的"长周期变化","脉冲星时"的内因和外因"长周期变化",以及地球轨道运动的微小扰动等.

进行毫秒脉冲星"脉冲到达时间"的常规、持续、系统的多星测量相当于产生一种"脉冲星时",而用以实施这种测量的设备,就其功能而言,可以称为"脉冲星时"与计时观测参考的原子时的比对设备. 当前,建立和不断改善"脉冲星时"的努力正处在某些"学科交叉点"上:(1) 时间计量学前沿上的交叉. 引进"脉冲星时",以达到与"原子时"同时发展、交叉比对的新格局.(2) 脉冲星物理研究前沿上的交叉. 通过长时间监测脉冲星时间特性的变化(特别是"长周期变化"),用以深入内在物理.(3) 宇宙学前沿上的交叉. 通过测量"脉冲星时"的长周期(年、十年)变化,用以探测宇宙极早期引力事件(导致引力波背景,其周期为年、十年级). 这三者均以"脉冲星钟"的建立和精确测量为基本手段. 这就是说,在当前科学进展的前沿上,"脉冲星钟"的建立将有望做到"一箭三雕".

四、周期高度稳定的脉冲作为一种探测手段.

脉冲星的周期脉冲可以看作加在它发射的电波上的调制信号,提供了周期性的时间信息. 凡是能够影响电波到达时间的外在因素,都可以反过来看作可以通过"脉冲到达时刻"的测量加以探测的因素:

(1) 脉冲星电波传播经过星际介质,介质的色散可从不同频率的"脉冲到达时刻"的先后来测出,从而可以建立介质的物理模型,或通过已知的模型估计辐射源(脉冲星)的距离.

(2) 地球在太阳系空间中的运动,使"脉冲到达时刻"(相对于原子时)有着周年期起伏. 反过来,通过测量"脉冲到达时刻"可以发现地球位置对计算位置的偏差,从而探究其起因.

(3) 宇宙原初引力波的探测前已述及. 银河系内引力事件及河外星系引力事件(如致密体双星并合等)产生的引力波经过地球时同样可以通过"脉冲到达时刻"的测量来发现.

除了"脉冲到达时刻"的应用外,备受瞩目的还有通过测量不同频率的脉冲星辐射的闪烁来探测星际介质的尺度和相对于星体的切向速度的应用等.

当前,我国脉冲星的研究有了很大的发展,已有一支分布在高校和中科院的从事脉冲星研究的队伍.新疆天文台率先于20世纪90年代建成我国第一个脉冲星观测基地,今天又有云南天文台的40 m射电望远镜、上海天文台的65 m射电望远镜进行脉冲星的观测研究.正在建设的新疆110 m射电望远镜和刚刚建成的贵州500 m口径射电望远镜(FAST)具有非常强的观测脉冲星的能力,将会使我国的脉冲星观测研究进入世界先进行列.

《脉冲星物理》一书的出版,将会推动我国脉冲星研究的发展和人才的培养.全书的构思和具体的结构内容,在"目录"和作者的前言里,已经有了清楚的说明,这里不再赘述.也许可以多说一句的是,作者们长期从事脉冲星的研究和教学,使他们对脉冲星的观测和理论有深刻的理解.书中的内容包括了国内外脉冲星研究的成果,丰富、全面和深入.我特别高兴地看到,书中有不少中国学者,包括作者和他们的合作者的研究成果,中国脉冲星研究已经进入了国际行列.

中国科学院院士　王绶琯

2017年10月

前　　言

脉冲星是 20 世纪 60 年代天文学的四大发现之一,它的发现证实了中子星的存在.脉冲星被发现已经有 50 年,但仍然是天体物理学重点研究的对象之一.这除了因为其本身的特异性质之外,还因为其在天文学和物理学领域的广泛性,以至于能够分别与不同学科在许多前沿领域上交叉.

一般认为,中子星具有和太阳相当的质量,但半径只有 10 km,具有非常高的密度,是一种极端致密的恒星.中子星还具有超高压、超强磁场和超强辐射等物理特性,成为一种地球上不可能有的极端物理条件下的天体实验室.科学家奋斗了半个多世纪的关于引力波的监测终于在脉冲星双星的观测研究中首次获得间接验证.脉冲星和脉冲双星的发现者分别于 1974 年和 1993 年获得诺贝尔物理学奖,引起了全世界的关注.

1982 年人们发现了毫秒脉冲星,找到了另一类脉冲星.在此之前,学者们认为射电脉冲星和 X 射线脉冲双星是毫无关系的两类,但很快就发现它们有着紧密的关系,确认毫秒脉冲星是由 X 射线双星演化而来的.寻找太阳系之外的行星系统是十分引人关注的研究课题.人们始料未及的是,此类系统最先发现的成功例子却属于脉冲星.2003 年发现的由一个毫秒脉冲星和一个普通脉冲星组成的双脉冲星系统,是脉冲双星中绝无仅有的一例,为广义相对论在强引力场中的检验提供了新的证据,也证实了天文学家关于毫秒脉冲星演化过程的理论推测.

在脉冲星被发现后,人们陆续发现部分脉冲星与超新星遗迹相关联,证实了超新星爆发是中子星产生的主要机制.其中在蟹状星云中发现脉冲星是一个标志性事件,解决了使天文学家困惑多时的"蟹状星云能源之谜".研究表明,可能有些中子星是由于白矮星吸积伴星物质使其质量超过 Chandrasekhar 质量极限后塌缩而成的.

脉冲星有稳定的周期,周期虽然在缓慢增加,但变化极慢,周期变化率只有 $10^{-13} \sim 10^{-20}$ s/s.这种周期的增加是有规律的,但其中包含微小而没有规律的起伏,称为时间噪声.有的毫秒脉冲星几年才有几分之一微秒的起伏,因此其稳定性足以和原子钟媲美,有可能成为有实用价值的、作为时间标准的"脉冲星钟".脉冲星已成为研究星际介质的有力工具,被誉为"星际介质的探针".人们已经通过脉冲星辐射特征探测出银河系中的自由电子密度和平均磁场分布.

脉冲星的辐射特性更是丰富多彩、引人入胜.脉冲星发出的辐射集中在一个很窄的范围内,就像海上的灯塔所发出的两束光,这使它成为宇宙空间中不停转动的灯塔.高速自转的脉冲星有一个与它一起共转的磁层.磁层中充满了电荷分离的等离子体.辐射过程发生在磁极冠的开放磁力线所覆盖的区域中.半径只有 10 km 的脉冲星,不可能由现阶段的望远镜直接观测出其空间结构.然而,通过对脉冲星的脉冲形状的分析,可以给出脉冲星辐射区的位形,如大小、结构和高度以及磁层结构和辐射机制等等.有少数脉冲星还观测到光学、X 射线、γ 射线脉冲.脉冲星磁层中开放磁力线区域是一个包含了极端相对论性带电粒子、超强的等离子体波和极强磁场的区域.这些条件是多数其他天体所不具备的.

脉冲星辐射的有些特性异常复杂,扑朔迷离.如有些脉冲星的辐射时有时无,常常缺失很多脉冲,被称为零脉冲的脉冲缺失少的达 5%,多的可超过 50%,被称为间歇脉冲星的脉冲缺失可达 90% 以上,最极端的称为转动射电暂现源(简称为 RRAT)的脉冲星,每次辐射仅持续 2～30 ms,停歇的时间则长达几分钟至几小时,一天之中累计辐射时间也就是 1 s 左右.然而,人们依然能精确测出它们的周期和周期变化率.脉冲星辐射偶尔还会出现非常强的巨脉冲,强度超过平均值的几十倍、百倍,甚至千倍以上.PSR B1937+21 的最大的巨脉冲,其亮温度大于 5×10^{39} K,成为宇宙中具有最高亮温度的辐射过程.

中子星的空间观测发展很快.许多空间观测设备陆续发射上天,如 Hubble 空间望远镜、Röntgen X 射线天文卫星、宇宙学和天体物理学高新卫星(ASCA)、BeppoSAX、RXTE、Compton γ 射线天文台、Chandra X 射线天文台、Newton X 射线多镜望远镜、Fermi γ 射线太空望远镜等,加上地面上的 H. E. S. S. 大气 Cherenkov 望远镜阵,以及地基光学望远镜等的观测,得到了一系列令人兴奋的新发现.中子星的品种越来越多,如 X 射线双星、反常 X 射线脉冲星(AXP)、软 γ 射线重复暴发源(SGR)、中心致密天体(CCO)、孤立的暗热中子星(DTN)等,实质上改变了早期关于中子星演化的图像.

今天的中子星世界非常丰富.已发现的中子星按照辐射能量来源的不同被分为三类:一类其辐射能量来自中子星自转能的损失,称为转动能脉冲星,射电脉冲星、X 射线脉冲星和 γ 射线脉冲星都属于这一类；另一类其辐射能量来自吸积伴星物质，称为吸积型脉冲星，包括吸积供能 X 射线脉冲星、X 射线暴发源；再一类就是所谓的"磁星"（辐射的能量来自磁能），包括软 γ 射线重复暴发源和反常 X 射线脉冲星.

目前有一种看法正在兴起，认为脉冲星是（至少部分是）夸克星. 这种看法认为，当构成中子星的强子在足够高压下解禁，构成中子等的夸克会游离开来，其中部分还进一步转化成奇异夸克，这时的星体就是由奇异夸克物质所构成的"夸克星". 当然，这仍然处在理论探讨和寻求观测证据的过程中.

50 年来，观测能力的巨大提高和理论研究的深入，依然没有使一些基本问题得到解决. 脉冲星的辐射特性错综复杂，理论解释依然是一个难题. 脉冲星周期突快和不规则变化的物理原因仍然扑朔迷离. 近些年来又增加了诸如"脉冲星是否就是夸克星"，"射电脉冲星、反常 X 射线脉冲星、软 γ 射线重复暴发源、中心致密天体、孤立的暗热中子星之间的关系如何"，"反常 X 射线脉冲星、软 γ 射线重复暴是强磁场的中子星吗"等等新问题. 这些问题的答案仍然是天文学家要长期寻找的.

以引力波探测为基础的引力波天文学是一门正在崛起的新兴交叉科学，是继以电磁辐射为探测手段的传统天文学之后，人类观测宇宙的一个新窗口. 1974 年射电脉冲双星的发现和随后的观测找到了引力波存在的间接证据，成为引力波天文学的开路先锋. LIGO 已经接收到来自两个黑洞并合以及双中子星并合所发出的引力波. 脉冲星时间阵的建立和观测期望发现宇宙早期发出的引力波. 脉冲星的观测研究推动了引力波天文学的崛起.

我国的脉冲星研究始于 20 世纪 70 年代中期. 在那时，我国的射电望远镜还不具备观测脉冲星的能力，只能利用国外的观测资料进行理论研究. 我国学者于 20 世纪 80 年代末期开始利用国际上大型射电望远镜进行脉冲星观测研究. 1990 年开始利用北京天文台 15 m 射电望远镜进行脉冲星观测实验，继而于 1996 年利用新疆天文台的 25 m 射电望远镜进行观测实验，获得了成功，当即组建了由中国（新疆天文台、北京大学、香港大学），澳大利亚 Manchester 教授，英国 Lyne 教授参加的三国五方合作，迅速地在新疆天文台建立了我国第一个脉冲星观测基地. 随着国内射电望远镜的发展，云南天文台的 40 m 射电望远镜、上海天文台的 65 m 射电望远镜已经开始进行脉冲星的观测. 2016 年建成的贵州 500 m 口径射电望远镜（FAST）和筹建中的新疆 110 m 射电望远镜将具有非常强的观测脉冲星的能力，会帮助我国的脉冲星观测研究进入世界先进行列. 目前国内脉冲星研究队伍不断扩大，不仅包括中科院天文台和高校天文院系,而且也有人来自很多高校的物理专业.在撰写本书的过程中,作者受到了国内同行的关心、鼓励、支持和帮助,特此致谢.

本书的三位作者多年来在北京大学从事脉冲星物理的研究工作,并讲授"脉冲星物理""致密星物理""高能天体物理"等课程.本书是在我们所编写讲义的基础上,综合了国内外脉冲星研究成果而写成的.本书将系统地阐述脉冲星研究的意义、基本观测事实、基本理论、基本方法和已取得的研究成果,还将介绍夸克星、X 射线双星和相关天体的研究进展.本书力求说清楚射电脉冲星的天文学和物理学内涵,反映国际和我国在脉冲星的理论和观测研究方面的成果.这本书除作为天体物理学研究生教材和主要参考书的功能外,还可以作为从事脉冲星研究人员的参考书,对于从事物理学教学和研究的广大师生也有参考意义.

本书共十六章,其中第八(除 §8.4 外)、第九、第十三和第十四章是乔国俊撰写,第十和第十六章及第一章 §1.5 为徐仁新撰写,其余各章节是吴鑫基撰写.三位作者的写作风格有些差异,内容还有少许重复,请读者见谅.感谢北京大学邵立晶、卢吉光两位在读博士生阅读了大部分初稿,感谢新疆天文台袁建平博士等、国家授时中心杨廷高研究员和紫金山天文台刘庆忠研究员仔细阅读了有关章节,他们都提出了很好的建议和修改意见.鉴于本书涉及广泛的脉冲星观测和理论研究的成果及有关知识,而我们从事的研究课题有限,难免存在不少缺点和错误以及某些疏漏和偏爱,欢迎读者批评指正.

吴鑫基　乔国俊　徐仁新

2017 年 10 月

目　　录

第一章 中子星的预言、发现和证认

1967 年英国天文学家 Hewish 和他的研究生 Bell 女士一起发现了脉冲星,找到了物理学家 30 多年以前预言的中子星.中子星的质量和太阳相当,但半径只有 10 km,成为一种具有超高密度、超高压和超强磁场的天体.中子星的发现不仅为天文学开辟了一个新的学术领域,而且对现代物理学的发展产生了重大影响,导致了致密物质物理学的诞生.1974 年,美国天文学家 Taylor 和他的学生 Hulse 发现了射电脉冲双星,之后又间接地验证了这一双星系统的引力辐射.Einstein 预言的引力辐射终于在半个多世纪以后得到了第一例证据.在 Hewish 荣获 1974 年诺贝尔物理学奖之后,Taylor 和 Hulse 又在 1993 年获此殊荣.1982 年美国天文学家 Backer 和他的学生 Kulkarni 等发现了自转极快的毫秒脉冲星,确认了它们与 X 射线脉冲双星的演化关系.它们成为探测球状星团的探针.毫秒脉冲星行星系统的发现开创了寻找太阳系之外行星系统的先河.毫秒脉冲星周期的长期稳定性超过了原子钟,已经显示出具有实际应用价值的前景,并使中子星的研究领域更加广阔.

§1.1 中子星的预言和寻找

白矮星是人类发现的第一种致密天体,它的发现走在物理学理论研究的前面.而中子星的理论却远远地走在观测发现的前面,在预言中子星存在 30 多年后,才在观测上偶然地发现了中子星.实际上,在发现中子星以前,天文学家有意无意地在光学、射电和 X 射线的观测中记录到过从中子星发来的辐射,只是"不识庐山真面目",一次次让"中子星"从身边溜走.

1.1.1 中子星的预言

在中子星发现以前,天文学家已经发现被称为白矮星的致密星,可以追溯到 1783 年发现的三合星波江座 40B 和 1862 年发现的天狼星 B 星.天狼星是夜空中最亮的恒星,实际上属于一个双星系统,天狼星 B 星就是它的伴星,其质量约为 $0.98\,M_\odot$($M_\odot$ 表示太阳质量),体积与地球差不多,因此平均密度非常高.在当时,物理学的原理并不能解释这种密度极高的恒星是如何形成的.

1931 年,还在剑桥大学攻读理论物理的研究生 Chandrasekhar 应用现代物理学原理研究白矮星,提出了"白矮星质量上限"的论文.他认为白矮星质量不能超过 $1.4\,M_\odot$,否则就不稳定.英国著名天文学家 Eddington 是恒星结构理论的奠基人,他对"白矮星质量上限"的论文很感兴趣,然而,他不相信白矮星的质量会有如此小的"上限",认为"一定有一条自然法则阻止星体按这种荒谬的方法演化","根本不存在什么相对论性简并". Chandrasekhar 的论文遭到彻底否定,直到 1939 年 8 月"白矮星质量上限"的结论才得到学术界的公认.这时,Chandrasekhar 去了美国,已经不再研究这个问题.

"白矮星质量上限"的理论留下一个重大的待研究的学术问题:超过质量上限的白矮星将如何演化? 对这个问题的探索催生和促进了中子星和黑洞的研究.

几乎与 Chandrasekhar 同时,年仅 23 岁的研究生 Landau 在 1931 年 2 月完成的一篇论文中提出,可能存在比白矮星的密度更大、达到原子核密度的恒星.他得出一个非常重要的结论:一个恒星,当它的物质密度超过原子核的密度时,粒子将紧密接触,形成一个巨原子核.可是当时的物理学家并不知道这个巨原子核主要是由中子组成的.

在那个时候,中子还没有发现,当时流行的依然是 Rutherford 的"质子-电子"原子核模型.这个模型遇到了"量子力学不适用"的理论困难,致使 Rutherford 在 1920 年提出,在原子核中可能存在由质子和电子组成的复合体,并可以看成是一个电中性粒子,提出了中子存在的可能性.这样可以解决所遇到的理论上的困难,但仅是理论上的推测.

1932 年物理学家 Chadwick 发现中子.人们进一步研究 Landau 所提出的"恒星可能演变为巨原子核"的理论后,发现这个巨原子核中主要成分是中子.因此可以认为,Landau 最先提出了中子星的存在.

中子星是比白矮星更致密的恒星,其密度超过原子核的密度.典型的中子星质量为 $1.4\ M_\odot$,半径为 10 km,密度为 $7\times10^{14}\ \mathrm{g\cdot cm^{-3}}$,为正常原子核密度的 $2\sim3$ 倍,中子星核心处的密度则可能比原子核密度高 $10\sim20$ 倍.

稍后,Baade 和 Zwicky 明确提出超新星爆发可以产生中子星.1933 年 12 月,他们首先在美国物理学会报告了这篇论文,然后在 1934 年连续发表了 3 篇论文.这些论文在分析超新星爆发的观测资料以后,对爆发所释放的巨大能量给出一种解释,认为"普通恒星通过超新星爆发转变为主要由中子组成的中子星."(Baade & Zwicky,1934)

物理学家的预言并未受到天文学家的重视,原因之一是这种中子星太不寻常了.我们熟知的太阳,其体积并不是恒星中最大的,但可以装下 130 万个地球,而不大的地球却可以装下 2 亿 5800 万个中子星.这样小的中子星有和太阳差不多的质量,因而具有高达 $10^{14}\ \mathrm{g\cdot cm^{-3}}$ 的密度,比当时已知密度最高的白矮星要高出 $7\sim8$ 个数量级,真是令人不可思议.

当然,那时物理学家和天文学家都不知道中子星的辐射特性,不知道中子星的辐射主要在射电波段,更不知道辐射的脉冲特性.这是导致迟迟未能发现中子星的主要原因.这不是天文学家的过错,天文学研究的魅力所在,就是它常常出人意料.

1.1.2　X 射线源的搜寻

从 1932 年 Landau 预言中子星存在到 1967 年发现脉冲星的 30 多年中,关于中子星的理论研究没有中断,主要进行三个方面的研究:(1) 中子星内部致密物质的状态方程的研究;(2) 中子星内部超流状态的研究;(3) 中子星的中微子辐射和表面热辐射研究.中子星在超新星爆发中诞生时是比较热的,通过其表面的热辐射和内部的中微子辐射消耗能量,逐渐降温.

对中子星冷却的研究得到了一致的结论,即中子星表面温度约为 10^6 K.这样高的温度是可以辐射软 X 射线的,这成为寻找中子星的一种方法,明确提出可在某些双星系统中去寻找中子星.人们认为,在可见光波段,某些双星的主星可以看到,却看不到其伴星,很可能这颗看不见的伴星就是中子星.

1962 年 6 月,Giacconi 使用火箭探测月球的 X 射线辐射时偶然发现了天蝎座 Sco X-1,其总光度是太阳的 6 万倍.这是一个双星系统,发射 X 射线的是一颗中子星,可惜当时并没有证认出来.这次观测被认为是 X 射线天文学的开端.Giacconi 也因他对 X 射线天文学的贡献而获得 2002 年的诺贝尔物理学奖.

1964 年 7 月,Bowyer 等利用月掩食 X 射线源的方法,测量蟹状星云中的一个 X 射线源的尺度,可惜没有测准,得到的结果是 10^{13} km,比中子星要大很多.后来发现的蟹状星云脉冲星在 X 射线波段确有脉冲辐射.

在 1966 年,Sandage 等找到了天蝎座 Sco X-1 的光学对应体,星等为 13 等. 1967 年,前苏联天文学家 Shklovsky 根据观测资料,提出一个非常新颖的理论模型,他认为 Sco X-1 是处在双星系统中的一颗中子星,中子星吸积伴星的物质发出 X 射线辐射.这个模型成为当今最流行的 X 射线双星的理论模型.可是在那时,天文学家并不同意他的看法.后来查明,Sco X-1 属于低质量 X 射线双星,中子星的质量大约是 $1.4\,M_\odot$,伴星只有 $0.42\,M_\odot$.

到 1968 年,已经观测到 20 颗致密的 X 射线源,但由于没有发现与中子星相联系的令人信服的证据,相见并不相识,把发现中子星的机会留给了射电天文学家.

1.1.3　蟹状星云能源之谜和中子星的寻找

大质量的恒星演化到晚期,当核心部分的核燃料燃烧殆尽后,辐射压突然减少,强大的压力迫使核心部分的物质收缩向中心塌缩,形成致密的“中心核”.当中心核被压缩到临界值时,若外面继续塌缩的物质碰撞到“致密中心核”会形成反弹激波,加上中子星刚刚形成时的由中微子加热形成的反弹激波,会引起核心以外的星体的爆炸,其结果是在中心形成致密的中子星,外部则形成弥漫的星云状遗迹,也就是超新星遗迹.

虽然早在 1934 年 Baade 和 Zwicky 就预言超新星爆发会产生一个中子星,但在众多的超新星遗迹中并没有找到中子星.后来,天文学家逐渐把注意力集中到蟹状星云这个超新星遗迹上.蟹状星云是在 1731 年发现的.1928 年美国天文学家 Hubble 首次提出,蟹状星云是一次超新星爆发后的产物,并认为这个星云是中国古籍上记载的 1054 年超新星爆发的遗留物.它位于金牛座,出现在冬季的星空.它的同步辐射勾画出的星云形状,远离中心区域由谱线观测给出的纤维状物质结构,形如一只螃蟹.蟹状星云是一个全波段天体,从射电、光学,一直到 X 和 γ 射线都有辐射,其总的辐射功率为 10^{38} erg/s,相当于十万个太阳的辐射.蟹状星云是一团稀薄的气体,怎么可能产生如此强烈的辐射呢? 辐射的能源来自哪里?

1953 年前苏联天文学家 Shklovsky 提出用同步辐射理论来解释蟹状星云的连续辐射.同步辐射是高能粒子在磁场中绕磁力线做螺旋运动时所发出的辐射,其辐射特征是频带宽、幂律谱和线偏振,这恰好是人们所观测到的蟹状星云辐射的特征.然而同步辐射机制要求在蟹状星云中有大量能量大于 10^{11} eV 的高能电子和大约 10^{-3} G 的磁场.在超新星爆发时会产生高能电子,但是由于高能电子的寿命有限,辐射射电波的寿命仅 100 年,辐射 X 射线的寿命则只有 1 年.蟹状星云的年龄将近 1000 年,超新星爆发时所产生的高能粒子的能量早已消耗殆尽,爆发后在星云中留下的磁场也远低于所需要的值.源源不断的高能电子来自何方? 磁场怎样形成的?

光学观测发现蟹状星云在膨胀,每年大约 0.2″ 左右,而且膨胀速度在加快.是什么力量驱使星云加速膨胀? 这一系列问题用一句话来概括就是"蟹状星云能源之谜",它成为天文学家迫切需要解决的问题.

1964 年,Kardashev 设想一个具有磁场的旋转的恒星可能塌缩为一个致密天体和一个环绕它的星云,这个致密天体在诞生时旋转很快,其自转能可以通过磁场转化给星云,并明确提出蟹状星云的能量就是由星云中的一颗中子星提供的.Pacini(1967)在 Nature 杂志上发表的论文中更精确地指出蟹状星云中的中子星的特性.他写道:"在蟹状星云中存在一颗由中子组成的星,它每秒自转多次,有很强的磁场,磁偶极辐射给星云以能量".这与后来发现的脉冲星的观测特征完全一致.

在脉冲星发现以前,天文学家发现蟹状星云中心处的一颗 16 等的暗星具有不寻常的频谱以及它附近的星云有明显的活动迹象,推论这颗星或其近处的源提供了星云所需要的高能粒子和磁场.然而,进一步的观测却没有发现更强的证据,后来才知道这颗恒星就是蟹状星云脉冲星.

1965 年,Hewish 用行星际闪烁的方法研究蟹状星云,测出了蟹状星云中有一个致密成分,其角径只有约 $0.2''$,亮温度达到 10^{14} K. 当时他就指出:"这个致密成分可能是爆发恒星的遗留物,呈现耀斑式的射电辐射."可惜,他并没有认识到这个致密源就是中子星. 后来人们查阅以前的观测记录才知道,1962 年 4 月他们就曾经观测到这个致密源.

虽然天文学家没有首先在蟹状星云中发现脉冲星,但是在稍后的 1968 年,他们如愿以偿地在蟹状星云中心处发现了一颗自转很快的脉冲星. 它的自转能损失足以提供蟹状星云辐射的能量,并会接连不断地提供高能电子.

§1.2　行星际闪烁观测和脉冲星的发现

有不少天文学家对中子星的理论及搜寻方法做了很出色的研究,并且还应用光学、射电和 X 射线观测设备进行了具体的搜寻,有的观测还真的搜寻到了中子星,但是相见不相识. 直到 1967 年 Hewish 和他的学生 Bell 发现的脉冲星才很快得到国际学术界的公认.

1.2.1　行星际闪烁的研究为发现脉冲星铺平道路

Hewish 和 Bell 发现中子星得益于行星际闪烁的研究. Hewish 不愧为行星际闪烁的发现者和这种研究领域的开创者. 早在 1948 年,他就参加了 Ryle 领导的剑桥小组,开始研究射电源强度起伏的现象. 他从理论上弄清了射电源强度的不规则起伏是地球电离层引起的电波闪烁. 1954 年,Hewish 根据衍射理论推导出一个重要的结论:一个角径足够小的射电源,它的辐射通过太阳的日冕时可能产生明显的闪烁. 1961 年,他应用射电干涉仪对一批亮射电源进行天体测量,发现有几个射电源的辐射强度有不正常的扰动,进而发现这些射电源强度的扰动与太阳风密度的不规则变化有关. 1962 年他提出,如果日冕的不均匀性延伸到整个行星际空间的话,这种现象就成为行星际闪烁. 为了深入分析闪烁现象,他研究了无线电波在不均匀透明介质中的传播理论,提出了"相位屏衍射"理论.

1963 年,被誉为 20 世纪 60 年代天文四大发现之一的类星体成为天文学家追逐的目标. 类星体角径很小,类似一颗恒星,有很大的红移. 它们的线尺度比星系小很多,但是释放的能量却是星系的千倍以上. 类星体是迄今为止天文学家所知道的光度最大、距离最遥远、年龄最老的天体,在宇宙学和天体物理学上有着极其重要的意义. 很快,搜寻类星体形成一大热点. 类星体是射电望远镜发现的,从现已发表的射电源表中挑选候选者是最成功、最快捷的方法. 当时英国和澳大利亚已发表了一些巡天获得的射电源表,以剑桥大学的第 3 个星表(简称 3C)最为有名,共有 471 个射电源. 最早发现的 2 个类星体都是 3C 表中的源. 3C 星表是用射电干涉仪在

159 MHz 频率上观测的,分辨率不高,为角分量级.1964 年 Hewish 等在 178 MHz 频率上对一些类星体和星系进行行星际闪烁的观测,结果表明在波长大于 1 m 的情况下,只有那些角径小于 0.5″~1″ 的射电源才会发生星际闪烁.在米波段,行星际闪烁技术能提供 0.5″~1″ 的分辨率.观测射电源的行星际闪烁不仅可以研究射电源角径,还可以研究行星际介质和太阳风.

1965 年,为了发现类星体的候选体,剑桥大学射电天文台决定建造一台专门用于观测行星际闪烁的大型射电望远镜,由 Hewish 教授领衔设计和建造.因为行星际闪烁随波长的增加而增强,他们选择了 3.7 m 的波长.类星体是河外射电源,离我们特别遥远,流量密度特别微弱,必须要有足够大的天线面积.米波天线技术难度不大、成本低廉,师生自己就完成了设计和制作任务.天线为长 470 m,宽 45 m 的矩形天线阵,由 16 排,每排 128 个振子天线,共 2048 个振子组成.一排排振子挂在 1000 多根约 3 m 高的木杆上.振子和馈线是用较粗的铜线做的.总共用了近 200 km 的铜线、电缆和涤纶链线,还有 24 000 个塑料绝缘子.天线接收面积超过 21 000 m²,灵敏度很高(如图 1.1 所示).

图 1.1   剑桥大学闪烁望远镜.(Hewish 提供,选自 MT77)

行星际闪烁是短时标的变化,要求射电望远镜接收系统的时间分辨率达到 0.1 s.望远镜固定不动,射电源因地球自转每天经过望远镜的天线方向主瓣一次,前后约几分钟.为了测定行星际闪烁对日距角的关系,要求对每个射电源重复地进行测量.

和当时英国 Jodrell Bank 的 76 m 直径射电望远镜相比,这是一台造价很低、构造比较简陋、功能单一的射电望远镜.然而,谁也没有想到,研制"行星际闪烁"专用设备却为发现中子星铺平了道路.Hewish 好像是"专门"为发现脉冲星而设计这台射电望远镜的.望远镜接收面积特别大解决了脉冲星的辐射特别微弱的问题;脉冲星辐射是幂律谱,恰好在 3.7 m 波段比较强;望远镜接收机的时间分辨率选在 0.1 s,恰好比大多数脉冲星的周期短;行星际闪烁的观测要求重复测量则是发现这种与"干扰"很像的脉冲星信号所必不可少的步骤.真可谓"万事俱备"了.

1.2.2 Bell 发现脉冲星

Bell 女士在英国格拉斯哥大学获物理学学士以后,来到剑桥大学攻读博士,研究方向就是行星际闪烁.她一入学就全力投入到闪烁望远镜的建设中.1967 年 7 月,望远镜建成投入运行,她负责观测,每周重复巡视一次,每天的记录纸有七八米.6 个月的观测取得了 5.6 km 的记录纸的原始资料(图 1.2 是其中发现第一颗脉冲星的原始记录).望远镜非常灵敏,不仅能接收遥远天体的射电辐射,也很容易接收到附近的无线电干扰.区分闪烁源和干扰成为每天必做的工作.在观测程序上,重复观测有助于把干扰识别出来.

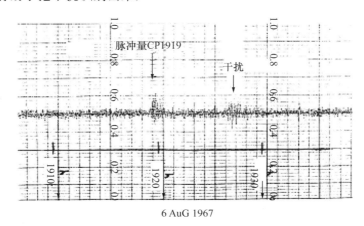

6 AuG 1967

图 1.2 发现脉冲星 PSR B1919+21(CP1919)的原始记录.(Hewish,et al.,1968)

8 月,Bell 注意到一个发生在深夜的"闪烁源",这是不寻常的,因为夜晚太阳风很弱,不会有强闪烁源,而且其所在的天区也没有要观测的射电源.Bell 提醒她的老师注意,建议进一步研究.

在排除了人为干扰和确认这个信号遵守恒星时以后,Hewish 认为这可能是一颗来自太阳系之外的射电耀星,于是决定用快速记录仪确定信号的性质,看一看它

是否与太阳耀斑的射电辐射有相似的性质. 由于这个源时隐时现, 一直等到 11 月
28 日, 才成功地记录到这个起伏信号, 发现是一系列强度不等但时间间隔基本相
等的脉冲, 脉冲的间隔约为 1.33 s, 很像通讯用的电报. Hewish 指出: "任何已知天
体的辐射都不曾有过这样的短周期脉冲. 这些规则脉冲很可能是人工产生的." 他
猜想, 这可能是在太阳系外围绕恒星做轨道运动的行星上的 "小绿人" 发出的信号.
最初发现的 4 颗脉冲星曾取名为 "小绿人 1, 2, 3, 4 号", 引起了广大公众的极大兴
趣. 紧接着他对这个想法进行了严格的检验, 地外生命只能生活在类似我们地球的
行星上, 如果这些信号是地外文明打来的电报, 那么这些脉冲信号中必然附加了行
星轨道运动所产生的 Doppler 位移. 他们认真分析了观测资料, 没有检测出这种
Doppler 位移, 从而否定了小绿人发来电报的看法.

　　Hewish 发展了一种测量脉冲星准确周期的方法, 利用精确的时标, 并修正地
球轨道运动的影响, 测出脉冲的周期是 1.372 795 s, 精确到千万分之一秒. 他们终
于确认脉冲信号是来自一种新型的天体——脉冲星的辐射. 当时取名为 CP1919,
CP 为剑桥大学, 1919 是脉冲星的赤经. 后来按脉冲星命名方法, 这个天体被命名
为 PSR B1919+21. 最先发现的 4 颗脉冲星中名叫 PSR B0950+08 的脉冲周期最
短, 仅 0.25 s, 这样短的周期对判断其是否为中子星起着至关紧要的作用. 图 1.3
给出了 PSR B0329+54 的观测结果.

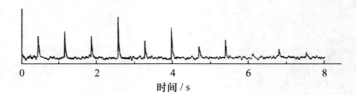

图 1.3　Bell 发现的 4 颗脉冲星中最强的 PSR B0329+54 的观测结果.

　　作为脉冲星的最先发现者, Bell 的功绩是不可磨灭的. 她的博士论文研究方向
是行星际闪烁观测研究. 她对观测资料的分析一丝不苟, 不放过任何一个疑点, 终
于发现了脉冲星. 她说: "我在这儿搞一项新的技术来拿博士学位, 可一帮傻乎乎的
小绿人却选择了我的天线和频率来同我们通讯." 这诉说了她发现脉冲星的好运
气. 然而, 偶然发现并不是仅凭运气, 如果没有她的 "细心" 和 "坚韧", 物理学家所
预言的中子星的发现又不知要推迟多少年. 发现脉冲星的第二年, Bell 获得博士
学位, 博士论文的主题仍是类星体的行星际闪烁, 仅在附录中提到了脉冲星的
发现.

§1.3 脉冲星被证认为中子星

脉冲星发现以后,首要的问题就是:这是一种什么天体,准确的脉冲周期是怎样产生的?天文学家们依据脉冲星准确的周期和周期逐渐变长的观测事实,公认它们就是 30 多年前物理学家所预言的中子星.

1.3.1 脉冲星观测给出的重要信息

脉冲星的观测带给我们的信息是非常多的,这里只能列举和证认中子星有关的关键观测事实.脉冲星辐射的最大特点是呈现出周期很短的脉冲,比所知道的天文上众多的周期现象中最短的还要短很多.在 1982 年以前观测给出的周期在 $33\,\mathrm{ms} \sim 4.3\,\mathrm{s}$ 之间,最近的观测结果是 $1.4\,\mathrm{ms} \sim 8.5\,\mathrm{s}$ 范围.我们熟知的天文周期性现象都没有这样短的周期.图 1.4 是 2488 颗脉冲星周期的分布,实线和虚线代表单星和双星.脉冲星基本上可分为毫秒脉冲星和普通脉冲星两大类,毫秒脉冲星的周期在 $1.4 \sim 30\,\mathrm{ms}$ 之间,普通脉冲星占大多数,周期在 $33\,\mathrm{ms} \sim 8.5\,\mathrm{s}$ 之间,毫秒脉冲星仅占已知脉冲星的 10%,其中的双星占大多数(Manchester,2009).

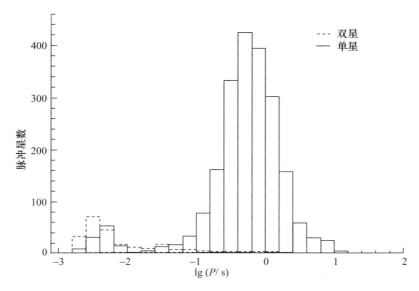

图 1.4 2488 颗脉冲星周期的分布,实线和虚线代表单星和双星.数据来源于 ATNF Pulsar Catalogue.(袁建平做图)

脉冲星的周期具有十分稳定的特性,比地球上的石英钟还要准确,其中毫秒脉冲星的周期稳定性还可以与原子钟媲美.脉冲星的周期还有一个重要特点就是周期随时间的推移缓慢增加,周期变化率在 $10^{-13} \sim 10^{-20}$ s/s 之间.脉冲星辐射的脉冲宽度只占一个周期的很小一部分,平均只有 3%.

1.3.2　脉冲星周期来源的研究

脉冲星周期的特性给天文学家出了难题,当然也提供了崭新的信息.证认脉冲星究竟是什么天体,首当其冲的是要回答:脉冲星的周期为什么这么短,这么稳定,为什么周期会缓慢地变长?

天体的周期性现象是常见的.但是脉冲星如此短而准确的周期现象,人类还是第一次遇到.探索、思考和争论,集中在下面三种可能性.

(1) 双星的轨道运动.

两颗星由于引力作用,彼此互相环绕运动形成双星.在银河系中,双星是很普遍的现象.有的双星,两颗子星相距较远,相互环绕的周期也较长,一般在 5 年左右,个别周期长的可达万年之久.两颗子星相距较近的双星,绕转周期较短,一般在 10 天左右.其中有一类称为掩食双星的,两颗子星的轨道差不多和我们的视线在同一个平面上,它们相互绕转彼此掩食,使亮度发生周期性变化.

两颗子星靠得很近的密近双星,绕转周期可以短到十几分钟.如果脉冲星的周期是掩食双星周期的反映,在什么情况下轨道周期能达到秒级,甚至毫秒级?

把 Kepler 行星运动第三定律应用到双星,便能给出双星轨道运动周期(P)和它们的质量(M)及它们之间的距离(a)的关系

$$\frac{a^3}{P^2} = \frac{G(M_1 + M_2)}{4\pi^2}. \tag{1.1}$$

式(1.1)中每个量都是用 m,kg,s 单位表示.很容易看出,双星的两颗星靠得越近,它们的轨道周期越短.如果这种非常短的周期是由双星轨道运动引起的,那它们的半径和密度都将离正常恒星的值很远.假定它们的质量都等于一个太阳质量,即 $M=1.99 \times 10^{30}$ kg,引力常数 $G=6.67 \times 10^{-11}$ N·m²/kg²,由于正常的双星系统中恒星的半径总是比它们之间的距离小得多,因此轨道周期不可能太短.

设想一种极端的情况,两颗恒星靠得如此之近,以至互相挨着,也就是如图 1.5 所示的相切双星的情形,它们的质心之间的距离就等于它们的直径,由此我们可以估计出这种恒星半径的最大可能值.以蟹状星云脉冲星 PSR B0531+21 为例,周期为 33 ms.计算出的半径的最大可能值约 100 km,密度的最小可能值为 10^8 g·cm⁻³,排除了来源于白矮星轨道周期的可能性,只有理论家预言的中子星能满足这个要求.

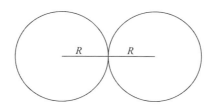

图 1.5 相切双星示意图.

如果双星系统是由两颗中子星组成,做圆周运动的中子星将有强烈的引力辐射,将使轨道周期逐渐变短.这不符合观测到的周期逐渐变长的规律,排除了用中子星的轨道运动来解释脉冲星周期现象的可能性.

(2) 恒星的径向脉动.

在恒星世界中有一种称为脉动变星的天体,其辐射具有周期性.其中最重要的一种是造父变星.造父变星名字的由来是因为这类变星之中有一颗非常有名的成员星——仙王座 δ 星,中国星名叫造父一.仙王座 δ 星的光变周期是 5 天 8 小时 47 分 28 秒.后来,人们陆陆续续又发现了很多与仙王座 δ 类似的变星,它们的光变周期各不相等,但大多数在 1 天到 50 天之间,以 5 天到 6 天的为最多.据估计,这类变星在银河系中可能有 200 多万颗.脉动变星的周期相差很大,短的在 1 小时以下,长的可达几百天,甚至十年.

脉动变星的成因是星体发生有节奏的径向膨胀和收缩所造成的辐射光度的周期性变化.正常恒星的脉动周期都比较长.Eddington 推导出脉动周期和平均密度之间的关系式:

$$P\sqrt{\rho} = 常数, \tag{1.2}$$

周期越短则平均密度越高.用白矮星密度的数值来估计,其周期可达 10 s,远比脉冲星的周期要长.用理论上所预言的中子星的密度来计算,其周期为 1∼10 ms. 但就周期变化规律来说,任何振动系统中能量的损失都会导致周期变短,与脉冲星观测到的周期变长的趋势不符合.还有,脉冲星的周期从 1.4 ms 到 8.5 s,周期范围很宽,大于 3 个数量级.根据这个公式,要求脉冲星的密度范围要超过 6 个数量级.同一类恒星的密度不可能有如此大的差别.因此,脉动变星的可能性也被抛弃了.

(3) 恒星自转.

恒星自转是一种普遍现象,只是自转得这么快的恒星还没有被发现过.恒星能不能转得这么快? 如果周期是自转造成的,脉冲星 PSR B1937＋21 每秒要转 600 多圈,蟹状星云脉冲星 PSR B0531＋21 每秒也要转 30 多圈.脉冲星真能转得这么快吗?

第一个限制是显然的,在恒星赤道上质点的线速度不能超过光速.对于普通恒星来说,不可能自转得那么快,因为巨大的半径会使其赤道上质点的线速度远远地超过光速.

　　第二个限制是恒星的自转角速度 ω 导致的离心力不能大于引力,否则赤道上的物质就要被离心力甩出去而使星体崩溃.离心力小于引力,即

$$\omega^2 R \leqslant \frac{GM}{R^2}. \tag{1.3}$$

这个公式可以改写为周期和密度的关系

$$P \geqslant (3\pi)^{1/2} (G\rho)^{-1/2}. \tag{1.4}$$

对于中子星来说,自转周期短到 1 ms 的脉冲星仍能满足这个关系式.到目前为止观测到的脉冲星的最短周期是 1.4 ms,恰好满足这个条件.对于白矮星,最短周期只能达到 1 s.理论预言的中子星,热核反应已经停止,辐射只能依靠自转能的减少来维持,这就导致中子星的自转越来越慢.恰好,观测发现脉冲星的周期是越来越长的.

1.3.3　脉冲星的灯塔模型

　　尽管认为脉冲星的周期来源于中子星的自转是令人信服的,但为什么辐射就一定呈脉冲形式的问题并没有解决.宣布脉冲星发现的论文确认所观测到的脉冲信号来自太阳系外的新型天体,开创性地提出一种方法来修正地球轨道运动对脉冲星周期的影响,获得了第一颗脉冲星 PSR B1919+21 的精确周期 $P=(1.337\,279\,5 \pm 0.000\,002\,0)$s.但是,这篇论文并没有正确解释脉冲星周期的来源,其作者猜测脉动周期来源于中子星的径向脉动(Hewish, et al., 1968).到 1968 年底,学术界约有 100 篇论文研究脉冲星的发现和周期的来源,比较倾向于"脉冲信号来源于白矮星和中子星的径向脉动"的看法.

　　Gold 提出的"自转磁中子星模型",具体地给出了产生脉冲辐射的机制(Gold, 1968).他认为,中子星具有非常强的磁场,自转很快.在磁极冠的开放磁力线区域中,带电粒子在磁场中运动发出曲率辐射,形成一个以磁轴为中心的方向性很强的辐射锥,就像灯塔发出的两束光一样.由于磁轴和自转轴不重合,当辐射锥随中子星一起转动扫过地球上的射电望远镜时,我们就接收到一个脉冲.由于自转稳定,导致脉冲周期也很稳定,且随着自转能的损失,自转减慢,周期也逐渐变长.Gold 的模型成为证认中子星存在的最关键的一步.从此,天文学家对脉冲星就是磁自转中子星的结论深信不疑.30 多年前理论预言的中子星终于找到了.

　　"Gold 模型"经受住了之后 40 年多的观测和理论研究的考验.虽然目前流行的理论模型更深入、细致了,但并没有超越磁极冠模型(简称极冠模型)的大框架.磁极冠辐射模型示意图见图 1.6.

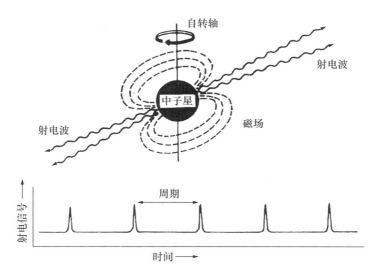

图 1.6　自转磁中子星辐射模型示意图:中子星具有非常强的偶极磁场,来自磁极冠处的射电辐射束随中子星自转而扫过地球上的射电望远镜,形成一个个周期性脉冲辐射.(选自 Lyne & Smith,1990)

高速自转的中子星的质量与太阳相当,半径只有 10 km,因此密度大得惊人,每立方厘米约有一亿吨重.中子星的超高密度、超高压、超强磁场和它内部的中子流体具有的超流、超导等物理特性使之成为一个地球上不可能有的物理实验室.

1.3.4　Hewish 获得 1974 年诺贝尔物理学奖

Hewish 由于发现脉冲星获得了 1974 年诺贝尔物理学奖的殊荣.他获奖是当之无愧的.然而天文界许多人士都认为,只授予 Hewish 一人,而完全忽视 Bell 的贡献是不公正的.正像著名脉冲星专家 Manchester 和 Taylor 在专著《脉冲星》的第一页写的那样:"没有 Bell 的洞察力和百折不挠的努力,我们现在可能无法分享到研究脉冲星的这份快乐."(Manchester & Taylor,1977)实际上,早在脉冲星发现以前 10 多年,国际上有好几台大型射电望远镜就已具备发现脉冲星的能力,而且还多次纪录到来自脉冲星的信号,但是他们没有察觉,以致失之交臂.如果 Bell 没有精细过人的工作态度和坚韧不拔的精神,这次她也可能会失去发现脉冲星的机会.

天文学家没有因为 Bell 博士的谦虚而忘记了她的卓越贡献.1980 年在西德波恩召开的国际天文学会第 95 次会议是世界脉冲星学者的大聚会,共同回顾脉冲星发现 13 年来的巨大进展.会议特别把 Bell 女士请来.在会议论文集的第一页上发表了 Bell 博士和 Hewish 教授在会议期间的合影(见图 1.7),并冠以"脉冲星发现者的再次会见——Bell 博士和 Hewish 教授"的文字说明. 这代表了当代脉冲星学者的心声. 他们把脉冲星发现者的桂冠"戴"在 Bell 博士的头上, 弥补那不能更改的遗憾.

图 1.7 Bell 博士和 Hewish 教授在脉冲星国际会议上的合影, 刊登在会议论文集的首页.

§1.4 超新星、超新星遗迹和中子星

在脉冲星发现以前, 就有科学家预言超新星爆发可以产生中子星, 把中子星与超新星及超新星遗迹紧密联系在一起. 1967 年发现脉冲星后不久, 人们相继在船帆座超新星遗迹和蟹状星云中发现脉冲星, 这极大地支持了中子星源于超新星爆发的理论. 目前已经在银河系中发现近 3000 颗脉冲星, 脉冲星与超新星遗迹的关系究竟如何呢?

1.4.1 银河系超新星

超新星是最激烈、最壮观的天体物理现象之一. 它是正常恒星演化的终点, 又是中子星和黑洞诞生的起点. 但是只有 II 型超新星才有可能产生中子星或黑洞. 质量大于 $8 \sim 25\, M_{\odot}$ 的恒星, 在其核心部分的氢转变为氦的热核反应完成后, 会继续进行碳燃烧、氮燃烧、氧燃烧、硅燃烧, 直至中心变成铁核反应才中止. 继而就会发生塌缩, 导致 II 型超新星爆发. 其中心塌缩形成中子星, 其外部则被爆发时形成的冲击波摧毁并向外弥散, 与星际介质相互作用形成星云状超新星遗迹. 爆发的能量

是形成中子星过程中所释放的引力束缚能,量级为

$$E_{束缚} \approx 3 \times 10^{46} (M/M_\odot)^2 (R/10 \text{ km})^{-1} \text{J},\tag{1.5}$$

式中的 M 和 R 是中子星的质量和半径.按典型的中子星参数计算,爆发的能量达到 3×10^{46} J.绝大部分(约 99%)的能量被中微子流带走,约 1% 的能量转换为爆发时喷出物的动能,只有不到万分之一的能量转换为电磁波辐射,引力波带走的能量也只有很少的部分.

超新星爆发是无法预测的,总是在人们不知不觉的时候突然发生.恒星核心塌缩触发的冲击波被致密核反弹后向外传播,大约要经过几个小时才传到恒星的外层,而到达恒星表面后,才会引起强烈的电磁辐射,亮度可增加 17 个星等,在几天内亮度增加几千万倍到几亿倍.因此有可能先观测到中微子流和引力波,然后才观测到超新星爆发产生的超强的电磁辐射.

有一类超新星归为 Ⅰa 型超新星,它们形成的机理完全不同,是由双星系统中的白矮星演变而成的.白矮星吸积了足够的来自伴星的物质,使其质量超过了 Chandrasekhar 极限而发生爆炸,导致彻底的毁坏,形成 Ⅰa 型超新星爆发.但是,在一种特殊的情况下,当大量电子被捕获有效地减少了 Chandrasekhar 质量极限时,白矮星可以塌缩为中子星.不过,这种方式形成的中子星数目很有限.

历史上发现的超新星都是肉眼可见的.查遍两千多年的历史文献,由中国、阿拉伯及欧洲的历史记录可以确认为超新星爆发的约十次(见表 1.1).最早的记录可能是公元前 48 年中国记录到的"客星",脉冲星 PSR J1833−1034 和超新星遗迹 SNR G21.5−0.9 可能就是这颗超新星的遗留物(Wang,et al.,2006).它们在视位置、年龄和距离上都比较一致.这可以说是人类观测到的超新星的最早记录.

公元 185 年在半人马座发现的超新星,爆发时的视星等亮度达 −8 等,持续 20 个月都可以看见.1006 年 5 月 6 日发生在豺狼座和半人马座之间的超新星是历史记载中最亮的,视星等亮达 −9.8 等,有半个月亮那么亮,好几年都可以看见.最有名的当属中国古书记载的发生在 1054 年 7 月 4 日的超新星,视星等亮度达 −5 等,最亮时超过天空中最亮的金星,大白天还芒角四射,在夜晚清晰可见达 22 个月之久.1928 年美国天文学家 Hubble 首次把金牛座中的蟹状星云与 1054 年的超新星联系起来,认为"蟹状星云是公元 1054 年超新星爆发后留下的遗迹".从此这颗超新星被国际天文学界称为"中国新星".正如天文学家所期望的,1968 年在这个遗迹中发现了脉冲星.1572 年仙后座超新星和 1604 年蛇夫座超新星分别以外国天文学家的名字命名,称为"Tycho 新星"和"Kepler 新星".实际上,我国古代资料对这 2 颗超新星也有记载,Tycho 新星还是万历皇帝在宫中亲眼看见的超新星.当时他设坛祭祀,亲自跪拜.30 多年来,天文学家在射电、光学和 X 射线波段对这两个超新星遗迹进行仔细观测研究,没有发现它们留下中子星.原来这两个超新星属于

Ⅰa 型超新星爆发,确实不会留下中子星.

表 1.1 观测到的银河系中的超新星

爆发时间	极大星等	最早发现者	超新星遗迹和脉冲星
公元前 48	?	中国	SNR G21.5−0.9 和 PSR J1833−1034
185?	−8	中国	RCW 86/X 射线点源
386	?	中国	G11.2−0.3 / J1811−1925
393	−1	中国	RX J1713.7−3946,没有脉冲星
1006	−9.8	中国/阿拉伯	SN1006,没有脉冲星
1054	−5	中国/日本	蟹状星云/B0531+21
1181	−1	中国/日本	3C 58/ X 射线和射电 J0205+6449
1572	−4	丹麦/中国/日本	G120.1+01.4,SN1572,没有脉冲星
1604	−3	Kepler	SN1604,G004.5+06.8,没有脉冲星

自 1609 年发明天文望远镜以来,人们还没有在银河系中发现过一次超新星爆发.但是,在银河系中发现的超新星遗迹的数目却不断增加,至今已有 274 个.这说明银河系中发生的很多超新星爆发在地球上没有观测到.这可能是因为银道面上的气体和尘埃云遮挡了超新星爆发发出的电磁波辐射.目前关于超新星产生率研究的结果很不相同.按照银河系中的超新星遗迹的分布来估计超新星的诞生率,其研究结果也不尽相同.一种估计是大约 18~42 年产生一个(Leahy & Wu, 1989).这个结果估计的诞生率比其他研究结果要高,但与其他学者估计的河外星系中超新星诞生率比较一致.综合各个研究结果,银河系中每 18~1000 年诞生一个超新星.

由于监测超新星爆发的方法有很大的改进,现在每年都可以发现河外星系中的上百个超新星.1987 年 2 月 23 日观测到的大麦哲伦云中的超新星是最著名的,被称为 SN1987A,离我们约 50 kpc,是离地球最近的银河系外的超新星爆发,视星等为 5 等,肉眼勉强可见.与以往超新星的观测不同,天文学家动用了所有波段的观测手段长期监测,包括 X 射线、γ 射线、光学、射电的观测,还有中微子和引力辐射的检测.人们以各种观测手段监视这颗超新星的遗迹的演变情况,获得了十分宝贵的信息,第一次也是目前仅有的一次观测到了超新星的中微子暴.天文学家最期待的是能在 SN1987A 的遗迹中找到脉冲星或黑洞,但是,所有努力都还没有成功.

1.4.2 超新星遗迹和脉冲星成协

超新星遗迹是爆发时抛出的物质在向外膨胀的过程中与星际介质相互作用而形成的展源.按形态,超新星遗迹大致分为三类:壳层型、实心型和复合型.

壳层型超新星遗迹具有壳层结构,中央没有致密天体的辐射源.这一类型的超新星遗迹很多,占已发现遗迹中的 80% 以上. 著名的 Tycho 超新星(SN1572)、Kepler 超新星(SN1604)、SN1006 的遗迹都属于此类型. 壳层结构反映了超新星爆发时抛射出的物质与周围星际介质的相互作用,其光谱在 X 射线和光学波段大多具有热辐射的形式,在射电波段表现为非热幂率谱.

实心型超新星遗迹没有壳层结构,中央具有致密天体提供能量,其光谱在 X 射线和射电波段上均表现为非热幂率谱,其典型代表是蟹状星云.

复合型超新星遗迹结合了壳层型和实心型的特点,既具有提供能量的中央致密天体,又具有抛射物与星际介质作用形成的壳层结构,典型的遗迹是船帆座超新星遗迹.

实心型和复合型超新星遗迹都可以视作是由 II 型超新星爆发产生的,其中心致密源由引力塌缩形成,外部是否存在壳层主要取决于星际介质的密度.

1968 年,人们首先在超新星遗迹船帆座星云的边缘发现了一颗脉冲星 PSR B0833−45,周期很短,为 0.089 s,年龄约为 11 000 年. 由于脉冲星有很高的自行速度,它从超新星遗迹的中心跑到了边缘. 同年,在蟹状星云中心处找到了脉冲星 PSR B0531+21,周期更短,为 0.033 s,年龄约为 1000 年.

第 3 颗与超新星遗迹成协的脉冲星是 PSR B1509−58,这颗脉冲星是空间 X 射线卫星首先观测到的,尔后在射电超新星遗迹 SNR G320.4−1.2 中找到这颗脉冲星,其周期与 X 射线脉冲的一样是 150 ms,测得到年龄约为 1500 年. 图 1.8 是 PSR B1509−58 与之成协的超新星遗迹,该遗迹的射电辐射形态不同寻常,由两个分离的射电展源组成,脉冲星则处在 X 射线辐射展源的中心.

尽管天文学家努力搜寻,但找到的与超新星遗迹成协的脉冲星仅占脉冲星总数很少的一部分,其主要的原因是脉冲星和超新星遗迹的寿命有很大的差别. 超新星遗迹的寿命较短,只有 $10^4 \sim 10^5$ 年,而观测到的大多数脉冲星的年龄远远超过这个值. 第二个原因是脉冲星有比较大的自行速度,目前已有 400 颗脉冲星有自行观测结果,大部分脉冲星速度为每秒几百千米,有的甚至达到每秒 3000 多千米. 年龄比较大一些的脉冲星,很可能已经跑出超新星遗迹之外. 如果自行速度更大一些,很可能已经远离它的遗迹了.

由于绝大多数 I 型超新星不可能产生中子星,因此脉冲星只能与 II 型超新星遗迹成协. 但大多数 II 型超新星遗迹中也没有找到脉冲星,其原因也可能在于脉冲星灯塔式的辐射,只有大约 20% 的脉冲星的辐射锥可能扫过我们地球.

21 世纪开始的头十年,观测研究超新星遗迹和中子星成协的努力取得重大进展:随着射电观测灵敏度的提高,有些超新星遗迹中的原来观测不到的脉冲星检测到了;有些超新星遗迹中很弱的部分被观测出来,成协的例子增多了. 大部分年轻的射电脉冲星都找到了相联系的超新星遗迹.

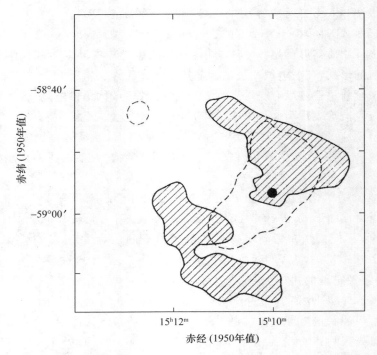

图 1.8 脉冲星 PSR B1509－58（黑点）和相联系的超新星遗迹，阴影线为射电观测结果，虚线为 X 射线观测结果.（Seward,et al.,1983）

1.4.3 脉冲星风云(PWN)

蟹状星云脉冲星的发现解决了蟹状星云的能源之谜. 这颗脉冲星自转周期为 33 ms,周期变化率为 4.209599×10^{-13} s/s,磁场为 4×10^{12} G. 计算得知这颗脉冲星的自转能损失率和磁偶极辐射都大大超过了蟹状星云辐射的总功率,成为蟹状星云所需的能量、磁场和高能电子提供者. 然而,仍然缺乏脉冲星提供给星云能量和高能粒子的观测证据.

1995 年开始,Hubble 空间望远镜多次观测蟹状星云及其脉冲星,首先获得脉冲星与周围介质之间相互作用的图像. 观测发现在脉冲星附近的星云中存在不断变化的纤维状亮条,这是被脉冲星发射出来的高能带电粒子轰击所致. 如图 1.9 所示,从 1995 年 12 月 9 日、1996 年 2 月 1 日、1996 年 4 月 16 日的三张照片可以看出,亮条的亮度和形状在几个月中有明显的变化.

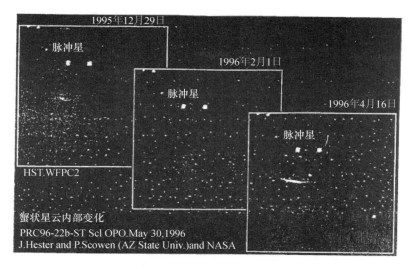

图 1.9 Hubble 空间望远镜拍摄的蟹状星云照片,显示脉冲星下方的亮条的变化.

蟹状星云和船帆座星云中的脉冲星风云是由 Chandra X 射线天文台的观测首先确认的.这两个风云的形态和特性很不相同.图 1.10 是蟹状星云及其中的脉冲星风云.共有 4 张图:(a) 为 NRAO 的射电观测结果,为高能电子的同步辐射.可以看出,沿着星云中的纤维状物质的辐射比较强.(b) 为 ESO 的光学观测结果,也是高能电子的同步辐射,由蓝-黄色表示,被纤维状物质发出的谱线辐射(红色)所包围.(c) 为由射电(红)、光学(黄)、X 射线(蓝)三种观测结果综合获得的图像.(d) 为 CXC 的 X 射线观测结果,给出脉冲星风云的结构(喷流、节点、内环和环状小束).位于中心的 X 射线点源即蟹状星云脉冲星,内环的内径约 10 光年,比太阳系要大 20 倍.喷流垂直圆环面.辐射显示非热辐射特性,属于高能带电粒子的同步辐射.在风云中没有热辐射的结构.图(a)、(b) 和(c)上的尺度棒长是 $2'$,而图(d) 的尺度棒长是 $20''$.脉冲星风云只是超新星遗迹中脉冲星附近很小的区域.

脉冲星风云是由脉冲星的星风与周围介质相互作用形成的.所谓星风,实际上是高能带电粒子流,它们因为中子星快速自转和非常强大磁场而被加速.脉冲星星风与周围介质作用产生冲击波,磁化的粒子流发出 X 射线波段的同步辐射.对于年轻的脉冲星,脉冲星风云常常在超新星遗迹的壳层之内发现.但是对比较老的脉冲星,包括毫秒脉冲星,它们相联系的超新星遗迹已经消失,但也曾发现它们的脉冲星风云(Stappers,et al.,2003).

由 Chandra X 射线天文台观测发现的船帆座脉冲星风云如图 1.11 所示,位于中心的 X 射线点源,即船帆座脉冲星、脉冲星两极的喷流和在脉冲星赤道周围的弧状的 X 射线辐射.

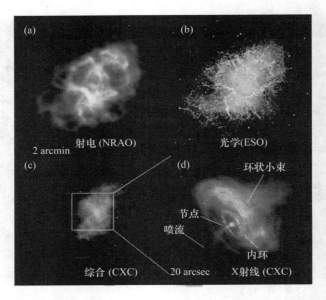

图 1.10　蟹状星云和它的脉冲星风云：(a) 射电观测（NRAO）；(b) 光学观测（ESO）；(c) 射电和 X 射线观测的合成照片；(d) X 射线观测得到的脉冲星风云.（Bryan & Patrick，2006）

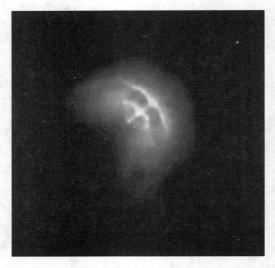

图 1.11　Chandra X 射线天文台观测的船帆座脉冲星风云图像.（Helfand，et al.，2001）

　　脉冲星 PSR B1509－58 处在超新星遗迹 G320.4－1.2 之中，脉冲星风云由 Chandra X 射线天文台观测得到. 其形态与船帆座和蟹状星云脉冲星风云有相似之处，在脉冲星自转轴方向上的 X 射线喷流，赤道方向上的 X 射线光弧和脉冲星附近的多个致密节点(Bryan,et al.,2002).

目前已经发现 43 个由 X 射线的观测获得的脉冲星风云,其中蟹状星云脉冲星风云、船帆座脉冲星(PSR B0833－45)风云、PSR B1509－58 风云和超新星遗迹G54.1＋0.3 中的牛眼脉冲星风云最为有名.前 3 个脉冲星风云都是先发现超新星遗迹中的脉冲星,然后通过 Chandra X 射线天文台观测发现它们的风云,而牛眼脉冲星则是在发现风云以后发现的(Lu,et al.,2002).

2001 年 6 月中国年青学者卢方军博士牵头的国际合作小组利用 Chandra X 射线天文台观测超新星遗迹 SNR G54.1＋0.3,发现了类似蟹状星云脉冲星风云一样的结构,有中心的 X 射线点源、赤道方向的圆环及两条喷流,其形态像一只牛眼.他们推定其中必然有一颗中子星,但是并没有发现脉冲星的存在.之后他们申请了 Arecibo 射电望远镜观测,于 2002 年 4 月发现了风云中心的脉冲星 PSR J1930＋1852,自转周期为 137 ms,年龄约为 3000 年.这颗脉冲星因其风云形状而被命名为"牛眼脉冲星"(见图 1.12).由于 Chandra X 射线天文台在成像观测模式下的时间分辨率为 3.2 s,比脉冲星周期长得多,因此不可能获得 X 射线脉冲周期信息.牛眼脉冲星风云与蟹状星云脉冲星风云很相似,有完整的环和喷流,也没有观测到热辐射成分.

图 1.12 超新星遗迹 SNR G54.1＋0.3 中的牛眼脉冲星风云.(Lu,et al.,2002)

脉冲星风云的形态多样,真可谓多姿多彩,这将对目前的理论模型提出挑战,留给理论研究的问题很多.脉冲星风云的发现给超新星遗迹与中子星成协的研究增加了一个新的途径和方法,如牛眼脉冲星的发现就是一例.目前已经发现的一批脉冲星风云中大多数都已发现了其中的脉冲星,但也有一些并未观测到脉冲星或中子星.天文学家相信,脉冲星风云是脉冲星发出的高能带电粒子产生的,在脉冲星的风云中必然会有一颗中子星存在.

目前已发现至少有 50 个超新星遗迹有中子星存在,50 个超新星遗迹中有 19

个与射电脉冲星成协,21 个与 X 射线脉冲星风云及其中的脉冲星成协,有 10 个与反常 X 射线脉冲星、软 γ 射线重复暴等中子星品种成协(田文武,2004).

§1.5　脉冲星类天体概览

在具体介绍脉冲星物理之前,我们先概要地阐述脉冲星相关致密天体(可称为"脉冲星类天体")的观测手段、表现形式以及研究意义.

发现射电脉冲星后,自然能够测得脉冲星的自转周期,而较长时间后再度测量时发现周期变长,说明脉冲星转动能随时间而减少.这类依靠转动能提供粒子流和辐射的致密星称为转动供能脉冲星(rotation-powered pulsar).尽管已发现的转动供能脉冲星大都是在射电波段,但后来也探测到了某些这类射电脉冲星的高能辐射(相应地称为转动供能 X 射线脉冲星或 γ 射线脉冲星,见第十四章).当然,这些脉冲星的自转周期不是随机分布的,而主要集中于一秒和几毫秒附近的两个区域,前者称为普通脉冲星,后者称为毫秒脉冲星(见第十一章).转动供能脉冲星将是本书的主要讨论内容.

起先较长一段时间内,人们一直认为转动能为脉冲星类致密天体提供唯一能源,直到 1970 年代学者们才意识到这类天体在 X 射线双星中还可通过吸积而有效地释放引力能,即它们可以是吸积供能的(accretion-powered).一般而言,处于大质量 X 双星系统中的脉冲星类天体拥有较强的磁场,吸积流至致密星附近受磁场控制而形成磁极区热斑,表现为吸积供能的 X 射线脉冲星(见第十三章).而处于小质量 X 射线双星中的脉冲星类天体磁场较弱,吸积流直接下落到赤道附近并可诱发热核爆炸,表现为 X 射线暴.

不过,天文观测还发现一类特殊的 X 射线脉冲星,它们因 X 射线辐射功率大于转动能损率而不可能是转动供能 X 射线脉冲星,并且观测上也未发现双星迹象而几乎排除是吸积供能的.人们称这类 X 射线脉冲星为反常 X 射线脉冲星,与其同属一类的天体是软 γ 射线重复暴.目前主流观点认为这两类致密星是磁场供能的,统称为超磁星(magnetar,见第十四章).另一类与超新星遗迹成协的中心致密源,它们的转动能或许也不足以维持较高的 X 射线辐射,可能由残留的热能或表面多极磁场重联所释放的磁能所驱动.还有一类被称为"暗 X 射线辐射孤立中子星"的源,其 X 射线谱可以很好地用黑体谱来拟合,其能量来源可能是残余热.第十四章将介绍这些在 X 射线波段表现各异的脉冲星类天体.

本书将关注射电脉冲星.射电望远镜(见第二章和第三章)的观测模式包括搜寻和计时监测两种,前者用于发现新的射电脉冲星,后者是对已知脉冲星进行长期观测以达到某种科学或技术目的.在脉冲星的计时监测模式下,人们可以测量脉冲到达时间（TOA，time of arrival，见第四章）和脉冲轮廓（包括子脉冲、单脉冲、积分轮廓、脉冲缺失及偏振行为等，见第五章、第六章和第七章）. TOA 的特征可反映脉冲星磁层动力学演化和内部结构，并用于校准时钟、修订太阳系星历表和测量宇宙纳赫兹背景引力波. 脉冲轮廓所显示的辐射特征依赖于磁层的结构（见第七章）、相对论粒子的产生和加速等过程（见第八章和第九章）. 不过，至今尚未清楚地了解脉冲星的内部结构（见第十章），这里涉及对基本强相互作用低能非微扰属性的理解. 作为珍贵的天体实验室，脉冲星可用于精确检验包括广义相对论在内的引力理论（见第十一章和十二章）、探测引力波、了解星际介质的属性（见第十五章）. 最近偶尔发现的快速射电暴（FRB，fast radio burst）具有较高的色散量，很可能彰显了处于宇宙学距离上发生的极端事件，可用作河外星系和星系际介质的探针. 值得一提的是，脉冲星在工程应用方面也毫不逊色，为时间频标和空间导航领域的研究人员所关注.

第二章 射电脉冲星的观测工具——射电天文望远镜

与光学望远镜 400 多年的历史相比,射电望远镜的出现仅有 80 多年,但很快就步入了鼎盛时期. 20 世纪 60 年代射电天文学的"四大发现",即脉冲星、星际分子、微波背景辐射和类星体的发现成为 20 世纪中最为耀眼的天文学成就,也就成为各种大型射电望远镜观测的重点课题. 在我国,新疆天文台的 25 m 射电望远镜于 1996 年率先进行脉冲星的观测研究,现在又建成了云南天文台 40 m 射电望远镜和上海天文台 65 m 射电望远镜,加上 2016 年建成的国家天文台贵州 500 m 射电望远镜,我国脉冲星观测能力将获得很大提高.

§2.1 射电脉冲星信息的特点和射电望远镜的基本结构

射电望远镜是脉冲星观测发现和研究的最重要也是不可或缺的观测设备. 脉冲星天文学的迅速发展得益于射电望远镜技术的发展. 脉冲星辐射具有与众不同的特点,对射电望远镜的研制提出格外的要求.

2.1.1 地球大气的射电窗口

天体的辐射常常包括从射电、光学、X 射线到 γ 射线的整个电磁波谱(见图 2.1). 但是地球大气只有两个窗口,允许可见光和射电波段通过. 由于大气中有水汽、氧和臭氧的吸收带,对毫米波和亚毫米波段而言,只是部分透明. 由于红外、紫外、X 射线和 γ 射线的能量被大气全部吸收,必须把探测设备放入太空轨道才能对它们进行观测.

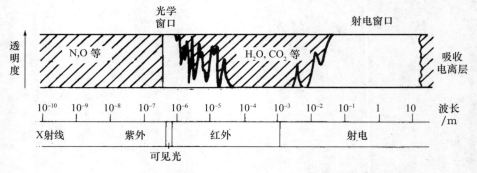

图 2.1 地球大气辐射窗口:只允许可见光和射电波段的辐射到达地面.

　　大气射电窗比可见光窗宽得多,可见光窗的带宽 $\Delta\nu/\nu_{\min}$ 只等于 2,一架光学望远镜能观测整个光学波段的辐射.射电窗口大致从低限 15 MHz($\lambda\approx 20$ m)到高端 1300 GHz($\lambda\approx 0.3$ mm),带宽 $\Delta\nu/\nu_{\min}$ 高达 5 个数量级,一台射电望远镜不能观测整个射电波段的辐射,只能接收一定波段的射电辐射.人们按波段把射电望远镜分为米波(>1 m)、分米波(10 cm~1 m)、厘米波(1~10 cm)、毫米波(1 mm~1 cm)和亚毫米波(0.35~1 mm)射电望远镜.无线电通讯也使用这些波段,而且历史比射电天文悠久,因此射电天文常借用无线电工程中的术语,把微波波段(0.7~90 cm)大致分成 8 个波段,常用波段代码表示(见表 2.1).

表 2.1　波段代码和它代表的频率和波长

频率范围/GHz	近似波长/cm	波段代码
0.30~0.34	90	P
1.24~1.70	20	L
2.65~3.35	13	S
4.6~5.0	6	C
8.1~8.8	3.6	X
14.6~15.3	2	U
22.0~24.0	1.3	K
40.0~50.0	0.7	Q

　　脉冲星辐射是幂率谱,大多数脉冲星的谱指数在 -1.5 到 -2 的范围.因此脉冲星的低频比较强,随着频率的增加,脉冲星的流量密度下降很快.早期的脉冲星观测大都利用低频观测,如发现脉冲星是 81 MHz 的观测,后继的观测所用的频段高一些,如 408 MHz,610 MHz,930 MHz 等.当前,比较流行的观测频率是 1420 MHz,1500 MHz,1950 MHz 等较高的频段.脉冲星观测主要波段在米波和分米波段.也就是说脉冲星的观测基本上就用 P,L 和 S 波段.

2.1.2　射电脉冲星信息的主要特点

　　与天体物理学其他领域的研究相同,脉冲星是遥远的天体,虽然已经成为引力波监测的对象,但一般只能通过接收电磁辐射来研究它们的性质.目前发现的脉冲星近 3000 颗,主要在银河系中,但在近邻星系大小麦哲伦云中已经发现一些射电脉冲星.要想在其他星系中发现更多的射电脉冲星,需要大大提高射电望远镜的观测能力.与其他射电源相比,脉冲星的辐射有其独特性.

　　(1)信号极其微弱,要求射电望远镜有非常高的灵敏度.

　　射电望远镜接收到射电源的辐射用流量密度表示,即每平方米每单位频率接收到的射电源辐射功率,单位是央斯基(Jy),其值为

$$\mathrm{Jy} = 10^{-26}\ \mathrm{W}/(\mathrm{m}^2 \cdot \mathrm{Hz}). \tag{2.1}$$

脉冲星发现初期,能观测研究的脉冲星都是流量密度比较大的,譬如北天最强的脉冲星 PSR B0329+54 在 1400 MHz 频率上的流量密度是 0.203 Jy. 当今观测到的最弱的脉冲星 PSR J1748−2246,在 1950 MHz 频率上仅有 80 μJy. 射电天文望远镜的灵敏度用最小可观测流量密度表示:

$$S_{\min} = \frac{2kT_{\mathrm{SYS}}}{A\ \sqrt{\tau \cdot \Delta f}}, \tag{2.2}$$

其中 k 为 Boltzmann 常数 1.38×10^{-23} J/K,T_{SYS} 是接收机系统的噪声温度(K),A 为天线口面面积(m^2),τ 是观测时间或积分时间(s),Δf 是接收机带宽(Hz).

由(2.2)式可以知道,提高灵敏度的方法是降低系统的噪声、增大天线的接收面积、加长观测时间和扩展接收机的频带宽度. 脉冲星的信号极其微弱,对射电望远镜的灵敏度提出很高的要求,推动了大口径天线、低噪声放大器和宽带消色散终端技术的发展. 这些将在以后的章节详细讨论.

(2) 很短的周期脉冲,要求高时间分辨率.

脉冲星的辐射呈现很短周期的脉冲,从最短的 1.4 ms 到最长的 8.5 s,大多数脉冲星的周期都在 1 s 以下. 为了能够分辨脉冲星短周期结构,采样时间必须比周期短百倍以上,要求射电望远镜有很高的时间分辨率. 实际上,这种采样方式只能大体上描绘出脉冲强度的分布,即脉冲形状,只保留了脉冲强度的信息,所有相位信息全丢失了. 根据 Nyquist 定理,只有当采样频率大于信号中最高频率的 2 倍时,采样之后的数字信号才能比较完整地保留原始信号中的信息,才有可能根据各采样值完全恢复原来的信号. 在进行基频混频以后,信号最高频率可到 100 MHz,甚至 1000 MHz,这就要求采样时间达到 10 ns 到 1 ns,也就是要求有极高的时间分辨率. 由于采样时间特别短,因此数据量惊人,相应的计算量也特别大.

(3) 信号受星际介质的影响,要求有很强大的消色散能力.

脉冲星辐射经过漫长旅程才到达射电望远镜,在传播过程中会受到银河系星际介质的色散和散射的影响,其中色散的影响最为严重,要求射电望远镜具有很强的消色散能力. 这将在第三章中专门介绍.

(4) 部分观测课题要求高空间分辨率.

大多数观测项目对空间分辨率并没有什么要求,在天线方向图的主瓣内同时观测到多个脉冲星并无妨碍. 通过按周期折叠数据流的方法,可以逐个提取不同周期的脉冲星的信息. 甚长基线干涉仪网的分辨率已远远超过大型光学望远镜,但还不能分辨半径仅有 10 km 的中子星的辐射区的细节. 部分观测研究课题,如测量脉冲星的准确位置、自行和周年视差等课题则要求有很高的空间分辨率,需要应用甚长基线干涉仪网或综合孔径望远镜来观测.

2.1.3 射电望远镜的基本结构

射电望远镜通常是由天线、馈源、接收机、数据采集和计算机等5部分构成,以新疆天文台25 m射电望远镜为例加以说明(图2.2).

图 2.2 射电望远镜系统方框图(新疆天文台 25 m).(艾力·玉素甫,等,2001)

(1) 天线及馈源.

和光学反射望远镜相似,投射来的天体电磁波被射电望远镜的天线反射后同相到达公共焦点.一般情况下,射电望远镜只有一个主反射面,馈源和前置放大器放置在抛物面天线的焦点处,称为主焦方式.澳大利亚 Parkes 64 m 射电望远镜和英国 Jodrell Bank 76 m 射电望远镜都采用主焦方式.在抛物面的焦点处的小屋(称为馈源屋)放置多个波段的馈源和前置放大器,还要允许观测人员进入室内进行检测和换馈源.馈源屋用支架撑起,不能太大、太重,局限性很大.主焦方式还有一个缺点就是馈源的方向图主瓣和旁瓣对着地面及附近的物体,会导致额外噪声的干扰.

Cassegrain 系统由旋转抛物面和一个双曲面副反射面组成,天体的射电波经抛物面汇聚到主焦点之前碰到双曲面后,汇聚到双曲面的一个焦点处.这种天线系统把焦点改到主反射面表面中心处,在这里放置馈源很方便,馈源屋可以放在抛物面天线的背后,可以容纳多个波段的馈源和前置放大器.馈源的方向图主瓣和旁瓣总是对着天空的,避免来自地面的干扰.新疆天文台 25 m 射电望远镜的天线采用 Cassegrain 系统.从图2.3中可以看到,在主反射面的抛物面之上有4个支架支撑着一个作为副反射面的旋转双曲面.在抛物面中心处突起的圆锥状物就是馈源,也即图2.4中的 F_2.射电望远镜天线采用 Cassegrain 系统的比较多.

图 2.3   新疆天文台 25 m 射电望远镜:清晰可见其抛物面天线、副反射面、馈源和天线支撑系统.

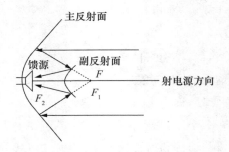

图 2.4   Cassegrain 天线原理图.

Cassegrain 天线的副反射面是旋转双曲面,它有 2 个焦点 F_1 和 F_2,焦点 F_1 与旋转抛物面的焦点 F 重合,称为虚焦点.焦点 F_2 是我们所需要的,称为实焦点.选择适当的参数使实焦点恰好处在抛物面的顶点附近,与馈源(通常为喇叭)的相位中心重合.这样来自射电源的平行于抛物面主光轴的射线就可以会聚在实焦点 F_2 处.

还有一种天线系统是 Gregory 天线,如图 2.5 所示,副反射面是一个旋转椭圆面,有 2 个焦点 F_1 和 F_2,焦点 F_1 与旋转抛物面的焦点重合,焦点 F_2 则放在抛物面的顶点附近.来自射电源的平行于抛物面主光轴的射线不仅可以会聚在实焦点 F_1 处,还会聚到 F_2 处.德国 Effelsberg 100 m 射电望远镜就是采用 Gregory 天线,设置了两个馈源屋,可以放置非常多的波段的馈源和前置放大器.

抛物面天线表面的制造精度要求均方误差不大于 $\lambda/20$,否则天线的效率将会大大降低,导致有效接收面积减小.对米波或长分米波观测,这样的精度容易达到,甚至可以用金属网作镜面,而厘米波和毫米波天线需用平整光滑的金属板(或镀膜)作镜面,为了保证镜面与理想抛物面完全一致,还要采用保形设计、主动反射面等技术.

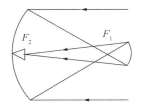

图 2.5 Gregory 天线原理图.

(2) 天线的支撑和运转.

射电望远镜天线的运转有 3 种形式:地平式、赤道式和中星仪式.新疆天文台 25 m 射电望远镜采用地平式.为了观测四面八方的射电源,或者对某一射电源进行跟踪观测,都需要抛物面天线能够灵活运转.地平式要求抛物面能在水平方向转动 360°以上,在仰角方面能调整约 90°.在跟踪观测时,水平方向和仰角都要变化,虽然比较复杂,但很容易利用计算机来控制.目前大型射电望远镜基本上都采用地平式.

支撑反射面的支架不仅要使抛物面天线形状尽量保持不变,还要使天线能指向所要求的观测目标,能随天球转动跟踪监视射电源,因此对指向精度和跟踪精度有严格的要求.指向精度是指天线指向天体的准确程度,用望远镜的实际指向和预期指向之间的差表示.由于射电望远镜指向天球的各种方向时的指向误差都不相同,所以要用各个位置上误差的均方根值(rms)来定义,一般要求满足均方误差不大于该频率的方向图的半功率束宽的一半.由于天线的方向图主瓣宽度随频率的增加而变窄,高频观测对指向精度的要求更高.如美国 Green Bank(GBT)在 17 GHz 观测的指向精度为 17″.对于弱源的观测,天线要能连续地跟踪射电源,要使预定的观测目标一直保持在指向精度以内,其误差称为跟踪精度.

§2.2 射电望远镜的天线系统及性能参数

天线的种类很多,如抛物面天线、抛物柱面天线、球面天线、抛物面截带天线、喇叭天线、偶极子阵天线等.但是,脉冲星观测常用的射电望远镜中抛物面天线居多,其次是球面天线和偶极子阵天线.作为馈源,最常用的是偶极振子和喇叭天线.

2.2.1 抛物面天线

抛物面是由抛物线绕它的轴线旋转而成,故又称旋转抛物面.图 2.6 是最常用的旋转抛物面天线的示意图.OF 为主光轴,D 为直径,焦径比 f/D 的大小表征抛物面的结构特征. f/D 越大, 抛物面越浅, 加工越容易, 但馈源须离反射面越远, 天线的抗干扰能力越差. 抛物面天线既可以作为接收天线, 也可以作为发射天线, 其工作特性是一样的. 这就是天线互易定理. 从发射天线的角度来理解天线的定向性更直观, 比如雷达天线把能量集中在某一方向射出. 作为接收天线, 方向性表现在只能接收来自某一确定方向的无线电波, 其方向性的表述与发射天线完全一样.

射电波是电磁波, 遵守 Maxwell 方程组, 在不同媒质的分界面上都会发生反射、折射、散射、绕射、干涉等现象, 满足波动的基本规律. 当射电波的波长 λ 比天线尺寸小很多的情况下, 可以把射电波当作射线, 用几何光学的光线、直线传播和几何阴影等概念来处理和设计.

抛物面天线的第一个优点是观测波段比较宽, 可以同时在几个波长上进行观测, 适合多种课题的观测研究. 第二个优点是它能将来自射电源的射电波会聚到一个"焦点"上, 被放置在焦点处的馈源所接收. 整个孔径都满足 Fermat 等光程性, 也即图 2.6 上标明的射线的路程都相等: $ABF = CDF = EGF = HKF$, 保证射电波反射到焦点处是同相相加. 不过, 实际的抛物面天线口径有限, 电磁波通过口径面时会产生绕射, 导致不能完全汇聚到焦点上.

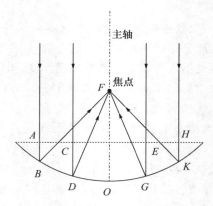

图 2.6 旋转抛物面天线示意图.

2.2.2 球面天线

球面天线与抛物面天线有一个共同点, 就是能收集来自射电源的辐射. 但是, 它们之间却有着完全不同的特点: 球面天线没有主光轴, 来自不同方向的射电源投射到球面天线上的光束都有相同的物理性质, 可以观测不同方向上的射电源 (图 2.7). 固定在地面上的球面天线总是对向天顶, 要移动天线上方的馈源才可以接收不同方向来的辐射. 当然, 使用起来很不方便.

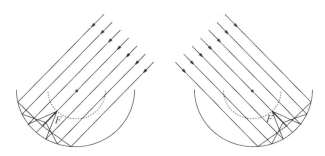

图 2.7 球面天线的不同部分接收来自不同方向射电源的辐射.

为了观测比较大的天区,固定球面天线的口径要大而馈源照明口径要小. 但是,有效馈源照明口径小了灵敏度要降低,所以球面天线口径和有效馈源照明口径的比例要适当,既有足够的灵敏度又有比较大的观测观天区.

2.2.3　振子天线

半波振子天线是最为常见的一种天线,属于线性天线一类. 对于米波和分米波观测,半波偶极天线是最好的馈源. 图 2.8 给出中心驱动的半波偶极天线,天线由两小段组成,长度均为 $d/2$,$d = \lambda/2$,作为发射天线使用时,电流从中间的两端输入. 半波偶极天线的方向图是轴对称的(见图 2.9),半功率宽度很宽,且与波长无关. 用作馈源,方向图的一半(后瓣)背向反射面,有一半的能量损失了. 为了解决这个问题,通常在偶极天线的后面 $\lambda/4$ 处放一个反射器,用两个相互垂直的偶极子天线作为馈源,由两路接收机系统放大. 这样保证不损失来自射电源的功率.

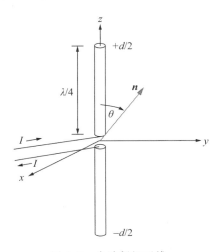

图 2.8 半波偶极天线.

半波偶极天线的最大有效面积与工作波长的平方成正比,波长越长有效面积越大.波长 $\lambda = 1.5\,\mathrm{m}\,(200\,\mathrm{MHz})$ 的半波偶极天线有效面积约为 $0.27\,\mathrm{m}^2$.

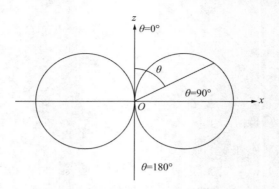

图 2.9　半波偶极天线的方向图.

2.2.4　天线的重要参数

射电望远镜的天线的主要功能是接收来自天体的辐射,按工作波段可分为短波天线、超短波天线和微波天线等,按外形可分为线状天线和面状天线等.天线的性能由一系列参数描述.

(1) 有效面积和天线效率.

天线的第一个重要功能是收集天体的辐射能量.天线的面积越大,可收集的能量越多.然而天线口径的几何面积并不能代表真正的接收面积,很多因素会影响能量的收集,因此常用有效接收面积来表征天线实际收集辐射的面积.

设在频率 ν 处单位频率间隔里在射电望远镜天线的输出端可用功率为 P_ν ($\mathrm{W\cdot Hz^{-1}}$).很显然,这个输出功率正比于被测定射电源的流量密度 S ($\mathrm{W\cdot m^{-2}\cdot Hz^{-1}}$),所以射电望远镜在频率 ν 处接收到的天体信号的功率是

$$P_\nu = AS\Delta\nu\,(\mathrm{W}),\tag{2.3}$$

其中 A 是射电天线的有效接收面积,$\Delta\nu$ 为所接收到信号的频带宽度.很自然,存在一个天线效率参数,其定义是

$$\eta_A = \frac{A}{A_{\mathrm{g}}},\tag{2.4}$$

其中 A 是天线有效面积,A_{g} 为几何面积.

天线有效面积与观测频率及方向有关,不同频率或不同方向有不同的接收本领.引起天线效率小于 1 的原因很多,第一个原因是抛物面表面加工精度不够或变形:当天线面板误差均方根值为 $\lambda/20$ 时,天线增益降低 39%,相当于有效接收面积减少.第二个原因是馈源的偏振特性所导致:天体发出的非偏振波(随机偏振波)可

以分成两个偏振成分,如相互垂直的两个线偏振分量或左旋与右旋圆偏振两个分量.平均来说,两个偏振分量各携带总功率的一半.若用一个偶极子天线作为馈源,由于它是线偏振天线,将要损失一半功率.第三个原因是馈源的方向图与主反射面的配合不好:放在抛物面焦点处的馈源,若其方向图主瓣小了,照明不充分,会丢失一部分能量.大了或刚好,馈源的主瓣或旁瓣把来自地面的干扰收集进来,使信噪比减小.其效果都是使有效接收面积减少.

从表 2.2 中可以看出,波长为 6 cm 的 C 波段的天线效率最高,0.7 cm 的 Q 波段天线效率最低,其原因是波长太短,天线表面精度不够.

表 2.2 美国甚大阵(VLA)25 m 射电望远镜不同波段的天线效率

频率/GHz	0.3~0.34	1.24~1.70	4.5~5.0	8.1~8.8	14.6~15.3	22.0~24.0	40.0~50.0
近似波长/cm	90	20	6	3.6	2	1.3	0.7
代号	P	L	C	X	U	K	Q
天线效率(%)	40	55	69	63	58	40	35

(2) 抛物面天线的方向性、角分辨率和增益.

天线的第二个特点是它的方向性.从几何光学角度来理解,抛物面天线只能接收与光轴平行方向来的辐射,因此具有很强的方向性.由于光的波动性,以及有限的口径,射电波经过抛物反射面后,将会在焦点处形成明暗相间的衍射图样.这与光学的圆孔衍射实验结果是一样的(图 2.10),衍射图样的中央是很亮点圆斑,集中衍射射电波能量的 83.4%,称为 Airy 斑.图 2.11 是用极坐标表示的抛物面天线的功率方向图,有主瓣、旁瓣和后瓣.

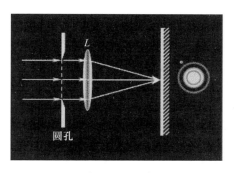

图 2.10 光学圆孔衍射的实验.

定义 Airy 斑的半功率宽度 θ 为射电天线的分辨率,θ 与波长(λ)及孔径直径(d)的关系为 $\sin\theta = 1.22\lambda/d$,$\theta$ 角一般都很小,则有 $\sin\theta \approx \theta$,

$$\theta \approx 1.22\lambda/d. \tag{2.5}$$

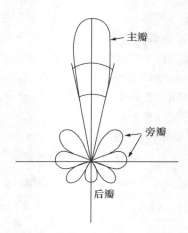

图 2.11　轴对称抛物面射电望远镜天线归一化功率方向图的切面图, 其中在光轴方向 $P(0)=1$.

功率方向图可以通过测量或观测一个射电点源获得. 天线增益是表征天线定向发射能力的参数, 其定义是: 在发射总功率相同的情况下, 定向天线在某一方向最大的发射功率与各向同性天线的某一方向的发射功率之比.

§2.3　射电望远镜接收机

从天体投射来并汇集到望远镜天线焦点的射电波, 必须达到一定的功率电平才能被接收机检测出来. 射电天文接收机可划分为米波、微波、毫米波和亚毫米波接收机. 射电望远镜的灵敏度不仅由天线口径及品质决定, 而且与接收机的关系重大. 当望远镜建成以后, 继续提高灵敏度的主要手段是不断改善接收机的性能, 如降低接收机系统的噪声温度和增加频带宽度等.

2.3.1　超外差式接收机的组成

超外差接收机无论在灵敏度、频率选择性及稳定性上都有相当优异的特性, 因此传统的接收机大都采用超外差结构. 图 2.12 是射电望远镜接收机原理方框图.

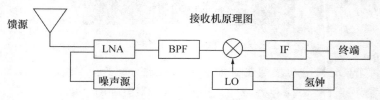

图 2.12　射电望远镜接收机原理图.

（1）低噪声放大器（LNA）.

接收机第一级放大器，又称前置放大器，对来自射电源的信号直接放大，所截取的信号的频率称为射频.这是整个接收机的核心器件，必须采用低噪声放大器.其放大倍数在 $10\sim1000$ 的范围，通常被安装在靠近馈源的地方，并把它冷却到接近绝对零度，使噪声最小.对于观测频率比较低的情况，因为天空背景噪声温度比较高，采用低温制冷接收机系统意义不大，通常转而采用常温低噪声放大器.

（2）本机振荡器（LO）和混频器.

本机振荡器和混频器是超外差式接收机的关键部件.图 2.12 中的圆形框为混频器.当混频器将主信号与本振信号结合后，二者间的拍频比原信号的频率低得多，该关系式是

$$\nu_{signal} = \nu_{LO} \pm \nu_{IF},\qquad(2.6)$$

其中 ν_{signal} 是射电望远镜的观测频率，ν_{LO} 是本振频率，ν_{IF} 是中间频率.满足（2.6）式的信号频率有两个，但馈源和前置放大器只让其中的一种频率被收集和放大.

本机振荡器的重要指标是频率稳定性，有条件的观测站使用原子钟来提供基频.混频器的性能在接收机性能中起着举足轻重的作用.超外差接收机的一些特殊的干扰，如镜像干扰、组合频率干扰、中频干扰、半中频干扰等都是由混频器产生的.混频器是非线性器件，一般情况下可以看为准线性器件.混频器有很多种类，根据观测研究的需要选用.

（3）带通滤波器（BPF）.

连接前置放大器和混频器的射频带通滤波器（BPF）的主要作用是抑制接收机的镜像频率干扰、镜像噪声、接收机本振信号的泄漏、放大器产生的二次谐波，以及半中频干扰.对于超外差接收机来说，镜像问题是一个严重的问题.

（4）中频放大器（IF）.

中频放大器主要在中频频段给接收机提供足够的增益，并要求中频放大器稳定，以防止接收机产生自激.

（5）噪声源.

在射电天文观测中，一般采用噪声源来衡量射电源的流量强度.需要选择一个性能优异且噪声温度随环境温度变化小的噪声源.噪声源的噪声温度大约为 290 K，而脉冲星射电源的流量强度大都远小于这个值，因此需要加一定的衰减后才能为系统提供合适的噪声.

（6）分贝（dB）的定义和使用.

分贝表示两个量的比值大小，没有单位.对于功率，$dB = 10\lg(A/B)$.对于电压或电流，$dB = 20\lg(A/B)$.A,B 代表参与比较的功率值或者电流、电压值.放大器输出与输入的比值为放大倍数，改用"分贝"做单位时，就称之为增益.

给 0 dB 定一个基准,dB 就有了绝对的数值了. 定义 dBm 为在 600 Ω 负载上产生 1 mW 功率时的 0 dB 的值,dBV 则是产生 1 伏的电压为 0 dB,dBW 是产生 1 W 为 0 dB.

2.3.2　选用超外差式的原因

(1) 射电源辐射的射电波段的频率范围很宽,射电望远镜是一个天生的单色仪,馈源和接收机都只能接收围绕中心频率的一定频带宽度的信号,因此射电望远镜需要配备许多套不同频段的馈源和接收系统. 超外差结构可使不同频段的前置放大器共用同一个中频放大器和共同的终端记录系统,使整个系统变得比较简单.

(2) 天体信号微弱,进入接收机的输入端时只有大约 −120 dBm/MHz. 对 25 m 口径天线和 320 MHz 频带宽度来说,考虑传输线损耗,接收机需要相当于 1 Jy 的流量密度. 对比较弱的脉冲星观测,它们的流量密度只有毫央斯基(mJy)的量级,接收机的增益至少要达到 100 dB.

如果接收机在一个频段的增益超过 60 dB,就可能产生自激而变得不稳定. 采用超外差式,分别在两个频段放大信号,解决了这个难题,保证接收机获得必要的增益,并能稳定工作.

(3) 超外差接收机的频率选择性极好,在强干扰情况下,小信号的处理和选择能力也非常优秀,两次变频的频率选择性更好. 如果不进行变频处理,被接收机放大的射频信号会有一部分泄漏出去,反射回天线造成干扰.

2.3.3　射电望远镜观测系统的噪声

接收机的噪声是系统噪声的主要来源. 噪声还有其他来源,如银河系背景噪声、环境噪声等.

(1) Nyquist 定理.

对于电路里的任何部分,噪声来源于电子元件的热噪声,即导体中的电荷载流子受到热激励而产生的随机振动. 在温度高于绝对零度的导体中,电子处于随机运动状态,这种运动和温度有关. 由于每个电子带有 1.60218×10^{-19} C 的电荷,所以当电子在材料中做随机运动时,会形成很多小的电流涌. 虽然在导体中由这些运动产生的平均电流为零,但瞬时是有电流起伏的,这使得导体两端有电位差存在. Nyquist 定理给出导体中热噪声的有用输出功率为

$$P_n = kTB, \tag{2.7}$$

其中 k 为 Boltzmann 常数,B 为噪声带宽,T 为导体内的物理温度. 噪声功率随带宽的减小而减小,随温度的降低而降低. 噪声功率与工作中心频率无关,只取决于频带宽度,所以称它为"白噪声".

（2）噪声系数及其他表述.

噪声系数（F）有很多种定义方式,最常用的定义是网络两端输入信噪比与输出信噪比的比值:

$$F = (S_i/N_i)/(S_0/N_0),\qquad(2.8)$$

其中 S_i 和 N_i 分别代表网路输入端的信号和噪声的功率,S_0 和 N_0 分别代表网络输出端的信号和噪声的功率.噪声系数只适用于接收机的线性电路和准线性电路,即检波器以前的部分.检波器是非线性电路.混频器可以看成是准线性电路.

理想的无噪网络的噪声系数为 1,而实际的网络都是有噪声的.根据 Nyquist 定理,室温时的输入噪声功率为 $P_0 = kT_0B$.设网络本身的输出噪声功率为 N_a,输出比输入放大了 G 倍,则噪声系数可表述为

$$F = \frac{N_a + kT_0BG}{kT_0BG},\qquad(2.9)$$

分子比分母多了网络噪声输出,若无网络噪声,则噪声系数为 1.噪声系数的对数形式为

$$NF = 10\lg F.\qquad(2.10)$$

人们习惯用等效噪声温度来代替噪声系数.网络噪声功率为 $N_a = kT_aBG$,代入（2.9）式可得 T_a,以此温度作为等效噪声温度 T_e,则有

$$T_e = T_a = T_0 \times (F-1).\qquad(2.11)$$

表 2.3 给出了它们的对应关系.

表 2.3　噪声系数、对数型噪声系数、噪声温度对照表

NF	F	T_e
0 dB	1	0 K
0.1 dB	1.023	6.67 K
0.2 dB	1.047	13.67 K
0.4 dB	1.096	27.98 K
0.5 dB	1.122	35.39 K
1 dB	1.259	75.09 K
2 dB	1.585	169.62 K
3 dB	2	288.63 K

（3）射电望远镜噪声的其他来源.

（i）天空背景噪声.

天空背景噪声主要来自银河系背景射电辐射,比背景辐射更弱的脉冲星是观测不到的.脉冲星辐射是幂律谱（谱指数平均为 -1.5）,银河系背景辐射的谱更陡（谱指数平均为 -2.6）.天空背景辐射随频率增加快速减少,327 MHz 的背景辐射约 300 K,1.5 GHz 时约 5 K,到了毫米波段就接近 0 K 了.

（ii）馈源噪声.

在制冷接收机中,接收机本身的噪声温度极低,馈源和漏射噪声变得重要.在短厘米波、毫米波和亚毫米波波段,馈源很小,有可能与前置放大器放在一起,使它处在低温状态.

（iii）漏射噪声.

漏射噪声是馈源的波束大于天线口径及馈源波束的副瓣导致地面噪声进入馈源所致.漏射噪声要远大于馈源的噪声.若馈源波束小于天线口径,则会造成天线有效面积减小.馈源的漏射噪声不可避免.一般馈源的漏射噪声大约为 17 K.

（iv）环境噪声.

调频电台、电视、手机、所有无线电数据的传输、出租汽车、微波炉和其他人造波源的漏失辐射,都会对射电望远镜的观测造成干扰.国际组织分配给射电天文业务的频段,主要是分子谱线附近的频段.对于脉冲星观测,为了提高灵敏度,要求非常宽的带宽,这样的频率保护不起作用.新疆天文台 25 m 射电望远镜脉冲星观测使用的消色散接收系统,频带宽度是 320 MHz 和 1 GHz 两种,只能寻找远离城市、人烟稀少的地方,以及四周有比较高的山阻隔外界电磁波的台址.

2.3.4　制冷式前置放大系统

射电望远镜的系统噪声包括接收机、馈源、天线的噪声等.射电望远镜接收机大多数采用超外差式,有很多级放大器,级联网络系统的噪声温度计算公式是

$$T_e = T_1 + \frac{T_2 - 1}{G_1} + \frac{T_3 - 1}{G_1 G_2} + \cdots + \frac{T_n - 1}{G_1 G_2 \cdots G_{n-1}}. \tag{2.12}$$

式中 $G_1, G_2, G_3, \cdots$ 分别为各级放大器的放大倍数,一般比 10 还要大,因此 (2.12) 式右边第一项的数值远大于其他各项之和.所以,接收机的多级放大器的噪声由第一级决定.

降低多级放大器第一级的噪声温度至关紧要.通常用液氦来冷却接收机的第一级放大器,甚至包括馈源或其中的极化器.第一级放大器的放大倍数通常为 10 至 1000.为尽量减少馈线引起的衰减,它通常被安装在靠近馈源的地方,因此又称前置放大器.制冷式前置放大器对于频率比较高的观测才是必要的,频率比较高时,银河系背景辐射很低,如 1.5 GHz 时,噪声温度仅有 5 K 左右,当然希望接收机的噪声温度越低越好.但是,对低频观测来说,天空背景噪声温度较高,如 327 MHz 时的银河系背景噪声为 300 K,采用低温制冷式意义不大,一般采用常温低噪声放大器.

目前我国有多台射电望远镜在多个波段上装备了制冷式前置放大系统.新疆天文台的 25 m 射电望远镜 18 cm 波段双极化制冷接收机系统是 2002 年研制成的.这是中、澳、英三国五方合作的脉冲星观测项目中的任务,采用澳大利亚国家射

电天文台的技术,达到国际先进水平.图 2.13 是这套设备的原理方框图.该设计把低噪声放大器、极化器、耦合器、隔离器都放在作为低温室的封闭的杜瓦瓶中.抽真空使低温室内部达到较高的真空度.液态氦的沸点很低,接近绝对温度的零度(−268.9℃).类似家用空调制冷的原理,压缩机将液态氦制冷至 10 K 以下,通过液态氦在杜瓦瓶的外面流动,来使杜瓦瓶的温度降至 10 K 以下.新疆天文台研制的这套接收机系统拥有线极化(适宜作脉冲星观测)和圆极化(适宜作 VLBI 观测)两种工作模式,测试结果分别为

线极化: 通道 A $T_{sys} = 24$ K, $T_n = 5.6$ K,
通道 B $T_{sys} = 22$ K, $T_n = 6.5$ K;
圆极化: 通道 A $T_{sys} = 22.4$ K, $T_n = 5.2$ K,
通道 B $T_{sys} = 21$ K, $T_n = 6.0$ K.

其中 T_n 为前置放大器的噪声温度,T_{sys} 为系统噪声温度,包括了接收机系统及银河系背景的噪声温度,达到了国际先进水平.这套系统已经稳定运行了 15 年.

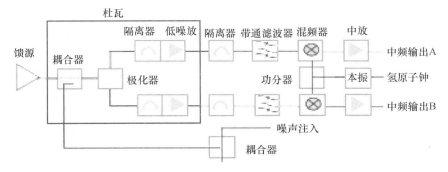

图 2.13 双极化制冷接收机原理图.(新疆天文台)

§2.4 脉冲星观测常用的大型单天线射电望远镜简介

脉冲星观测要求高灵敏度,因此大口径天线射电望远镜成为首选.目前国际上的 4 台大型抛物面射电望远镜和一台固定地面的球面天线射电望远镜对脉冲星观测研究的贡献最大(见图 2.14).我国贵州 500 m 口径望远镜(FAST)和上海 65 m 口径望远镜(天马)已进入国际大型天线射电望远镜行列.

2.4.1 国际大型抛物面天线射电望远镜

(1) 英国 Lovell 76 m 射电望远镜.

英国 Jodrell Bank 的 76 m 射电望远镜是世界上第一台大型射电望远镜,1958

英国 76 m，1958年　　　德国 100 m，1972年

澳大利亚 64 m，1961年　　　美国 110 m×100 m，2000年

图 2.14　脉冲星观测常用的大型射电望远镜.

年投入观测.它在英国剑桥大学发现脉冲星后,立即成为当时脉冲星观测的主力,1971 年的巡天发现了 39 颗脉冲星.1984 年率先在球状星团中找到毫秒脉冲星,破解了"毫秒脉冲星难以发现"的难题(Lyne,et al.,1987).经过几次技术改造,特别是 2003 年更换了镀锌钢反射面,更新了定位控制系统,修复了轨道系统并换上了新的电脑系统,使这台运转了 40 多年的老望远镜又上了一个台阶,最短观测波长达到 3 cm,灵敏度比建成时提高了 30 倍,依然是当今国际上重要的射电望远镜之一.(http://www.jb.man.ac.uk/booklet/)

(2) 澳大利亚 Parkes 64m 射电望远镜.

该望远镜 1958 年动工建造,1961 年开始投入观测.50 多年来,望远镜的外貌和基础结构没有变,但经多次技术改造,望远镜的观测波长已短到 1.3 cm.

早期它与悉尼大学在 Molonglo 的 Mills 十字射电望远镜的东西臂的观测配合,在 408 MHz 上进行的巡天观测,成果辉煌,到 1978 年共发现 187 颗脉冲星.Mills 十字的东西臂的方向图是扇形,主瓣半功率宽度为 $4.3° \times 1.4'$,在赤纬方向很宽,巡天效率很高.再利用 Parkes 64 m 射电望远镜做进一步观测,确定了众多的脉冲星参数.

最近 20 年 Parkes 射电望远镜成为国际脉冲星巡天的主力,其中与英国 Jodrell Bank 天文台合作的多波束巡天最为成功.13 个波束的馈源系统不仅加快了巡天进度,也提高了观测灵敏度,发现脉冲星的数量成倍的增加(Manchester,et al.,2001).在已发现的近 3000 颗脉冲星中,Parkes 的发现占了 2/3,其中双射电脉冲星和天体射电旋转暂现源(RRAT)的发现意义重大.

中国脉冲星学者对 Parkes 射电望远镜是很有感情的. 从 1998 年开始, 有好几位中国学者与 Manchester 教授合作, 利用 64m 射电望远镜进行脉冲星的观测 (Wu, et al., 1993; Qiao, et al., 1995; Han, et al., 1997).

(3) 德国 Effelsberg 100 m 射电望远镜.

德国的 100 m 射电望远镜于 1968 年开始建造, 1972 年投入观测. 这台射电望远镜的特点是: 它是当时口径最大的射电望远镜; 它在国际上首次采用主动反射面技术; 它采用 Gregory 天线系统使得这台望远镜有两个馈源屋; 它是第一台能在毫米波段进行观测的特大型射电望远镜.

一般射电望远镜只有一个馈源屋, 这台射电望远镜的观测波段从 90 cm 到 3 mm, 需要分成 22 个波段, 一个馈源屋根本放不下各个波段的馈源和前置放大器.

从 1972 年建成到 2000 年美国 Green Bank 的 100 m×110 m 建成这近 30 年的时间里, 德国 100 m 射电望远镜一直处于霸主地位.

这台射电望远镜的研究课题主要是谱线的观测, 但在脉冲星观测上也有建树, 率先进行毫米波段的观测 (Kramer, et al., 1997) 和高频 (5 GHz) 巡天 (Klein, et al., 2004). 近些年来, 脉冲星观测研已成为重点之一, 开始了脉冲星巡天观测研究.

(4) 美国 Green Bank 100 m 口径射电望远镜 (GBT).

1988 年 11 月 15 日, 美国口径最大的 91.5 m 射电望远镜在使用过程中突然倒塌. 当时他们决定建造一台世界上最大、最好、可跟踪的射电望远镜, 全面超过德国 100 m 射电望远镜. 该望远镜于 2000 年 8 月 22 日隆重启用.

这一望远镜的天线采用独特的偏轴方式, 被戏称为"歪脖子天线". 在天线表面正上方空无一物, 增加了有效面积, 还能消除一般射电望远镜支架所引起的反射和衍射. 放置前置放大器和第二反射面的支架做得粗壮结实.

接收机的工作频率范围是 100 MHz 到 115 GHz, 也就是波长从 3 m 到 2.6 mm. 观测波长之所以能达到 2.6 mm 是因为采用了高度自动化的主动反射面系统, 激光测距系统能及时地测出天线表面的形变, 然后发出指令通过马达把主反射面和第二反射面调整好. 天线由 2004 块金属板拼成, 在每一块金属板的四个角上安装上由计算机控制的小型马达驱动器 (见图 2.15), 它能使金属板上下移动, 以保持表面的形状与理想形状相近.

GBT 是当今观测脉冲星能力最强的射电望远镜, 有效接收面积比 Parkes 射电望远镜约大 3 倍. 望远镜投入观测后, 在脉冲星观测研究中成果显赫, 如在球状星团 Terzan 5 中发现了 30 颗新的脉冲星, 其中的 PSR J1748−2446ad, 周期仅 1.4 ms, 成为周期最短的脉冲星 (Ransom, et al., 2005).

图 2.15   GBT 主反射面小单元铝面板四角上的调节器支撑.

2.4.2   美国 Arecibo 球面天线射电望远镜

为了提高空间分辨率和灵敏度,天线要尽量做大. 从目前的技术条件来说, 110 m 口径的可跟踪天线已经接近极限,再大口径天线只能选择固定在地面的方式,球面天线成为首选.

美国在 20 世纪 60 年代建造的 Arecibo 雷达射电望远镜是为了研究地球电离层,兼做一些射电天文观测,后来变为以天文学研究为主了. 脉冲星的观测成为它的亮点项目.

望远镜口径为 305 m,有效照明口径是 213 m,口面到球面天线顶点的距离约为 50.9 m,球面曲率半径为 265 m. 最初的天线表面是金属网的,后来改建为全金属面,工作频率从 50 MHz 到 10 GHz. 在球面天线上方是馈源系统,重达 900 t,它由三组钢缆悬挂在约 137 m 高处(图 2.16).

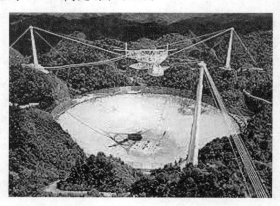

图 2.16   美国 Arecibo 305 m 球面射电望远镜.

这台射电望远镜的最大特点是灵敏度高. 最初它采用长约 28 m 的线性馈源, 使用起来很不方便, 后来改用改正镜来聚焦. 悬挂在平台下方的一个圆屋中有一个由口径分别为 21.9 m 和 7.9 m 的副反射面组合成的改正镜. 靠近轴焦点并离主反射面较远的是第一副面, 另外一个叫第二副面, 为了避免遮挡, 它们互相错开. 馈源位于第二副面的焦点上. 两个副面和馈源与主反射面组成一个格式天线系统(图 2.17).

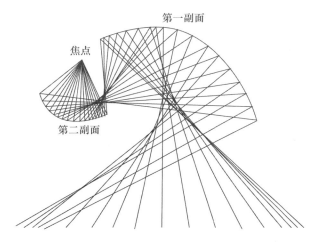

第一副面

焦点

第二副面

图 2.17　Arecibo 射电望远镜 Gregory 双反射面馈源系统. (选自郑兴武的《射电天文技术和方法讲座》, 2010)

这台射电望远镜对脉冲星观测研究有着重要的贡献, 最激动人心的观测成果是 1974 年发现第一个射电脉冲双星系统 PSR B1913 + 16 (Hulse & Taylor. 1975), 这一发现使得 Hulse 和 Taylor 一起获得 1993 年诺贝尔物理学奖. 1982 年, 美国的 Backer 教授等应用这台望远镜发现毫秒脉冲星, 开辟了一个新的研究领域 (Backer, et al., 1982). 1992 年, Wolszczan 和 Frail 用这个望远镜发现了毫秒脉冲星 PSR B1257 + 12 的行星系统, 它成为人类首次发现的太阳系外的行星系统 (Wolszczan & Frail, 1992).

2.4.3　我国观测脉冲星的射电望远镜

目前, 我国有 4 台射电望远镜可用于脉冲星观测. 新疆天文台 25 m 射电望远镜在 1996 年开始进行脉冲星的观测. 云南天文台的 40 m 射电望远镜于 2006 年建成, 主要任务是中国探月工程项目, 天文观测则以脉冲星为重点. 上海天文台的 65 m 射电望远镜于 2012 年建成, 这是一台进入世界大射电望远镜行列的观测脉冲星设备. 2016 年 9 月, 全球最大单口径射电望远镜 FAST 在贵州建成.

（1）新疆天文台 25 m 射电望远镜.

1996 年新疆天文台 25 m 射电望远镜开始仅在 327 MHz 和 610 MHz 频率上进行脉冲星观测研究,能力有限,只对十余颗脉冲星进行观测研究.它于 1999 年建成 18 cm 波段双偏振室温消色散系统,开始对 74 颗脉冲星进行长期系统性的观测.2002 年它改为制冷式前置放大系统,灵敏度有很大的提高,为 0.5 mJy.随即对 280 颗脉冲星进行系统的观测.2010 年它改用澳大利亚的 PDFB 终端系统,使检测的脉冲星数目达到 300 颗,主要是增加了毫秒脉冲星样本的观测.应用该望远镜的课题主要集中在脉冲到达时间的监测方面,在脉冲星周期跃变的发现、自行的测量和星际闪烁等方面有不少成果.

新疆天文台正在筹建的奇台 110 m 口径射电望远镜将会以脉冲星观测研究为重点课题.这台射电望远镜将采用先进的主动面技术以提高天线有效接收面积,配备 8 个波段的接收设备,将可能与美国 Green Bank 110 m×100 m 射电望远镜并列为世界最大的可动天线射电望远镜.

（2）云南天文台 40 m 射电望远镜.

2006 年建成 40 m 射电望远镜（见图 2.18）,主要任务是中国探月工程,天文观测则以脉冲星为重点（Hao,et al.,2010）.它只配备了 S 波段和 X 波段接收系统.脉冲星的观测主要在 S 波段进行,采用澳大利亚的 PDFB 终端系统.由于 S 波段接收机射频频率范围为 2150～2450 MHz,观测带宽为 300 MHz,由于带内干扰实际观测带宽为 180 MHz.2008 年它在 13 cm 波段观测脉冲星实验成功,已能够观测近百颗脉冲星,观测到最小流量密度的脉冲星是 PSR J2219＋4754,为 1.049 mJy.在 X 波

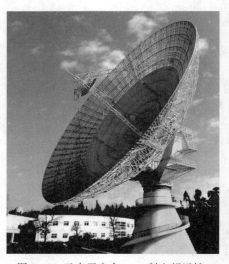

图 2.18   云南天文台 40 m 射电望远镜.

段,脉冲星的流量密度很低,它仅观测到两颗脉冲星.就国内脉冲星观测来说,云南天文台 40 m 的脉冲星观测具有两个特点:一是在 13 cm 波段观测,与新疆天文台 25 m 及上海天文台 65 m 的重点波段不同;二是能够比其他两台射电望远镜观测更多的南天脉冲星,能够观测南纬超过 40° 的脉冲星 24 颗,超过 45° 的 15 颗.

（3）上海天文台 65 m 射电望远镜.

2012 年建成的 65 m 射电望远镜（见图 2.19）配备了 8 个波段的接收设备,工作波段多、工作频率高、接收频带宽.它采用先进的主动反射面技术,在高频段获得了更大的接收效率,灵敏度与国际上同等口径的射电望远镜相当,在高频段优于澳大利亚的 Parkes 射电望远镜（见表 2.4）.在低频段受环境电磁干扰影响,其灵敏度降低.人们已利用它发表了一批脉冲星的观测研究成果（Yan,et al.,2013,2015;Zhao,et al.,2017）.

图 2.19　上海天文台 65 m 射电望远镜.

表 2.4　射电望远镜天线效率和有效面积的比较

波段/cm	上海 65 m $\eta/(A_{\mathrm{eff}}/\mathrm{m}^2)$	澳大利亚 Parkes 64 m $\eta/(A_{\mathrm{eff}}/\mathrm{m}^2)$	意大利撒丁岛 64 m $\eta/(A_{\mathrm{eff}}/\mathrm{m}^2)$
L:18	0.60/1991	0.57/1840	0.59/1911
S:13	0.58/1925	0.45/1454	——
C:6	0.60/1991	0.39/1255	0.58/1856
X:3.6	0.60/1991	0.419/1316	0.61/1956
Ku:2.5/2.0	0.60/1991	0.25/788	0.61/1956
K:1.35	0.55/1825	0.30/476(45m 口径)	0.56/1805

(4) 中国贵州 500 m 口径球面射电望远镜（FAST）.

这台射电望远镜属于国家科学大工程中的项目,已于 2016 年 9 月建成.它目前是世界上接收面积最大的射电望远镜（Nan,2008）.

利用贵州独特的喀斯特地形条件和极端安静的电波环境,研究人员选择平塘县大窝凼的开口 500 m 的碗形山谷,依托地形建设这台巨型射电望远镜.500 m 口径球面天线,在观测时实际使用口径为 300 m,比 Arecibo 射电望远镜的灵敏度要高 2 倍多.由于口径增大和设计的改进,观测的天区范围也比 Arecibo 射电望远镜扩大了 1 倍多.

Arecibo 射电望远镜最大的缺点是馈源系统很复杂,导致吊在空中的放置馈源和接收机前端的平台重约 900 t.FAST 采用主动反射面技术使观测时使用的部分天线表面即时变为抛物面,不需要改正用的副反射面,使馈源简单多了,平台小得多,也轻多了.

由于灵敏度的提高和观测天区的扩大,FAST 对同类天体的可观测数目将增加约 5 倍.预计它能发现的脉冲星数目将超过迄今发现的脉冲星总数的一倍以上.FAST 可以进行精度特别高的脉冲星到达时间测量,由目前的 120 ns 提高至 30 ns,成为世界上最精确的脉冲星计时观测设备.它在试观测阶段已经发现 6 颗脉冲星.

§2.5 其他观测脉冲星的射电望远镜

除了大型单天线射电望远镜外,多天线组成的射电望远镜系统也具有观测脉冲星的能力,对于那些需要高精度定位的脉冲星观测课题则成为首选的观测设备.

2.5.1 高分辨率射电望远镜观测脉冲星

Ryle 发明的综合孔径射电望远镜开辟了射电望远镜的一个新时代,不仅在分辨率方面赶上光学望远镜,而且也能获得射电源的图像.在此基础上发展起来的甚长基线干涉仪网更上一层楼,在分辨率方面远远超过了光学望远镜.对于研究脉冲星位置、自行和周年视差的课题,虽然可以通过脉冲的时间的测量获得有用的信息,但是在观测精度上高分辨率的多天线系统具有很大的优越性.

(1) 美国甚大阵综合口径射电望远镜（VLA）.

望远镜（见图 2.20）由 27 面直径 25 m 的可在轨道上移动的抛物面天线组成,分别安置在三个铺有铁轨的臂上,呈 Y 形.2 个臂长是 21 km,另一个臂长为 20 km,每个臂上放置 9 面天线.望远镜总接收面积达到 13 000 m²,灵敏度很高.最大基线是 36 km,最短工作波长 0.7 cm,最高分辨率达到 0.05″,已经优于地面上的大型光学望远镜了.

图 2.20 美国甚大阵综合口径射电望远镜(VLA).

VLA 观测可以把射电源的位置定得很准,特别是像脉冲星这样的点源,进行多年的观测就可以知道脉冲星在天球上移动的情况,也就是测出了自行,以每年移动多少弧秒表示.Brisken 等(2003)应用 VLA 在 1992—1999 年期间进行了多次观测,获得了 28 颗脉冲星的自行数据.这 28 颗脉冲星距离我们很远,流量密度很低,是其他小型综合口径射电望远镜观测不了的.

(2) 英国多天线微波连接干涉仪(MERLIN).

这台由 7 面射电望远镜组成的多天线干涉仪最初由微波连接替代馈线,最长基线达到了 217 km,分辨率有很大的提高.在最短工作波段 13 mm 波长上,分辨率达到 0.01″,比 Hubble 太空望远镜高出 5 倍.由于微波接力损失了大部分信息,它现在已改用光纤连接,改名为 e-MERLIN,观测质量有很大提高.

应用此干涉仪的研究人员在 1993 年发表了 44 颗脉冲星的自行观测数据,其中 13 颗只给出上限值.他们在 408 MHz 频率上,采用 2 条基线进行的独立观测,总共监测了 4 年(Harrison,et al.,1993).

(3) 欧洲甚长基线干涉仪网(EVN)和美国甚长基线干涉仪网(VLBA).

甚长基线干涉仪网是在综合口径射电望远镜的基础上发展的,其特点是取消馈线,放置在不同地方的射电望远镜同时对同一个射电源在同一波段进行观测,观测数据分别记录在磁带或光盘上,观测后再把各个射电望远镜的观测数据进行相关处理,获得射电源的图像.

由于取消馈线,射电望远镜之间的基线可以非常长,因此分辨率特别高,远远超过大型光学望远镜,这对脉冲星自行和视差的观测特别有利.

1980 年,德国、意大利、荷兰、瑞典和英国联合建立了欧洲地区的甚长基线干涉观测网,简称 EVN.这一观测网很快就扩展至欧洲各国,还扩展到了中国、南非和美国,涉及 11 个国家、18 台射电望远镜,成为世界上分辨率和灵敏度最高的 VLBI 网(见图 2.21).

图 2.21　欧洲甚长基线干涉仪网射电望远镜分布.

美国 VLBA 由 10 台 25 m 口径射电望远镜组成,跨度从美国东部卡里宾的维尔京岛到西部的夏威夷,基线长达 8600 km,观测波长从 90 cm 到 3.5 mm,在毫米波段的分辨率是世界上最高的,是世界上最大的 VLBI 观测的专用设备.

2009 年,应用 VLBA 多年的观测给出了 14 颗脉冲星的周年视差,获得了视差和自行,导出了距离和横向速度(Chatterjee,et al.,2009).对于脉冲星距离的估计方法很多,但测量视差获得的距离最为准确.视差的观测很困难,只有寥寥几颗近处的脉冲星测出了周年视差.由于绝大多数脉冲星的距离是用测量 DM 值来估计的,这种方法要求知道星际电子密度的分布及其平均值,而估计星际电子密度的方法需要用其他方法测出一批脉冲星的比较准确的距离,然后根据测量的 DM 值推算出电子密度.

(4) 中国甚长基线干涉仪网(CVN).

为了"嫦娥探月工程"的测轨任务,我国于 2006 年建立了自己的甚长基线干涉观测系统,由上海和乌鲁木齐的 2 台 25 m 口径射电望远镜,北京密云 50 m 射电望远镜和昆明 40 m 射电望远镜组成,并在上海天文台建立数据资料中心.最短基线是上海到北京的 1114 km,最长基线是上海与乌鲁木齐之间达 3249 km.在 3.2 cm 波长上的分辨率达到 2.5 毫角秒.与通常的天文观测不同,该网进行"嫦娥一号"和"嫦娥二号"的测轨,采用网络即时传送观测数据到上海数据资料中心,大约只需十几分钟就将处理后的结果传送到嫦娥探月指挥中心.这一干涉网已经开始进行脉冲星的观测,成功地获得了 PSR B0329+54 的位置和自行(Guo,et al.,2010).2012年上海 65 m 射电望远镜建成并投入观测,使 CVN 的观测能力提高很多.

2.5.2 多天线系统作为单天线使用观测脉冲星

综合孔径射电望远镜是多天线系统,其灵敏度由所有天线有效接收面积的总和来决定,因此大型综合口径射电望远镜的总接收面积都很大,灵敏度很高,这正是脉冲星观测所要求的.

(1) 荷兰 Westerbork 综合孔径射电望远镜(WSRT).

WSRT 由 14 面直径 25 m 的抛物面天线组成,东西向排列在 2700 m 的基线上. 10 面天线固定在地面,4 面天线可以在铁轨上移动. 观测频率范围从 120 MHz 到 8700 MHz,分为 8 个频段. 可以用单一频段进行观测,也可以用 2 或 3 个频段同时观测. WSRT 总接收面积相当于一面口径 93 m 的大天线,利用相加模式进行脉冲星观测,成果颇丰.

(2) 印度米波综合孔径射电望远镜(GMRT).

GMRT 由 30 面可操纵的口径为 45 m 的抛物线天线组成,1994 年建成,12 面比较密集地放置在大约 1 km^2 的范围内,成为核心区,其他 16 面天线沿三条长轨分布,形成 Y 形,最大的干涉基线是 25 km. 望远镜观测分六个频段,分别是 50 MHz,153 MHz,233 MHz,325 MHz,610 MHz 和 1420 MHz. 脉冲星观测是其最重要的课题之一,它发现的第一颗脉冲星 PSR J0514−4002A 是颗毫秒脉冲星,是在球状星团 NGC 1851 中发现的第一颗脉冲星,属于双星系统中的成员,自转周期为 4.99 ms,轨道周期是 18.8 天.

(3) 21 世纪平方千米射电望远镜(SKA).

1993 年,包括中国在内的十个国家提出"21 世纪的国际射电望远镜"项目,要建造接收面积达 1 km^2 的新一代大型射电望远镜,简称 SKA. 研究和讨论进行了将近 20 年,到 2011 年确定了设计方案:为了降低成本,采用较小天线组成阵列,如直径 15 m 的抛物面天线和平板设计的相位排列. 整个阵列中大约 50% 的望远镜天线将位于中央的 5 km 半径内,另外的 25% 将外延至 200 km 范围,最后的 25% 将延伸超过 3000 km. 选址中首要的考虑是那里的无线电干扰必须非常小. 现在已经有两个候选点胜出:南非的北角地区包括纳米比亚、莫桑比克、马达加斯加、赞比亚、毛里求斯、肯尼亚和加纳境内;澳大利亚西部地区包括新西兰.

SKA 建成后,其灵敏度将比世界上现有的任何一台大型射电望远镜高出 50 倍,分辨率高出 100 倍. SKA 极高的灵敏度将可能发现银河系中的 20 000 颗脉冲星,将囊括所有辐射束扫过地球的脉冲星,当然包括期待已久的脉冲星-黑洞系统及其他奇特的品种.

2.5.3 脉冲星观测用的低频射电望远镜

脉冲星的辐射是幂率谱,在低频端很强,所以早期的观测都在比较低的频率上进行. 发现脉冲星行星际闪烁的射电望远镜的工作频率是 81 MHz. 后来各个大型射电望远镜观测脉冲星都选择在 400 MHz 频率以上, 250 MHz 以下低频的观测比较缺少. 低频射电望远镜大都采用偶极子天线阵, 也有的采用柱状抛物面天线.

（1）俄罗斯 Lebedev 巨型相控阵和柱状抛物面天线.

1964 年俄罗斯 Lebedev 物理所建成的射电天文台的柱状抛物面天线射电望远镜（简称 DKR1000/LJI）和 1973 年建成的巨型相控阵（BSA/LJI）低频射电望远镜观测脉冲星独树一帜. DKR 望远镜有效接收面积 8000 m², 东西方向 1000 m, 南北方向 40 m, 工作频带从 40 MHz 到 110 MHz 范围, 在频率 40 MHz 上进行观测, 采用单偏振接收机和 1281.23 kHz 的消色散接收系统, 采样时间 0.81 ms. BSA 射电望远镜为偶极子天线组成的天线阵列, 是 187 m×384 m 的矩形, 共有 16 384 个偶极子天线单元, 固定在地面上, 工作频率为（102.5±1.5）MHz, 电子计算机控制阵列天线中辐射单元的馈电相位来改变方向图, 使方向束在赤纬方向从＋90°到－20°之间调整. 有效接收面积 20 000 m². 工作频率为（102.5±1.5）MHz, 单偏振接收机, 64 频率通道, 每通道 20 kHz, 采样时间 2.56 ms.

这两台射电望远镜均在脉冲星低频观测获得不少结果, 如发现脉冲星频谱的低频反转现象（Kuz'min, et al., 1978）, 给出一批脉冲星在 102 MHz 频率的平均脉冲轮廓（Kuz'min, et al., 1999）. 另外, 它们还观测到脉冲星 Geminga 在 102 MHz, 61 MHz 和 41 MHz 频率上的脉冲周期结构. 这颗脉冲星是 γ 射线波段观测发现的, 在 300 MHz 以上频率的观测一直找不到射电脉冲, 被认为是射电宁静脉冲星.

（2）欧洲低频阵列（LOFAR）射电望远镜.

LOFAR 是世界上最大的低频阵列射电望远镜, 于 2010 年建成并观测到第一颗脉冲星. LOFAR 由 25 000 具小天线组成, 分两个观测频段: 低频阵（LBA）频率范围为 10～90 MHz, 高频阵（HBA）频率范围为 120～240 MHz, 分别采用两种偶极振子天线阵. LOFAR 主要放置在荷兰, 分为 36 个站, 其中 18 个站为核心区, 分布在 2 km×3 km 的范围, 另外 18 个为远程站, 围绕核心站分布在 100 km 范围. LOFAR 还有 8 个国际站: 德国 5 个站, 法国、瑞士、英国各 1 个站, 还将在波兰和意大利各建 1 个站, 总范围达到 1500 km.

HBA 的灵敏度比 LBA 高几倍, 但巡天的速度差不多, 因为 LBA 的视场比较大. LBA 的频率很低, 在此频段上脉冲星的观测资料很少. 天文学家对 LBA 寄予很高的希望, 预计能获得脉冲星极低频段的特性. HBA 是双偏振偶极振子阵, 由 4×4 个振子组成一个单元, 由多个单元组成一个站. 每一个站的直径为 32 m, 相当于有效直径为 30 m 的天线.

LOFAR 的天线单元都是比较简单的偶极子天线, 没有技术难度. 众多观测站组成综合孔径式的阵列. 脉冲星观测需要采用总功率方式, 即要求将各组天线的信号同相相加, 称为相干观测, 形成相干方向束, 使观测灵敏度达到最大. 主要的难题是海量信息的收集和处理. 这台射电望远镜的研究课题很多. 脉冲星和暂现射电源属于 LOFAR 六大课题之列,预计它将发现 1000 颗脉冲星.图 2.22 给出不同尺度的天线阵的方向束,决定了望远镜的分辨率.

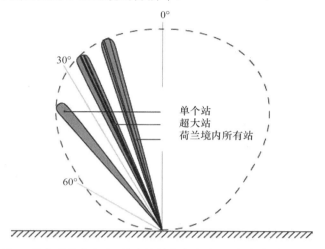

图 2.22 LOFAR 三种典型的方向束:单个站的方向束为 5.8°,超大站的方向束为 0.5°,荷兰境内所有站同时观测可以获得 5″的方向束.(van Leeuwen & Stappers,2010)

目前已经发表了一批脉冲星的观测结果(van Leeuwen, et al.,2010;Pilia, et al., 2016).Pilia 等(2016)给出了 LOFAR 观测的 100 颗脉冲星的结果.图 2.23 是 2 颗脉冲星在 4 个频率的平均脉冲轮廓图.

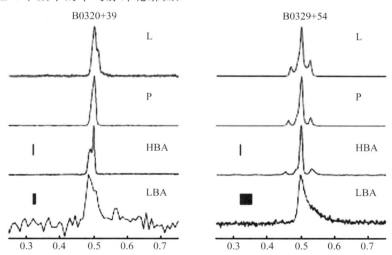

图 2.23 LOFAR 的 HBA 和 LBA 对脉冲星 PSR B0320+39 和 PSR B0329+54 的平均脉冲轮廓观测结果,从下至上分别为 LBA,HBA,荷兰 WSRT 的 350 MHz(P)和英国 Lovell 射电望远镜 1400 MHz(L).(Pilia, et al.,2016)

第三章　脉冲星观测消色散技术和巡天方法

脉冲星的辐射极其微弱,要求射电望远镜有很高的灵敏度.建造大型天线、降低接收机系统噪声和增加接收机的频带宽度是提高灵敏度重要方法.但是,脉冲星辐射受星际介质色散的影响,只能采用很窄的频带宽度,需要采用消色散技术来消除或改善,以提高脉冲星观测能力.自 1967 年发现脉冲星以来,人们已经发现近 3000 颗脉冲星,绝大多数是银河系中的脉冲星.近十年来,脉冲星的发现数目成倍地增长,不仅归功于射电望远镜的发展,也与巡天技术及方法的发展密不可分.

§3.1　脉冲星的脉冲宽度和星际介质色散

脉冲星辐射的第一个重要特征是周期性的脉冲,脉冲宽度只占周期的一小部分.辐射经过漫长旅程才能到达射电望远镜,在传播过程中将会受到星际介质的色散和散射的影响,导致脉冲轮廓的展宽和变形以及强度的变化和频率的漂移.其中色散的影响最为严重,只有当接收机采用很窄的频带宽度时,才能降低或消除这种影响,导致射电望远镜的灵敏度大大降低.

3.1.1　脉冲星平均脉冲的形状和宽度

仅有强脉冲星才能记录下单个脉冲信号,第一章中的图 1.3 所示的是 PSR B0329+54 在 410 MHz 上的观测记录.脉冲宽度和周期之比(W/P)称为工作周期,通常只有 3%～4%.周期很短,为 1.4 ms～8.5 s.

把几百到几千、甚至几十万个周期的数据按其周期折叠相加形成的累积轮廓称为平均脉冲,其形状将保持长时间的稳定.图 3.1 为 PSR B0950+08 的单个脉冲(下方)和累积脉冲轮廓(上方).

不同脉冲星有着自己特殊的平均脉冲形状,绝对没有两颗平均脉冲完全一样形状的脉冲星,但大体上可归为几种类型.如图 3.2 所示,脉冲轮廓形状有单峰(PSR B0031-07 和 PSR B0950+08)、双峰(PSR B0525+21 和 PSR B0834+06 和 PSR B1133+16)、3 峰(PSR B0329+54 和 PSR B0450-17)、5 峰(PSR B1237+25)等.平均脉冲的宽度和形状代表脉冲星辐射区的结构,成为重要的观测参数.脉冲宽度常用半功率宽度 W_{50} 来表示,也就是平均脉冲峰值强度一半的地方的宽度.但是对于某些脉冲星来说,半功率宽度并不能完全刻画其平均脉冲,如 3 峰脉冲星 PSR B0329+54,其半功率宽度只能表征中心成分的宽度,完全忽略了两边的

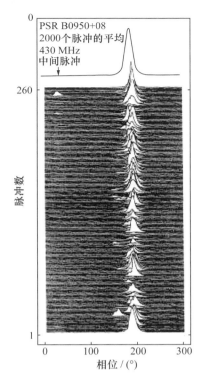

图 3.1　PSR B0950＋08 的单个脉冲和累积脉冲轮廓.（Hankins & Cordes,1981）

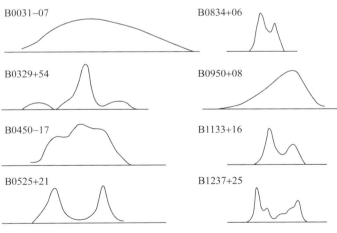

图 3.2　8 颗脉冲星的平均脉冲轮廓.

2 个成分. 第二种宽度是平均脉冲峰值强度 10% 的地方的宽度,称为 10% 宽度 W_{10},这个参数照顾到多个成分轮廓的情况,但是对于信噪比比较差的观测结果无

法估计轮廓的 10% 宽度. 还有一种是等值宽度 W_E, 是用脉冲轮廓所包围的面积除以峰值强度来表示. 脉冲星的宽度差别很大, 有很窄的, 其宽度只占脉冲周期 1% 以下, 也有很宽的, 可占周期的 30% 以上, 甚至可达周期的 50% 以上, 极个别的达到 100%, 如 PSR B0826-34.

脉冲星星表上给出的流量密度是一个周期的平均流量密度, 对于脉冲宽度很窄的脉冲星来说, 其脉冲轮廓峰值流量密度是平均流量密度的 P/W_E, 因此第二章给出的射电望远镜灵敏度公式(2.2)要增加一个修正因子, 变为

$$S_{\min} = \frac{CT_{SYS}}{G\sqrt{N_p t_{int} \Delta\nu}}\sqrt{\frac{W_E}{P - W_E}}, \tag{3.1}$$

其中 C 为信噪比, T_{SYS} 为系统噪声温度, G 是天线增益(由口径和效率决定), N_p 是观测馈源的极化数, $\Delta\nu$ 为频带宽度, t_{int} 是观测时间, P 为脉冲星周期, W_E 为脉冲等效宽度. 对比(2.2)式, 此处除了增加含有 P/W_E 的因子外, 还用天线增益 G 替换了天线面积, 用 t_{int} 替换了观测时间 τ. 考虑到不同观测课题对信噪比的要求不同, 如偏振观测要求 S/N 达到 $50\sim100$, 脉冲到达时间的观测则达到 10 就可以了, 所以增加了信噪比 C 这个参数. 还有, 有的射电望远镜能接收两个偏振分量, 而有的只能接收一个偏振分量, 馈源的极化数 N_p 视实际情况取为 2 或 1. 系统噪声温度 T_{SYS} 包括了射电望远镜的所有噪声, 即接收机噪声、馈源噪声、太空背景噪声和周围环境噪声等等.

从(3.1)式可以看出, 如果脉冲宽度被展宽到与周期相当, $S_{\min}$ 就会变得非常大, 射电望远镜也就失去了观测脉冲星的能力.

3.1.2　导致平均脉冲轮廓展宽和变形的因素

平均脉冲轮廓的宽度和形状受到星际介质色散、闪烁和散射的影响. 色散和散射都会使平均脉冲轮廓展宽, 而闪烁将使脉冲的强度发生变化. 这里仅讨论色散和散射引起的脉冲轮廓展宽的问题.

射电望远镜观测到的脉冲宽度并非真实的宽度, 至少附加了 3 项影响:

$$W^2 = W_0^2 + t_{samp}^2 + t_{DM}^2 + t_{scatt}^2, \tag{3.2}$$

其中 W_0 是真实宽度, t_{samp} 是采样时间导致的脉冲展宽, t_{DM} 是星际介质色散导致的脉冲展宽, t_{scatt} 是星际散射导致的脉冲展宽. 灵敏度强烈地依赖于接收机的频带宽度. 脉冲轮廓展宽了, 峰值下降, 当 $W \geqslant P$ 时脉冲信号被平滑, 不可能进行脉冲星的观测. (3.2)式中各项的影响的分析如下.

(1) 采样时间的影响.

发明射电望远镜以后, 为了提高灵敏度, 人们采用了增加积分时间的方法. 积分时间往往达到几分钟, 甚至几小时, 远远地超过了脉冲星的周期, 不可能发现脉

冲星的周期结构.在发现脉冲星以前,英国 76 m、澳大利亚 64 m 射电望远镜,Arecibo 305 m 射电望远镜的观测灵敏度很高,它们未能发现脉冲星的原因就在于采样时间用得太长.同样的事情还发生在毫秒脉冲星的发现过程中.1977 年,一个名叫 4C21.53 的射电源引起人们的关注.在它附近的 1937+215 的射电源,由于具有强偏振、幂律谱、致密等脉冲星所具有的特性,使人们相信它就是一颗脉冲星.随后,好几个国家的脉冲星研究小组对这个射电源进行反复观测,但都无功而返,一无所获,原因就是他们使用的采样时间(积分时间)远比这颗脉冲星的周期要长.1982 年,Backer 等应用 0.5 ms 的采样时间,发现了毫秒数量级的周期性结构.采样时间比较容易调整.

(2)散射和色散对脉冲宽度的影响.

星际介质散射将把脉冲轮廓展宽而形成一条指数衰减的尾巴.这种现象随频率的增加迅速减弱.图 3.3 是 PSR B0833−45 在 5 个频率上的观测结果,频率越低尾巴越长,显示散射与频率有很强的反相关.

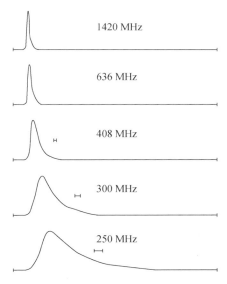

图 3.3 PSR B0833−45 在 5 个频率上的观测,显示脉冲轮廓散射展宽随频率的减小而增加.(Ables,et al.,1973)

星际介质散射和色散效应导致脉冲到达时间的延迟由(3.3)和(3.4)式表示:

$$t_{\text{scatt}} = \left(\frac{DM}{1000}\right)^{3.5}\left(\frac{400}{\nu_{\text{MHz}}}\right)^4, \tag{3.3}$$

$$t_{\text{DM}} = 4.15 \times 10^3 \frac{DM}{\nu_{\text{MHz}}^2}, \tag{3.4}$$

式中 t_{scatt} 和 t_{DM} 的单位为秒,DM 是色散量,是一个观测量.星际散射引起的展宽和 DM 的 3.5 次方成正比,星际介质引起的色散展宽和色散量 DM 成正比.色散量 DM 与距离 d 和星际介质的平均电子密度成正比.由此可知,远距离脉冲星的脉冲展宽比较大,特别是散射展宽.散射时延与频率的 4 次方成反比,观测频率稍高,散射时延就会减少很多.色散时延与观测频率的平方成反比,色散时延比散射时延的影响要大得多.脉冲星观测技术和方法中,消色散成为最重要、最有特性的技术方法.色散对脉冲宽度的影响的详情将在下一节讨论.

3.1.3　稀薄等离子体的色散效应

银河系恒星之间空空荡荡,但仍然有着各种各样的物质.星际介质成分包括中性氢、电离氢、氦气、微量的轻元素原子和微小的固体粒子.

射电源的无线电波在星际空间中传播,必然要受到星际介质的影响.由于星际介质中存在自由电子,射电波的群速度 V_{g} 要比光速稍小一些,其影响程度取决于频率.这种星际介质的色散作用,使得同一个脉冲但不同频率的能量到达射电望远镜的时间有差别.对于一个均匀各向同性的介质来说,能量传播的速度是群速 V_{g},它为

$$V_{\text{g}} = c \left(1 - \frac{\nu_{\text{p}}^2}{\nu^2} \right)^{\frac{1}{2}}, \tag{3.5}$$

其中

$$\nu_{\text{p}}^2 = \frac{e^2 n_{\text{e}}}{\pi m}, \tag{3.6}$$

ν_{p} 为等离子体频率,n_{e},e 和 m 分别为电子的密度、电荷和质量.对于一个连续的信号(即非脉冲信号),群速的减小不能测量,但对于脉冲信号就能够测量.这一特点,使星际介质色散的测量成为估计脉冲星距离或星际电子密度分布的有效方法.

由(3.5)式可知,电磁波在星际介质中传播的群速度总是小于光速,因此脉冲星辐射经过距离 d 后到达射电望远镜的时间比以光速传播的时间要长一些,延迟时间 t 为

$$t = \left(\int_0^d \frac{\text{d}l}{V_{\text{g}}} \right) - \frac{d}{c}. \tag{3.7}$$

由于观测频率远远高于等离子体频率,群速公式可以化简:

$$\frac{c}{V_{\text{g}}} = 1 + \frac{1}{2} \frac{\nu_{\text{p}}^2}{\nu^2}. \tag{3.8}$$

频率为 f 的脉冲到达射电望远镜的时间相对于真空中传播的延迟为

$$t = \frac{e^2}{2\pi mc} \int_0^d \frac{n_{\text{e}} \, \text{d}l}{\nu^2} \equiv D \times \frac{DM}{\nu^2}, \tag{3.9}$$

其中 $DM = \int_0^d n_e \mathrm{d}l$，称为色散量，它的单位是 $pc \cdot cm^{-3}$. D 是色散常数，其值为 4. $15 \times 10^3 \, MHz^2 \cdot pc^{-1} \cdot cm^3 \cdot s$. 相对于真空中传播，时间延迟为

$$t_c = 4.15 \times 10^3 \, DM \times \nu_{MHz}^{-2}. \tag{3.10}$$

为了测量色散量 DM，可以设计一台特殊的射电望远镜的接收机，它有两个很窄的频率通道，其中心频率分别为 ν_1 和 ν_2. 观测脉冲星时，脉冲的高频 ν_2 部分的能量先到达接收机，低频 ν_1 的能量后到达. 接收机就记录下这两个频率的脉冲信号，并能准确地测出它们到达的时间延迟. 这样由(3.11)式就可以计算得到 DM 值：

$$t_2 - t_1 = D \times \left(\frac{1}{\nu_2^2} - \frac{1}{\nu_1^2} \right) \times DM. \tag{3.11}$$

对每一个脉冲星来说，色散量各不相同. 时延将会导致脉冲展宽. 由时延公式可以导出接收机频带宽度的限制. 因为星际介质色散的影响，接收机的频带宽度不可能太宽，否则脉冲要加宽甚至被平滑掉. 由(3.10)式，可得

$$\dot{\nu} = - \frac{\nu^3 (MHz)}{8.3 \times 10^3 \, DM}. \tag{3.12}$$

星际介质色散引起的时延是不可避免的，定义时延 $\tau(s)$ 等于脉冲等效宽度 W_E 时作为接收机频带宽度的上限(B_i)，由(3.12)可导出

$$B_i (MHz) = \frac{\nu_{MHz}^3 \cdot \tau(s)}{8.3 \times 10^3 \, DM}. \tag{3.13}$$

由(3.13)式可知，频带宽度的上限 B_i 和频率的立方正比，高频观测可取的带宽比低频时要大得多. B_i 和脉冲宽度成正比，和 DM 成反比. 宽脉冲或小色散量的脉冲星允许较宽的频带. 在接收机频带宽度确定的情况下，时间延迟(脉冲展宽)与频率和色散量的关系为

$$\tau(s) = \frac{8.3 \times 10^3 \, B_i (MHz) DM}{\nu_{MHz}^3}. \tag{3.14}$$

以蟹状星云脉冲星 PSR B0531+21 为例，其周期为 33 ms，平均脉冲宽度 W_{50} 约 3 ms，色散量 $DM = 56.8 \, pc \cdot cm^{-3}$. 若接收机中心频率为 327 MHz，单通道带宽 2 MHz，频率低端相对于高端的时间延迟将达 27 ms，与脉冲星周期相当，远大于脉冲宽度，脉冲被平滑. 为了观测这颗脉冲星，由(3.13)式计算可知，接收机的频带宽度不能超过 74 KHz，否则会导致灵敏度大大降低. 但是在 1500 MHz 频段上观测这颗脉冲星，单通道带宽仍取 2 MHz，时延为 0.279 ms，仅为这颗脉冲星的脉冲宽度的 1/10. 高频观测允许采用较宽的频带宽度，有利于提高灵敏度.

§3.2　消色散技术

为了保证平均脉冲轮廓不被展宽,只能采用很窄的频带宽度,导致射电望远镜灵敏度大大降低,成为脉冲星观测中的一个难题.消色散技术应运而生.不管用何种方法,都必须努力减少平均脉冲轮廓展宽,这样才能使接收机的频带宽度尽量地宽.

3.2.1　多频率通道滤波器

最初的脉冲星观测都是单个频率通道,这是因为最早观测发现的都是距离比较近、流量密度比较强的脉冲星,色散造成的脉冲展宽和灵敏度下降并没有导致严重后果.

过了几年,有人就开始利用多通道滤波器进行消色散(Taylor & Huguenin, 1971).1971 到 1972 年的观测就应用了总带宽为 6.25 MHz 的 25 个通道的消色散系统(Taylor, et al., 1975).1973 年的巡天使用的消色散系统是总带宽为 8 MHz 的 32 个频率通道,这 32 个通道的中心频率依次降低,每个通道的频带一个挨着一个(Taylor, 1993;Hulse, 1993).这次巡天发现的 PSR B1913+16 是第一个射电脉冲双星系统,也是第一个双中子星系统.这是一颗短周期(59 ms)、大色散量($DM=$ 168.77 pc·cm^{-3})脉冲星,在 430 MHz 频率上,其允许的频带宽度是 420 KHz,不采用消色散接收机是发现不了的.

1999 年投入观测的新疆天文台 18 cm 波段的脉冲星观测系统如图 3.4 所示,由馈源、双极化常温前置放大器、降频转换器、多通道滤波器、数字化器、数据采集和处理等部分组成.降频转换器和多通道滤波器是消色散的关键部件.

馈源接收到的信号分为两路(A 和 B),每路经前置放大器放大后的脉冲星信号的频带宽度为 320 MHz(1380~1700 MHz).经第一次混频后,变为中频输给降频转换器.降频转换器和多通道滤波器是这套系统的关键部分,分别采用澳大利亚 Parkes 和英国 Jodrell Bank 射电天文台的技术.图 3.5 为降频转换器的框图,从接收机前端来的 A,B 两路信号带宽各为 320 MHz(80~400 MHz),降频转换器通过功分器分为八个支路,通过混频、滤波、放大得到适合消色散系统的信号,每一支路带宽为 80 MHz(38.75~118.75 MHz),再输给 32 个不同频率响应的滤波器,所以 A 路和 B 路分别变为 128 个频带为 2.5 MHz 的频率通道,总共是 $2 \times 128 \times 2.5$ MHz.

对每个频率通道的信号经平方律检波,再按周期进行折叠后记录下每个通道的输出结果,可显示出各个通道的频率不同导致的时间延迟.按照脉冲星的色散量,对各通道的输出信号使用相应的延迟时间消除色散延迟,然后再将各通道的信

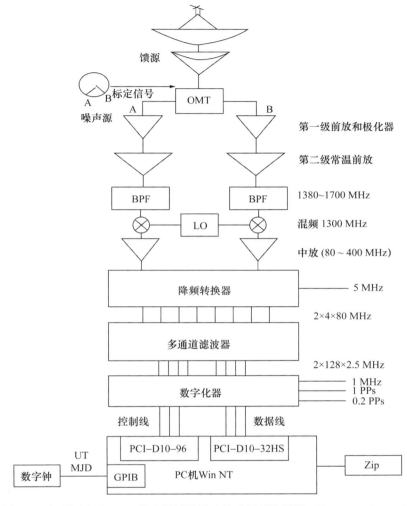

图 3.4　新疆天文台 25 m 射电望远镜脉冲星观测系统框图.(Wang,et al.,2001)

号进行叠加生成消除了色散影响的脉冲轮廓.这个过程称为非相干消色散,属于检波后消色散技术.

　　1999 年新疆天文台的脉冲星观测系统投入使用,使之能够对 74 颗脉冲星进行系统的观测研究.图 3.6 为 PSR B1933+16 的消色散记录.虽然每个通道的脉冲信号信噪比很差,但经消色散后获得了信噪比很高的平均脉冲轮廓.

　　消色散多通道接收系统使观测数据量增加了许多倍,大大地增加了资料处理的工作量,当年 Hulse 利用很差的电子计算机勉强解决了问题,但因为现今计算机的发展,这就不成问题了.

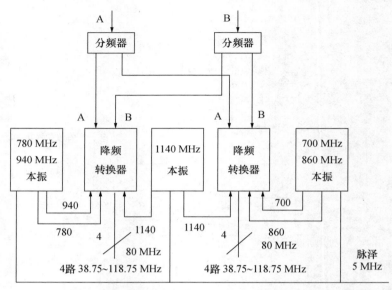

图 3.5   降频转换器框图.(艾力·玉素甫,等,2001)

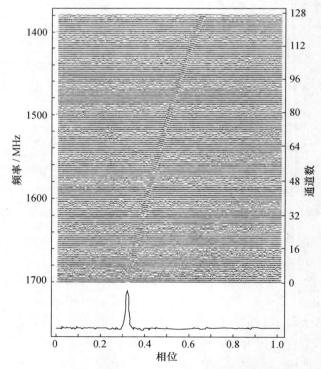

图 3.6   PSR B1933+16 的消色散观测.图上部是 128 频率通道的周期折叠后的结果.图下部
是 128 通道的结果消除色散后叠加的平均脉冲轮廓.(Wang,et al.,2001)

多频率通道技术最大的优点是技术成熟、相对便宜、可靠性强,被大量地应用在各种观测中(Bell,1998).该技术要求做到如下几点:各通道的带宽完全相同,带通形状也必须完全相同;所有通道的平方律检波器必须具有同样的性能;通道的热漂移要尽量一致.这实际上很难百分之百地做到,而且各个通道随时间变化情况也不会完全相同.这种消色散系统使观测的时间分辨率受到限制,因为时间分辨率和子通道频带宽度成反比.子通道频带宽度内的色散引起的脉冲轮廓展宽仍然对观测精度有影响.

毫秒脉冲星对消色散技术提出更高的要求,第一颗毫秒脉冲星 PSR B1937＋21 的周期为 0.001 56 s,平均脉冲半功率宽度为 0.063 ms,$DM = 71$ pc·cm^{-3}. 在 430 MHz 频率上观测,其允许的频带宽度为 8.5 KHz,在 1500 MHz 频率上,为 360 KHz. 采用多频率通道技术观测毫秒脉冲星,必须把子通道频带宽度做得非常窄,这样通道数目就非常多,变得很庞大、很昂贵,因此该技术不适用于毫秒脉冲星的高精度到达时间观测.

3.2.2 数字非相干消色散技术

目前新疆天文台脉冲星观测采用的澳大利亚望远镜国家设备(ATNF)研制的脉冲星数字式滤波器组(PDFB)就是这种数字非相干消色散技术(Hampson & Brown,2008).脉冲星观测和分子谱线观测均可以使用.与多频率通道滤波器技术不同,它运用软件来形成多频率通道,可以根据需要调节通道数目和通道的频带宽度.

脉冲星数字滤波器组(PDFB)的硬件包括三个主要部分:模拟数字转化器(ADC)、数字滤波器组(DFB)和脉冲星资料处理器(PPU).PDFB 的结构原理方框图见图 3.7. 它有 4 个模式:折叠;搜寻;脉冲星;谱线. PPU 包括一个完整的相关器,提供偏振信息,然后按照周期进行折叠.

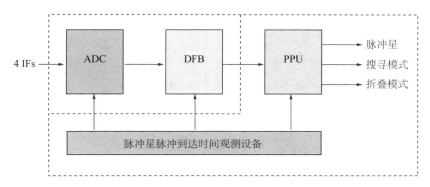

图 3.7 脉冲星数字滤波器组框图.(Hampson & Brown,2008)

(1) 模拟数字转化器(ADC).

数据采集模式有原始数据获取模式、频谱观测模式、脉冲星搜寻模式、脉冲星折叠模式和脉冲到达时间模式.

将观测频段基带混频,根据 Nyquist 定理,若观测带宽为 BMHz,采样则要求 2 BMb/s,共 N 个采样点,获得 N 个数据,并进行数字化处理.采样模块包括 2 个 10 比特的模拟数字转换器,其中 9 比特以连续方式输出.串行器(或并行串行转换器)要求有 640 MHZ 的参考频率.采样器包括一个合成器,它能产生 2048 MHz, 640 MHz,256 MHz 的频率的信号(用 DSP 模块),数据传输速率为 10.24 Gbps.

由射电望远镜的原子钟提供的 5 MHz 的标准频率作为系统的参照,可以变为各种不同的频率,最高为 2048 MHz,作为取样时钟的频率.一个附加的 BAT(二进制原子时)信号把系统的时间和所提供的绝对时间同步起来.

采样的数据经数字滤波得到多通道数据,然后通过脉冲星数据处理单元获得搜寻模式(search mode)或折叠模式数据,CPSR3 数据是原始的 Nyquist 采样数据,采样到数据后直接通过 10 Gb 以太网输出.脉冲星时间设备主要为采样、数字滤波及脉冲星处理单元提供时间信息及同步.

(2) 数字滤波器组(DFB).

首先将观测数据分组,进行快速 Fourier 变换(FFT),变为频域的数据,做成 8192 个通道(m 个通道)的软件模拟数字式滤波器组,每通道带宽 $\delta f = B/m$.总带宽分为 8 MHz,16 MHz,32 MHz,64 MHz,128 MHz,256 MHz,512 MHz,1024 MHz 等 8 种情况.当采用 1024 MHz 带宽时,每一个通道的带宽为 0.125 MHz.如果要求通道带宽更窄些,则要采用比较窄的总带宽,如采用 128 MHz 总带宽,其单通道的带宽则为 0.015 65 MHz,可以获得更高的频率分辨率.

(3) 脉冲星资料处理器(PPU).

首先对 m 个通道,N/m 组频域的数据进行消色散处理,然后将新产生的 m 通道的数据再做快速 Fourier 变换,得到消色散后的时域数列,折叠后获得消色散的脉冲轮廓.脉冲星观测希望频带宽度越宽越好,如采用 0~1024 MHz 的带宽,每秒要采 2.048×10^9 个数据.每通道带宽约为 0.125 MHz.

脉冲星数据处理单元获得搜寻模式或折叠模式数据.搜寻模式用于巡天观测,折叠模式用于脉冲到达时间观测和辐射特性的观测.CPSR3 数据则是原始的 Nyquist 采样数据,采样下来数据后直接通过 10 Gb 以太网输出.脉冲星时间设备提供采样、数字滤波及脉冲星处理单元的时间信息及同步.

脉冲星资料处理器包括一个完整的相关器,还可以提供偏振信息,能够进行偏振观测.环境干扰越来越多使射电天文观测变得越来越难.脉冲星观测要求非常宽的频带宽度,更容易受到干扰.这项装置附加了一种实时减缓射频干扰的设备.

（4）PDFB 的优越性.

与新疆天文台使用了 12 年的多频率通道滤波器组相比，PDFB 要优越得多.第一是总频带宽度增加了 3.13 倍，灵敏度提高了 1.78 倍.第二是单通道的频带宽度可调，最窄是 0.001 MHz，最宽也只有 0.125 MHz，而多频率通道滤波器组的单通道带宽是 2.5 MHz.在灵敏度最高的情况时，频率分辨率要比多频率滤波器组高 20 倍，消色散能力提高了 20 倍.第三是 Nyquist 采样得到的原始数据中保留了相位的信息，可以进行偏振的测量.

不过，子带宽不能无限小，对特殊的观测课题来说还会影响观测精度.这是需要进一步改进的地方.

3.2.3 数字式相干消色散接收机的基本原理

相干消色散方法最早是 Hankins 和 Rickett（1975 年）提出来的，但是一直受到计算机运行速度和资料存储设备功能不足的制约.90 年代中后期各项技术飞速发展，使数字式相干消色散接收机的研制和使用有了可能.对星际介质色散效应的最直接、最彻底的消除技术是相干消色散技术.星际介质对无线电波的色散作用实际上相当于无线电波经过了一个具有星际介质传输函数的滤波器.如果将观测信号通过一个具有星际介质传输函数反函数的滤波器，就可以消除信号中星际介质的色散效应.这个过程既可以通过硬件实现，也可以通过软件实现，分别称为硬件相干消色散和软件相干消色散.

（1）相干消色散接收系统原理框图.

相干消色散接收系统原理如图 3.8 所示，主要有四部分：首先要按 Nyquist 定理规定的采样率采样，保证获得脉冲星信号的全部信息（幅度和相位）.为了降低采样率，需要进行基带混频.第二是采用快速 Fourier 变换（FFT），将时域中记录到的数据流转换到频域，对频域信号乘以星际介质的传输函数进行消色散处理.事先要

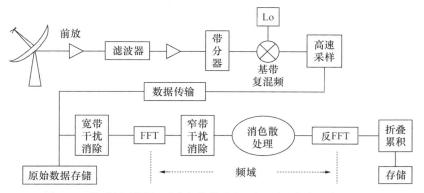

图 3.8 脉冲星观测相干消色散接收机原理图.（艾力·伊，2004）

从理论上导出星际介质传输函数,以便在频域中进行消色散.第三是对输出信号做反 Fourier 变换回到时域,最后做折叠等相关处理,获得平均脉冲轮廓.第四是在时域和频域分别进行窄带和宽带干扰的消除(Jenet,et al.,1997).

(2) 基带复混频和复采样.

总的频带宽度根据观测需要确定.对于脉冲星观测,希望带宽越宽越好.但是频带宽了,导致采样率要提高、数据量增加和计算量增加.频带目前尚不能做得太宽,英国的 COBRA 总带宽为 100 MHz,已经属于比较宽了.由于采样速度、数据传输和计算能力的限制,这 100 MHz 带宽的信号(两个偏振分量)还必须用带分器分为几路,如分为 10 路,则每一路承担 10 MHz 的信号.然后对每路进行基带复混频,转换成基带复信号.最后进行采样.按照 Nyquist 定理,采样率要超过 2 倍带宽.

由脉冲星发出的信号在进入星际介质以前为原初信号,由 $\nu_{\text{int}}(t)$ 表示.经过星际介质(ISM)以后,受色散的影响,信号变为 $\nu(t) = \nu_{\text{int}}(t) * h(t)$.时延使脉冲展宽,脉冲形状变了.$h(t)$ 是星际介质的响应函数.我们所观测到的信号 $\nu(t)$ 实际上是 $\nu_{\text{int}}(t)$ 与 $h(t)$ 的卷积.

对信号进行基带混频.基带复混频将保持一定带宽的信号中所有相位信息.对一个给定的信号 $\nu(t)$(窄带近似):

$$\nu(t) = a(t)\cos(2\pi\nu_c t + \alpha(t)). \tag{3.15}$$

基带复混频输出的结果可简单表示为

$$I(t) = \frac{a(t)}{2}\cos(\alpha(t)),$$

$$Q(t) = \frac{a(t)}{2}\sin(\alpha(t)). \tag{3.16}$$

混频的输出结果是包括实部 $I(t)$ 和镜像成分 $Q(t)$ 的复信号.两个极化方向共输出 4 个分量,I_1,Q_1,I_2 和 Q_2.由于按照 Nyquist 定理要求采样,信号中所有相位信息都得到了保持.

图 3.9 是新疆天文台相干消色散系统样机的原理示意图.图中每个 AD 转换器所采样信号的带宽是 5 MHz,相应的 Nyquist 采样率是 10 M 次每秒.每个 AD 转换作 8 位数字化,所以对 10 MHz 双极化信号的复采样数据流是 40 Mb 每秒.

作基带实混频,即每 10 MHz 信号混频后变为 0 Hz 到 10 MHz 的信号,则每路信号的 Nyquist 采样率是 20 M 次每秒,两路信号(双极化),实际数据流和复混频复采样的情况一样.

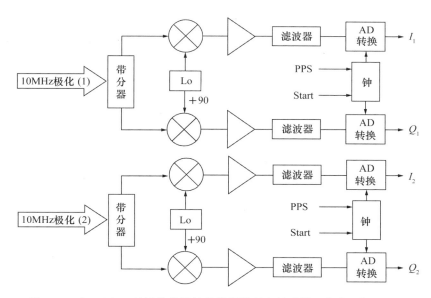

图 3.9   对 10 MHz 双极化信号的基带复混频和复采样.(艾力·伊,2004)

（3）清除电磁干扰.

脉冲星观测要求非常宽的频带宽度,更容易受到环境的电磁干扰.造成观测干扰的电磁噪声可以近似地看成 Gauss 噪声(图 3.10).Gauss 噪声的概率密度函数是 Gauss 函数,有两个重要特性:一是 Gauss 函数的 Fourier 变换仍然是 Gauss 函

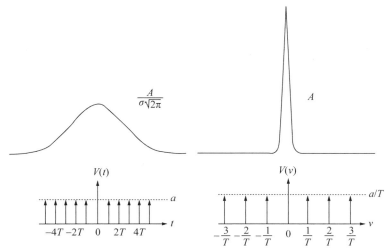

图 3.10   Gauss 变量的时间和频率分布(左上和右上),以及无穷级数的 δ 函数的相应分布(左下和右下).(姜碧沩,2008)

数;二是 Fourier 对的宽度是逆相关的,即一个窄时域 Δt 上的 Gauss 分布,一定对应于宽频域 $\Delta \nu$ 的 Gauss 分布,有 $\Delta \nu \cdot \Delta t = 1, \Delta t = 1/\Delta \nu$ 的关系. 在时域中很宽的干扰很难识别和清除,但是变换到频域就成为频带很窄的干扰,就变得容易识别和清除了.

对于宽频带干扰,在频域内不好识别,而在时域内表现为短时标强脉冲,所以数字化数据送入处理单元后,在做 FFT 前,首先要对时域数据流进行宽频带干扰的判断. 首先将一定数量的原始数据点累加,累加值对累加点取平均,这些原始数据点构成一个数据单元包. 然后设定干扰强度阈值,比如数据流 rms 的 15 倍. 再对累加值大于该阈值的数据包做标记,将该数据包内所有数据点的值用数据流平均值代替,实现对宽频带大干扰信号的消除.

对于窄频带干扰,即只在某个频率或其附近的干扰,在时域内是很宽的,很难进行识别. 但在频域内则表现为一些尖峰,比较容易识别. 在时域中消除了宽频带干扰信号的数据流经快速 Fourier 变换(FFT)变为频域数据流,就可以着手消除窄频带干扰. 具体做法是:对每 256 个点做 FFT,FFT 结果累积获得平均频谱;每 10 秒做一个 256 个点的消干扰屏蔽滤波器,这个滤波器里频谱信号强度超过干扰强度阈值的点为 0,否则为 1. 整个过程要产生全长屏蔽滤波器,最后把观测频谱乘上这个屏蔽滤波器,完成对窄带干扰的消除.

(4) 星际介质传输函数的导出.

脉冲星信号经过星际介质就好比经过了一个具有星际介质传输函数的滤波器. 将观测信号通过一个具有星际介质传输函数反函数的滤波器,就可以消除信号中星际介质的色散效应. 从理论上导出星际介质传输函数成为相干消色散的关键.

星际介质的色散作用,在时域中产生时延,而在频域中则产生相位旋转,在频域中消色散就是把旋转了的相位转回来,问题变得比较简单. 因此可将时域中记录到的数据流通过快速 Fourier 变换(FFT)转换到频域,对频域信号乘以星际介质的传输函数进行消色散处理.

设 $\nu_{int}(t), \nu(t)$ 和 $h(t)$ 的 Fourier 变换分别是 $V_{int}(f), V(f)$ 和 $H(f)$. 通过 Fourier 变换我们可以得到 $V(f) = V_{int}(f)H(f)$. 对于中心频率为 f_0,带宽为 Δf 的信号,则可以写为

$$V(f_0 + f) = V_{int}(f_0 + f)H(f_0 + f), \tag{3.17}$$

其中 f_0 是具有带宽 Δf 的信号的中心角频率,f 是信号某频率成分减去 f_0,所以 f 的值限定在 $\pm \Delta f/2$ 之间.

(3.17)式中的 $H(f_0 + f)$ 为传输函数,代表星际介质的色散作用. 星际介质色散的时间延迟依赖于频率、频带宽度和色散量,在频域中则表现为相位的旋转,自然也依赖于频率、频带宽度和色散量. 相干消色散技术的关键问题就是推导出传输函数 $H(f_0 + f)$. 有了它,就可以消除星际介质色散的影响,求出时域中脉冲星的

原始信号 $\nu_{\text{int}}(t)$.

传输函数 $H(f_0 + f)$ 的导出是关键. 这里, 采用 Lorimer 和 Kramer(2005) 的推导结果.

如果无线电波在星际介质这个滤波器里传播距离为 d, 每个波长距离的相位旋转是 2π, 则总的相位旋转为

$$\Delta\Phi = 2\pi \int_0^d \frac{\mathrm{d}l}{\lambda} = kd, \tag{3.18}$$

其中 k 是波数, λ 为波长. 对于中心频率为 f_0, 带宽为 Δf 的信号, 则波数应写为 $k(f_0 + f)$. 对于一个冷的等离子体, 波数为

$$k(f_0 + f) = \frac{2\pi}{c}(f_0 + f) \sqrt{1 - \frac{f_{\mathrm{p}}^2}{(f_0 + f)^2} \mp \frac{f_{\mathrm{p}}^2 f_{\mathrm{B}}}{(f_0 + f)^3}}, \tag{3.19}$$

其中 f_{p} 为等离子体频率, f_{B} 为回旋频率:

$$f_{\mathrm{B}} = \frac{eB_\parallel}{2\pi m_e c} \approx 3\,\mathrm{MHz}\left(\frac{B_\parallel}{\mathrm{G}}\right). \tag{3.20}$$

(3.19) 式中平方根式内第 3 项的正负号分别代表左旋和右旋偏振波在磁化介质中的传播速度. 星际磁场很弱, 约为 $1\,\mu\mathrm{G}$, f_{B} 约为 $3\,\mathrm{Hz}$, 而等离子体频率 f_{p} 约为 $2\,\mathrm{kHz}$. 所以根式中第 3 项远小于第 2 项, 一般可忽略第 3 项. 又由于根式中第 2 项远小于 1, 对 (3.19) 式 Taylor 级数展开后取第 1 项就足够精确了:

$$k(f_0 + f) \approx \frac{2\pi}{c}(f_0 + f)\left[1 - \frac{f_{\mathrm{p}}^2}{2(f_0 + f)^2}\right]. \tag{3.21}$$

在特殊的情况下可能要保留 (3.19) 式中根式里的第 3 项, 那么不同的偏振分量就具有不同的传输函数.

$$\frac{1}{f_0 + f} = \frac{1}{f_0} - \frac{f}{f_0^2} + \frac{f^2}{(f_0 + f)f_0^2}, \tag{3.22}$$

$$k(f_0 + f) = \exp\left\{\frac{2\pi}{c}\left[\left(f_0 - \frac{f_{\mathrm{p}}^2}{2f_0}\right) + \left(1 + \frac{f_{\mathrm{p}}^2}{2f_0^2}\right)f - \frac{f_{\mathrm{p}}^2}{2(f + f_0)f_0^2}f^2\right]\right\}. \tag{3.23}$$

对于中心频率为 f_0, 带宽为 Δf 的信号, 传播函数可以写为

$$H(f_0 + f) = \exp[-\mathrm{i}k(f_0 + f)d], \tag{3.24}$$

$$H(f_0 + f) = \exp\left\{-\mathrm{i}\frac{2\pi}{c}d\left[\left(f_0 - \frac{f_{\mathrm{p}}^2}{2f_0}\right) + \left(1 + \frac{f_{\mathrm{p}}^2}{2f_0^2}\right)f - \frac{f_{\mathrm{p}}^2}{2(f + f_0)f_0^2}f^2\right]\right\}. \tag{3.25}$$

(3.25) 式中指数项分为频率 f 的零次方项、1 次方项和 2 次方项. 零次方项代表随机的量, 1 次方项依赖于频率到达时间的位移. 2 次方项才是相位旋转引起的, 是相干消色散技术中的关键公式:

$$H(f_0 + f) = \exp\left\{+\mathrm{i}\frac{2\pi}{c}d\left[\frac{f_{\mathrm{p}}^2}{2(f + f_0)f_0^2}f^2\right]\right\}. \tag{3.26}$$

将已知参数 D 和 DM 代入，(3.26)式变为

$$H(f_0 + f) = \exp\left\{ +\mathrm{i}\,\frac{2\pi D}{(f+f_0)f_0^2}DMf^2 \right\},\tag{3.27}$$

其中

$$D \equiv \frac{e^2}{2\pi m_{\mathrm{e}}c} \approx 4.15 \times 10^3 \text{ MHz}^2 \cdot \text{pc}^{-1} \cdot \text{cm}^3 \cdot \text{s},$$

$$DM = \int_0^d n_{\mathrm{e}}\,\mathrm{d}l.$$

(3.27)式就是消色散需要的传输函数.

(5) 数字式相干消色散接收机的优越性.

数字式相干基带接收机应用于脉冲星的观测，其优点可归纳如下：观测灵敏度得到充分提高，整个观测带宽内几乎不损失任何信号，保持了所处理的观测信号的相位关系，可以获得偏振信息，简化了偏振观测设备，提高了对脉冲星的偏振观测的效率；可以实现很高的时间分辨率，理论上的时间分辨率只受观测带宽的限制，是观测带宽分之一，实际的限制是采样速度，它决定观测带宽. 相干消色散接收系统鉴别和剔除干扰的能力很强.

英国 Jodrell Bank 射电天文台的相干消色散接收机（COBRA）是国际上最早投入观测的频带达到 100 MHz 的相干消色散系统. 它用于脉冲星和谱线观测，在线进行消除干扰和数据简化，已经显示出优越性（Kramer，et al.，2001）.

在 430 MHz 频率上对脉冲星的实验观测结果显示，整个观测系统的性能提高相当于该天线的有效面积增加了 2～3 倍. 图 3.11 为 COBRA 的观测与非相干消色散观测结果的比较，相干消色散消除了色散的影响，所得的平均脉冲轮廓比非相

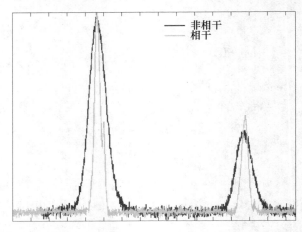

图 3.11　毫秒脉冲星 PSR B1937＋21 用非相干消色散和相干消色散接收机观测的平均脉冲轮廓比较.（Kramer，et al.，2001）

干观测要窄得多,并且显示出脉冲形状的精细结构,而非相干消色散系统的平均脉冲轮廓信噪比较差,脉冲形状比较宽,细节被平滑.

COBRA 具有很强的消除干扰能力. 图 3.12 给出 COBRA 对 PSR B1534＋12 进行 29 min 观测的结果,左边是消除干扰前的情况,有很多干扰,所得的平均脉冲轮廓的信噪比比较差,右边则是经过宽带干扰消除后的结果,信噪比有很大的提高.

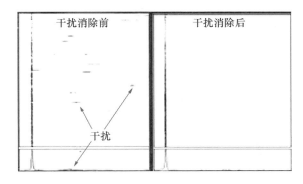

图 3.12　英国 76 m 射电望远镜应用 COBRA 在 610 MHz 频率上对 PSR B1534＋12 的观测结果,左图和右图分别是未经过和经过消干扰处理的结果.(Kramer,et al.,2001)

§ 3.3　脉冲星的搜寻

根据计算,在银河系中至少有 6 万颗可能观测到的脉冲星,但目前仅仅观测到很少的一部分,约为 5%. 在银河系之外的脉冲星的数目更是多得惊人,目前只观测到 20 多颗. 从 20 世纪 60 年代发现脉冲星开始,巡天观测以发现新的脉冲星的研究一直是热点课题,而最近十年则是发现脉冲星最多的时期,已经发现近 3000 颗. 已发现的脉冲星基本上可以分为 5 大类:孤立射电脉冲星、射电脉冲双星及多星系统,毫秒脉冲星,间歇脉冲星,射电旋转暂现源(RRAT),X 射线脉冲星、γ 射线脉冲星和磁星等. 这 5 种脉冲星的前 4 种是由射电观测发现的.

3.3.1　搜寻脉冲星的方法

以发现新脉冲星为目的的巡天,其能力仍然由射电望远镜灵敏度公式(见(2.2)式)决定:

$$S_{\min} = \frac{2kT_{\text{SYS}}}{A} \frac{1}{\sqrt{\tau \cdot \Delta f}}.$$

由此可知,射电望远镜天线的有效接收面积 A 越大越好,系统的噪声温度 T_{sys} 越低越好,观测时间 τ 越长越好,频带宽度 Δf 越宽越好. 观测时间越长,按周期折叠的周期数目越多,但需要知道脉冲星的周期. 频带越宽越好,但需要知道脉冲星的色散量. 对于尚未被发现的脉冲星来说,周期和色散量都是未知数,估计未知脉冲星的周期和色散量成为脉冲星巡天技术的关键.

巡天观测获得的时间序列数据流中可能含有非常微弱并遭到星际介质色散的脉冲信号. 一般来说,脉冲信号很弱,远远低于接收机的噪声,会被噪声所淹没. 脉冲信号还会被星际介质色散展宽,甚至被平滑,失去了周期性,变得面目全非. 巡天观测资料处理的首要任务就是想方设法从含有脉冲星信息的数据流中把脉冲星的周期和色散量粗略地估计出来.

(1) 对观测数据流进行消色散处理.

最早发现的 4 颗脉冲星都是流量很强、离我们很近的脉冲星,星际介质的色散影响很小,在射电望远镜的记录仪上均能记录到脉冲信号,并能估计出粗略的周期. 不过,银河系中这样的脉冲星非常少,后来发现的绝大多数脉冲星都是流量很弱和受色散影响比较大的脉冲星.

对于巡天观测所获得的数据流要进行消色散的处理. 由于并不知道色散量,只能在一定 DM 值范围内进行色散量的搜寻,只要 DM 范围取对了,细心的搜寻总是能够有所发现的.

DM 取值范围的确定要看所巡查的天区. 如果是银道面上的巡查,DM 的值可能很大,远处的脉冲星则可能超过 $1000\,\text{pc}\cdot\text{cm}^{-3}$,近处脉冲星的 DM 值则比较小,一般取值范围定为 $0\sim1000\,\text{pc}\cdot\text{cm}^{-3}$. 对于银河系中心方向上的巡查,$DM$ 值的范围要更大,远处的可能要达到 $2000\,\text{pc}\cdot\text{cm}^{-3}$. 对于高银纬的系统巡查,$DM$ 值取到 $50\,\text{pc}\cdot\text{cm}^{-3}$ 就够了.

在 DM 的取值范围内,可按一定的步长把 DM 取值范围分为许多从小到大的 DM 值. 如取 $DM=0\sim200\,\text{pc}\cdot\text{cm}^{-3}$,步长取为 $\Delta DM=0.5\,\text{pc}\cdot\text{cm}^{-3}$,这样就有 400 个 DM 值. 对每一种 DM 值进行消色散处理,会得到 400 个消色散后的数据流. 如果数据流中确有脉冲星的信号,而且它的 DM 值在选择的范围内,那么这 400 个不同 DM 值的数据流中,必定有一个接近正确的色散量,消色散后,脉冲信号得到增强. 对于信号比较强的脉冲星,消色散处理后就能显示出脉冲信号. 这成为一种特殊的发现脉冲星的方法,即 DM 方法. 对于信号很弱的脉冲星,经过消色散处理后,仍然不能发现脉冲信号,找不出最接近正确值的 DM.

不管是哪一种情况,都需要寻找可能的脉冲周期,办法是对已进行消色散的数据流进行 Fourier 变换. 如果在消色散步骤已能确认 DM 值,对这一组数据流进行分析就够了. 如果未能发现 DM 值,那么就需要对 DM 值在选择范围内的各种数据流在消色散处理后进行 Fourier 变换,获得脉冲周期的候选值,根据这些周期候选值再进行折叠.

(2)寻找未知脉冲周期的 Fourier 方法.

假设脉冲星很强,在时间序列的数据流上显示出一系列的单个脉冲,如 3.13(a)所示,可以粗略地估计出周期和脉冲宽度.图 3.13(b)是经过 Fourier 变换后频域中的数据流,显示出以 $1/P$ 为基频以及谐波频率 $2/P$,$3/P$,$4/P$,… 的结构,高次谐波的多少取决于脉冲宽度和周期的比值(P/W),比值越大,谐波越多.

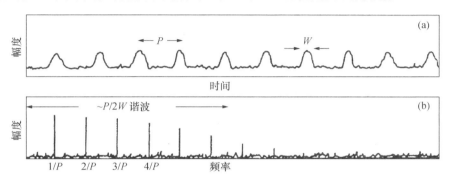

图 3.13 (a)为脉冲星观测的时间序列,P 为周期,W 为脉冲宽度;(b)为 Fourier 变换后的频率序列的数据流,显示出基频和高次谐频.(Lyne & Smith,1990)

对于弱脉冲星,脉冲信号要比噪声起伏小几万甚至几十万倍,在图 3.13(a)上就不可能显示出脉冲信号,全是噪声,在图 3.13(b)上也没有明显基频和多次谐波的谱线,它们混淆在噪声形成的密密麻麻的谱线之中.但是,噪声形成的谱线不具有谐波,这是脉冲信号和噪声完全不同的地方.利用这个性质,我们把图 3.14(a)的前一半展宽一倍,形成图 3.14(b),这时的脉冲信号基频和二次、三次谐波频率分别和图 3.14(a)中的二次、四次、六次谐波频率具有相同的相位的位置,把图 3.14(a)

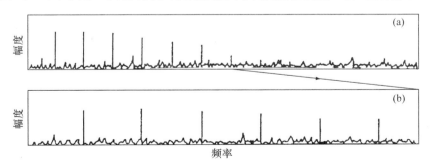

图 3.14 提高谐波的非相干相加方法:(a)为经过 Fourier 变换后频域中的数据流;(b)对图(a)展宽一倍的结果.(Lyne & Smith,1990)

和图 3.14(b)相加,脉冲信号的基频和谐波频率的幅度得到加强,而噪声的谱线因其无规则,相对地变弱了一些.可以认为信号约增强了 2 倍,而噪声只增加了 1.4 倍.这样的方法还可以多次进行. P/W 值越大,可进行的次数越多.这种方法称为谐波的非相干相加.

人们对于一系列经过消色散处理的数据流都进行类似的 Fourier 变换和提高谐波的非相干相加方法处理,从而找到一些脉冲星周期的候选值.色散量接近真实值的那组数据流,显示出的脉冲星的基波和谐波最为明显,从而也可获得候选的色散量值.

首先对每一个候选周期值,对时间序列的数据流进行折叠,然后以候选周期和候选色散量为中心,分别对周期和色散量在比较小的范围内进行搜索.周期性的脉冲信号对周期的变化十分敏感,也对色散量的变化很敏感,从而可得到最好的周期值和色散量,并可由此初步判断检测到脉冲星信号.进一步考察累积脉冲轮廓及脉冲相位和观测频率的关系,判断是否具有脉冲星辐射的特性.最后,对最可能的候选者再次观测.

发现一颗弱脉冲星的工作量大得惊人,首先是巡天观测的数据量非常多,寻找可能的色散量和周期值的计算量非常大.不过,计算机技术的发展已使这个难题得到解决.

3.3.2　特殊脉冲星的搜寻技术

对于一些特殊的脉冲星,上述的数据处理技术显得无能为力.如轨道周期很短的双星系统,观测到的脉冲周期是在不断地变化着的.再如极端零脉冲性质的脉冲星、间歇脉冲星和射电旋转暂现源(RRAT),它们只在短暂的时间里有脉冲辐射,绝大部分时间没有辐射,绝大部分时间观测到的仅是噪声.对于这些种类的脉冲星的观测数据,采用按周期折叠的方法就失灵了.

(1) 双星系统的搜寻.

如果脉冲星处在双星系统中,其脉冲周期是会随着脉冲星的轨道运动变化的. Doppler 公式依赖于脉冲星坐标系的时间(τ)与观测者坐标系中的时间(t)的时间间隔: $\tau(t) = \tau_0(1 + V_1(t)/c)$,其中 $V_1(t)$ 是脉冲星沿视线方向的径向速度,c 是光速,这里忽略了 V_1/c 的高次项.常数 τ_0 是为了归一化而引入的.这里需要给出 $V_1(t)$ 的函数形式.考虑到这个因素,需要对分析结果进一步处理.对于一个盲找的观测,轨道周期是不知道的,最简单的方法是假定一个常数的轨道加速度,即 $V_1(t) = a_1 t$,称为"加速式搜寻".该方法通常假定不同的 a_1 值,在一个比较宽的取值范围内进行这种搜寻.这种在时域中进行的搜寻方法,对相对少的观测数据是有效的.图 3.15 是 Arecibo 射电望远镜对双星系统 PSR B1913+16 的 22 min 的观测数据的折叠结果,显示出周期变化(图 3.15(a)),脉冲轮廓明显地被展宽变形了. 图 3.15(b)是取 $a_1 = -16 \text{ ms}^{-2}$ 后的折叠结果,脉冲轮廓恢复为原来的形状. 对于观测时间很长的数据流,快速 Fourier 变换(FFT)的计算量太大,为此人们发展了多种方法,主要是在频域中进行.

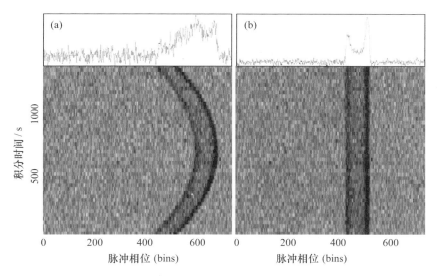

图 3.15 (a) Arecibo 射电望远镜对 PSR B1913+16 进行 22 min 观测的资料,经消色散和周期折叠后得到的平均脉冲. 左图下部显示脉冲周期的变化.(b)假定 $a_1 = -16 \text{ ms}^{-2}$ 后再处理得到的结果.(Lorimer & Kramer,2005)

对于短轨道周期的射电脉冲双星,只要观测时间大于双星的轨道周期就可以用一种称为"旁带搜寻技术"或"相位调制搜索技术"的方法来发现和确定双星及其 Kepler 参数(Ransom,et al.,2003). 当观测的时间比轨道周期长时,脉冲星的轨道运动对脉冲信号有很强的调制作用,造成 Fourier 变换后脉冲星自转频率及谐频附近的旁带出现,只要利用原来的功率谱的一部分再进行 Fourier 变换,就可以获得双星轨道周期. 旁带的复振幅和相位的分析可以提供足够的信息以求解 Kepler 轨道参数. 这个技术特别适用于球状星团中射电脉冲双星以及低质量 X 射线双星的搜寻.

图 3.16 是相位调制搜寻射电脉冲双星的例子,其中(a)是 Parkes 射电望远镜对球状星团 47 TucJ 双星系统观测 8 个小时数据的 Fourier 分析,在脉冲星自转频率附近出现了旁带. (c)是利用(a)中小部分(旁带密集区)的资料再进行 Fourier 变换的结果,十分明显地给出了 2.896 h 的轨道周期. (b)是一个微弱的周期为 2ms 的脉冲星和质量为 $0.2 M_\odot$ 的伴星,轨道周期为 50 min 的双星系统的模拟数据的 Fourier 分析的结果. (d)是用(b)中心部分的资料再次进行 Fourier 变换的结

果,获得了双星系统的轨道周期的基波和谐波,证明了这种方法是可靠的.(Ransom,et al.,2003)

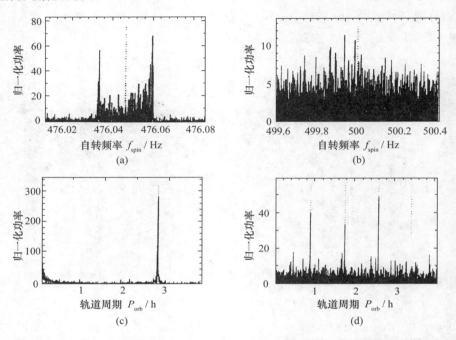

图 3.16　相位调制搜寻射电脉冲双星的例子:(a)和(c)是 Parkes 射电望远镜对球状星团 47 TucJ 双星系统的实测数据的分析.(b)和(d)是已知参数的射电脉冲双星的模拟数据的分析结果.详见文中的解释.(Ransom,et al.,2003)

(2) DM 搜寻技术.

通常的脉冲星搜寻数据处理技术,首先进行消色散处理,即进行 DM 搜寻,然后进行周期搜寻.对于某些种类的脉冲星,这种技术失灵了.如第五章介绍的巨脉冲,它是一种持续时间很短的射电暴发现象,是偶发现象,没有周期性.如蟹状星云脉冲星(PSR B0531+21)的巨脉冲比较多,但仅有 1% 的单个脉冲是巨脉冲,而船帆座脉冲星(PSR B0833-45)的单个脉冲中仅有 0.01% 的巨脉冲.第六章介绍的极端零脉冲、间歇脉冲星和自转射电暂现源的脉冲辐射也具有这样的特点.对这类脉冲星的观测,观测数据流中绝大部分都是噪声.

McLaughlin 和 Cordesl(2003)最先应用 DM 方法搜寻距离遥远的河外星系 M33 中的巨脉冲.目前发现的近 3000 颗脉冲星绝大部分都在银河系中,只有 25 颗脉冲星是处在邻近星系中的麦哲伦云中.M33 的距离为 840 kpc,离我们比较近,纬度比较高($|b|\approx 30°$),其 DM 值比较小.如果 M33 中的脉冲星能像蟹状星云脉冲星那样发射强度相当的巨脉冲的话,射电望远镜是有可能观测到的.

使用 Arecibo 305 m 射电望远镜 430 MHz 频段上 16 个波束巡天设备进行巡天的研究取得了很多成果,包括发现了 M33 中的脉冲星. 其第 16 个波束对准了 M33,对观测资料进行分析的结果如图 3.17 所示:纵坐标是搜索的 DM 通道,DM 搜寻范围为 $0 \sim 250\,\mathrm{pc} \cdot \mathrm{cm}^{-3}$. 横坐标是数据流的时间序列. 在经过各种 DM 值的消色散处理后的数据流中的信噪比大于 5σ 的数据点(作为单个脉冲)画在图上,小圆的大小正比于信噪比. 由图 3.17 可看出,在 $DM \approx 71\,\mathrm{pc} \cdot \mathrm{cm}^{-3}$ 处有一个信噪比为 9 的巨脉冲.

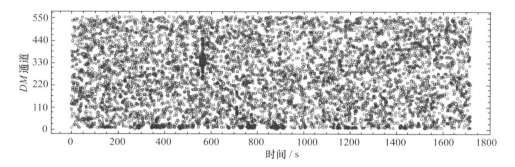

图 3.17   M33 中巨脉冲的搜寻,在 $DM = 71\,\mathrm{pc} \cdot \mathrm{cm}^{-3}$ 处发现一个巨脉冲,信噪比约为 9,脉冲宽度约为 1 ms,在 DM 值为零时显示有干扰. (McLaughlin & Cordes,2003)

极端零脉冲或间歇脉冲星的发现也只能依靠这种 DM 方法,因为脉冲辐射只占整个观测时间的 10% 左右,常规的按周期折叠提高灵敏度的方法不灵了,因为数据中噪声占非常大的比例. 图 3.18 是 DM 方法搜寻极端零脉冲的实例(艾力·伊,2004). 该研究对 Parkes 多波束观测得到的 4 个候选体的观测资料进行了分析,它们在各自特定的 DM 通道附近呈现出非常稀疏的脉冲发射. (b),(c),(d)三个候选体的零脉冲比例均大于 95%. 图中小圆圈点的尺度正比于脉冲信号的信噪比. 可以清楚地看出这些脉冲星辐射随时间的开启关闭情况.

(3) 消除红噪声的影响.

脉冲星信号的数据流近似于 Gauss 噪声,Gauss 型噪声的 Fourier 谱是白噪声,在不同频率上是均匀一致的. 但是,信号经过接收机等过程后,有了红噪声(低频)成分,Fourier 变换后的情况就不再是均匀一致的了,如图 3.19 所示. (a)是 Parkes 的观测数据得到的 Fourier 变换后的振幅谱. (b)是经过"白"化处理后,红噪声成分被移去,零线显示出来了,噪声的均方根值也能计算出来了.

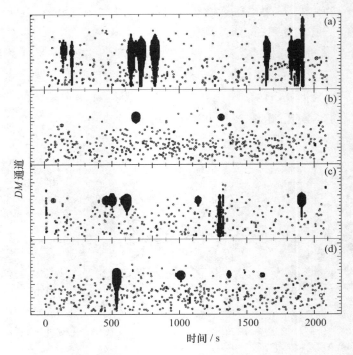

图 3.18 (a),(b),(c),(d)分别给出 PSR J1738－2335,J1443－6032,J1819－1457 和 J1317－5801 的 *DM* 搜寻结果,显示出辐射有时断时续的特征,大部分时间处于停歇状态.(艾力·伊,2004)

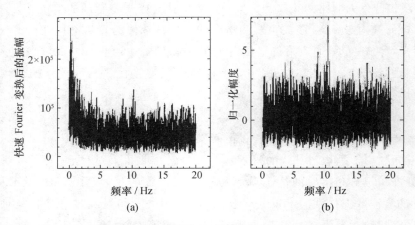

图 3.19   红噪声的影响和消除的实例.(Lorimer & Kramer,2005)

3.3.3 巡天计划的确定

确定脉冲星的搜寻天区和对象至关紧要. 与光学望远镜巡天相比,大型射电望远镜的波束很窄,一次持续几年的巡天观测,能搜寻的天区范围有限,所以必须选择最感兴趣的天区范围.

(1) 沿银道面的巡天.

观测实践和理论研究都告诉我们,脉冲星诞生在银道面附近,集中在银道面附近的空间. Parkes 脉冲星巡天发现的脉冲星最多,多次巡天都是搜寻银道面附近的天区. 其中最成功的是多波束巡天,从 1997 年开始,到 2003 年完成 (Manchester, et al., 2009). 采用多波束主要是为了提高观测灵敏度,而不是观测进度. 在这之前, Parkes 进行过多次银道面巡天,在波束所指向的小天区只观测 3~4 min,但多波束巡天却是 35 min,使灵敏度提高了 3 倍多. 巡查的天区是 $|b|<5°, l=260°~50°$,观测的中心频率是 1374 MHz,使用双偏振接收机,13 个波束共有 26 路信号输出,终端是 $96×3$ MHz 的滤波器组,总带宽为 288 MHz,采样时间为 $250\,\mu$s,灵敏度达到 0.2 mJy. 多波束巡天共发现 800 多颗脉冲星,其中包括 14 颗在大、小麦哲伦云中的脉冲星 (Manchester, et al., 2006),使麦哲伦云中被发现的脉冲星达到 20 颗.

(2) 高银纬巡天.

由于脉冲星的自行速度很大,一般能达到每秒几百千米,老年脉冲星自然会运动到银纬比较高的地方,标高至少有 500 pc,比处在银道面附近的大质量恒星的标高要高出 10 倍. 毫秒脉冲星的年龄非常大,可以期望在中、高银纬处发现老年脉冲星,包括毫秒脉冲星.

最早在中、高银纬发现脉冲星的是 Arecibo 巡天,发现的重要脉冲星如 PSR B1534+12 (Wolszczan, 1991) 和 PSR B1257+12 (Wolszczan, 1992). 前者是双中子星系统,后者是脉冲星与 3 个行星组成的系统.

Parkes 多波束巡天也包括高银纬天区的巡查,即银纬小于 60°,银经在 220°~260° 的天区,采样时间为 $125\,\mu$s,每个观测点上观测 4 min. 这样的安排有利于毫秒脉冲星和双星的发现. 这次巡天共发现 18 颗脉冲星,其中 4 颗是毫秒脉冲星,这 4 颗中有 3 颗是双星,包括著名的首次发现的双脉冲星系统 PSR J0737−3039A/B. 这次巡天还发现一种新型脉冲星,称为射电旋转暂现源 (RRAT),它们像脉冲星一样具有准确的周期和周期变化率,周期在 0.4~6 s 范围. 然而,仅仅偶然辐射一个强大单个脉冲,间断达到几分钟到几小时.

由于中、高银纬星际介质的色散和散射作用比较弱,所以巡天观测所用的频率可以低于 1 GHz. 在频率比较低时脉冲星的流量密度比较大,有利于观测发现.

（3）有目标的搜寻.

在脉冲星发现以前,理论研究认为中子星是在超新星爆发中产生的.在脉冲星发现以后,天文学家就努力在超新星遗迹中寻找脉冲星,果然先后在几个超新星遗迹中找到了脉冲星.后来的搜寻却不理想.主要原因是脉冲星的自行使之跑离了超新星遗迹.后来 Chandra X 射线天文台发现了一些超新星遗迹中的脉冲星,至少在超新星遗迹中发现了 4 颗年龄小于 3000 年的脉冲星（Camilo,2003）.由于中子星的 X 射线辐射很弱,大多数都处在 X 射线望远镜大尺度巡天的灵敏度之下,需要进行灵敏度更高的观测.Chandra X 射线天文台发现了某些超新星遗迹中的脉冲星风云,使超新星遗迹、脉冲星风云和脉冲星相互成协的观测研究形成高潮.目前至少已发现 50 个超新星遗迹有中子星存在,50 个超新星遗迹中有 19 个与射电脉冲星成协,21 个与 X 射线脉冲星风云及其中的脉冲星成协,有 10 个与反常 X 射线脉冲星、软 γ 射线重复暴等中子星成协（详见第一章）.

毫秒脉冲星的发现使球状星团成为搜寻毫秒脉冲星的对象,在第十一章将详细介绍.另外,某些具有幂律谱和强线偏振的射电源、与 γ 源成协的射电源等,都可能成为搜寻对象.

（4）银河系中心区域的搜寻.

在银心方向大质量恒星的数目非常之多,这说明可能有许多中子星存在.但是在银心方向的搜寻发现的脉冲星数目却很少.在银心附近搜寻脉冲星的困难在于星际散射非常强,只有在更高的频率上搜寻才能克服散射的影响,因为散射强度与 f^{-4} 成正比.高频搜寻脉冲星的困难在于脉冲星的流量密度非常小.Cordes 和 Lazio（1997）提出,权衡这两方面的因素,选择 10 GHz 附近的频率上搜寻比较合适.2005 年 Parkes 在 3.1 GHz 和 8.4 GHz 两个频率上对银心方向进行脉冲星搜寻,在 3.1 GHz 频率上发现了 PSR J1745－2912 和 PSR J1746－2856,而在 8.4 GHz 却没有检测到任何脉冲星（Johnston,et al.,2006）.这两颗脉冲星位于银心方向小于 0.3° 的范围内,DM 超过 1100 pc・cm^{-3},属于 10 颗最高 DM 值脉冲星之列.2006 年 Parkes 在 6.5 GHz 频率上的多波束巡天观测到了 PSR J1746－2856（Bates,et al.,2011）.

（5）主要的脉冲星巡天情况.

剑桥大学行星际闪烁射电望远镜历史性地发现 4 颗脉冲星以后,就告别了脉冲星观测研究,让位给比它强很多的英国 Jodrell Bank 76 m 射电望远镜、美国 Arecibo 的 305 m 射电望远镜和澳大利亚 Parkes 的 64 m 射电望远镜,以及 Molonglo 射电干涉仪.

到 1973 年研究人员已经发现 100 颗脉冲星,然而缺少短周期、远距离的脉冲星.1974 年 Taylor 等制订的以发现短周期、远距离脉冲星为目标的巡天观测计划,利用了 Arecibo 射电望远镜和新研制的消色散接收机. 当时的博士生 Hulse 执行巡天计划, 一次巡天就发现 40 颗新脉冲星(Hulse, 1993).

到 1978 年, 10 年中各国总共发现了 149 颗脉冲星. 在那之后不久, 人们利用 Molonglo 射电干涉仪和 Parkes 64 m 射电望远镜联合巡天, 发现 155 颗脉冲星, 使脉冲星总数达到 304 颗 (Manchester, et al., 1978).

1988 年 Manchester 等在 Parkes 进行的巡天观测采用了 1500 MHz 这样的高频, 发现 46 颗新的脉冲星和 16 颗毫秒脉冲星, 仅在球状星团杜鹃座中(Globular cluster 47 Tucanae)发现 11 颗毫秒脉冲星, 周期均小于 6 ms, 其中有一半以上是双星系统(Manchester, et al., 1991). 人们到 1993 年已发现 558 颗脉冲星(Taylor, et al., 1993), 共花了 25 年的时间. 1997 年开始, 2002 年结束的 Parkes 多波束巡天观测一举使发现的脉冲星数目超过了 800 颗.

Green Bank 100 m 射电望远镜(GBT)于 21 世纪初建成, 观测脉冲星的灵敏度很高, 特别是高频观测的灵敏度无可比拟. 从 2004 年开始, GBT 实行了球状星团的脉冲星搜寻计划, 观测频率为 1950 MHz, 600 MHz 带宽, 采样时间 80 μs. 它已发现 56 颗脉冲星, 其中在球状星团 Terzan 5 中发现了 21 颗新的毫秒脉冲星, 使这个星团中的脉冲星总数达到 34 颗, 成为含有毫秒脉冲星数目最多的球状星团. 这些脉冲星中 13 个是双星, 轨道周期在 $0.25 \sim 60$ 天范围. 最引人注目的发现是 PSR J1748−2246ad, 其周期为 1.39 ms, 成为宇宙中自转最快的天体(Ransom, et al., 2005).

荷兰的综合孔径望远镜"grating array"采用多波束模式在 328 MHz 频率上巡天, 发现了一些脉冲星. LOFAR 也在低频上进行脉冲星巡天. SKA 建成后也将进行脉冲星巡天, 估计可发现 3 万颗脉冲星.

主要的巡天情况见表 3.1.

表 3.1 主要的脉冲星巡天情况

巡天	望远镜口径	频率/MHz	发现数目	发表时间
剑桥	振子阵天线	81.5	6	1968
Molonglo 1	十字天线	408	31	1971
Jodrell Bank 1	76 m	408	39	1972, 1973
Arecibo 1	305 m	408	40	1974, 1975
Molonglo 2	十字天线	408	155	1978
Green Bank 1	92 m	400	23	1978, 1982
Green Bank 2	92 m	400	34	1985
Green Bank 3	92 m	400	20	1985

（续表）

巡天	望远镜口径	频率/MHz	发现数目	发表时间
Jodrell Bank 2	76 m	1400	40	1986
Molonglo 3	十字天线	843	1	1986
Arecibo 2	305 m	430	5	1986
Parkes 1	64 m	1520	46	1992
Arecibo 3	305 m	430	13	1991
Parkes 2	64 m	630	103	1996,1997
Parkes 3	64 m	1500	≈800	1997 开始
Green Bank	100 m	1950	56	2005

第四章 脉冲到达时间的观测和脉冲星的周期特性

脉冲星的观测主要有两大类:一是脉冲到达时间的观测,包括对未知脉冲星的搜寻;二是脉冲星辐射特性的观测.射电望远镜记录下来的数据流,包含了时间特性和辐射特性两个方面的信息.通过脉冲到达时间的观测,可以获得脉冲星的周期、周期变化、色散等基本参数,进而测定它们的年龄、磁场、制动指数,以及发现双星和测定双星的各种参数,还能测定脉冲星的位置、距离和自行.通过脉冲周期的不均匀变化可以进一步研究脉冲星的内部结构和高度简并物质的特性.总之,脉冲到达时间的观测可以获得脉冲星、星际介质、恒星演化等方面的大量信息.脉冲到达时间观测数据的处理方法是获得上述众多信息的关键.脉冲星周期极端准确,也极端稳定.达到这样高的精度,不仅依赖观测,也依赖资料分析方法.①

§4.1 脉冲到达时间的观测

脉冲到达时间(time of arrival,简称 TOA)是指观测脉冲信号到达天线的时间.第三章在介绍脉冲星观测消色散技术和巡天方法时,已经涉及脉冲到达时间的观测.脉冲到达时间的观测简单明了,但实际上数据处理却很复杂,这是因为脉冲到达时间受很多因素的影响.

4.1.1 平均脉冲轮廓和特征参考点的寻找

图 4.1 是脉冲到达时间观测的主要步骤示意图.射电望远镜天线接收到来自脉冲星的信号,由原子钟打上准确的时刻记号,信号经过接收系统和消色散终端系统的处理,获得单个脉冲系列数据,以及平均脉冲轮廓.获得确定时间间隔(如 5 min)数据的平均脉冲以及由原子钟给出准确的时间标准,是脉冲到达时间观测的最关键的步骤.

---

① 我国新疆天文台自 1996 年开始进行脉冲星的观测研究,袁建平博士为本章提供了新疆天文台的观测结果和处理资料的方法,为本章添色不少.

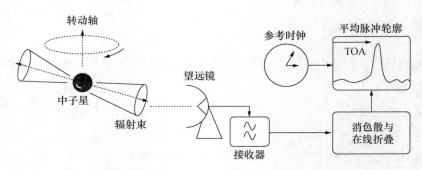

图 4.1   脉冲到达时间观测主要步骤.(Lorimer,2008)

图 4.2 是脉冲星辐射区的示意图.辐射区是在磁极冠处由开放磁力线所形成的区域.如果辐射过程发生在中子星表面附近,其尺度与自转周期的平方根成反比.一般情况下辐射区并不在中子星表面.单个脉冲在辐射窗口中出现的位置是变化不定的,不可能用单个脉冲代表中子星表面上的某个固定点.由一定数量的单个脉冲系列数据按周期折叠所获得的平均脉冲,其轮廓形状保持不变,可以选择轮廓上的某个点作为特征参考点,通常选择平均脉冲的峰值点作为参考点.由原子钟给出时刻,确认这个特征点的到达时间.关于平均脉冲的形成及其特性,请参阅第七章有关部分,那里的图 7.1 是 PSR B1133+16 的单个脉冲系列和由单个脉冲形成的平均脉冲的情况.

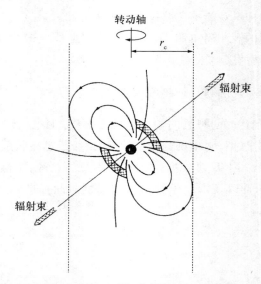

图 4.2   脉冲星辐射区示意图:在磁极区开放磁力线所包围的区域.(Lyne & Smith,1990)

　　实际上,寻找平均脉冲上最佳的特征参考点需要通过实验.首先需要获得信噪比较高的一系列平均脉冲,然后再人为地确定一个标准轮廓,将观测的各个平均脉冲轮廓与标准轮廓做相关分析,计算出不同观测轮廓与标准轮廓上某些点之间的相关系数.把相关系数最强的点选为特征参考点,相关系数可以达到 0.999 99.图 4.3 为脉冲到达时间的特征点的示意图.观测到的平均脉冲信噪比越高,特征参考点确定的精度越高.这对进行脉冲到达时间观测的射电望远镜提出了更高的要求.由于平均脉冲的获得需要几十、几百、几千、几万,甚至更多个周期的单个脉冲的叠加,因此只能隔一段时间获得一个特征点.很显然,大型射电望远镜观测流量密度大的脉冲星,所得到的特征参考点又快又准确.

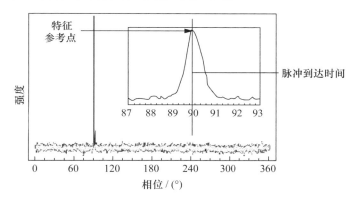

图 4.3　平均脉冲轮廓的特征参考点示意图.(艾力·伊,2004)

4.1.2　地球轨道运动对脉冲到达时间测量的影响和位置的确定

　　早在 1968 年脉冲星发现的时候,Hewish 就指出脉冲到达时间(TOA)随地球公转而发生年变化,并且与射电频率有关.他对最早发现的 4 颗脉冲星的观测资料进行处理,以消除地球轨道运动的影响.

　　图 4.4 是地球绕太阳做周年运动过程中地球上接收脉冲星的脉冲信号到达时间的情况,以及超前和落后的周年变化.无线电波从太阳传播到地球约 8 min,以脉冲星信号到达太阳的时间为标准,当地球离脉冲星最近时,脉冲到达时间要超前约 8 min,当地球离脉冲星最远时,脉冲到达时间要落后约 8 min.假设地球运行的轨道是圆的,则时延 t_c 为

$$t_c = A_E \cos(\omega_E t - \lambda)\cos\beta, \tag{4.1}$$

其中 $A_E = 500\,\mathrm{s}$ 是光从太阳到达地球的所需的时间,ω_E 是地球公转角速度,β 和 λ 分别为脉冲星的黄纬和黄经.

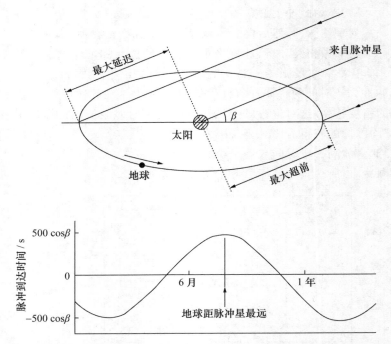

图 4.4　脉冲星脉冲到达时间随地球轨道运动的周年变化曲线. (Lyne & Smith, 1990)

地球的轨道运动对观测脉冲星的周期会产生周期性的影响, 当地球围绕太阳做轨道运动时, 向着脉冲星方向运动的一段时间里, 脉冲到达地球观测者的时间不断地减小, 而在远离脉冲星的情况下, 脉冲到达时间不断地增加. 因此, 两个脉冲之间的间隔不断地变化着. 脉冲周期呈现出正弦函数形式的周期性年变化.

从图 4.4 的下图可以测出脉冲到达时间最大超前量的日期, 这时脉冲星和地球的黄经相同, 从天文年历上查出地球那天的黄经就可以得到脉冲星的黄经. 时延的最大振幅和脉冲星的黄纬有关. 当脉冲星的黄纬为 0° 时振幅最大, 为 500 s. 当脉冲星的黄纬不为 0° 时, 则最大时延增幅小于 500 s, 可由实测的时延最大增幅计算出脉冲星的黄纬(β). 在一年中至少进行 4 次观测便可以得到图 4.4 所示的正弦曲线, 从而获得脉冲星比较准确的位置.

星表中的脉冲星位置绝大多数都是用这个方法给出的. 应用这一方法时, 当然还需考虑如下细节: 脉冲星固有的周期变化; 地球绕太阳运行的椭圆形轨道; 太阳相对于太阳系质心的运动; 地球的引力势在椭圆轨道上的周年变化; 地球轨道运动的 Doppler 效应导致的接收机接收频率不断改变; 等等.

为了消除地球轨道运动的影响, 需要把地球上观测的时间 t_{s} 变换到太阳系质心上的时间 t_{ssb}.

图 4.5 中，r_s 为地球上观测者到太阳质心的径矢，可根据天文年历准确计算. n 为脉冲星方向上的单位矢量. n 可根据前面的方法给出的黄经、黄纬推算. 在太阳系质心处接收到脉冲的时刻 t_{ssb} 与 t_s 相比多走了一段时间：

$$\frac{r_s \cdot n}{c} = \frac{r_s \cos\theta}{c}. \tag{4.2}$$

脉冲到达太阳系质心的时间为

$$t_{ssb} = t_s + \frac{r_s \cdot n}{c} = t_s + \frac{r_s \cos\theta}{c}. \tag{4.3}$$

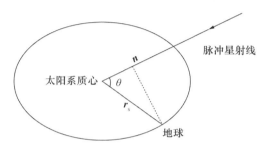

图 4.5 脉冲到达地球和到达太阳系质心的时间的差别.

第三章已经介绍了星际介质色散对脉冲到达时间的影响以及消色散的方法. 对某一特定脉冲星来说其色散量是常数，但因色散影响导致的时间延迟却与接收的电磁波频率有关. 射电望远镜接收机的中心频率和频带宽度是固定的，由于地球的轨道运动使接收到的脉冲信号的电磁波频率有 Doppler 位移，在轨道的不同点上，接收机接收到的真正的电磁波频率是变化的. 频率变化导致因星际介质色散引起的时延也在变化，这个影响必须消除. 电磁波在星际介质中传播相对于在真空中传播的时间延迟由下式表示：

$$\frac{d}{c} - t = -\frac{e^2 DM}{2\pi mc\nu^2} = -\frac{D}{\nu^2}, \tag{4.4}$$

其中 D 为观测量，ν 为在地球轨道不同位置上所接收到的电磁波的真正频率，ν 是一个可以计算出来的量. 相同的 D 值（色散）因电磁波的频率不同引起的时间延迟不同，需要加以修正，即要在（4.3）式的右边增加（$-D/\nu^2$）. （4.4）式中的 D 与（3.9）式中的 D 不同，（4.4）式中有 DM.

4.1.3 脉冲到达时间的完整表述

除了地球公转造成的脉冲到达时间的周年变化和脉冲星电磁波频率的 Doppler 效应引起的色散延迟外，还需要考虑钟差、相对论效应等，归算到太阳系质量中心的脉冲到达时间的完整表达式为

$$t_{\mathrm{ssb}} = t_{\mathrm{s}} + \frac{\boldsymbol{r}_{\mathrm{s}} \cdot \boldsymbol{n}}{c} + \frac{\boldsymbol{r} \cdot \boldsymbol{n} - |\boldsymbol{r}|^2}{2cd} - \frac{D}{\nu^2} + \Delta_{\mathrm{c}} + \Delta_{\mathrm{A}} + \Delta_{\mathrm{E}} - \Delta_{\mathrm{S}} + \Delta_{\mathrm{B}} + \Delta_{\mathrm{sp}}. \tag{4.5}$$

上式中 t_{ssb} 是脉冲到达太阳系质量中心处的时间. 右边第一项是脉冲到达射电望远镜的时间, 第二项为地球公转引起的到达时间 Doppler 效应, 第三项是 Doppler 修正的高次项. 第二与第三项之和也称为 Römer 延迟修正, 表示为 Δ_{R}, 也是望远镜与太阳质心之间光传播的时间. 第四项是色散延迟. 第五项 Δ_{c} 为观测站原子钟相对平均参考时钟的修正, 原子钟短时间内稳定, 长期不稳定. 第六项是地球大气延迟 Δ_{A}. 第七项 Δ_{E} 为 Einstein 修正项, 表示太阳系其他天体引起的引力红移和由于地球运动引起的时间变慢的共同效应. 考虑到地球在围绕太阳的椭圆轨道上运动, 其引力势在不断改变, 地球上的原子钟会发生变化. 第八项 Δ_{S} 是 Shapiro 时间延迟, Shapiro(1964) 首先指出在太阳附近由于时空弯曲, 光线经过时发生偏折从而导致的时间延迟近似为 $\Delta_{\mathrm{S}} = -\dfrac{2GM_{\odot}}{c^3} \ln(1 + \cos\theta)$, 其中 θ 为脉冲星-太阳方向与太阳-地球方向的夹角, 当光线接近太阳边缘时, Shapiro 延迟最大可达到 $120\,\mu\mathrm{s}$. 太阳系行星的效应通常忽略, 接近木星的光线的延迟只有 $200\,\mathrm{ns}$. 第九项 Δ_{B} 是双星系统的延迟. 最后一项是脉冲星相对于太阳系质心的长期的径向运动而引起的额外传播延迟.

§4.2　脉冲到达时间观测资料的处理方法

脉冲到达时间的观测是研究脉冲星最重要观测. 一般的脉冲星每次观测持续时间在 $20\,\mathrm{min}$ 左右, 弱脉冲星则需要坚持半小时, 甚至更长, 通常需要每一、两周观测一次, 坚持数年, 甚至十年、二十年. 观测的信噪比越高越好, 资料积累越多越好. 脉冲到达时间观测数据中包含各种各样的信息, 如何提取这些信息成为首先要解决的问题.

4.2.1　残差方程

由观测数据流可得到一系列的平均脉冲轮廓, 每个平均脉冲由几十个或几百个, 甚至更多脉冲周期的信号叠加而成, 周期数目的多寡, 视脉冲信号的强弱而定, 要求所获得的平均脉冲的信噪比超过 5. 考察平均脉冲上的特征参考点到达太阳系质心的时间, 可获得一系列到达时间: $t_{\mathrm{ssb0}}, t_{\mathrm{ssb1}}, t_{\mathrm{ssb2}}, \cdots$. t_{ssb} 消除了诸如地球轨道运动、色散延迟、时钟误差、相对论效应等的影响. 我们还要考虑脉冲星自转的特性. 根据自转减慢模型, 脉冲星的转动频率可以写成 Taylor 级数的形式

$$\nu(t) = \nu_0 + \dot{\nu}(t - t_0) + \frac{1}{2}\ddot{\nu}(t - t_0)^2 + \Lambda, \tag{4.6}$$

其中 $\nu, \dot{\nu}$ 和 $\ddot{\nu}$ 分别是脉冲星自转频率、自转频率一阶导数和自转频率二阶导数，ν_0 是初始时刻 t_0 时的初始频率. 太阳系质量中心处的脉冲相位是时间的函数，其基本模型也是 Taylor 级数的形式：

$$\varphi(t) = \varphi_0 + \nu_0(t - t_0) + \frac{1}{2}\dot{\nu}(t - t_0)^2 + \frac{1}{6}\ddot{\nu}(t - t_0)^3 + \Lambda, \qquad (4.7)$$

其中 φ_0 表示 t_0 时刻脉冲的相位. 如果假设的参数完全正确并且没有测量误差，脉冲的相位应该是 $2n\pi$（n 为整数），即 2π 的整数倍.

影响脉冲到达时间测量的还有脉冲星位置估计的偏差和脉冲星的自行. 根据 (4.3) 式，到达时间的测量需要知道脉冲星方向上的单位矢量 n，这依赖于脉冲星位置的准确性，如果位置确定不准，自然 n 的估计就不准. 如果脉冲星有自行，位置不断变化，自然 n 也不断地变化.

把上述各种因素考虑进去，得到残差方程：

$$R = R_0 - \nu_0^{-1}(t - t_0)\left[\Delta\nu_0 + \frac{1}{2}\Delta\dot{\nu}(t - t_0) + \frac{1}{6}\ddot{\nu}(t - t_0)^2\right]$$
$$+ A[\Delta\alpha + \mu_\alpha(t - t_0)] + B[\Delta\delta + \mu_\delta(t - t_0)], \qquad (4.8)$$

其中 R 为残差，R_0 为 t_0 时刻的残差，$\Delta\nu_0$ 和 $\Delta\dot{\nu}$ 为对 ν_0 和 $\dot{\nu}$ 的修正，$\Delta\alpha$ 和 $\Delta\delta$ 是赤经、赤纬的修正，$\ddot{\nu}$ 是自转频率的二阶导数，μ_α 和 μ_δ 是赤经、赤纬方向的自行，A, B 是位置修正项的系数，其表达式如下：

$$A = (r_{\rm E}/c)\cos\delta_{\rm E}\cos\delta\sin(\alpha - \alpha_{\rm E}), \qquad (4.9)$$
$$B = (r_{\rm E}/c)[\cos\delta_{\rm E}\sin\delta\cos(\alpha - \alpha_{\rm E}) - \sin\delta_{\rm E}\cos\delta], \qquad (4.10)$$

这里 (α, δ)，$(\alpha_{\rm E}, \delta_{\rm E})$ 分别为脉冲星和地心在太阳系质心坐标系中的赤道坐标，$r_{\rm E}$ 是地心至太阳系质量中心的距离.

4.2.2　求解残差方程

对某颗星进行多次观测得到一系列 TOA 后，由 (4.5) 式可以得到 SSB 处的到达时间. 再对 (4.8) 式求解，应用最小二乘法拟合这些 SSB 处的 TOA，获得式中待定的参数的数值，可得到脉冲星的自转周期（或频率）以及导数（以及其他参数）的改进值，以及位置和自行的参数. SSB 处的到达时间残差也可以理解为实际测得的到达时间减去由模型计算得到的到达时间的剩余值. 最小二乘法使剩余值达到最小. (4.8) 式仅考虑了脉冲星自转特性、位置和自行几个因素. 如果是双星系统，还要增加双星系统的参数项.

图 4.6 为 PSR B1133+16 脉冲到达时间十年观测资料分析得到的残差，残差值呈现随机性质，平均值为零.

根据 (4.8) 式，如果有意忽略脉冲星周期初值的修正项，即 $\Delta\nu_0 = 0$，得到的残差是随时间线性变化的，如图 4.7 所示.

在 (4.8) 式中，如果不考虑周期变化率的修正，那么获得的残差将呈现二次曲线的形状，如图 4.8 所示.

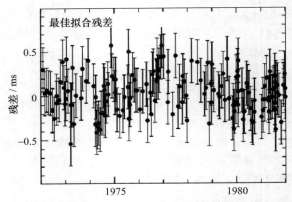

图 4.6　PSR B1133+16 的十年观测脉冲到达时间的残差.（Lorimer，2008）

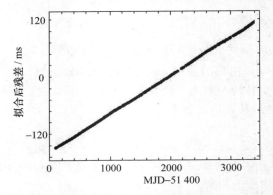

图 4.7　PSR B0329+54 的到达时间残差.由于估计的周期不准确,残差随时间呈线性变化.数据来自新疆天文台 25 m 射电望远镜的观测资料.（袁建平 2015 年做图）

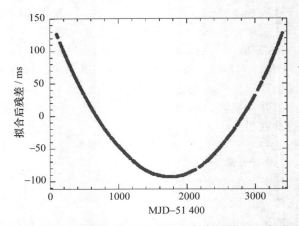

图 4.8　PSR B0329+54 的到达时间残差.由于估计的周期导数不准确,残差随时间呈抛物线变化.数据来自新疆天文台 25 m 射电望远镜的观测.（袁建平 2015 年做图）

4.2.3 脉冲星自行的测量

对于近处的辐射较强的脉冲星,用 VLBI 方法可以精确测量其位置. 对于较远的脉冲星,超过一年的脉冲星计时观测也可以测量出脉冲星的位置. 利用(4.8)式可以求解出位置的修正量,从而获得位置的准确值. 如果我们求解(4.8)式时,令位置修正项为零,那么就会获得如图 4.9 所示的残差的周年变化曲线:

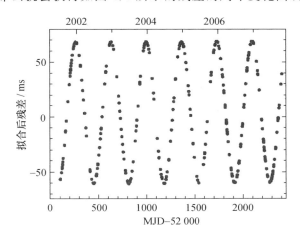

图 4.9 脉冲星 PSR B1133+16 位置错误引起残差呈周年性变化. 数据来自新疆天文台 25 m 射电望远镜的观测.(袁建平 2015 年做图)

如果脉冲星有自行,位置在不断地变化,也就是说黄纬 β 和黄经 λ 在不断变化,那么脉冲星位置不准确引起的周期性残差的振幅会变化. 脉冲星位置(坐标)的误差 $\delta\lambda, \delta\beta$ 会引起周期性的测时误差:

$$\delta t_c = -A_E \delta\beta\cos(\omega t - \lambda)\sin\beta + A_E \delta\lambda\sin(\omega t - \lambda)\cos\beta. \tag{4.11}$$

考虑最简单的两种情况:当 $\delta\beta\neq 0, \delta\lambda = 0$,那么 $\delta t_c = -A_E \delta\beta\sin\beta\cos(\omega t - \lambda)$ 随时间呈周年变化;当 $\delta\beta = 0, \delta\lambda\neq 0$ 时, $\delta t_c = -A_E \delta\lambda\cos\beta\sin(\omega t - \lambda)$ 也随时间呈周年变化. 如果脉冲星没有自行,那么脉冲星位置不准确引起的周期性残差的振幅不变.

脉冲星的自行观测很重要. 中子星是超新星爆发的产物,爆发时的少许不对称性就给中子星以巨大推力,使得脉冲星具有比一般恒星大得多的空间运行速度,自行也比较明显一些. 脉冲星的自行速度能够提供脉冲星诞生时超新星爆发状况的信息.

脉冲星的位置和自行可以直接用甚长基线干涉仪(VLBI)或美国甚大阵天线系统(VLA)等大型多天线系统观测脉冲星的位置随时间的变化来确定. 但通过脉冲到达时间的测量则比较方便. PSR B1133+16 提供了一个利用脉冲到达时间测量自行的范例. 在求解(4.8)式时,令自行修正项为零,那么就会获得残差的周年变化曲线. 图 4.10 是新疆天文台对 PSR B1133+16 观测的七年资料的分析处理结果. 周期为一年的正弦变化是地球轨道运动所导致, 但是正弦曲线的振幅不断地增长或减小则是脉冲星自行引起的位置变化所导致. 如果脉冲星的自行是沿视线径向的匀速运动, 则不会对周期的测量产生影响.

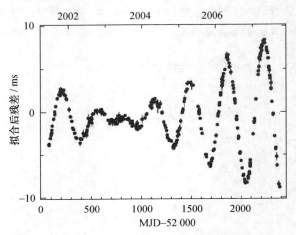

图 4.10   脉冲星 PSR B1133+16 的到达时间残差. 由于估计的自行不准确, 残差呈周年性变化. 数据来自于新疆天文台南山 25 m 射电望远镜观测. (袁建平 2015 年做图)

脉冲星自行的速度很大, 目前已测量的 100 多颗脉冲星的自行速度, 平均为 150 km/s. 个别脉冲星的自行速度可以达到 1000 km/s 以上. 图 4.11 显示了一批脉冲星的自行情况.

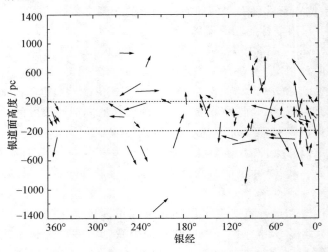

图 4.11   脉冲星的自行. 箭头代表脉冲星运动的方向和目前的位置, 尾巴长度代表 1 百万年所移动的距离. (Zou, et al., 2005)

4.2.4 脉冲到达时间资料处理软件简介

观测前需要提供脉冲星情况的星表,这个星表一般含有前几个月或前几年的到达时间观测得到的脉冲星的参数,包括位置、自行、自转参数、双星运动参数和色散量等.澳大利亚国立天文台(ATNF)开发的 PSRCAT 程序可以用来产生星表.由于脉冲星的辐射很弱,通常增加观测积分时间并按照脉冲周期叠加来提高脉冲信号的信噪比.观测时需按照提供的模型计算出在观测台站处的脉冲周期,并按照这个周期进行折叠.

观测时除记录脉冲星辐射的信号外,还要记录观测的开始时间、采样时间、折叠周期等信息.从观测数据中获取脉冲到达时间(TOA)有两种方法:

第一种方法是找出平均脉冲的最高点(峰值)所对应的时间.该方法适用于高信噪比、形状简单、脉冲宽度较窄的信号,TOA 的误差 σ_{TOA} 取为脉冲宽度与轮廓信噪比 S/N 的比值,误差一般为取样时间的十分之一.

第二种方法是把观测轮廓 $p(t)$ 与标准轮廓 $s(t)$ 进行相关.这种情况整体考虑脉冲的轮廓,可以理解为拿标准轮廓 $s(t)$ 来拟合观测轮廓 $p(t)$,得到拟合参数 τ (观测轮廓与标准轮廓之间的时间间隔)及其误差.拟合值 τ 的误差就是 TOA 的误差,只由观测轮廓的信噪比 S/N 决定.PSRCHIVE 软件包中的 pat 程序(用来产生所观测的脉冲的到达时间)就是用的这个方法.

得到某颗星的一系列 TOA 后,就可以用计算机软件来拟合模型得到脉冲星精确的参数.目前有几个程序可以用来完成这项工作,如英国曼彻斯特大学 Jodrell Bank 天文台使用的 PSRTIME、德国马克斯-普朗克协会射电天文研究所使用的 TIMAPR、法国 Nancay 天文台使用的 ANTIOPE、南非 Hartebeesthoek 天文台使用的 CPHAS 等程序,然而,最出名、使用最广泛的软件是普林斯顿大学和澳大利亚国立天文台开发、维护的 TEMPO. TEMPO 的基本功能,一是把观测站点的到达时间转换到 SSB 处的到达时间;二是拟合到达时间,得到脉冲星的参数.这个软件用 FORTRAN 语言写成,计算功能强大,但是其执行的算法只能提供 100 ns 的到达时间精度,一次只能分析一颗脉冲星.为了探测引力波,研究毫秒脉冲星和双星系统的动力学,寻找地球时(terrestrial time)标准的不规则性,澳大利亚国立天文台用 C++语言开发了 TEMPO2. TEMPO2 具有良好的图形界面,有多种图形接口、多种方法可以展示数据(比如 plk,splk 插件),还具有良好的人机交互性,比如可以在图形上直接去掉"坏"数据.它具有多种输入输出文件格式,能根据已知模型模拟产生脉冲星的到达时间,还具有多种时钟修正程序,能更新给定历元的双星参数.

TEMPO2 在参考系、传播延迟和星表方面主要的改进有(Hobbs, et al.,

2006):（1）遵从 IAU2000 决议,采用更新后的岁差、章动、极移（polar motion）；（2）针对相对论性的时间变慢修正观测频率；（3）使用改进的太阳系 Einstein 延迟；（4）考虑大气传播延迟；（5）考虑行星的 Shapiro 延迟；（6）考虑太阳的二阶 Shapiro 延迟.

TEMPO2 在拟合算法方面的改进有:（1）能同时拟合多颗脉冲星的到达时间残差；（2）实现与观测频率有关的参数（不仅仅是色散量 DM）的拟合；（3）能拟合频率、色散量、跃变的任意阶导数；（4）多波段同时观测的话能在每个历元拟合 DM；（5）正弦谐波拟合方法（这个方法比多项式拟合的残差小）；（6）为不同的观测频率和观测台站的 TOA 数据灵活提供任意补偿；（7）为得到到达时间参数,TEMPO2 提供强制算法；（8）包括脉冲星的长期运动效应.

需要注意的是 TEMPO2 默认采用 TCB 时标（国际天文联合会 A4 决议（1991）推荐使用 TCB 时标）,这与 TEMPO 采用的 TDB 时标不同. TEMPO2 也能采用 TDB 时标达到与 TEMPO 兼容（在命令行添加"－tempo1"选项即可）.

§4.3　磁偶极辐射模型和某些参数的确定

脉冲星的辐射呈现出周期性的脉冲,这是脉冲星快速自转造成的,自转周期很稳定.由于脉冲星是靠自转能来提供电磁辐射和加速高能粒子的,因而自转能不断地减少,自转频率越来越慢,周期越来越长.磁偶极辐射模型假定自转能的损失与脉冲星的偶极辐射功率相等.根据这个模型,由脉冲星周期特性的观测数据可以推断其年龄、磁场、制动指数等重要的物理参数,而转动能损率就成为脉冲星辐射的最大光度.

4.3.1　脉冲星的周期特性

早期的观测给出的周期在 33 ms～4.3 s 之间,后来扩展至 1.4 ms～8.55 s. 基本上可分为普通脉冲星和毫秒脉冲星两类.普通脉冲星的周期在 33 ms～8.55 s 之间,毫秒脉冲星的周期在 1.4 ms～30 ms 之间.脉冲星的周期十分稳定,周期变化率非常小,在 $10^{-13} \sim 10^{-20}$ s/s 之间.脉冲星辐射的脉冲宽度只占一个周期的很小一部分,平均只有 3%.残差方程也能给出脉冲星周期的二阶导数,成为研究脉冲星制动指数的关键参数,但由于它需要十年以上的脉冲到达时间观测资料的分析才能得到,只有少数脉冲星具有比较可靠的周期二阶导数的资料.

图 4.12 是脉冲星在周期与周期变化率图上的分布.图中用不同符号代表性质各异的脉冲星.在图的右上部分,集中了反常 X 射线脉冲星（星号表示）.其他均为射电脉冲星,其中最为显眼的是双星系统和常发生周期跃变事件的脉冲星,图中特别加以标明.双星将在第十二章介绍,有周期跃变事件发生的脉冲星将在本章另节

单独介绍.图中有年龄线、磁场线和毫秒脉冲星自转加速线,这是因为它们仅是周期和周期变化率的函数.

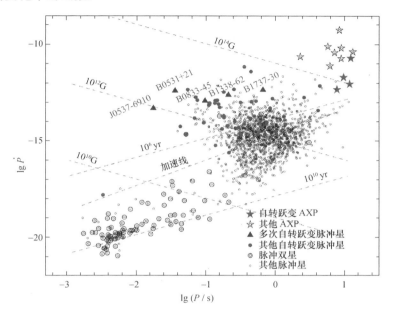

图 4.12　脉冲星的周期、周期导数图.(袁建平 2015 年做图,数据来源:http://www.atnf.csiro.au/research/pulsar/psrcat/)

4.3.2　脉冲星的转动能损率

中子星是恒星在核能源已经耗尽的情况下引力坍缩的产物.它仍然具有很高的温度,热能将以黑体辐射的形式辐射出去,但是这种能量通过各种冷却过程而耗散,不可能是脉冲星的主要能源.脉冲星的引力特别强,如果它是双星系统的成员,而且伴星不是致密星时,伴星的物质有可能被脉冲星吸积,这些物质的引力势能就会转化为别的能量形式(比如热能)而释放出去,X 射线脉冲双星的辐射就是属于这种情形.大多数脉冲星不是双星系统,当然就没有这种形式的能量释放机制.伴星是白矮星和中子星的双星系统,物质交换很少,也没有这种能量释放机制.所以引力能也不是脉冲星的主要能源.

脉冲星快速自转表明它具有巨大的转动能.观测发现几乎所有的脉冲星的周期都缓慢地变长.对于周期变化最快的几颗脉冲星,在几小时或几天中就可以检测出周期变化来.周期变长,说明脉冲星的自转越来越慢,它的转动能不断地被消耗掉.

脉冲星绕着它的自转轴快速旋转着.处在脉冲星不同地方的质量单元的角速

度是一样的,但离自转轴的距离是不同的,因而线速度也是不同的. 脉冲星的转动能等于全部质量单元动能的总和,设线速度为 v,角速度为 Ω,则动能为

$$E_{\rm rot} = \sum_i \frac{1}{2} m_i v_i^2 = \frac{1}{2} \sum_i (m_i r_i^2) \Omega^2 = \frac{1}{2} I \Omega^2 = 2\pi^2 I P^{-2} , \qquad (4.12)$$

式中 I 为转动惯量. 假定脉冲星是一个均匀的球体,自转轴通过球心,则转动惯量可写为

$$I = \frac{2}{5} MR^2 , \qquad (4.13)$$

其中 M 为脉冲星的质量,取为一个太阳质量,R 为半径,取为 10 km,则可以算出转动惯量的数值,通常取为 10^{45} g·cm^2. 脉冲星的转动能量是极其巨大的,由 (4.12) 式可以导出转动能损率的公式

$$\frac{{\rm d}E_{\rm rot}}{{\rm d}t} = -4\pi^2 I \dot{P} P^{-3} , \qquad (4.14)$$

转动能损率与周期变率成正比,与周期的 3 次方成反比. 脉冲星的周期变化率的差别特别大,达到 8 个数量级. 年轻脉冲星的周期变化率都比较大,年老的则比较小,最小的要数毫秒脉冲星. 计算结果表明,脉冲星的转动能损率很大,它不仅当仁不让地成为射电脉冲星辐射的主要能源,也成为脉冲星所在的超新星遗迹的能源提供者. 转动能损率最大的要数蟹状星云脉冲星 PSR B0531+21,它的周期变化率 $\dot{P}$ $=422\times10^{-15}$ s/s,周期是普通脉冲星中周期最短的,为 33 ms,所以转动能损率非常大. 毫秒脉冲星的周期变率比普通脉冲星要小几个数量级,但是它们的周期也要短几个数量级,所以转动能损率也比较大. 表 4.1 中列出了 10 颗脉冲星的转动能损率等参数情况,其中 5 颗属普通脉冲星,5 颗是毫秒脉冲星. 它们的周期变化率相差好几个数量级,但转动能损率差别要小得多.

表 4.1   10 颗脉冲星的周期、周期变化率和转动能损失率

PSR B	$P/{\rm s}$	$\lg \dot{P}$	$\lg\left[\dfrac{{\rm d}E}{{\rm d}t}/({\rm erg/s})\right]$
0531+21	0.033	−12.4	38.65
1509−58	0.150	−11.8	37.25
0833−45	0.089	−12.9	36.84
1821−24	0.0031	−17.8	36.35
1937+21	0.00156	−19.0	36.04
1737−30	0.607	−12.3	34.92
1620−26	0.011	−18.1	34.37
1916+14	1.181	−12.7	33.70
1953+29	0.0061	−19.5	33.70
1855+09	0.0054	−19.8	33.66

4.3.3 磁偶极辐射模型和磁场的估计

脉冲星的转动能损率是脉冲星最大可能的光度,故又称为脉冲星的总光度.脉冲星被证认为高速自转的磁中子星,近似可以看成一个旋转着的磁偶极子.根据经典电动力学,旋转的磁偶极矩 μ 会不断地以其旋转频率辐射电磁波.旋转周期为 P、垂直磁矩为 $\mu_\perp$ 的磁偶极子的磁偶极辐射功率为

$$W_{\mathrm{d}} = -\frac{32\pi^4}{3c^3}\frac{\mu_\perp^2}{P^4} = -\frac{32\pi^4}{3c^3}\frac{R_0^6 B_{\max}^2 \sin^2\alpha}{P^4}, \tag{4.15}$$

$$\mu_\perp = R_0^3 B_{\max} \sin\alpha, \tag{4.16}$$

其中 R_0 为中子星半径,$B_{\max}$ 为中子星表面的极大磁场,α 是磁倾角(inclination angle,磁轴和自转轴之间的夹角).

磁偶极辐射模型假定脉冲星的转动能的损失全部转换为磁偶极辐射,这样(4.14)式就恒等于(4.15)式,从而导出脉冲星表面极大磁场公式:

$$B_{\max} \equiv \sqrt{\frac{3c^3 I}{8\pi^2 R_0^6 \sin^2\alpha} P\dot{P}}. \tag{4.17}$$

一般情况下转动惯量 $I = 10^{45}$ g·cm^2,中子星半径 $R_0 = 10$ km,并假设磁倾角 $\alpha = 90°$,则有

$$B_{\max} = 3.2\times 10^{19}\,G\,\sqrt{P\dot{P}}. \tag{4.18}$$

目前脉冲星星表上给出的磁场值,是根据(4.18)计算得到的.平均来说,脉冲星具有 10^{12} G 的超强磁场.但毫秒脉冲星的磁场比普通脉冲星的磁场低好几个数量级,最低的为 10^8 G.

对于 X 射线脉冲星和 X 射线双星,可以利用探测到的吸收线来估算其表面磁场.例如,电子-正电子的回旋共振频率与磁场成正比,由观测到的谱线可以估计其磁场.第十三章将对此有较详细的介绍.

光速圆柱处的磁场也是一个重要的物理量,曾用来作为辐射是否能产生的判据和辐射区部位讨论的依据,特别对于巨脉冲,常常将其与光速圆柱处的磁场比较大的脉冲星相关联.光速圆柱是指磁层跟随中子星共转时,其线速度达到光速处的半径所构成的圆柱($r_{\mathrm{LC}} = cP/2\pi$).对于磁偶极场,磁场和距离的立方成反比,由表面极大磁场可以推出光速圆柱处的磁场

$$B_{\mathrm{LC}}^2 = \frac{24\pi^4 I\dot{P}P^{-5}}{\sin^2\alpha}. \tag{4.19}$$

4.3.4 脉冲星磁场的演化

Ostriker 和 Gunn(1969)基于对中子星电导率的估计首先提出中子星磁场在

约为 4×10^6 年的时标上作指数衰减. 但是 Bayrn 等(1969)提出异议,指出像中子星这样的超导系统,Ohm 损耗是不重要的,不可能在这样短的时标上有衰减. Gunn 和 Ostriker (1970)给出 15 颗脉冲星的磁场与年龄的关系图,展现出磁场随时间衰减的趋势. Lyne 等(1975)给出了 84 颗脉冲星的周期和周期变化率分布图,同时为了解释分布图上的弥散,提出了磁偶极矩指数衰减的模型,衰减时间常数 $\tau_D\approx10^6$ 年.

有的学者用"运动学年龄"研究磁场的演化. Lyne 等(1982)求得 $\tau_D=2\times10^6$ 年. Bhattacharrya(1992)通过研究脉冲星离银道面的高度 $|z|$ 与特征年龄的关系来分析磁场的演化,结果表明具有磁衰减的曲线能更好地与观测拟合.

磁场与年龄关系的统计研究支持磁场具有衰减式的演化,但是根据中子星超导特性,磁场却不会衰减,这是非常大的矛盾. 后来,人们发现磁倾角有可能具有衰减式的演化,缓解了这个矛盾. 在总磁矩不变的情况下,如果磁倾角逐渐变小,必然引起 $\mu_\perp$ 减小,导致磁场的减小. Jones(1976)最先提出磁倾角按指数衰减的假设. Wu 等(1982)对脉冲星的视束宽的分布进行统计分析,获得磁倾角随年龄的增加而减小的结果. Candy 和 Blair (1986)在假定磁倾角按指数衰减的前提下,能够给视束宽与年龄的统计关系以很好的拟合. Xu 和 Wu(1991)研究了 K 参数与年龄的关系,发现磁倾角衰减的时标为 1.5×10^7 年. Zhang 等(1992,1998)指出,引力自旋效应能引起中子星磁轴逐渐向自转轴靠近,造成磁倾角逐渐变小,而且这种减小趋势与磁场强度成反比. 由此得到的脉冲星磁倾角的分布及演化趋势与极冠几何模型的研究结果一致.

上述研究给出的结果是磁矩按指数衰减或磁倾角按指数衰减,各个研究小组所获得的衰减时间常数大约在 $10^6\sim10^7$ 年范围. 如果所有脉冲星都按照这样的规律演化,那些年龄达到 $10^8\sim10^9$ 年的脉冲星的磁场将演变得非常低了,而这与观测事实不符. 脉冲双星 PSR B0655+64 的年龄按照白矮星的"冷却年龄"估计,已超过了 10^9 年,但它的磁场仍然为 10^{10} G. 毫秒脉冲星的年龄已达到或超过 10^9 年,但它们的磁场依然有 $10^8\sim10^{10}$ G. 这表明,至少有些中子星的磁场不能以 $10^6\sim10^7$ 年的时标一直衰减下去.

毫秒脉冲星具有再加速的历史,这可能是它们的磁场或磁倾角的演化方式与普通脉冲星不同的原因. 除了毫秒脉冲星,估计还有相当多(约 50%)的脉冲单星曾有过吸积的历史. 低质量伴星被蒸发掉,具有 B/Be 型伴星的脉冲双星在第二次爆发中导致系统解体,它们在历史上都会有再加速的过程. 具有高质量伴星的双星数目估计有 2×10^4 个,它们的年龄约为 10^7 年,单这一项就可以产生 $\geqslant10\%$ 的"再加速"脉冲星. Wu 等(1991)、Kuzmin 和 Wu(1992)提出"类毫秒脉冲星"的新类别,认为在 $\dot{P}$-P 图上在加速线和死亡线之间的周期短、磁场低、年龄大的脉冲单星最有可能像毫秒脉冲星那样有双星吸积历史,因此它们的演化线路不同于其他普通脉冲星.这很好地解释了脉冲星老年阶段的光度、磁倾角和周期演化的反常现象.

4.3.5　制动指数

一般地,假定自转频率变慢的规律是角速度的幂律形式

$$\dot{\Omega} = -K \cdot \Omega^{n}, \tag{4.20}$$

其中 K 为常数,n 为制动指数.用自转周期表示,上式可写为

$$\dot{P} = (2\pi)^{n-1} K P^{2-n}. \tag{4.21}$$

脉冲星的自转频率是在逐渐变慢的,可以用(4.20)式或(4.21)式来表示.由磁偶极辐射模型,可以导出周期变化率与周期之间的关系,写成自转频率的形式为

$$\dot{\Omega} = -K\Omega^{3}, \tag{4.22}$$

$$K \propto \frac{\mu_{\perp}^{2}}{I}. \tag{4.23}$$

从(4.22)式可知,磁偶极辐射模型下,脉冲星的制动指数为 3.由(4.20)式可以推导出

$$n = \frac{\ddot{\Omega}\Omega}{(\dot{\Omega})^{2}}. \tag{4.24}$$

观测可以给出 $\Omega, \dot{\Omega}$ 和 $\ddot{\Omega}$ 的值,因此制动指数是一个可由观测确定的量.由 PSR B0531+21 的 23 年的观测资料(1969 年到 1993 年),分析给出 $n = 2.51 \pm 0.01$ (Lyne, et al., 1993).这和磁偶极辐射模型推出的值比较接近,但是也有明显的差别.目前已发表的由(4.24)式决定制动指数值的脉冲星有上百颗,其制动指数值有正有负,差别很大.Gullahorn 和 Rankin(1977)根据 Arecibo 射电望远镜的观测给出 n 的绝对值从 25 一直到 10^{5}.

　　脉冲星相位残差显示出脉冲星自转有连续的微扰.短时间的数据能很好由二阶或三阶多项式拟合,但是对于长时间(几年)的数据,很多脉冲星都明显偏离磁偶极辐射制动模型.而且从拟合得到的三阶多项式计算出来的制动指数往往比磁偶极辐射模型的期望值要大很多.残差主要是频率二阶导数 $\ddot{\nu}$ 主导的.对于磁偶极辐射制动,$\ddot{\nu}$ 是正的.大多数脉冲星实测的 $\ddot{\nu}$ 不是磁偶极辐射或者自转能的系统损失,而是系统噪声.年轻脉冲星几乎都有 $\ddot{\nu} > 0$.周期跃变会导致 $\ddot{\nu} > 0$.年龄 $\tau < 10^{5}$ 年的年轻脉冲星的残差主要是跃变后的恢复过程主导的.对于非常年轻的脉冲星,跃变活动性参数很小,时间噪声主要是磁偶极辐射制动,因此制动指数接近 3,观测结果也接近 3.$\tau > 10^{5}$ 年的脉冲星几乎一半是正的 $\ddot{\nu}$,一半是负的 $\ddot{\nu}$,年老脉冲星的时间噪声既不是跃变后的恢复过程,也不是磁偶极辐射制动,而是其他过程.

长跨度的到达时间数据,其三次项(也就是$\dddot{\nu}$)比短跨度的到达时间数据的三次项要小些,对于 PSR B0329+54,利用 10 年时标的观测资料,测得的$\dddot{\nu}$比较大,对于超过 25 年的时间跨度的资料,处理结果却没有明显的三次项(Hobbs,et al.,2010).从最长时间跨度的数据测得的$\dddot{\nu}$计算出的制动指数 $n=75$,仍然明显大于磁偶极辐射制动指数 3.

目前,如表 4.2 所示,有 8 颗脉冲星的$\dddot{\nu}$被认为测得比较准,所获得的制动指数值都比 3 小.

表 4.2   8 颗脉冲星的制动指数

脉冲星(PSR)	制动指数	参考文献
B0531+21	$n=2.51\pm0.01$	Lyne,et al.,1993
J0537−6910	$n=-1.5\pm0.1$	Middleditch,et al.,2006
B0540−69	$n=2.140\pm0.009$	Livingstone,et al.,2007
B0833−45	$n=1.4\pm0.02$	Lyne,et al.,1996
J1119−6127	$n=2.684\pm0.002$	Weltevrede,et al.,2011
B1509−58	$n=2.839\pm0.001$	Livingstone,et al.,2007
J1734−3333	$n=0.9(2)$	Espinoza,et al.,2011
J1846−0258	$n=2.65\pm0.01$	Livingstone,et al.,2007

制动指数公式(4.23)是在 K 为常数的假定下推导出来的.然而,K 不一定是常数.K 参数的性质成为研究制动指数的一个关键问题.

$$K =-\frac{2}{3c^3}\frac{\mu^2}{I}\sin^2\alpha, \tag{4.25}$$

其中 μ,I,α 分别是磁矩、转动惯量和磁倾角.

考虑到磁矩和磁倾角都是变化量,Qiao 等(1985)推导出新的制动指数公式:

$$n=\frac{\ddot{\Omega}\Omega}{\dot{\Omega}^2}=3+2\frac{\Omega}{\dot{\Omega}}\frac{\dot{\mu}}{\mu}+2\dot{\alpha}\frac{\Omega}{\dot{\Omega}}\cot\alpha. \tag{4.26}$$

这个公式表明,如果磁矩和磁倾角都是变化的量,那么 n 值就会偏离 3,可能为正值,也可能为负值.还有学者认为转动惯量是变化着的,这样还会产生附加项.

4.3.6 脉冲星年龄的估计

年龄这个参数的重要性是不言而喻的.如果我们能亲自看到某些天体的诞生,就能精确获得它们的年龄.但人类只看到了极个别的天体的诞生,如 1054 年我国古人看到了蟹状星云超新星的爆发,因此知道爆发中诞生的脉冲星 PSR B0531+21 的准确年龄,绝大多数脉冲星的年龄都要想其他方法估计.脉冲星的周期特性定性地展示了脉冲星的年龄,周期逐步变长,意味着周期越长的脉冲星年龄越大.周期变化率越大的脉冲星,变老的速度越快.因此,脉冲星的年龄与其周期和周期变化率密切相关.

（1）特征年龄.

脉冲星的自转变化遵从如下规律：

$$\dot{\Omega} = -K\Omega^n, \tag{4.27}$$

$$\dot{P} = (2\pi)^{n-1}KP^{2-n}, \tag{4.28}$$

$$\int_{P_0}^{P} P^{n-2}\,\mathrm{d}P = \int_{t_0}^{t} (2\pi)^{n-1}K\mathrm{d}t. \tag{4.29}$$

由(4.29)可以推导出脉冲星的年龄，但需要 4 个假定：一是假定脉冲星诞生时自转速度非常快，周期接近于零，即取 $P_0 = 0$；二是假定周期变化率自始至终都保持不变；三是假定 K 为常数；四是磁偶极辐射模型成立，制动指数的值为 3. 由(4.29)式得到

$$T = t - t_0 = P/(n-1)\dot{P} = P/2\dot{P}. \tag{4.30}$$

由这个公式计算出的年龄称为特征年龄，或形式年龄. 几颗知道诞生时间的年轻脉冲星的特征年龄与真实年龄比较接近，如蟹状星云脉冲星的特征年龄为 1258 年，真实年龄为 961 年. 船帆座脉冲星的特征年龄是 11 000 年，相联系的超新星遗迹的年龄为 10 000～30 000 年，也比较接近. 这说明年轻脉冲星的特征年龄比较接近真实年龄. 但是，有很多脉冲星的特征年龄达到 $10^8 \sim 10^9$ 年，甚至接近宇宙年龄的 10^{10} 年的量级. 这使人们怀疑这个公式的正确性.

推导特征年龄公式时有 4 个假定，实际上并不一定完全成立. Lyne 等(1975)对"K 为常数"这个假定做了修正. 他们认为磁矩并不是常数，而是以指数形式衰减的：

$$\mu = \mu_0 \exp(-t/\tau_D),$$
$$K = K_0 \exp(-2t/\tau_D), \tag{4.31}$$

其中 τ_D 为磁衰减常数. 由此导出磁衰减年龄公式

$$t = \frac{1}{2}\tau_D \ln\left(\frac{2T}{\tau_D} + 1\right). \tag{4.32}$$

由磁衰减模型导出新的年龄又称为磁衰减年龄，式中 T 为特征年龄. 当 $T \ll \tau_D$ 时，真正年龄和特征年龄很相近，但当 $T \gg \tau_D$，也即年龄很大时，磁衰减模型的年龄要比特征年龄低很多. 后来磁衰减年龄并没有广泛地应用，但磁衰减的概念还是被很多研究者采用，对磁衰减时间常数做了不少研究，给出磁衰减时间常数 τ_D 的范围为 $10^6 \sim 10^7$ 年. 当脉冲星的年龄趋近无穷时，脉冲星的周期是否也会变得非常之长？从磁衰减模型可以推出 $t \to \infty$ 时的周期取值为

$$P_\infty = (K_0 \tau_D)^{1/2}. \tag{4.33}$$

脉冲星的周期有一个上限值，由 K_0 和 τ_D 决定. 这两个参数可用统计观测资料的方法给出，结果和目前已观测脉冲星 8.5 s 的最长周期很符合(曲钦岳，等，1976).

　　毫秒脉冲星、伴星为白矮星的双星的年龄达到或超过 10^9 年是毫无疑问的,而磁衰减年龄主要由磁衰减常数决定,只能达到 10^7 年的数量级,因此磁衰减年龄并不能代表脉冲星真正的年龄.

　　(2) 脉冲星运动速度和运动学年龄.

　　脉冲星比较集中在银道面附近,但比超新星遗迹的分布要广得多,它们离银道面的高度的标高为 600 pc. 这是由于脉冲星有很高的自行速度,大多数在 100 km/s ～200 km/s 之间,也有高达 500 km/s,甚至 1000 km/s 的. 脉冲到达时间的观测能给出脉冲星的位置,多次观测可以获得脉冲星自行的信息. 利用甚长基线干涉仪 (VLBI)可以直接测量脉冲星的自行. 对脉冲星闪烁的观测也可以得到其运动速度,但是这依赖于视线方向的电子密度的确定. 测知自行后,根据距离可以计算出脉冲星的运动速度. 前面的图 4.11 给出了银道坐标系中的 52 颗脉冲星的运动速率和方向. 大多数脉冲星的运动方向是离银道面而去的,约有一半脉冲星具有足以逃离银河系的速度,陆续跑离银道面,进而跑出银河系,但在银河系引力势的作用下,很多还会返回,进出达到动态平衡. 速度为 500 km/s 时,脉冲星在 2 百万年期间将移动 1 kpc. 年龄越大,脉冲星跑离银道面越远. 假定脉冲星在银道面附近诞生,根据观测到的自行的速度和方向,就能知道脉冲星需要多少时间才能从银道面跑到现在的位置. 这个时间就是运动学年龄.

　　图 4.13 给出了脉冲星运动学年龄和特征年龄的关系图. 可以看出,年轻的脉冲星的运动学年龄和特征年龄符合得比较好,而老年脉冲星的运动学年龄则比特征年龄要小很多. 年龄越大,这个矛盾越大.

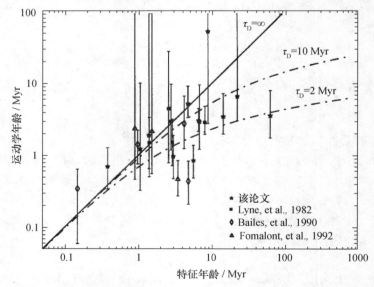

图 4.13　脉冲星运动学年龄和特征年龄的关系图.(Harrison, Lyne & Anderson,1993)

§ 4.4　脉冲星周期的噪声

　　脉冲到达时间测量显示出脉冲星自转有两类不稳定性:时间噪声(timing noise)和周期跃变(glitch).时间噪声是脉冲星自转参数发生的连续、时标较长(通常为几个月或几年)的扰动.时间噪声通常是"红噪声",也就是其功率在低频端要强些(Cordes & Downs,1985),脉冲星自转频率的二阶导数通常用来衡量噪声水平.

4.4.1　脉冲到达时间剩余残差的观测

　　应用最小二乘法求解残差方程,可以获得脉冲星自转模型的各个参数,以及位置和自行的数据,剩余的残差被认为是周期噪声或时间噪声.一般认为,周期噪声应该是无规律的随机信号,是一种平均值为零的 Gauss 分布.但是,不少脉冲星的周期噪声呈现准周期性.目前已获得 5 年以上脉冲到达时间的脉冲星数目很多,至少有几百颗.国际上几台大型射电望远镜长期监测的毫秒脉冲星就超过 50 颗.作为例子,图 4.14 是 8 颗脉冲星的剩余残差的观测结果.其中有些呈现随机变化的特点,有些呈现准周期性.

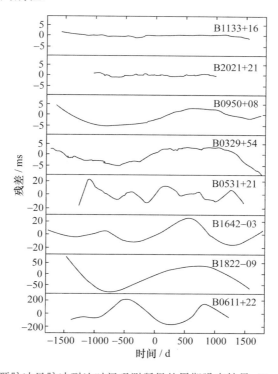

图 4.14　8 颗脉冲星脉冲到达时间观测所得的周期噪声结果.(Lorimer,2008)

　　年轻的普通脉冲星的周期噪声很强,而年老的毫秒脉冲星的周期噪声则很弱.真正的原因尚不清楚,但人们普遍认为这与中子星内部的超流过程、内部温度的变化以及磁层中的过程有关.毫秒脉冲星的周期噪声很小这个特点非常重要,只要应用大型射电望远镜、优质接收机和强有力的消色散终端观测毫秒脉冲星,就可以获得精度特别高的脉冲到达时间测量.应用毫秒脉冲星的时间特性,可以创建能与原子钟比美的"脉冲星钟".观测毫秒脉冲星还能进行自主导航.另外,利用毫秒脉冲星的脉冲到达时间观测还可以检测宇宙引力波.这些将在第十一章进行介绍.

4.4.2　脉冲星周期噪声

　　脉冲星的周期噪声首先由 Boynton 等(1972)在蟹状星云脉冲星的到达时间数据中观测到.他们认为脉冲星的自转受脉冲相位、自转频率或者自转减慢率的"随机行走(random walk)"的影响,也就是他们随机地发生强度不确定的小跳变.这些过程分别叫作"相位噪声""频率噪声"和"自转减慢噪声".这些事件遵从泊松分布,蟹状星云脉冲星的统计性质与自转频率的"随机行走"一致.

　　Cordes 和 Downs(1985)研究了 24 颗脉冲星的时间噪声,其结果显示很多脉冲星的噪声行为不能简单地模拟为理想的"随机行走",而可能是某个自转参数的离散事件叠加在理想的随机行走过程上,或者是其他类型的过程.与脉冲星周期跃变不同,这些离散事件显示出频率和频率导数既有正的变化,又有负的变化.Cordes 等(1988)分析了船帆座脉冲星 14.5 年的脉冲到达时间资料,其结果表明大多数噪声行为是由频率和频率导数的离散事件引起的,其自转跳变较大而不可能是由包括很多小事件的随机行走过程的微扰引起的.这些跳变事件叫作微跃变.船帆座脉冲星的微跃变的相对大小是 $|\Delta\nu/\nu|\leqslant 10^{-9}$ 和 $|\Delta\dot{\nu}/\dot{\nu}|\leqslant 10^{-4}$. Hobbs 等(2010)研究了 366 颗脉冲星的自转稳定性,也证实了 Cordes 和 Downs(1985)的结论:到达时间残差不能都由简单的"随机行走"来模拟.

4.4.3　时间噪声的度量及与其他参数之间的相关性

　　为了反映脉冲星转动的稳定性,测量"时间噪声的大小",Arzoumanian 等(1994)定义了参数 Δ_8:

$$\Delta_8 = \lg(|\ddot{\nu}|\, t^3/(6\nu)), \tag{4.34}$$

其中 $\nu,\ddot{\nu}$ 是在 $t=10^8$ s 的时间长度上测得的.这个时间尺度本身没有物理意义,只是测量数据的覆盖时间.Hobbs 等(2010)分析了 366 颗脉冲星的自转不稳定性,研究了 Δ_8 与自转周期变化率的关系.对于孤立脉冲星的样本,统计结果为 $\Delta_8=5.1+0.5\lg\dot{P}$.时间噪声与自转周期变化率有很强的相关性.已经知道脉冲星的自转减慢率随年龄的增加而减小,年轻脉冲星比年老的脉冲星有更大的时间噪声.

Matsakis 等(1997)从 Allan 方差推广出一个统计量,它能在各种时标上测量脉冲星自转的稳定性:$\sigma_z(\tau) = \langle c^2 \rangle^{1/2} \tau^2/(2\sqrt{5})$,其中幅度 c 是时间跨度为 τ 的数据的拟合三阶项(即 $\ddot{\Omega}$)的平均值. 对于功率谱密度可以模拟为 $S(f) \propto f^\alpha$ 的到达时间残差,如果 $\alpha < 1$,那么 $\sigma_z(\tau)$ 满足幂率关系 $\sigma_z(\tau) \propto \tau^\beta$.

Hobbs 等(2010)应用 10 年的脉冲到达时间观测资料获得噪声参数 σ_z(10 年),进一步研究了 σ_z(10 年)与脉冲星其他参数之间的相关关系. σ_z(10 年)与自转频率一阶导数、转动能损率之间有很强的相关性,相关系数分别为 0.76 和 0.71. σ_z(10 年)与特征年龄有一个很强的反相关,相关系数 $\rho = -0.76$. σ_z(10 年)与自转频率及表面磁场只存在弱相关,相关系数分别为 0.3 和 0.5. 毫秒脉冲星基本上也存在这样的相关关系. 球状星团 M4 中的 PSR B1620−26 则是例外,其自转周期为 11 ms,自转变慢率不大,但却有较大的 σ_z,原因可能是这颗星受到星团的引力场的加速作用.

一些脉冲星的时间噪声呈现明显的周期性特征. 到达时间残差由准周期特征主导,但是非对称的,局域最大曲线半径与局域最小曲线半径不同,比如 PSR B0950+08,B1642−03,B1818−04,B1826−17 和 B1828−11. 六颗脉冲星的平均脉冲轮廓发生了明显的改变,而且它们的自转减慢率的改变与脉冲轮廓的改变直接相关. 还不能确定这种完美的相关性是内禀的还是起源于时间序列的稀疏采样(Lyne, et al., 2010). 一些脉冲星的平均脉冲轮廓的改变表明自转减慢率的增加与辐射束中心的相对强度增加相关联. PSR B1822−09 自转减慢率较大时,轮廓的前导成分较弱、而中间脉冲较强,自转减慢率较小时则相反.

4.4.4 时间噪声产生机制

对于时间噪声的机制,人们提出了力矩微扰的理论模型. 大多数情况下,统计学微扰以及力矩微扰可以用来解释噪声过程. 这在某种程度上支持随机起源的模型,也即一些脉冲星的行为与"随机行走"过程一致. 而且,相位、频率和频率导数的随机行走可以分别解释为由辐射区或辐射束方向、中子星转动惯量和自转能损失率的变化引起的.

后来,一些脉冲星的到达时间残差的周期性成为研究热点. 比如:蟹状星云脉冲星的残差周期大约为 20 个月的准正弦振荡(Lyne, et al., 1988),振荡的周期和幅度与被分析的数据的时间跨度无关. 一个噪声过程,或者一个或更多的离散事件,能产生周期性的到达时间残差,但是周期和幅度却依赖于数据长度. 脉冲星到达时间残差呈周期性(非随机)的原因有:(1)旋转超流的涡流栅振荡;(2)中子星的自由进动;(3) 轨道伴星的存在;(4) 频率二阶导数值异常的大,这可能是周期跃变后频率一阶导数长时标的线性恢复.除了时间噪声的产生机制问题外,关于时间噪声起源于中子星内部还是磁层中的问题也很受关注.

除了在时域分析时间噪声外,还可以采用功率谱分析方法.前面提到的相位噪声、频率噪声和频率导数噪声三个简单的过程有"红"的功率谱,也就是在低频功率强些.残差的功率谱具有幂率形式(指数 $\alpha = -2, -4, -6$),不受时间噪声影响的到达时间残差的频谱是平的($\alpha = 0$).频谱方法也面临不少难题,比如非平均采样、时间噪声的不稳定性等.

孤立脉冲星的时间噪声很可能是由于中子星壳层自转速率的变化,而不是那些影响脉冲辐射与传播的物理过程引起的(Cordes & Greenstein,1981).考虑到中子星内部结构和磁层的复杂性,一些脉冲星的时间噪声可能由不止一种物理过程引起,每个物理过程与中子星壳层力矩的某个随时间变化的成分有关.通常这样的力矩有两种可能的来源:一是起源于中子星壳层与内部超流之间耦合的内部力矩,二是与脉冲星磁层有关的外部力矩.

关于跃变的"星震"假说提出后,Pines 和 Shaham(1972)认为脉冲星的"不稳定"行为是由中子星壳层的"微震"引起的.Packard (1972)提出,除了壳层震动,涡流线向外漂移穿过壳层晶格时,有可能随机地被镶嵌在壳层晶格中,也可能镶嵌被解除,这两种现象都会产生脉冲星的不稳定行为.壳层和超流以不规则的形式自转减慢,所以观测到了脉冲星转动的时间噪声.Lamb 等(1978a, b)认为,内部涡流随机的镶嵌和解除镶嵌会产生作用在壳层的力矩,并且可以用随机噪声过程来描述.

4.4.5　具有准周期性的周期噪声的一种解释

对于周期噪声具有的准周期性,有些研究曾用脉冲星自由进动和假设该脉冲星有伴星来解释,但都不太成功.Gong(2006)提出,极短轨道周期(几分钟到几十分钟)的双星系统所产生的长周期项,如近星点进动、自旋的测地进动和轨道平面进动等,相互耦合在时延上的表现为非严格周期性.脉冲星在其隐藏的伴星作用下的测地进动,附加的自转轴运动使得辐射束相对视线方向有摆动,造成脉冲到达时间或早或晚,产生了准周期性的时间噪声.极短轨道周期的双星系统的轨道半长径在视线方向的投影可以很小,因此很难由观测确认是双星系统,而只能观测到很强的噪声.这个理论模型被用来拟合了几颗脉冲星的时间噪声和脉冲轮廓的准周期变化,图 4.15 为脉冲星 PSR B1540−06 的结果.

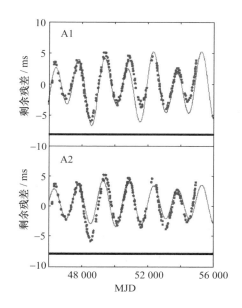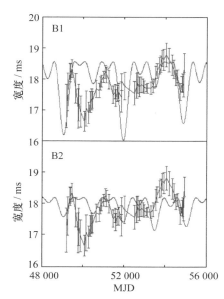

图 4.15　PSR B1540−06 的时间噪声（左图）和脉冲轮廓宽度变化（右图）的观测数据（蓝色）和理论拟合（红色）曲线. A1 和 B1 为双星质量比较大的情况，A2 和 B2 为双星质量比较小的情况.（Gong & Li, 2013）

§ 4.5　脉冲星周期跃变

脉冲星周期有一种突然变短的现象，英文是"glithes of pulsar". 我国早期把它译为"脉冲星自转突快"，翻译得很准确. 不过，很长时间以来人们都用"周期跃变"来称呼这种脉冲星自转突快事件. 1969 年人们观测到第一个发生在船帆座脉冲星的周期跃变（Radhakrishnan & Manchester, 1969），研究者很快就认识到周期跃变可能是研究中子星内部的很重要的探针，成为脉冲星观测和理论研究的热点课题.

4.5.1　脉冲星的周期跃变及其特性

脉冲星周期跃变是偶发事件，我们无法知道它什么时候会发生，只能采用守株待兔式的监测. 很显然，没有观测到的跃变事件一定不少. 由于多数跃变事件的恢复时间很长，获得完整的跃变及恢复过程的观测记录很不容易. 周期跃变现象的观测通常是脉冲到达时间观测研究中的一个课题，观测时间越长，发现的机会越多. 船帆座脉冲星和蟹状星云脉冲星是两颗发现比较早的脉冲星，由于它们具有射电、光学、X 射线和 γ 射线的脉冲辐射，被誉为全波段脉冲星，格外受到关注.

（1）船帆座脉冲星的周期跃变.

1969 年 2 月 28 日发现的船帆座脉冲星（PSR B0833－45）的周期跃变是第一例观测到的该种现象（图 4.16）. 它的周期突然变短, 但射电脉冲的轮廓及强度却没有什么变化, 因而研究人员认定跃变是中子星内部结构发生变化所引起的. 周期跃变现象引起了天文学家极大的重视, 很多射电望远镜投入了这方面研究, 几十年来对一批脉冲星进行了有规律的监测.

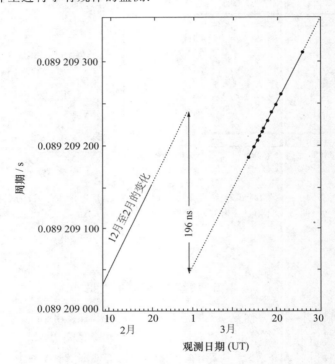

图 4.16　PSR B0833－45 在 1969 年发生的周期跃变.（Radhakrishnan & Manchester, 1969）

周期跃变可以用周期变化幅度 ΔP 与跃变前的周期的比值来表示, 即 $\Delta P/P$, 也常用自转频率的相对变化值 $\Delta \nu/\nu$ 表示, $\nu=1/P$. 不同脉冲星的跃变相对值不同, 基本上有两大类, 分别以船帆座脉冲星和蟹状星云脉冲星（PSR B0531＋21）为代表.

船帆座脉冲星的周期比较短, 为 89 ms, 年龄约为 1 万年, 是一颗跃变活动最强的星. 它的跃变幅度大, 频率相对变化达到 10^{-6}, 最大的一次为 3.14×10^{-6}, 这次跃变的能量相当于 10^{43} erg, 跃变后恢复过程的时间常数为 30 天左右.

图 4.17 是船帆座脉冲星在 1981 年的一次跃变的记录. 图（a）显示跃变前周期逐渐增加, 跃变时周期突然变短, 跃变后周期继续线性增加. 图（b）是另一种描述方式, 对观测资料按照脉冲星自转模型（4.6）式进行了修正, 因此跃变前的周期剩余

值为 0. 发生跃变后, 周期值变了, 周期变化率也变了. 从 1969 到 1996 年, 人们已经观测到了 15 个周期跃变(图 4.18), 平均 2 年左右发生一次.

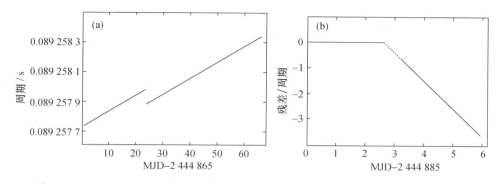

图 4.17　PSR B0833−45 在 1981 年 10 月周期跃变的记录.(McCulloch,et al.,1983)

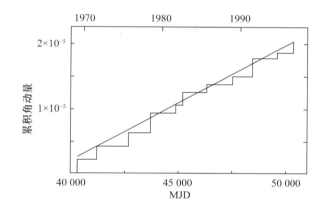

图 4.18　船帆座脉冲星(PSR B0833−45)在 27 年多期间发生的 15 个周期跃变事件.(Link, Epstein & Lattimer,1999)

(2) 蟹状星云脉冲星的周期跃变.

蟹状星云脉冲星(PSR B0531+21)的周期为 33 ms, 是普通脉冲星中周期最短的, 也是最年轻的脉冲星, 年龄约 1000 年. 蟹状星云脉冲星成为脉冲到达时间重点监测对象之一. Jodrell Bank 射电天文台的一台口径为 13 m 的射电望远镜成为监测蟹状星云脉冲星的专用设备, 天天观测, 数十年如一日. 蟹状星云脉冲星发生的跃变, 相对变化幅度($\Delta\nu/\nu$)比船帆座脉冲星的要小约 3 个数量级, 在 2×10^{-9} 到 85×10^{-9} 范围内(Lyne,et al.,1993). 其跃变又可分为较大的和较小的, 特性有明显的差别. 较小跃变的自转加速的幅度很小, 与周期噪声相当.

新疆天文台 25 m 射电望远镜对脉冲星周期跃变的观测研究非常重视, 观测到的第一例跃变事件就是蟹状星云脉冲星发生在 2000 年 7 月的一次跃变(Wang, et al.，2001). 跃变的相对变化幅度 $\Delta\nu/\nu \approx 2.4 \times 10^{-8}$，并伴随自转频率变化率的增加 $\Delta\dot{\nu}/\dot{\nu} \approx 5 \times 10^{-3}$. 如图 4.19 和图 4.20 所示.

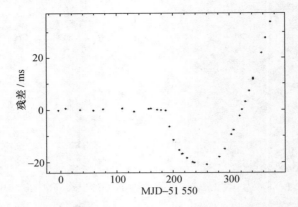

图 4.19　2000 年 7 月蟹状星云脉冲星脉冲到达时间残差记录显示发生了周期跃变事件. 跃变前，观测数据按脉冲星自转模型(4.6)式进行处理，残差很小，在零线附近.（Wang，et al.，2001）

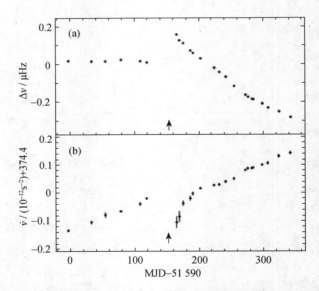

图 4.20　蟹状星云脉冲星 2000 年 7 月的周期跃变事件资料处理结果.（a）自转频率相对于跃变前的变化；（b）在跃变发生后自转频率变化率 $\dot{\nu}$ 也发生了变化. 图上的小箭头指出发生跃变的日子.（Wang，et al.，2001）

蟹状星云脉冲星在 33 年中被检测到 14 个周期跃变,如图 4.21 所示.

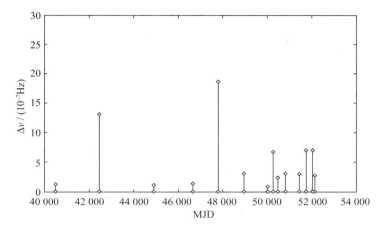

图 4.21　蟹状星云脉冲星在 33 年中被检测到 14 个周期跃变.(Smith & Jordan,2003)

(3) 周期跃变后的恢复过程.

典型的跃变曲线包括两部分,即自转周期的变化和恢复曲线.图 4.22 是整个周期跃变过程自转频率变化示意图,包括跃变和恢复两部分.

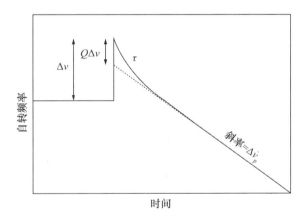

图 4.22　脉冲星周期跃变的自转频率变化示意图.(Lyne,et al.,2000)

根据实际观测到的自转变化曲线,跃变模型由下式表示:

$$\nu(t) = \nu_0(t) + \Delta\nu_p + \Delta\dot{\nu}_p t + \frac{1}{2}\Delta\ddot{\nu}_p t^2 + \Delta\nu_d e^{-t/\tau_d}, \tag{4.35}$$

$$\dot{\nu}(t) = \dot{\nu}_0(t) + \Delta\dot{\nu}_p + \Delta\ddot{\nu}_p t + \Delta\dot{\nu}_d e^{-t/\tau_d}, \tag{4.36}$$

$$\ddot{\nu}(t) = \ddot{\nu}_0(t) + \Delta\ddot{\nu}_p + \Delta\ddot{\nu}_d e^{-t/\tau_d}, \tag{4.37}$$

其中 $\Delta\nu_p$，$\Delta\dot{\nu}_p$ 和 $\Delta\ddot{\nu}_p$ 分别是自转频率、频率一阶导数和频率二阶导数相对于跃变前的恒变部分. $\Delta\nu_d$ 是指数衰减部分，其衰减时标是 τ_d. 跃变时刻频率总的变化是

$$\Delta\nu_g = \Delta\nu_p + \Delta\nu_d. \tag{4.38}$$

跃变后恢复的程度用恢复因子 Q 来描述：

$$Q = \Delta\nu_d / \Delta\nu_g. \tag{4.39}$$

因为存在衰减部分，在跃变时刻自转频率的瞬间变化和恒定变化是不同的：

$$\Delta\dot{\nu}_g = \Delta\dot{\nu}_p + \Delta\dot{\nu}_d = \Delta\dot{\nu}_p - Q\Delta\nu_g/\tau_d. \tag{4.40}$$

恢复过程的时标及形式随不同的脉冲星而异，大致可分为三类，分别以蟹状星云脉冲星、船帆座脉冲星和 PSR J0358+5413 为代表. 如图 4.23 所示，蟹状星云脉冲星的周期跃变发生后所增加的自转频率比较快地恢复到原来的水平，大约需要几星期的时间. 除了一次跃变的恢复指数 $Q \approx 0.1$ 外，其余的跃变都有比较大的恢复指数，Q 介于 0.7 和 1 之间. 船帆座脉冲星周期跃变后，只能部分地恢复，不可能完全恢复到跃变前的水平，大部分周期跃变事件属于这种类型. 船帆座脉冲星 $\dot{\nu}$ 的斜率（也就是 $\ddot{\nu}$）比其他脉冲星的 $\dot{\nu}$ 斜率要大一个数量级. PSR J0358+5412 的恢复过程非常缓慢，甚至根本没有恢复.

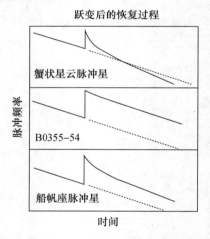

图 4.23   脉冲星周期跃变的三种代表性的恢复特性，其中蟹状星云脉冲星恢复最快，船帆座脉冲星以指数形式恢复，PSR B0355+54 的恢复时间最长.

实际上，跃变的恢复过程比较复杂. 对于 B1800−21 和 B1823−13，多个跃变都具有线性恢复过程，但是不同的跃变斜率不同，变化一两倍. 对于船帆座脉冲星，相似的斜率变化也很明显，对应于线性增加的部分，其制动指数值介于 12 和 40 之间. 对于小跃变，因为一般情况下被随机噪声和系统噪声所掩盖，不可能观测到恢复.

(4) 慢跃变事件.

通常的脉冲星周期跃变是自转频率突然、快速的变化,但是也观测到一些脉冲星的自转频率缓慢地以指数形式逐渐增加的事件.这种"慢跃变"首先于 1995 年在 PSR B1822−09 中观测到(Shabanova,1998).在后来的 12 年中又观测到它的 5 次慢跃变(Zou,et al.,2004;Shabanova,2007;Yuan,et al.,2010).以首次发现的 PSR B1822−09 慢跃变为例,整个慢跃变由两部分组成:第一部分是不连续的自转频率突然增加,其值 $\Delta \nu_g/\nu = 12.6 \times 10^{-9}$;第二部分是在跃变后的 620 天中,自转频率逐渐地连续地增加,其值为 $\Delta \nu_g/\nu = 7.4 \times 10^{-9}$.自转频率的增加导致自转频率变化率的减小,在相同的时间尺度内自转频率返回到原来的值,没有明显的恢复过程.其他的慢跃变过程特性基本相同,只是跃变的幅度和缓慢增加的时间有些不同,一般为 200~300 天.

PSR J0631+1036,B0919+06,B1642−03 和 B1907+10 也时有慢跃变发生. PSR B1642−03 在 40 年的观测中被探测到 8 个慢跃变,并且跃变的大小与距离下次跃变的时间间隔有很强的相关性.PSR B0919+06 在 1991 年到 2009 年之间连续发生了 12 个慢跃变(见图 4.24),频率相对增加幅度为 $\Delta \nu_g/\nu \approx 1.5 \times 10^{-9}$(Shabanova,2010).这些事件有较强的周期性,自转频率在大约 200 天时标上增加,在接下来 400 天左右恢复到跃变前水平.

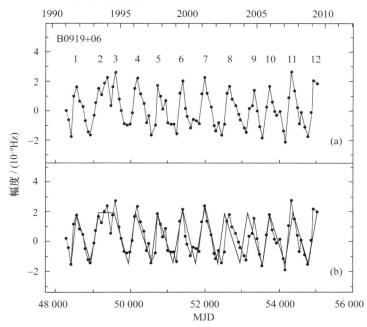

图 4.24 PSR B0919+06 发生在 1991~2009 年期间的 12 个慢跃变:(a) $\Delta \nu$ 随时间周期性的变化,给出慢跃变的形状;(b) 具有 600 天周期的锯齿形曲线(粗线)是比较好的对观测曲线的拟合.(Shabanova,2010)

新疆天文台 25 m 射电望远镜曾发现 PSR J0631＋1036，PSR B1822－09 和 PSR B1907＋10 的慢跃变事件（Zou，et al.，2004；Yuan，et al.，2010）．PSR J0631＋1036 的慢跃变在大小和特征上与 B1822－09 非常相似．

4.5.2　周期跃变事件的观测和统计研究

只有部分脉冲星发生周期跃变，这属于偶发现象，频次不高．周期跃变给我们提供了探索中子星内部的手段．为了更好地掌握跃变的特性，理解其中机制和中子星的性质，获得周期跃变事件比较大的样本成为脉冲星观测研究的重要目标之一．

（1）脉冲星周期跃变的观测概况．

Jodrell Bank 76 m 射电望远镜和 Parkes 64 m 射电望远镜发现的周期跃变事件比较多．76 m 射电望远镜对 289 颗脉冲星进行脉冲到达时间的监测，发现了其中 15 颗脉冲星中的 32 个跃变事件（Shemar & Lyne，1996）．后来，研究人员增加了监测样本，在 700 多颗脉冲星的监测结果中，发现 63 颗脉冲星的 128 个新的周期跃变事件（Espinoza，et al.，2011）．

对 Parkes 64 m 射电望远镜在 1990 年 1 月至 1998 年 12 月期间的 40 颗比较年轻脉冲星的脉冲到达时间观测资料进行分析，研究人员在 11 颗脉冲星中发现了 20 个新的周期跃变事件（Wang，et al.，2000）．对 Parkes 64 m 射电望远镜在 1990 年到 2011 年期间对 165 颗脉冲星进行的脉冲到达时间的观测资料的分析，发现了 36 颗脉冲星中的 46 个周期跃变事件（Yu，et al.，2013）．

新疆天文台从 1999 年开始对 74 颗脉冲星进行脉冲到达时间的监测，发现 10 多例周期跃变事件，其中发现的第一个事件是蟹状星云脉冲星的一个比较大的周期跃变（Wang，et al.，2001）．2002 年监测样本扩大到 280 颗脉冲星，2010 年研究人员发表了发生在 19 颗脉冲星中的 29 个周期跃变事件，其中对 12 颗脉冲星是第一次检测到周期跃变事件（Yuan，et al.，2010）．周期跃变事件累计已经发现 50 例．

2011 年发表并于 2013 年加以修正补充的 Jodrell Bank 跃变星表共列出 213 颗脉冲星的 439 次周期跃变事件，其中包括 5 颗反常 X 射线脉冲星的 15 个周期跃变事件．从这个星表可以知道，发生周期跃变次数最多的脉冲星依次是 PSR B1737－30，B0531＋21，J0537－6910，B1338－62，B0833－45 和 J0631＋1036，都在 15 次以上，如表 4.3 所示．发生周期跃变事件最频繁的是 PSR J0537－6910，它在 2665 天中，发生 23 次跃变事件，平均 125 天一次．

跃变事件的自转频率相对变化最大的是 PSR B0833－45，17 例跃变事件中 $\Delta\nu/\nu \geqslant 10^{-6}$ 的事件达到 14 例，在所有脉冲星中独树一帜，成为脉冲星周期跃变事件中特殊的一类．其次是 PSR J0537－6910，虽然没有大于 10^{-6} 的事件，但 23 例事件中大于 10^{-7} 的事件却有 21 个，被认为是船帆座类跃变脉冲星．

跃变事件相对变化 $\Delta\nu/\nu$ 超过 10^{-5} 的特大事件不多,对射电脉冲星来说仅 4 个.最大跃变事件发生在 PSR J1718$-$3718 中,相对变化为 3.325×10^{-5}(Manchester & Hobbs,2011)和 2.047×10^{-5}(Yuan,et al.,2010).反常 X 射线脉冲星周期跃变超过 10^{-5} 的有 3 个,其中 CXO J164710.2$-$455216 的周期跃变达到 6.500×10^{-5},堪称冠军(Israel,et al.,2007).

脉冲星跃变活动的宏观特征可用跃变活动指数(A_{g})来表示(McKenna & Lyne,1990):

$$A_{\mathrm{g}} = \frac{1}{T}\sum\frac{\Delta\nu_{\mathrm{g}}}{\nu}, \tag{4.41}$$

其中 T 是总的时间跨度.脉冲星发生的跃变相对变化越大、事件越多、越频繁,跃变活动指数 A_{g} 就越大.

表 4.3 脉冲星周期跃变事件情况统计

脉冲星 (PSR)	跃变 数目	覆盖时间(MJD)	最大事件 $(\Delta\nu/\nu)/(10^{-9})$	最小事件 $(\Delta\nu/\nu)/(10^{-9})$	$>10^{-6}$ 事件数目	$>10^{-7}$ 事件数目
B0531$+$21	25	40 491.8~55 875.5 15 383.7 天	214	0.8	0	1
J0537$-$6910	23	51 286~53 951 2665 天	681	18	0	21
J0631$+$1036	15	50 183~55 702 5519 天	3280	0.4	2	2
B0833$-$45	17	40 280~55 408.8 15128.8 天	3085.72	12	14	16
B1338$-$62	23	47 898~55 088 7190 天	3078.2	13	6	16
B1737$-$30	33	46 991~55 936.2 8945.2 天	2668	0.7	3	9

(2) 周期跃变与脉冲星年龄的关系.

脉冲星周期跃变现象是复杂多样的,大样本跃变事件的统计研究有助于定量分析和理解跃变的特性和所蕴含的物理过程.周期跃变与脉冲星的特征年龄有密切的关系.周期跃变主要在年轻脉冲星中探测到.统计结果如图 4.25 所示.年龄小于 3×10^4 年的脉冲星,半数观测到发生了周期跃变,对于年龄更大的脉冲星,比例要小些,而年龄大于 3×10^7 年的脉冲星没有探测到周期跃变.探测的跃变的阈值依赖于 TOA 的精度、脉冲星本身的时间噪声和观测密度.现在越来越多的小于 10^{-9} 的小跃变也被探测到,这样扩大了小跃变的样本,而且小跃变发生的频率可能与巨跃变发生的频率相当.

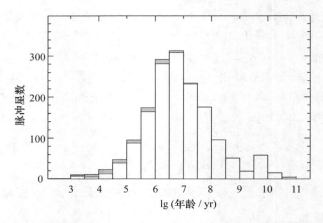

图 4.25 脉冲星的特征年龄统计分布图,其中阴影部分表示发生跃变的脉冲星.(Yuan,et al.,2010)

从图 4.26 可以看出一个比较清晰的趋势:跃变相对大小随年龄增大而增大,在 10^4 年和 10^5 年达到最大,然后随年龄增大而减小.

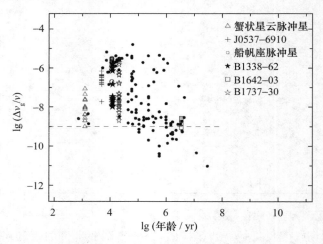

图 4.26 跃变大小与脉冲星年龄关系图.虚线表示跃变大小是 10^{-9}.(Yuan,et al.,2010)

样本数最大的统计由 Espinoza 等(2011)给出.Jodrell Bank 76 m 射电望远镜曾对 700 多颗脉冲星的脉冲到达时间进行监测,发现了 63 颗脉冲星中的 128 个新的周期跃变.加上已发表的脉冲星的跃变事件,共 102 颗脉冲星的 315 次周期跃变事件已被发现.统计研究发现,有周期跃变的脉冲星年龄都比较轻,分布峰值约在特征年龄 $\tau_c \approx 10\,\mathrm{kyr}$ 处,然后随年龄的增加而减少,特征年龄 $\tau_c > 20\,\mathrm{Myr}$ 的脉冲星就没有周期跃变事件了,由前面的图 4.12 可以看出.

（3）周期跃变事件自转频率变化幅度大小的分布．

脉冲星周期跃变的大小通常用自转频率的相对变化表示（$\Delta\nu/\nu$）．Lyne 等（2000）分析了 18 颗脉冲星中发生的 48 个跃变相对大小（$\Delta\nu/\nu$）的分布，如图 4.27 所示．图中显示两个峰值，虽然在最低端（10^{-9}）附近的观测还不够充分，但在高端（10^{-6}）处的峰值却是很明显的．

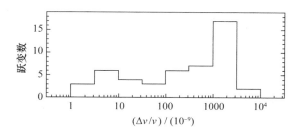

图 4.27　18 颗脉冲星中发生的 48 个周期跃变相对大小的分布．（Lyne，et al.，2000）

Yuan 等（2010）采用较大的样本进行统计，获得了图 4.28 的结果，其中新疆天文台的观测样本中的小跃变事件比较多，如在图中 $\Delta\nu/\nu = 10^{-9}$ 处明显的一个峰．

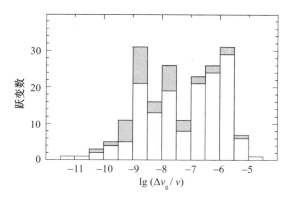

图 4.28　脉冲星周期跃变大小统计分布图，阴影部分表示新疆天文台 25 m 射电望远镜探测到的跃变．（Yuan，et al.，2010）

虽然只有年轻的脉冲星才会发生周期跃变事件，但是最年轻的脉冲星（$\tau_c \lesssim 1\,\mathrm{kyr}$）的跃变活动性却很小，远不及特征年龄达到 10 000 年的船帆座脉冲星．

图 4.29 是周期跃变事件大小（$\lg(\Delta\nu)$）的分布，显示在 10^{-9} 和 10^{-6} 处存在峰值．右边的成分比较明确，属于比较大的跃变事件，船帆座脉冲星和 PSR J0537－6910 所发生的周期跃变事件基本上属于这个成分．拟合曲线是两个不同的 Gauss 分布，揭示双成分结构．

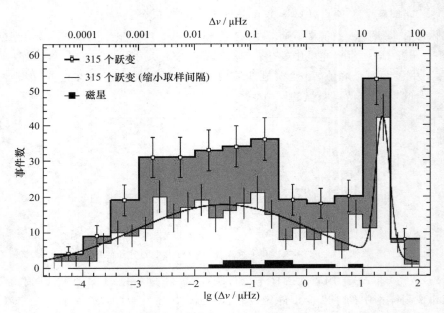

图 4.29　周期跃变事件大小的分布,显示双成分.(Espinoza,et al.,2011)

(4) 周期跃变活动性与脉冲星自转频率变化率的关系.

脉冲星的周期是越来越长的,普通脉冲星的周期变化率大约在 $10^{-13}\sim10^{-15}$ s/s,周期跃变使得周期变短,然后逐渐恢复,但不能回到原处.因此经过多个跃变事件后,会使正常的周期变化率叠加上多次跃变的累计影响.船帆座脉冲星的跃变累计影响约为正常的周期变化率的 2%.(Lyne,et al.,1996)

为了研究周期跃变活动性与脉冲星自转频率变化率的关系,Lyne 等(2000)定义了一个称为跃变自转加速率的量:

$$\dot{\nu}_{\text{glitch}} = \frac{\sum\limits_{i}\sum\limits_{j}\Delta\nu_{ij}}{\sum\limits_{i}T_i}. \tag{4.42}$$

他们把 Jodrell Bank 射电望远镜监测的 279 颗脉冲星,按自转频率减少率的对数值 $\lg|\dot{\nu}|$ 分为 14 个组,再按(4.42)式计算出每组的 $\dot{\nu}_{\text{glitch}}$ 值,其中 $\sum\limits_{i}T_i$ 是每组脉冲星观测年数总和,分子是每组中所有脉冲星所发生的周期跃变频率增量的总和.在 279 颗脉冲星中,有很多脉冲星没有周期跃变,但也一并进行计算.由此获得 $\dot{\nu}_{\text{glitch}}$ 和 $|\dot{\nu}|$ 的关系图,如图 4.30 所示.可以看出,$\dot{\nu}_{\text{glitch}}$ 基本上随着 $|\dot{\nu}|$ 的增加而增加,除去最年轻和最年老的脉冲星,即图的上部分给出的数据拟合出很好的线性关系:$\dot{\nu}_{\text{glitch}} = -1.7\times10^{-2}\dot{\nu}$.与脉冲星正常的周期变化相比,周期跃变导致的脉冲星自转频率的变化方向是相反的,其数量比正常情况下自转频率的减少要小很多.

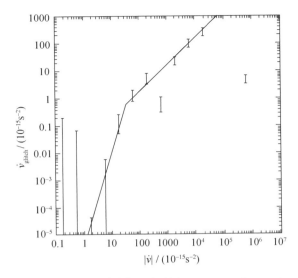

图 4.30　$\dot{\nu}_{\text{glitch}}$ 和 $|\dot{\nu}|$ 的关系图.(Lyne,et al.,2000)

Espinoza 等(2011)做了类似的统计研究,他们按 $\lg|\dot{\nu}|$ 的大小把 622 颗脉冲星分为 17 个区间,计算出每个区间的 $\dot{\nu}_{\text{glitch}}$ 值和跃变产生率 $\dot{N}_{\text{g}}(\text{yr}^{-1})$,给出 $\dot{\nu}_{\text{glitch}}$ 和 $|\dot{\nu}|$ 的关系图(图 4.31)以及 $\dot{N}_{\text{g}}(\text{yr}^{-1})$ 和 $|\dot{\nu}|$ 的关系图(图 4.32).

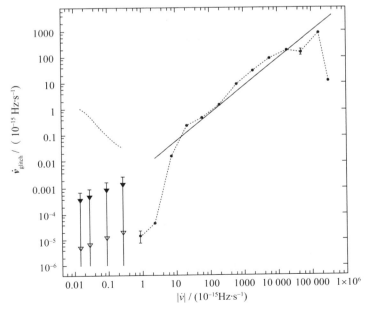

图 4.31　$\dot{\nu}_{\text{glitch}}$ 和 $|\dot{\nu}|$ 的关系图.(Espinoza,et al.,2011)

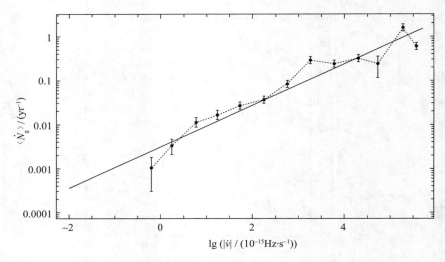

图 4.32　$\dot{N}_{\mathrm{g}}(\mathrm{yr}^{-1})$ 和 $|\dot{\nu}|$ 的关系图.(Espinoza,et al.,2011)

4.5.3　周期跃变产生机制的讨论

跃变现象很可能与中子星的内部结构有关.自观测到第一个跃变以来,曾有很多模型试图解释跃变发生的机制和跃变规律,下面介绍一些主要模型.

(1) 星震模型.

由于脉冲星自转减慢,引力使中子星收缩,椭率变小.设椭率变化为 $\Delta\varepsilon_0$,中子星表面物质的张力(正比于 $\Delta\varepsilon_0$)会阻止形变发生.当自转继续减慢时张力不足以阻止形变,中子星壳层就突然收缩 ΔR,发生星震,如图 4.33 所示.其结果是释放引力势能,使中子星自转变快而发生跃变.如果中子星均匀地收缩,角动量守恒将会导致自转加快(Ruderman,1969),相应的转动惯量变化为

$$\frac{\Delta I}{I}=\frac{2\Delta R}{R}=-\frac{\Delta\nu}{\nu}. \tag{4.43}$$

要产生像蟹状星云脉冲星 PSR B0531+21 那样的周期跃变($\Delta\nu/\nu\approx10^{-9}$),只需收缩 5 μm.

图 4.33　星震发生示意图:当中子星的壳层受力导致形状变得更接近球形时,角动量守恒会导致角速度的相对变化,相当于转动惯量的相对变化.

相对于蟹状星云脉冲星 PSR B0531＋21 的周期跃变（$\Delta\nu/\nu \approx 10^{-9}$），收缩释放的能量为 4×10^{39} erg，而它的总引力势能为 22×10^{42} erg. 根据这颗星的年龄推算，它应当每隔几年发生一次跃变，这似乎是比较合理的. 这个理论对小的周期跃变，以及对周期噪声的解释是比较令人满意的.

对于船帆座脉冲星来说，跃变达到 $\Delta\nu/\nu \approx 10^{-6}$，大约是蟹状星云脉冲星的 1000 多倍，因此要求每次事件中偏心率改变 3%. 能量的释放也非常大，几百年才能发生一次. 但是目前已观测到的是 2～3 年发生一次. 所以对这颗脉冲星来说，周期跃变事件不是发生在中子星的外壳（Pine, et al., 1972）.

（2）中子星的双重结构和中子流体的涡流模型.

发生周期跃变并没有引起脉冲轮廓的明显变化，人们因此断定这是中子星内部的现象. 脉冲星由两个耦合不紧密的成分组成：固体的外壳和内部的超流中子流体（Baym, et al., 1969）. 转动惯量的主要部分是在外壳，超流成分的自转独立于外壳，超流中子的黏滞力几乎等于零. 由于中子星内部有少数质子和电子，电磁力可以使外壳和内部流体有一些耦合. 许多周期跃变事件发生后，恢复很慢，自转频率呈指数形式衰减，其原因可能就是因为内部的超流中子流体. 在脉冲星自转缓慢而稳定地减速的过程中，内部的超流中子流体并不受影响. 在两次周期跃变之间，它们继续以比外壳快的角速度自转，或由于两个成分之间的很弱的耦合而有所减小. 周期跃变使外壳自转增加，内部流体通过弱耦合使外壳减慢以达到新的平衡.

在这种理论构想下，一种称为"中子流体的涡流模型"的理论比较完善地发展起来了. 中子星结构模型认为，中子星的固体壳层由外壳和内壳组成，内壳是由富中子的核组成的晶体结构，周围弥漫着自由中子. 中子星内部主要由中子组成，但有少量的质子和电子.

中子星内部的超流物质并不是全都与外壳以同样的角速度旋转的，超流物质所携带的角动量由涡流密度决定. 当中子星自转变慢时，超流内核可以通过涡流沿径向向外的运动与外壳耦合（Anderson & Itoh, 1975）. 通常内核超流和外壳的运动是耦合在一起的，这是因为内核超流中含有少量的质子和电子，它们与外壳中的磁场及内核中的涡流通过电磁力相互作用并耦合. 也有学者认为，涡流可能镶嵌在壳层晶格中富含中子的原子核上而不能向外移动. 当壳层旋转速度比内核慢而耦合力又不大时，涡流就不再被镶嵌在原处，而是向外移动，并把角动量传给外壳，于是我们就观测到了跃变现象. 涡流在外壳物质内移动并重新镶嵌到晶格上的过程就是跃变的恢复过程，恢复的速度受镶嵌能、温度、非镶嵌的涡流与外壳的速度差决定. 在跃变发生后的瞬间涡流密度变小，内核的角速度与外壳非常接近，超流将保持这个速度,而壳层的旋转仍然逐渐减慢,直到下一次跃变发生.也有人认为涡流会一直镶嵌在晶格上,晶格以轴对称方式沿径向向外的移动把涡流的角动量传递给外壳层.

　　有一种理论认为,涡流是由中子涡流和质子涡流组成的,脉冲星时间噪声和跃变都是超流内核中两种涡流相互作用的结果.

第五章　单个脉冲、漂移子脉冲和巨脉冲

　　射电望远镜接收到的脉冲星的辐射是周期性的信号,以单个脉冲的形式出现.单个脉冲的强度、形状、偏振、结构以及出现在辐射区中的相位都是变化不定的.单个脉冲的观测要求射电望远镜的灵敏度非常高,即使是大型射电望远镜,也只能对一批比较强的脉冲星进行单个脉冲的观测研究,而这类脉冲星只占已发现的脉冲星中很少一部分.大多数脉冲星只能观测研究它们的平均脉冲.少数强脉冲星的单个脉冲的观测已经揭示出相当丰富的信息,复杂又出人意料.这些观测主要集中在单个脉冲的结构(子脉冲和微脉冲)和偏振特征、巨脉冲、零脉冲、漂移子脉冲等现象的研究中.

§5.1　单个脉冲、子脉冲和微脉冲

　　单个脉冲是指射电望远镜终端设备记录下的脉冲信号.由于采样时间的不同,信号会呈现出比单个脉冲更精细的结构,即子脉冲和微脉冲.有些脉冲星的单个脉冲中偶尔还会出现非常强的巨脉冲.单个脉冲反映了脉冲星最具体的辐射过程.在很多情况下,相继的单个脉冲内的各成分(子脉冲)的发射是随机的.有些脉冲星的单个脉冲的子脉冲辐射在强度和相位关系上表现出某种规则性.

5.1.1　单个脉冲和子脉冲

　　射电望远镜观测到的单个脉冲如图 5.1 的下图所示,该图中为相继记录下来的 260 个周期的单个脉冲,其强度、形状和相位是变化的,而且有精细结构.将这些单个脉冲相加,会形成一个形状稳定的平均脉冲,如图 5.1 的上方所示.

　　当仪器的时间常数为 1 ms 左右时,显示出的单个脉冲由 1～3 个子脉冲组成.子脉冲呈 Gauss 型,脉冲宽度 1°到 3°,典型值为 2°,约为周期的 1‰～2‰.脉冲宽度几乎与频率无关.子脉冲代表着具体的辐射过程或辐射单元.很窄的特征宽度表明发生辐射过程的区域很小,辐射过程的持续时间很短.一般的脉冲星,子脉冲在辐射窗口中的位置常常是随机的,但也有一种脉冲星的子脉冲位置呈现非常有规律的移动,即漂移子脉冲现象.

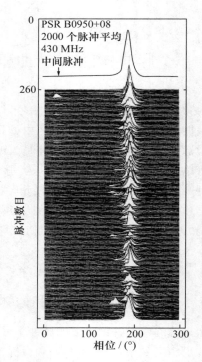

图 5.1　PSR B0950+08 的单个脉冲和累积脉冲轮廓.（Hankins & Cordes,1981）

5.1.2　单个脉冲的频谱特性

单个脉冲里蕴含大量的信息,其中一部分信息与辐射区中产生辐射的粒子以及辐射过程相联系.星际闪烁导致脉冲星流量密度的变化,使我们难以确认脉冲星的单个脉冲流量密度变化和频谱特性究竟是不是脉冲星本身所固有的.这需要多频观测,甚至是多频同时观测.

Kramer 等（2003）应用 Effelsberg 射电望远镜（4.85 GHz）,Jodrell Bank 射电望远镜（1.4 GHz）和 GMRT（0.626 GHz 和 0.238 GHz）,对脉冲星 PSR B0329+54 的单个脉冲进行了 4 个频段上的同时观测.对 PSR B1133+16 的 4 个频段的同时观测有所不同,GMRT 采用了 0.626 GHz 和 0.341 GHz 频段.对于所获得的观测资料,首先要分析研究星际闪烁对单个脉冲强度变化的影响并加以修正.研究发现,在 1 GHz 附近单个脉冲强度受到的调制最小,不同频率的流量密度之间的相关性随频率间隔加大而变坏.

图 5.2 是 PSR B0329+54 不同频率上同时观测获得的单个脉冲等效流量密度的相关性,可以看出,$S_{1.41}$ 和 $S_{0.626}$ 之间的相关性最好,$S_{4.85}$ 和 $S_{0.238}$ 之间的相关性最差.图 5.3 是 PSR B1133+16 部分单个脉冲的观测记录,在 4 个频率上同时观测到单个脉冲.

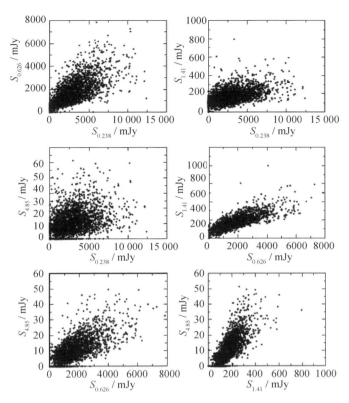

图 5.2 不同频率上同时观测获得的 PSR B0329＋54 单个脉冲等效流量密度的相关图.（Kramer，et al.，2003）

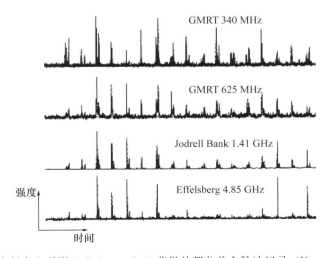

图 5.3 在 4 个频率上观测 PSR B1133＋16 获得的部分单个脉冲记录.（Kramer，et al.，2003）

　　图 5.4 是 PSR B0329＋54 在 1.408 GHz 和 2.695 GHz 频段上同时观测所获得的 13 min 的单个脉冲的观测记录. 上图显示脉冲强度有长周期的变化, 这是由星际闪烁引起的. 下图选取了上图中的几个单个脉冲. 可以看出, 两个频率上观测到的单个脉冲是非常相似的.

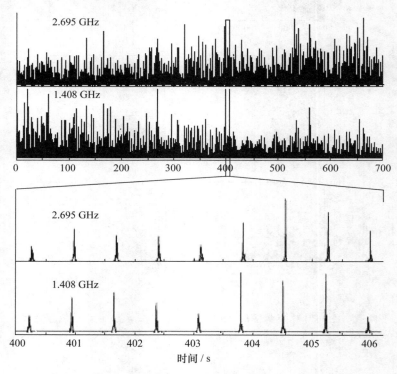

图 5.4　PSR B0329＋54 在 1.408 GHz (Jodrell Bank) 和 2.695 GHz (Effelsberg) 同时观测的结果, 下图显示其中一小段观测结果, 两个频率上的单个脉冲很相似. (Karastergiou, 2001)

　　脉冲星的平均脉冲轮廓代表着辐射区的形态和范围, PSR B0329＋54 是三峰结构, 可以用 Gauss 拟合的方法把平均脉冲分成三个成分, 单个脉冲分别发生在三个成分 (C1, C2 和 C3) 之中, 如图 5.5 所示. 把单个脉冲的频谱指数值分三组进行统计, 结果表明, 谱指数的分布都遵从 Gauss 分布 (图 5.6). 表 5.1 给出 PSR B329＋54 总的平均脉冲轮廓以及三个成分中的平均脉冲和单个脉冲的谱指数 (括号中的数值为中位数), 由频率 600 MHz 到 4850 MHz 的观测资料分析获得. 可以看出, 单个脉冲的频谱与平均脉冲的频谱很接近.

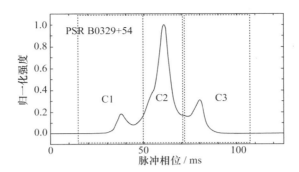

图 5.5 PSR B0329+54 的平均脉冲轮廓,为三峰结构,有 C1,C2 和 C3 三个成分.(Kramer,et al.,2003)

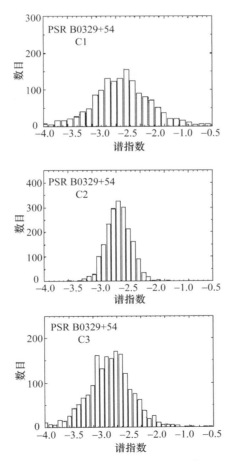

图 5.6 PSR B0329+54 三个成分中的单个脉冲谱指数加以 χ^2 权重后的分布.(Kramer,et al.,2003)

表 5.1　PSR B329＋54 的平均脉冲及各个成分的谱指数（Kramer，et al.，2003）

	已发表的值	平均值	单个脉冲
整个平均脉冲	-2.51 ± 0.13	-2.4 ± 0.1	$-2.4\pm0.1(-2.44)$
C1	——	-2.4 ± 0.2	$-2.2\pm0.1(-2.32)$
C2	——	-2.4 ± 0.2	$-2.3\pm0.1(-2.40)$
C3	——	-2.6 ± 0.2	$-2.5\pm0.1(-2.59)$

对于 PSR B1133＋16 的单个脉冲频谱指数的分析表明，其分布明显地偏离 Gauss 分布. 这可能是单个脉冲中有非常强的超过平均强度 10 倍的强脉冲存在所致. 这些强脉冲发生在前导成分的尾部.

5.1.3　单个脉冲的偏振特性

单个脉冲的偏振观测比较难，观测资料很少，因此弥足珍贵. 相对来说，平均脉冲的偏振观测比较充分，人们已经对它们的线偏振、线偏振位置角、圆偏振的特点有很好的认识，但是也还有如线偏振度强弱差别很大，有明显的消偏振现象，线偏振位置角（PA）在某个经度发生 90°的跳跃，圆偏振比较弱，圆偏振方向常常发生变化等现象需要进一步研究，这些现象都与单个脉冲的偏振情况紧密关联.

（1）PSR B0329＋54 的单个脉冲的偏振特性.

Karastergiou 等（2001）用 Jodrell Bank 的 76 m 射电望远镜在 1.408 GHz，Efffelsberg 的 100 m 射电望远镜在 2.695 GHz 频段上对脉冲星 PSR B0329＋54 的单个脉冲进行了同时的偏振观测，经过消色散以后获得了 1912 个信噪比很高的单个脉冲的 4 个 Stokes 参数，给出单个脉冲的总强度、线偏振、圆偏振和线偏振位置角四个偏振参量.

两个单个脉冲的观测结果示于图 5.7. 两个频率上单个脉冲总强度高度相关，但偏振位置角的变化则不尽相同（如图中箭头所指的地方），圆偏振成分的方向则完全相反（如图中圆圈所标示）. 就两个单个脉冲而言，频率高一些的总强度轮廓的成分比低一些的要宽一些. 但这并不是所有单个脉冲的情形，也有相反的情况存在.

（2）PSR B1133＋16 的单个脉冲的偏振特性.

脉冲星平均脉冲偏振观测研究中有一个难以解释的现象，就是线偏振位置角常常发生 90°的跳跃，单个脉冲的偏振观测可以帮助揭示这个问题. 一种比较公认的看法是，脉冲星辐射中存在着正交偏振模式（OPM）.

Karastergiou 等（2002）应用 Effelsberg 100 m 在 4.85 GHz 频率上，Jodrell Bank 76 m 在 1.41 GHz 频率上同时观测，获得了 PSR B1133＋16 的单个脉冲的 4778 个脉冲周期的偏振资料. 图 5.8 是 1.41 GHz 频率上观测得到的平均脉冲以

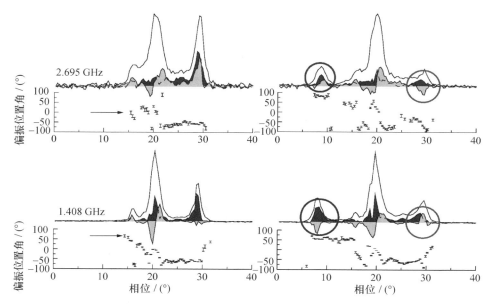

图 5.7   在 1.408 GHz 和 2.695 GHz 频段上,PSR B0329+54 的两个单个脉冲偏振的双频同时观测的结果.黑色阴影区表示线偏振强度,亮的阴影区代表圆偏振强度.箭头指出两个频率上观测的线偏振位置角的差别,圆圈指明两个频率上观测到的圆偏振方向的不同.(Karastergiou,et al.,2001)

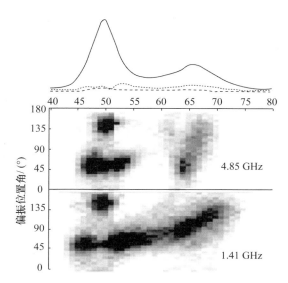

图 5.8   PSR B1133+16 两个频率的偏振观测:上图是平均脉冲强度轮廓和线偏振强度(点线是 1.41 GHz,虚线是 4.85 GHz);下面的灰度图分别是 4.85 GHz 和 1.41 GHz 的线偏振位置角直方图.纵坐标为线偏振位置角,横坐标为平均脉冲轮廓中的脉冲相位.灰度图中的较黑部分显示有比较多的单个脉冲.(Karastergiou,et al.,2002)

及两个频率上观测的线偏振强度,还有线偏振位置角分布的直方图,但忽略了很弱的圆偏振.平均脉冲的第一个成分在两个频率上都存在明显的两个正交的模式.第二个成分则是一个模式起主导作用,在高频上还能看到两种模式的影子.

图 5.9 是两个频率(1.41 GHz 和 4.85 GHz)上测量的单个脉冲偏振位置角的分布情况,所选择的单个脉冲都比较强,都是线偏振的流量密度超过噪声两倍的单个脉冲,而且仅用了平均脉冲第一成分峰值附近区域的单个脉冲资料.图 5.9 显示存在两组彼此相差 90°的线偏振位置角,称为线偏振位置角的正交模式(OPM).在 1.41 GHz 频率上,两种模式的单个脉冲数目之比为 65:35,而在 4.85 GHz 频率上,则是 54:46.对于 4.85 GHz,两种模式的数目相近.两个频率上,线偏振位置角的分布显示出双峰结构,虽然不尽相同.在相关图上,两个频率上的线偏振位置角的相关性并不是太好,但明显地存在 4 个岛样的区域,说明还是有一定的相关性.

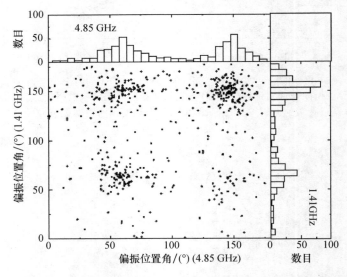

图 5.9　PSR B1133+16 在 4.85 GHz 和 1.41 GHz 频率上单个脉冲的线偏振位置角分布的对应关系以及这两个频率上的分布直方图.(Karastergiou,et al.,2002)

5.1.4　微脉冲

有些强脉冲星在高时间分辨率观测的情况下,它们的单个脉冲会显示出时标仅几十到几百微秒的精细结构,称为微脉冲.微脉冲的观测要求非常高的灵敏度,因此只有大型射电望远镜能够进行观测研究,也只能对少数强脉冲星进行观测.

早年,Craft 等(1968)应用 Arecibo 射电望远镜在 430 MHz 频率上观测 PSR B0950+08 和 PSR B1133+16,选用时间常数为 100 μs 时发现在单个脉冲内存在着时间尺度小于几百微秒的快速变化. Hankins（1971）采用 28 μs 的时间分辨率，发现了 PSR B0950＋08 的微脉冲结构，这些微脉冲具有准周期，如图 5.10 所示.

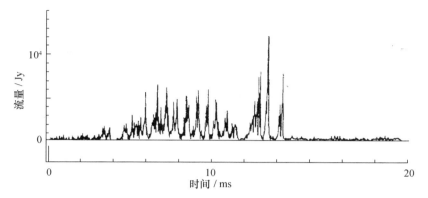

图 5.10　在 111.5 MHz 频率上观测到的 PSR B0950＋08 的微脉冲，时间分辨率为 28 μs.（Hankins，1971）

微脉冲是宽频带的现象，在很宽的频率范围内可以同时观测到（Rickett, et al.，1975）. Kuzmin 等（2003）给出多颗脉冲星在 112 MHz 频率上观测到的单个脉冲的微结构. 图 5.11 是 PSR B0950＋08 在频率为 1406 MHz 和 430 MHz 上同时观测到的一个子脉冲的微结构，具有相同的准周期和变化趋势.

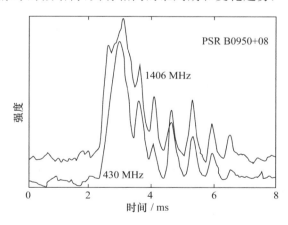

图 5.11　PSR B0950＋08 在 430 MHz 和 1406 MHz 上的同时观测结果，微脉冲具有相同准周期.（Boriakoff, Ferguson & Slater, 1981）

在更高的频率，如 4.85 GHz 频率上，微脉冲现象依然存在. 图 5.12 所示是 PSR B0950＋08 在 1.41 GHz 和 4.85 GHz 频率上观测到的单个脉冲的微脉冲情况.

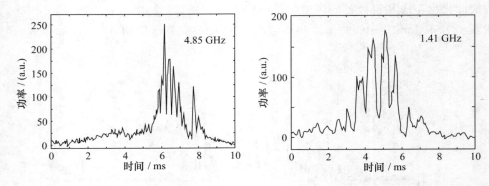

图 5.12　PSR B1133＋16 在 4.85 GHz（左）和 1.41 GHz（右）单个脉冲的微结构的例子.采样时间分别是 35 μs 和 80 μs,都显示出准周期性.（Boriakoff, Ferguson & Slater, 1981）

Lange 等（1998）应用 Effelsberg 100 m 射电望远镜,在 1.41 GHz 和 4.85 GHz 上对 7 颗强脉冲星进行高时间分辨率的观测,采样时间在 7 μs 和 160 μs 之间.这 7 颗脉冲星的单个脉冲星中有 30% 到 70% 都有微结构（见表 5.2）.在 4.85 GHz 频率上所观测的 5 颗脉冲星,它们的单个脉冲中有较大的比例具有微结构.与早期的低频观测比较,在 4.85 GHz 频率上所观测到的拥有微结构的单个脉冲的比例提高了.可以认为,微结构是脉冲星辐射的共同特点之一,而不是某些脉冲星特有的,也不是某些频率上所特有的.任何脉冲星辐射的理论模型都必须能解释微脉冲现象.

表 5.2　7 颗脉冲星的微脉冲参数（选自 Table2,Lange,et al.,1998）

PSR	频率/GHz	脉冲星周期/s	有微结构单个脉冲比例（%）	典型脉冲宽度/μs	微脉冲周期/μs
B0329＋54	4.85	0.715	30	＜1500	600～1500
B0540＋23	1.41	0.246	50	＜360	—
B0823＋26	4.85	0.531	30	—	360～660
B0950＋08	4.85	0.253	70	170	—
B1133＋16	4.85	1.188	50	365	＜800
B1929＋10	4.85	0.227	50	—	—
B2016＋28	1.41	0.558	50	230	640

综合起来,脉冲星子脉冲的微结构有如下特点:（1）微结构的特征时间尺度为几十到几百微秒,上限为 0.1 ms 到几毫秒.但是,已经发现船帆座脉冲星和某些脉冲星有偶发的微巨脉冲存在（Johnston, et al.,2001；Johnston & Romani,2002；Kramer,et al.,2002）,强度超过平均值的百倍以上.人们还发现蟹状星云脉冲星的巨脉冲显示亚结构短到纳秒量级（Hankins,et al.,2003）.（2）微脉冲是宽频带的现

象,在很宽的频率范围内可以同时观测到.单个的微脉冲宽度不随频率变化,微脉冲的宽度大约是微脉冲间距的 2 倍.(3) 大约有 25% 的微脉冲具有准周期性.(4) 微脉冲的寿命比较短,不超过脉冲星的周期,对平均脉冲没有贡献.

关于微脉冲的形成机制众说纷纭,还没有形成比较公认的看法.一类模型被归为辐射束模型.这类模型认为,子脉冲的微结构由辐射机制和辐射过程所决定.在磁极冠加速区的火花放电产生的流出加速区的粒子是沿着由磁力线构成的纤细流管流动的,发出沿流动方向的辐射,微结构的宽度将由辐射束的角宽度决定,微脉冲的短的时间结构代表着辐射结构的尺度(Benford,1977).按照 RS 模型,沿开放磁力线向外流动的次级粒子发出曲率辐射,与微脉冲相联系的是由偶极磁场的磁力线构成的细束.带电粒子沿磁力线向外移动,并发出沿切线方向的曲率辐射,曲率辐射的束宽不会大于带电粒子的 Lorentz 因子倒数决定的值($1/\gamma$).对于 $\gamma = 100$ 的情况,获得的微脉冲的宽度与观测相符(Cordes,1979;Gil,1982,1986).

有人认为,微脉冲起因于射电发射激发过程的不稳定性,可能是极冠区间隙火花放电的不稳定性产生的.或许这种不稳定性可能在靠近发射区的高能粒子流中产生.Cheng 和 Ruderman(1977)指出,经典的双流不稳定性可以为产生相干射电发射的粒子成簇提供有效机制.Asseo(1993)的研究指出,双流不稳定性可以产生移动的 Langmuir 湍流的栅格结构.这种栅格的准周期结构可能产生连续出现的微脉冲.

Harding 和 Tademaru(1981)提出,微脉冲的准周期性是脉冲传播到光速圆柱附近受到调制而形成的.Chain 和 Kennel(1983)认为,由于很强的电磁波在等离子体中传播可以产生非线性的等离子体不稳定性,这种等离子体不稳定性可以对脉冲星的相干射电脉冲产生调制,形成微脉冲.

Petrova(2004)指出,有人用相对论性等离子体束来解释微脉冲很窄的宽度,但是需要沿磁力线向外流动的次级等离子体粒子的 Lorentz 因子 γ 达到 2×10^4,这样高的 γ 值不可能辐射射电波.为此他们提出一个修正的相对论束模型,该模型认为相对论束发射的射电光子经过极端相对论性的高度磁化的等离子体的过程中对微脉冲产生很强的聚焦作用.这种聚焦作用是射电光子和等离子体粒子的 Compton 散射引起的.一般情况下,光子束可以被挤压几百倍,使得它的角宽度可以与观测符合.这个模型不仅改善了相对论束模型的困难,还可以解释微脉冲的偏振特性,并可以解释船帆座脉冲星及其他脉冲星的微巨脉冲.

§5.2   漂移子脉冲

一般的脉冲星,子脉冲在辐射窗口中的位置常常是随机的,但也有一种脉冲星的子脉冲非常有规律,以一定的速率向前或向后移动.这种现象称为漂移子脉冲(drifting pulses).这种现象的观测比较困难,观测实例比较少.

5.2.1   漂移子脉冲的观测及其参数

单个脉冲常常具有几个子脉冲,它们常常漂移着,这个现象最早由 Drake 和 Craft (1968)发现,到 2000 年已经发现 100 颗脉冲星有子脉冲漂移现象.Taylor 等 (1975)应用美国 NRAO 的 92 m 射电望远镜在 400 MHz 频率上对 16 颗脉冲星进行偏振观测,采用了消色散技术,获得了单个脉冲和子脉冲的观测资料.其中 3 颗脉冲星的漂移子脉冲现象特别清晰,如图 5.13 所示.

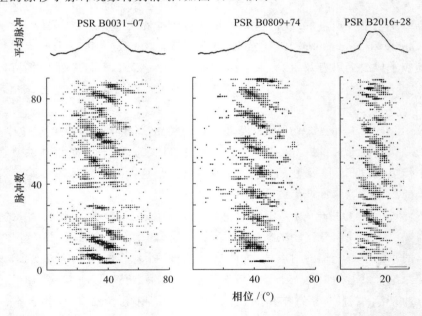

图 5.13　脉冲星 PSR B0031−07,PSR B0809+74 和 PSR B2016+28 漂移子脉冲的观测图像.图的上方是平均脉冲,下方是单个脉冲序列.(Taylor,et al.,1975)

在讨论子脉冲漂移特性时需要定义几个参数.图 5.14 是理想化的漂移子脉冲图像(Lyne & Smith,1990),图中显示,同一个周期中有两个子脉冲出现,其间隔称为第二周期 P_2,子脉冲以一定的速率有规律地向前或向后移动,称为漂移.经过一段时间后,子脉冲重复出现在平均脉冲中原来的位置,这个时间称为第三周期

P_3.子脉冲从左向右漂移,定义为(＋)向漂移,如果从右向左则是(－)向漂移.漂移速率是漂移子脉冲一个自转周期(P_1)内移动的经度.描述漂移子脉冲有五个基本观测参量:P_1,P_2,P_3,漂移率和漂移方向.

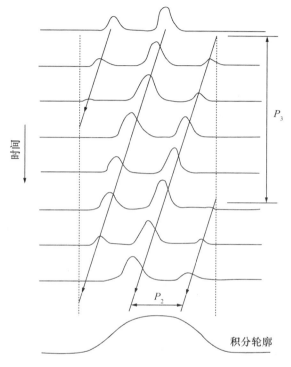

图 5.14　漂移子脉冲理想化图像和参数的说明:P_2 是两子脉冲之间的间隔,P_3 是漂移图像重复周期,以脉冲星自转周期为单位.(Lyne & Smith,1990)

　　图 5.13 上的 3 颗脉冲星的子脉冲行为很典型,其共同特点是子脉冲在平均脉冲轮廓里以一定的速度漂移着,但也有差别:PSR B0809＋74 的子脉冲漂移最为稳定,一致性很好,基本上没有缺脉冲(或称零脉冲)现象;PSR B0031－07 的子脉冲漂移情况很复杂,实际上有三种模式,$P_3 \approx 4P_1$,$P_3 \approx 7P_1$ 和 $P_3 \approx 13P_1$,但是 P_2 则基本保持不变;PSR B2018＋28 的情况更复杂,虽然经常显示漂移子脉冲,但其漂移速率却飘忽不定,虽然 P_2 基本上不变,P_3 却变化无常.

　　Taylor 等(1975)应用自相关的方法研究子脉冲是否有漂移及漂移方向.图 5.15 是 15 颗脉冲星的分析结果,其中有 3 颗漂移现象最为明显,漂移方向都为(－).有 4 颗脉冲星则是有时有漂移,它们是 PSR B1919＋21,PSR B2021＋51,PSR B0834 ＋06 和 PSR B1133＋16.另外 8 颗脉冲星则没有漂移现象.

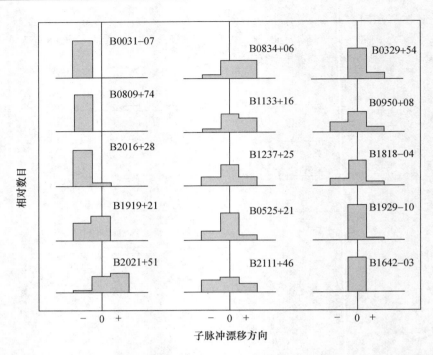

图 5.15　15 颗脉冲星的子脉冲的漂移方向：(一)为从右到左；(＋)为从左到右；(0)为没有漂移.(Taylor,et al.,1975)

　　实际上,有些脉冲星子脉冲的漂移现象比上述的例子还要复杂,如漂移子脉冲发生方向的变化或漂移方向飘忽不定,平均脉冲的不同成分具有不同方向的漂移等.PSR J0815＋0939 就是这样一颗有着特殊漂移现象的脉冲星(Champion,2005).

　　PSR J0815＋0939 的周期为 645 ms,其平均脉冲轮廓很不平常,由 4 个成分组成,彼此分离 41 ms, 58 ms 和 54 ms,4 个成分内的子脉冲都漂移着,如图 5.16 所示,4 个成分的漂移参数列在表 5.3 中,其中 P_3 是由扰动谱分析获得的.成分Ⅰ的漂移参数难以测量,因为发生着漂移方向的改变,Ⅱ,Ⅲ和Ⅳ的漂移很稳定,没有漂移方向改变的事件,但成分Ⅱ的漂移方向与成分Ⅲ及Ⅳ相反.Ⅱ和Ⅳ的漂移速率在误差范围内是相同的,说明它们之间有关联. 在 327 MHz 和 430 MHz 频率上的测量结果有些不同,说明漂移速率与频率之间可能存在演化关系,低频上的漂移速率要大些.不同成分中的漂移方向不同是有些反常的,引起了广泛的关注.

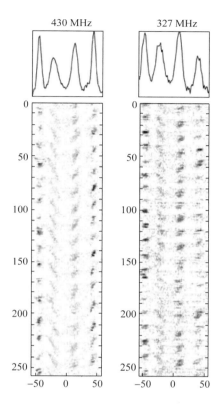

430 MHz 327 MHz

图 5.16 PSR J0815＋0939 的漂移子脉冲. 左图和右图分别是 430 MHz 和 327 MHz 的观测结果. 成分 Ⅱ 的漂移方向与成分 Ⅲ, Ⅳ 的漂移方向相反, 显示存在漂移方向的反转, 成分 Ⅰ 的情况不太清楚. 上图为平均脉冲轮廓. 下图的纵坐标为脉冲数目, 横坐标为脉冲相位.（Champion, 2005）

表 5.3　**PSR J0815＋0939 平均脉冲的 4 个成分的子脉冲漂移参数**（Champion, 2005）

频率/MHz	成分	漂移速率/(deg·s^{-1})	P_3/s
430	Ⅰ	—	10.87 (16)
	Ⅱ	−1.60 (13)	10.87 (16)
	Ⅲ	2.46 (19)	10.87 (16)
	Ⅳ	1.57 (16)	10.87 (16)
327	Ⅰ	—	8.72 (16)
	Ⅱ	−2.3 (5)	8.72 (16)
	Ⅲ	3.2 (8)	8.72 (16)
	Ⅳ	2.68 (18)	8.72 (16)

5.2.2   子脉冲强度的调制和脉冲系列的 Fourier 分析

子脉冲的强度总是变化着的.产生强度变化的原因之一是子脉冲的漂移,子脉冲漂移图形以 P_3 的时间间隔重复,脉冲能量受到这个周期的调制.不过,零脉冲现象,以及周期性的强度变化也会导致子脉冲的强度变化.调制指数的定义是

$$m = \frac{(\sigma_{\text{on}}^2 - \sigma_{\text{off}}^2)^{1/2}}{\langle I \rangle}, \tag{5.1}$$

其中 σ_{on} 和 σ_{off} 分别是脉冲强度和无脉冲信号期间的均方根值,I 是脉冲强度.σ_{off} 也就是随机噪声的均方根值(rms).在修正星际闪烁的影响以后,不同脉冲星的调制指数值在 $0.5 \sim 2.5$ 的范围.在射电低频端,调制指数几乎是不变的,如在 $147\,\mathrm{MHz}$ 频率,其值仅等于 1.调制指数在平均脉冲不同部位是不同的.有和没有漂移子脉冲的脉冲星调制指数分布的差别不显著.

脉冲星的脉冲系列的 Fourier 分析能给出扰动的功率谱,如图 5.17 所示,PSR

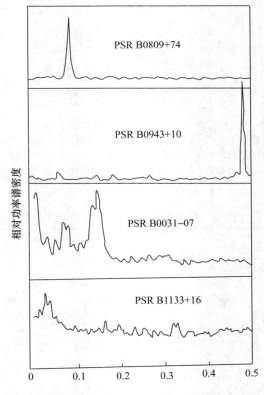

图 5.17   4 颗脉冲星的脉冲系列的脉冲能量 Fourier 分析获得的功率谱,横坐标为频率 $f(f=$ 圈/周期).(Taylor & Huguenin,1971)

B0809＋74 和 B0943＋10 的功率谱有明显的线状结构,可以估计出 P_3 值. PSR B0943＋10 的功率谱上的窄线虽然很明晰,但接近产生频谱混叠频率,因此还很难判断是不是真实的漂移现象.不过,B0809＋74 的特征线在 0.09 圈/周期处,明白无误地告诉我们这颗脉冲星存在漂移子脉冲现象. PSR B0031－07 的漂移现象则很复杂,功率谱上有三条比较明显特征线,可能对应三种漂移状况. PSR B1133＋16 则很不规则.后来的研究表明,功率谱显示有窄线谱特征的脉冲星常常是平均脉冲轮廓比较复杂和具有漂移子脉冲现象的.

5.2.3 单个脉冲系列的二维 Fourier 分析

一维 Fourier 功率谱分析存在一个重大的缺陷,因为这样的分析是在脉冲系列的时间-经度图上的垂直方向的分析,可获得 P_3 的信息,但是并不知道子脉冲在平均脉冲轮廓的经度范围内是否有漂移现象.只有两维的 Fourier 扰动谱才能给出充分的信息.这个方法不仅给出脉冲时间系列的信息,获得参数 P_3(子脉冲时间经度图的纵坐标方向),还给出平均脉冲经度方向的信息,获得参数 P_2(子脉冲时间-经度图的横坐标方向).Weltevrede 等(2006a,b)利用荷兰综合孔径射电望远镜(WSRT)在 21 cm 波段观测了 187 颗脉冲星子脉冲,重点研究了子脉冲的漂移现象.图 5.18 上图是 PSR B1819－22 的子脉冲的时间-经度图,由 100 个相继的子脉冲系列形成.肉眼就可以从图中看出子脉冲的漂移特征,并获得漂移子脉冲的参数: $P_3 \approx 18.0 P_0$ 和 $P_2 \approx 0.025 P_0$.图 5.18 下图展示 PSR B2043－04,PSR B1819－22 和 PSR B2148＋63 的三种分析结果:上面的小图给出脉冲星平均脉冲轮廓、脉冲到脉冲的扰动变化及调制指数的分布;中图是经度可分辨扰动谱(LRFS),从图上可以判断是否有漂移子脉冲现象,以及漂移子脉冲的 P_3 值;下图是二维 Fourier 分析结果,可以检测是否有漂移子脉冲现象,并能获得 P_3 和 P_2 的值.

子脉冲漂移现象被分为两大类,一类漂移特征很明显,P_3 很稳定,被认为是子脉冲相干漂移,如图 5.18 展示的 PSR B2043－04,扰动谱很窄;另一类称为子脉冲的弥散型漂移,扰动谱很宽,如图上的 PSR B2148＋03.

在 187 颗脉冲星中,Weltevrede 等(2006a)选择信噪比大于 100 的 107 颗脉冲星的观测数据进行分析,获得了调制指数、一维 Fourier 功率谱和二维 Fourier 分析,得到了比较多的具有漂移子脉冲现象的脉冲星的有关参数,发现有 57 颗脉冲星具有漂移现象,其中 30 颗的漂移现象非常确定.实际上,具有子脉冲漂移现象的脉冲星远不止这些,只是有些脉冲星的观测信噪比不够高,漂移现象检测不出来.干扰、星际闪烁,以及数字化效应都可以造成信噪比减小,其中星际散射导致脉冲增宽可能使 P_2 消失.还有一些因素导致子脉冲漂移现象难以发现,如有些脉冲星由于视线从辐射锥中心扫过,在固定的经度上有强度调制,但却没有漂移现象;脉冲星

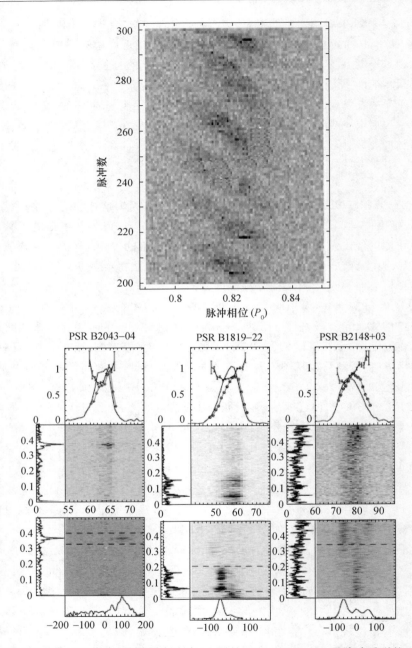

图 5.18　3 颗脉冲星子脉冲系列的分析研究：上图是 PSR B1819－22 子脉冲系列的时间-经度图，下图的上、中、下图分别是脉冲星平均脉冲轮廓的调制指数分布、经度可分辨扰动谱和二维离散 Fourier 变换的结果.（Weltevrede, et al., 2006a）

磁层中的反射变形或者零脉冲现象都会使漂移现象遭到破坏；有些脉冲星的 P_3 太长，要求非常长的观测时间；有些脉冲星的漂移子脉冲现象仅发生在持续时间很短的暴发期间，难以观测. 普遍认为，子脉冲漂移现象并不是某些特殊类型的脉冲星才有，很可能是射电脉冲星辐射的一种普遍现象.

图 5.19 给出了有子脉冲漂移的脉冲星在 P-$\dot{P}$ 关系图上的分布. 可以看出，有漂移现象的脉冲星比较靠近死亡线，特别是有相干漂移现象的脉冲星. 大多数有子脉冲漂移的脉冲星年龄都比较大.

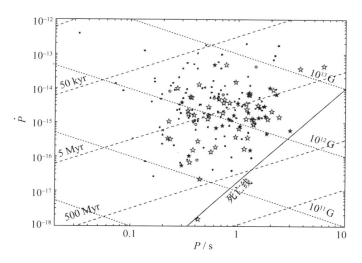

图 5.19 P-$\dot{P}$ 图上漂移脉冲星的分布：非漂移脉冲星用点表示，弥漫的漂移用空心星号表示，相干漂移脉冲星用实心星号表示，固定经度的子脉冲调制的脉冲星用空心圆表示. 图上还有等磁场线和等年龄线，以及死亡线. 图中没有画出毫秒脉冲星.（Weltevrede，et al.，2006a）

5.2.4   PSR B0826－34 的子脉冲漂移

PSR B0826－34 很特别，平均脉冲的经度为 $360°$，在整个脉冲周期内（$P=1.848\text{ s}$）都有射电发射，它兼有子脉冲漂移、零脉冲和模式变换. 这里重点讨论其子脉冲漂移的特征. 在 408 MHz，606 MHz 和 1374 MHz 频率上观测到的平均脉冲轮廓形状很不相同（图 5.20）. 早期研究认为这颗脉冲星的零脉冲比例达到 70%（Durdin，et al.，1979），并发现在部分经度上有子脉冲漂移现象，约有 5 到 6 个子脉冲漂移带，漂移率有非常大的变化，包括漂移方向的反转（Biggs，et al.，1985）.

$360°$ 的平均脉冲轮廓可以分为 4 个区域，即 Ⅰ，Ⅱ，Ⅲ 和 Ⅳ 区，区域 Ⅰ 和 Ⅲ 分别对应于中间脉冲（IP）和主脉冲（MP）窗口，子脉冲漂移现象很明显，Ⅱ 和 Ⅳ 是两个过渡区域，子脉冲漂移现象不明显，无法获得有关参数. Esamdin 等（2005）使用相位追踪法对观测资料进行分析，使子脉冲漂移图案在整个平均脉冲轮廓里清晰可

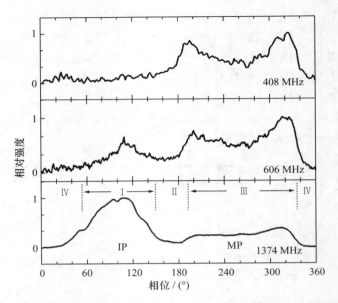

图 5.20　PSR B0826−34 在 1374 MHz,606 MHz,408 MHz 频段上平均脉冲轮廓的比较.就 1374 MHz 的平均脉冲轮廓来说,它按照脉冲经度区内发射和子脉冲情况的不同,被分为Ⅰ, Ⅱ,Ⅲ和Ⅳ四个区域.(Esamdin,et al.,2005)

见,直接看到了 13 个子脉冲束,如图 5.21 所示.漂移速率是变化的,包括了正值和负值.子脉冲和它们之间的间隔(P_2)在平均脉冲轮廓的一半是很宽的,在另一半则比较窄.子脉冲强度的调制在所有的经度上都与漂移速率的大小相关联.

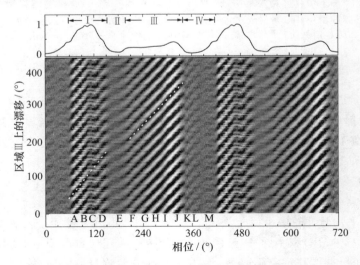

图 5.21　PSR B0826−34 的平均脉冲(上图)和漂移子脉冲现象.(Esamdin,et al.,2005)

5.2.5　子脉冲漂移现象的解释

产生漂移子脉冲现象的理论模型中最有名的是火花间隙(RS)模型(Ruder-man & Sutherland,1975).如图 5.22 所示,这个模型认为,在脉冲星磁极冠附近的内间隙加速区中,存在着等间距的火花放电的局部区域,当视线扫过这些放电区域时就会观测到局部区域发出的辐射,形成子脉冲.视线有可能扫过两个甚至更多的火花放电局部,因此一个周期可以看到多个子脉冲.由于 $E \times B$ 的存在,辐射区像旋转木马一样绕磁轴旋转,这就使得观测到的子脉冲不断地向前或向后移动,产生漂移现象.火花放电局部区域之间的间距就是观测到的 P_2,旋转一周的时间就是 P_3.

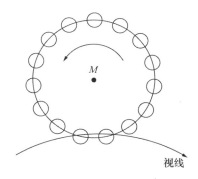

图 5.22　RS 模型对漂移子脉冲现象示意图:辐射锥上形成等间距的火花放电的局部区域,视线扫过局部区域时观测到子脉冲,辐射锥绕磁轴旋转,造成漂移子脉冲现象.

RS 模型虽然成功地解释了漂移子脉冲形成的机理,但是复杂的漂移子脉冲现象,如飘忽不定的漂移速率、漂移方向的改变、多种漂移状态之间的转换等都成为难以解释的问题.为此很多研究者发展了这个模型,以解释各种特殊的现象(Gil & Sendyk,2000;Qiao,et al.,2004).

旋转中子星的扭转振荡被用来解释脉冲星微脉冲的准周期振荡和漂移子脉冲的周期现象(Van Horn,1980).这个理论模型认为,中子星的自转会使它表面的自由振荡的驻波波节以一定的角速度绕自转轴漂移.可以通过求解角速度为 Ω 的自转中子星的欧拉运动方程来得到扭转振荡的本征频率.按照这个理论,李好辰和吴鑫基(1999)分析了 18 颗具有漂移子脉冲的脉冲星资料,发现理论与观测参数符合得比较好.

§5.3 巨 脉 冲

巨脉冲(giant pulse)是一种持续时间很短的射电暴发现象,成为脉冲星射电辐射中最显著、最突出的现象.巨脉冲是单个脉冲,它们的流量密度要比平均脉冲大几十倍、上百倍,甚至千倍以上.PSR B1937＋21 的最大的巨脉冲,其亮温度大于 5×10^{39} K,成为宇宙中具有最高亮温度的辐射过程.发生巨脉冲的次数与巨脉冲的强度成反比,非常强的巨脉冲发生的次数很少.目前发现的脉冲星已近 3000 颗,但发现有巨脉冲现象的只有十几颗.主要是射电光度非常强的年轻脉冲星和转动能损率非常大的毫秒脉冲星.巨脉冲常常与高能 X 射线及 γ 射线脉冲辐射紧密地相联系.

5.3.1　年轻脉冲星的巨脉冲

在发现蟹状星云脉冲星以前,人们一直认为在这个星云中有一颗自转很快的磁中子星,但在利用光学、射电和 X 射线观测设备的多次搜寻过程中都没有发现脉冲星的踪影.1968 年,Green Bank 的 92 m 射电望远镜在射电波段意外地探测到蟹状星云脉冲星的巨脉冲,进一步观测才确认 33 ms 的周期结构的存在,终于发现了这颗期待已久的脉冲星.之后研究人员掀起了检测年轻脉冲星的巨脉冲的高潮,但并不成功,仅仅检测到了第二年轻的大麦哲伦云中的 PSR B0540－69 的巨脉冲.

(1) 蟹状星云脉冲星(PSR B0531＋21)的巨脉冲.

在 PSR B0531＋21 正常的单个脉冲系列中,偶尔有非常强的单个脉冲,也就是巨脉冲,其能量分布遵从幂律形式,越强的越少,而一般单个脉冲的能量则是 Gauss 分布.直到 1995 年这类观测才得到比较大的改进,并在 21 世纪初取得了重大进展.Hankins 等(2003)应用 Arecibo 305 m 射电望远镜和总频带宽度为 500 MHz 的相干消色散接收机,在 5.5 GHz 频率上监测蟹状星云脉冲星的巨脉冲,获得了迄今为止最高时间分辨率(2 ns)的观测结果.图 5.23 展示了一个巨脉冲的情况,由许多持续时间仅几纳秒的脉冲(nanopulses)组成.2 ns 的结构相当于尺度约 1 m 的辐射体,亮温度高达 10^{37} K.这只能是一种相干辐射的最基本过程.观测揭示的短暂的时间尺度与通常认为的电子聚束(bunches)或脉泽导致的相干的曲率辐射的理论解释是不相容的,很可能是由一种等离子体不稳定性导致的波包塌缩(collapse of wave packets).

蟹状星云脉冲星的辐射特性很突出,不仅有射电脉冲,还有光学、X 射线和 γ 射线波段的脉冲.射电脉冲由 3 部分组成:前导脉冲、主脉冲和中间脉冲(见图 5.24).

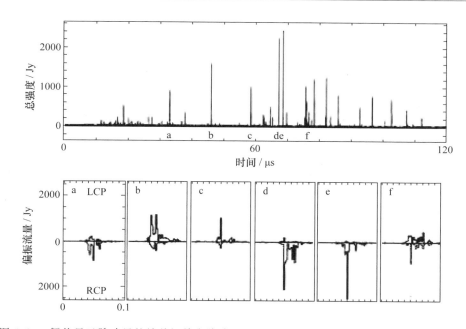

图 5.23　蟹状星云脉冲星的纳秒级单个脉冲.上图是巨脉冲的强度记录,下图为 6 个巨脉冲的偏振测量,大于零代表左旋,小于零代表右旋.(Hankin,et al.,2003)

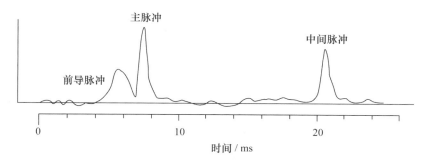

图 5.24　蟹状星云脉冲星 PSR B0531+21 射电波段的脉冲轮廓.

　　Popov(2006)用 Kalyzin 的 64 m 射电望远镜在 600 MHz 频率上对蟹状星云脉冲星的观测发现,主脉冲和中间脉冲中都有巨脉冲发生,但是前导脉冲中则没有巨脉冲.前导脉冲的宽度和线偏振都比主脉冲和中间脉冲宽和强.

　　在射电波段的高频部分,蟹状星云脉冲星平均脉冲轮廓中出现了低频观测中没有的成分,标明为 HFC1 和 HFC2.这两个成分在 X 射线和 γ 射线脉冲轮廓中也没有出现.Jessner 等(2005)用德国 100 m 射电望远镜,在 8.3 GHz 频率上观测蟹状星云脉冲星,发现在这个频率上中间脉冲比主脉冲强,巨脉冲不仅在主脉冲和中间脉冲中产生,而且在 HFC1 和 HFC2 中也是巨脉冲.在前导脉冲附近也观测到巨脉冲,但是并不能确认这些巨脉冲是否与前导脉冲成分有关.

新疆天文台 25 m 射电望远镜在 1540 MHz 频率上对蟹状星云脉冲星的巨脉冲进行监测,采用总带宽为 320 MHz 的消色散接收机,检测到 2436 个能量大于 4300 Jy·μs 的巨脉冲(Kong, et al., 2008). 巨脉冲能量分布遵从幂律形式,分别处在主脉冲和中间脉冲中,但在中间脉冲中仅有 5%. 这意味着,主脉冲主要由巨脉冲提供,而中间脉冲则由普通脉冲和巨脉冲共同构成.

(2) 大麦哲伦云脉冲星 PSR B0540−69 的巨脉冲.

应用 Parkes 64 m 射电望远镜,在 1.38 GHz 观测 PSR B0540−69,发现了比平均脉冲能量高 5000 倍的巨脉冲(Johnston & Romani, 2003). 这颗脉冲星年龄仅次于蟹状星云脉冲星,光速圆柱磁场也很大. PSR B0540−69 的巨脉冲发生在两个不同的相位上,出现的位置与这颗脉冲星的 X 射线脉冲轮廓峰值相差 0.37 和 0.64 相位. 如果将巨脉冲的相位移动 0.5,那么两者之间就对齐了(图 5.25). 由巨脉冲测量得到的色散量是 146.5 pc·cm^{-3},这与以前在 0.64 GHz 的测量值是一致的. 在 1.4 GHz 上巨脉冲因散射展宽为 0.4 ms,因此无法发现巨脉冲的精细结构.

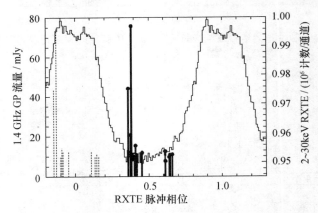

图 5.25　PSR B0540−69 的 X 射线光变曲线(RXTE)和射电巨脉冲的拼合图. 虚线是将巨脉冲的位置移动 0.5 个周期的结果.(Johnston & Romani, 2003)

PSR B0540−69 距离太远,在 1.38 GHz 频率上的流量密度大约为 13 μJy,以致利用 8 个小时的观测数据也没能累积出平均脉冲轮廓. 这意味着在 0.64~1.38 GHz 频段,谱指数要大于−4.4.

5.3.2　毫秒脉冲星的巨脉冲

最先发现巨脉冲的脉冲星具有年龄小、磁场强的特点. 意想不到的是,后来陆续在很多年老且磁场弱的毫秒脉冲星中也观测到了巨脉冲. 最先发现有巨脉冲的毫秒脉冲星是 PSR B1937+21. 后来在 PSR J0218+43(2.3 ms),PSR B1821−24

(3.0 ms),PSR B1823－30(5.4 ms)和 PSR B1957＋20 (1.6 ms)的观测记录中也找到了巨脉冲.

(1) PSR B1937＋21.

像蟹状星云脉冲星一样,在 PSR B1937＋21 中发现巨脉冲也是属于意外的发现.对于周期仅 1.5 ms 的 PSR B1937＋21,观测巨脉冲的困难在于需要非常短的采样时间和非常强的消色散能力.早期的观测所获得的数据太少,对巨脉冲的特性的描述不够确定.Cognard 等(1996)应用 Arecibo 305 m 射电望远镜在 430 MHz 频率上对这颗脉冲星进行了 44 min 的观测,共获得 1 695 542 个脉冲周期的资料,进一步确认了巨脉冲的存在.他们的研究采样时间仅 1.2 μs,又应用了相干消色散技术,消除了星际色散的影响,但由于观测频率比较低,星际散射比较强,对巨脉冲仍然造成散射展宽.图 5.26 给出巨脉冲能量的分布,无论主脉冲中还是中间脉冲的巨脉冲,它们的能量分布粗略地都可以看成幂律形式,能量低的多,能量高的很少.而一般脉冲星的单个脉冲的能量分布是 Gauss 分布.

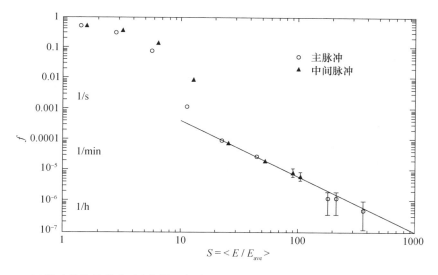

图 5.26　巨脉冲的能量分布.图中横坐标为 $S=<E/E_{ave}>$,为单个脉冲的能量与平均脉冲能量之比,纵坐标为 f,是大于 S 的单个脉冲的百分数,近似为幂律谱的形式.(Cognard,et al.,1996)

Soglasnov 等(2004)应用澳大利亚 Tidbinbilla 的 70 m 口径射电望远镜在 1.65 GHz频率上观测 PSR B1937 ＋ 21,观测到脉冲宽度为 15 ns,流量密度为 65 000 Jy 的巨脉冲,相应的亮温度 $T_b \geqslant 5 \times 10^{39}$ K,成为宇宙中观测到的最高亮温度.这些巨脉冲发生在 5.8 μs 和 8.2 μs 的辐射窗口中,处在主脉冲和中间脉冲尾部边缘区域.巨脉冲的能量累积分布呈幂律形式,309 个巨脉冲中仅有一个具有清晰的复杂结构.在主脉冲和中间脉冲中的巨脉冲的强度没有相关关系.它们的辐射能量密度可能超过中子星表面的等离子体的能量密度 300 倍,也超过中子星表面的磁能,因此,可以认为巨脉冲的发生与磁层中的机制无关.替代的说法应该是直接与极冠区域的放电过程有关.图 5.27 给出巨脉冲发生在平均脉冲轮廓中的位置,它们都发生在主脉冲和中间脉冲平均轮廓的尾部.

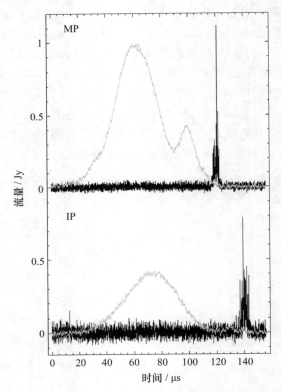

图 5.27　PSR B1937＋21 巨脉冲在平均脉冲窗口中的位置.灰线表示平均脉冲轮廓,由 39 min 观测到的 1 501 344 个周期的数据累积平均得到.实线为巨脉冲的平均脉冲轮廓,上图是主脉冲中 190 个巨脉冲的平均,下图是中间脉冲中 119 个的平均.(Soglasnov, et al.,2004)

（2）其他毫秒脉冲星.

目前已经确认有巨脉冲的毫秒脉冲星还有 PSR J0218＋4232,PSR B1821－24 和 PSR J1823－3021A.另外对 PSR B1957＋20 是否存在巨脉冲有不同的看法,Knight 等(2006)在 825 MHz 频率进行观测,用时 8003 s,获得了五百多万个周期的数据,然而仅发现 4 个疑似巨脉冲,有待以后进一步的观测.

对于 PSR J0218＋4232,Knight 等(2006)用美国 GBT 的 100 m 射电望远镜和相干消色散接收机,在 850 MHz 频率上寻找巨脉冲,检测到 155 个巨脉冲事件,发生在辐射窗口中的两个特殊的子窗口 A 和 B 中,对于 857 MHz 的观测,A 和 B 分别为 81 μs (3.5％周期)和 123 μs (5.3％周期). 在 1373 MHz 频率上,子窗口 A 和 B 分别为 3％ 和 4％ 周期.

　　PSR J0218+4232 的辐射约有 50％ 是非周期脉冲,计算中扣除了非周期成分. 857 MHz 频率上在 139 个脉冲中仅有 3 个的能量大于 10 倍平均脉冲能量,这些巨脉冲无法与蟹状星云脉冲星及 PSR B1937+21 的巨脉冲相比. 但是,这些比较小的巨脉冲,并不是脉冲星射电辐射中比较强的单个脉冲,它们的能量分布是幂律形式,而不是一般单个脉冲的 Gauss 分布,还有它们的脉冲宽度很窄,出现的窗口也很窄,对射电平均脉冲的贡献几乎为零. 这表明这些巨脉冲的辐射与射电平均脉冲辐射无关,而与非热的 X 射线辐射紧密联系. 巨脉冲出现在射电平均脉冲的两个极小处,但却与 X 射线脉冲峰值处相对应(见图 5.28).

　　目前对巨脉冲的看法形成了共识:巨脉冲很强,其脉冲能量分布呈幂律形式,具有非常窄的脉冲宽度且发生在特殊的区域. 过去的观测,因为消色散不彻底,或星际散射的影响比较大,其结果不能体现巨脉冲宽度非常窄的特点.

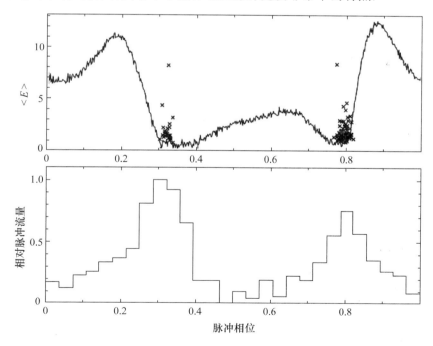

图 5.28　上图是 2004 年 8 月 PSR J0218+4232 的巨脉冲观测结果,显示了它们发生在平均脉冲轮廓中的位置. 下图是 Chandra X 射线卫星在 0.08～10 keV 能量的脉冲轮廓. (Knight, et al.,2006)

对于 PSR B1821—24,Roger 等(2001)应用 Parkes 64 m 射电望远镜的 21 cm 多波束系统的中心波束进行了观测,消色散系统是单通道的单频带宽度为 0.5 MHz 的 2×512 通道的滤波器组,1 比特采样,采样时间为 80 μs. 他们发现的巨脉冲集中在一个很窄的子窗口中,脉冲能量分布具有幂律形式. 这颗脉冲星的色散量(DM)为 119.8 pc·cm⁻³. 在 21 cm 波段观测,频带为 0.5 MHz 的单通道,将造成 142 μs 的时延,对发现巨脉冲产生很不利的影响,可能导致有 2~3 倍的巨脉冲被污染而不能检测出来. 这颗脉冲星的平均脉冲轮廓比较复杂,如图 5.29 所示,有 3 个成分:第 1 个成分(P1)的谱比较陡,低频辐射比较强;第 2 个成分(P2)的高频辐射比较强;第 3 个成分(P3)是比较宽的尾部,其谱特性与 P1 相似.

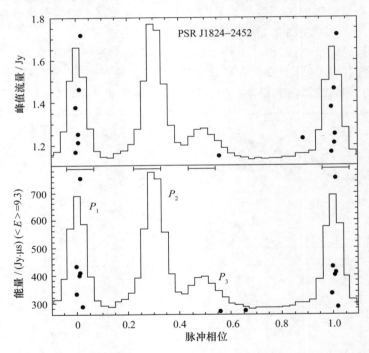

图 5.29 PSR J1824—2452 的巨脉冲:直方图是平均脉冲轮廓(任意尺度)显示 3 个成分. 黑点为巨脉冲,其峰值流量密度由纵坐标标注.(Roger,et al.,2001)

这颗射电脉冲星也有 X 射线波段的脉冲辐射. 根据 RXTE 的观测确定,很窄的硬 X 射线脉冲成分与射电轮廓的 P1 相联系,但是要延迟(60±20)μs. 第 2 个 X 射线成分比较软些,其轮廓比较宽,峰值相对射电辐射 P3 要延迟(250±60)μs.

对于 PSR J1823—3021A,Knighta 等(2005)应用 Parkes 64 m 射电望远镜在 685 MHz,1341 MHz 和 1405 MHz 等 3 个频段上观测 PSR J1823—3021A,发现了巨脉冲(见图 5.30). 他们用 10/50 cm 共轴馈源、H 和 OH 接收系统,分别接收这 3

个频率的辐射.他们采用基带混频、Nyquist 采样、2 比特数据和双偏振,接收机总带宽为 64 MHz,时间分辨率在 4～128 μs 范围.这颗脉冲星的周期为 5.4 ms,年龄是毫秒脉冲星中最年轻的,仅 25 Myr.它由于自转能损率第 3 高而成为搜寻巨脉冲的目标.他们在 685 MHz,1341 MHz 和 1405 MHz 等 3 个频段上分别发现了 4,7 和 14 个强振幅、宽频带的巨脉冲,信噪比很高.所有的巨脉冲,除一个例外,都集中在平均脉冲尾部的一个很窄的辐射窗口中,仅占 0.03 个周期.在 685 MHz 频率上仅有一个孤独的巨脉冲处在平均脉冲的一个小的前导成分位置上.比较高的频率上没有相应的巨脉冲,这意味着在这个子窗口中巨脉冲的频谱很陡.

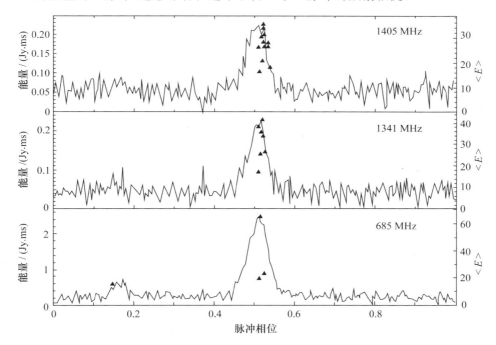

图 5.30　PSR J1823−3021A 在 3 个频率上的平均脉冲轮廓,三角形代表检测到的巨脉冲.(Knight,et al.,2005)

　　PSR J1823−3021A 是球状星团 NGC 6624 中的毫秒脉冲星,由于星团引力势的作用而加速,这将导致周期变化率的改变,这颗脉冲星的固有周期变化率和光速圆柱磁场可能比观测值更高.

　　在 685 MHz 频率上,巨脉冲的平均的半宽为 21 μs,但高频上只有 7 μs,可能是星际色散和散射导致较低频率上的巨脉冲变宽,对于巨脉冲的搜寻,高频观测将是有利的.在 1341 MHz 和 1405 MHz 上发现比较多巨脉冲可能与星际色散和散射影响较小有关.色散和散射展宽导致峰值下降,在 685 MHz 和 1405 MHz 频率上,最强的巨脉冲峰值是 45 Jy 和 20 Jy,分别是平均脉冲峰值流量密度的 680 和 1700 倍.

这一节共介绍了 6 颗脉冲星的巨脉冲情况,2 颗年轻脉冲星和 4 颗老年毫秒脉冲星,其共同特点有四:第一是巨脉冲能量很高,是平均脉冲能量的 51~81 倍,实际上的能量比可能更大,因为星际色散和星际散射导致巨脉冲展宽,峰值变低了. 第二是亮温度极高,其中 PSR B0531+21 和 PSR B1937+21 巨脉冲具有纳秒级的宽度,由此计算出的亮温度高达 10^{37} 和 10^{39},后者的巨脉冲的亮温度是观测到的所有天体中最高的. 第三是巨脉冲与 X 射线辐射相关. 第四,巨脉冲的能量分布遵从幂率谱. 就脉冲星的特性来说,这些有巨脉冲的脉冲星的光速圆柱处的磁场和转动能损率都非常高,属于脉冲星中最强者之列.

5.3.3　脉冲星的另类巨脉冲

在发现巨脉冲的历程中,人们把注意力投向了那些光速圆柱磁场比较大的脉冲星. Kuzmin 等利用 Lebedev 物理所射电天文台的柱状抛物面天线射电望远镜 (DKR) 和巨型相控阵(BSA)低频射电望远镜进行观测,先后发现了 PSR B0031−07 (Kuzmin, et al., 2004)、PSR B0656+14 (Kuzmin & Ershov, 2006)、PSR B1112+50 (Ershov & Kuzmin, 2003) 和 PSR J1752+2359 (Ershov & Kuzmin, 2005) 中的巨脉冲(表 5.4). 图 5.31 是在 40 MHz 频率上观测到的 PSR B0031−07 的巨脉冲的情况,比平均脉冲强几百倍的单个脉冲集中在平均脉冲峰值附近. Weltevrede 等 (2006b) 在 327 MHz 频率也观测到了 PSR B0656+14 的巨脉冲. 这些巨脉冲与前面介绍的六颗脉冲星的巨脉冲有很大的不同:一是单个脉冲比较宽,约为几毫秒,根本到不了纳秒级;二是它们均发生在正常辐射的平均脉冲轮廓之中;三是这些巨脉冲的能量分布不遵从幂率谱;四是与脉冲星的 X 射线辐射无关. 再有,这些脉冲星的光速圆柱磁场和转动能损率都不高. 因此它们被认为是另一类巨脉冲. 我们把它们称为极强单个脉冲,或称为"Not-So-Giant Pulses"(Manchester, 2009).

表 5.4　四颗脉冲星强单个脉冲的部分参数

PSR	P/ms	$\lg(B_{LC}/G)$	f/GHz	S_{GP}/S_{AP}	T_B/K	E_{GP}/E_{AP}
B0031−07	943	7	0.04	400	10^{28}	15
B0656+14	385	770	0.11	600	10^{26}	110
B1112+50	1656	4.2	0.11	80	—	10
J1752+23	409	71	0.11	260	10^{28}	200

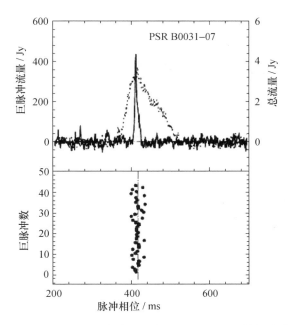

图 5.31　PSR B0031－07 的极强单个脉冲观测结果:上图为极强单个脉冲(实线)和平均脉冲
(虚线);下图为 43 个极强单个脉冲及它们在平均脉冲中的位置.(Kuzmin,et al.,2004)

第六章　零脉冲脉冲星、间歇脉冲星和自转射电暂现源

单个脉冲的能量很微弱,只有大型射电望远镜才可能观测少数很强脉冲星的单个脉冲.能在观测数据中直接显示单个脉冲的脉冲星数目很少.观测发现,脉冲星辐射并不是连续不断的,常常会发生缺少脉冲的现象,称为零脉冲(nulling pulse)(或缺脉冲).多数此类脉冲星,零脉冲所占的比例在 1%～50%之间.最近发现两类具有极端零脉冲特征的脉冲星:一类是间歇脉冲星,它们的辐射在"开"与"闭"两种状态之间变化,具有准周期性,而且在"开"状态时,它们的转动减慢率要比"闭"状态时大很多;另一类是自转射电暂现源,它们仅仅发射一个脉冲(或称暴发脉冲)就停止了发射,这样的单个脉冲的发射时间累积起来,在一天中仅几分钟.产生零脉冲现象的机理仍是天文学家研究的焦点问题.

§6.1　零　脉　冲

在脉冲星发现后不久,人们就知道单个脉冲的能量存在不同时间尺度上的扰动.这种强度的扰动与三种脉冲现象相联系,即零脉冲、漂移子脉冲和脉冲轮廓模式变换.零脉冲现象是指在某些周期单个脉冲的强度降低到普通脉冲强度 1%以下的情况,也就是说单个脉冲消失了.具有零脉冲现象的脉冲星约百颗,其中大多数的零脉冲比例很小,在 5%以下,比例超过 50%的很少.

6.1.1　零脉冲现象的发现

Backer(1970)发现 PSR B0834＋06,PSR B1133＋16,PSR B1237＋25 和 PSR B1929＋10 在不同时段常常丢失 1～10 个脉冲.Ritchings(1976)观测研究了 32 颗脉冲星的单个脉冲,发现有些脉冲星的单个脉冲在几个周期中不见了,不久又回复到正常情况.他给出了 32 颗脉冲星的零脉冲的百分比(NF),其中 21 颗的 NF 小于 5%,NF 最大的两颗是 PSR B1112＋50 和 PSR B1944＋17,分别为(60±5)%和(55±5)%.分析表明,老年脉冲星的零脉冲现象要严重一些.Biggs(1972)分析了 72 颗信噪比较高的脉冲星,发现 43 颗脉冲星有零脉冲现象.零脉冲百分比从 0(船帆座脉冲星)到超过 50%的都有.

早期对特强脉冲星的观测所记录下的单个脉冲系列,能够比较直观地显示出

零脉冲现象. 图 6.1 是 PSR B1944+17 的 200 个周期的观测资料, 从图中可以明显地看出有两个时段没有脉冲辐射. 很容易计算出零脉冲状态占据的百分比、零脉冲的持续时间以及零脉冲发生的时间间隔这三个参数.

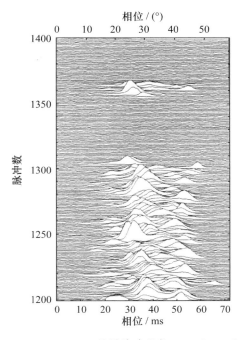

图 6.1　PSR B1944+17 的零脉冲现象.(Deich,et al.,1986)

单个脉冲能量直方图首先被 Smith (1973)用来研究脉冲星零脉冲现象. 他应用 408 MHz 频率上的观测资料, 获得了 PSR B0834+06, PSR B0950+08 和 PSR B1642-03 等三颗脉冲星的单个脉冲能量分布直方图, 如图 6.2 所示. 单个脉冲的强度变化包含了星际闪烁的影响, 脉冲能量分布直方图也会受到星际闪烁的影响, 但单个脉冲能量分布仍然包含着脉冲星固有的特性. 图 6.2 中纵坐标是单个脉冲的数目, 横坐标是脉冲能量. 很多脉冲星单个脉冲强度的分布为单峰结构、峰值在平均值处的正态分布, 如 PSR B1642－03. 有些脉冲星的单个脉冲在能量直方图中却显示明显的双峰结构, 多了一个峰值在能量为零处的一个分布, 如 PSR B0834+06. 这些能量为零附近的单个脉冲就是零脉冲. PSR B0950+08 的单个脉冲的能量分布更特殊, 单个脉冲能量分布的峰值在能量为零的位置上.

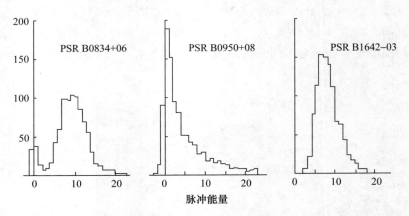

图 6.2   三颗脉冲星单个脉冲的能量分布直方图.(Smith,1973)

6.1.2   零脉冲百分比大于 10% 的脉冲星

目前的大型射电望远镜只能观测研究很少一部分脉冲星的单个脉冲,如图 6.2 所示的例子越来越少.对于不太强的脉冲星,需要应用按周期折叠的方法来提高灵敏度,也就是把许多周期的脉冲能量积累起来.Biggs (1992)应用的方法是:把观测到的数据流,每 200 个周期分为一组折叠后形成一系列的平均脉冲,将缺脉冲期间的数据作为脉冲能量为零的基准.如果在 200 个周期中大部分周期都没有脉冲,获得的平均脉冲就与能量为零的基准很接近,可判断为零脉冲.这个方法当然不可能发现只缺几个或十几个脉冲的情况.

面对更弱的脉冲星,可以把观测到的数据流分成许多小的时段,最短按 10 s 分段,最长按 60 s 分段,对每一时段的观测资料进行按周期折叠获得各个时段的平均脉冲轮廓,以此来判断哪些时段上发生了零脉冲.研究人员用这个方法分析了 Parkes 64 m 射电望远镜在 1500 MHz 上的多波束观测资料,发现了 23 颗南天脉冲星的零脉冲现象(Wang,et al.,2007),其中只有 PSR J1326−6700 和 J1401−6357 比较强,能直接看到单个脉冲,不需要折叠.表 6.1 给出 29 颗零脉冲比例大于 10% 的脉冲星,其中大于 50% 的有 10 颗,零脉冲百分比最大的是 PSR J1502−5653,高达 93%.

表 6.1 零脉冲比例大于 10% 的脉冲星

J2000 名称	B1950 名称	P/s	$\dot{P}$ /(10^{-15})	年龄 /(10^6 yr)	NF(%)	参考文献
J0034−0721	B0031−07	0.943	0.41	36.6	37.7	Huguenin, Taylor & Troland, 1970
J0304+1932	B0301+19	1.388	1.30	17.0	10	Rankin,1986
J0528+2200	B0525+21	3.746	40.00	1.5	25	Ritchings,1976
J0659+1414	B0656+14	0.385	55.00	0.1	12	Biggs,1992
J0754+3231	B0751+32	1.442	1.08	21.2	34.0	Weisberg,et al.,1986
J0828−3417	B0826−34	1.849	1.00	29.4	80	Durdin,et al.,1979
J1049−5833		2.202	4.41	7.9	47(3)	Wang,et al.,2007
J1115+5030	B1112+50	1.656	2.49	10.5	60	Ritchings,1976
J1136+1551	B1133+16	1.188	3.73	5.0	15.0	Ritchings,1976
J1502−5653		0.535	1.83	4.6	93 (4)	Wang,et al.,2007
J1525−5417		1.011	16.20	1.0	16(5)	Wang,et al.,2007
J1649+2533		1.015	0.56	28.8	30	Lewandowski,et al.,2004
J1701−3726	B1658−37	2.454	11.10	3.5	14 (2)	Wang,et al.,2007
J1702−4428		2.123	3.30	10.2	26 (3)	Wang,et al.,2007
J1727−2739		1.293	1.10	18.6	52 (3)	Wang,et al.,2007
J1752+2359		0.409	0.64	10.1	75	Lewandowski,et al.,2004
J1820−0509		0.337	0.93	5.7	67 (3)	Wang,et al.,2007
J1900−2600	B1857−26	0.612	0.21	47.4	10.0	Ritchings,1976
J1916+1023		1.618	0.68	37.7	47 (4)	Wang,et al.,2007
J1920+1040		2.215	6.48	5.4	50 (4)	Wang,et al.,2007
J1933+2421	B1931+24	0.814	8.11	1.6	80	Kramer,et al.,2006
J1944+1755	B1942+17	1.997	0.73	43.3	60	Lorimer, Camilo & Xilouris, 2002
J1945−0040	B1942−00	1.046	0.54	31.0	21	Weisberg,et al.,1986
J1946+1805	B1944+17	0.441	0.02	290.0	55	Ritchings,1976
J2048−1616	B2045−16	1.962	11.00	2.8	10	Ritchings,1976
J2113+4644	B2111+46	1.015	0.71	22.5	12.5	Ritchings,1976
J2305+3100	B2303+30	1.576	2.89	8.6	10.0	Redman, Wright & Rankin, 2005
J2321+6024	B2319+60	2.256	7.04	5.1	25	Ritchings,1976
J2330−200	B2327−20	1.644	4.63	5.6	12	Biggs,1992

6.1.3　零脉冲现象的统计特征

Biggs（1992）发现 NF 与周期有很好的相关性. 后来, Ritchings（1976）发现 NF 与脉冲星的年龄相关联, 老年脉冲星中具有零脉冲现象的较多. Wang 等（2007）综合了比较多的观测资料进行统计研究, 结果在周期-周期变化率图（图 6.3）上显示出, 零脉冲所占的百分比（NF）与年龄及周期都有正相关的关系, NF 与年龄的正相关关系要明显一些. 所有零脉冲比例比较大的脉冲星的年龄都超过百万年, 大多数都大于五百万年. 没有发现零脉冲与平均脉冲轮廓有什么关系, 单峰轮廓或多峰轮廓的脉冲星都有零脉冲现象发生. 不过, 零脉冲在多峰脉冲星中多些, 这可能是由于这些脉冲星的年龄偏大.

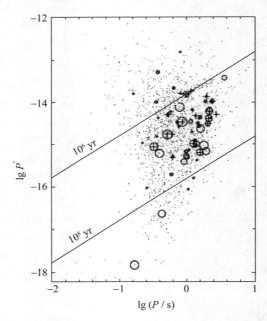

图 6.3　具有零脉冲现象的脉冲星在周期-周期变化率图上的分布, 圆形代表有零脉冲现象的脉冲星, 圆的面积代表零脉冲的比例, 最少是 5%. 该文中特别加以讨论的脉冲星用在小圆中的加号（＋）标明.（Wang, et al., 2007）

6.1.4　零脉冲和模式变换

零脉冲现象的观测常常受到观测信噪比的限制, 在信噪比较差的情况下, 只能说信号很弱, 其强度与噪声相当, 而不能说完全没有信号. 有一种看法认为, 对有的脉冲星来说, 零脉冲现象并不是真正缺失了脉冲, 而是一种模式变换, 从强发射变为弱发射. 最早被发现的具有这种特征的脉冲星是 PSR B0826－34（Esamdin, et al.,2005).这颗周期为 1.848 s 的脉冲星很特殊,其平均脉冲轮廓几乎占据整个周期.这是一颗公认的具有漂移子脉冲和大比例零脉冲现象的脉冲星.早期观测指出,这颗脉冲星的零脉冲比例达到 70%.Esamdin 等研究了 Parkes 64 m 射电望远镜在 1374 MHz 频段 2002 年 9 月 10 日和 11 月 1 日的观测数据.9 月 10 日的数据共有 11 670 个脉冲周期,零脉冲比例 NF 为 49%.11 月 1 日的资料共有 7530 个脉冲周期,零脉冲比例为 48%.零脉冲持续期间从几个周期到几个小时.应用"开"状态的数据折叠获得的平均脉冲轮廓如图 6.4 的上图所示,与前人的结果相同.意想不到的是,把所有的处于"零脉冲"状态的数据进行按周期折叠后,获得了一个比较弱的、信噪比较差的,但却是稳定的平均脉冲轮廓,如图 6.4 的下图所示.这意味着,这颗星的零脉冲状态并不是辐射停止了,而是转换为另一种弱的辐射模式,平均脉冲轮廓发生了变化,强度仅为另一个模式的 2% 左右,每个轮廓均由 2048 个脉冲周期的数据累积获得.对整个观测中每一千个弱发射状态的单个脉冲累积均显示出了这个稳定的弱发射平均轮廓.

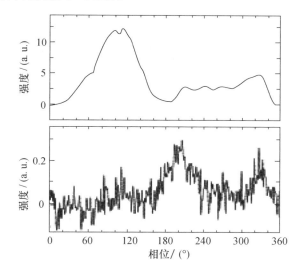

图 6.4　PSR B0826−34 的平均脉冲:上图是"开"状态,下图为"关"状态.(Esamdin,et al.,2005)

　　图 6.5 给出了 5 颗脉冲星的结果,它们的共同特点是有比例不同的零脉冲,但都发生了平均脉冲模式变换现象.模式 A 为正常模式,模式 B 为反常模式.反常模式通常只停留比较短的时间,然后又变回正常模式.这 5 颗脉冲星中的 4 颗,其处在正常模式时的流量密度要比反常模式高很多,而 PSR J1703−4851 的情况则相反,B 模式时要比 A 模式时强很多,出现的时间占 15%.对于 PSR J1701−3726 和 J1843−0211,不同的模式被零脉冲所分隔.其他 3 颗脉冲星就没有这个现象.

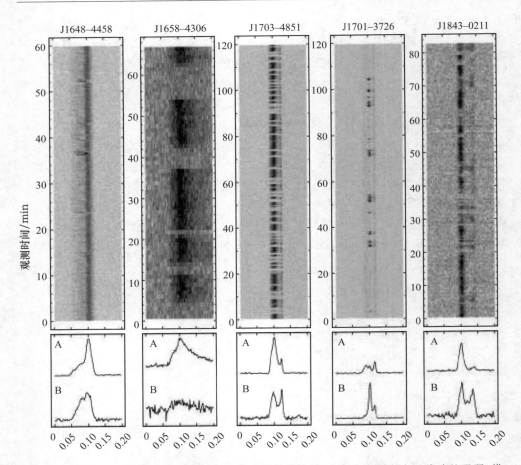

图 6.5　5 颗脉冲星的零脉冲现象和平均脉冲的模式变换.上图中的灰度表示脉冲的强弱.横坐标为脉冲相位.(Wang,et al.,2007)

　　零脉冲和模式变换之间的亲密关系还有其他方面的表现:PSR B0809+74 在零脉冲之后发射不同的轮廓模式(van Leeuwen,et al.,2002);PSR B2303+30 中不同的模式具有不同的零脉冲特性(Redman,et al.,2005);PSR J1701-3726 的两个模式常常被零脉冲所分隔,PSR J1648-4458 和 J1658-4306 的弱辐射模式是在出现零脉冲的第一刹那期间观测到的(Wang,et al.,2007).

　　多频同时观测显示,零脉冲和模式变换两者都是宽频带现象(Bartel,et al.,1982).零脉冲和模式变换两者都是突然改变,仅发生在一个周期中(Deich,et al.,1986;Lewandowski,et al.,2004).它们之间的关联以及理论研究都支持这样的一个看法:零脉冲和模式变换两者来自磁层中大尺度的电流分布和持续变化.模式变换是因为磁层中的电流重新分布而导致的射电辐射束的图像的变化.零脉冲可能是电流的中断或剧减,也可能是由电流的重新分布所导致的新的波束图像的最强处偏离了原来的方向.

§6.2 间歇脉冲星

间歇脉冲星的重要特征是它们的辐射存在"开"和"闭"两个状态,两个状态交替出现,存在准周期性,"闭"状态所占据的比例很大,而且脉冲星自转减慢率在"开"状态时要比"闭状态"时大 $1.5\sim2.5$ 倍.间歇脉冲星很难发现,需要采用色散量搜索技术.

6.2.1 PSR B1931+24

从 PSR B1931+24 的各个参数来看,这是一颗很寻常的脉冲星,周期为 813 ms,自转频率变化率为 -12.2×10^{-15} Hz·s^{-1},特征年龄 1.59×10^6 年,处于 P-$\dot{P}$ 图中普通脉冲星集中区域的中部,其距离为 4.6 kpc,平均流量密度 $S_{400}=7.5$ mJy,比较强,很容易观测.然而,它在被发现(Stokes,et al.,1986)后的二十年中,绝大部分时间里都没有被观测到辐射.后来人们才弄清楚,这是一颗间歇脉冲星,长期处于关闭状态,只有很短时间处于开启状态.大多数情况是发射 3 到 10 天,然后关闭大约 30 天.

图 6.6 是 PSR B1931+24 在 1999 年至 2001 年期间 20 个月的观测资料的分析结果(Kramer,et al.,2006):图(a)为总的观测情况,上图中黑色部分代表已进行的观测时段,下图中的黑色部分代表脉冲星处于"开"状态,可以看出这颗脉冲星在 80% 的时间里处于"闭"状态;图(b)为强度的功率谱,是对平均流量密度数据自相关函数做 Fourier 变换后得到,可以看出具有准周期性,存在 35 天的周期以及高次谐波;图(c)为"开"和"闭"状态直方图,分别由实线和影斜线表示.430 MHz 和 1400 MHz 同时观测表明,射电辐射的出现和消失是一个宽频带现象.

人们进一步分析更长观测时间的数据流,对 1998 年到 2005 年的观测结果进行 Fourier 变换,发现其周期性依然存在,只是周期在 30 天到 40 天范围内变化."开"到"闭"的转换仅在 10 s 时间内完成.

对于这颗脉冲星的观测资料分析有一个重要发现,脉冲星在"开"和"关"状态时的自转减慢率明显不同,如图 6.7 所示.图 6.7 的上图显示在 160 天期间,有 4 个时段处于"开"状态,其自转频率的减慢趋势明显地与平均变化趋势不同.平均变化由拟合直线 $\dot{\nu}=-12.2\times10^{-15}$ Hz·s^{-1} 给出.图 6.7 的下图给出"开"状态时的脉冲到达时间的残差,显示有短期的变化.

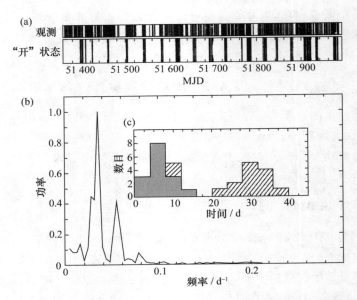

图 6.6   PSR B1931＋24 在 1999 年至 2001 年期间 20 个月的观测资料的分析结果,详见文中
说明.(Kramer,et al., 2006)

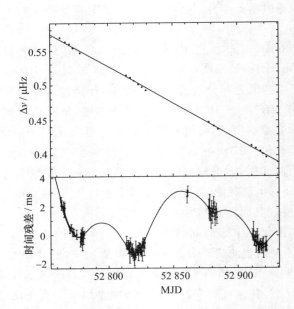

图 6.7   PSR B1931＋24 在 160 天中自转频率的变化(上图)和"开"状态时的脉冲到达时间的
残差值和理论拟合曲线(下图).(Kramer,et al.,2006)

在这 160 天中,几乎每天都有观测,所以能够精确地确定开关的时刻,进行高精度数据处理,计算得到"开"和"闭"状态情况的自转减慢率分别为 $\dot{\nu}_{on} = -16.3 \times 10^{-15}$ Hz/s 和 $\dot{\nu}_{off} = -10.8 \times 10^{-15}$ Hz/s. 可以看出"开"状态的自转减慢率要比"闭"状态的大 50%. 还有,观测到的脉冲星活动性具有准周期性现象. 这两点都是以往脉冲星观测所没有发现过的现象,提出了难以回答的诸多问题:为什么脉冲星的辐射在"开"和"闭"两个状态之间转换?为什么活动性具有准周期性?为什么在"开"状态的自转减慢率要比"闭"状态时大?(Kramer,et al.,2006)

脉冲星辐射从一个脉冲到另一个脉冲,强度发生变化是常见的. 少数脉冲星的零脉冲通常只缺少一个至几十个脉冲. 但 PSR B1931+24 的零脉冲状态太长了,而且还有准周期性,因此公认 PSR B1931+24 的零脉冲现象不同于以往观测到的其他脉冲星的零脉冲现象.

6.2.2 其他间歇脉冲星

间歇脉冲星大部分时间处于停止辐射的状态,难以发现. 但是,天文学家以极大的热情投入搜寻和分析已有观测资料的工作中,陆续有所发现.

(1) PSR J1832+0029.

Lyne(2009)指出,PSR J1832+0029 是 Parkes 多波束巡天获得的 4 个间歇脉冲星候选者中的一个,其周期是 533 ms,特征年龄为 5.6 Myr,距离为 1.6 kpc. 这是一颗比 PSR B1931+24 更极端的间歇脉冲星,4 年中两次处在"开"和"关"状态,第一次关闭 560 天到 640 天,第二次关闭了 810 天和 835 天. 测量发现"开"状态和"闭"状态时的自转频率变化率相差很大,"开"状态比"闭"状态时要大 1.77 ± 0.03 倍.

Lorimer 等(2012)对这颗脉冲星做了进一步的观测和分析. Parkes 64 m 和 Jodrell Bank 76 m 射电望远镜进行了长期的监测,64 m 射电望远镜的观测频率是 1374 MHz 和 1518 MHz 频率,5 min 观测一次,从 2003 年 9 月开始观测到这颗脉冲星,但是到 2004 年 6 月 26 日起它就音信全无了,一直到 2006 年 3 月 3 日才又被观测到. 脉冲星处在"关"状态的时间持续了近 2 年. 在这期间,研究人员曾改为 20 min 观测一次以提高观测灵敏度,依然没有检测到辐射. 5 min 的观测没有接收到辐射表明其流量密度低于 $70\,\mu$Jy,20 min 观测不到,相应的流量密度低于 $40\,\mu$Jy. 这之后,76 m 射电望远镜继续进行监测,脉冲辐射很正常,到 2010 年 4 月 7 日又观测不到了,到 2012 年 7 月 20 日才转变为"开"的状态.

在 2004 年到 2012 年的八年中,这颗脉冲星 3 次处在"开"的状态,2 次处在"闭"的状态,在"开"状态时测量的脉冲宽度及流量密度没有什么变化,但是周期变化率却有不同,结果如图 6.8 所示.

　　这颗脉冲星在"开"状态时的流量密度为 140 μJy，观测信噪比很高．为了考察"关"状态时究竟有没有微弱的辐射，他们在 2011 年 3 月 8 日和 9 日用 Arecibo 305 m 射电望远镜进行了两次 1 h 的观测，依然没有检测到任何辐射，由此估计出的流量密度上限为 2～3 μJy，甚至是 1.6 μJy，与"开"状态的流量密度相差约百倍．

　　研究人员应用 Chandra X 射线天文台的观测设备对 PSR J1832+0029 进行了两次 1 h 的观测．第一次在 2007 年 10 月 19 日，当时脉冲星处在"开"状态；第二次在 2011 年 3 月 28 日，脉冲星处在"闭"状态，没有发现任何 X 射线辐射．

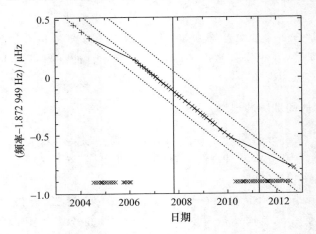

图 6.8　PSR J1832+0029 的自转频率的变化．有三段时间处在"开"状态，两段时间处在"闭"状态．三条点线是处在"开"状态测到的数据，斜的实线是根据前后两次"开"状态测到的自转频率值得到的，代表"闭"状态时的情况．Parkes 和 Jodrell Bank 射电望远镜没有检测到辐射的时段用"×"表示，两根竖直实线是 Chandra ACIS 的两次观测的观测时间，一次在"开"状态，一次在"闭"状态．(Lorimer，et al.，2012)

　　(2) PSR J1841−0500.

　　Camilo 等(2012)用 Parkes 射电望远镜观测磁星 1E 1841−045，试图发现它的射电脉冲辐射，但是所发现的脉冲星的周期为 0.912 s，而磁星的周期为 11.78 s，因此他们认定发现了一颗新的脉冲星，其年龄为 0.4 Myr. 一年以后用 Parkes 射电望远镜在 3 GHz 观测，这颗很强的脉冲星不见了，但在 580 天以后重新出现．其 DM 值很大，为 532 pc·cm^{-3}，受星际介质散射影响很大，在 3 GHz 这样高的频率上也很明显，归算到 1 GHz 频率上的时间延迟达到 2 s. 在 1.4 GHz 频率上，由于散射影响严重，散射已使脉冲轮廓延展超过脉冲星的周期，以至观测不到周期性的脉冲．应用 GBT 在 5 GHz 上的偏振观测，没有发现在两次"开"状态时的轮廓有明显的变化，测出线偏振位置角的 Faraday 旋转量非常大，达到 −3000 rad·m^{-2}，成为目前已知脉冲星中最大的．计算得到的视线方向的星际磁场为 7 μG，比其他方向上的星际磁场要高一些.

图 6.9 给出 PSR J1841−0500 约 3 年的观测结果,有 580 天处于"闭"状态.应该说明的是,在这期间仅观测了 28 次,平均每 20 天观测一次,每次 5 min.尽管这 28 次观测都没有检测到这颗脉冲星的辐射,但由此不能断定其他未观测的时间里都完全处于"闭"状态.实际上,在被认为处在"开"状态时段中,也观测到了短暂的"闭"状态,如在 2009 年 12 月 11 日进行的 4 次 300 s 的观测,第一次观测检测到了脉冲信号,在 2 h 2 min 之后的第二次观测就没有检测到,过 51 min 后再观测,还是没有检测到脉冲信号,再过 4 min 后的观测又检测到脉冲信号.从图上可以估计出,脉冲星自转频率在"开"状态比"闭"状态要大 2.65 倍.

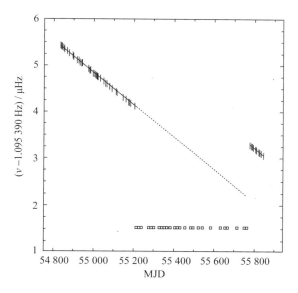

图 6.9 PSR J1841−0500 的自转频率的变化.第一段实线是 2009 年脉冲星处于"开"状态时的观测结果,点线是外推至"闭"状态的情况,点线下方的每个小方框代表 GBT 的一次观测.最后的一小段实线是 2011 年后期的观测,脉冲星再次处于"开"状态时的观测结果.实线上的小长条代表 GBT 的一次观测.(Camilo,et al.,2012)

(3) PSR J1717−4054 和 PSR J1502−5653.

Wang 等(2007)为了检测脉冲星的零脉冲现象,应用 Parkes 多波束观测系统对一批脉冲星分别进行了长达两小时的观测,获得了 23 颗脉冲星的观测结果,发现零脉冲比例大于 40% 的有 7 颗,其中 PSR J1717−4054 的零脉冲比例至少是 95%,PSR J1502−5653 的比例也达到 93%.由于这些脉冲星的流量密度很低,不可能获得单个脉冲系列,只能视不同脉冲星的强弱情况,采用每 10 s 至 60 s 折叠一次的方法以提高灵敏度,这样一来,也就不可能检测出短持续时间的零脉冲现象.

图 6.10 给出两颗零脉冲星比例超过 90% 的脉冲星的两个小时的观测结果.

PSR J1502−5653 的周期为 0.535 s,年龄 4.6 Myr,流量密度为 0.39 mJy,零脉冲比例高达 93%,大概是辐射 1 min,关闭 10～15 min. 这与前面几颗间歇脉冲星的特征很不相同. PSR J1717−4054 的周期为 0.887 s,虽然 1992 年就发现了,但至今仍未测出周期变化率,在 1499 MHz 频率上流量密度为 54 mJy. 它的零脉冲比例大于 95%,可以说是脉冲星中比例最高的. 在两小时内,仅仅在 3.5 min 时间里有脉冲辐射.

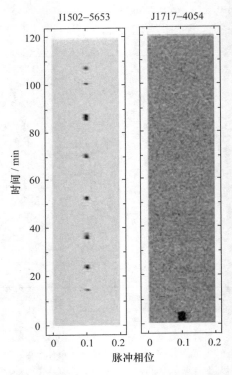

图 6.10　两颗零脉冲比例超过 90% 的脉冲星观测记录处理结果,观测时间为两小时,每 10 秒折叠一次,用灰度表示折叠后的脉冲强度,从零(白色)到最大值(黑色).横坐标为脉冲星的 1/5 周期.(Wang,et al.,2007)

6.2.3　零脉冲现象和间歇脉冲产生的机理

目前零脉冲现象的产生机制并没彻底弄清楚,众说纷纭,主要的看法有三种:第一种看法认为零脉冲是辐射完全停止了;第二种看法认为这可能是像星际闪烁那样的传播效应导致的,但多频观测判断零脉冲并不是这种原因造成的;第三种看法认为脉冲星进动引起的辐射束发生摆动导致视线有时不能扫过辐射束,但还没有找到很好的观测证据.

目前普遍认为,零脉冲现象是脉冲星辐射过程的内禀现象,或是辐射过程的相干条件有时不能满足,或是高能带电粒子加速出了问题,导致有时不能产生高能带电粒子.

PSR B1931+24 的这种长持续时间以及"开"与"闭"具有准周期性,而且转动减慢率有很大不同的零脉冲现象,要给以全面解释难度很大. 对这颗脉冲星的多频率的观测表明它的零脉冲现象在频率上是宽带现象,排除了这是星际闪烁造成的可能性. 有人认为,这种 35 天的准周期现象有可能是由脉冲星本身的进动造成的 (Stairs, et al., 2002),但是,观测并没有发现进动引起的平均脉冲轮廓的变化 (Kramer, et al., 2006).

Harding 等(1999 年)研究了相对论性星风对中子星自转减慢的影响,提出同时存在磁偶极辐射和星风(带电粒子流)两种制动因素,并给出这种带电粒子流所导致的转矩的公式:

$$T \approx \frac{2}{3c} I_{pc} B_0 R_{pc}^2, \tag{6.1}$$

式中 I_{pc} 是沿着开放磁力线越过极冠区的电流,B_0 是中子星表面的偶极磁场,R_{pc} 是极冠区的半径. 这个理论可以用来解释 PSR B1931+24 在"开"状态和"闭"状态的自转减慢率的差别.

基于 Harding 的双制动模型,Kramer 等(2006)提出的理论模型比较好地解释了间歇脉冲星的观测特征. 他们认为,脉冲星处在"开"状态时的辐射是由磁层中磁极冠区沿开放磁力线流动的等离子体形成的电流给出的,同时这还提供了附加的制动转矩. 而处在"闭"状态时辐射的消失则是因为磁层中的带电粒子流基本中断了,同时附加的制动转矩也消失了.

间歇脉冲星处在"开"状态时的能损率应该等于"闭"状态时的能损率加上星风(带电粒子流)导致的能损率:

$$\dot{E}_{on} = \dot{E}_{off} + \dot{E}_{wind}. \tag{6.2}$$

观测已经给出了 $\dot{P}_{on}$ 和 $\dot{P}_{off}$,从而可以计算出 $\dot{E}_{on}$ 和 $\dot{E}_{off}$ 以及 $\dot{E}_{wind}$. 计算得到带电粒子流的电荷密度为 $\rho \approx 0.034 \text{ cm}^{-3}$. 这个结果与 Goldreich-Julian 磁层模型(1969)给出的电荷密度 $\rho_{GJ} \approx 0.033 \text{ cm}^{-3}$ 很接近. 这个理论模型比较完美地解释了 PSR B1931+24 的观测特征. 上述的解释虽然比较圆满,但并没有说清楚是什么因素导致磁层中的电流中断,以及为什么会中断如此长的时间.

Mottez 等(2013)设想,间歇脉冲星的"开"和"关"的周期性变化是由脉冲星双星或多个伴星系统导致的,分析了多种情况,没有一种可以全面解释 PSR B1931+24 的观测特性.

Li 等(2014)讨论了间歇脉冲星的星风模型,以解释 PSR B1931+24,PSR J1841−0500 和 PSR J1832+0029 等三颗脉冲星的间歇特性.他们认为,在"开"状态时,磁层是理想的无力场状态,拥有丰富的等离子体供给;"关"状态则是等离子体供给中断了,导致在开放磁力线处的等离子体密度很低.假设脉冲星磁倾角为30°~90°,计算得到自转减慢率在"开"和"关"状态的比值约为 1.2~2.9,与观测相符.

有人设想,脉冲星辐射的停止是由于发生了一次猛烈的事件,很可能在更高的频率上能够观测到这样的事件的线索.人们在 X 射线和 γ 射线波段进行观测,试图发现某些线索,但至今没有找到.

§6.3　新型天体:自转射电暂现源(RRAT)

宇宙中的暂现源很多,如 γ 射线暴和 X 射线暴等.在射电波段发现暂现源却有些出乎意料.虽然射电望远镜适合观测短时间尺度的事件,但是其视场比 γ 射线和 X 射线观测设备要小得多,很难发现偶发的射电暴发事件.往往是在 X 射线和 γ 射线观测发现偶发事件,如发现 γ 射线暴的射电余辉等后,射电望远镜才随之进行观测.Parkes 射电望远镜最先发现了自转射电暂现源(rotating radio transient, RRAT).这种新型的天体引起了天文界高度重视,人们随后投入大量的观测和研究,至今已经发现了至少 115 个自转射电暂现源.在刚刚发现这种天体的时候,人们并不知道它们和脉冲星一样,具有准确的周期和周期变化率,把它们称为自转射电暂现源,后来才发现它们也属于快速自转的磁中子星.

6.3.1　自转射电暂现源(RRAT)的发现

澳大利亚 Parkes 脉冲星多波束巡天从 1997 年开始至 2002 年结束,发现的脉冲星超过 800 颗.它的观测频率为 1374 MHz,有 96 个频率通道,总带宽是288 MHz,采样时间是 25 μs.由于通常采用的脉冲星巡天观测资料的分析方法对间歇脉冲星和自转射电暂现源的搜寻基本无效,有些含有间歇脉冲星和自转射电暂现源的资料被认为没有任何信息而被忽略了.这些"海量"的观测数据被当作"废料"封存起来.

脉冲星巡天资料的处理一般要经过两个步骤,一是进行色散量的搜索,二是进行周期搜索.对于发现脉冲星来说,这两个步骤缺一不可.2002 年,研究人员仅用 DM(色散量)搜索技术来重新处理多波束巡天观测资料(Mclaughlin & Cordes, 2003;McLaughlin,et al.,2006).DM 搜索技术的要点是通过对某一天区进行宽频带的射电观测信号观测获得数据流,之后对数据流进行 DM 搜索和消色散处理.多波束观测设备有 96 个频率通道,每个通道的带宽为 3 MHz.对于银道面附近的天体,DM 很大,需要有很宽的 DM 搜索范围,为 0~2203 pc·cm^{-3}.对于高银纬天体,DM 比较小,DM 搜索范围是 $0 \sim 387$ pc·cm^{-3}. 由此可获得数据流在各种 DM 值时的消色散结果. 如果这一巡天的小区域中有射电脉冲信号,那么在 DM 的搜寻的过程中将发现数据信号得到加强.

图 6.11 是用 DM 方法发现的两颗脉冲星的例子. 它们是 Parkes 多波束巡天发现的 PSR J1840$-$0809 和 J1840$-$0815,DM 分别是 349 pc·cm^{-3} 和 233 pc·cm^{-3},周期分别为 956 ms 和 1096 ms. 图 6.11 的(a)图是信噪比大于 5 的单个脉冲的分布直方图,信噪比越大的单个脉冲的数目越少;(b)图是单个脉冲的 DM 值的分布直方图,存在两个明显的峰值,代表这两颗脉冲星的 DM 值;(c)图是单个脉冲的信噪比和 DM 值的分布图,在两个 DM 值处信噪比很大;(d)图是所有的信噪比大于 5 的单个脉冲的 DM 值与观测时间的关系. 纵坐标是 DM 值,色散量搜索范围很宽,为 $0 \sim 1100$ pc·cm^{-3},横坐标为观测数据流的时间. 图上的黑点代表所有信噪比高于 5σ 的脉冲信号,黑点的尺度正比于脉冲信号的信噪比. 可以看出在 DM 为 349 pc·cm^{-3} 和 233 pc·cm^{-3} 处附近存在信噪比很大的单脉冲信号. 后来它们被确认为来自 PSR J1840$-$0809 和 PSR J1840$-$0815 的信号. 这种搜索技术对巨脉冲、自转射电暂现源和间歇脉冲星的搜寻都是有效的. 当然还需要进一步分析处理,以发现是否存在周期信号. 还需要再次进行灵敏度更高的观测.

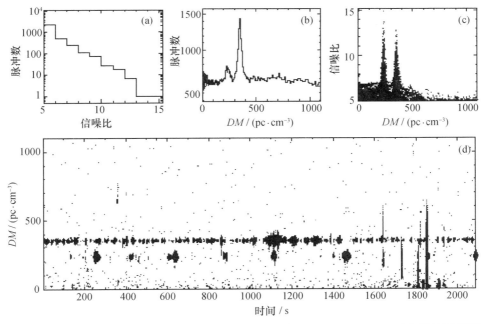

图 6.11 由色散量搜寻技术发现的 PSR J1840$-$0809 和 PSR J1840$-$0815.(d)图是所有信噪比大于 5 的单个脉冲的 DM 值与时间的关系图,显示在色散量分别为 349 pc·cm^{-3} 和 233 pc·cm^{-3} 处有信噪比很大的单脉冲信号. (a),(b)和(c)分别为信噪比$>$5 的单个脉冲的统计结果. (McLaughlin,et al.,2006)

周期搜索的方法有两种,一种方法是对数据流进行快速 Fourier 变换(FFT),另一种方法是对数据流进行各种周期值的快速折叠(FFA).

事实上,在所有应用周期搜寻方法发现的脉冲星中,有 1/4 可以用 DM 搜索技术发现. McLaughlin 等应用 DM 搜索技术发现的射电源中,有 250 颗都找到了周期结构,但是有 17 个源仅发现其单个的暴发脉冲,却找不到周期结构. 最后确认有 11 个源只有单个的暴发脉冲,而没有周期结构. 2003 年研究人员应用 Parkes 64 m 射电望远镜对这 11 个源进一步观测,确认这是一种新型天体,被称为自转射电暂现源. 这 11 个源中有 8 个是在银道面附近,它们的银纬均小于 2°. 这与普通脉冲星在银河系中的分布是一致的.

图 6.12 的上图展示了对 RRAT J1317−5759 进行的 2000 s 的观测,检测到有 3 次暴发. 中图和下图分别是 J1443−60 和 J1826−14 的单个暴发记录,在 2000 s 时段中分别记录到 2 次和 1 次单个暴发.

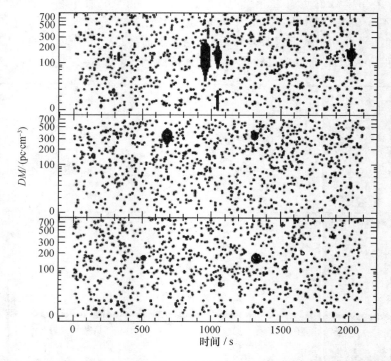

图 6.12　RRAT J1317−5759(上),J1443−60(中)和 J1826−14(下)的单个暴发信号. 图上所有的黑色圆点都是信噪比>5 的数据,圆点的尺度与单个暴发的信噪比成正比. (McLaughlin,et al.,2006)

RRAT J0848−43 的周期为 5.98 s,Parkes 射电望远镜在 1400 MHz 的观测结果是每 40 min 有一次暴发. 后来用美国的 GBT 在 350 MHz 上观测,在一小时中发

现一个信噪比为 14 的强暴发和许多信噪比小于 8 的小暴发(见图 6.13). 采用快速
Fourier 变换及周期折叠方法也检测出了这个射电暂现源的存在. 后来 GBT 的 3
次观测也都观测到了这个源. 由于 GBT 的灵敏度非常高, 可以用观测脉冲星的脉
冲到达时间的方法进行观测.

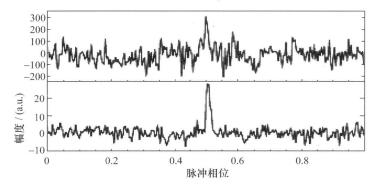

图 6.13　GBT 在 350 MHz 频率上对 J0848−43 的观测. 上图是最强的单个暴发;下图是平均
脉冲轮廓. (McLaughlin, 2009)

对于 RRAT J1913+1333, Parkes 的观测只显示出孤立的暴发, 但灵敏度非常
高的 Arecibo 射电望远镜在 327 MHz 上的观测发现它存在明显的"开"和"关"两种
状态(见图 6.14). 在"开"状态, 辐射可以持续几分钟, 观测到许多脉冲, 在"关"状
态时没有任何射电辐射.

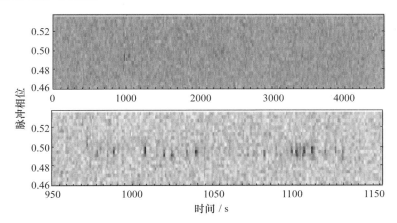

图 6.14　Arecibo 射电望远镜在 327 MHz 频率上对 RRAT J1913+1333 的观测结果:上图是
整个观测结果;下图是一个显示有许多"开"和"关"状态的部分观测. (McLaughlin, 2009)

6.3.2　周期变化率

　　RRAT 的辐射特点是射电波段偶发的单个暴发脉冲,每次暴发持续时间为 2～30 ms,两个暴间隔 4 min～3 h. 平均来说,一天 24 h 中,处在暴发的时间加起来不足 3 min. 虽然单个暴发脉冲的时刻看不出任何的周期性,当资料积累多了,还是能够分析出大部分 RRAT 的周期,以及部分 RRAT 的周期变化率.

　　到 2013 年,人们已经发现约 70 个 RRAT,其中有 19 个测出了周期和周期变化率,从而测出磁场为 $2\times10^{12}\sim5\times10^{13}$ G,年龄从 0.1 Myr 到 4 Myr. 图 6.15 是 19 个 RRAT 在周期-周期变化率关系图上的分布,以星号表示. 图上标有等磁场线和等年龄线,11 个源的磁场值处在普通脉冲星磁场的范围内,有 4 个源具有很高的磁场,与磁星的磁场相当,还有 4 颗的磁场介于普通脉冲星和磁星之间. 到 2014 年 3 月,人们已经发现了 115 个 RRAT(http://astro. phys. wvu. edu/rratalog),其中 81 个测出了周期值,周期在 0.125～7.707 s 范围. 有周期变化率的 RRAT 增加至 25 个,范围在 $(0.29\sim575)\times10^{-15}$ s/s. 测出流量密度的 RRAT 有 63 个,大于 500 mJy 的有 15 个,最大的达到 3600 mJy. 给出暴发率的 RRAT 有 36 个,范围在 0.31/h～436.4/h. 可以说观测已经给监测和理论研究提供了一个不小的样本. 表 6.2 是 25 个已测出周期和周期变化率的 RRAT 源表.

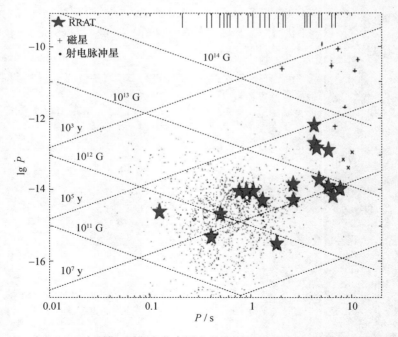

　　图 6.15　19 个 RRAT 在周期-周期变化率图上的位置用星号表示. 脉冲星用灰点表示,+ 号是磁星. 图上标出等年龄线和等磁场强度线.(Camero-Arranz,et al.,2013)

表 6.2 25 个有周期变化率参数的 RRAT 星表

序号	名称	赤经 hh:mm:ss.s	赤纬 dd:mm:ss.s	P/s	$\dot{P}$ /(10^{-15})	DM /(pc·cm^{-3})	暴发率 /h^{-1}	流量 /mJy
1	J0410−31	04:10:39	−31:07:29	1.879	0.880	9.2	—	470
2	J0628+09	06:28:33	+09:09	1.241	0.548	88	141	85
3	J0847−4316	08:47:57.33	−43:16:56.8	5.977	119	292.5	1.42	100
4	J0941−39	09:41	−39	0.587	4.4	78.2	—	580
5	J1048−5838	10:48:12.57	−58:38:18.58	1.231	12.19	69.3	8.36	630
6	J1226−3223	12:26:45.72	−32:23:16.48	6.193	4.312	36.7	40.9	590
7	J1317−5759	13:17:46.29	−57:59:30.5	2.642	12.6	145.3	4.5	1100
8	J1444−6026	14:44:06.02	−60:26:09.4	4.759	18.5	367.7	0.78	280
9	J1513−5946	15:13:44.78	−59:46:31.9	1.046	8.53	171.7	—	830
10	J1554−5209	15:54:27.15	−52:09:38.3	0.125	2.29	130.8	—	1400
11	J1623−08	16:23:42.71	−08:41:36.4	0.503	1.958	60.43	154	8
12	J1652−4406	16:52:59.5	−44:06:05	7.707	9.5	786	—	40
13	J1653−2330	16:53:31	−23:30:20	0.545	13.51	74.5	40.9	1300
14	J1707−44	17:07:41.41	−44:17:19	5.764	11.7	380.0	—	575
15	J1739−25	17:39:32.83	−25:21:16	1.818	0.29	186.4	—	—
16	J1754−30	17:54:30.08	−30:14:42.59	1.320	4.424	99.38	0.60	160
17	J1807−25	18:07:13.66	−25:57:20	2.764	4.99	385.0	—	410
18	J1819−1458	18:19:34.173	−14:58:03.57	4.263	575	196	17.62	3600
19	J1826−1419	18:26:42.391	−14:19:21.6	0.771	8.78	160	1.06	600
20	J1839−01	18:39:07.03	−01:41:56.1	0.933	5.943	293.4	0.62	100
21	J1840−1419	18:40:32.96	−14:19:05	6.598	6.33	19.4	—	1700
22	J1846−0257	18:46:15.49	−02:58:36.0	4.477	161	237	1.10	250
23	J1848−12	18:48:17.98	−12:43:26.65	0.414	4.403	88	1.25	450
24	J1854+0306	18:54:02.98	+03:06:14	4.558	145	216	84	540
25	J1913+1330	19:13:17.975	+13:30:32.8	0.923	8.68	175.64	4.71	650

6.3.3 RRAT J1819−1458 的多波段观测

这个源很强,单个脉冲暴发频繁,是目前唯一的观测到 X 射线脉动辐射和围绕它的弥漫 X 射线辐射的 RRAT 天体.这是一颗冷中子星,但不是磁星,很可能正处于脉冲星向磁星转变的过渡阶段.

(1) Parkes 的观测.

J1819−1458 在 1400 MHz 频率上的流量密度高达 3.6 Jy,是所有已发现的 RRAT 源中最强的.可以在频率-时间关系图上看出不同频率通道上的时间延迟,经过消色散处理以后,可获得单个暴发的脉冲轮廓(如图 6.16 右图所示).它大约每 3 min 有一次暴发,比较频繁,因此容易测出周期变化率.其自转周期是 4.3 s,周

期变化率约为 3.2×10^{-13} s/s,特征年龄为 117 kyr,偶极磁场为 5.0×10^{13} G,转动能损率为 $\dot{E}_{\text{rot}} \approx 3 \times 10^{32}$ erg/s. 人们观测到两次周期跃变事件,其中一次跃变的恢复过程比较特殊. 从周期-周期变化率图上的位置来看,它接近磁星区域. (Lyne, et al., 2009)

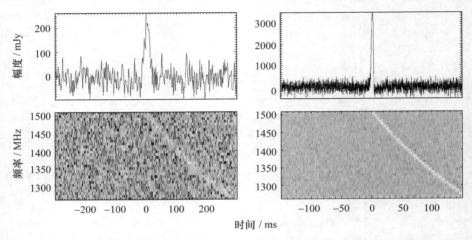

图 6.16　J1443−60(左)和 J1819−1458(右)的最强的单个暴发脉冲轮廓(上图)和频率通道与时间的关系图. (McLaughlin, 2009)

(2) 新疆天文台 25 m 射电望远镜的观测.

我国新疆天文台 25 m 射电望远镜在 1.54 GHz 频率上对 RRAT J1819−1458 进行监测,从 2007 年 4 月到 2008 年 3 月观测了 94 h,共检测出 162 次单个暴发脉冲. 脉冲宽度从 2 ms 到 20 ms,大多数是单峰,有 5 次呈现双成分结构. 测量出的 DM 值为 196.0 pc·cm^{-3} (Esamdin, et al., 2008).

图 6.17 是 RRAT J1819−1458 的 4 次单个暴发脉冲情况. 每个单个暴发脉冲都由 3 张图描述:上图是 DM 与时间的关系图,给出单个暴发的 DM 值和发生时刻;下图是消色散后得到的单个暴发脉冲轮廓;右图是 DM 值与信噪比关系图,可以得到信噪比为峰值时的 DM 值. 右下图中在 DM 为零附近出现的脉冲是地面的干扰所致. 从这 4 个暴发脉冲的轮廓可以看出,每次暴发的持续时间并不相同,窄的仅 2 ms,宽的达 20 ms,有 3 个单峰结构,1 个双峰结构.

(3) X 射线波段的观测研究.

有一类称为 X 射线昏暗孤立中子星(XDINS)的软 X 射线源,它们的辐射属于黑体谱(kT 约 50~120 eV),X 射线辐射脉动周期在 3~11 s 的范围,X 射线光度 $L_X \sim 10^{31}$ ergs/s. 它们的周期、磁场和辐射特性与 RRAT 有些相像,引发了不少天文学家对 RRAT 进行 X 射线波段的观测的浓厚兴趣.

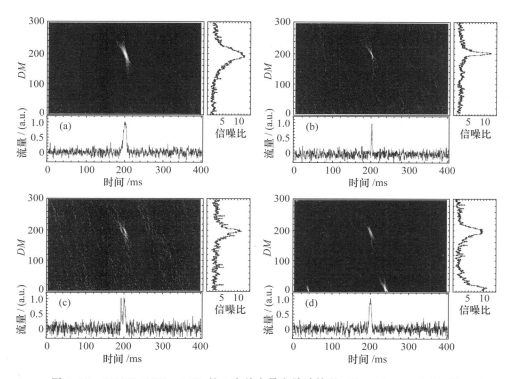

图 6.17　RRAT J1819－1458 的 4 次单个暴发脉冲情况.(Esamdin,et al.,2008)

　　McLaughlin 等(2009)选择了 3 个位置确定得比较准的 RRAT 进行 X 射线观测,其中对 RRAT J1819－1458 的观测获得成功,这也是目前这类源中仅有的一个检测到 X 射线辐射的源.Chandra X 射线天文台对超新星遗迹 G15.9＋0.2 的观测意外地发现了 RRAT J1819－1458 的 X 射线点源,置信度很高,并发现其辐射频谱与黑体吸收谱符合得很好.观测没有发现任何暴发或时间特性方面的变化.观测时使用的时间分辨率不够高,不能观测到辐射的周期性.McLaughlin 等(2007)为了更好地获得 RRAT J1819－1458 的 X 射线波段的频谱特性和发现 X 射线辐射的脉动周期,申请应用具有极高的谱分辨本领的欧洲 X 射线多镜面 Newton 天文卫星(XMM-Newton)进行观测,并于 2006 年 4 月 5 日进行了 43 ks 的观测.他们在处理 X 射线观测资料时,首先进行了周期的盲找,获得的周期值恰好是射电观测所获得的周期值.图 6.18 是 X 射线观测资料按周期折叠后获得的轮廓,射电脉冲与 X 射线辐射的脉动非常符合.X 射线脉动可以用正弦曲线来描绘.在这些观测数据中没有找到单个的暴发或者周期性变化.观测发现,RRATJ1819-1458 的频谱是一个吸收黑体谱,还有一条宽的 1 keV 的吸收线(McLaughlin,et al.,2007;Rea,et al.,2009).X 射线光度为 4×10^{33} erg·s^{-1},比转动能损率光度高一个数量级.

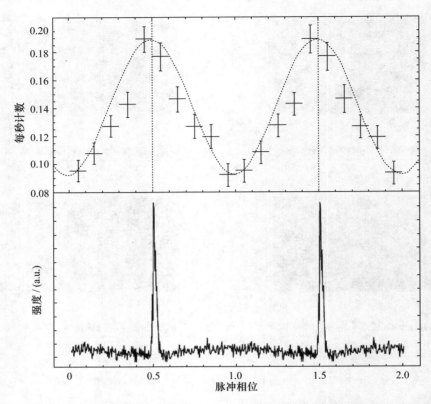

图 6.18   RRAT J1819−1458 的 X 射线和射电观测结果:上图是 X 射线轮廓,点线是最佳正弦曲线拟合,竖直的虚线表示射电暴峰值的位置. 下图是 Parkes 射电望远镜在 1.4 GHz 频率上 6 h 观测检测到的射电暴轮廓.(McLaughlin,et al.,2007)

2008 年,研究人员应用 Chandra X 射线天文台对 RRAT J1819−1458 进行观测,发现了围绕该源的弥漫 X 射线辐射(Rea,et al.,2009).2011 年他们再次应用 Chandra 进行观测,得到了更为确切的信息.综合 2008 年和 2011 年的观测结果,研究人员确认围绕 RRAT J1819−1458 的 X 射线暂现源的存在,弥漫 X 射线辐射高于噪声水平 19σ,X 射线光度约为 10^{32} erg·s^{-1},是转动能损率的 15%,转换效率还是比较高的,没有发现其频谱参数随时间的变化.X 射线展源最有可能是脉冲星风云或者是一个散布开的晕(Camero-Arranz,et al.,2013).

人们没有观测到 RRAT J1819−1458 的对应光学体(Dhillon,et al.,2011),但是很可能存在近红外波段的对应体.

第七章 平均脉冲、辐射区结构和极冠几何模型

按照理论推算出的中子星半径只有 10 km,对观测者的张角特别小,离地球最近的脉冲星张角也只有一百亿分之一度.目前所有的望远镜都不可能分辨出脉冲星辐射区结构的细节.但是,脉冲星的观测和理论研究不仅给出了脉冲星辐射区的大小,还能给出辐射区的三维结构.这归功于脉冲星平均脉冲的强度和偏振观测及其研究.平均脉冲被认为是"辐射窗口",人们根据其观测特性提出了极冠几何模型.

§7.1 脉冲星的辐射特性

脉冲星的观测研究主要有三个方面:一是巡天,以发现新脉冲星;二是脉冲到达时间的观测,以研究其时间特性;三是单个脉冲、平均脉冲强度和偏振的观测,以研究其辐射特性及辐射区的结构.在宇宙射电源中,脉冲星辐射的偏振是最强的,也是研究得最仔细的.

7.1.1 脉冲星辐射的偏振观测

脉冲星的偏振观测包含了总强度、线偏振和圆偏振的信息.由于有些脉冲星的偏振比较弱,特别是圆偏振普遍不强,要求射电望远镜有很高的灵敏度,因此目前拥有高信噪比的偏振资料的脉冲星数目不太多.

(1)脉冲星的平均脉冲轮廓的获得.

第五章和第六章曾系统地介绍了单个脉冲的观测,包括漂移子脉冲、巨脉冲、零脉冲、间歇脉冲和射电自转暂现源的偶发脉冲.这些单个的脉冲都是发生在辐射区中的辐射现象或具体的辐射过程.这一章将研究发生在辐射区中的辐射过程的平均性质,包括辐射区本身的情况.为了发现比较弱的脉冲星,"按周期折叠"获得平均脉冲的方法被用来提高巡天观测的灵敏度.当折叠的周期达到一定数量后,平均脉冲轮廓的形状就不变了.强脉冲星只需几十、上百个周期的折叠,而弱脉冲星则需要几万甚至几十万个周期的数据折叠.所谓稳定形状是指在某个频率上无论何时何地用任何一台射电望远镜对同一颗脉冲星进行观测,所得到的轮廓的形状都是一样的.

图 7.1 展现了 PSR B1133+16 的平均脉冲轮廓和构成这个轮廓的 100 个周期的单个脉冲系列.单个脉冲形状各异、强度变化无常,但是叠加构成的平均脉冲轮

廓的形状却非常稳定.同样,对偏振观测的其他几个参数进行按周期折叠也会获得稳定的偏振变化曲线.

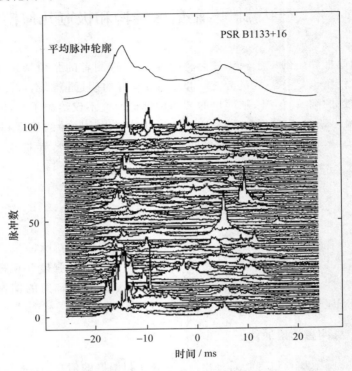

图 7.1　PSR B1133+16 累积脉冲与单个脉冲.下图是依次观测到的 100 个单个脉冲,上图是由 500 单个脉冲叠加而成的累积脉冲.(Seiradakis & Wielebinski,1994)

（2）脉冲星辐射的偏振测量.

射电天文中所遇到的偏振波常常是部分偏振波.当波沿 z 轴传播时,振动面保持不变为线偏振,振动面绕 z 轴旋转则为圆或椭圆偏振.非偏振波（乱偏振波）在所有可能的振动方向上都产生振动,并且各方向的振动概率相等.图 7.2 是射电波椭圆偏振的描述,电矢量绕 z 轴旋转的轨迹是一个椭圆,ψ 为椭圆偏振的长半轴与 x 轴之间的夹角,称为线偏振位置角,β 是由椭圆半长轴与短半轴决定的角度.由 4 个 Stokes 参数,即 I,Q,U 和 V 可以完全描绘椭圆偏振的特性:

$$
\begin{aligned}
I &= I_x + I_y, \\
Q &= I_x - I_y = I\cos 2\beta\cos 2\psi, \\
U &= I\sin 2\psi\cos 2\beta, \\
V &= I\sin 2\beta.
\end{aligned}
\tag{7.1}
$$

上式中 I_x, I_y 分别为强度的 x 和 y 分量, ψ 和 β 由下式决定:

$$\psi = \frac{1}{2}\tan^{-1}(U/Q), \tag{7.2}$$

$$\tan\beta = \pm \text{短轴} / \text{长轴}. \tag{7.3}$$

当短轴和长轴相等时是完全的圆偏振,这时 $\tan\beta = \pm 1, \beta = 45°, V = I$,故参数 V 称为有效圆偏振成分. 有效线偏振为

$$L = (Q^2 + U^2)^{1/2} = I\cos 2\beta. \tag{7.4}$$

当 $\beta = 0$ 时 $L = I$,为完全的线偏振.

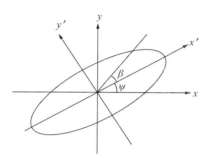

图 7.2 射电波椭圆偏振的示意图.

脉冲星的射电观测可以直接获得单个脉冲的 4 个 Stokes 参数,按周期折叠后便成为偏振参数在平均脉冲轮廓中的变化曲线. 下面以 PSR B0148−06 的偏振观测结果为例加以说明(Wu, et al., 1993). 这是一颗典型的双成分(双峰)脉冲星,观测信噪比很高,偏振参数得到很好的展现. 图 7.3 的下面部分,实线是总强度 I,虚线为线偏振强度 $(Q^2 + U^2)^{1/2}$,点线为圆偏振强度 $V = I\sin 2\beta$,零线以下为右旋,零线以上为左旋. 左下的矩形为误差盒,横向为有效分辨率,纵向为 2 倍噪声的均方根. 上图是线偏振位置角的变化曲线,呈现出很好的"S"形特征. 总强度曲线由两个成分组成,外边沿很陡,内边缘较平缓,构成马鞍形状. 内边缘的偏振度较大,外边缘则有较强的消偏振.

平均脉冲的总强度轮廓宽度和形状表征辐射区的一维尺度和结构,线偏振和圆偏振强度曲线表征辐射区的磁场结构,线偏振位置角曲线表征沿磁力线运动的高能电子的辐射特性及视线扫过辐射区部位的情况. 对于众多脉冲星来说,由于视线扫过辐射区的部位不同,它们的平均脉冲偏振观测可以给出辐射区二维结构的信息.

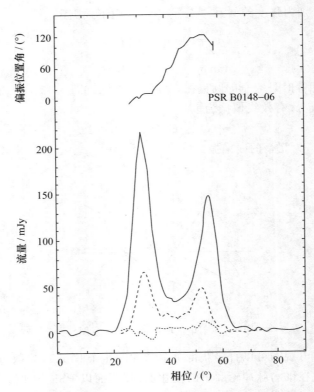

图 7.3   PSR B0148−06 的平均脉冲和偏振参数曲线.（Wu,et al.,1993）

7.1.2 脉冲星旋转矢量模型和平均脉冲偏振的特性

脉冲星发现后不久提出的旋转矢量模型就是建立在偏振观测资料的基础上的.这是一个最基础、最成功的脉冲星的辐射模型.后来陆续建立起来的辐射区结构模型、极冠几何模型和各种辐射机制的理论模型都是建立在平均脉冲偏振观测资料所显示出的各种特性的基础上的.

（1）脉冲星旋转矢量模型.

Radhakrishnan 和 Cooke(1969)基于船帆座脉冲星的偏振观测所获得的线偏振位置角曲线形态(与图 7.3 上图相似)所提出的旋转矢量模型（RVM），也称"磁极模型"，被越来越多的观测事实所证实.图 7.4 是该模型对脉冲星线偏振位置角曲线的解释.在中子星磁极冠区由开放磁力线所包围的区域形成一个空心辐射锥，高能电子沿磁力线向外运动发射线偏振很强的曲率辐射，其偏振面在磁轴和相应的磁力线所形成的平面内.在视线扫过辐射锥的过程中，射电望远镜依次接收到来自不同磁力线发射的曲率辐射，因此其偏振面在不断地改变.在视线从靠近辐射锥中心的部位扫过时,偏振位置角曲线呈现"S"形,当视线从靠近辐射锥边缘的部位扫过时,偏振位置角的变化很小.线偏振位置角曲线的最大斜率在曲线的中心部分,是一个可测量的观测量,在脉冲星辐射锥几何研究方面有重要应用.

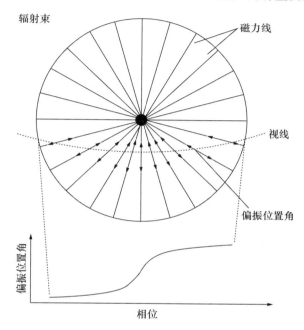

图 7.4 旋转矢量模型描述脉冲星的偏振位置角曲线.(RC69)

脉冲星的偏振观测可以追溯到宣布发现脉冲星的 1968 年,Lyne 和 Smith (1968)在 400 MHz 附近的频率上观测到几颗脉冲星的子脉冲的线偏振和圆偏振,发现子脉冲的线偏振比较强,但变化不定.平均脉冲的偏振的首次观测结果是 RC69 获得的.虽然子脉冲的偏振参数变化不定,但平均脉冲却有一个稳定的偏振曲线.该观测首次得知 PSR B0833−45(船帆座脉冲星)的线偏振度极高,几乎达到 100%,其线偏振位置角随脉冲经度平滑变化.

Manchester(1971)应用 NRAO 的 92 m 射电望远镜在 410 MHz 和 1665 MHz 两个频率上获得了 20 颗脉冲星的偏振观测资料.近期较大样本的平均脉冲偏振的资料来自 0.4 GHz 和 1.56 GHz 频段的观测(Wu, et al., 1993; Qiao, et al., 1995; Gould, 1998; Manchester, et al., 1998).

(2)脉冲星辐射偏振的特性.

大部分脉冲星的线偏振度在 88% 到 19% 范围内,不同脉冲星有较大差别.部分脉冲星平均脉冲线偏振位置角随脉冲经度相位平滑地呈"S"形变化,有些脉冲星线偏振位置角在某些脉冲经度位置上有 90° 的跳跃,有些脉冲星线偏振位置角曲线很不规则或基本不变.

　　脉冲星圆偏振相对较弱,通常只有 10%,最大也不会超过 25%.平均脉冲轮廓中心区域圆偏振高.圆偏振随平均脉冲经度的变化曲线一般较复杂,并随观测频率有变化.脉冲星的圆偏振可以是左旋,也可能是右旋.有些脉冲星的圆偏振在平均脉冲中心区域出现变号,由右旋变为左旋,或者相反,甚至会出现多次变向.

　　图 7.5 是 PSR B1356－60,B1556－44 和 B0906－49 的偏振观测结果,前者是单峰轮廓,线偏振特别强,达 84%,除边缘部分外几乎是 100% 的偏振,但是偏振位置角曲线却变化不大,圆偏振比较强(15%),并发生旋转方向的改变.PSR B1556－44 是三峰脉冲星,强度轮廓由于辐射成分的重叠不太明显,但线偏振曲线显示很好的三峰结构.其线偏振度为 36%,两处发生偏振位置角 90° 的跳跃,圆偏振度为 8%,发生多处旋转方向的改变.PSR B0906－49 的特点是具有中间脉冲,其脉冲能量约为主脉冲的 1/4,主脉冲和中间脉冲分离 176°.主脉冲和中间脉冲的线偏振都非常高,分别为 88% 和 69%.中间脉冲的线偏振位置角相对于主脉冲的位置角有 90° 的跳跃.根据线偏振位置角拟合获得磁倾角 $\alpha = 58° \pm 3°$.

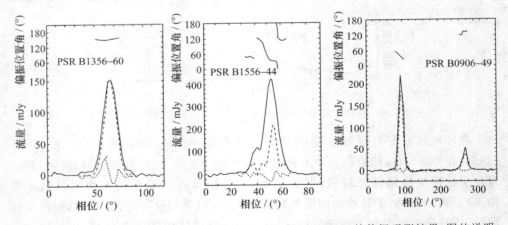

　　图 7.5　PSR B1356－60,B1556－44 和 B0906－49 在 1560 MHz 的偏振观测结果,图的说明
　　见图 7.3.(Wu,et al.,1993)

　　拥有中间脉冲的脉冲星数目很少.中间脉冲和主脉冲的能量比在 85% 到 1% 的范围内,主、中脉冲彼此分离 140°～180°.为什么在一个周期内会出现两个脉冲呢?通常认为,主脉冲和中间脉冲分别来自脉冲星的两个磁极的辐射束,当磁倾角接近 90° 时,两个磁极的辐射锥都可能扫过地球.Manchester 和 Lyne(1977)提出,有些脉冲星的中间脉冲与主脉冲来自同一个磁极的辐射,属于平均脉冲非常宽的双峰轮廓.

　　脉冲星的观测呈现的偏振特性,无论简单还是复杂,都具有稳定和宽频带的特性,这可能是脉冲星辐射的内禀过程,也可能是脉冲信号在脉冲星磁层中传播过程中产生的现象.

毫秒脉冲星虽然在周期、磁场和年龄等方面与普通脉冲星有很大的差别,但在平均脉冲轮廓和平均脉冲偏振性质上是很相似的,但也有一些差别. Xilouris 等 (1998)在 1.4 GHz 上对 24 颗毫秒脉冲星的观测表明,毫秒脉冲星在 1.4 GHz 频段上的偏振度大于普通脉冲星. Kramer 等(1999)在更高频率的观测显示毫秒脉冲星偏振度在较高频率上迅速减小(见图 7.6).毫秒脉冲星的偏振位置角曲线比普通脉冲星的平缓些(Xilouris,et al.,1998).

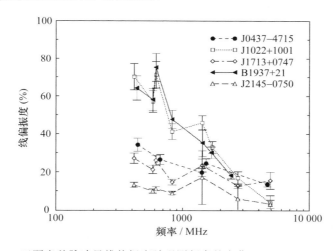

图 7.6 五颗毫秒脉冲星线偏振度随观测频率的变化.(Kramer,et al.,1999)

Xilouris 等(1996)观测研究了更宽频率范围内的平均脉冲偏振特性,观测频率达到 32 GHz.在他们研究的频率范围内线偏振位置角几乎具有相同的特性,进一步肯定了旋转矢量模型的正确性.在高于 1 GHz 的观测频率上,多数脉冲星的线偏振成分减弱(图 7.7).

7.1.3 子脉冲的偏振和消偏振现象

多数脉冲星的平均脉冲的线偏振比较弱,约为 20%～30%.1560 MHz 观测的 45 颗脉冲星,偏振度小于 20% 的占 60%,只有 3 颗的偏振度超过 80%(Wu,et al.,1993).为什么平均脉冲的偏振度偏低呢? 有三种可能:一是在给定经度上的单个脉冲的偏振特性具有随机性或不断变化着,平均后的偏振度变低了;二是辐射过程产生两组相互垂直偏振状态的子脉冲,也即存在正交偏振模式(OPM),子脉冲的偏振虽然比较强,平均以后的偏振度下降了;三是所有子脉冲的偏振都很弱.

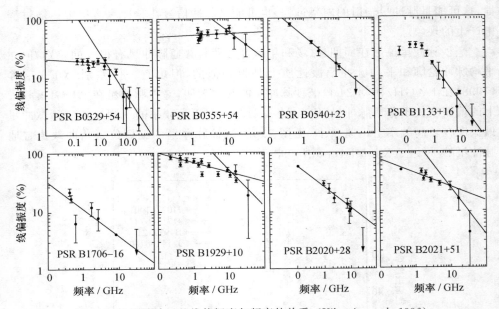

图 7.7　8 颗脉冲星的线偏振度与频率的关系.(Xilouris,et al.,1996)

Manchester 等(1975)给出了 12 颗脉冲星的子脉冲的偏振观测结果.子脉冲经常是强偏振的,但也有弱偏振的子脉冲.对一个子脉冲来说,线偏振位置角的变化都小于 30°.在比较低的频率上,一些子脉冲的线偏振位置角与其他子脉冲的位置角是正交的,造成平均脉冲偏振度的下降和位置角 90°的跳跃.在高频上,子脉冲线偏振位置角取值很弥散,导致高频上平均脉冲的偏振度比较低.PSR B0329+54 是北天最强的脉冲星,其平均脉冲轮廓是三峰结构,中心成分很强,两边有两个较弱的成分,分别命名为第一、第二和第三成分.图 7.8 是 PSR B0329+54 在 410 MHz频率上观测到的子脉冲的统计分析:图(a)为主成分中 500 个子脉冲的辐射强度与偏振度的关系图,绝大多数子脉冲的偏振度都小于 50%,大多数在 10%～35%之间.图(b)为主成分中的 500 个子脉冲的强度与偏振位置角的关系图,偏振位置角的分布很弥散,从 0°到 180°的都有.图(c)为第三成分中 500 个子脉冲的偏振度与偏振位置角的关系图,可以看出存在两组位置角相互垂直的子脉冲群.

正交偏振模式(OPM)的存在是一个普遍现象.图 7.9 是 5 颗脉冲星单个脉冲线偏振位置角的分布,其中 PSR B0329+54 是第三成分中的子脉冲在 410 MHz 的观测,PSR B0950+08 是峰值成分,PSR B1133+16 是第一成分,PSR B2021+51是尾成分,PSR B2045-16 是尾翼部分.

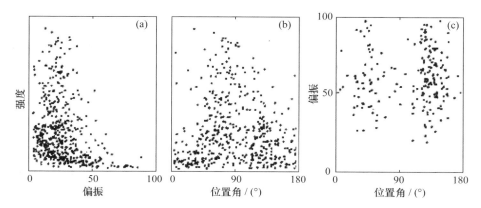

图 7.8 PSR B0329＋54 在 410MHz 观测的子脉冲情况:(a) 主成分中的子脉冲强度和线偏振度的关系;(b) 主成分中的子脉冲强度和线偏振位置角的关系;(c) 第三成分中的子脉冲线偏振度和线偏振位置角的关系.(Manchester,et al.,1975)

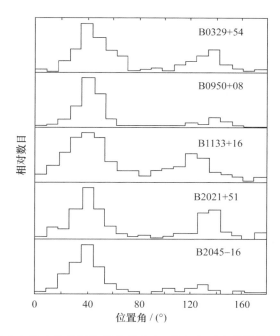

图 7.9 5 颗脉冲星单个脉冲线偏振位置角的分布,都存在正交的线偏振位置角的子脉冲团组. 除了 PSR B2021＋51 是在 1400 MHz 观测,其他脉冲星都是在 400 MHz 附近的频率上观测的.(Manchester,et al.,1975)

7.1.4　总强度平均脉冲的特性

总强度的平均脉冲轮廓代表脉冲星辐射的窗口,研究它们的形状和宽度以及随频率的变化能帮助我们了解辐射区的结构,其辐射强度和频谱可给出辐射机制的信息.

(1) 平均脉冲的形状和宽度.

平均脉冲的形状是多种多样的,可以说一颗脉冲星一个"面孔",绝对没有两颗平均脉冲形状完全一样的脉冲星.早期的观测把平均脉冲的形状分为单峰、双峰、三峰和多峰4类.除了平均脉冲的形态特征外,还用平均脉冲的宽度来表征轮廓的特点.

平均脉冲的角宽度又称视束宽,用 W 或 $\Delta\phi$ 表示.常用的有 3 种视束宽:半功率宽度(W_{50})和10%宽度(W_{10}),分别是轮廓峰值50%和10%强度处的角宽度;还有一种是等值宽度(W_{E}),用脉冲轮廓所包围的面积除以峰值强度来表示,代表平均脉冲所辐射的总能量.对于多峰类轮廓,W_{50} 往往只能代表平均脉冲主成分的半宽度.也有研究用峰值的1%宽度,但样本数太少.W_{10} 比较接近真实的宽度.对于信噪比较差的观测结果,只能用 W_{50}.

工作周期(W/P)表征平均脉冲宽度占整个周期的百分比.多数脉冲星的工作周期比较小,约为 3%~4%.更小的工作周期只占脉冲周期1%以下.也有很宽的,可占周期的30%以上,个别的甚至是 100%.

图 7.10 给出了单个频率上平均轮廓宽度 W_{10} 和脉冲星周期的关系.脉冲星平均轮廓宽度随着周期的增加而系统地减小,自转最慢的脉冲星具有最窄的轮廓.平均来看毫秒脉冲星具有较宽的轮廓.

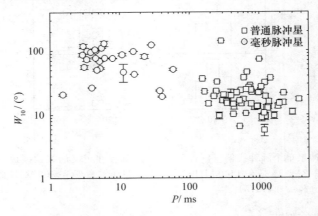

图 7.10　平均脉冲 10%宽度(W_{10})与周期的关系,其中方形符号是普通脉冲星的数据,空心圆是毫秒脉冲星的数据.(Kramer,et al.,1998)

观测表明,平均脉冲形状及其宽度随观测频率而变化. 图 7.11 是 3 颗脉冲星的平均脉冲轮廓随频率变化的情况,分别为单峰(PSR B0823＋26)、双峰(PSR B0525＋21)和五峰(PSR B1237＋25)轮廓,频率从 4800 MHz 到约 50 MHz. 平均轮廓的宽度和轮廓内各成分的间距随观测频率的减小而逐渐增加,这种情况在低于 1 GHz 的频段上显得非常明显,大致符合 $\nu^{-0.25}$ 的关系.

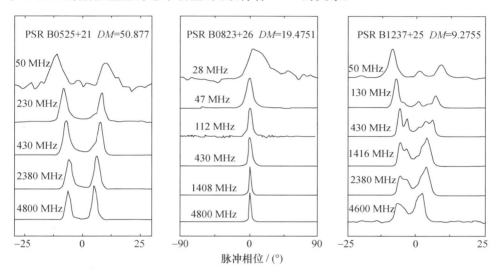

图 7.11 累积脉冲形状随频率的变化.(Phillips & Wolszczan,1992)

Xilouris 等(1996)将平均脉冲轮廓的观测扩展到 32 GHz 的高频段上,图 7.12 给出 8 颗脉冲星 50％强度处平均轮廓宽度随频率的变化,得到轮廓宽度和频率关系的拟合关系为

$$W_{50} = \alpha_0 + \alpha_1 \nu^{-q}, \tag{7.5}$$

其中 $0.3 < q < 0.9$.

(2) 平均脉冲的模式变换.

累积脉冲的形状是很稳定的,不管是哪年哪月的观测,强度可以不同,形状却没有任何的变化. 但是,少数脉冲星却具有两种甚至两种以上的稳定的平均脉冲形状. 通常观测到的、持续时间比较长的平均脉冲是正常模式,其他短暂出现的称为反常模式. 反常模式大约经过几百到几千个脉冲周期后又恢复到正常模式. 模式变换是宽频带行为,在各个频率上同时改变. 两种模式之间好像有一个"开关",在不到一个自转周期的时标内完成由一个模式到另一个模式的改变.

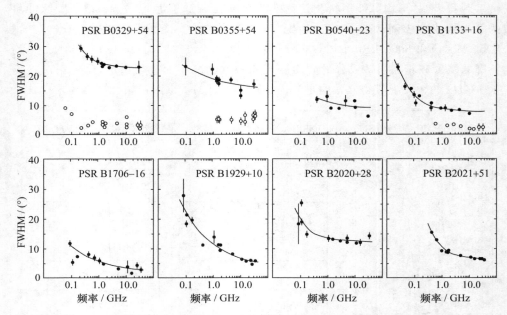

图 7.12 8 颗脉冲星 50％强度处的平均轮廓宽度随频率的变化.(Xilourisetal,1996)

模式变化现象首先被 Backer(1970)注意到.后来人们发现很多脉冲星都有这种模式变换的现象,如 PSR B1237＋25,B0329＋54,B1822－09,B2319＋60,B0943＋10,B0031－07,B1944＋17,B2016＋28,B2319＋60 等.值得注意的是,所有被仔细研究过的脉冲星都呈现出模式变化行为,预示这种现象可能是普遍的.模式变化脉冲星分为两类:一类子脉冲活动非常规则,有漂移子脉冲现象,模式变化和子脉冲漂移率的变化紧密联系;另一类子脉冲发射毫无规律,其模式变化后迅速进入另一种模式.

许多具有两个以上模式的变化大都遵从某种顺序,如 PSR B0031－07 有三个模式,模式变化从模式 A 到 B 再到 C,有时会从 A 到 C,但保持各模式出现的先后顺序.这种特性可能是带有慢漂移子脉冲的脉冲星所具有的.

模式变化中,平均脉冲轮廓的有些成分会消失或在某些脉冲经度又出现一些成分,轮廓形状在整个辐射窗内都有变化.这种现象一般被认为是脉冲星表面附近辐射锥内激发源分布的变化造成的.

图 7.13 是 PSR B1237＋25 的正常模式和反常模式的单个脉冲和平均脉冲的偏振观测结果.图(a)和图(b)的上方分别是总强度平均脉冲轮廓的正常模式和反常模式.正常模式为五峰结构,反常模式中第三个成分增强了,而第四和第五个成分则消失了,这样的状态持续了几分钟.在平均脉冲轮廓下方是 14 个连续的子脉冲强度轮廓及偏振情况,实心椭圆为左旋圆偏振,空心椭圆为右旋圆偏振,线条为

线偏振.线条的长短与线偏振度成正比,方向代表位置角.无论是正常模式还是反常模式,平均脉冲轮廓还是单个的子脉冲,线偏振都很强,线偏振位置角的变化不大,在某些经度上都发生了圆偏振方向的反转.

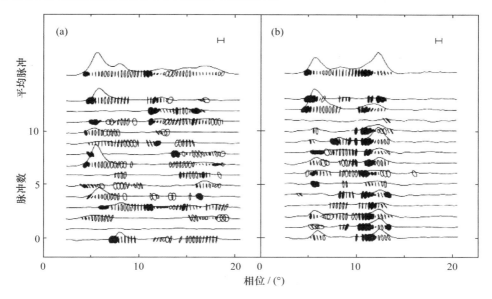

图 7.13   PSR B1237+25 平均脉冲的模式变换:(a) 正常模式;(b) 反常模式.(Manchester, 1975)

PSR B1237+25 的模式变化很明显,正常模式和反常模式的轮廓差别很大.有些脉冲星的模式变化差别比较小,如 PSR B0329+54 的正常模式和反常模式都是三峰轮廓,中间成分都很强,只是边上两个成分的强度比发生了变化.双频(327 MHz 和 610 MHz)同时观测表明,模式变化在这两个频率上同步发生(Esamdin,et al.,2003).

观测发现模式变化与零脉冲现象有关联,Esamdin 等(2005)在分析 PSR B0826−34 的观测资料时发现,这颗公认有明显零脉冲现象的脉冲星,当把所有属于零脉冲时段的观测数据进行按周期折叠后,呈现出另一种轮廓的平均脉冲.原来,这颗脉冲星的零脉冲现象是因为模式变换到另一种弱发射的状态,信噪比变差,轮廓形状变了(见第六章的图 6.4).

(3) 频谱.

脉冲星的频谱为幂律谱,即辐射强度随频率的增加而迅速地减小.用公式 $S = S_0 \nu^{-\alpha}$ 表示,S 为流量密度,α 为谱指数.通常的观测频段是 0.4 GHz 到 1.6 GHz.在这个频段上,Lorimer 等(1995)给出了 343 颗脉冲星的谱指数.没有发现谱指数和其他特征参数(如周期、周期的一阶导数等)之间的相关性.很显然,为了全面了解脉冲星的辐射特性，需要知道更低频段上的频谱情况. Izvekova 等 (1981) 在 39 MHz, 61 MHz, 85 MHz 和 102 MHz 频段上分别观测得到 85, 29, 37 和 23 颗脉冲星的流量密度. Malofeev 等 (2000, 1996) 测得了 235 颗脉冲星在 102 MHz 上的流量密度，并给出了一批颗脉冲星频率高达 10 GHz 的频谱. 他们发现在低频端 (100 MHz 附近) 处有频谱反转现象. 对许多脉冲星，特别是毫秒脉冲星，还没有观测到频谱的低频截止频率. 部分脉冲星频谱在高于 1 GHz 的频段上往往具有更陡的幂律谱.

　　图 7.14 是 4 颗脉冲星的频谱，其中 PSR B1508＋55 和 PSR B1749－28 在低频 100 MHz 附近发生频谱的反转，而 PSR B1944＋17 和 PSR B2045－16 的频谱则在比较高频处出现转折，需要两个谱指数来描写.

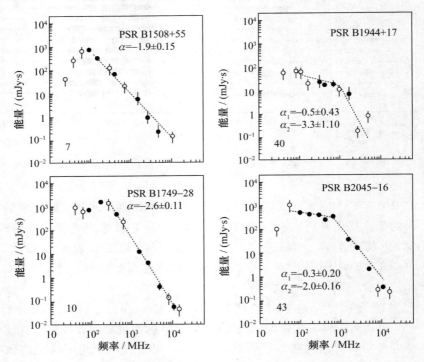

图 7.14　射电脉冲星的频谱. (Malofeev, et al., 1994)

　　当然，在更高的频段的频谱信息也很重要，有些观测的频率达到 35 GHz (Wielebinski, et al., 1993; Kramer & Xilouris, 1996). 对 PSR B0355＋54 的观测频率达到了 87 GHz (Morris, et al., 1997).

　　脉冲星频谱的观测很困难，主要是它们的强度经常变化. 在很低的频段，星际闪烁的影响很厉害，需要进行多次观测以获得平均值. 脉冲星辐射是高度线偏振的,由于许多低频观测是单极化观测,星际介质以及电离层的 Faraday 旋转效应影响流量观测,需要通过增加观测带宽产生足够的消偏振以减少 Faraday 旋转效应的影响.

§7.2 脉冲星辐射区的结构和平均脉冲的成分分离

平均脉冲轮廓被认为是观测者视线扫过辐射区过程中所接收到的辐射强度,仅能获得辐射区的一维强度分布信息.扫过辐射区不同的部位,可能获得不同的轮廓.脉冲星的平均脉冲轮廓形状是多种多样的,可以说一颗脉冲星一个"面孔".这说明辐射区强度分布比较复杂,也说明不同脉冲星的辐射区结构可能并不相同.进行多种多样的平均脉冲的强度和偏振轮廓的分析,可以获得辐射区二维的信息,基于这种分析研究人员提出了几种有关辐射区结构的经验模型.平均脉冲 Gauss 成分分离方法可以帮助我们进一步了解辐射区的结构.

7.2.1 辐射区"核+锥"经验模型

早期十分流行的 RS 模型(RS75)从理论上给出空心辐射锥,能够解释观测到的双峰和单峰平均脉冲轮廓,但是,多种多样的平均脉冲轮廓需要解释.人们从而发展了"核+空心锥""核+双锥环""窗函数源函数"和"马赛克"等经验模型.究竟哪一种模型正确呢?

(1) Backer 的"核+空心锥"模型.

Backer(1976)分析了 50 颗脉冲星的平均脉冲资料,把平均脉冲轮廓分为单峰(S)、不可分解的双峰(DU)、可分解的双峰(DR)、三峰(T)和多峰(M)五类,继而提出了"核+空心锥"的经验模型(图 7.15).这个模型能够解释除多峰类外的其他 4 类轮廓.其重大意义是首次提出核成分的存在,但当时并未引起强烈的响应.

(2) Rankin 的"核+双锥环"模型.

Rankin(1983,简称 R83)在分析了近 100 颗脉冲星多频偏振观测资料的基础上,提出了"核+双锥环"辐射区的结构模型(图 7.16),论证了辐射束核心成分的存在及其辐射特性,引起了同行的关注和响应.

"核+双锥环"几何模型由核成分和两个嵌套在核成分上的空心锥环(内锥环和外锥环)构成.核成分偏离几何中心少许,空心锥环中的辐射并不是连成一片,而是不相连的块状补丁.这个模型能解释多峰、三峰、双峰、锥单峰和核单峰等多种类型的平均脉冲轮廓.由于锥环上的辐射是补丁式的,以及核成分和锥成分频谱的不同,有可能在某些频率上出现核单峰.图 7.17 展示了核单峰存在的证据:在低频处,PSR B1642−03 和 B1933+16 是单峰形状,而在高频上,在单峰两边分别出现

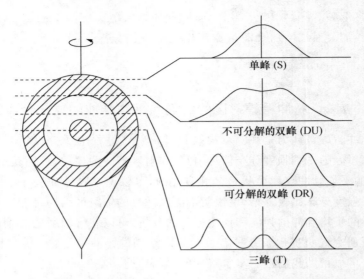

图 7.15　脉冲星辐射的"核＋空心锥"经验模型：单峰(S)、不可分解的双峰(DU)、可分解的双峰(DR)、三峰(T)或多峰(M)等形状.(Backer,1976)

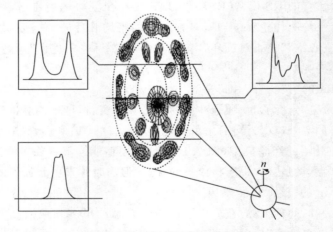

图 7.16　脉冲星极冠辐射区结构几何模型.(R83)

了比较弱的锥成分,由此研究人员判断低频上的单峰轮廓是视线扫过的辐射区核心成分,证实了核成分的存在.如果视线扫过的是锥环,将产生单峰轮廓,在各个频率上的观测都应该是单峰轮廓.分析表明,核单峰和锥单峰的偏振和频谱特性有着明显的差别.

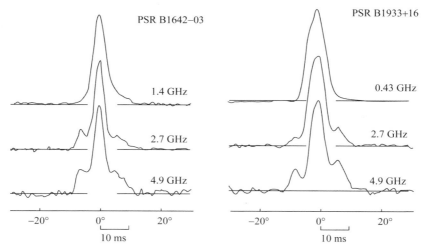

图 7.17　脉冲星 PSR B1642−03 和 PSR B1933＋16 在三个频率上观测得到的平均脉冲轮廓,频率最低的轮廓显示单峰,而在高一些频率上变为三峰.(R83)

　　在 R83 模型中,三峰轮廓占有特殊的地位,样本也比较多.这种轮廓的中心成分被认为是"核成分",两边为锥成分.由于"核成分"的偏振特性和频谱特性与锥成分不同,被认为是另一种辐射机制产生的辐射(R83).

　　"核＋双锥环"模型的重要的观测证据是五峰脉冲星的偏振观测,图 7.18 是两

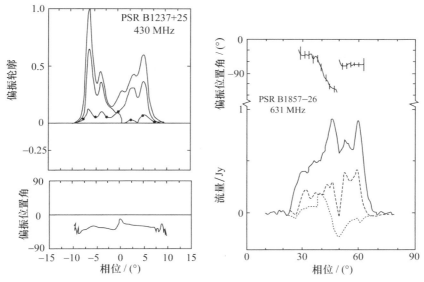

图 7.18　脉冲星 PSR B1237＋25 和 PSR B1857−26 的偏振观测,显示出明显的五峰轮廓,成为"核＋双锥环"模型最重要的观测依据(R83).左上图为 PSR B1237＋25 的平均脉冲总强度、线偏振强度和圆偏振强度的轮廓.

颗五峰轮廓脉冲星的偏振观测. 不过, 具有五峰轮廓的脉冲星的样本数太少了.

Rankin(1993a,b)进一步研究了"核＋双锥环"模型, 在分析 150 颗脉冲星偏振观测资料的基础上, 重点分析了对"核＋双锥环"模型至关紧要的五成分、四成分、三成分和核单峰脉冲星的平均脉冲轮廓. 她给出了 19 颗五成分轮廓的脉冲星星表, 观测资料被外推到 1 GHz 频率上. 由于平均脉冲中的各个成分重叠得很厉害, 判断是否为五成分和测量各个成分的宽度和峰值存在很大的困难, 她在星表上常常用问号表示这种不确定性. 统计分析给出了内锥和外锥成分的角半径与周期的关系:

$$\rho_{\text{outer}} = 5.75^\circ P^{-0.5}, \qquad \rho_{\text{inner}} = 4.33^\circ P^{-0.5}. \tag{7.6}$$

图 7.19 展示内锥和外锥成分的 ρ–P 关系.

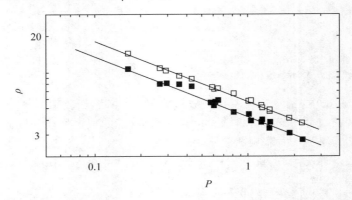

图 7.19 18 颗五成分脉冲星的内锥和外锥成分的 ρ–P 关系. 空心方块为外锥成分, 实心方块为内锥成分. (Rankin, 1993a)

Gil 等(1993)分析了 51 颗脉冲星的平均脉冲资料, 得到与 R93 大致相同的结论, 在 1.4 GHz 频率上得到

$$\rho_{10}^{\text{inner}} = (4.9 \pm 0.5)P^{-0.48 \pm 0.03}, \rho_{10}^{\text{outer}} = (6.3 \pm 0.5)P^{-0.47 \pm 0.04}. \tag{7.7}$$

辐射锥角 ρ 与周期的关系与 R93 基本相同, 只是在相同的频率上内锥和外锥成分的锥角比 R93 的估计值要大一些.

7.2.2 "辐射束形状"的研究

Lyne 和 Manchester(1988)分析研究了 100 多颗脉冲星的多频偏振观测资料, 把平均脉冲轮廓分为 4 类: 锥辐射起主导的平均脉冲轮廓、"锥＋核"的平均脉冲轮廓、核心成分的平均脉冲轮廓和部分锥的平均脉冲轮廓, 确认了核成分的存在.

锥辐射起主导的脉冲轮廓以双峰轮廓和锥单峰为代表. 很明显, 双峰对应 RS 模型的空心锥. "锥＋核"脉冲轮廓以三峰和多峰轮廓为代表, 中间的峰为"核成分",两边的峰为"锥成分".图 7.20 是 6 颗三峰轮廓脉冲星的偏振观测结果,其特点是:具有中等的偏振度、线偏振位置角曲线比较完整、呈现"S"形、变化范围接近 180°;有的脉冲星会出现线偏振位置角曲线 90°的跳跃,如 PSR B0450−18;圆偏振比较弱,常常在轮廓中心附近发生旋转方向的改变.

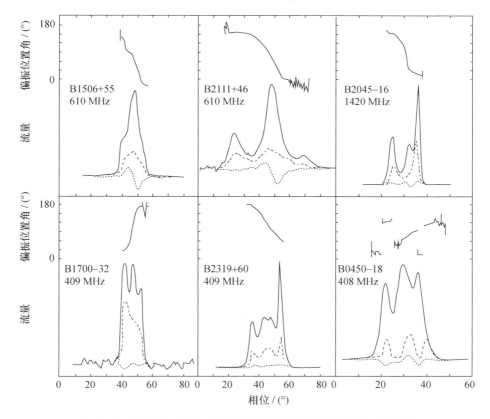

图 7.20 6 颗脉冲星的三峰轮廓平均脉冲偏振观测结果.(LM88)

第三种是核单峰轮廓,也就是视线仅仅扫过中心的核成分.就像 R83 指出的那样,核单峰仅在低频观测上出现,在高频上会在核心成分两边出现锥成分.核单峰的偏振特性与三峰轮廓的中间成分的偏振特性相同.图 7.21 是 4 颗平均脉冲为核单峰的脉冲星的偏振观测结果.

最后一种情况是部分锥脉冲轮廓(图 7.22).常见的双峰轮廓的两个成分往往一强一弱,如果弱成分弱到探测不到,那么只能观测到其中的一个成分,该轮廓成为部分锥.还有一种可能是辐射束由分离的补丁状子辐射束组成,视线只遇到半个锥成分.如 PSR B0740+28 就很像是双峰轮廓的前一半,所观测到的线偏振位置角曲线也是"S"形的一半.再如 PSR B2224+65,很像是失去了前导成分的"核+

锥"的轮廓,所展现的主峰是核成分,后面的一个峰是锥成分.

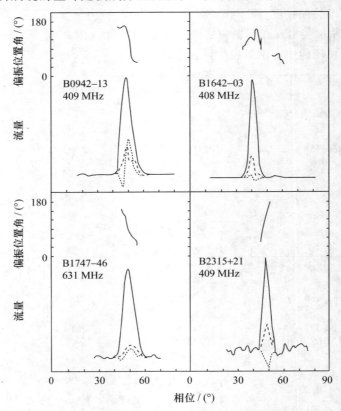

图 7.21　4 颗核单峰脉冲星的偏振观测结果.(LM88)

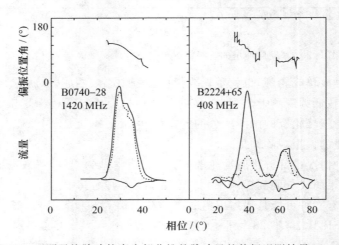

图 7.22　2 颗平均脉冲轮廓为部分锥的脉冲星的偏振观测结果.(LM88)

Manchester(1995)进一步阐述 LM88 的结果,提出"窗函数和源函数相乘的模型",如图 7.23 所示.窗函数是所有脉冲星共同的特征,但随观测频率和脉冲星周期的不同而有所变化,代表总辐射束的基本形态.窗函数由脉冲星磁极冠区的偶极磁场决定,是可以发生子脉冲辐射的地方.源函数是在窗口中随机分布的子辐射束,呈补丁状态.每颗脉冲星拥有自己特殊的源函数.最后的辐射束形状或结构由窗函数和源函数的乘积构成,当视线扫过辐射束时,将获得一维的平均脉冲轮廓.

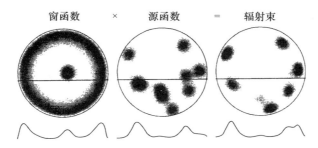

图 7.23　脉冲星"窗函数×源函数"几何模型.(Manchester,1995)

7.2.3　两个模型的比较

Rankin(83,93)和 LM88 的研究结果有共同之处也有重大分歧.共同点是:(1)都建立在大量脉冲星偏振观测资料分析的基础上,都以丰富的观测资料证明辐射束的中心有很强的辐射(称为核成分),所分析的平均脉冲轮廓都有核单峰、锥单峰、双峰、三峰、多峰或五峰几种类型.(2)辐射都来源于磁极冠区开放磁力线组成的区域,以最外一根与光速圆柱相切的开放磁力线为辐射窗口的边界.

不同点是:(1)R83 提出的"核+双锥环"模型确定辐射区结构由核、内锥环和外锥环构成.但 LM88 的"窗函数×源函数"的模型认为不存在固定的内锥成分和外锥成分,特别是怀疑内锥成分的存在.源函数给出的子辐射束是随机分布的.(2)虽然双方都承认平均脉冲中的核成分与锥成分在偏振和谱特性方面存在明显差别,但 R93 认为这些差别表明核成分和锥成分是两种不同的辐射机制,而 LM88 则认为,核成分和锥成分的辐射特性的不同是因为它们离磁轴的远近不同造成的,仍然可以用同一种辐射机制来解释.

这样的争论还在继续.Wu 等(1992)提出平均脉冲 Gauss 成分分离方法,试图解决是否存在内锥和外锥结构的问题.有关辐射机制、模型的研究也在试图回答核成分和锥成分是否是同一个辐射机制的问题.乔国俊等提出的逆 Compton 散射辐射机制则是同一种机制产生核、内锥和外锥成分,支持了 LM88 的观点.第九章将详细介绍这个模型.多个研究组从研究磁层中发生的等离子体非线性过程着手,发现多种等离子体非线性过程可以发生在磁轴附近或在磁轴附近最强,成为产生核成分的辐射机制,而对于锥成分则沿用 RS 模型(RS75)的空心辐射锥. Melrose (1978),Kazbegi 等(1988),Wang 等(1989),Zhu 等(1994)和 Ma 等(1999)讨论了在磁轴附近产生等离子体不稳定性以作为核成分辐射的可能机制.这些研究又是对 R93 观点的支持.

7.2.4　平均脉冲轮廓的 Gauss 成分分离

R83 提出的"核+双锥环"模型,五成分平均脉冲成为其最重要的观测支持.虽然他们列举了 18 颗脉冲星可能是五峰轮廓,但只有 2 颗有清晰的五峰轮廓,而且成分重叠也无法精确测量各个成分的宽度等参数.Wu 等(1992)提出了 Gauss 成分分离的方法,把重叠的成分分离开来,以研究是否存在核、内锥和外锥成分,以及这些成分的特性和与频率的关系.

(1) 平均脉冲 Gauss 成分分离方法(GFSAP).

Wu 等(1992)认为:平均脉冲轮廓是由辐射区独立存在的单个成分叠加而成.每个成分是独立存在的,其强度遵从 Gauss 分布(Krishnamohan & Downs,1983;Wu & Manchester,1992),任何平均脉冲轮廓都可以分解为独立的 Gauss 成分.对于五成分平均脉冲轮廓有(Wu,et al.,1998):

$$f(\varphi) = \sum_{j=1}^{5} h_j e^{-4\ln2(\varphi - p_j)^2/w_j^2}, \tag{7.8}$$

式中 $j=1,2,3,4,5$ 代表五个成分,依次为左外锥、左内锥、核、右内锥、右外锥. h_j 为第 j 个成分的峰值,p_j 为第 j 个成分的峰值的位置,w_j 为第 j 个成分的半功率宽度.五个成分由 15 个参数完全描写.

Wu 和 Manchester (1992)曾证明,如果脉冲星辐射锥的强度分布遵从 Gauss 分布,那么视线扫过辐射锥所形成的截面,即平均脉冲轮廓也是 Gauss 分布.平均脉冲轮廓的宽度常用峰值强度下降到 50% 或 10% 处的宽度表示,即用 W_{50} 和 W_{10} 表示.(7.8)式中是 W_{50},与一般的 Gauss 分布的表达式有些差别.

为适应任意个成分的分析,(7.8)式可以写为

$$y^* = f(\varphi) = \sum_{j=1}^{M} h_j e^{-4\ln2(\varphi - p_j)^2/w_j^2} = \sum_{j=1}^{M} g_j. \tag{7.9}$$

拟合的过程就是求解 h_j,p_j 和 w_j. 设

$$Q = \sum (y_i^* - y_i)^2 = \sum_{i=1}^{N} \left(\sum_{j=1}^{M} g_{ji} - y_i \right)^2, \tag{7.10}$$

式中 $y_i^* = y^*(x_i)$,$g_{ji} = g_j(x_i)$. 如果将 g_{ji} 写为 $g_{ji} = \exp(c_{j1} + c_{j2} x_i + c_{j3} x_i^2)$ 的形式,可采用 Newton-Raphson 方法(Press,et al.,1989)使 Q 极小化,从而决定 c_{jk}. h_j,p_j 和 w_j 可以从下列关系式中求得:

$$c_{j1} = \ln h_j - \frac{4\ln2 p_j^2}{w_j^2}, c_{j2} = \frac{8\ln2 p_j}{w_j^2}, c_{j3} = -\frac{4\ln2}{w_j^2}. \tag{7.11}$$

拟合模型与观测值(x_i, y_i) $(i=1, 2, \cdots, N)$将会产生差值, 由拟合后的剩余曲线表示:

$$\sqrt{\frac{Q}{N}} = \sqrt{\frac{\sum\limits_{i=1}^{N} \left(\sum\limits_{j=1}^{M} g_{ji} - y_i\right)^2}{N}}. \tag{7.12}$$

对于确定的 M 值, 拟合的结果差值总有一些, 增加 M 值再拟合差值会变小. 为了防止过分增加 M 值, 设定拟合的剩余曲线不仅很像噪声, 而且剩余曲线小于观测的平均脉冲的均方根, 这样就得到了合理的结果.

(2) PSR B1451−68 平均脉冲的 Gauss 成分分离.

PSR B1451−68 在 170 MHz, 271 MHz, 400 MHz, 649 MHz, 950 MHz 和 1612 MHz 等 6 个频率上有很好的偏振观测资料. 在低频 170 MHz 和 271 MHz 上的平均脉冲轮廓是三峰形状, 三个成分明显分开. 但到了 400 MHz 及以上频率, 虽然隐约可见 3 个峰, 但三个成分已经重叠得很厉害, 且随着频率的增加重叠得越来越厉害, 到 1612 MHz 时频率已经像是一个单峰.

第一步用三个 Gauss 成分来拟合, 6 个频率上分离后的拟合结果得到的剩余曲线中明显地留有两个类似 Gauss 成分的误差. 当用五成分拟合后, 6 个频率上的理论曲线和观测轮廓符合得都非常好. 图 7.24 给出 170 MHz, 400 MHz 和 1612 MHz 三个频率上的五成分拟合结果, 实线为观测的平均脉冲轮廓, 虚线为拟合曲线, 图下方的曲线是拟合曲线与观测轮廓的差值曲线. 由此可得出结论, PSR B1451−68 的平均脉冲是由五个成分叠加而成的. 这对 R83 提出的"核＋双空心锥"模型是一个重要的支持.

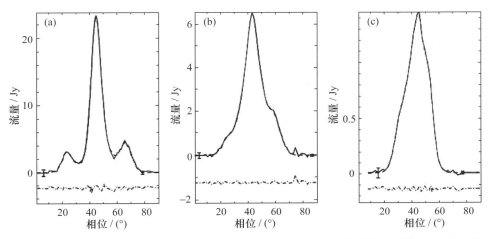

图 7.24　PSR B1451−68 的平均脉冲轮廓五 Gauss 成分拟合结果. 实线为观测轮廓, 虚线为拟合曲线, 下方为剩余值曲线. 从左至右分别为 170 MHz, 400 MHz 和 1612 MHz. (Wu, et al., 1998)

　　由拟合得到的 6 个频率上的各个成分的峰值和半功率宽度可以计算它们的频谱指数,结果列在表 7.1 中.可以看出,核成分最强,频谱最陡,内锥成分最弱,频谱也最平.由拟合得到的三种成分的角半径与频率的关系示于图 7.25,显示核成分的角半径不随频率变化,外锥成分的角半径随频率的增加而减小,内锥成分的角半径随频率的增加而有所增加.

　　1983 年 Rankin 首先指出,脉冲星辐射束的中心成分(核成分)处在靠近中子星表面处,因此它的角半径不随观测频率的变化而变化.图 7.25 是 6 个频率上的分析结果,也得到了相同的结论.1992 年 Qiao 提出的脉冲星 ICS 模型得到的中心辐射束和环绕它的两个空心辐射锥给出了核、外锥和内锥三个成分.有意思的是,由理论推导出的三个成分的角半径随频率的变化趋势(见第九章图 9.11)与 PSR B1451－68 观测数据分析得到的变化趋势(图 7.25)完全一致.

表 7.1　　PSR B1451－68 平均脉冲各成分的谱指数

轮廓中的成分	核	左外锥	右外锥	左内锥	右内锥
谱指数	－1.58	－0.96	－1.42	－0.87	－0.83

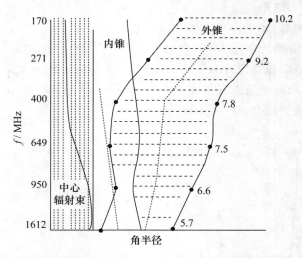

图 7.25　　由成分分离方法获得的 PSR B1451－68 的三成分(中心辐射束、内锥和外锥)的角半径与频率的关系.(Wu,et al.,1992)

　　(3) 脉冲星平均脉冲高频观测的 Gauss 成分分离.

　　Kramer 等(1994)对 18 颗由 MPIFR 100 m 射电望远镜在 1.4 GHz,4.75 GHz 和 10.55 GHz 上观测的脉冲星平均脉冲进行 Gauss 成分分离,发现 PSR B0329＋54 和 B0355＋54 在 3 个频率上都是五成分结构.PSR B1929＋10 的平均脉冲在 1.4 GHz 上是六个成分,在 4.75 GHz 上是五成分,在 10.55 GHz 频率上则为三成

分结构. PSR B2310＋42 的平均脉冲的分离结果是四个成分, 被认为是两个内锥成分和两个外锥成分. PSR B0823＋26 和 B2020＋28 的平均脉冲为核及两个内锥成分. 这些结果都与"核＋两个空心锥"模型是一致的. 不过, 也有脉冲星的平均脉冲轮廓分离为六个成分(PSR B1929＋10)和七个成分的(PSR B0740－28)(见图 7.26). 应用 Gauss 成分分离结果可分别给出内锥成分和外锥成分的宽度.

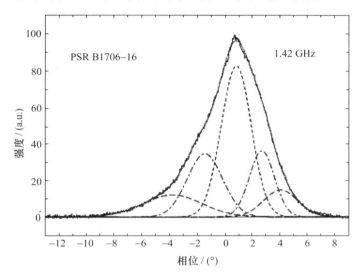

图 7.26　PSR B1706－16 在 1.42 GHz 频率观测的平均脉冲轮廓和 Gauss 成分分离拟合结果.(Kramer, et al., 1994)

Kramer(1994)利用在 1.4 GHz 频率的平均脉冲分离结果, 得到了内锥和外锥成分的 $\rho-P$ 关系, 与 Gil 等(1993)的结果很接近.

$$\rho_{10}^{\text{inner}} = (5.3 \pm 0.3)P^{-0.45\pm0.04},$$
$$\rho_{10}^{\text{outer}} = (6.23 \pm 0.02)P^{-0.485\pm0.007}. \tag{7.13}$$

(4) 极冠区的多极场和辐射区"马赛克"结构.

对于 PSR B0329＋54, Kuzmin 和 Izvekova (1996)对 0.1 GHz, 0.2 GHz, 0.4 GHz, 0.6 GHz, 1.4 GHz, 4.7 GHz 和 10.5 GHz 等 7 个频率上平均脉冲轮廓进行 Gauss 成分分离, 得到了六个 Gauss 成分的结果, 第六个成分虽然很小, 但也不能忽略. 因此他们提出辐射区结构是"马赛克"式的.

Kuzmin 和 Losovsky(1996)对毫秒脉冲星 PSR J2145－0750(原论文错写为 J2145－0705)在 102 MHz, 430 MHz, 640 MHz 和 1520 MHz 等 4 个频率上的平均脉冲轮廓进行了 Gauss 成分分离, 它被认为是由五个成分或者由四个成分组成(图 7.27), 在图上分别标明 I 和 II (外成分), III 和 IV (内成分)及 V (前兆成分). 无论四成分或五成分都是 R83 的"核＋双锥环"模型所需要的. 多频分析发现, 分离得到的成分之间的间距随频率的增加而增加,如图 7.28 所示,成分 Ⅰ 和 Ⅱ 之间,Ⅲ 和 Ⅳ 之间,以及 Ⅴ 与其他成分之间的间距都是随频率的增加而增加的. 这与偶极场情况下推出的关系是相反的. 他们认为这是极冠区由多极场控制所导致的.

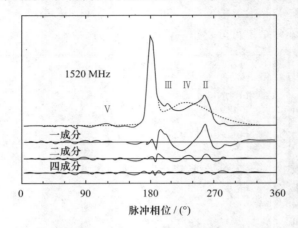

图 7.27　PSR J2145－0750 在 1520 MHz 的平均脉冲的 Gauss 成分分离结果.(Kuzmin & Losovsky,1996)

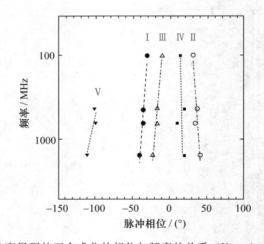

图 7.28　Gauss 分离得到的五个成分的相位与频率的关系.(Kuzmin & Losovsky,1996)

(5)"核＋双锥环"模型的进一步印证.

人们对 R83 提出的"核＋双锥环"模型有支持和肯定的,也有质疑和否定的. 五成分平均脉冲轮廓(M)以及核四成分(cQ)是这个模型最重要的观测证据. R93 的表 1 给出了 19 颗属于 M 类的脉冲星. 由于平均脉冲中各个成分相互重叠很厉害,肉眼难以分辨,分类可能不准确. 对各个成分宽度的测量就更难准确了,给的都是近似值, 其中一半以上还打了问号.

Wang 和 Wu(2003) 为了进一步验证 R83 的模型, 从 R93b 表 1 中选出 8 颗标为五成分类 (M) 的脉冲星, 从表 5 中挑选了一颗三成分类 (T) 脉冲星作为进行 Gauss 成分分离的样本. 9 颗脉冲星的平均脉冲 Gauss 成分分离的结果示于图 7.29. R93b 归类为 M 的 7 颗脉冲星, 分离结果有 5 颗是五个成分, 2 颗是四个成分. R93 分类为 M/T 的脉冲星, 分离结果确认为三个成分, R93 分类为 T 的一颗脉冲星, 分离结果还为三成分. 分离结果与 R93 的分类基本上是一致的.

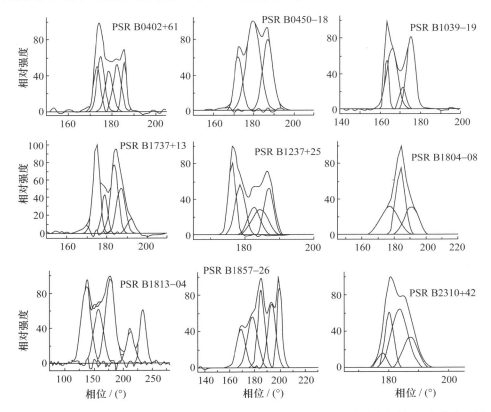

图 7.29　9 颗脉冲星在 610 MHz 频率上的平均脉冲轮廓及 Gauss 成分分离结果. 实线为观测的平均脉冲轮廓, 在其下方是成分分离得到的各个成分. 各个成分相加得到的拟合曲线与观测轮廓基本重合. (Wang & Wu, 2003)

表 7.2 中, 除了 2 颗三成分类脉冲星外, 7 颗脉冲星在 5 个频率上的平均脉冲成分分离的结果给出了它们的内锥成分和外锥成分的宽度、位置和强度. 他们获得了 5 个频率上的 ρ-P 关系, 对内锥成分来说 $\rho_{\text{inner}} = AP^{-\sigma}$ 中的 σ 为 0.5 左右, A 的数值为 4.68～3.98, A 的数值随频率的增加而减小, 只是 1642 MHz 频率上的值稍

微大了一些. 对外锥成分来说, $\rho_{\text{outer}} = BP^{-\sigma}$ 中的 σ 为 0.45 左右, B 的数值在 6.61～5.61 范围内, B 的数值随频率的增加而减小. 这里给出 925 MHz 的结果, 是为了与 R93 的 1 GHz 频率上的结果比较, 两处的结果很相近:

$$\rho_{\text{inner}} = (4.17 \pm 0.19)P^{-0.51 \pm 0.07},$$
$$\rho_{\text{outer}} = (5.81 \pm 0.40)P^{-0.45 \pm 0.07}. \tag{7.14}$$

表 7.2   9 颗脉冲星的分离结果与 R93 分类的对比

PSR B	R93 的分类	Wang 和 Wu(2003)Gauss 分离结果
0402+61	M?	五成分(M)
0540-18	T	三成分(T)
1039-19	M	四成分(cQ)
1237+25	M	五成分(M)
1737+13	M	五成分(M)
1804-18	M/T	三成分(T)
1831-04	M	五成分(M)
1857-26	M	五成分(M)
2310+42	M?	四成分(cQ)

Xu 和 Wu(2002)对一颗被 R93b 归为三成分类的脉冲星(PSR B2111+46)进行 Gauss 成分分离, 目的是要看一看这颗三成分轮廓是否像 PSR B1451-68 那样也是五成分的轮廓. 果然不出所料, 6 个频率上的平均脉冲分离结果都是五个成分. 他们测得核、内锥和外锥各个成分的谱指数分别是 -2.8, -2.1 和 -1.9, 核成分的谱最陡. 各个成分的锥角对频率的变化关系与 PSR B1451-68 基本相同, 分别为

$$\rho_{\text{core}} = 1.73° \pm 0.08°, \ \rho_{\text{inner}} = 3.51° f_{\text{GHz}}^{+0.06},$$
$$\rho_{\text{outer}} = 5.90° f_{\text{GHz}}^{-0.07}. \tag{7.15}$$

§7.3   磁极冠几何模型及其参数的估计

在宣布发现脉冲星的当年, Gold(1968)提出了"自转磁中子星模型", 认为具有强磁场的中子星的高速自转引起其周围磁层中的等离子体的辐射而形成了灯塔式的射电信号. 后来提出的旋转矢量模型(RC69)和 RS 辐射模型(RS75)进一步确认了在磁极冠区由开放磁力线所包围的区域形成辐射区, 高能电子沿开放磁力线向外运动的过程中产生线偏振很强的曲率辐射, 中子星的自转使辐射锥周期性地扫过观测者, 形成脉冲辐射. 在这些模型的基础上发展起来的脉冲星磁极冠几何模型

进一步确认辐射区的几何位形,并构建了辐射锥参数与观测参量之间的关系,继而获得了辐射锥的三个重要参数(磁倾角 α、辐射锥角 ρ 和视线扫过辐射锥的撞击角 β)的多种估计方法和这些参数的演化情况.

7.3.1　极冠几何模型

中子星偶极场的开放磁力线区域构成一个辐射窗口.这个几何位形非常简洁而又准确地反映了脉冲星辐射的许多特征,从而构成了极冠几何模型.

(1) 由偶极场开放磁力线所决定的辐射区.

大多数脉冲星的脉冲宽度是周期的 $3\%\sim4\%$,表明辐射区是一个局部的区域.稳定的平均脉冲轮廓形状和很强的线偏振均表明局部辐射区可能由相同的磁场位形所控制.这个磁场应该是基本不变的规则的场,偶极磁场成为首选.图 7.30 显示,在光速圆柱(r_c)之内是与脉冲星共转的磁层,与光速圆柱相切的闭合磁力线构成两个开放磁力线区,高速带电粒子可以沿磁力线向外运动而发生曲率辐射.磁极冠上的影线部分为辐射区.

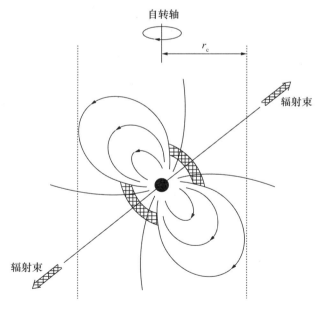

图 7.30　脉冲星磁层和辐射区的基本图像.开放磁力线区域的张角被夸大了.(Lyne & Smith,1990)

假设磁场是单纯的偶极场,极冠区可由与光速圆柱相切的那根闭合磁力线决定.偶极场磁力线方程为

$$r = r_0 \sin^2 \theta, \tag{7.16}$$

其中 θ 是径矢 r 和自转轴的交角. 与光速圆柱相切的那根闭合磁力线, 在光速圆柱那点的 $\theta=\pi/2$,

$$r_c = r_0 \sin^2 \theta = r_0,$$
$$r = r_c \sin^2 \theta. \tag{7.17}$$

在中子星表面 $r=R$, 径矢 r 和自转轴交角为 θ_p, 有

$$R = r_c \sin^2 \theta_p,$$
$$(r/R) = (\sin \theta / \sin \theta_p)^2. \tag{7.18}$$

考虑辐射区在中子星表面, 并考虑到径矢和切线有一个夹角 Θ ($\Theta \approx \theta_p$), R 取为 10 km, 则有辐射锥角公式

$$2\rho = 2.5° P^{-1/2}. \tag{7.19}$$

辐射锥角是周期的函数, 其值很小. 但是, 辐射区不一定在中子星表面, 辐射区高度越高, 辐射锥角越大, 对周期的依赖关系也可能改变. (7.19)式仅仅给出极冠模型辐射锥角的下限.

(2) 极冠模型的图像及几何关系.

图 7.31 是 Manchester 和 Taylor(1977) 给出的磁极冠几何模型. 稍有不同是, 增加了球面三角形 RQT 和 $\Delta \psi$ 的显示(Wu, 1994). 图中 OQ 为磁轴, OR 为自转轴, α 为磁倾角, ζ 为视线和自转轴的交角(在后来的公式中改用 θ 表示), $\Delta \phi$ 为视束宽半宽, ρ 为辐射锥角半宽, ψ 为线偏振位置角, $2\Delta \psi$ 是线偏振位置角的变化范围.

从球面三角形 RQP 的边角关系可以得到

$$\tan \psi = \frac{\sin \alpha \sin \phi}{\cos \alpha \sin \zeta - \cos \zeta \sin \alpha \cos \phi}. \tag{7.20}$$

由(7.20)式, 可以导出

$$\Phi = (\mathrm{d}\psi/\mathrm{d}\phi)_{\max} = \frac{\sin \alpha}{\sin \beta}. \tag{7.21}$$

在球面三角形 RQT 中有

$$\cos \Delta \phi = \frac{\cos \rho - \cos \alpha \cos \zeta}{\sin \alpha \sin \zeta}, \tag{7.22}$$

$$\tan \Delta \psi = \frac{\sin \Delta \phi \sin \alpha}{\cos \alpha \sin \zeta - \cos \zeta \sin \alpha \cos \Delta \phi}. \tag{7.23}$$

Wu 等(1985)和 LM88 相继独立推出三个极冠几何模型的观测参数之间的关系:

$$\tan \Delta \psi \approx \Phi \sin \Delta \phi. \tag{7.24}$$

Xu 和 Wu(1991)由图 7.31 中的球面三角形 RQT 推出 K 参数:

$$K = \frac{\sin \Delta \psi}{\sin \Delta \phi} = \frac{\sin \alpha}{\sin \rho}. \tag{7.25}$$

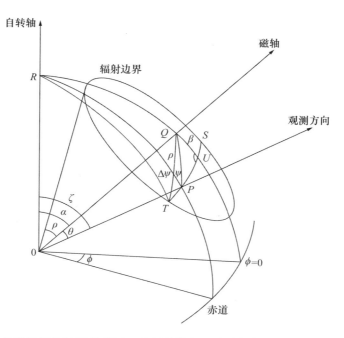

图 7.31   脉冲星磁极冠几何模型. 图中 ρ 为辐射锥角, α 为磁倾角, ζ 为视线与自转轴的交角, θ 为视线方向与磁轴的夹角, ST 为视线扫过辐射锥的轨迹, β 为视线到磁轴的最短角距离, ϕ 为脉冲的经度, ψ 为 P 点的线偏振位置角. 图中的 $\Delta\psi$ 为 $1/2$ 位置角变化范围. (Manchester & Taylor, 1977; Wu, 1994)

比值 $\sin\alpha/\sin\rho$ 可以由观测量 K 决定, 对辐射锥参数的理解又多了一个观测量.

7.3.2   极冠几何模型的观测检验

极冠几何模型导出的几何关系是否正确需要由观测来检验. 在 (7.20) 式中, 位置角 ϕ 和平均脉冲轮廓的经度 ϕ 是观测量, 而磁倾角 α 和 ζ 是未知参数. 当取 α 为 $60°$ 时, 采用最小二乘方法获得的拟合曲线和观测曲线符合得非常好, 同时可给出 $\beta = \zeta - \alpha$ 的拟合值, 图中脉冲星名字后面的括号内的数字就是 β 值 (见图 7.32).

根据 (7.24) 式, 可以由观测 Φ 和 $\Delta\phi$ 的观测值计算得到 $\Delta\psi_{\mathrm{com}}$. 图 7.33 是 17 颗脉冲星的 $\Delta\psi_{\mathrm{com}}$ (计算值) 和 $\Delta\psi_{\mathrm{obs}}$ (观测值) 的关系. 虚线是回归直线, 相关系数为 0.91. LM88 在其表 1 和表 2 中给出了 $\Delta\psi_{\mathrm{com}}$ 和 $\Delta\psi_{\mathrm{obs}}$ 的数值.

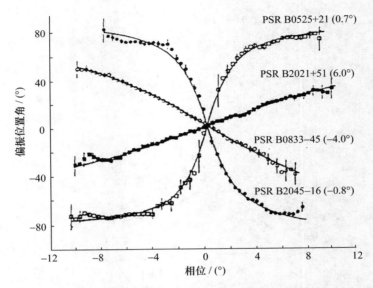

图 7.32　四颗脉冲星线偏振位置角观测曲线的理论拟合结果.（MT77）

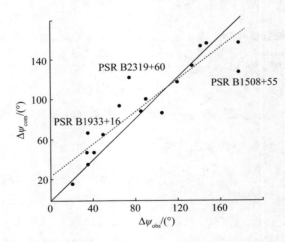

图 7.33　计算值 $\Delta\psi_{com}$ 和观测值 $\Delta\psi_{obs}$ 的关系.（Wu, et al., 1985）

7.3.3　Q 和 β_n 参数及其应用

在极冠模型的几何关系中有三个参数 α, ζ 和 β 不能由观测直接给出，因为仅有两个独立的关系式和两个独立的观测量. 但是参数 Q 和 β_n 却可以由几何关系决定. 这两个参数已经有了一些重要的应用.

（1）Q 参数和 β_n 参数.

通常用视线投射角 β 来表示视线扫过辐射锥的部位,这个量不能由观测直接给出,其数值大小并不能直接判断视线离磁轴的远近.

李芳等（1983）和 Wu 等（1986）定义了一个表征视线扫过辐射锥部位的归一化参数:

$$Q = \frac{|\beta|}{\rho}. \tag{7.26}$$

表征视线扫过辐射锥的部位,Q 参数比视线投射角 β 更明确. $Q=0$ 表示视线从辐射锥中心扫过,$Q=1$ 代表视线从辐射锥边缘扫过. 当然,$Q=1$ 时已经不可能观测到平均脉冲了,实际的观测资料总是 $Q<1$ 的情况. 好几位研究人员定义了相同的参数,研究不同的问题,如 Narayan 和 Vivekanand（1983,NV83）定义的参数 y/Y,Malov(1991),Malov 和 Malofeev(1991)定义的参数 n 和 x. LM88 定义的参数 β_n 是磁倾角为 90° 时的 β 值,由于在计算中磁倾角是一个不敏感的量,因此 $\beta_n \approx Q$,

$$\beta_n = \frac{\beta_{90}}{\rho_{90}}. \tag{7.27}$$

（2）辐射锥截面形状的讨论.

RC69 提出的脉冲星辐射锥截面是圆形的. NV83 专门研究这个问题,在该论文的图 1 上,假设辐射锥的截面是圆的情况,定义了参数 y/Y,并指出可以由线偏振位置角的变化范围（2θ）的观测量给出 $y/Y(\cos\theta=y/Y)$. 在截面是椭圆的情况下,如图 7.34 所示,可推导出关系式

$$\cos\theta = R|y/Y| / [1 + (y/Y)^2(R^2-1)]^{1/2}, \tag{7.28}$$

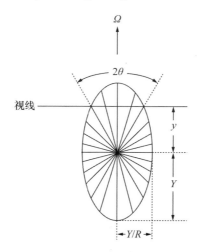

图 7.34　辐射锥椭圆截面. 中心为磁轴,Y 为辐射锥长半轴尺度,y 为视线到磁轴的尺度,R 为长、短半轴的比值,2θ 为线偏振位置角的变化范围. (NV83)

式中 R 为椭圆的短半轴和长半轴的比值. 以 $|y/Y|$ 为统计参数,他们对 16 颗脉冲星进行了分析研究. 发现当取 $R=1$,即截面为圆时,$|y/Y|$ 的分布是不均匀的. 当取 $R=3$ 的椭圆时,$|y/Y|$ 的分布就均匀了. 因此他们得出结论,辐射锥的截面是 $R=3$ 的椭圆.

Wu 和 Shen (1989)采用 Q 参数来研究辐射锥截面问题,采用视束宽的全宽度 $\Delta\phi$ 及参数 Φ 求得 Q 值. 他们还对 NV 样本中的核单峰、部分锥的资料进行了修正,增加了 6 颗脉冲星,对共 22 颗脉冲星进行统计,结果得到 $R=1.20\pm0.14$,比 3 要小得多,因此他们认为辐射锥的截面仍然是圆形的.

LM88 计算了一大批脉冲星的 β_n,获得了它的分布(图 7.35),并没有发现截面是椭圆的迹象,从而认为偏振资料的分析结果支持截面为圆的结论.

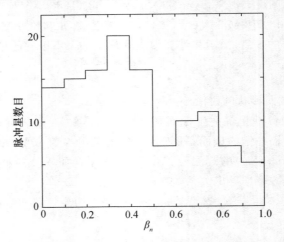

图 7.35　平均脉冲轮廓中的锥成分占优和锥成分与核成分并存的脉冲星的 β_n 的分布. (LM88)

(3) 脉冲星射电光度的讨论.

Taylor 和 Manchester(1975)按照极冠模型,并在假定 $\rho=\Delta\phi$ 和 $\beta=0$ 的条件下导出了射电光度公式

$$L_R = \pi^3 \frac{W_E}{P} d^2 S_{400} \Delta f, \qquad (7.29)$$

式中 W_E 为等效脉冲宽度,d 为距离,S_{400} 为频率 400 MHz 处的平均流量密度,Δf 为频宽,取为 400 MHz. 进一步简化得到更为粗略的公式

$$L_R = S_{400} d^2 (\mathrm{mJy \cdot kpc^2}). \qquad (7.30)$$

这两个射电光度公式被广泛应用,其原因不是因为它的准确性,而是能给出射电光度的脉冲星样本非常大.

获得准确的射电光度很不容易,首先要知道很宽频带范围的频谱特性,在观测上很难做到.其次要知道辐射锥的强度分布、形状和大小,这些也不是观测能直接回答的.还有就是要知道视线扫过辐射锥的部位,从中心扫过和从边缘扫过所观测到的流量密度差别非常大.

Wu 等(1986,1992)提出了一个新的射电光度公式,对(7.29)式进行了修正,增加了两个修正因子.新公式为

$$L_{\text{new}} = L_R K_1 K_2,$$
$$K_1 = (\rho/\Delta\phi_E)^2,$$
$$K_2 = \exp(\pi Q^2/4(1-Q^2)),$$

(7.31)

修正因子 K_1, K_2 可以由偏振资料计算出. K_1 由辐射锥角和视束宽的比值决定,可大于 1 也可小于 1. K_2 由 Q 参数决定,是为了修正因视线没有从辐射锥中心扫过而产生的误差,总是大于 1.已经知道 Q 或 β_n 的分布在 0~1 的范围,对于比较极端的情况,即 $Q \geqslant 0.9$ 或 $\beta_n \geqslant 0.9$ 的情况,视线从边缘附近扫过辐射锥,观测者只接收到辐射锥很少一部分能量.假定辐射锥的强度分布遵从 Gauss 分布,由(7.20)式和(7.18)式计算出的光度的差别可以达到 1~3 个数量级.当 $Q = 0.7$ 时, $K_2 = 2.17$,已经很可观了,不修正是不行的.在给出的 100 颗脉冲星中 $Q \geqslant 0.5$ 的脉冲星有 36颗.新的射电光度公式需要有信噪比较高的偏振观测数据,所以获得的样本数不太多,这是新公式的局限性所在.

(4) 辐射区多频分析和辐射截止频率的研究.

Malov(1991)定义参数 n 来表征视线到辐射锥中心的相对距离, n 参数与 Q 参数互为倒数关系,即 $n = 1/Q$.图 7.36 显示了 4 颗脉冲星的参数 n 与频率的关系, n值随着频率的增加而减小,表明视线越来越向辐射锥边缘靠近.一般认为,辐射区的高度是随频率的增加而减小的,辐射锥角随频率的增加而减小,由于 β 不随频率变化,因此参数 n 会随频率的增加而减小是自然的推论.但是,这 4 颗脉冲星的 n与频率的关系很不一样,周期长的 PSR B0525+21($P = 3.75$ s) 和 PSR B2045−16($P = 1.96$ s)的 n 值变化很大,而 PSR B0628−28($P = 1.24$ s) 和 PSR B1133+16($P = 1.19$ s)的 n 值变化很小.此外,还有 12 颗平均周期等于 0.42 s 的脉冲星, n 值基本上不随频率变化.因此他提出,可以把脉冲星分为长周期和短周期两类,它们的辐射区的磁场结构是不同的.

Malov 和 Malofeev (1991)给出 31 颗脉冲星辐射的高频截止频率,采用参数 x来进行研究. x 参数的定义与 Q 参数的定义完全相同.脉冲星辐射高频截止频率是由高灵敏度的射电望远镜观测发现的.31 颗脉冲星中能计算出参数 x 值的有 26颗,其中 22 颗脉冲星的 x 值大于 0.5,17 颗脉冲星的 x 值大于 0.8.辐射高频截止现象与高 x 值有关,高 x 值意味着视线从靠近辐射锥的边缘区域扫过.他们认为是

靠近辐射锥边缘部分的磁层比较薄导致了辐射高频截止现象.

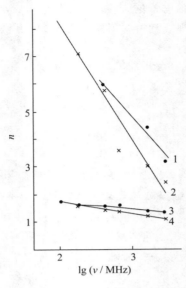

图 7.36　参数 n 与频率的关系. 1. PSR B0525+21；2. PSR B2045−16；3. PSR B0628−28；4. PSR B1133+16.（Malov, 1991）

7.3.4　极冠几何模型三参数 α, β 和 ρ 及辐射区高度的估计

极冠几何模型中有三个参数,即磁倾角 α、辐射锥角 ρ 和视线投射角 β,其中磁倾角 α 是理论辐射模型所必需的一个重要参数. 由于极冠模型只有 2 个独立的关系式和两个观测量(视束宽 $\Delta\phi$ 和线偏振位置角 ψ 或 $\Delta\psi$),不能求解三个未知参数,必须引入另外的关系式.

（1）ρ-P 关系的研究与辐射锥参数的估计.

Kuzmin 等(1984,1992)计算得到了 56 颗和 105 颗脉冲星的磁倾角、辐射锥角和视线投射角的数值,计算公式是(7.20)和(7.21)式,加上他们导出的 ρ-P 关系:

$$\rho = 5.0P^{-1/2}. \tag{7.32}$$

这个关系式是由视束宽($\Delta\phi$)和周期(P)的线性回归分析获得. 一般情况下 $\Delta\phi$ 可以大于、小于或等于 ρ. 只有当磁倾角为 90° 和视线投射角 β 等于 0 时,才有 $\Delta\phi=\rho$.

LM88 应用新的统计方法获得了新的 ρ-P 关系,计算出磁倾角为 90° 时的辐射锥角 ρ_{90},把 ρ_{90} 对周期 P 作图,如图 7.37 所示,下边界的脉冲星可能磁倾角接近 90°. 由边界脉冲星的 ρ_{90}-P 关系给出:

$$\rho = 6.5P^{-1/3}. \tag{7.33}$$

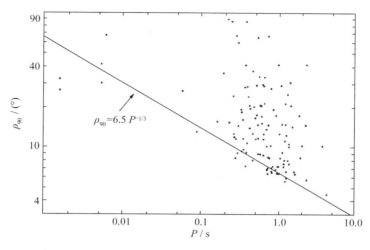

图 7.37 磁倾角为 90°情况下的脉冲星的辐射锥角 ρ_{90} 与周期的关系图.(LM88)

LM88 的方法颇有新意,但由于处在下边界附近的脉冲星数目不多,不能保证它们的磁倾角接近 90°. 后来,Gould（1994）发表了 300 颗脉冲星多频偏振观测的资料,得到 $\rho = 7.7 P^{-1/2}$ 的结果,Manchester(1995)予以肯定.

（2）由平均脉冲核成分宽度估计磁倾角的方法及辐射区高度的估计.

Rankin(1990)分析得到了 6 颗具有中间脉冲的脉冲星以及它们的平均脉冲中的核成分的宽度（见表 7.3）,统计结果给出关系式：

$$W_{\text{core}} = 2.45° P^{-1/2}. \tag{7.34}$$

表 7.3 有中间脉冲的脉冲星平均脉冲核成分宽度测量

脉冲星	P/s	核成分宽度/(°)
B0531+21p	0.0331	13.5±1.0
B0823+26m	0.5301	3.38±0.1
B0833−45m	0.0892	8.18±0.3
B0906−49i	0.1068	7.5±0.4
B1702−19i	0.2990	4.5±0.3
B1929+10i	0.2265	5.15±0.1

（7.34）式与（7.18）式几乎一样,表明核成分可能位于磁极冠区域中子星表面附近.Gil(1981)给出了极冠几何中平均脉冲总的视束宽 $\Delta\psi$ 的一个关系式：

$$\Delta\psi = 4 \sin^{-1}\left[\frac{\sin((\rho/2)+(\beta/2))\sin((\rho/2)-(\beta/2))}{\sin\alpha\sin\zeta}\right]^{1/2}, \tag{7.35}$$

当 β 很小时, $\zeta = \alpha$,上式可简化为

$$\Delta\psi \approx 2\rho/\sin\alpha. \tag{7.36}$$

(7.36)式是由有中间脉冲的脉冲星资料获得的,可以认为它们的磁倾角近似等于 $90°$,因此可把(7.34)式修正为

$$W_{\text{core}} = 2.45 P^{-1/2}/\sin\alpha. \tag{7.37}$$

这个式子成为估计脉冲星磁倾角的新方法,只要能测量出平均脉冲核成分的角宽度,加上周期值,就可以估计出磁倾角了.

外锥成分和内锥成分的锥角(ρ)都比核成分大,它们分别处在离中子星表面不同的高度上. R93 认为外锥和内锥成分的外边界都是最外一根开放磁力线,因此可由辐射锥角 ρ 来推算出辐射区高度 r :

$$\frac{r_{\text{cone}}}{r_{\text{core}}} = \left(\frac{\rho_{\text{cone}}}{\rho_{\text{core}}}\right)^2. \tag{7.38}$$

已知 $\rho_{\text{core}} = 1.225 P^{-0.5}$,并假定 $r_{\text{core}} = 10 \text{ km}$,可以求得在 1 GHz 频率上锥成分高度的表达式(单位是 km):

$$r = 10 \, (\rho/1.225 P^{-0.5})^2 = 6.66\rho^2 P, \tag{7.39}$$

式中的 ρ 与 $P^{-1/2}$ 成正比,因此辐射区高度是一个与周期和磁倾角无关的参数. 计算表明,在 1 GHz 频率上,外锥成分和内锥成分的高度大约分别为 220 km 和 130 km,而核成分接近在中子星表面.平均脉冲的核、内锥和外锥成分是各自独立处在不同高度上的,视线扫过外锥、内锥和核时往往有部分重叠.

由于核、内锥和外锥成分不在同一高度,三种成分有高度差.脉冲星的高速自转对高度不同的成分的影响不一样,因此会对平均脉冲轮廓的形状产生影响. Pan 和 Wu(1999)指出,光行时间差(aberration)、延迟(ratardation)和磁力线拖曳(MFS)三种效应会使处在高度 r 处的辐射相对于表面处有一个相位差,分别为 $\delta\varphi_a$, $\delta\varphi_r$ 和 $\delta\varphi_{\text{MFS}}$,但 MFS 带来的相位漂移方向与前两种效应方向相反.如果内锥和外锥的位置相对于核成分是对称的,由于高度差的存在,三种效应引起的相位漂移将会导致平均脉冲轮廓各个成分的不对称.平均脉冲 Gauss 成分分离的结果的确揭示了这种不对称性.

(3) K 参数的应用.

Xu 和 Wu(1991)推出的 K 参数($K = \sin\Delta\psi/\sin\Delta\varphi = \sin\alpha/\sin\rho$)由观测量 $\Delta\psi$ (1/2 线偏振位置角变化范围)和 $\Delta\varphi$ (1/2 视束宽)决定,因此 K 是一个观测量,给出了磁倾角和辐射锥角的综合信息. K 参数已经有三个方面的应用.

(i) K-t 关系的研究.

Xu 和 Wu(1991)研究了 K 参数的演化特性.按照 Candy 和 Blair(1986)提出的模型,磁倾角 α 和辐射锥角 ρ 随年龄的增长而变化着,其规律是

$$\sin\alpha(t) = \sin\alpha(0) \times \exp(-t/\tau), \tag{7.40}$$

$$\rho(t) = \rho_0 \left[1 - \exp(-2t/\tau) \right]^{-\gamma/(n-1)}, \tag{7.41}$$

$$\rho \propto P^{-\gamma}. \tag{7.42}$$

把(7.40)式和(7.41)式代入 K 参数的表达式,得到 K 参数的演化方式

$$K = \frac{\sin \alpha(0) \exp(-t/\tau)}{\sin\{\rho_0 \left[1 - \exp(-2t/\tau) \right]^{-\gamma/(n-1)}\}}. \tag{7.43}$$

观测资料得到的 K-t 关系如图 7.38 所示.

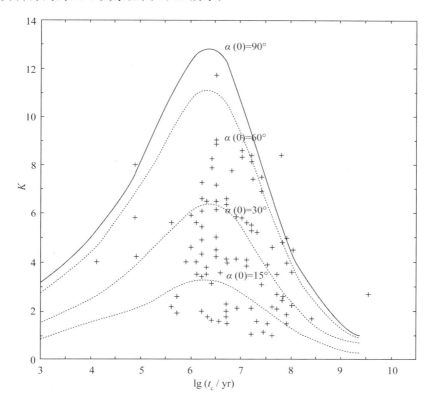

图 7.38　K-t 关系图."＋"为观测值,曲线为 $\alpha(0)$, ρ_0, τ 选取不同的值获得拟合曲线,实线把几乎所有的点都包括进去了,成为最好的拟合.(Xu & Wu,1991)

　　根据 K-t 关系图及理论拟合,可以得到如下一些结论:磁倾角 $\alpha(t)$ 的衰减时间常数是 $\tau = 1.5 \times 10^7 a$;辐射束角径随年龄的增加而减小,演化时标很短,当到 $6 \times 10^4 a$ 时,辐射锥角已经演化到最终值 ρ_0 了;假定脉冲星诞生时的磁倾角值是随机分布,根据观测的分布和拟合曲线可以给出每颗脉冲星的磁倾角初值;脉冲星的辐射锥角终值 ρ_0 遵从 Gauss 分布,平均值为 $\bar{\rho} = 5.6° \pm 2°$;根据脉冲星在 K-t 关系图上的分布可以给出每颗脉冲星的 α, β 和 ρ 的估计值.

（ii）K-P 关系的研究.

Wu 和 Gil（1995）应用参数 K 和周期的统计关系研究 ρ-P 关系. 由于

$$K = \frac{\sin\Delta\psi}{\sin\Delta\phi} = \frac{\sin\alpha}{\sin\rho} \approx \frac{\sin\alpha}{\rho}, \tag{7.44}$$

$$\frac{1}{K} \approx \frac{\rho}{\sin\alpha}, \tag{7.45}$$

$1/K$ 成为以 $\sin\alpha$ 为参数的辐射锥角的表达式. 他们统计了 50 颗脉冲星的 $1/K_{50}$ 与周期 P 的关系, 取磁倾角为 $8°, 10°, 30°$ 和 $90°$ 四种情况恰好覆盖了图 7.39 上所有的点, 用 $\alpha = 90°$ 情况时的数据给出 $\rho_{50} = 2.8P^{-1/2}$ 的结果, 换算为 ρ_{10} 时则有

$$\rho_{10} = (4.5 \pm 1.8)P^{-1/2}. \tag{7.46}$$

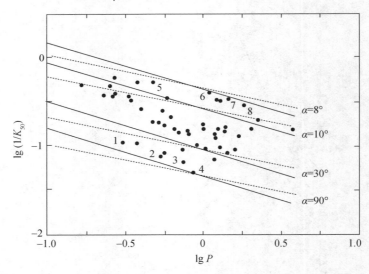

图 7.39 $\lg(1/K)$ 和 $\lg P$ 关系图. 实线代表 $\rho_{50} = 2.8P^{-1/2}$, 虚线代表 $\rho_{50} = 2.8P^{-1/3}$.（Wu & Gil, 1995）

（iii）K 参数的多频分析研究.

脉冲星辐射区的径向结构受到关注, 但是辐射区的高度不能直接观测得到. 一般认为, 同一颗脉冲星, 不同频率的辐射来自磁极冠区不同的高度, 随着频率提高, 其辐射区的高度随之下降. Gil 和 Kijak（1993）导出了脉冲星辐射锥角与辐射区高度的关系

$$\rho = 1.24 s r_6^{1/2} P^{-1/2}, \tag{7.47}$$

其中 $r_6 = r/R$, s 表示辐射区磁力线对辐射贡献的情况, $0 < s \leqslant 1$, $s = 0$ 为磁轴处的情况, $s = 1$ 为最外一根开放磁力线的情况, 一般取 $s = 1$.

Wu 等（1999, 2003）应用 K 参数的多频资料来研究不同频率的辐射区的高度

比. 根据 K 参数的定义, 结合 (7.47) 式, 有

$$m = \frac{r(f_1)}{r(f_2)} = \frac{\rho^2(f_1)}{\rho^2(f_2)} \approx \frac{K^2(f_2)}{K^2(f_1)}. \tag{7.48}$$

他们分析了 18 颗脉冲星在 1408 MHz 和 610 MHz 频率的偏振观测, 获得了 K(1408) 和 K(610) 参数, 进而得到

$$m = \frac{r(610)}{r(1408)} = \left(\frac{610}{1408}\right)^{-\xi}, \tag{7.49}$$

$$\xi = 2.75 \lg\left(\frac{K(1408)}{K(610)}\right)^2 = 2.75 \lg m, \tag{7.50}$$

ξ 是表征不同频率的辐射区高度比的一个参数. 表 7.4 给出了多家研究的结果. 两个样本数最大的研究结果很相近.

表 7.4　关于 ξ 研究的结果

ξ	频率范围/GHz	脉冲星数目	参考文献
0.21 ± 0.1	$0.43 \sim 1.42$	11	BCW91
$\leqslant 0.66$	$0.05 \sim 4.80$	4	Phi92
0.12 ± 0.08	$0.43 \sim 1.42$	6	GK93
0.26 ± 0.09	$0.43 \sim 1.42$	16	KG98
0.24 ± 0.10	$0.43 \sim 1.42$	8	Wu, et al., 1999
0.27 ± 0.12	$0.63 \sim 1.42$	18	Wu, et al., 2002

第八章 磁层结构、粒子加速与辐射过程概述

§8.1 观测对理论的限制

脉冲星发现四十多年来,积累了大量观测事实,理论工作者也进行了不懈的探索.但摆在我们面前的问题依然是:脉冲星的辐射是怎么产生的?

对脉冲星辐射过程的清楚的了解,原则上需要将下面四者结合起来(参见 Michel,1992):

(1) 基本物理问题;

(2) 脉冲星磁层的整体模型;

(3) 粒子加速与辐射过程的模型;

(4) 观测对理论的检验.

下面我们将会看到,虽经多年努力,但现有的理论模型依然顾此失彼,或理论本身有问题,或与某些观测相冲突.一个完整的从整体到局部、从粒子加速到辐射、理论与观测相结合的模型尚未完全建立.但通过多年观测与理论上的努力,今天我们已处于建立一个理论与观测相结合的模型的前夜.下面先总结观测上最重要的事实,然后在回顾脉冲星理论发展的基础上,着重分析射电辐射 RS 模型(Ruderman & Sutherland,1975)、γ 射线辐射模型的成功和困难,最后对可能的发展及问题提一点看法.

8.1.1 射电观测对理论的启发和限制

由于脉冲星的观测资料极其丰富,理论学家常常有意无意地"忘掉"一些.为此,在具体介绍脉冲星理论之前,先让我们归纳一下观测提出的主要限制,已经取得的共识或需要强调的几个问题.这里我们主要涉及的是与射电辐射有关的问题.

(1) 能源.

中子星转动能作为脉冲星辐射的能量来源,量级上与观测相符合,并且可用中子星磁偶极辐射等于自转能的损失率来计算中子星的磁场和脉冲星的特征年龄.尽管这种估计十分"粗糙",也未完全建立能量转换的具体机制,但迄今关于脉冲星的大量文献中,所用的脉冲星磁场和特征年龄的估计都是建立在这一假定基础之上的.甚至这已变成对一个模型的判断标准:符合上述假定的模型,就是"与观测资料符合"的模型.

蟹状星云中高能电子的能量比超新星爆发形成中子星时遗留下来的要大,蟹状星云脉冲星所提供的能量正好弥补了这个不足,这表明中子星会产生和加速高能粒子.事实上磁偶极辐射所带走的能量只是中子星自转能损失的一部分:平行于自转轴的磁场可以加速粒子并带走自转能量(Xu & Qiao,2001).因此上述假定仅仅是一定条件下的一个近似假定.观测到的少数 $\dot{P}<0$ 的脉冲星[1]更增加了对脉冲星辐射能量来源这一假定的质疑,至少说明这一假定有其局限性.

(2)频谱、粒子束和相干性.

绝大多数脉冲星的射电辐射流量随频率的增加而下降,呈幂律谱,与被加速粒子束的能量分布相符.射电辐射必须是非热、高度相干的.

(3)脉冲宽度和高能粒子的能量.

如果将脉冲星的微脉冲(micro-pulse)看成辐射的基本单元,它的脉冲宽度只有 $0.2°\sim0.3°$.高能粒子沿磁场切线方向运动,产生微脉冲辐射的高能粒子的相对论因子约为 10^2.这与从观测上得出的结论(见 Rankin,1993)是一致的.这一观测事实对产生微脉冲的辐射部位、粒子的加速过程有所限制,有利于辐射来自中子星表面附近区域的理论.

(4)偏振特性.

累积脉冲(又称平均脉冲)具有"S"形的偏振位置角的变化.有的脉冲星偏振位置角有"跳跃",一些脉冲星偏位置角的跳跃达 $\pi/2$,即在同一位置上观测到相互垂直的偏振模式.即使累积脉冲偏振位置角呈"S"形变化,也只是一种"统计效应".子脉冲偏振位置角与"S"形的偏离很大,分布在一个相当广泛的范围内.微脉冲与子脉冲偏振位置角的关系,类似于子脉冲和累积脉冲之间的关系,两者的"面貌"相差甚大.累积脉冲的圆偏振"很特别",一些脉冲星左旋、右旋成分在脉冲中心部分变号,一些不变号.[2]

脉冲星偏振观测提供了一种相当可靠的观测事实.任何一个可以被接受的模型,都必须面对这个事实.关于偏振的可能的理解是:

(i)累积脉冲的偏振反映辐射"窗口"的特性.

(ii)在同一观测方向上观测到的相互垂直的偏振模式,说明辐射来自不同的辐射部位.由于这是在一个频率上观测到的,所以同一个频率的辐射,可以来自不同的辐射高度.[3]

(iii)子脉冲、微脉冲反映辐射的具体过程和辐射"窗口"内的细节.

---

① 在脉冲星星表 http://www.atnf.csiro.au/people/pulsar/psrcat/ 中可查到三十几颗 $\dot{P}<0$ 的脉冲星.这可能是由于视向加速运动引起的.

② 个别文献在处理偏振资料时可能有误,这一点要注意.

③ 同一观测方向、同一频率上观测到相互垂直的偏振模式,对此有学者对辐射机制提出疑问.

（5）中心辐射束、空心锥辐射的特性及其随频率的变化.

中心辐射束的存在最初是由对脉冲剖面的形状的研究得到的（如 Rankin，1983）. 中心辐射束（core 辐射）和空心锥辐射束（conal emission）的辐射部位、偏振、频谱及子脉冲特性等所表现的不同，从观测上已被公认. 多年来理论工作仅限于对空心辐射锥的研究. 一个可被接受的理论，必须能同时给出中心辐射束和空心辐射束，以及它们各种特性上的差别（如随观测频率的变化：有的脉冲星的脉冲剖面在高频上脉冲较宽、分成几个峰；而有的则在低频上脉冲较宽、分成几个峰，等等）.

（6）辐射部位.

辐射部位的确定，对于辐射机制、辐射模型的检验有重要意义.

迄今对脉冲星辐射区的高度和尺度已进行了广泛的研究. 已用过的五种方法中四种有相当大的模型依赖性，余下一种称为 V/C 效应的方法，模型依赖性较小. 这种方法除考虑了粒子沿磁力线的运动外，也考虑了共转速度 $\Omega \times r_e$ 的影响（Ω 为自转角速度，r_e 为辐射源径矢）. 这会在脉冲强度，偏振特性上引入一个时差，由这些时差来判断辐射部位. 大多数的结果表明，在 400 MHz 的频率上，辐射区 $r_e = 0.02R_L$，$R_L = c/\Omega$ 为光速柱半径.

除辐射源的高度外，辐射源离磁轴的角度也很重要. 对于大多数脉冲星而言，脉冲剖面的宽度约为脉冲周期的 $3\% \sim 4\%$，估计辐射区靠近磁轴. 新近 Fermi 卫星观测到的 γ 射线脉冲星，无论年轻的脉冲星还是毫秒脉冲星，辐射束都比较宽，不仅 γ 射线，就是射电辐射区也靠近零电荷面（Ravi，Manchester & Hobbs，2010）.[①]

如果能够知道一颗脉冲星的磁倾角以及视线角，只要假定中子星具有偶极磁场，就可以从观测上确定辐射区的位置（Wang, et al., 2006）. 关于射电脉冲星观测及理论研究、磁层与辐射机制等，可参见张冰、乔国俊（1996）的综述.

8.1.2　γ 射线脉冲星的基本观测特征及对理论的启迪和限制

20 世纪 70 年代，人们已经观测到来自蟹状星云和船帆座脉冲星的 γ 射线脉冲辐射，20 世纪 90 年代 Compton γ 射线天文台（CGRO）的观测使得高能 γ 射线脉冲星的数目增加到至少 7 颗，其中 6 颗为射电脉冲星，1 颗（Geminga）为射电宁静的脉冲星，并有几个很好的候选体（Thompson，2008）. AGILE 和 Fermi γ 射线空间望远镜分别于 2007 年 4 月 23 日和 2008 年 6 月 11 日发射升空，开创了 γ 射线天

---

① 这一观测事实，对研究 γ 射线辐射的产生机制非常重要.

文的一个新的时代. 到 2014 年 3 月已经观测到 147 颗 γ 射线脉冲星[①](年轻 γ 射线脉冲星:射电选发现的 42 颗,γ 射线选发现的 40 颗,X 射线选发现 3 颗;毫秒脉冲星:射电选发现 61 颗,γ 选发现 1 颗. 其中 Fermi 卫星上大面积望远镜(the Large Area Telescope,LAT)的 γ 射线源射电观测发现 35 颗,EGRET/COMPTEL 卫星观测到的 7 颗),其主要观测特征如下:

(1) 观测到的脉冲形状各异,80% 以上的 γ 射线脉冲星具有双峰结构,两峰的间距约大于等于 0.2 个转动位相. 有的两峰之间跨度可达周期的 50%,属于宽辐射束(见图 8.1,图 8.2,图 8.3).

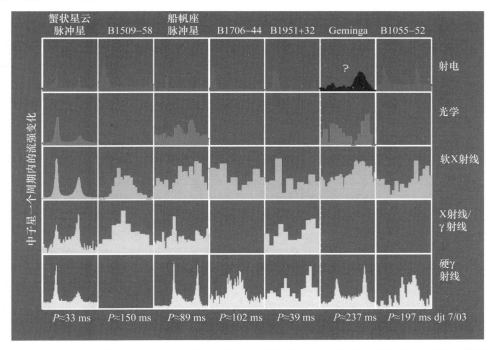

图 8.1   七颗 γ 射线脉冲星射电、光学、X 射线、γ 射线的光变曲线. 从左到右以特征年龄排序(Thompson,2004a). 横坐标上面是脉冲星的名称,下面是对应脉冲星的脉冲周期.

(2) γ 射线脉冲的能谱为幂律谱,一般谱指数小于 2,具有高能截止,截断能量在约 1~5 GeV 范围内(参见图 8.4).

(3) 不同相位上的谱指数不同,显示不同相位的辐射来自不同区域.

(4) 两峰之间的辐射称为"桥(bridge)"辐射,"桥"的"硬度比"(能量大的光子数与能量小的光子数之比率)较大(图 8.5).

---

① https://confluence. slac. stanford. edu/display/GLAMCOG/Public + List + of + LAT-Detected + Gamma-Ray+Pulsars.

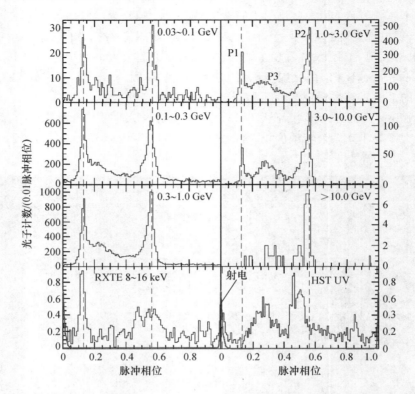

图 8.2 船帆座脉冲星(PSR B0833−45)γ 射线波段的脉冲剖面(上面 6 幅).左侧纵坐标是左面 4 张图的光子计数率,右侧纵坐标是右面 4 张图的光子计数率.虚线给出 γ 射线脉冲剖面两个峰 P1 和 P2 的位置.P3 是第三个峰,位于"桥"辐射区.左下图给出 8~16 keV 能段的 X 射线脉冲剖面.右下图是 4.1~5.6 eV 波段近紫外(NUV)波段的脉冲剖面,红线是射电脉冲剖面.(Abdo,et al.,2009)

(5) 对普通脉冲星而言,虽然 γ 射线辐射束宽,但射电辐射束较窄.对与毫秒脉冲星而言,射电和 γ 射线的辐射束都比较宽.

(6) 转动能损率($\dot{E}$)跨越 5 个量级,从约 3×10^{33} erg/s 到 5×10^{38} erg/s.尽管脉冲星距离存在大的不确定性,但估计 γ 射线的转换效率(γ 射线光度与中子星自转能损率之比,$L_\gamma/\dot{E}$)可从约 0.1% 到约 100%.

这些观测特征表明,对大部分脉冲星而言,γ 射线辐射主要来自零电荷面附近,而极冠区的辐射对"桥"区辐射以及少数脉冲星的 γ 射线辐射有贡献.

Fermi 卫星对 γ 射线脉冲星的观测做出了巨大的贡献,使人们观测到的 γ 射线脉冲星,由先前不到 10 颗增加到 147 颗.Fermi LAT 的脉冲星观测中,有两个重要的成就:

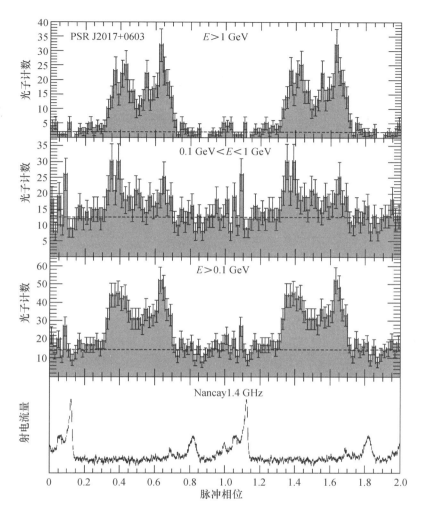

图 8.3 毫秒脉冲星 PSR J2017＋0603(脉冲周期 $P＝2.9\,\text{ms}$)γ 射线和射电脉冲轮廓(Cognard,et al.,2011).上面三幅图是不同能段 γ 射线轮廓.下面是 1.4 GHz 的脉冲轮廓(Nancay 是望远镜的名称).可以看出,γ 射线脉冲呈双峰,脉冲宽度大,射电辐射峰值与 γ 射线峰值的相位不同.

(1) Fermi LAT 从已知的年轻射电脉冲星中探测到 γ 射线脉冲星 42 颗,通过 γ 射线数据的盲寻找(blind search)技术发现了 40 颗射电宁静脉冲星.所以对于年轻的脉冲星而言,观测到的射电噪脉冲星和射电宁静脉冲星有大致相同的数目.

(2) Fermi LAT 探测到毫秒脉冲星发射的 γ 射线脉冲辐射.虽然在 EGRET 数据中已经尝试性地获得了 PSR B0218＋4232 的高能辐射,但一般认为毫秒脉冲

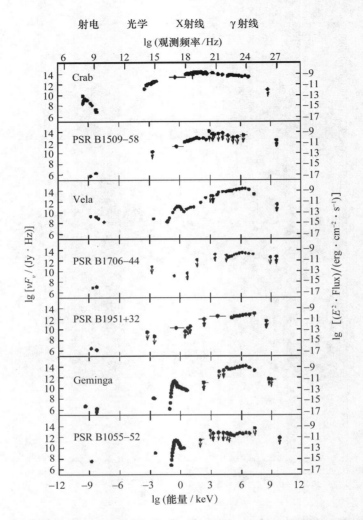

图 8.4　七颗"年轻"脉冲星宽波段能谱概述(Thompson,2004b).纵坐标 νF_ν(或 E^2 乘以相应频谱光子数)表示每个频率间隔上的功率.下面横坐标是各个波段对应的能量(keV 为单位),上面横坐标是观测到的频率.Crab 是蟹状星云脉冲星(PSR B0531+21),Vela 是船帆座脉冲星(PSR B0833−45),Geminga 脉冲星(1E 0630+178)的射电辐射不确定.

星由于其相对低的磁场而不能产生高能 γ 射线.目前 Fermi LAT 已探测到大约 62 颗毫秒脉冲星,这对已有的理论模型提出了新的挑战(张力,等,2013).图 8.3 给出了毫秒脉冲星 PSR J2017+0603 不同波段(包括射电)的脉冲剖面.

　　七颗年轻 γ 射线脉冲星 X 射线、γ 射线的光变曲线示于图 8.1.一些重要的观测量在表 8.1 中给出.图 8.2 给出船帆座 γ 射线脉冲剖面,图 8.3 给出毫秒脉冲星

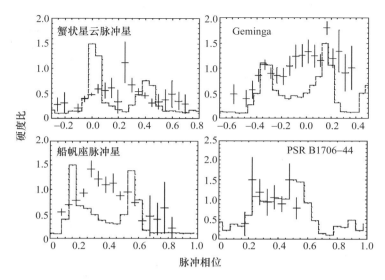

图 8.5 四颗 γ 射线脉冲星的高能光子硬度比（300 MeV 以上的光子数与 100～300 MeV 光子数之比，见 Kanbach，2002）. 可以看出在脉冲峰值之间的部分（"桥"辐射区）高能光子硬度比较高.

PSR J2017+0603 不同波段（包括射电）的脉冲剖面. 表 8.1 列出了 10 颗"年轻"γ射线脉冲星的几个重要的观测量，包括距离、高能光度、高能光度与自转能损率的比值等. 图 8.6 给出了脉冲星周期-周期导数图. 周期和周期导数都是独立的观测量，能给出磁场、年龄等重要参数及其可能的演化途径，在脉冲星研究中起重要作用. 图 8.7 给出了 γ 射线脉冲星光度——中子星转动能损率，对辐射机制的研究有重要的参考价值.

上述观测事实为我们理解脉冲星辐射观测提供了丰富的信息，对理论模型给出了启迪和制约，也提出了许多值得思考的问题：

（1）为什么有的年轻的脉冲星和毫秒脉冲星有 γ 射线辐射，有 γ 射线辐射的脉冲星与没有 γ 射线的脉冲星有什么不同？"射电宁静"的 γ 射线脉冲星是真的"宁静"还是观测效应？

（2）为什么 γ 射线辐射带走的中子星转动能损率比射电辐射大的多？从粒子加速到辐射机制有何不同？

（3）γ 射线辐射的脉冲宽度大，与辐射部位密切相关，从粒子加速和辐射的角度看，其原因是什么？ γ 射线的高能截止的产生原因是什么？不同相位上的频谱不同，产生的原因是什么？如此等等.

表 8.1　10 颗"年轻"γ 射线脉冲星的几个重要的观测量

名称	P/(s)	τ /(kyr)	$\dot{E}$ /(erg/s)	F_E/ (erg/(cm² · s))	d/(kpc)	L_{HE} /(erg/s)	η ($E>1$ eV)
蟹状星云脉冲星	0.033	1.3	4.5×10^{38}	1.3×10^{-8}	2.0	5.0×10^{35}	0.001
B1509−58	0.150	1.5	1.8×10^{37}	8.8×10^{-10}	4.4	1.6×10^{35}	0.009
船帆座脉冲星	0.089	11	7.0×10^{36}	9.9×10^{-9}	0.3	8.6×10^{33}	0.001
B1706−44	0.102	17	3.4×10^{36}	1.3×10^{-9}	2.3	6.6×10^{34}	0.019
B1951+32	0.040	110	3.7×10^{36}	4.3×10^{-10}	2.5	2.5×10^{34}	0.007
Geminga	0.237	340	3.3×10^{34}	3.9×10^{-9}	0.16	9.6×10^{32}	0.029
B1055−52	0.197	530	3.0×10^{34}	2.9×10^{-10}	0.72	1.4×10^{33}	0.048
B1046−58	0.124	20	2.0×10^{36}	3.7×10^{-10}	2.7	2.6×10^{34}	0.013
B0656+14	0.385	100	4.0×10^{34}	1.6×10^{-10}	2.7	1.3×10^{32}	0.003
J0218+4232	0.002	460 000	2.5×10^{35}	9.1×10^{-11}	2.7	6.4×10^{33}	0.026

　　表中上面 7 颗是早期观测到的 γ 射线脉冲星,下面 3 颗是先前未肯定的 γ 射线脉冲星(Thompson, 2004a). 表中 P 是脉冲周期,τ 是脉冲星特征年龄,$\dot{E}$ 是脉冲星自转能损率,F_E 是观测到的脉冲星流量,d 是脉冲星的距离,L_{HE} 是脉冲星高能辐射的光度,η 是脉冲星光度与自转能损率之比.

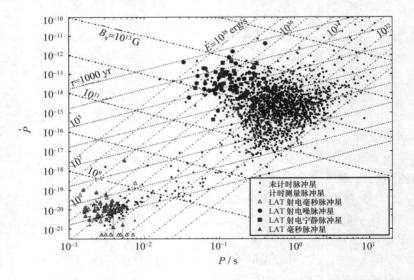

图 8.6　脉冲星周期导数-脉冲周期图. 红色实心三角代表 40 颗 γ 射线毫秒脉冲星. 蓝色正方形代表 35 颗年轻的"射电宁静"的 γ 射线脉冲星. 绿点代表 42 颗年轻有射电脉冲的 γ 射线脉冲星. 橙色空心三角代表在 LAT 源的位置上发现的射电毫秒脉冲星,但尚未找到 γ 射线脉冲. 黑点代表 710 颗进行过 γ 射线搜寻未发现 γ 射线脉冲的射电脉冲星. 灰色点代表未进行过 γ 射线搜寻、在球状星团外的 1337 颗射电脉冲星. 绿色和蓝色虚线分别显示由脉冲周期和周期导数求出的表面磁场和特征年龄. (Abdo, et al., 2013)

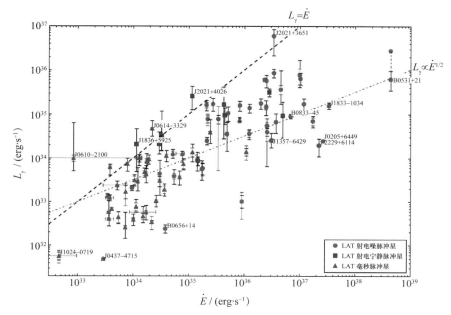

图 8.7　γ 射线脉冲星光度 $L_\gamma = 4\pi f_\Omega d^2 G_{100}$（$0.1 \sim 100\,\text{GeV}$）对中子星转动能损率 $\dot{E}$ 图（Abdo，et al.，2013）. 上面的斜线表示中子星 100% 的转动能损率转化为 γ 射线辐射. 斜线上面的点表示 γ 射线光度大于中子星自转能损率. 在辐射能量由自转能提供的假定下，这就出现了问题. 有可能是距离测得不准（d 小了），也可能是假定辐射束的大小产生的误差. 下面的斜线为 $L_\gamma = \sqrt{10^{33}\dot{E}}\ \text{erg} \cdot \text{s}^{-1}$.

§8.2　脉冲星静态磁层模型

脉冲星发现前，人们认为中子星不可能有大气层. 我们知道，星体（包括地球）大气层的厚度是大气分子热运动与引力平衡的结果，而中子星半径得小，其表面附近引力很强，即使气体温度高达 10^6 K，对于氢原子的大气标高也只有一厘米，所以实际上不存在大气.

脉冲星发现后，Goldreich 和 Julian（1969）提出，对于中子星，电磁力起着重要作用. 考虑强磁场存在时，中子星会有电荷分离的大气层，称为磁层. 在中子星附近，粒子受到电磁力的合力为零，即

$$E + (\boldsymbol{\Omega} \times \boldsymbol{r}) \times \boldsymbol{B}/c = 0, \tag{8.1}$$

电场 E 为

$$E = -(\boldsymbol{\Omega} \times \boldsymbol{r}) \times \boldsymbol{B}/c,$$

这里 E 为磁层中的电场，B 为磁场，Ω 是中子星转动的角速度，磁层与中子星共转，r 是径矢，c 为光速. 由于脉冲星的磁场很强（典型值 10^{12} G），转动很快，光速圆柱（共转速度达到光速的圆柱面）以内，电磁力比其他力大许多量级（$10^7 \sim 10^9$ 倍[①]），故可以将磁层中的粒子看成是质量为零但带有限电荷的粒子.

对于磁轴与自转轴平行或反平行的偶极磁场，可以导出磁层中的电荷密度 ρ（常称为 GJ 电荷密度）为

$$\rho = \frac{\nabla \cdot E}{4\pi} = \frac{-\Omega \cdot B}{2\pi c} \frac{1}{\left[1 - (\Omega r/c)^2 \sin^2\theta\right]}, \tag{8.2}$$

式中 B 为中子星磁场，R 为中子星半径，θ 是径矢 r 与自转轴之间的夹角. 注意，这里 GJ 电荷密度 $\rho = \rho_{GJ} = \rho_+ - \rho_-$ 是"净"电荷密度. 通常讨论的是"完全电荷分离"的等离子体，即正电荷区域没有负电荷，负电荷区域没有正电荷. 由(8.2)式给出的脉冲磁层示于图 8.8.

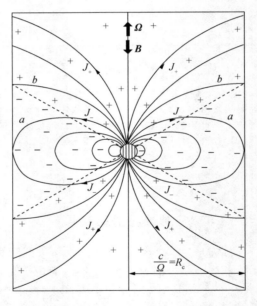

图 8.8　中子星自转轴 Ω 与磁轴反平行时的磁层结构（Ruderman & Sutherland，1975）. 电荷密度由(8.2)式给出. 图中虚线（$\cos\theta = \pm 1/\sqrt{3}$）处，电荷密度为零，称为零电荷面（NCS）. 线 a 与光速圆柱半径 R_c 相切，称为闭合磁力线. 线 a 和磁轴之间的磁力线，称为开放磁力线. 线 b 在光速圆柱处（$r = R_c$）与零电荷面相交，称为临界磁力线. 临界磁力线 b 与闭合磁力线 a 之间的区域，称为环区.

---

① 电子受到的电磁力和引力分别是 $F_e = eE = e\Omega B R_{ns}/c$，$F_g = m M_{ns}/R^2$. 其中 Ω 是自转角速度，B 为磁场，M_{ns} 和 R_{ns} 分别是中子星的质量和半径，G 是引力常数，m 是氢原子的质量. 对于蟹状星云脉冲星，$F_e/F_g = 10^9$.

上面讨论的是一个"静态的磁层",磁层中各部位以相同的角速度旋转.事实上,当与自转轴的距离大到一定程度时,绕自转轴共转的速度就会达到或超过光速.共转速度达到光速的位置为光速圆柱半径 R_c, $R_c = c/\Omega = cP/2\pi$.

在光速圆柱以内的磁层中,对于完全电荷分离的等离子体,粒子的数密度 n 为

$$n = |n_+ - n_-| = |\rho/e| = |(\boldsymbol{\Omega} \cdot \boldsymbol{B})/(2\pi ec)| \approx 7 \times 10^{-2} (B_z/P) \text{ cm}^{-3}, \quad (8.3)$$

式中 e 是粒子带的电荷,B_z 为与自转轴平行的磁场分量,c 为光速.对于周期 $P = 1 \text{ s}$,$B_z = 10^{12} \text{ G}$ 的脉冲星而言,

$$n \approx 7 \times 10^{10} \text{ cm}^{-3}. \quad (8.4)$$

由上面的介绍可以看到:

(1) 当磁轴和自转轴反平行时,极区的电荷为正,而当磁轴和自转轴平行时,极区的电荷为负.在 $\cos\theta = \pm 1/\sqrt{3}$ 的直线上,GJ 电荷密度为零.在这条线上,$\boldsymbol{\Omega} \cdot \boldsymbol{B} = 0$,也就是说,在这些点上磁力线垂直于自转轴.这一点很重要,即使辐射区靠近中子星,也可以产生很宽的辐射束.

(2) GJ 电荷密度,是指正负电荷密度之差.在磁层内加速过程的研究中,绝大多数研究者假定没有中性成分,是完全电荷分离的等离子体,正电荷区域没有负电荷,负电荷区域没有正电荷.

(3) 在中子星这样强磁场的情况下,粒子只能沿磁力线被加速(在垂直于磁力线方向上,粒子处于 Landau 能级束缚态).GJ 磁层是一个静态的磁层,沿磁力线的电场为零,$\boldsymbol{E} \cdot \boldsymbol{B} = 0$.

(4) 由于共转速度不能超过光速,如果光速圆柱之内是静态磁层,光速圆柱之外肯定不是.在光速圆柱附近会有粒子损失,如图 8.9 所示.通过光速圆柱的粒子损失,会引入两个重要的问题.

(i) 打破磁层的"静态",产生平行于磁场的加速电场.

当粒子沿开放磁力线流动时,会使磁层中粒子密度发生变化,也就是使得磁层中的电荷密度不等于当地的电荷密度,从而会产生沿磁力线的平行电场.

由(8.2)式可以看出,对于某一脉冲星,在磁场与自转轴平行分量 B_z 大的地方,GJ 电荷密度大.当粒子沿确定的磁力线流出时,外出粒子流的电荷密度(ρ)随距离而变化,同时 ρ_{GJ} 也在变化(依赖距离 r 和磁场与自转轴之间的角度),而两者变化不一致,使得 $\rho - \rho_{GJ} \neq 0$,从而产生沿磁力线的加速电场,即 $\boldsymbol{E} \cdot \boldsymbol{B} \neq 0$.

(ii) 对边条件产生影响.

在静态磁层的情况下,中子星表面的电荷密度(ρ)等于当地的 ρ_{GJ} 电荷密度.当通过光速圆柱有粒子流出时,就会使中子星表面的电荷密度(ρ)不等于当地的 ρ_{GJ} 电荷密度.在有电荷流动的情况下,一些文献仍然把中子星表面 $\rho = \rho_{GJ}$ 当作边条件,这对加速区的部位会产生误导.

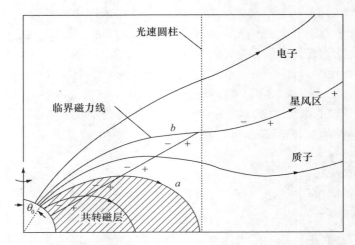

图 8.9　在光速圆柱之外，粒子会离开磁层，形成星风区（wind zone）（Goldreich & Julian，1969）.零电荷面与光速圆柱相切线的磁力线称为临界磁力线.磁力线 a 与光速圆柱相切，称为闭合磁力线.

§8.3　几种可能的高能粒子加速过程

上述 GJ 磁层模型，在脉冲星的研究中是个重要的阶段性成果，它为脉冲星的辐射环境提供了依据.但它是一个静态的磁层，粒子不能加速并产生辐射，沿磁力线的电场分量为零，即 $E_\parallel = 0$，因而磁层中的粒子无法被加速，不能产生辐射.

在 GJ 磁层的基础上，人们提出和发展了不同的粒子加速和辐射模型.辐射是由被加速的粒子产生的，要想加速粒子，沿磁力线必须有加速电场，也就是 $E_\parallel \neq 0$.如何做到这一点呢？最根本的就是：只要局部电荷密度不等于 GJ 静电荷密度，就会产生沿磁场的平行电场，即

$$\rho - \rho_{\mathrm{GJ}} \neq 0 \Rightarrow E_\parallel \neq 0. \tag{8.5}$$

换句话说，加速区就是那些电荷密度偏离静态磁层电荷密度的区域.

8.3.1　"自由流动"产生的加速

由上面的讨论我们知道，通过光速圆柱会有粒子损失.如果中子星表面对粒子的束缚能不大，粒子继续流出，就会使局部区域的电荷密度偏离静态的磁层密度，产生加速电场.这就是"自由流动"（free flow）引起的加速. Arons 和 Scharlemann（1979），Arons（1981）提出的狭长间隙（slot gap）模型就属于这一类.

8.3.2　真空内间隙

通过光速圆柱会有粒子损失，当正电荷通过光速圆柱流出时（见图 8.8），需要

从中子星表面流出正电荷. 如果中子星表面对离子的束缚能很大, 离子就不会继续流出, 在某些区域被"掏空", 在掏空的区域产生加速电场. Ruderman 和 Sutherland (1975)提出的真空内间隙(inner vacuum gap)模型就属于这一类.

8.3.3 真空外间隙加速区

属于真空间隙的还有外间隙模型. Holloway(1975)指出, 如图 8.9, 图 8.10 所示, 在闭合磁力线(a)和临界磁力线(b)中的零电荷面的区域, 由光速圆柱跑出一个正电荷, 正电荷不能通过零电荷面以内的负电荷区域由中子星附近流出, 零电荷面外少了一个正电荷, 相当于多了一个负电荷, 在负电荷斥力的作用下由零电荷面内侧向中子星流回一个负电荷, 于是在零电荷面附近就会形成一个"真空外间隙" (outer vacuum gap), 这就是外间隙模型.

关于带电粒子流的一点说明:

(1) 按照 GJ 模型, 脉冲星的磁层是电荷分离的. 如果只有一种带电粒子离开中子星, 中子星就会带相反符号的电荷, 因而会阻止粒子继续流出, 导致辐射过程的中断, 电荷的出入必须达到平衡.

(2) 由(8.2)、(8.3)式可以看出, GJ 电荷密度是正负电荷密度之差, 但磁层常被看作完全电荷分离的(有正电荷的区域没有负电荷, 有负电荷的区域没有正电荷). 在这种情况下, 零电荷面所在的环区内(图 8.9 线 a 和线 b 之间的部位)一种符号的电荷不能流经另外一种电荷的区域.

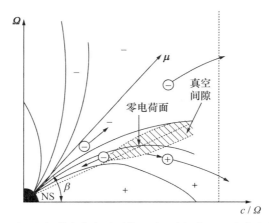

图 8.10 真空外间隙区的形成.[1]在静态磁层模型中, 零电荷面两边的电荷符号相反. 当正电荷通过光速圆柱离开磁层时, 相当于零电荷面外边多了一个负电荷, 在斥力作用下, 零电荷面里边的负电荷流向中子星. 于是在零电荷面附近形成真空间隙. (Holloway, 1975)

---

[1] 事实上, 由零电荷面流向中子星的电荷, 会在靠近中子星的环区内产生加速电势. 加速电势产生电子对, 电子对向外流出, 破坏零电荷面附近的真空外间隙的形成.

8.3.4 "核"加速区和"环"加速区

在相当长的时间内,无论极冠模型还是外间隙模型,都没有同时考虑"核"(core)加速区(图 8.8 中临界磁力线 b 之间的区域)和"环"(annular)加速区(图 8.8 中临界磁力线 b 和闭合磁力线 a 之间的区域).从观测上讲,毫秒脉冲星的 γ 和射电辐射脉冲宽度很大,辐射产生于零电荷面附近(也就是辐射产生于环区)(Ravi, Manchester & Hobbs,2010).从理论上说,在外间隙形成过程中有粒子流向中子星,这必然会产生加速.而且靠近中子星的加速更有效(Du,et al.,2011).如果环区有足够的加速电势(周期比较小的脉冲星),环区比核区的加速更有效(Qiao,et al.,2007).

8.3.5 关于加速过程的一些讨论

(1) 中子星表面的束缚能.

如果中子星表面的束缚能比较大,大于 10 keV,在磁轴与自转轴反平行的情况下,当正电荷经过光速圆柱面逃离时,中子星表面的离子无法流出,就会在中子星表面附近的核区(图 8.8 中两条 b 线之间的区域)形成内真空间隙.早先研究表明,中子星表面的束缚能可达 10～20 keV (Ruderman,1972;Chen,et al.,1974),然而,进一步的研究发现 (Flowers,et al.,1977; Kössl,et al.,1988)束缚能仅几 keV 左右. 这样,如果脉冲星是中子星,内间隙就无法形成.但如果脉冲星是夸克星,其束缚能非常大(Xu,et al.,1999,2001),无论磁轴与自转轴平行还是反平行,内间隙既能产生在核区,也能产生在环区(图 8.9 中 a 与 b 之间的区域,参见 Qiao,et al.,2007).如果中子星表面具有 $10^{14}\sim10^{15}$ G 的磁场也会有类似的效果.Gil 和 Melikidze (2002)假定中子星表面存在非偶极强磁场($B_s \geqslant 10^{13}$G),也可以在核区形成多个加速区.

(2) 外间隙向内延伸.

由 Holloway(1975)对外间隙的讨论(见图 8.10)可以看出两点:(i) 在零电荷面附近,正电荷向外流出时,负电荷向内流向中子星表面,但没有考虑向内流动粒子产生的加速效应.(ii) 形成外间隙后,会有加速电场以及电子对产生,也就是产生中性电荷成分,外间隙模型没有讨论中性成分的影响.如果考虑这两点,都会使得靠近中子星的环区(图 8.9 中 a 与 b 之间的区域)中产生加速和辐射(Qiao,et al.,2004a,b,2007),而不在通常认为的"外间隙"区(零电荷面外)内.近年大量的观测表明,传统外间隙的内边缘(零电荷面外侧)必须向内延伸.在观测的推动下,假定有粒子流由零电荷面流入外间隙[①],外间隙模型的内边界越过零电荷面,可以向中

[①] 但为什么会有电荷流入外间隙值得讨论.

子星表面延伸(Horitani & Shibata,2001;Zhang,et al.,2004).

零电荷面上的磁力线与自转轴垂直,因此在零电荷面附近,即使辐射区很靠近中子星,也会产生很宽的辐射束.这可以很好地理解 γ 射线脉冲星的宽辐射束[①].

（3）磁层中是否应考虑中性成分.

GJ 静电荷密度是电荷密度之差,假定中性成分为零.通常只考虑完全电荷分离的状态:正电荷区域只有正电荷,没有负电荷;反之亦然.事实上在加速过程中会产生正负电子对,即产生中性成分.这是一个需要考虑的问题.

（4）边界条件.

在讨论加速区时,边界条件很重要.在中子星束缚能小的情况下,粒子会由中子星向外流动.通常假定中子星表面流出的电荷密度就等于当地的 GJ 电荷密度.事实上,中子星表面粒子能流出去的原因在于光速圆柱附近粒子的损失.如果考虑这一点,中子星表面流出的粒子流的电荷密度就不能简单假定与当地的 GJ 电荷密度相等.后面会提到,当去掉这个假定时,其结果会反过来:Arons 和 Scharlemann (1979) 提出的有利加速区 (favorable region) 正好变成不利加速区 (unfavorable region);反过来,不利加速区恰好变成有利加速区.

（5）加速电势的限制.

脉冲星的加速电势来源于磁单极感应(monopolar generator).考虑一个半径为 R 的均匀磁化的球体以角速度 Ω 转动,在球体内电荷 e 所受到 Lorentz 力为 $F = -B_0 R \sin\theta_p \Omega / c$,沿图 8.11 回路积分,得到 a 与 b 点之间的电势差 $\Delta\phi_p$ 为

$$\Delta\phi_p = B_0 \Omega R^2 \sin^2\theta_p / 2c. \tag{8.6}$$

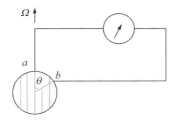

图 8.11 一个均匀磁化球的单极感应电势.

这种单极感应电势可以达到可观的数值.对于太阳,a 和 b 之间最大电势差($\theta = \pi/2$)为 10^7 V,对于蟹状星云脉冲星,最大电势差为 10^{18} V.能否获得有效的电势和 a 与 b 之间的角度差 θ 有关.

① 读者也许会问:为什么 γ 射线脉冲星在环区产生? 环区产生加速电势的大小与环区的宽窄相关.对于年轻的脉冲星和毫秒脉冲星而言,由于其脉冲周期较小,环区的宽度较大,其加速电势也相对较大.

§8.4　辐射过程概述

等离子体中的单个粒子的辐射在天体物理的研究中占有重要地位. 脉冲星物理也离不开这些辐射过程, 特别是同步辐射、曲率辐射和逆 Compton 散射. 这里仅做简要的介绍, 以帮助读者理解本书有关内容, 有兴趣的读者可阅读尤峻汉教授所著《天体物理中的辐射机制》一书(尤峻汉, 1998).

经典电动力学指出, 任何带电粒子做加速运动时都会发出辐射. 一个有加速运动的带电粒子辐射的总功率为

$$P = \frac{\mathrm{d}W}{\mathrm{d}t} = \frac{2e^2}{3c} r^6 [\dot{\beta}^2 - (\overline{\beta} \times \overline{\dot{\beta}})^2], \tag{8.7}$$

其中 $\beta = v/c$, $\gamma = 1/\sqrt{1 - \beta^2} = mc^2/m_0 c^2$ 为粒子能量与静止能量之比.

在脉冲星非常强的磁场条件下, 带电粒子只能沿磁力线运动. 由于开放磁力线是弯曲的, 带电粒子可获得向心加速度, 因而产生辐射. 在脉冲星的磁极冠区, 离中子星表面不太远的地方, 磁场比较强, 可由曲率辐射产生射电波段的辐射. 下面分别介绍主要的辐射过程.

8.4.1　回旋加速辐射

当有磁场存在, 电子速度和磁场不平行时, 电子在 Lorentz 力的作用下, 会产生加速度, 从而发出辐射. 回旋加速辐射是指电子能量较小时产生的辐射.

在 Lorentz 力作用下, 电子运动方程为

$$\boldsymbol{F} = e(\boldsymbol{\beta} \times \boldsymbol{B}),$$
$$m\dot{\boldsymbol{v}} = e(\boldsymbol{\beta} \times \boldsymbol{B}), \tag{8.8}$$

$\boldsymbol{\beta} = \boldsymbol{v}/c$, 取 $\boldsymbol{z}$ 为 $\boldsymbol{B}$ 的方向, 即 $\boldsymbol{B} = (0, 0, B_z)$, 粒子动能

$$W = \frac{1}{2} m(v_\perp^2 + v_\parallel^2), \tag{8.9}$$

其解为

$$x = \frac{v_\perp}{\omega_L} \sin(\omega_L t + \alpha) + x_0,$$

$$y = -\frac{v_\perp}{\omega_L} \cos(\omega_L + \alpha) + y_0, \tag{8.10}$$

$$z = v_\parallel t + z_0,$$

ω_L 为回旋频率, 称作 Larmor 频率, 由磁场决定,

$$\omega_L = \frac{eB}{mc}. \tag{8.11}$$

回旋半径

$$r_L = v_\perp / \omega_L. \tag{8.12}$$

引导中心

$$\boldsymbol{r}_g = (x_0, y_0, v_\parallel t + z). \tag{8.13}$$

电子围绕磁力线做螺旋运动. 在引导中心看电子, 电子是在做圆周运动. 图 8.12 是电子回旋和同步辐射的电子运动轨迹.

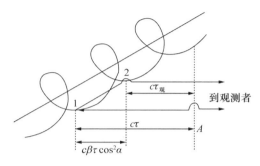

图 8.12 电子回旋和同步辐射的电子运动轨迹.

回旋辐射单粒子的辐射总功率可根据经典电动力学给出的公式(8.7)导出:

$$P = \frac{2e^2 \dot{v}^2}{3c^3}. \tag{8.14}$$

回旋辐射条件下 $\beta \approx 0, \gamma \approx 1$, 故粒子获得加速度是因为受到 Lorentz 力

$$m\dot{\boldsymbol{v}} = -e(\boldsymbol{\beta} \times \boldsymbol{B}),$$
$$m_0 \dot{v} = -\frac{e}{c} v B \sin \alpha. \tag{8.15}$$

回旋辐射的功率

$$P_c = \frac{2}{3c} r_0^2 v^2 B^2 \sin^2 \alpha, \tag{8.16}$$

其中 $r_0 = e^2 / m_0 c^2$ 为电子的经典半径($r_0 = 2.82 \times 10^{-13}$ cm). 假定电子速度方向是各向同性的, 则平均功率

$$\bar{P}_c = \frac{\int_0^\pi P_{(\alpha)} 2\pi \sin\alpha d\alpha}{4\pi} = \frac{4}{9} r_0^2 c \beta^2 B^2. \tag{8.17}$$

非相对论电子的回旋辐射功率与其动能成正比, 与磁场强度的平方成正比. 上面只讨论非相对论性电子, 因为 $r_0 \propto 1/m_0^2$, 只有电子才有很强的辐射.

回旋辐射的谱是分立谱. 当电子沿圆形轨道运动, 即为 $\alpha = \pi/2, V_\parallel = 0$ 的回旋辐射时, 其谱是分立的谐波形式

$$P_n = \frac{2e^2 \omega_L^2}{c} \frac{(n+1)n^{2n+1}}{(2n+1)!} \beta^{2n}. \tag{8.18}$$

频率依次为 $\nu_L, 2\nu_L, 3\nu_L, \cdots$，其强度依次迅速减少. 因为是非相对论性电子，$\beta \ll 1$，故有

$$\frac{P_{n+1}}{P_n} = \beta^2 \ll 1,\tag{8.19}$$

能量几乎全部集中在基频辐射之中. 若 $\beta = 0.1$，则有 90% 以上的能量在基频辐射之中. 当电子速度更低时，实际上只有基频辐射而使其辐射成为单色.

实际上电子是做螺旋轨道运动的. 如果我们在一个运动参考系中观测辐射，也即站在引导中心看电子，电子是在做圆周运动，所以谱公式(8.18)仍然成立. 该运动参考系相对于实验室系的速度是 $\beta_\parallel$，通过 Lorentz 变换，可以把运动参考系的谱公式变换到实验室系，也就是回到电子做螺旋运动的情况时的谱分布. 螺旋轨道运动的电子辐射谱特征和圆轨道电子辐射谱特征的主要不同点是谱线有移动. 螺旋轨道的辐射频率为

$$\omega_n = \frac{n\omega_{L0}}{1 - \beta_\parallel \cos\theta},\tag{8.20}$$

其中 θ 为辐射方向和磁场的夹角.

在中子星的情况，辐射频率可达 X 射线波段，故可能是 X 射线辐射的重要机制之一.

回旋辐射沿磁场方向最强，而垂直于磁场方向最弱，但两者强度仅相差一倍，故基本上可看作各向同性.

8.4.2　同步辐射

在天体物理中，同步辐射比回旋辐射重要得多. 但是同步辐射的物理图像和回旋辐射是一样的，即带电粒子在磁场中受 Lorentz 力的作用做圆周或螺旋轨道运动，产生加速度，从而发出辐射. 唯一不同的条件是带电粒子的能量大，电子速度接近光速. 电子运动方程和回旋辐射一样，但是回旋频率多了一个 γ 因子，

$$\omega_{0\mathrm{sy}} = \frac{eB}{\gamma m_0 c} = \frac{\omega_L}{\gamma}.\tag{8.21}$$

由于 $\gamma \gg 1$，故同步辐射比回旋辐射的频率要低很多. 由于这一差别，这两种辐射的特性有很大的差异.

单电子同步辐射的平均总功率

$$\bar{P} = \frac{4}{9}\gamma^2 r_0^2 c \beta^2 B^2.\tag{8.22}$$

和回旋辐射的平均总功率公式相比，(8.22)式多了一个因子 γ^2，所以同步辐射的辐射功率远远大于回旋辐射的辐射功率.

$$\bar{P}_{\mathrm{sy}} \gg \bar{P}_{\mathrm{c}}. \tag{8.23}$$

由(8.20)式可知,同步辐射的基频很低,比回旋辐射的基频低得多,因此两根谱线之间的间距很小,$\Delta\omega=\omega_0$,故谱线彼此靠得很近,变为连续谱了. 单个电子和电子集体的同步辐射的谱分布都是幂律形式. 电子做圆周运动时同步辐射的谱公式为

$$\frac{\mathrm{d}P(\omega)}{\mathrm{d}\omega} = \frac{\sqrt{3}e^2\omega_{\mathrm{L}}}{2\pi c} \frac{\omega}{\omega_{\mathrm{c}}} \int_{\omega/\omega_{\mathrm{c}}}^{\infty} \mathrm{K}_{5/3}(x)\mathrm{d}x, \tag{8.24}$$

$\mathrm{K}_\nu(x)$ 是 ν 阶 Bessel 函数,ω_{c} 为临界频率,

$$\omega_{\mathrm{c}} = \frac{3}{2}\omega_0\gamma^3\sin\alpha = \frac{3}{2}\omega_{\mathrm{L}}\gamma^2\sin\alpha. \tag{8.25}$$

圆周轨道运动时,$\sin\alpha=1$,无量纲同步辐射谱

$$F\left(\frac{\omega}{\omega_{\mathrm{c}}}\right) = \frac{\omega}{\omega_{\mathrm{c}}} \int_{\omega/\omega_{\mathrm{c}}}^{\infty} \mathrm{K}_{5/3}(x)\mathrm{d}x, \tag{8.26}$$

其中

$$F\left(\frac{\omega}{\omega_{\mathrm{c}}}\right) = \left(\frac{4}{3}\pi\Gamma_{1/3}\right)\left(\frac{\omega}{2\omega_{\mathrm{c}}}\right)^{1/3}, \qquad \frac{\omega}{\omega_{\mathrm{c}}} \ll 1,$$

$$F\left(\frac{\omega}{\omega_{\mathrm{c}}}\right) = \left(\frac{\pi}{2}\right)^{1/2}\left(\frac{\omega}{\omega_{\mathrm{c}}}\right)^{1/2}\mathrm{e}^{-\omega/\omega_{\mathrm{c}}}, \qquad \frac{\omega}{\omega_{\mathrm{c}}} \gg 1.$$

在低频端函数以 $\omega^{1/3}$ 形式随频率缓慢上升,在 $\omega=0.3\omega_{\mathrm{c}}$ 处达到峰值. 在高频端函数以指数形式很快地下降,辐射集中在峰值频率附近. 图 8.13 是同步辐射无量纲辐射谱.

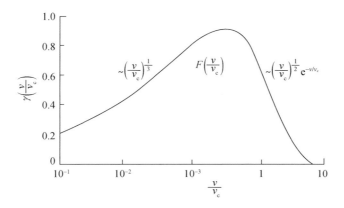

图 8.13 同步辐射无量纲辐射谱.

和回旋辐射的情况相似,当电子做螺旋轨道运动时,公式的形式不变,但回旋频率 ω_{L} 要改为 $\omega_{\mathrm{L}}\sqrt{1-\beta_\parallel^2}$,

$$\beta_{\parallel} = \beta\cos\alpha. \tag{8.27}$$

最后得到的螺旋轨道运动的电子的辐射谱公式只比圆周轨道运动的公式多了一个 $\sin\alpha$ 的因子.

同步辐射的方向性很强,辐射集中在沿带电粒子运动方向的狭小的角锥内,半张角为 $1/\gamma$.

8.4.3　曲率辐射

曲率辐射具有和同步辐射十分相似的特点,它是相对论性带电粒子沿弯曲轨道运动时所产生的辐射.在脉冲星非常强的磁场条件下,带电粒子只能沿磁力线运动.由于磁力线是弯曲的,带电粒子可以获得向心加速度 $a = v^2/\rho$, ρ 为磁力线的曲率半径,因而产生辐射.曲率辐射类似于回旋半径为 ρ 的圆轨道运动的带电粒子的同步辐射,因此有关同步辐射的基本公式都可以应用于曲率辐射.

曲率辐射谱的形式和同步辐射相同,但临界频率和极大频率则明显不同,曲率辐射的临界频率

$$\omega_{cc} = \frac{3c}{2\rho}\gamma^3, \tag{8.28}$$

而同步辐射的临界频率则为

$$\omega_{csy} = \frac{3}{2}\omega_L\gamma^2. \tag{8.29}$$

同步辐射的回旋半径是由磁场强度和 γ 因子决定的,磁场强或 γ 因子小时,其回旋半径很小.曲率辐射的回旋半径 ρ 则是由磁力线的形状决定的,在脉冲星的情况下,ρ 则可达 10^8 cm,远大于同步辐射的回旋半径.因此,由相同能量的带电粒子产生的同步辐射的临界频率远比曲率辐射的高.在脉冲星的磁极冠区,在离中子星表面不太远的地方,磁场比较强,可由曲率辐射产生射电波段的辐射.光速圆柱附近因磁场较弱,可由同步辐射给出光学波段的辐射.

曲率辐射的总功率公式为

$$P_c = \frac{2e^2c}{3\rho^2}(\gamma^4 - \gamma^2). \tag{8.30}$$

曲率辐射和同步辐射都是强偏振的,辐射的方向性都很强.

8.4.4　Compton 辐射(逆 Compton 散射)

逆 Compton 散射是高频光子产生的有效机制,被应用到对脉冲星各个波段,即射电、光学、X 射线和 γ 射线辐射的理论解释.逆 Compton 散射讨论高能电子和低频光子的碰撞过程.所谓低频光子是指能量比电子能量小很多的光子.碰撞结果是电子把它的部分动能转移给光子,使散射光子的能量增加变为高能光子,也就是

辐射频率变高了,这相当于在高频有了辐射,称为 Compton 辐射.其特点是幂率谱、强方向性和强偏振,特别是辐射频段很宽,能解释某些脉冲星在很宽的频段上的辐射.

为便于讨论逆 Compton 散射,我们首先介绍一下 Compton 散射.Compton 散射是指高频光子和静止电子碰撞的情况.高频光子是指能量比电子的静止能量大得多的光子.碰撞后,光子损失能量而电子获得能量.根据能量守恒和动量守恒可以推导出散射频率(能量)和入射频率(能量)之间的关系

$$\nu_f = \frac{\nu_i}{1 + \frac{h\nu_i}{m_0 c}(1 - \cos\theta)}, \tag{8.31}$$

θ 为入射方向和散射方向的夹角.当 θ 很小时,$\nu_f = \nu_i$ 频率不变.这是因为散射角很小,相当于没有散射,频率也就不会变化.当 θ 很大时,

$$\nu_f = \frac{m_0 c^2}{h(1 - \cos\theta)} \approx \frac{m_0 c^2}{h} = \nu_C, \tag{8.32}$$

散射后的频率和入射频率无关并等于一个常数.我们称 ν_C 为 Compton 频率.因为 $h\nu_C = m_0 c^2$,这表明在 θ 很大时,散射光子的能量和电子静止能量差不多.当 θ 值介于这两种情况之间时,$\nu_F < \nu_i$.

逆 Compton 散射讨论高能电子和低频光子的碰撞过程.当把坐标系选在电子上,即选用电子静止坐标系时,就相当于 Compton 散射的情形,因此散射公式的形式是相同的.但是我们观测者并不在电子静止坐标系上,而是在电子之外的实验室坐标系中.根据相对论原理,经过 Lorentz 变换后,可得到实验室坐标系中逆 Compton 散射的公式

$$\nu_f^L = \frac{\gamma^2 \nu_i^L (1 - \beta\cos\psi_i^L)(1 + \beta\cos\psi^R)}{1 + \frac{\gamma h\nu_i^L}{m_0 c^2}(1 - \beta\cos\psi_i^L)(1 - \cos\theta^R)}, \tag{8.33}$$

角标 L 和 R 分别代表实验室坐标系和电子静止系.

逆 Compton 散射又称 Compton 辐射.这种辐射的方向性很强,散射光子总是大体沿着电子运动的方向射出.散射后的光子能量大大增加,当 γ 很大时,有 $h\nu_f^L \approx \gamma^2 h\nu_i^L$.这表明,在与相对论电子碰撞后,光子能量增加到原来的 γ^2 倍.Compton 辐射的频段很宽,从射电、光学、X 射线到 γ 射线的辐射都可以产生.

当辐射场的能量密度为 U_{ph},电子的 Lorentz 因子为 γ 时,Compton 辐射功率公式为

$$P = \frac{3}{4}\gamma^2 \sigma_{TH} c U_{ph}, \tag{8.34}$$

其中 σ_{Th} 为 Thomson 散射截面.散射截面是表征碰撞概率的参数,散射截面越大,则辐射功率也越大.辐射功率还随电子的能量及辐射场的流量密度的增加而增加.

第九章 脉冲星辐射机制和模型

§9.1 辐射机制和辐射模型概述

脉冲星射电和 γ 射线辐射的观测特征已在前面陈述过(见第八章).这些观测事实对理论有非常重要的启迪.理论工作很难在个别工作中把各种观测都给出分析和理解,特别是最初的工作.早先的观测表明,射电辐射的脉冲宽度很窄,仅占脉冲周期的 3% ~ 4%,而 7 颗 γ 射线脉冲星的脉冲宽度则很宽,有的两个峰之间的相位可达脉冲周期的 50%.以下两点就成了相应理论研究的着眼点.

(1) 如果射电辐射产生于中子星极冠附近,就会给出很窄的脉冲以及相应的"S"形线偏振特性.

那么中子星附近如何给出平行于磁场的加速电场从而产生高能粒子及观测到的辐射呢? 这就要求中子星附近应当有电荷密度不等于静态磁层电荷密度的区域.有两种可能情况:一种是电荷的流动.如果从中子星表面流出的电荷等于当地静态磁层的电荷密度,流动过程就会出现电荷密度不等于静态磁层电荷密度的区域而产生加速电势,如 Sturrock 模型[①]和狭长间隙模型.另一种是中子星表面离子的束缚能很大,在磁轴与自转轴反平行的情况下(见图 8.8,图 9.2),正电荷流不出去,从而形成真空区,产生加速电势,如 RS 模型(Ruderman & Sutherland,1975).

RS 模型在射电脉冲星研究中有很大的影响,在理论与观测相结合方面有了重要推进,可理解漂移子脉冲等多种观测事实,被称为"用户之友"(user friendly model).人们在进一步观测和理论研究中发现 RS 模型存在不足,如 RS 模型无法给出中心辐射束、脉冲剖面随频率的变化等多种观测事实.一些研究者提出了不同的模型.这里我们着重介绍逆 Compton 散射模型(ICS,Qiao & Lin,1998).该模型可以很好地解释中心辐射束、脉冲剖面随频率的变化等观测事实.

(2) 零电荷面上的磁力线与自转轴垂直,在零电荷面附近或靠外的区域有利于给出 γ 射线的宽脉冲,基于此人们提出了外间隙模型.如果 γ 射线产生于极冠区(polar gap 模型),脉冲宽度又不很窄,辐射高度必须很高(很难做到),或者磁轴与

---

① Sturrock(1971)提出的空间电荷限制的流动,在脉冲星射电辐射的理论模型中有开创性意义,他提出的两个概念在以后的研究中起了重要作用.

自转轴之间的夹角很小(小于 20°).

面对新的观测事实,上述两种模型也在不断改进:外间隙模型向内延伸;极冠模型向外扩张.由此也出现了新的模型.下面我们着重介绍环间隙(annular gap)模型.

§9.2 射电辐射机制

9.2.1 Sturrock 模型

最早的辐射模型是由 Sturrock(1971)提出的.该模型假定,无论在质子极冠区(PPZ,磁轴和自转轴反平行)还是电子极冠区(EPZ,磁轴和自转轴平行),带电粒子都可以自由地流出去,分别像"质子枪"和"电子枪"一样.

该模型提出两个历史性概念,对以后的模型产生了重要影响.这两个概念是:空间电荷限制的流动(space-charge limited flow),它可以产生平行于磁场的加速电势;γ 射线在强磁场中产生电子对($e^{\pm}$),这可以提供中性等离子体流.

(1)空间电荷限制的流动.

在 GJ(Goldreich & Julian,1969)磁层模型中,我们注意到这样一个事实:对于旋转的中子星,磁场的 Lorentz 力是由电荷分离等离子体产生的电力来平衡的.换句话说,如这一条件不成立,就会有与磁场平行的电场,$\boldsymbol{E} \cdot \boldsymbol{B}$ 不为零.这一点可以从实验室内电子枪的实验中看到.在中子星磁层中,当电荷流动时,电荷密度偏离 GJ 电荷密度时就会产生平行于磁场的电场.沿磁力线的电场变化 $\mathrm{d}E_{\parallel}/\mathrm{d}z$ 可以表示为

$$\frac{\mathrm{d}E_{\parallel}}{\mathrm{d}Z} = 4\pi(\rho - \rho_{\mathrm{GJ}}), \tag{9.1}$$

这里 ρ 和 ρ_{GJ} 分别是实际的电荷密度和 GJ 模型中应有的电荷密度.式中 GJ 电荷密度 ρ_{GJ} 为

$$\rho_{\mathrm{GJ}}(\boldsymbol{r}) = -\frac{\boldsymbol{\Omega} \cdot \boldsymbol{B}(\boldsymbol{r})}{2\pi c}, \tag{9.2}$$

这就是说扰动与非扰动电荷密度之差决定着 $\boldsymbol{E} \cdot \boldsymbol{B}$ 的值.由此在极冠区给出的最大的电势差 $\Delta\phi$ 为

$$\Delta\phi \approx (4 \times 10^{11}\,\mathrm{V})P^{-1}B_{12}^{1/2}(A/2z)^{1/2}, \tag{9.3}$$

这里 P 是脉冲星的周期,以秒为单位,$B_{12} = B/10^{12}\,\mathrm{G}$,$A$ 和 z 分别是离子的核子数和质子数.可见这是获得有效加速电势的一种方法.

(2)γ 光子在强磁场中产生正负电子对.

Erber (1966)讨论了强磁场中 γ 光子转化为 $e^{\pm}$ 的条件.Sturrock(1971)首先

将这一概念用到脉冲星的研究上,他指出脉冲星有一个很容易的产生电流的方式:只要有 $10^5 \sim 10^6/\mathrm{cm}^3$ 银河系杂散的、高能的 γ 光子落到中子星极冠区,就会由级联过程产生足够的电子对. 射电辐射是由次级电子对 $\mathrm{e}^{\pm}$ 产生的.

9.2.2　狭长间隙模型

Arons 和 Scharlemann(1979)在假定中子星表面电荷可以自由流出的情况下,讨论了可能的辐射位形,提出一个靠近自转轴的狭长间隙模型.

(1) 狭长间隙模型的基本假定.

(i) 存在稳定的由中子星表面流出的电流.

(ii) 中子星表面流出的电荷密度 ρ 等于中子星表面静态的 GJ 电荷密度 ρ_{GJ},$\rho = \rho_{\mathrm{GJ}}$.

(iii) 为使中子星不带电,假定由中子星流出的电流经过某种方式再回到中子星.

狭长间隙模型中辐射区位形示于图 9.1. 由(9.2)式可以看出,垂直于自转轴的磁场分量 B_z 对电荷密度的分布起着决定性作用. 因而当电流沿磁力线向外流动时,电荷密度与 ρ_{GJ} 的偏离与磁场位形有关,这种偏离又决定平行于磁场的电场,$E_{\parallel} \neq 0$. 由此将开放磁力线区域分成"有利磁场区"和"不利磁场区". 对辐射有贡献的是有利磁场区.

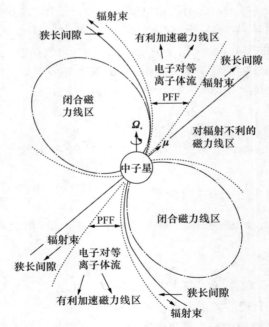

图 9.1　狭长间隙模型中加速和辐射区的位置. 有利加速区对辐射有贡献,不利加速区不能产生加速和辐射(Arons,1983). PFF 是"电子对产生前沿"(pair formation front).

在狭长间隙模型中，$E_\parallel \neq 0$，粒子被加速并产生 γ 光子，但受 γ 光子产生正负电子对 $e^\pm$ 的自由程的限制，电子对产生于"电子对产生前沿"（PFF，pair formation front）线以内.

这个模型假定正负电荷都可以自由地、不断地由中子星稳定地流出，并未涉及电流流出的具体机制. 它不要求 $\boldsymbol{\mu} \cdot \boldsymbol{\Omega} > 0$ 或 < 0，也就是说磁轴与自转轴"平行"或"反平行"两种情形都实用. 两种情形下，结果很相似.

（2）狭长间隙模型理论与观测对比.

（i）理论基础. 狭长间隙模型假定中子星表面流出的电荷密度等于中子星表面 GJ 电荷密度，$\rho = \rho_{GJ}$，这是一个非常强的假定. 中子星表面电荷之所以流出，是由于光速圆柱附近粒子的损失，后者是因，前者是果. 考虑到这一点，中子星表面流出的电荷密度就不等于当地 GJ 电荷密度. 这种情况下，有利磁场区和不利磁场区的位置刚好对换.

（ii）观测对比. 该模型给出的辐射区与观测不符. 特别是新近的 γ 射线和射电观测表明（Ravi，Manchester ＆ Hobbsm，2010），辐射区在零电荷面附近. 狭长间隙模型的辐射区远离零电荷面，与观测要求相距甚远.

9.2.3　极冠真空间隙（RS）模型

Ruderman 和 Sutherland（1975）在 Sturrock 模型的基础上提出一个脉冲星磁层中粒子加速和辐射的模型，文献中称为 RS 模型，见图 9.2. 这是一个影响甚广、较能与观测联系的模型.

（1）RS 模型的理论基础及对部分观测的解释.

（i）RS 模型的基础.

（a）中子星极冠区会形成真空间隙（内间隙）.

Ruderman（1971）等研究了强磁场下中子星表面的结构，得到在强磁场（B 约为 10^{12} G）的情况下，中子星表面离子的束缚能可达 14 keV（Ruderman ＆ Sutherland，1975），磁轴与自转轴"反平时"时，开放磁力线对应的极冠区为正电荷区. 因此由极冠区向外流动的是带正电荷的粒子，但中子星表面离子束缚能较大，不能自由地离开中子星，于是在极冠区中子星表面附近的磁层中，会形成一个电荷被抽空的区域，称为间隙. 在间隙中，沿磁力线有很大的电势降，$E_\parallel \neq 0$.

（b）γ 光子在强磁场中产生正负电子对 $e^\pm$.

将 Sturrock（1971）提出的 γ 光子产生电子对 $e^\pm$ 的概念用于内间隙. 银河背景 γ 光子落到内间隙区产生电子对 $e^\pm$，电子对再加速，被加速粒子的曲率辐射产生 γ 光子，γ 光子再产生电子对 $e^\pm$······出现一个雪崩式的级联放电过程.

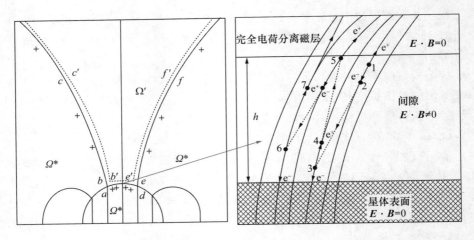

图 9.2 RS 模型. 当中子星表面离子束缚能足够大时,正电荷不能由中子星表面流出,会形成真空间隙. 在真空间隙内,有很强的平行于磁场的电场. 银河系背景的 γ 光子进入真空间隙时,会产生正负电子对. 产生的正负电子被加速,被加速的高能电子,再产生高能 γ 光子,γ 光子再产生电子对,如此反复,形成级联的雪崩过程,直到间隙被"击穿". 离开间隙区的次级粒子产生射电辐射.

(ii) 内间隙级联放电.

内间隙 γ 光子产生电子对,电子对被加速产生 γ 射线辐射,新产生的 γ 光子再产生电子对,电子对被加速再产生 γ 射线光子,这样进行下去,导致级联放电.

曲率辐射的能量 E 为

$$E_{\mathrm{ph}} = \hbar\omega \approx \frac{2}{3}\gamma^3 \hbar c/\rho, \tag{9.4}$$

式中 ρ 为磁力线的曲率半径,c 是光速,ω 是曲率辐射角频率. 当曲率辐射的能量大于电子能量的两倍时,$\hbar\omega > 2mc^2$,γ 光子就有可能产生电子对 $\mathrm{e}^{\pm}$. γ 光子产生电子对的平均自由程 l 为 (Erber, 1966)

$$l = \frac{4.4}{(e^2/\hbar c)}\frac{\hbar}{mc}\frac{B_{\mathrm{q}}}{B_{\perp}}\exp\left(\frac{4}{3\chi}\right),$$

$$\chi \equiv \frac{\hbar\omega}{2mc^2}\frac{B_{\perp}}{B_{\mathrm{q}}} \quad (\chi \ll 1). \tag{9.5}$$

式中 $B_{\mathrm{q}} = m^2 c^3/e\hbar = 4.4\times10^{13}$ G 是临界磁场,$B_{\perp} \equiv B\sin\theta$ 是与光子垂直的磁场分量,θ 是光子运行方向与磁场之间的夹角. 在间隙内电子级联放电过程中,l 与间隙 (gap) 的高度 h 近似,$l \approx h$. 对于曲率辐射,γ 光子沿磁力线切线方向运行. 当 γ 光子运行到距离 h 时,$\sin\theta = B_{\perp}/B \approx h/\rho$,于是

$$B_{\perp} \sim hB/\rho. \tag{9.6}$$

在间隙中曲率辐射产生电子对. 假定(9.5)式中 $x^{-1} \approx 15$, 即

$$\frac{3}{2} \frac{\hbar c}{\rho} \left(\frac{e\Omega B h^2}{mc^2} \right)^3 \frac{1}{2mc^2} \frac{h}{\rho} \frac{B}{B_q} \approx \frac{1}{15}, \tag{9.7}$$

由此得到

$$h \approx 5 \times 10^3 \rho_6^{2/7} P^{3/7} B_{12}^{-4/7} \text{ cm}, \tag{9.8}$$

式中 B_{12} 是以 10^{12} G 为单位的表面磁场强度. 这里假定在中子星极冠区的星体表面附近有曲率半径 $\rho_6 = 10^6$ cm 的多极场, P 是脉冲星的周期. 对于周期等于 1 s、表面磁场等于 10^{12} G 的脉冲星, 间隙中的电势差为

$$\Delta V \approx \frac{\Omega B_s h^2}{c} = 1.6 \times 10^{12} B_{12}^{-1/7} P^{-1/7} \rho_6^{4/7} \text{V}. \tag{9.9}$$

这样间隙中的被加速粒子的相对论因子可达 $\gamma = 3 \times 10^6$. 间隙中沿磁场的电场为

$$E \approx 2 \frac{\Omega B_s}{c} (h - z). \tag{9.10}$$

中子星表面 $z = 0$, 间隙高度 $h = 5 \times 10^3$ cm, 电场可达 10^9 V/cm. 这样, 间隙中有足够强的电势加速 γ 光子产生的电子对. 由(9.9)式可以得到

$$E_{\max} = \gamma_{\max} mc^2 = \frac{e\Omega B h^2}{c}, \tag{9.11}$$

或者

$$\gamma_{\max} = 1.2 \times 10^7 \frac{B_{12} h_4^2}{P}. \tag{9.12}$$

式中 $B_{12} = B/10^{12}$ G, $h_4 = h/10^4$ cm. 由上式可以看出, 在间隙中粒子可以获得很高的能量. 这些高能粒子经由曲率辐射产生高能的 γ 光子, 其能量为

$$\hbar \omega_c = \frac{3}{2} \gamma_{\max}^3 \frac{\hbar c}{\rho} = 5.4 \times 10^4 \frac{B_{12}^3 h_4^6}{\rho_6 P^3} (2mc^2), \tag{9.13}$$

远大于电子对的能量. (9.13)式中 ω_c 是曲率辐射的特征圆频率. 在间隙外, 辐射由次级粒子产生. 间隙外电子对的 Lorentz 因子为 $\gamma_{\pm}$, 次级粒子曲率辐射的特征频率为

$$\omega_c = \frac{3}{2} \gamma_{\pm}^3 \frac{c}{\rho}. \tag{9.14}$$

在离中子星表面较远($r > 10^6$ cm)处, 磁场为偶极场, $\rho \gtrsim 2 \left(\frac{rc}{\Omega} \right)^{1/2} = 1.4 \times 10^9 (r_8 P)^{1/2}$ cm, 取 $\rho \sim 10^9$ cm, 在射电波段 $\omega_c/2\pi \sim 10^9$ Hz 上, 得到次级电子对的 Lorentz 因子 $\gamma_{\pm} \approx 800$.

进一步的问题是: 这些次级粒子如何产生观测到的辐射呢?

单个粒子辐射的总和, 不足以解释观测到的辐射强度, 辐射必须是相干的. 如果单个粒子的强度是 $I_{\nu, i}$, 对于粒子数为 N 的相干辐射总强度是

$$I_\nu \approx N^2 I_{\nu,i},\tag{9.15}$$

由此可以给出观测到的辐射. 在 RS 模型中, 次级正负电子对和快速流动的正电子之间的 Coulomb 力作用形成的等离子体波, 它将约束荷电粒子, 从而构成相干条件.

下面我们给出高能粒子带走的总功率.

假定极冠区尺度由开放磁力线的区域所决定, 极冠区在中子星表面的张角为

$$\sin\theta_{\rm p} = \left(\frac{2\pi R}{pc}\right)^{\frac{1}{2}}.\tag{9.16}$$

极冠区内最大的电势差

$$\Delta\phi_{\rm p} = \frac{B_0\Omega R^2 \sin^2\theta_{\rm p}}{2c} = \frac{1}{2}\left(\frac{\Omega}{R}\right)^2 RB_0.\tag{9.17}$$

这是由中子星沿开放磁力线流动的电流所能提供的最大的势差. 式中 B_0 是中子星表面磁场. 由此可估计在极冠区流出的电流所带走的总功率. 假定单位面积流出的电荷为 $J_\parallel \approx \rho c$, 其中 ρ 由 GJ 磁层模型给出的电荷密度, 在两个面积为 πr_ρ^2 的极冠区流出粒子的最大功率为

$$\dot{E} = 2J_\parallel \Delta\phi_{\rm p}\pi r_\rho^2 = \frac{1}{2}\frac{B_0^2\Omega^4 R^6}{c^3}.\tag{9.18}$$

这和磁偶极辐射功率的表达式是一致的. 通常假定磁偶极辐射等于中子星自转能损率, 由此而求出磁场. 这就是说, 如果满打满算, 极冠区加速粒子所带走的功率对射电辐射来说是足够的. 这里的分析显示, 极冠区加速粒子带走的能量等于自转能损率.

(iii) 漂移子脉冲.

前面介绍过累积脉冲、漂移子脉冲等观测情况. 累积脉冲(或者称平均脉冲)是由多个脉冲周期中子脉冲叠加得到的. 脉冲星的辐射强度有变化, 但累积脉冲的脉冲轮廓通常不变. 不同周期中的子脉冲有所不同. 有的脉冲星子脉冲有"漂移"现象. 子脉冲为什么会漂移? 这对脉冲星辐射理论而言, 具有挑战性的意义. RS 模型开创了对漂移子脉冲的解释.

磁层共转时, 垂直于磁场的电场力与磁力平衡:

$$\boldsymbol{E} = -(\boldsymbol{\Omega}\times\boldsymbol{r})\times\boldsymbol{B}/c.\tag{9.19}$$

这个电场由电荷分离等离子体提供. 当间隙存在时, 破坏了这种平衡, 产生了与磁场平行的电场, 在图 9.3 中沿 fe 电场不为零. 环路 $abfe$ 积分为零. 由于 ab 沿磁力线, $\boldsymbol{E}\cdot\boldsymbol{B}=0$. 在中子星表面, 由(9.19)式看出, bf 上电场为零. 于是可得到 fe 上的电场与 ae 上的电场相互垂直而数值相等. 由 $\boldsymbol{v}=\boldsymbol{\Omega}\times\boldsymbol{r}$ 及(9.19)式, 可得

$$\boldsymbol{v} = \frac{\boldsymbol{E}\times\boldsymbol{B}}{B^2}c.\tag{9.20}$$

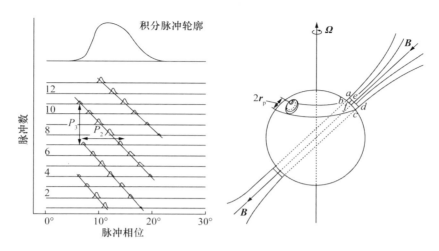

图 9.3 左图为脉冲星累积脉冲及漂移子脉冲示意图,右图为 RS 模型中漂移子脉冲的产生图像(Ruderman & Sutherlad,1975).在偶极磁场的情况下,当磁轴与自转不平行时,漂移子脉冲反映了间隙中的放电位置的变化.由图可见,间隙放电点的"漂移"会给出子脉冲的周期性移动.间隙的直径为 $2r_p$,放电点 ef 在间隙中环绕磁轴移动,如图中虚线所示.

这就是说,"放电点绕磁轴以速度 v 旋转".[①]换句话说,子脉冲在漂移.RS 模型还能对子脉冲漂移的周期(如图 9.3 中 P_2,P_3)进行解释.

(iv) 偏振位置角的变化.

由图 9.4 可以看出,在偶极磁场的情况下,极冠区偏振位置角随平均脉冲经度可呈"S"型变化,与观测相符.

(2) RS 模型成功之处.

(i) 找到了一种可能的加速区.

给出一种加速机制,并找到一种可能的加速区:内间隙,那里 $E \cdot B \neq 0$.

(ii) 避免了中子星带电.

由于内间隙外次级正负电子对的产生,向外流动的是次级正负电子对,呈中性,在一定程度上避免了一种符号的电荷流经另一种符号的电荷区所产生的困扰,同时也避免了只有一种符号的电荷流出而使中子星带电的困难.

(iii) 给出多方面观测的理论解释.

RS 模型提供了一个比其他模型更能与观测进行比较的机制,例如:空心辐射束、漂移子脉冲、"S"形偏振位置角的变化等等.它的用户之友特性是早期其他模型无法相比的.关于漂移子脉冲的理论解释几乎独一无二.

---

① 这里讨论的子脉冲的漂移,物理上并不完全清楚,值得进一步研究.

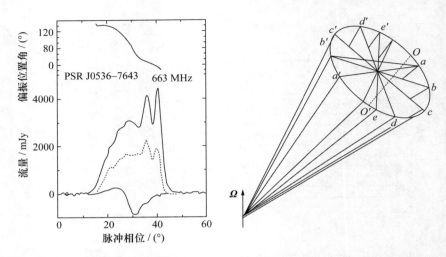

图 9.4　左图中上面的曲线是脉冲星偏振位置角随平均脉冲经度的变化,左图下面为脉冲轮廓和偏振观测值(上面的实线为脉冲轮廓,下面的实线是圆偏振,虚线是线偏振)(Manchester,Han & Qiao,1998). 右图显示极冠区偶极磁场以及观测视线(OO')扫过磁力线时偏振位置角的变化.

(3) RS 模型遇到的困难.

RS 模型的成功之处,特别是与观测联系的性质,在一定程度上说明该模型反映了某些发生在中子星周围的实际物理过程. 但新近的研究指出,该模型在理论和观测上都遇到了困难. 总结它的成功和所遇到的困难,对今后的理论研究是必要的. 成功的地方前面有介绍,下面着重说一说它的困难.

(i) 理论上遇到的困难.

RS 模型的两大支柱是:第一,中子星表面离子的束缚能 $\geqslant 10$ keV,否则无法形成间隙;第二,间隙内粒子的 Lorentz 因子 $\gamma \geqslant 10^6$,否则不能得到可产生电子对的 γ 光子.

近年的研究表明,这两大支柱都遇到了麻烦.

(a) 中子星表面附近的间隙能形成吗?

计算表明,当中子星表面的离子束缚能 $\geqslant 10$ keV 时,离子不会离开中子星表面,从而在中子星表面附近形成间隙,但当离子束缚能小到 1 keV 左右时,离子会自由地离开中子星表面,不能形成间隙.

早先的计算表明,在中子星表面的强磁场中每个铁离子的束缚能为 $10 \sim 20$ keV,但以后的计算(例如 Flowers,et al.,1977;Jones,1985;kössl,et al.,1988)表明,离子束缚能仅 1 keV 左右. 虽然这些工作还不算"铁板钉钉"的"专业"计算,但其结论是一致的. 问题是清楚的,内间隙能形成吗?

(b) 间隙中的 Lorentz 因子能达到 $\gamma \geqslant 10^6$ 吗?

RS 模型中级联放电的 γ 光子是由曲率辐射产生的,这就要求被加速粒子的相对论因子[①] $\gamma \geqslant 10^6$. 大量计算表明,在中子星表面附近,由于高能粒子在与热光子的碰撞中损失能量,因而 γ 的值仅为 $10^2 \sim 10^3$,具体取值由中子星表面附近的温度和加速电势决定(见 Xia, et al., 1985; Daugherty & Harding, 1989; Bednarek, et al., 1992; Zhang, et al., 1997a).

脉冲星被发现后,逆 Compton 散射机制曾受到广泛重视,但人们普遍认为散射截面太小,作用不大. Blandford 和 Scharlemann(1976)计算了中子星表面附近的热光子与高能粒子间的逆 Compton 散射,其结论是这种散射的影响是不重要的. Herold(1979)首先在磁场接近于临界磁场的情形下进行了相对论量子力学处理,得出了 Thomson 和 Compton 散射截面表达式. Xia 等(1985)首先在 Herold 工作的基础上,进行了强磁场中逆 Compton 射的计算,证明了以下两点:一是强磁场中在谐振频率附近,逆 Compton 散射截面很大,强磁场中逆 Compton 散射是高能光子产生的重要机制. 二是强磁场中逆 Compton 散射机制是高能粒子能量损失的重要机制. 当中子星表面温度 $T \sim 10^6$ K 时,热光子与高能粒子间的逆 Compton 散射限制高能粒子获得更高的能量,相对论因子 $\gamma = 10^2 \sim 10^3$ 时,粒子的能量损失与其从间隙电势中获得的能量相当,不能再加速. 前面提到的许多人的计算证实了上述结论. 例如 Daugherty 和 Harding(1989)指出 Xia 等(1985)得出的两个重要结论将极大地影响散射光子的谱分布、角分布和偏振特性. 他们还发现,无磁场的情况下,仅当中子星表面温度高($T \approx 3 \times 10^6$ K)时,粒子的能量损失才是重要的. 但当存在强磁场(10^{12} G)时,谐振散射极大地增加了高能粒子的能量损失率,以致在更低的温度下,这种散射都很有效.

(ii) 观测上遇到的困难.

(a) 中心辐射束、脉冲形状及其随频率的变化.

大量观测表明,脉冲星存在中心辐射束(例如 Rankin, 1983,见后面的图 9.11). RS 模型是以曲率辐射为基础的,只能给出空心辐射锥,无法得到中心辐射束(图 9.5,图 9.6). RS 模型乃至任何以曲率辐射为基础的模型都无法给出观测到的各种脉冲剖面,以及这些脉冲剖面随观测频率的变化(如图 9.7).

(b) 线偏振位置角的变化.

RS 模型只能给出"S"形的线偏振位置角随平均脉冲经度的变化. 观测表明,有的脉冲星累积脉冲的线偏振位置角存在着"跳跃",有的在同一平均脉冲的经度上

---

① 曲率辐射的角频率 $\omega = 1.5 \gamma^3 c / \rho$,$c$ 为光速,ρ 为磁力线的曲率半径. 光子产生正负电子对的条件是 $\hbar \omega \geqslant 2 m_e c^2$,$m_e$ 为电子的静止质量,仅当 $\rho \approx 10^6$ cm 及 $\gamma \geqslant 10^6$ 时才能产生正负电子对. 在纯偶极磁场的情况下,$\rho \approx 10^8 P^{1/2}$ cm(Sutherland, 1977; RS, 1975). 脉冲星的典型的 P 值约 1 s,所以大多数脉冲星达不到产生电子对的条件,因而 RS 模型中 ρ 的取值有人为性(假定中子星表面有多级磁场,取 $\rho \approx 10^6$ cm),而 Lorentz 因子 γ 值的限制又很强,通常达不到 10^6(Zhang, et al., 1997a).

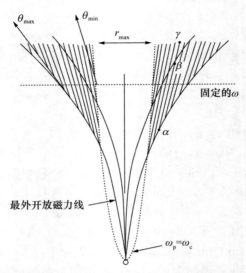

图 9.5　相干曲率辐射产生的射电辐射区域.正负电子沿开放磁力线向外运动,辐射产生于
θ_{max} 和 θ_{min} 之间,呈环状结构,如图 9.6 所示.图中 ω_p 是等离子体频率,ω_c 是曲率辐射特征频
率.相干条件要求辐射的特征频率比等离子体频率高,$\omega_c > \omega_p$.α, β, γ 三个点上辐射方向相同,
但随距离增加辐射频率降低.(Ruderman & Sutherland,1975)

能看到相互垂直的偏振模式,见后面的图 9.15.观测事实是非常确定的,RS 模型
对此是无能为力的.

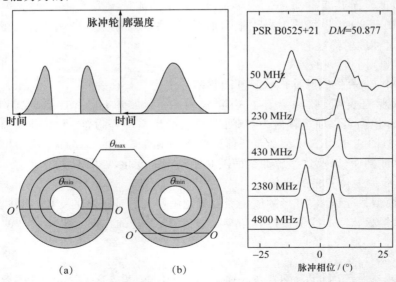

图 9.6　RS 模型中,射电辐射由曲率辐射产生,呈空心的辐射束形状.观测者视线扫过不同部
位,得到的脉冲形状不同,如左图中(a),(b)所示.RS 模型只能给出脉冲剖面随观测频率升高
而逐渐变窄的观测现象,如右图所示.

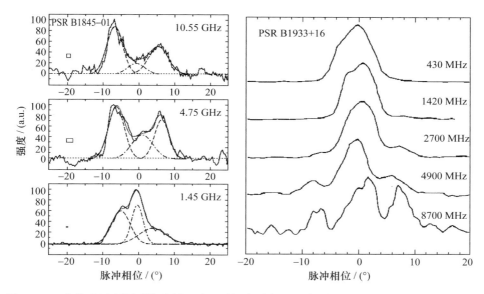

图 9.7　一些脉冲星观测到脉冲剖面随观测频率升高而变宽,有的可以清楚地看到中心辐射束(Kramer,1994;Lyne & Manchester,1988;Sieber,et al.,1975).这些现象都是 RS 模型无法给出的.

(c) 圆偏振成分的变号.

一些脉冲星的圆偏振成分在脉冲中心附近变号(见图 9.4),左旋变右旋,或者相反.按照 RS 模型和曲率辐射,要求粒子的相对论因子 $\gamma \leqslant 20$ (Radhakrishnan & Rankin,1990).这个要求是和 RS 模型及曲率辐射相矛盾的,因为如此小的相对论因子不可能产生观测到的频率.

(d) 毫秒脉冲星宽射电辐射束.

Fermi 卫星发现了许多毫秒脉冲星的 γ 射线辐射.这些 γ 射线脉冲星的射电辐射束很宽,辐射区在环间隙区中的零电荷面附近(Ravi, Manchester & Hobbs,2010),不在 RS 模型讨论的区域内.脉冲星极冠区的间隙分成两部分:核间隙区和环间隙区.RS 模型无法考虑环间隙区,即使离子的束缚能很大,也不会形成环间隙区(环间隙区不是正电荷流出,而是负电荷流出,形不成间隙).如果脉冲星是夸克星,则既可形成核间隙,又可形成环间隙(Qiao,et al.,2004a).如果中子星表面物质可以自由流出也可形成上述两种间隙(Qiao,et al.,2007).

(e) 脉冲宽度随频率的变化.

按照 RS 模型,脉冲宽度 W 和观测频率 f 之间的关系为 $W \propto P^{-0.7} f^{-1/3}$,$P$ 为脉冲周期.即对同一脉冲星而言,观测频率越低,脉冲宽度越大.实际的观测是,有的脉冲星在高频上其脉冲宽度反而增大(Rankin,1983b),或者某些频率上脉冲宽度比预期值小,Rankin 称之为"吸收"现象(图 9.8).虽然脉冲宽度的测定不像偏振观测那么直接,那么准确,但这一现象已为不少观测所显示.

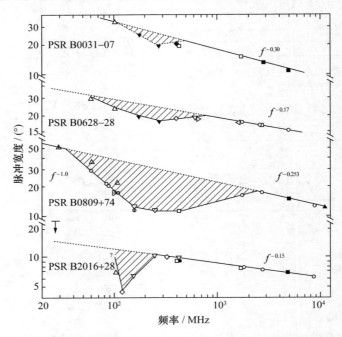

图 9.8　脉冲星脉冲轮廓的宽度在某些频率处变窄(Rankin 称之为"吸收"现象,见 Rankin, 1983b).

我们并未全部列出 RS 模型与观测之间的矛盾,但上面的事实足以说明 RS 模型无论在理论上还是在观测上都遇到了严重的困难.值得强调指出的是,这里用了较多的篇幅陈述 RS 模型的困难,并不是说它不如其他模型,相反,这正表现出我们对该模型的重视.前面已经提到,它与观测事实的某些可对比性,正说明它抓住了事物的某些本质.我们希望的是它能得到改进,而不是否定.

9.2.4　逆 Compton 散射(ICS)模型

(1) 逆 Compton 散射(ICS)模型的基本出发点.

(i) 中子星表面附近存在间隙及火花放电产生的低频电磁波(Qiao,1988a,b; Qiao,et al.,2001).

(ii) 脉冲星具有偶极磁场.观测到的射电辐射是间隙火花放电产生的低频光子与间隙中加速出来的高能粒子逆 Compton 散射产生的(其几何位形见图 9.9).

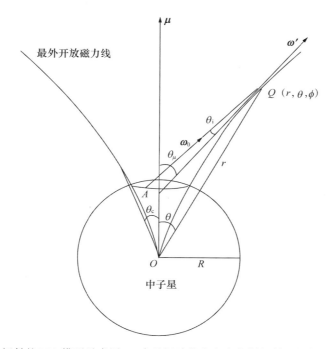

图 9.9 射电辐射的 ICS 模型示意图. ω_0 表示间隙放电产生的低频射电辐射的角频率,由间隙出来的粒子沿磁力线运行到 Q 点时,高能粒子($\gamma_0 \sim 10^3$)与低频射电辐射发生逆 Compton 散射,出射角频率为 ω'. 高能粒子与低频波之间的夹角为 θ_i.

前面提到中子星表面附近粒子的相对论因子为 $\gamma = 10^2 \sim 10^3$,中子星表面附近的热光子和高能粒子的逆 Compton 散射(ICS)限制了高能粒子获得更高的能量(Zhang,Qiao & Han,1997;Zhang,et al.,1997).这一点很重要,这既是 RS 模型的困难,又是克服其困难的突破口.

(2) 逆 Compton 散射(ICS)模型的辐射过程.

内间隙放电的时标为微秒量级,相应的低频波 $\omega_0 \approx 10^6$.逆 Compton 散射可表述为(Qiao & Lin,1998)

$$\omega' = \frac{1+\beta}{2\hbar}\gamma\frac{\hbar^2\omega_0^2\sin^2\theta_i + 2\gamma m_e c^2 \hbar\omega_0(1-\beta\cos\theta_i)}{m_e c^2 + \gamma\hbar\omega_0(1+\beta)(1-\cos\theta_i)}$$
$$\approx 2\gamma^2\omega_0(1-\beta\cos\theta_i), \tag{9.21}$$

式中 $\beta = V/c \approx 1$. 间隙放电产生的低频射电辐射的角频率 $\omega_0 \approx 10^6$,在 Q 点高能粒子($\gamma \approx 10^3$)与低频射电辐射产生逆 Compton 散射,出射频率为 ω'. θ_i 是高能粒子与低频波之间的夹角,可表述为

$$\cos\theta_i = \frac{2\cos\theta + (R/r)(1-3\cos^2\theta)}{\sqrt{(1+3\cos^2\theta)[1-2(R/r)\cos\theta + (R/r)^2]}}. \tag{9.22}$$

其中 R 是中子星的半径，r 是 Q 点到中子星中心的距离，θ 是 r 与磁轴之间的夹角. θ_μ 是 Q 点的磁场与磁轴之间的夹角，

$$\cot\theta_\mu = \frac{2\cot^2\theta - 1}{3\cot\theta}. \tag{9.23}$$

对于偶极磁场，$r = R_e\sin^2\theta$. $R_e = \lambda R_c$，R_c 为光速圆柱半径，$\lambda > 1$. 高能粒子在逆 Compton 散射过程损失能量，相应的 Lorentz 因子减少

$$\gamma = \gamma_0[1 - \xi(r - R)/R_e]. \tag{9.24}$$

联合 $(9.21) \sim (9.24)$ 式可以给出射电辐射频率 ω' 随 θ_μ 的变化，或射电辐射频率 ω' 随 r 的变化（见图 9.10）.

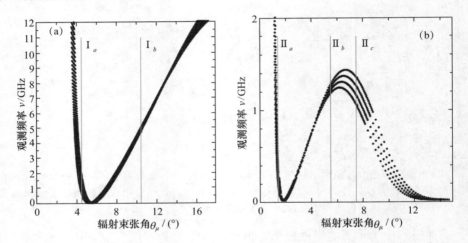

图 9.10　逆 Compton 散射（ICS）模型中辐射束随频率的变化（Qiao & Lin，2001）. 横轴 θ_μ 是射电辐射束中心（辐射中心的磁场方向）与磁轴之间的夹角，纵轴是观测到的射电频率 ω'. (a) 第一类脉冲星；(b) 第二类脉冲星. 下标 a, b, c 分别表示观测者视线与磁轴之间的夹角不同时观测到的脉冲轮廓不同. 统计结果表明第一类脉冲星周期较短，第二类脉冲星周期较长.

（3）ICS 模型的观测检验.

（i）中心辐射束及环绕它的空心辐射锥.

许多研究者从观测到的累积脉冲星轮廓研究了脉冲星射束的截面（如 Oster & Sieber，1977；Rankin，1983a；Manchester，1995；Wu，et al.，1992；Han & Manchester，2001）. 值得关注的是，除环形辐射束外，还有中心辐射束. 这里我们给出 Rankin（图 9.11 上图）和 Manchester（图 9.11 下图）得到的图像. 图 9.11 上图给出了由脉冲星 PSR B1237 + 25 的脉冲剖面分析得到的辐射束的截面（Rankin，1983a）. 图 9.11 下图是 Manchester（1995）给出的辐射束模型. Han 和 Manchester（2001）给出类似的图像. 虽然这些研究未能引入脉冲剖面随观测频率的变化，但都有中心辐射束，这对脉冲星辐射理论是一种挑战.

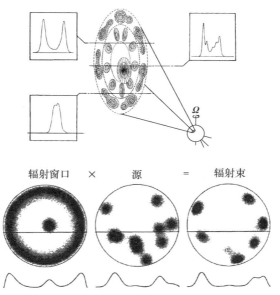

图 9.11 由脉冲轮廓及偏振特性等推断出的射电辐射束图形以及一个频率上不同视线观测到的脉冲剖面. 上图由 Rankin(1983a) 给出, 下图由 Manchester(1995) 给出. 这种由观测给出的信息, 为理论模型的建立和鉴别提供了基础性的依据.

由逆 Compton 散射 (ICS) 模型给出的辐射束示于图 9.12 (Qiao, 1992a, b), 能给出中心辐射束和环绕它的两个空心辐射锥以及脉冲剖面随观测频率的变化.

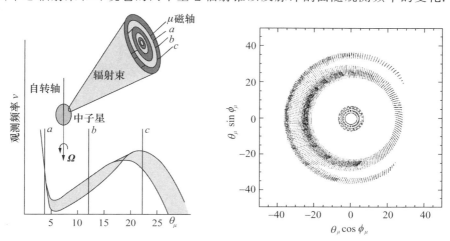

图 9.12 逆 Compton(ICS) 模型产生的中心辐射束和环辐射束 (Qiao, 1992a, b). 左下图纵坐标为观测到的频率, 横坐标为 θ_μ (θ_μ 是磁场切线方向与磁轴之间的夹角). a, b, c 分别表示观测者视线与磁轴之间最近的夹角. 左上图给出了辐射束图形. 由于辐射束来自不同的高度, 光行差和延迟效应会影响到各辐射束之间的相对位置 (Qiao & Lin, 1998), 如右图所示.

　　Rankin(1993)指出,目前尚不清楚为什么有的脉冲星只有一个内环辐射束,而有的则既有内环辐射束也有外环辐射束.从观测统计上说两者的区别仅在于脉冲周期的不同:仅有内锥的脉冲星周期较短,而具有外锥的脉冲星周期较长.对于同时具有内环及外环辐射束的脉冲星而言,外环的辐射高度比内环的高.这正是 ICS 模型计算的结果(见图 9.10. Qiao & Lin,1998;Qiao,et al.,2001).

　　Wu 等(1992)用他们提出的平均脉冲成分分离的方法,分析处理了 PSR B1451—68 的观测资料,所获得的中心成分、外锥成分和内锥成分的宽度随频率变化的趋势(见图 7.25)与图 9.10,图 9.12 所示的结果一致.

　　(ii) 辐射束随观测频率的变化.

　　利用逆 Compton 散射模型可以求出多种脉冲剖面随观测频率的变化关系(Qiao,1992a,b;Qiao,et al.,2001).值得指出的是,绝大多数脉冲剖面随观测频率的变化不能由 RS 等模型给出,但可以由 ICS 模型算出.例如 PSR B1237+25 有五个峰,包含中心辐射束、内锥和外锥辐射束,脉冲星 PSR B1845—01,PSR B1933+16,PSR B1642—03 高频变宽,但 PSR B0329+54,PSR B0740—28 则在低频变宽的同时辐射束的数目增加(Kramer,1994).所有这些都是 RS 等模型无法得到的,但 ICS 模型能自然给出.

　　辐射束随观测频率的变化的一种理论检验办法是:对不同频率上的脉冲轮廓进行 Gauss 拟合,由拟合给出辐射束的具体部位(如图 9.13 所示),再进行理论检验.这是一种很有效的检验办法.

　　(iii) 产生各种辐射成分辐射区的高度.

　　观测表明,对于同一观测频率,中心辐射束产生于靠近中子星表面的磁轴附近,内空心锥产生于离磁轴较远的地方,外空心锥产生的地方离磁轴更远(见图 9.10,图 9.12 和图 9.13).Rankin(1993)指出,最重要而尚未回答的问题是为什么内锥和外锥都产生于一些相同的磁力线上,而两者的高度又不相同.这又是 ICS 模型自然得出的结果.

　　(iv) 几种辐射成分相对于辐射束中心的偏离.

　　由于辐射束来自不同的高度,光行差和延迟效应会影响到各辐射束之间的相对位置,中心辐射束偏向辐射束的后缘.McCulloch(1992)研究了 20 颗脉冲星,发现许多脉冲星中心束偏向脉冲剖面的尾部,没有一例是中心束偏向脉冲前沿的.ICS 模型的计算与之完全一致(Qiao & Lin,1998),见图 9.12.

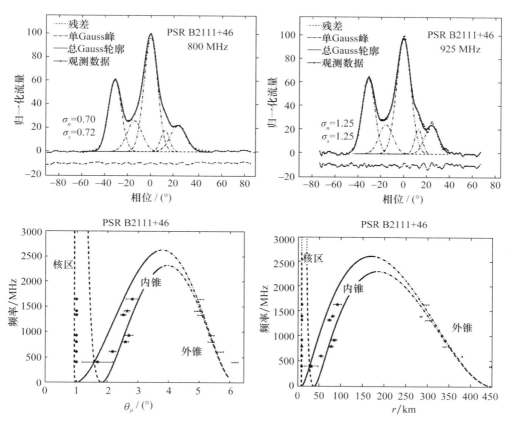

图 9.13 辐射束随观测频率的变化:观测及理论拟合(Zhang,et al.,2007).上图为脉冲轮廓的 Gauss 拟合举例.下图中的点是观测值(由 Gauss 拟合得到的脉冲峰值的数据),曲线是 ICS 模型的理论值.θ_μ 是磁场切线方向与磁轴之间的夹角,r 是辐射点到中子星中心的距离.

(v) 偏振特性.

(a) 圆偏振成分在脉冲轮廓中心变号.

有的脉冲星圆偏振成分在脉冲轮廓中心变号.对于这类脉冲星,如果采用曲率辐射解释,要求 Lorentz 因子小于 20 (Radhakrishnan & Rankin,1990),在 ICS 模型中可以自然地给出线偏振、圆偏振等观测特性(Xu,et al.,2000),见图 9.14.

(b) 偏振位置角的突跳.

脉冲星偏振观测中一个被关注的问题是偏振位置角的突跳.图 9.15 给出的观测表明,脉冲星偏振位置角在一定的观测相位上,会突然有近乎 90° 的跳跃.在逆 Compton 散射(ICS)模型的框架下,考虑中心辐射束、内环、外环由于辐射高度的不同,因时间延迟而产生的叠加,可以给出合理的解释(Xu,Qiao & Han,1997).

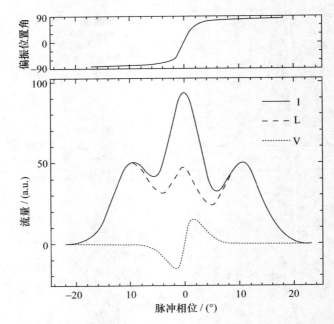

图 9.14   ICS 模型计算的累积脉冲的脉冲轮廓(I)、线偏振(L)及圆偏振(V)成分（Xu,et al.，2000).将该理论结果与图 9.4 的观测比较可以看出,逆 Compton 散射(ICS)模型计算结果与观测一致.

（c）垂直偏振模式.

Stinebring 等(1984a,b)对几个强射电脉冲星进行了单个脉冲的偏振观测,发现了相互垂直的偏振模式.垂直偏振模式(orthogonal polarization modes,OPM)是消偏振的重要机制:存在相互垂直的偏振成分时线偏振度低(见图 9.16).这些观测对脉冲星辐射理论是一个挑战.Gangadhara(1997)提出电子和正电子沿磁力线运动会产生相互垂直的偏振模式.但垂直偏振模式依然是困扰天文工作者的一个问题.在一次国际会议上人们还专门对此进行了讨论.

值得我们注意的是,偏振位置角近乎 90°处,线偏振度最低,通常认为这是相互垂直的非相干辐射起了消偏振的作用.Xu 和 Qiao(2000)对此提出质疑:上述结论是否存在因果关系？模拟计算表明,线偏振度低时也会造成互垂直的观测假象.

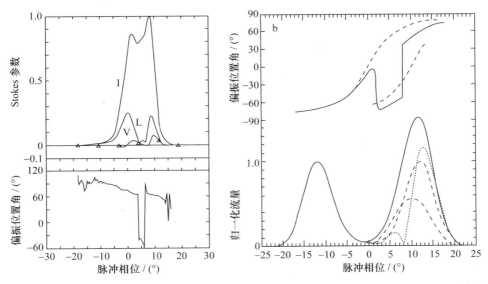

图 9.15 脉冲星偏振位置角突跳的观测举例. 左图是脉冲星 PSR B1604－00 的观测结果 (Rankin,1988). 左上图给出累积脉冲轮廓（I）、线偏振（L）及圆偏振（V）成分. 左下图是偏振 位置角的变化. 由图可见偏振位置角在一定相位上会产生近乎 90°的突跳. 右图是逆 Compton 散射（ICS）模型给出的结果（Xu,et al.,2000）.

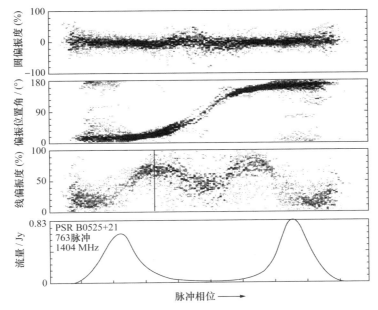

图 9.16 PSR B0525＋21 偏振观测图（Stinebring, et al.,1984a). 可以看出, 当偏振位置角 （PA）观测到有近 90°跳跃时, 线偏振度低, 偏振位置角（PA）未观测到跳跃时, 线偏振度高.

从上面的介绍中能看出,尽管脉冲星的观测十分丰富,观测上的限制很多,但建立一个能说明主要观测事实的模型的前景还是很乐观的.

§9.3　γ射线辐射机制

9.3.1　γ射线脉冲星的主要观测特征

γ射线脉冲基本观测特征和有关图表请见第八章,这里仅做简单介绍.

（1）大部分 γ 射线脉冲星具有双峰结构,两峰之间可达周期的 50%,属于宽辐射束;

（2）γ射线脉冲的能谱为幂律谱,一般谱指数小于 2,具有高能截断,截断能量在约 1～5 GeV 范围内;

（3）不同相位上的谱指数不同,显示不同相位的辐射来自不同区域;

（4）两峰之间的辐射称为"桥"辐射,"桥"的"硬度比"(能量大的光子与能量小的光子数目之比)较大;

（5）对普通脉冲星而言,γ射线辐射虽然辐射束宽,但射电辐射束较窄.对与毫秒脉冲星而言,射电和 γ 射线的辐射束都比较宽;

（6）转动能损率($\dot{E}$)跨越 5 个量级,从约 3×10^{33} erg/s 到 5×10^{38} erg/s,估计 γ射线的转换效率(γ 射线光度 L 与中子星自转能损率之比,$L/\dot{E}$)可从约 0.1% 到约 100%.

这些观测特征表明,对大部分脉冲星而言,γ射线辐射主要来自零电荷面附近.

Fermi 卫星对 γ 射线脉冲星的观测做出了巨大的贡献,使观测到的 γ 射线脉冲星由先前不到 10 颗增加到 147 颗.[①]Fermi 卫星搭载的大面积望远镜 Fermi LAT 在脉冲星观测中有两个重要成就:(1) 除了从已知的射电脉冲星中探测到 γ射线脉冲(即射电噪脉冲星)外,Fermi LAT 通过 γ 射线数据的盲寻找技术发现了 27 颗射电宁静脉冲星.对于普通脉冲星而言,有 γ 射线辐射的射电脉冲星和射电宁静的脉冲星有大致相同的数目.(2) 探测到了毫秒脉冲星发射的 γ 射线.目前 Fermi LAT 已探测到大约 27 颗毫秒脉冲星,这对已有的理论模型提出了新的挑战.

9.3.2　观测及磁层理论对加速区的限制

对多数射电脉冲星而言,脉冲的持续时间和脉冲周期之比在 2% 到 10% 之间,典型值为 3% 到 4%,即相当于约 10° 到 20° 的辐射"窗口".针对这一观测事实,射电模型中讨论的辐射主要在中子星极冠区(见图 9.17).加上射电偏振观测给出的

---

① 　https://conuence.slac.stanford.edu/display/GLAMCOG/Public＋List＋of＋LAT－.

偏振位置角的"S"形变化、子脉冲的漂移现象等,射电模型的辐射更加锁定在中子星极冠区.与此形成明显对照的是,多数(75%)γ射线脉冲星光变曲线呈双峰结构,部分γ射线脉冲星双峰间距可达一个周期的50%,所以γ射线辐射模型主要针对的是宽辐射束,通常认为射电和γ射线辐射产生于不同的区域(Chen & Zhang,1999).最新的γ射线脉冲星观测表明,一些γ射线毫秒脉冲星的γ射线辐射和射电辐射的辐射束都很宽(Ravi,Manchester & Hobbs,2010),射电和γ射线辐射都产生于零电荷面附近.这需要对辐射区和辐射过程从理论上进行调整.

如前所述,在静态的磁层中,当电荷密度值为 GJ 电荷密度时,沿磁力线的电场分量为零,即 $E_\parallel = 0$.因而磁层中的粒子无法被加速,不能产生辐射.要想加速粒子,必须要 $E_\parallel \neq 0$.如何做到这一点呢?只要局部电荷密度不等于 GJ 静电荷密度,就会产生沿磁场的平行电场,即 $\rho - \rho_{GJ} \neq 0 \to E_\parallel \neq 0$.换句话说,加速区就是那些电荷密度偏离静态磁层电荷密度的区域.据此,可以从物理上给出几种不同的辐射模型.

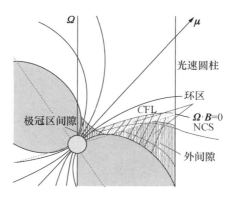

图 9.17 脉冲星磁层及可能的辐射区示意图.中子星以角速度 $\boldsymbol{\Omega}$ 自转,$\boldsymbol{\mu}$ 是偶极磁场的磁轴.NCS 表示零电荷面,CFL 为临界磁力线.可能的加速辐射区:极冠区、外间隙区、环间隙区.

9.3.3 狭长间隙模型

由上面的讨论可知,通过开放磁力线光速圆柱区会有粒子损失.如果中子星表面对粒子的束缚能不大,粒子继续流出,在流动过程中就会使局部区域的电荷密度偏离静态的磁层密度,产生加速电场.这就是"自由流动"(free flow)引起的粒子加速.Arons(1981)提出的狭长间隙模型就属于这一类.

与从物理考虑建立的模型不同,另外一类模型是从纯几何考虑建立的.这类模型主要的目的是解释γ射线脉冲星的光变曲线,如双极散焦(two pole caustics,简称 TPC)模型(Dyks & Rudak,2003)和分离层(separatrix layer,简称 SL)模型(Bai & Spitkovsky,2010).在 TPC 模型中(图 9.18),假定γ射线辐射来自靠近闭合磁力线的区域,由中子星表面一直到接近光速圆柱的区域(0.8 光速圆柱).该模

型可较好地给出 γ 射线脉冲星的光变曲线. Harding 等提出了 γ 射线的狭长间隙模型（Harding，2007；Harding，et al.，2008）. 该模型的辐射区与 TPC 模型基本一致，见图 9.19.

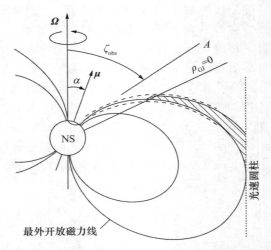

图 9.18   双极散焦（TPC）模型 γ 射线辐射区（Dyks & Rudak，2003）. 图中 **Ω** 表示中子星自转轴方向，**μ** 是中子星磁轴方向，α 是磁倾角（磁轴与自转轴之间的夹角），ζ_{obs} 是观测者视线与自转轴之间的夹角，$\rho_{GJ}=0$ 的线是零电荷面.

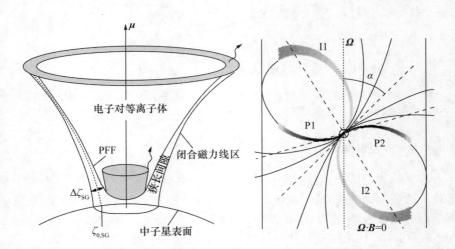

图 9.19   狭长间隙模型加速区示意图. 左图显示具体的加速区（Harding & Muslimov，2003）；右图中阴影部分是加速间隙区（Harding，2007）. 在狭长间隙模型中位于闭合磁力线和电子对形成前沿（pair formation front，PFF）之间区域的粒子被加速，被加速的粒子产生辐射，辐射再产生电子对. 狭长间隙位于闭合磁力线和 PFF 之间. $\Delta\zeta_{SG}$ 表示狭长间隙的宽度. $\zeta_{0,SG}$ 是狭长间隙的中心线. P1 和 P2 代表两个极区. **Ω** 和 **μ** 分别为中子星自转轴和磁轴. α 为磁倾角.

9.3.4　γ射线极冠模型（PC模型）

如果中子星表面对粒子的束缚能足够大,当通过光速圆柱有粒子损失时,中子星表面的粒子流不出来,这种情况下就会在中子星表面附近形成真空间隙,这就是RS(Ruderman & Sutherland,1975)的真空内间隙模型(主要讨论射电辐射)和γ射线极冠模型(Arons & Scharlemann,1979;Daugherty & Harding,1982;Daugherty & Harding,1996;Harding & Muslimov,1998).极冠模型(图9.20)的优点是可以很好地解释桥辐射区光子硬度比大的观测事实.

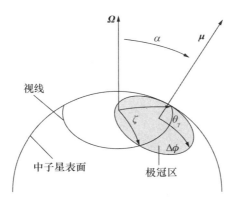

图 9.20　极冠模型辐射区.图中 $\boldsymbol{\Omega}$ 和 $\boldsymbol{\mu}$ 分别为中子星自转轴和磁轴.α 为磁倾角,θ_γ 是极冠辐射区张角,ζ 是视线角.

在极冠模型中 γ 射线辐射区靠近中子星附近,为了拟合宽的 γ 射线辐射束,就要求磁轴与自转之间的夹角不能太大($\alpha < 20°$).考虑广义相对论效应,可使辐射区高度适当延伸(Harding & Muslimov,1998).

9.3.5　外间隙模型（OG模型）

在零电荷面附近,零电荷面的两边电荷符号不同,当一种电荷(如正电荷)由光速圆柱流失时,在完全电荷分离的磁层中,这种电荷无法由中子星表面流经另一种电荷(负电荷)区域给予补充,零电荷面外边少了一个正电荷,相当于多了一个负电荷.零电荷面里边的负电荷在斥力的作用下流向中子星,于是零电荷面两边都缺乏电荷,形成真空外间隙,这就是外间隙模型(参见如 Cheng, et al.,1986;Zhang & Cheng,1997;Hirotani,2006).外间隙模型的优点是可以很好地给出 γ 射线脉冲宽度大的观测事实.

外间隙模型(OG)中,粒子的加速与辐射产生在零电荷面之外的区域,分为真空外间隙(如 Zhang,et al.,2004)和非真空外间隙模型(Hirotani,2006).在真空外间隙模型中,由于荷电粒子的整体流动之故,电荷不足区(间隙)在磁层的零电荷面外边形成.真空外间隙模型可以解释观测到的脉冲相位能谱、平均能谱和光变曲线(见 Cheng,et al.,2000;Zhang & Cheng,2000).对非真空外间隙模型,有粒子流从外间隙的内外边界进入外间隙区.如图 9.21 所示,与真空外间隙模型不同的是,如果存在从外间隙的内边界流入的粒子流,则非真空外间隙模型的内边界可延伸到零电荷面之内(Hirotani,2000).如果有从外间隙的外边界流入的粒子流,则外边界可延伸到约 0.8 个光速圆柱半径处.如果没有粒子流存在,则外间隙的内边界位于零电荷面处,这与真空外间隙模型相同.该模型也成功地解释了观测到的脉冲星高能相位平均谱的辐射特征.

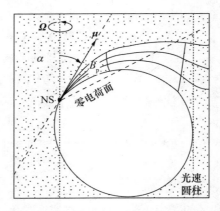

图 9.21　如果存在从外间隙的内边界流入粒子流,则非真空外间隙模型的内边界可延伸到零电荷面之内;如果有从外间隙的外边界流入的粒子流,则外边界可延伸到约 0.8 个光速圆柱半径处.(Hirotani,2000)

9.3.6　γ 射线辐射的环间隙模型

(1) γ 射线辐射的环间隙模型简介.

环间隙(annular gap)模型粒子加速及辐射区域位于临界磁力线和最外开放磁力线之间(Qiao,et al.,2004a),从脉冲星表面一直延伸到光速圆柱半径附近,高能辐射的区域主要集中在零电荷面的附近,有一较大范围的粒子加速区.该模型已用于解释年轻脉冲星和毫秒脉冲星的高能 γ 射线及射电辐射(如 Du,et al.,2011;Du,et al.,2013).下面我们将对环间隙模型进行较多的介绍.

如上所述,脉冲星高能辐射模型已取得巨大的进展,但仍存在许多有待解决的问题. Fermi LAT 的观测数据对现有的理论模型给出了严格的限制,有助于更好地完善脉冲星高能辐射的研究.

(2) 环间隙模型的物理分析.

多年来各种脉冲星辐射模型的研究,在理论的推进上付出很多,功不可没. 随着观测上不断的进展,人们也提出了一些可改进的空间. 为拟合观测到的光变曲线,要求极冠模型的辐射高度向外扩张;而外间隙模型则要求辐射区向内延伸. 也就是说,观测要求辐射区的高度不太高,又能产生很宽的辐射束. 如何做到这一点呢? 辐射区在零电荷面附近,就可以很好地满足这个要求. 后来的进一步观测也证明了这一点. 从理论上也可以找到一些切入点.

(i) 中子星表面粒子束缚能足够大. 如果中子星表面粒子束缚能足够大(大于 10 keV),对于磁轴与自转轴"反平行"($\boldsymbol{\Omega} \cdot \boldsymbol{\mu} < 0$)的中子星,在核区可形成间隙;对于磁轴与自转轴"平行"($\boldsymbol{\Omega} \cdot \boldsymbol{\mu} > 0$)的中子星,在环区可以形成环间隙. 如果脉冲星是夸克星,其表面粒子束缚能非常大,则在核区和环区都可以形成间隙,如图 9.22 中左图所示.

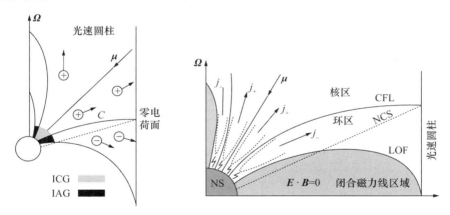

图 9.22 左图显示夸克星的情况下形成的核间隙和环间隙(Qiao, et al., 2004a),右图显示在中子星表面束缚能小的情况下形成核间隙和环间隙(Qiao, et al., 2007).

(ii) 中子星表面粒子束缚能不够大. 进一步研究表明(Käossl, et al., 1988),中子星表面的束缚能比先前估计小了一个数量级. 这样如果脉冲星是中子星,那么就不可能在中子星表面附近形成核间隙. 这种情况下,电荷的流动可以产生加速区(Qiao, et al., 2007),如图 9.22 中的右图所示.

上面的分析表明,无论脉冲星是中子星还是夸克星,都可以形成环间隙加速区.

（3）环间隙模型的观测检验.

（i）γ射线脉冲星光变曲线的拟合.

γ射线和射电脉冲轮廓的理论拟合，可以对辐射部位、辐射机制进行观测检验. 研究人员利用环间隙模型对年轻脉冲星和毫秒脉冲星的γ射线进行了拟合（Du, et al.，2010，2011，2012，2013）. 图9.23给出了对船帆座脉冲星的理论拟合结果，由图可见理论曲线与观测值符合得很好.

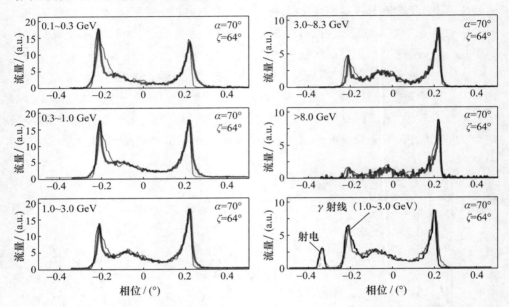

图9.23　船帆座脉冲星多波段γ射线曲线的理论拟合（Du, et al.，2011）. 图中红线是观测值，黑线是理论值. 环间隙理论显示，P1和P2产生于环区，"桥"辐射产生于核区.

　　（ii）双向漂移子脉冲. 在子脉冲漂移现象的理论解释中我们已经看到，子脉冲漂移方向与电场的关系是

$$v = \frac{\boldsymbol{E} \times \boldsymbol{B}}{B^2} c.$$

这就是说，电场方向相反时，子脉冲的漂移方向是相反的. 由图9.24我们可以看出，环间隙和核间隙的电场方向相反. 这就是说，当观测到辐射来自环区和核区时，我们会看到子脉冲双向漂移. 子脉冲双向漂移可以看作环间隙存在的重要观测证据.

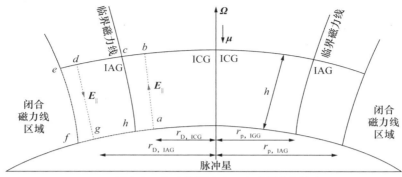

环区（IAG）和核算区（ICG）电场方向相反

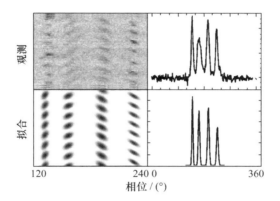

图 9.24 上图显示环区和核区的电场，$E_\parallel \neq 0$，可以看出环区和核区的电场方向相反. 下图给出子脉冲的双向漂移. 下图的上面为观测值，下图的下面为环间隙模型的理论拟合.（Qiao, et al., 2004b）

（iii）γ射线毫秒脉冲星射电和 γ 射线辐射. Fermi LAT 的脉冲星观测为 γ 射线脉冲星的研究提供了难得的机遇. Ravi 等（2010）对 γ 射线脉冲星的 γ 射线辐射束（G）和射电辐射束（R）进行了研究. 在他们的样本中，无论 γ 射线辐射束还是射电辐射束都很宽，辐射区都靠近零电荷面，见图 9.25.

（iv）由几何位形限定辐射区.

脉冲星的偏振观测，可以对一些脉冲星的辐射区域给出限定. 通过偏振观测可以给出磁倾角 α 和视线角 ζ. 利用这两个参数，可以确定辐射部位. Wang 等（2006）利用 PSR B1055−52（图 9.26）观测到的 α 和 ζ 值，对辐射区进行了限定，发现 γ 射线和射电都产生于零电荷面附近（即辐射区在环区）（图 9.27）. 需要特别指出的是，这是一种纯几何方法，对辐射部位的确定可靠.

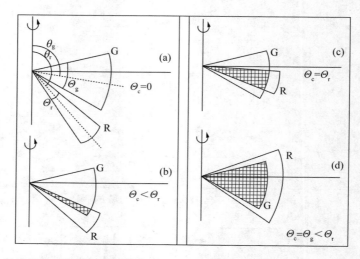

图 9.25   γ 射线脉冲星的 γ 射线辐射束和射电辐射束（Ravi, et al., 2010）. 图中 G 和 R 分别代表 γ 射线辐射束和射电辐射束. Θ_g 和 Θ_r 分别表示 γ 射线辐射束的宽度和射电辐射束的宽度. Θ_c 是 γ 辐射束和射电辐射束的重合部分. 可以看出无论 γ 射线辐射束还是射电辐射束都很宽.

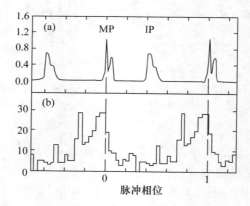

图 9.26   脉冲星 PSR B1055－52 观测到的射电辐射的脉冲轮廓（a）和 γ 射线轮廓（b）. MP 和 IP 分别表示主脉冲和中间脉冲.

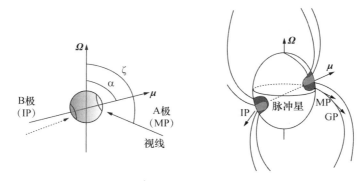

图 9.27 脉冲星辐射部位的确定(Wang,et al.,2006).左图:由偏振观测给出的 α 和 ζ 值的示意图;右图:由 α 和 ζ 确定的辐射区域.**Ω** 是自转轴,**μ** 是磁轴,MP 和 IP 分别表示主脉冲和中间脉冲,GP 是 γ 射线脉冲.

§9.4 讨 论

对于射电辐射和 γ 射线辐射,现有理论有了一定的进展,但仍有大量工作有待继续研究.以下几方面仅仅是个人的观点.

(1) 对于 γ 射线脉冲星而言,现有理论着重脉冲轮廓、相位分离谱、相位平均谱等方面的拟合.由这些拟合可以给出辐射部位、辐射机制等信息(Cheng, Ho & Ruderman,1986;Zhang & Cheng,1997,2000).在蟹状星云和船帆座脉冲星光变曲线的拟合中,脉冲峰值就需用到环区的贡献,而"桥"辐射则需要用到核区的贡献(Du,et al.,2011).

在脉冲星 γ 射线辐射机制的研究中,人们考虑了避免因电荷流出使中子星带电的问题:如正电荷流出与流入的平衡(Cheng, Ho & Ruderman,1986),见图 9.28.但如果考虑这种电荷的流动,加速区应当靠近中子星表面,而不仅仅在零电荷面外.

(i) 无论核区还是环区,靠近中子星表面附近加速更有效(Du,et al.,2011,图 9.28).

(ii) 只要有足够的单极感应电势,环区的加速比核区有效(Qiao,et al.,2007).这就为年轻的脉冲星和毫秒脉冲星在环区产生 γ 射线辐射提供了物理基础.

(2) 理论研究中的边条件的选取非常重要.例如在自由流动(free flow)的情况下,由中子星表面流出的粒子密度是否等于当地的电荷密度,对于辐射部位起关键作用.

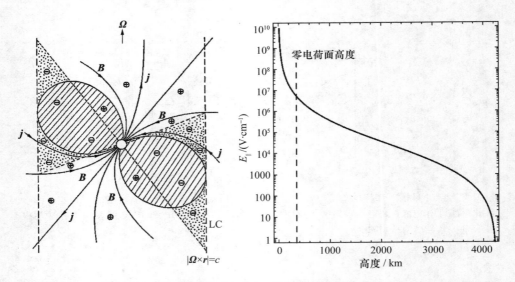

图 9.28　左图外间隙模型中为使中子星不带电,考虑到了电荷流动. j 表示电荷的流动方向,流入和流出的达到平衡(Cheng, Ho & Ruderman,1986).右图显示电荷流动时中子星附近加速更有效(Du,et al.,2011).

　　(3) 中子星表面束缚能的大小,决定极冠区能否形成真空内间隙.对于夸克星,核区和环区都可以形成真空间隙.自由流动也可以在核区和环区形成加速和辐射,但能否产生漂移子脉冲还没有研究.如何从观测上进行鉴别值得研究.

　　(4) 磁倾角 α 和视线角 ζ 对确定辐射区的位置很重要.这两个参数对鉴别辐射机制有重要作用.使用上述两个参数,同时对不同波段的观测资料进行分析,可起到更好的作用.

　　(5) 脉冲星被认为是自转能提供辐射能量的一类天体.图 9.29 的观测事实表明,有的 γ 射线脉冲星 γ 射线光度大于自转能损失率.这对 γ 射线脉冲星的能量来源提出质疑.这是否为脉冲星的视向运动引起周期变化率改变而造成的"假象"值得研究.

　　1967 年脉冲星被发现,我国科技工作者很快跟上(如 Fang,1975;Qu,et al.,1977,1978;Fang,et al.,1979;Wang,et al.,1980;Huang,et al.,1980 等),在脉冲星、中子星的研究和人才培养方面做出了重要贡献.在 γ 射线辐射模型的研究中,郑广生、张力教授的工作受到国际同行的广泛关注,有很大影响.

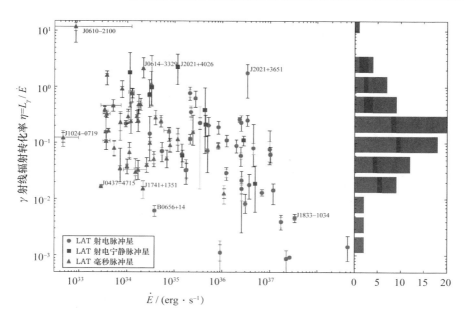

图 9.29 由图可以看出,有的 γ 射线脉冲星 γ 射线光度大于自转能损失率.(Adob,et al., 2013)

第十章　中子星与夸克星

20 世纪 30 年代初，当时刚二十出头的俄国学者 Landau 猜测某些恒星中心的密度可能跟原子核密度相当. 他形象地称这一核心为"巨原子核"(gigantic nucleus). 后来这类天体逐渐被称为"中子星". 尽管 1926 年 Fowler 曾经先验性地认为因电子和原子核自身体积太小而可能存在密度高达 10^{14} g/cm^3 的物质，但从物理和天文角度较深入地探讨如此致密的物质却是从 Landau 开始的. 八十多年来，特别是 1967 年发现脉冲星之后，中子星一直是物理学和天文学领域的研究热点.

事实上，中子星的结构和组成强烈地依赖于夸克之间基本强相互作用的低能行为. 脉冲星发现后不久就被证认为中子星，不过关于中子星的结构，观测和理论上都存在着不确定性. 我们知道，量子色动力学(QCD)是描述夸克之间强相互作用的基本理论. 它在高能极限下具有渐近自由属性. 然而，低能情形时 QCD 高度非微扰行为却是当今粒子物理学重大挑战，与七大"世纪奖金问题"之一("Yang-Mills and mass gap")紧密相关. 中子星物态恰恰属于低能 QCD 范畴，至今尚不能经第一性原理出发计算而得到. 数学上的困难为从天文观测角度了解中子星物态提供了机会，进而反过来深化人们对非微扰 QCD 的认识.

鉴于对低能 QCD 了解的缺乏，人们不得不从模型或唯象学角度去推测可能的中子星结构和物态，具体而言可以分为如下几大类(图 10.1). 传统上人们认为中子星物质的基本自由度是强子，夸克禁闭于其内(强子星)，但近来学者们也在认真讨论中子星内部密度足够高到导致夸克解禁的可能(夸克星). 早年人们曾经简单地认为中子星由核子构成，后来推测中心可能存在介子(如 π，K 等)凝聚. 中心含有大量超子(如 Λ，H 等)的中子星又称为"超子星". 若中子星几乎完全由解禁夸克构成，这类"中子星"又称为"夸克星". 一类讨论较多，也最有可能现实存在的夸克物质为奇异夸克物质. 由这类物质组成的夸克星，又称为"奇异夸克星". 仅核心部分为夸克物质的中子星称为"混合星". 此外，跟以上这些图像迥异的另一种看法是：脉冲星可能是奇子(又称夸克集团)为基本单元的凝聚态物质，即奇子星(又称夸克集团星). 因为奇异数显著非零，可将奇异夸克星和奇子星统称为奇异星. 无论是传统中子星还是夸克星、奇子星，原则上都可以具有由原子核、电子等组成的壳层. 但值得注意的是：夸克星和奇子星因自束缚而不必具备壳层(传统中子星必须拥有壳层，因为它们是引力束缚的). 不具有壳层的奇异星被称为裸奇异星.

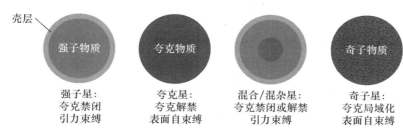

图 10.1　理论上推测的中子星内部结构示意图.

本章将阐述传统中子星和夸克星、奇子星的内部结构及其与观测之间的联系,并探讨如何从观测上鉴别它们.

§ 10.1　历史评述

要了解中子星研究的前前后后,还得先从白矮星谈起.为了抵抗引力塌缩,构成星体的物质只有具备足够的压力才可维持相对平衡状态.对于主序恒星而言,是热压力抵抗引力.在星核部位持续进行的热核聚变所释放的能量抵消了恒星发光,使得星体能较长时间处于高温、高压状态.

白矮星和中子星自身维持引力平衡的方式跟主序恒星很不一样.当恒星耗尽其核能源后如何避免引力塌缩?除了热压外,人们首先意识到的另一类压强是费米子的量子简并压.若费米子之间的距离足够小,因 Pauli 不相容原理,即使零温状态下,粒子密度的增加也将导致系统能量的升高,从而表现出量子简并压.以这类压力平衡引力的星体,通常称为费米子星(fermion stars).白矮星和中子星具有一个共性:质量大而半径小(即致密性).因这一特点,它们又被称为致密星(compact stars).

白矮星是一种典型的,目前无论观测还是理论都研究得相当成熟的费米子星,其特征质量、半径和密度分别约为太阳质量、几千千米(与地球半径相当)和 10^6 g/cm^3.有限温度费米子星物质的统计行为与零温时的特征差别不大(因费米子的热运动动能远小于其 Fermi 能),在理论处理时往往采用零温近似.

天狼星是天空中最亮的一颗恒星.随着观测技术的提高,人们发现它还具有一颗伴星,称为天狼 B 星.1862 年,根据 Kepler 第三定律可以推测天狼 B 星的质量为太阳质量的 0.75 至 0.95 倍,然而其光度却只约为太阳的 1/360.1914 年 Adams 测量了光谱,惊讶地发现,天狼星与其伴星(天狼 B 星)的光谱无明显差异.若认为表面辐射为黑体,这一发现表明天狼 B 星应该具有很小的半径(当时估计为太阳半径的 0.03 倍).1925 年 Adams 又测量了天狼 B 星光谱红移.若认为此红移起源广义相对论引力红移效应(红移量是 M/R 值的函数),所得结果与先前测到的质量 M

和半径 R 吻合.他的这一工作受到了 Eddington 的高度评价:"Adams 教授一箭双雕,既检验了 Einstein 的广义相对论,又肯定了我们的推测——密度比白金高 2000 倍的物质不仅是可能的,而且确实存在于宇宙中."类似于天狼 B 的星体统称为"白矮星",因为它们个头小("矮")而温度高("白").然而,成功观测到如此致密的物质不代表人们那时理解了这种物质.为何白矮星如此致密? 是什么力量阻碍它们进一步引力塌缩? 这在当时是困扰天文学家的"白矮星之谜",直到量子力学出现后才得到解决.

量子论中的一个极其重要的概念是"波粒二象性".当粒子的 de Broglie 波长 λ 接近或大于粒子间平均间距 l 时,量子效应就不能忽略了.因 $\lambda = h/p$,而粒子的热运动动量 p 随温度的降低而减小,故低温高密时必须考虑量子特征,系统的统计行为也就从经典的 Maxwell-Boltzmann 统计过渡成量子统计.1926 年 Dirac 和 Fermi 提出了一种适用于具有 Pauli 不相容性粒子(费米子)的统计理论,称为 Fermi-Dirac 统计.[①]费米子的这种统计行为使得它们即使在零温时也能表现出压力——简并压.[②]同一年,Fowler 就指出[③]抵抗白矮星引力塌缩的压力是电子简并压,为天文学家解决长期以来的"白矮星之谜"指明了正确的方向.

10.1.1　Chandrasekhar 质量

白矮星研究中的一个重要概念是"白矮星极限质量",这一概念也是导致 Landau 猜测"中子星"的重要诱因.下面我们就来进行阐述.

1931 年,在 Fowler 工作的基础上,Chandrasekhar 利用相对论性(此前 Fowler 利用非相对论能动量关系计算)理想电子气的状态方程实际计算了白矮星模型,发现白矮星存在一个极限质量,约 $1.4\ M_\odot$.白矮星这一极限质量又称为 Chandrasekhar 质量,以纪念他给出了较准确的白矮星极限质量.[④]Chandrasekhar 也主要因这一贡献而获得 1983 年度诺贝尔物理学奖.对极限质量本质的理解也引起了包括 Landau 等在内的同时代学者的兴趣.下面让我们以 Landau 的思路来介绍 Chandrasekhar 质量的本质.

---

① 另一种量子统计适用于不受 Pauli 原理限制的粒子(玻色子),称为 Bose-Einstein 统计.

② "简并"(degeneracy)一词又译为退化.例如若干量子态对应于(退化为)同一能量就称为简并,这些量子态的数目称为简并度.温度非零物质内部电子、原子核具有若干可能的分布(例如经典理想气体的最概然分布为 Maxwell-Boltzmann 分布,但还存在若干非最概然分布),而零温状态下的物质(如白矮星)中所有粒子倾向于最低能态,只有最稳定的一种电子数分布状态(可形象地看作一个处于基态的"巨大分子").因此在温度从有限转变为零时,粒子数分布状态种类退化为 1.这就是这里"简并"一词的取意.

③ Fowler R H, 1926. On dense matter. Mon. Not. Roy. Astron. Soc., 87: 114.

④ 其实在 Chandrasekhar 于 1931 年的白矮星极限质量论文之前,Anderson(1929. Z. Phys. 1: 851)和 Stoner(1929. Philos. Mag. 7: 63; 1930. Philos. Mag. 9: 944)已经指出均匀密度白矮星(诚然没有考虑流体静力学平衡)存在质量极限.Chandrasekhar 的工作与他们的不同之处在于利用多方球模型计算得到了比较精确的极限质量.

Fermi 统计认为零温下粒子动量或能量严格由低到高排布,排布最高的动量和能量分别为 Fermi 动量 $p_F \propto n^{1/3}$ 和 Fermi 能 E_F,这里 n 是粒子数密度.根据一般能动量关系,非相对论运动时 $E_F = p_F^2/(2m_0)$,而极端相对论时 $E_F = cp_F$.这里 m_0 是费米子静质量.由此还可以得到,量子 Fermi 气系统在低密度(因而 Fermi 能也低,费米子运动是非相对论性的)和高密度(此时费米子运动是相对论性的)两个极端条件下的状态方程都可以表达成多方形式:$P \propto \rho^\gamma$,这里 γ 称为多方指数.在非相对论极限下,$\gamma = 5/3$;而极端相对论极限下,$\gamma = 4/3$.

对于一个以 Fermi 简并压支撑的引力平衡球,其总能量 E 可以认为是费米子动能与引力势能之和.设球体的半径为 R,质量为 M,费米子总数目为 N,存在关系 $M = Nm$(其中 m 为平均每个费米子具有的质量).星体的引力能 $E_g = -k_1 GM^2/R$,其中 k_1 为量级为 1 的常数,而费米子总动能依赖能动量关系.下面给出 E 与 R 之间的关系.我们将发现:费米子为非相对论运动时能够维持稳定的引力平衡;反之,若费米子运动是极端相对论的,则不可能存在平衡位形,故导致极限质量.

非相对论情形下,费米子总动能 $E_k \approx E_F N \approx N^{5/3}/V^{2/3} \approx M^{5/3}/R^2$,故可写成 $E_k = k_2 M^{5/3}/R^2$($k_2 > 0$ 为另一常数).于是有

$$E(R) = k_2 \frac{M^{5/3}}{R^2} - k_1 \frac{GM^2}{R}. \tag{10.1}$$

给定质量 M 的星球,在稳定平衡状态下 E 极小.(10.1)式存在 $dE/dR = 0$ 的解,并且可以证明当 R 取此值时,$d^2E/dR^2 > 0$.因此非相对论 Fermi 气可以维持稳定的引力平衡(图 10.2).

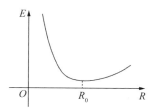

图 10.2 非相对论极限下白矮星总能量随半径的变化.

极端相对论极限下,$E_k \approx E_F N \approx N^{4/3}/V^{1/3} \approx M^{4/3}/R$,故可写成 $E_k = k_3 M^{4/3}/R$($k_3 > 0$ 为另一常数).于是有

$$E(R) = k_3 \frac{M^{4/3}}{R} - k_1 \frac{GM^2}{R} = \frac{k}{R}, \tag{10.2}$$

给定质量 M 时 k 为常数.(10.2)式不存在 $dE/dR = 0$ 的解,因此极端相对论 Fermi 气不可能维持稳定的引力平衡.当 $k = 0$ 时,Fermi 球随遇平衡;$k > 0$ 时,为使 E 减小 R 将增加,密度降低,使得费米子从极端相对论性的转变为非相对论性的,最终建立起非相对论 Fermi 气引力平衡态;$k < 0$ 时,为使 E 减小星球不得不塌缩,不可

能再以简并压平衡引力(图 10.3).

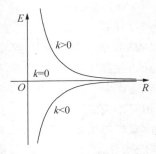

图 10.3　极端相对论极限下白矮星总能量随半径的变化.

下面我们讨论(2)式中的 k 值随 M 的变化,

$$k(M) = k_3 M^{4/3} - k_1 G M^2 = M^{4/3}(k_3 - k_1 G M^{2/3}). \qquad (10.3)$$

令 $k(M_{\max}) = 0$,得 $M_{\max} = [k_3/(k_1 G)]^{3/2}$. 当 $M < M_{\max}$ 时,$k > 0$,根据上段的分析,星体膨胀后能够建立平衡(从极端相对论状态转变成非相对论状态). 当 $M > M_{\max}$ 时,$k < 0$,星体不可能建立平衡. 因此,以简并压抵抗引力的费米子星存在极限质量 $M_{\max}$,当 $M > M_{\max}$ 时简并压是不足以维持引力平衡的. 也就是说,稳定存在的白矮星一定有一个极限质量,即所谓的 Chandrasekhar 质量.

10.1.2　Landau 猜测"巨原子核"

正是对白矮星极限质量的深刻理解,使得 Landau 体会到天体环境中引力的重要性,并意识到强引力场中可能存在地面实验室不能实现的极端物质状态. 白矮星的存在是无疑的,而质量超过 Chandrasekhar 质量的白矮星当然不得不引力塌缩,但与此紧密相关的两个问题是非常值得探讨的:问题 A,塌缩时一定伴随着巨大引力能的释放;问题 B,可否存在某些因素阻止塌缩. 对这两个问题的深入钻研,导致 Landau 1931 年提出"巨原子核"这一天才想法.

对于"问题 A"的思考是相对容易些的. 塌缩而释放的那么多能量会帮助我们理解某些天体现象吗? 或者反过来问:是否有些天体释放能量本质上源于这种塌缩过程? 值得注意的是,在 20 世纪 20—30 年代,恒星能源问题(比如"太阳为何发光")是学者们讨论的热点,包括 Landau 在内的众多学者对此都有兴趣. Landau 的看法是,塌缩所释放的引力能是恒星发光的源头. 他认为所有发光的恒星中心都应该有这么一颗"塌缩核心",但这个核心不能一直塌缩下去,这就要涉及"问题 B"了.

要领会 Landau 探究"问题 B"的逻辑思路,我们还要先回顾一个古老的概念——"双子". 1920 年 Rutherford 在题为"原子核组成"的讲座中强调到了实验上发现一些原子核的电荷数只有其质量数的约一半,并指出:"电子可能与氢核很紧密地结合而形成一类新的中性双子(doublet)". 他还推测双子会在物质中自由运动,难被探测,或许不能被限制于密封容器中. 人们一般认为,1921 年 Harkins 在讨论同位素分类时明确地用"中子"(neutron)这个词代替 Rutherford 的"双子". 然而发现双子或中子的实验进展却一直缓慢.

1932 年 2 月出现了奇迹. (1) Landau 在"Physikalische Zeitschrift der Sowjetunion"杂志发表关于"巨原子核"的论文. 一般认为,有关"中子星"概念的原型就是在这篇论文中首次提出的. 该文开头注明"1932 年 1 月 7 日收到此稿",而结尾则有标记"1931 年 2 月,苏黎世"(奇怪的是后来再引此文时,去除了这一标记). 我们知道,在 1929 年 1 月至 1931 年 3 月期间,Landau 曾经学术访问欧洲. (2) 同月 27 日 Nature 发表了 Chadwick 发现中子的论文"Possible existence of a neutron"(所注收稿日期为 1932 年 2 月 17 日). (3) 1932 年 2 月 24 日 Chadwick 手写了一封信给 Bohr,讨论中子的发现. 由此看来,Landau 关于中子星很肤浅的推测甚至早于中子的发现. 不过,那个月及之前到底发生了什么,该留给历史学家们去推敲.[①]

让我们再回到"问题 B". Landau 认为,阻碍塌缩的原因是质子和电子"紧密结合"[②]形成了"双子"(即中子),从而在恒星的中心形成一个密度与原子核密度相当的核心("巨原子核"). 这样一种观点有两层含义. 首先,形成中子后星体可以稳定存在了. 如前所述,非相对论性 Fermi 气构成的星体可以抵抗引力塌缩;这要求 $p_F \propto n^{1/3} < m_0 c$. 可见,在粒子数密度 n 不显著改变时,静质量越高的费米子越易于非相对论运动. 中子的质量远大于电子质量,所以塌缩的白矮星中若形成中子可能建立新的引力和压力平衡. 其次,可以造就一种地面上不能实现的物质——大块核物质或中子物质. 我们知道,在日常生活中,原子核的密度是最高的,但由于原子核内部的静电排斥作用,原子核质量不能太高. 目前知道的最重原子核有 294 个核子. 然而,在天体环境中,因为强引力的存在,是有可能存在巨大的"原子核"的. 质子和电子转化成中子不仅可阻碍星体塌缩,也能消除静电斥力,有利于巨原子核形成. 但是产生中子是需要消耗能量的(换句话说,中子转变成质子和电子释放能量,更稳定),这一因素不利于巨原子核形成. 值得提醒的是,星体引力能的释放可以弥补以上不利因素. Landau 的估算发现,只要巨原子核质量超过 $10^{-3} M_{\odot}$ 就足以抵消产生中子所需要能量. 可见,只有在强引力场中这种地面实验室不能实现的极端

① 俄罗斯科学院圣彼得堡约飞物理技术研究所理论天体物理部主任 Yakovlev 教授是这么认为的(见 Yakovlev D, et al., 2013. Physics Uspekhi, 56：289). Landau,Bohr 和 Rosenfeld 曾经于 1931 年 2,3 月份讨论过恒星中心存在"巨原子核"的可能性. 在中子发现的前一年,Landau 正在哥本哈根访问. 他们讨论后由 Landau 写了篇论文,但当时没有发表. 约一年后,在发现中子的同一个月,Landau 发表了那篇论文.

② 这一点是大胆而可贵的. 要知道当时并不了解质子和电子可以通过弱作用转化成中子. 为此,Landau 不得不假设如此高密度下量子力学规律失效. 在量子力学框架下,电子与质子因电磁作用只能形成氢原子.

物质状态才可能存在.

对于"问题 A"和"问题 B"的思考使得 Landau 探索性地推测存在密度与原子核密度相当的致密天体,即后来所称中子星. 尽管后来发现指望这种核密度物质来解释恒星能源是错误的,但并不妨碍人们公认此想法的天才性. Landau 本人也非常在意自己关于中子物质的想法,并在困境时希望这一成果挽救自己. 在 1937 年苏联政治气氛紧张期间,Landau 为了将自己塑造成包括西方在内的全世界认可的学术权威以抵消自己的社会压力,向当时著名杂志 Nature 投稿一篇题为"恒星能量的起源"的文章. 尽管此文 1938 年 2 月发表于 Nature,但终究未能改变 Landau 当年 4 月 28 日被捕入狱的噩运. Landau 一生共发表了 Nature 杂志论文六篇,其中独立署名的三篇 Nature 文章就包括这篇关于恒星能源的短文(另外两篇独立署名论文是分别总结他之前关于相变和超流理论的). 读者或许可由此评估那篇Nature 短文在 Landau 心目中的分量. 但值得注意的是,该短文中提及的关于中子星和恒星能源的概念其实早已出现于他 1932 年写的一篇较详细的论文中.

中子星形成过程中释放的引力能还可能帮助我们理解其他天体现象吗? 1934年 1 月,两位从事超新星观测研究的天文学家 Baade 和 Zwicky 发表了一篇论文指出,超新星就是正常恒星向中子星转变的表现. 然而,1939 年 Oppenheimer 和 Volkoff 的计算表明:中子星也有一个质量上限,大约也为一倍太阳质量(又称为Oppenheimer 质量[1]),但半径只有约 10 km. 如何观测体积这么小的天体? 中子星研究热潮因此有所降温.

10.1.3 "巨原子核"就是中子星

值得强调的是,Landau 所猜测的"巨原子核"实质上就是中子星,因而关于中子星最早的正式文献应该追溯到 1932 年. 这一点在中子发现之后就更没有疑问了. 我们知道,巨原子核与日常生活中"小"原子核的一个重要区别就是:后者没有电子(严格地说,电子在"小"原子核中存在的概率可以忽略),而前者有电子(因为巨原子核尺度一般都远大于电子的 Compton 波长). 因此,考虑反应 $p + e \rightarrow n + \nu_e$ 的平衡,巨原子核一定是丰中子的. 这类星体理所当然地就取名为"中子星"了. 下面我们从电子处于非相对论和极端相对论两种情形下分别论证巨原子核的丰中子性.

---

① 白矮星极限质量比较明确,大约 $1.4 M_\odot$,而人们对于中子星极限质量的分歧却很大. 究其原因,源于相互作用的强弱. 简并电子气之间存在电磁作用,但密度越高时电子 Fermi 能越大,因而忽略电子之间及电子与原子核之间的电磁作用就越合理. 主导强子之间的相互作用是强作用,它就不具有电子气拥有的"理想"属性了. 即使在夸克层次上考虑,在极限密度下渐近自由可忽略夸克之间的作用,但问题是:中子星物质的密度只有几倍核密度,此时还能当作渐近自由处理吗? 总之,粒子之间作用强弱和方式的不同考虑,导致模型计算给出的中子星极限质量差异很大.

做零温近似,反应平衡要求 $E_F(p) + E_F(e) = E_F(n)$,这里 $E_F(p)$,$E_F(e)$,$E_F(n)$ 分别为质子、电子和中子的 Fermi 能.因中微子容易从系统逃逸,这里忽略中微子的化学势.

在非相对论情形,$E_F = p_F^2/(2m)$.考虑到 Fermi 动量 $p_F \propto n^{1/3}$,故有

$$\frac{n_p^{2/3}}{2m_p} + \frac{n_e^{2/3}}{2m_e} = \frac{n_n^{2/3}}{2m_n},$$

其中 n_p,n_e,n_n 分别为质子、电子和中子的数密度,m_p,m_e,m_n 分别为质子、电子和中子的质量.电中性要求 $n_p = n_e$,而 $m_p \gg m_e$,这样上式可近似写成 $n_p^{2/3} \approx n_n^{2/3}/m_n$,即有 $m_n/m_p \approx (m_n/m_e)^{3/2} \gg 1$.

在极端相对论情形,$E_F = cp_F \propto n^{1/3}$.在化学平衡下有 $n_p^{1/3} + n_e^{1/3} = 2n_p^{1/3} = n_n^{2/3}$,即有 $m_n/m_p = 8$.

10.1.4 发现脉冲星

1967 年是中子星研究领域的里程碑.那年 Bell 和 Hewish 等在射电波段研究行星际闪烁时意外地发现了一种非常规则的周期性信号,其周期大约只有 1 s.这个信号是从哪里来的? 由于周期很短且稳定,这种信号只可能来源于一种非常致密星体的自转,因为只有对于质量大而体积小的天体,其引力束缚才比自转离心力更占优势.因其能发射周期性的脉冲信号,新发现的天体被称为"脉冲星".排除了其他可能性后,人们认识到这种星体就是此前所预言的中子星.事实上,在脉冲星发现的前几个月,Pacini 就曾指出,快速转动的磁化中子星可能正在为一些超新星遗迹的辐射提供能源.而在发现后不久,Gold 就明确地提出了脉冲星是旋转磁化中子星的概念.Hewish 因发现脉冲星而获得了 1974 年度诺贝尔物理学奖.

10.1.5 脉冲星到底是中子星还是夸克星?

如此看来,中子星研究从理论预言到观测发现似乎相当完美,但"半路杀出个程咬金".随着 20 世纪 60—70 年代强子结构的夸克模型的发展,促使人们在夸克层次上重新审视中子星的结构和组成.个中道理也很简单:在 1930 年代所认识的"基本"粒子之一———中子,实际上并非基本的无结构"点"粒子,而是由更基本的夸克和胶子组成的.

存在于中子、质子内的夸克在致密的中子星内部能否变得自由? 这一关键问题至今仍然没有定论,其原因是对夸克之间相互作用认识的局限性.目前描述强相互作用的基本理论(量子色动力学,英文缩写为 QCD)的特征是:在高密度或高温度极限下,夸克之间的强相互作用趋弱(即"渐近自由");但在低密度和低温度情形下,夸克之间的耦合很强.对于前者,可以用微扰论来处理,相应地发展出微扰量子色动力学(pQCD),与高能实验很好地吻合.而对于后者,夸克之间强的耦合导致微

扰论失效.更不幸的是:一个不建立在微扰论基础上的强相互作用理论(即非微扰量子色动力学,nQCD)至今尚未很好地建立起来.

尽管有以上不足,但早在 1969 年苏联学者 Ivanenko 和 Kurdgelaidze 就曾猜测大质量致密中子星内部可能存在自由夸克组成的核心.接着,人们甚至认为组成脉冲星的物质几乎完全由自由夸克所构成.

当今特别受关注的一种自由夸克组成的物质是所谓的"奇异夸克物质".[①] 它是由几乎等量的游离上(u)、下(d)和奇异(s)三味轻价夸克构成.这种物质组成的星体称为奇异夸克星(简称"奇异星").1971 年 Bodmer 曾从理论上探讨了奇异夸克物质稳定存在的可能性.因 1960 年代人们通过强子夸克模型的研究只认识到三味轻夸克,Itoh 在 1970 年就计算了完全由奇异物质组成的天体的流体静力学平衡.因受当时流行观点的影响,在计算过程中,Itoh 假设夸克质量为 10 GeV,得到的奇异星质量只有约 $10^{-3} M_\odot$.1984 年,Witten 猜测奇异物质可能是强子的真正基态(即奇异物质可能是最稳定的强相互作用束缚体系).若 Witten 的猜想是正确的,超新星爆发后形成的奇异星就要比可能的中子星更稳定.最稳定的物质,当然也就是最可能存在的.1986 年,Haensel 为首的欧洲研究小组和 Alcock 为首的美国麻省理工学院(MIT)研究小组分别研究了奇异星的若干性质,讨论了观测到的脉冲星是奇异星(而非中子星)的可能性.类似于中子星,奇异星也存在极限质量,大约与中子星极限质量相当.并且处于极限质量的中子星和奇异星的半径也差不多,约 10 km.这样的奇异星当然也能够快速地自转,在观测上表现为脉冲星.

在几倍核物质密度的致密星内部真会出现自由的夸克物质吗?若那里夸克未渐近自由是否一定意味着粒子基本组分只可能是强子(介子和重子)呢?我们的研究表明,致密星内部的实际密度很可能并没有高到能够使得夸克自由存在,并且此时的基本组成单元是若干夸克通过强作用结合在一起而形成的奇子.也就是说,脉冲星本质上可能是以奇子为基本单元组成的致密星.研究这种星体的物质状态必须在夸克层次上进行,并且它们的许多观测表现更类似于夸克星而非传统意义上的中子星.

可见,脉冲星本质上到底是哪一种中子星还是哪一种夸克星,直至脉冲星发现四十余年后的今天仍没有明确的答案.这是存留在当今天文学和物理学领域的一个挑战.它涉及人们对强相互作用基本特征(特别是非微扰 QCD 属性)的认识,也为当今青年学者提供了机遇.

"滚滚长江东逝水,浪花淘尽英雄."自 Landau 猜测"巨原子核"以来的八十多年里,多少"才俊豪杰"卷入其中.对这段波澜壮阔的历史的评述,不仅使人因身临

---

①　这种物质带奇异数(即含有净的奇异夸克或反奇异夸克).每个奇异夸克贡献 -1 的奇异数.相应地,每个反奇异夸克贡献奇异数 $+1$.

其境地体会"微观"与"宇观"的学科交融而受益,更有助于培养科学创新精神.中子星研究至今仍是物理和天文领域的热点,或者说,这一"历史"还在继续地被书写着.

§10.2 中子星的形成与热演化

中子星确实是在超新星爆发过程中形成的.直接的证据是一颗著名的超新星 SN1054.它是我们祖先在公元 1054 年(北宋)观测并记录的,其爆发时的亮度可与金星媲美("昼见如太白").直到 1921 年才被西方天文学家[①]意识到,那次超新星爆发后留下了今天看到的遗迹(称为超新星遗迹),因其形似螃蟹故名"蟹状星云". 1968 年,人们在此遗迹的中心部位探测到一颗自转周期为 33 ms 的中子星.

10.2.1 超新星观测分类

然而,并非所有的超新星都能产生中子星,这就得从分析超新星的观测特征出发.

20 世纪 30 年代始,Zwicky 对超新星进行了搜寻.他最初将超新星分成内禀光度较亮的 I 型和较暗的 II 型.不过后来的超新星分类主要依赖于光谱特性(图 10.4). 依据光谱和光变曲线,它们还可以被分成若干次型.光极大时光谱中若含有氢(H)线则为 II 型,根据光变曲线是否出现平台(图 10.5),又将 II 型超新星分成 II P(光变出现平台;platform)和 II L(无平台,线性衰减;linear).当然 II 型超新星并非只有这两种次型.光极大时无 H 但有 Si 线的超新星为 I a 型,无 Si 线而有 He 线的超新星属 I b 型(连 He 线也没有的属 I c 型).

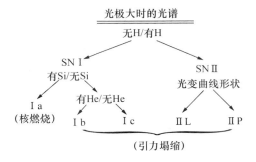

图 10.4 依光谱的超新星分类.

---

① Lundmark K,1921. Suspected new stars recorded in old chronicles and among recent meridian observations. Pub. Astron. Soc. Pacific,33:225.

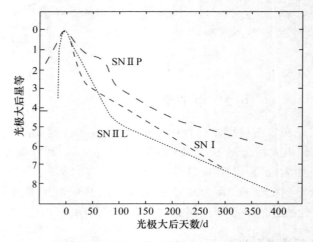

图 10.5　依光变的超新星分类（光极大时的星等归一为零等）.

一般认为观测到的 II 型和 I b, I c 型超新星是起源于恒星核心引力塌缩而导致的爆发，塌缩后中心会残留致密中子星或黑洞. 在这种爆发过程中，星核引力塌缩所释放的引力能是导致超新星成功爆发的能量来源. 这种类型的超新星又称为引力塌缩型超新星. 脉冲星就是引力塌缩型超新星的遗骸. 下面就以铁核塌缩为例介绍这类超新星爆发过程.

10.2.2　铁核塌缩

质量大于 $10\,M_\odot$ 的主序恒星中心可以经过各个核燃烧阶段直至形成铁峰元素. 中心合成铁峰元素的同时，恒星的较外层由于温度较低处于不同的核燃烧阶段，由内至外，原子序数逐渐降低. 这种结构俗称"宇宙洋葱"（图 10.6）. 在 Si 燃烧层以下主要以 Fe 及周期表中其附近的元素组成，我们把这个区域称为铁核（iron core）. 数值结果显示，尽管主序星的质量可能有很大差别（如 $10\,M_\odot$ 或 $30\,M_\odot$），但它们演化最终形成的铁核质量却都约为 $1.4\,M_\odot$. 主要原因是：铁核以电子简并压为主平衡引力. 随着恒星中心充分核燃烧（产物为铁峰元素）的进行，铁核质量逐渐增长. 如前所述，质量较小的铁核以非相对论性简并压抵抗引力（多方指标为 $\gamma=5/3$，稳定），而较大质量铁核的简并压是极端相对论性的（多方指标为 $\gamma=4/3$，不稳定）. 当质量增加至接近 Chandrasekhar 极限时，铁核不得不塌缩并导致超新星爆发.

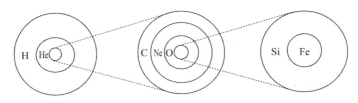

图 10.6 "宇宙洋葱"示意图.

导致铁核塌缩的主要因素包括如下.

(1) 光致裂变. 当中心密度超过 $0.5\,\mathrm{MeV}$(约 $5\times10^{9}\,\mathrm{K}$)时,光子热平衡 Planck 分布的高能尾巴光子就可能超过铁峰元素的核子结合能(^{56}Fe 平均每个核子结合能为 $8.8\,\mathrm{MeV}$),从而可能发生诸如

$$\gamma+{}^{56}\mathrm{Fe}\rightarrow 13\alpha+4\mathrm{n},$$
$$\gamma+{}^{4}\mathrm{He}\rightarrow 2\mathrm{p}+2\mathrm{n}$$

等光致裂变反应过程. 这些反应是吸热的,大大降低了星体内部热压强. 如果这颗星处于非简并态,主要以热压平衡引力,则必然塌缩.

(2) 电子俘获. 又称中子化过程(或逆 β 过程). 高密度简并物质的 Fermi 能足够高时,可以通过

$$\mathrm{e}+{}_{Z}^{A}\mathrm{X}\rightarrow{}_{Z-1}^{A}\mathrm{Y}+\nu_{\mathrm{e}},$$
$$\mathrm{e}+\mathrm{p}\rightarrow\mathrm{n}+\nu_{\mathrm{e}}$$

等反应降低系统总能量. 因电子的简并压是与电子数密度正相关的,电子俘获过程导致电子数目减少,简并压降低,使得星体塌缩.

(3) 中微子对产生. 当温度高于 $0.5\,\mathrm{MeV}$ 时,能够存在对产生平衡

$$\gamma+\gamma\leftrightarrow\mathrm{e}^{+}+\mathrm{e}^{-}\rightarrow\nu+\bar{\nu}.$$

这种中微子损能过程会使得中心快速冷却,压强下降,导致星体引力塌缩.

10.2.3 塌缩星核中的中微子

尽管中微子与物质相互作用的截面非常小,在塌缩和爆发过程中,中微子可能起关键的作用. 我们将会看到,塌缩核心对中微子是不透明的.

根据弱相互作用理论,能量为 E_{ν} 的中微子与核子作用的截面可近似表示成

$$\sigma_{\nu}\approx 10^{-44}\left(\frac{E_{\nu}}{m_{\mathrm{e}}c^{2}}\right)^{2}\mathrm{cm}^{2},\tag{10.4}$$

其中 $m_{\mathrm{e}}c^{2}=0.511\,\mathrm{MeV}$ 为电子静能. 在主序星内部,例如处于氢燃烧阶段,总的核过程是 $4\mathrm{p}\rightarrow{}^{4}\mathrm{He}+2\mathrm{e}^{+}+2\nu_{\mathrm{e}}$. 该过程释放出的中微子的平均自由程为

$$l_{\nu}=\frac{\mu\,m_{\mathrm{u}}}{\rho\,\sigma_{\nu}}\approx\frac{2\times10^{20}}{\rho}\left(\frac{m_{\mathrm{e}}c^{2}}{E_{\nu}}\right)^{2}\mathrm{cm},\tag{10.5}$$

其中 μ 为平均分子量,m_u 为原子质量单位,ρ 为物质密度,以 g/cm³ 为单位. 主序星内部产生中微子的能量 $E_\nu \sim 1$ MeV,密度 ~ 1 g/cm³,因此 $l_\nu \sim 100$ pc,即使 $\rho \sim 10^6$ g/cm³,l_ν 也可以达到太阳半径的 3000 倍. 所以主序星内部可以看作是对中微子透明的,与物质基本上没有相互作用.

然而,在大质量恒星演化晚期的铁核塌缩阶段,情况就完全不一样了. 此时,不仅密度很高,有可能达到约 10^{14} g/cm³,而且产生出来的中微子能量也比较高. 根据 (10.5) 式,这个阶段的中微子不透明度应该明显增加. 值得一提的是,塌缩阶段出现了许多原子序数较高的重核,中微子与重原子核作用的主要形式是所谓的"相干散射". 中微子相干散射的截面与核子数 A 的平方成正比,

$$\sigma_\nu \approx 10^{-45} \left(\frac{E_\nu}{m_e c^2} \right)^2 A^2 \; \text{cm}^2, \tag{10.6}$$

而中微子与每个自由核子非相干散射的截面总和只与 A 成正比. 这一因素势必进一步增加中微子被重核散射的不透明度.

在铁核塌缩过程中,电子处于相对论简并状态,中微子主要通过中子化过程产生. 这样产生的中微子典型能量为电子 Fermi 能,可以计算给出:

$$\frac{E_\nu}{m_e c^2} \approx \frac{E_F}{m_e c^2} \approx 10^{-2} \left(\frac{\rho}{\mu_e} \right)^{1/3},$$

其中 μ_e 为核子数与电子数之比. 代入 (10.6) 式就可以重新表达中微子相干散射的截面:

$$\sigma_\nu \approx 10^{-49} \left(\frac{\rho}{\mu_e} \right)^{2/3} A^2 \; \text{cm}^2. \tag{10.7}$$

将原子核的数密度估计为 $\rho/(A m_u)$,则可以计算出中微子相干散射的平均自由程

$$l_\nu \approx \frac{1.7 \times 10^{25}}{\mu_e A} \left(\frac{\mu_e}{\rho} \right)^{5/3} \; \text{cm}. \tag{10.8}$$

若 $\mu_e = 2$,$\rho = 10^{10}$ g/cm³,$A = 100$,由 (10.8) 式得到自由程只有 $l_\nu \approx 60$ km. 在塌缩铁核内部密度一般高于 10^{10} g/cm³,且铁核大小超过 100 km. 很明显,这种情况对中微子是不透明的. 不过仔细计算中微子的输运过程非常复杂,因为中微子截面与其能 E_ν 相关,低能中微子比高能中微子更容易逃逸.

10.2.4 爆发机制

中子星是如何从星核塌缩型超新星爆发过程中产生的呢? 目前讨论较多的有两种爆发机制:"瞬时爆"和"延迟爆". 下面分别简述.

在塌缩离星核较远处可忽略压力,因而物质向内塌缩可近似为自由落体运动,塌缩是超声速的. 但在星核中心附近,压力效应不能忽略,塌缩是亚声速的. 塌缩速度与当地声速相等的地方称为声速点. 数值计算也确实表明,铁核半径较小处物质

塌缩速度小于声速,而较大处往往速度大于声速.因此以声速点为分界,塌缩铁核可以自然地分为内核和外核两个区域(如图 10.7).

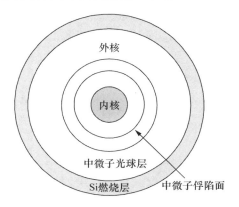

图 10.7 塌缩铁核心的结构示意图.

内核塌缩至中心密度超过核物质密度($\rho_{\mathrm{nuc}} \approx 2.8 \times 10^{14}$ g/cm³)时,因核力的排斥芯和中子、轻子(电子和中微子)简并压的贡献,产生阻碍进一步塌缩的趋势.然而,由于物质塌缩惯性,直到中心密度约为 $3\rho_{\mathrm{nuc}}$ 时内核才完全停止收缩.但外围物质却继续还以超声速塌缩并猛烈撞击突然静止的铁内核,这使得在离中心不远处的外核产生很强的向外传播的激波——反弹激波.

计算表明反弹激波具有约 $10^{51} \sim 10^{52}$ erg 的能量,激波波阵面温度约 10 MeV ($\approx 10^{11}$ K).观测发现超新星爆发产生的粒子动能也大约为 10^{51} erg,故一度曾认为反弹激波能够导致超新星爆发.这种爆发机制称为瞬时爆.然而后来发现,瞬时爆往往是不能成功的,原因如下:激波面高温下的光致裂变过程消耗大量的激波能量.激波扫过的铁核越多,消耗的能量就越高.若要扫过 $0.1\,M_\odot$ 的铁核,消耗的激波能量约 2×10^{51} erg(与反弹激波总能量相当).然而,外核质量一般都比 $0.1\,M_\odot$ 大.因此,只有当反弹激波扫过的铁核质量较小以至于能从铁核中穿出时,瞬时爆才可能成功导致超新星爆发,否则,向外的反弹激波将在约几百千米处转变为吸积激波,不能导致超新星爆发.

在瞬时爆发机制失效的情况下,人们又提出中微子延迟爆发机制.包括内核的铁核内部区域,因密度高,中微子与物质作用比较强.那里的中微子与核的碰撞是频繁的,只能像主序星内光子一样通过慢慢扩散而逃逸出铁核.但在外部区域,密度低,中微子自由程就比较长.类似于恒星大气中的光球层,定义中微子光深约为 1 处的表面为中微子光球层.从该层以上出射的中微子几乎不再与物质作用就能够逃出铁核.在光球层以下出射的中微子似乎只要经过多次散射就能够扩散出铁核.然而,若向外扩散速度低于向内塌缩速度,中微子必将陷俘(trapped)于其中.

因此,可定义中微子陷俘面为中微子扩散速度与塌缩速度相当之处,在该层以下,中微子不可能扩散逃逸.在塌缩过程中,只有处于陷俘面和光球层(如图 10.7)之间的中微子经过多次散射才能扩散出铁核.戴子高等人研究表明,两味向三味夸克物质的相变过程能够释放更多能量的中微子,有助于超新星的成功爆发.

超新星爆发后新形成的中子星又称为原中子星(protoneutron star).原中子星释放大量中微子,其所携带能量(约 10^{53} erg)与引力能相当,只要有很少一部分转化为粒子动能就能够导致超新星成功爆发.中微子将能量转交给原子核主要通过相干中微子散射来实现.如(10.7)式所示,自由核子的中微子散射(如 $\nu + n \rightarrow \nu + n$)截面为 $\sigma_n \approx \sigma_0$,$\sigma_0 = 1.76 \times 10^{-44}$ cm.而中微子与核子数为 A 的原子核相干散射的截面 $\sigma_A \approx \sigma_0 A^2$.特别是与重核的相干散射,大大增加了中微子转交能量的效率.此外,中微子也可以被原子核吸收而把能量交给核.计算表明,有可能约 1% 的中微子能量被在约几十千米以内的外围物质吸收,中微子对物质的加热使得反弹激波被复活,最终导致超新星爆发.因为被陷俘的中微子要在反弹激波之后一段时间才能加热周围物质,这种爆发过程称为延迟爆发.

延迟爆发机制得到多数学者的认同.但值得一提的是,这种机制最近也受到了质疑.尽管原则上通过中微子和引力波观测可以让我们了解超新星爆发的具体过程,然而至今还未测到相应的引力波.测得的 SN1987A 中微子是对铁核塌缩超新星爆发一定程度的支持,但记录到的绝对数目太少,远未能够有效地限制超新星爆发模型.因此,我们对铁核塌缩的复杂过程以及新生原中子星的理解,主要依赖于爆发过程的流体力学模拟.其中的关键问题是:原中子星物质能否通过对流有效地辐射中微子而加热已停止的反弹激波?以前的计算认为是肯定的,但最近更仔细的模拟发现,要能够成功地算出超新星爆发还是不容易的.这些研究使人们在一定程度上对延迟爆发整体图像产生了怀疑.

总之,目前一般认为核心塌缩导致的超新星爆发可以形成致密残骸——中子星.这类超新星爆发所释放的总能量即为原中子星的引力束缚能,E_g 约为 10^{53} erg.因为要将铁核以外的物质"吹"散需要约 10^{51} erg 能量,故只有总能量 E_g 的约 1% 转变为爆发产物的动能.光子辐射的能量又只占此动能的约 1%.几乎超新星爆发的所有能量(总能量的约 99%)被高温原中子星发射的中微子带走.大多数中微子是在原中子星形成后的几秒内辐射掉的.

10.2.5　超新星 SN1987A

1987 年 2 月在我们的邻近星系大麦云中发生了一次超新星爆发,记为 SN1987A.因为它发生的时间和距离都离我们比较近,其科学价值就格外受到重视.这是一次星核塌缩型超新星爆发.这种类型超新星爆发的主要能量应该被中微子带走. 从 SN1987A 人们有幸第一次测量到了这类中微子, 总共 27 个. 从这些中微子的能量, 确实能够反推超新星爆发的总能量有约 10^{53} erg, 为一颗典型质量中子星的引力束缚能.

10.2.6　超新星遗迹

超新星在爆发过程中向周围喷射大量物质. 爆发之后残留于恒星际空间的, 正在膨胀的这些物质会与周围星际介质相互作用, 并形成云状、气壳状或其他不规则形状的发光区域. 这些区域就称为超新星遗迹, 其观测波段可覆盖射电、红外、可见光、X 射线等. 目前已经记录了两百多个超新星遗迹.

根据超新星遗迹的形态, 一般将它们分为两种类型: (1) 壳层型, 具有壳层结构, 观测上呈现为完整或不完整的环状. 这些环可能反映了超新星喷射物质与星际介质作用所产生的边界. 在目前已观测到的遗迹中, 壳层型占多数. (2) 类蟹状星云 (Crab-like) 型, 又称为实心 (plerionic) 型. 观测形态上是发光物质弥散状分布, 且亮度在中心最亮. 这类遗迹在银河系中已经发现十余个, 遗迹中心往往含有致密源, 可能是中子星. 因此, 这类遗迹可能与铁核塌缩型超新星爆发关联. 它们是否具有明显的壳层结构, 也许依赖于当地星际介质密度: 当星际介质密度太低, 喷射物质与其作用不能形成明显的边界时, 就不会观测到明显的环状形态.

超新星爆发喷射物质的初始速度 v_0 约 10^9 cm/s, 喷射物质的总量为几倍太阳质量, $m_e \approx 10^{33}$ g, 故喷射物质的总动能约 $m_e v_0^2 \approx 10^{51}$ erg. 喷射物质速度超过周围介质声速, 形成激波. 若认为星际介质密度是均匀的, 超新星遗迹的动力学演化过程可以经过如下几个阶段: (1) 自由膨胀相. 开始时, 激波扫过物质质量低于 m_e, 初始爆发能量的减少可以忽略, 喷射物质保持恒定速度, 自由膨胀. (2) 绝热相. 当激波扫过物质质量刚开始大于 m_e 时, 辐射引起的能量损失还是可以忽略的, 激波绝热膨胀, 速度随时间下降. (3) 辐射相. 再后来, 辐射越来越重要而不能忽略, 遗迹物质因辐射而逐渐冷却. (4) 消失相. 最后, 当爆发喷射物质的速度下降到与星际介质热运动速度相近时, 就不能够区分喷射物质了, 遗迹消失. 在讨论超新星遗迹的辐射 (包括膨胀) 特征时, 要关注各种能量来源. 除了喷射物质的初动能外, 还存在的主要能源有: 超新星爆发过程中合成的不稳定核衰变能、引力塌缩型爆发留下的致密天体的转动能、吸积能等.

10.2.7　中子星的热演化

原中子星是指超新星爆发后刚形成的中子星. 尽管原则上通过超新星爆发数值模拟可以得到原中子星若干性质, 不过对其中基本物理过程的粗略分析也能让我们获得它的许多重要特点.

如前所述,铁核塌缩成质量 $M \approx M_\odot$、半径 $R \approx 10$ km 的中子星,所释放的主要能量是引力能 $E_g \approx GM^2/R \approx 10^{53}$ erg. 这些引力能是超新星爆发及其形成的中子星所有能量的源泉.

这些能量中一部分要转化为 Fermi 气的简并能. 中子星的平均重子数密度为 n_B,

$$n_B = M/(m_u \cdot 4\pi R^3/3) = 2.86 \times 10^{38} \text{ cm}^{-3},$$

其中 $m_u = 931.5$ MeV$/c^2$ 为单位重子的平均质量. 是费米子的简并压平衡零温中子星的引力,故可以估计 Fermi 动量[1] p_F,

$$cp_F = 9.75 \times 10^{-17} n_B^{-1/3} = 6.42 \times 10^{-4} \text{ erg} = 400 \text{ MeV}.$$

因 $cp_F \approx m_u c^2$,平均每个费米子的动能 $\approx cp_F$,于是 Fermi 气具有的简并能 $E_d \approx cp_F M/m_u \approx 10^{53}$ erg $\approx E_g$,与总引力能同量级.

另一部分引力能要转化为动能:自转动能 E_r 和踢[2](kick)动能 E_k. 原中子星的自转周期 $P \approx 10$ ms,其转动惯量 $I \approx MR^2 \approx 10^{45}$ g $\cdot$ cm^2,故 $E_r \approx I(2\pi/P)^2 \approx 10^{50}$ erg $\ll E_g$. 尽管相对于 E_g 而言 E_r 是很小的,但提供着中子星一生若干观测表现(如射电脉冲星)的主要能源却是 E_r(另外同等重要的能源是吸积能,还可能有磁能). 因超新星爆发是非球对称的,爆发过程会使得中子星反弹(又称为踢). 以观测到的脉冲星自行速度代替踢速度 $V_k \approx 10^2$ km/s,故 $E_k \propto MV_k^2 \approx 10^{47}$ erg $\ll E_g$.

还有一部分引力能要转化为 Fermi 气的热能 E_{th}. 根据上面的分析,若热能与简并能同量级,有 $E_{th} \approx E_g \approx E_d \approx E_g \approx 10^{53}$ erg. 根据统计物理学的知识,强简并的 Fermi 气能够被热激发的费米子只占总数的 $\varepsilon \sim kT/(E_F - mc^2)$($T$:费米子系统的温度,$E_F$:Fermi 能),因此简并 Fermi 气系统的热容量 $C_V \sim k\varepsilon M/m_u$. 对于我们所讨论的情形,$C_V \approx k^2 TM/(cp_F u)$. 让 $C_V T \approx E_{th}$,我们就能估计出原中子星的温度 $T \approx [cp_F u E_{th}/(k^2 M)]^{1/2} \approx 10^{12}$ K ≈ 90 MeV. 实际的超新星爆发数值模拟给出新生中子星的温度约在 $30 \sim 50$ MeV 范围内. 可见,这里的估计是有效的.

在高温情况下,热中微子发射(如:$e^+ + e^- \rightarrow \nu + \bar{\nu}, \gamma + e \rightarrow \gamma + \nu + \bar{\nu}$)是导致原中子星冷却的主要机制.[3] 当中子星温度下降至约 10^9 K 以下时,在中子星内部涉及中微子发射的过程主要包括直接 Urca[4] 过程(DURCA)和修正 Urca 过程(MUR-

---

[1]　这里的讨论是针对具有一个重子数的费米子而言的. 对于具有 1/3 重子数的夸克,以下的估算是同量级的.

[2]　超新星不对称爆发使新形成的中子星获得较高速度的过程称为"踢". 这一速度又称为踢速度(kick velocity). 观测到的脉冲星自行速度远高于主序星自行速度反映了踢过程的存在.

[3]　对于新生裸奇异星,因高温的夸克表面直接裸露(而不像中子星那样存在一个使温度逐渐降低的壳层),其热辐射粒子还可能包括正反粒子(如电子对)的产生. 参见 Usov V V, 1998. Phys. Rev. Lett., 80: 230.

[4]　Urca 一词取于一个曾经繁荣但现在已经不出名的赌场名字(也是地名,位于巴西的里约热内卢),赌徒们在那里一直输钱.

CA），分别为

$$DURCA：n \rightarrow p+e+\bar{\nu}_e, \quad p+e \rightarrow n+\nu_e,$$

$$MURCA：b+n \rightarrow b+p+e+\bar{\nu}_e, \quad b+p+e \rightarrow b+n+\nu_e,$$

其中 b 称为旁观粒子（bystander）. 旁观粒子在反应前后成分不变，但可以参与反应粒子间能量、动量分配. 典型的旁观粒子是中子，因为中子是中子星中最多的成分.

　　DURCA 过程发射中微子的效率要比 MURCA 过程高约 $10^4 \sim 10^5$ 倍，但 DURCA 过程在质子丰度较低的条件下是禁戒的，说明如下.

　　因中微子所带能量远小于反应前后能量的变化，以下讨论中忽略中微子质量以及反应过程中所带走的能量. 一般地，动力学研究能给出反应截面，而运动学考虑会给出反应条件（如反应阈）. 哪些粒子可以参加 DURCA 反应呢？当然是 Fermi 面上的那些粒子具有优势，因为它们能量最高，且附近具有空的量子态（以 n, p, e 系统为例，见图 10.8）. 从运动学角度我们知道，粒子间转换的发生必须同时满足能量、动量守恒. Fermi 面附近粒子转换时能量守恒必然得到满足，因为中子 n, 质子 p, 电子 e 间的化学平衡要求反应前后化学势相等，所以关键要看动量守恒能否满足. 由动量守恒，有 $\boldsymbol{p}_F(n) = \boldsymbol{p}_F(p) + \boldsymbol{p}_F(e)$. 此动量关系的三角形中两边之和必大于第三边，有 $p_F(p) + p_F(e) > p_F(n)$. 我们知道 $p_F \propto n^{1/3}$，而电中性又要求 $n_p = n_e$，于是有 $2n_p^{1/3} > n_n^{1/3}$，即 $(n_p/n_n) > 1/8$. 因此 DURCA 能够发生的必要条件是质子占核子总量大于 $1/9 \sim 11\%$.

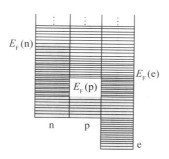

图 10.8　三成分(n, p, e)核物质 Fermi 能.

　　中子星冷却过程依赖于其组成和结构，因此对其研究可以探索致密物质的物态和中子星结构. 然而，中子星的热辐射特征不仅取决于冷却过程，而且与可能的加热机制有关. 比较重要的加热过程包括磁层加热和吸积加热，此外，对于超强磁场的中子星，磁能的衰减也会导致明显的加热. 所以，要希望通过中子星冷却来研究内部结构，必须有效地排除加热效应的影响.

　　对于奇异夸克星的热演化过程，原则上也可以做类似的讨论.

§10.3 中子星与夸克星模型

10.3.1 质量-半径关系

类似于白矮星,中子星和奇异星也可当作冷星处理,因此只需要状态方程和流体静力学平衡方程就能够完备地求解它们的结构模型了.与白矮星不同的是,此时的广义相对论效应不可忽略,形式上 Newton 引力平衡方程要被广义相对论流体引力平衡方程所代替.对于球对称稳态时空,且考虑理想流体情形,考虑广义相对论效应的流体静力学平衡方程为 Tolman-Oppenheimer-Volkoff 方程(简称 TOV 方程):

$$\frac{\mathrm{d}P}{\mathrm{d}r} = -\frac{Gm(r)\rho}{r^2}\zeta, \quad \zeta = \frac{\left(1+\dfrac{P}{\rho c^2}\right)\left(1+\dfrac{4\pi r^3 P}{m(r)c^2}\right)}{1-\dfrac{2Gm(r)}{rc^2}}. \tag{10.9}$$

它相对于 Newton 引力平衡方程,附加了一个较复杂的修正因子 ζ.容易看出,在白矮星情形,因引力场弱,因而压强、密度较低,$\zeta=1$ 是个很好的近似.另外,因对于强子或夸克之间相互作用认识的不确定性,中子星和奇异星物质状态的描述要比白矮星复杂得多.在讨论中子星和奇异星模型与观测对比时,往往是考虑若干可能的状态方程所给出的计算结果.观测和理论模型的对比反过来筛选出合适的状态方程,进而得到对核物质或夸克物质中强作用模型的限制.

理论考虑时往往要计算中子星和奇异星的质量-半径(M-R)关系,因为 M-R 关系是能直接与观测对比的.尽管存在个别解析解,但对于任何真实的物态,M-R 关系往往需要通过数值计算得到,其具体数值计算过程跟白矮星类似.如图 10.9 所示,这种计算就如同一部"机器",组成这个机器的部件有两个:广义相对论流体平衡方程(TOV 方程)和状态方程(EoS).机器的输入是星体中心密度 ρ_c,输出为质量 M 和半径 R.若干 ρ_c 输入而产出的 $\{M, R\}$ 的集合就对应于所选择 EoS 部件的 M-R 关系.换另一 EoS 部件就能得到另一个 M-R 关系.对于一颗给定中心密度的星体,计算其 M 和 R 的程序如下:

$$\rho_c \equiv \rho(r=0) \xrightarrow{\text{EoS}} P(r=0) \xrightarrow{\text{TOV}} P(r=\delta r)$$

$$= P(r=0) + \frac{\mathrm{d}P}{\mathrm{d}r}\bigg|_{r=0} \delta r \xrightarrow{\text{EoS}} \rho(r=\delta r) \rightarrow \cdots$$

循环计算,直到压强或密度为零(那里就是星体的表面:$r=R, m(R)=M$).

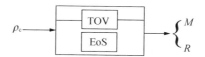

图 10.9 质量-半径关系的计算.

中子星和奇异星物态的差异导致它们的质量-半径(M-R)关系不同(如图 10.10).质量较低时,它们的差别是非常明显的:中子星满足 $M \propto R^{-3}$,而质量较小奇异星的引力束缚可以忽略,主要由色作用束缚的物质的表面能也是不重要的,故 $M \propto R^3$.对于一般质量情形,M-R 关系要通过积分 TOV 方程和状态方程而得.图 10.10 是利用若干实际状态方程(包括中子星和奇异星)得到的 M-R 关系.[①]图中标记"SS1"和"SS2"的两条线为两种奇异星模型的 M-R 关系,其他实线为根据各种中子星模型得到的结果.点线表征 Schwarzschild 半径,在此线以左,恒星不能稳定存在.李向东等人分析和研究了观测数据后认为,SAX J1808.4$-$3658 这颗 X 射线源应该位于虚线以左,因此得出结论:SAX J1808.4$-$3658 很可能是奇异星.2010 年底,人们通过 Shapiro 延迟方法测到一颗质量为 2 倍太阳质量的大质量脉冲星.但是这一新发现并不能排除脉冲星为夸克星,因为除了 SS1 和 SS2 两种状态方程外,理论上还允许存在其他类型的夸克物质状态方程,并且相应的极限质量可超过 2 倍太阳质量.奇子星的极限质量甚至可超过 3 倍太阳质量.

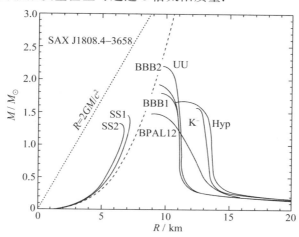

图 10.10 中子星和奇异星的 M-R 关系.

① Li X D, et al., 1999. Is SAX J1808.4$-$3658 a strange star? Phys. Rev. Lett., 83: 3776.

10.3.2　中子星的结构

传统中子星的结构如图 10.11 所示.下面由外到内依次叙述.

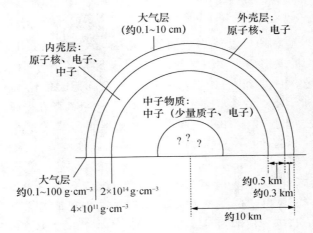

图 10.11　中子星的结构.

　　为使中子星处于稳定的平衡状态,中子星内部的密度随深度的增加而递增.中子星的表面边界条件可取成压力为零,以满足星际间的压力平衡.因此,中子星往往具有一大气层[①],它的存在使得压力分布从压力非零的星体内部过渡到零压状态.因中子星表面有很强的引力加速度[②],所以该层大气很薄,其厚度约 0.1～10 cm,密度约 0.01～100 g/cm³.

　　与一般主序恒星一样,中子星的热辐射产生于这个大气层,其 X 射线热辐射特征就是由这层大气所决定的.因此,原则上可通过中子星热辐射来研究中子星大气层的组成.自 20 世纪 80—90 年代以来出现了许多中子星大气层的数值计算,所预言的光谱或多或少地具有若干吸收线.因中子星表面存在强引力场,这些谱线被引力红移.根据广义相对论,这一红移的程度是 M/R 的函数.此外,计算给出的谱线宽度还与大气厚度(因而与表面引力加速度 M/R^2)有关.所以,若能够测得原子吸收线及其吸收宽度,就能够唯一得到中子星的质量和半径,这对于我们筛选中子星模型、理解致密核物质的性质具有极其重要的意义.然而,不幸的是,自 21 世纪初的高性能空间 X 射线望远镜升空观测以来,人们至今尚未从中子星热 X 射线辐射中明确鉴别出一根原子谱线.许多热辐射谱根本就没有发现吸收线.这一迹象显示

---

　　①　低温、强磁场、较重元素组成的中子星表面可能没有这层大气,因为该层物质会凝聚成液体或固体.

　　②　在 Newton 引力近似下,质量 M、半径 R 的星体表面的引力加速度 $g=GM/R^2$.将引力能 mgh 与热运动动能 kT 相等,可得到大气标高(大气层的厚度)为 $h=kT/(mg)$,其中 T 为大气温度,m 为大气分子(原子、离子)的平均质量.

这些源可能是夸克表面直接暴露的奇异星. 因裸奇异星的表面没有离子或原子, 不可能出现原子吸收线. 但是, 裸奇异星表面具有丰富的自由电子, 故可能出现电子回旋谱线(即电子 Landau 能级间跃迁导致的谱线).

大气层以下到密度小于约 4×10^{11} g/cm^3(称为"中子滴密度")之处的物质由原子核和电子组成, 称为中子星的外壳层. 若外壳层温度低于其熔解温度, 则为固体. 外壳层中的重原子核与相对论简并电子气处于 β 平衡. 随着密度的增加, 电子的 Fermi 能升高, 原子核中的中子含量亦逐渐增加. 当物质密度超过中子滴密度时, 原子核中的中子含量高到足以使部分中子从原子核中游离出来(形象地说, 中子开始从原子核中"滴"出来了, 相应的密度即为中子滴密度). 当密度进一步增加至接近核物质密度时, 原子核中大多数质子均已中子化, 且中子游离出原子核. 这个以富中子的原子核、自由中子和电子组成的区域(密度介于中子滴密度和核物质密度之间), 称为中子星的内壳层.

内壳层中有原子核、自由电子和中子. 因中子间较强的色剩余作用, 内壳层中的自由中子结合成 Cooper 对, 形成各向同性 $^1S_0$(即两中子轨道和自旋角动量均为零)超流中子流体. 具体计算表明中子超流态的临界温度为 MeV 量级, 很可能高于根据目前观测得到的脉冲星表面温度($\approx 10^8$ K $\approx 10^{-2}$ MeV)而推测的内壳层温度. 故内壳层中自由中子应处于超流状态. 由于超流体是量子态, 其速度环量不能连续变化, 自转中子星内的超流中子是不可能共转的, 而是形成看似共转的涡线(vortex line). 原子核位于涡线的中心时称为钉扎(pin)态. 计算发现, 涡线钉扎于富中子核上时系统的能量较低, 故涡线与原子核之间存在着钉扎力.

内壳层密度可以一直延续到核物质密度. 在此密度以上已经不能够存在原子核了, 其大部分区域主要由各向异性的 $^3S_1$(即两中子轨道角动量为零但自旋角动量不为零)超流中子组成, 并含有少量超导质子(各向同性配对, $^1S_0$)和正常电子. 该区域是中子星的主体, 称为中子物质区. 在密度高于几倍核物质密度的核心区域, 为使单位重子的能量极低, 可能会出现夸克物质相、π 或 K 等介子凝聚相、超子物质相等. 这是人们最缺乏了解的区域, 称为中子星的核.

中子物质区是中子星的主体, 它主要由中子组成, 但还含有少量质子以及使得电荷平衡的电子. 以中子、质子、电子均为极端相对论情形为例, 我们将发现中子与质子的比为 $n_\mathrm{n} : n_\mathrm{p} = 8 : 1$. 此时这些粒子的化学势(零温时即 Fermi 能)与质量无关, 正比于 $n_i^{1/3}$, 其中 $i = \mathrm{n, p, e}$ 分别表示中子、质子、电子的数密度. 电荷中性要求 $n_\mathrm{p} = n_\mathrm{e}$. 由 $\mathrm{n} \leftrightarrow \mathrm{p} + \mathrm{e} + \bar{\nu}_\mathrm{e}$ 间化学平衡要求知(忽略中微子的化学势), $E_\mathrm{F}(n_\mathrm{n}) = E_\mathrm{F}(n_\mathrm{p}) + E_\mathrm{F}(n_\mathrm{e})$, 故有 $n_\mathrm{n}^{1/3} = 2n_\mathrm{p}^{1/3}$, 即 $n_\mathrm{n} : n_\mathrm{p} = 8 : 1$.

关于中子星内部可能出现的夸克相, 目前主要有两种看法, 相应地中子星分类为混合星(hybrid star)和混杂星(mixed star). 早期的看法认为中子星核区存在一阶相变,核子相与夸克相之间由密度不连续的间断面分开,这类中子星称为混合星.然而在 1992 年 Glendenning 指出,因为中子星内部物质含有两个独立的守恒量(重子数和电荷数),物质有可能是整体上电中性但局部非电中性.这样,夸克物质与核物质有可能在宏观尺度上共存,密度连续变化.这类中子星称为混杂星,其中的夸克物质与核子物质共存相就称为混杂相.这种混杂相的存在有可能使得混杂星的能量比混合星低.此外,一个极端的观点是,如果 1984 年 Witten 提出的猜想是正确的,奇异星的能量比各类中子星的能量都低,因此整个中子星将被奇异化,最终形成奇异星.

10.3.3　强磁场中子星表层物质

一般中子星的极冠区的典型磁场可达约 10^{12} G. 原子在没有外磁场的情况下,内部以电子与核之间的 Coulomb 作用为主. 当存在外磁场时,电子除 Coulomb 作用外还受到 Lorentz 力,当然外磁场越强后一种作用越显著. 什么情况下这两种作用相当? 对于氢原子而言,Coulomb 作用能约为 e^2/a_B,而电子在外磁场中的束缚能即为电子回旋能,约 $\hbar eB/(mc)$,其中电子与核间的典型距离为 Bohr 半径 $a_B = \hbar^2/(me^2)$. 让这两个作用能相当,可得到一个特征磁场强度 B_0,

$$B_0 = \frac{e^3 m^2 c}{\hbar^3} \approx 2.35 \times 10^9 \text{ G.}$$

当 $B > B_0$ 时,物质的性质将因磁场的存在而明显改变.

若磁场进一步增加,还会导致真空性质发生改变. 对于磁场中相对论运动的电子,若其回旋半径 $r_L \approx mc^2/(eB) \propto B^{-1}$ 跟电子的 Compton 波长 $\lambda \approx \hbar/(mc)$ 相当时,我们必须在量子物理范畴内讨论带电粒子在强磁场中的运动. 若令 $r_L \approx \lambda$,我们得到 $B \approx B_q \equiv m^2 c^3/(e\hbar) \approx 4.414 \times 10^{13}$ G. B_q 称为临界磁场,它是反映电子的量子效应是否重要的典型磁场. 当 $B > B_q$ 时,若干量子电动力学效应(例如:因真空产生虚电子对而导致真空介电特性的变化)将起重要作用.

强磁场中的原子主要有两点区别于真空中原子. (1) 由于强磁场的存在,中子星表面的原子(离子和电子)并非球形,而是沿磁场的"柱"形. 电子受到的 Lorentz 力作用沿垂直磁场方向,而在平行磁场方向不受影响. 所以,对于位于均匀磁场中原子,其电子的空间概率分布不是球对称的,而是轴对称的,原子实际上表现为近似沿磁场方向的柱形. (2) Lorentz 力指向轴对称的中心线,其后果是使得原子结合得更紧,所以强磁场中原子的结合能要比真空中普通原子高.

对强磁场中原子的计算还发现,将两个分离较远的柱形原子靠在一起时会放出能量,系统比较稳定. 这样,若干柱形原子可以结合在一起形成一条长长的"分子链"(可形象地描述成"糖葫芦"样,只不过是柱状的糖葫芦). 将其中一个原子从分子链中断开需要做功,即强磁场中原子间具有一定的粘合能.

10.3.4 奇异夸克星

1947 年人们在宇宙线中发现了一类具有奇异性质的粒子,它们"成对快产生,单独慢衰变". 1953 年西岛提出用奇异数的概念来刻画这类奇异粒子,并且认为强作用下奇异数守恒,而弱作用下奇异数不守恒. 1964 年 Gell-Mann 和 Zweig 提出强子结构的夸克模型后人们知道,奇异数的本质是存在区别于组成核子的上、下夸克的新的一味夸克——奇异夸克. 上、下、奇异三味夸克统称为轻夸克,它们所带电荷分别为基本电荷的 $2/3$、$-1/3$、$-1/3$ 倍. 后来实验又发现存在另外三味夸克(粲、底、顶夸克). 它们因质量远重于轻夸克质量而称为重夸克. 粒子物理标准模型认为,自然界中只存在这六味夸克.

尽管描述强作用的基本理论——量子色动力学(QCD)尚不能精确地计算任意情形下的色相互作用过程,但它具有两个明显的特点:高能量密度(即高温或高密度,此时夸克之间的平均距离较短)时渐近自由、低能量密度(低温且低密度,夸克之间的平均距离较长)时夸克因禁在强子内——色禁闭."渐近自由"是指夸克之间的相互作用较弱,可近似看成自由粒子."色禁闭"是指带色系统之间存在非常强的色作用,夸克只能因禁于无色的强子内部. 当因禁在强子中的夸克处于足够高的密度或温度时,它们可能会因渐近自由解禁而形成夸克-胶子等离子体(亦称"夸克物质"). 这两个特点导致在温度 T 与化学势 μ_B(与密度正相关)的图上出现两个明显的相:强子物质相和夸克-胶子等离子体相(如图 10.12). 不过,目前的研究发现,类似于超导体内的 Cooper 对,在低温高密度区域可能出现夸克配对,形成所谓的"色超导"态. 探索高温或高密度物质的性质,特别是研究强子物质向夸克物质的相变,对于了解新的物质状态及量子色动力学的基本特征具有重要意义.

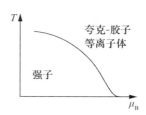

图 10.12 QCD 相图示意.

因一般问题要从 QCD 出发比较困难,人们建立了若干强相互作用的唯象模型. 口袋模型就是其中比较成功的一种. 该模型结合了强相互作用"渐近自由"和"色禁闭"两种属性,假设构成强子的夸克都禁闭在有限的空间(称为"口袋")内运动. 当强子过于密集时,口袋会消失,产生大量游离夸克. 从核子中解禁出来的夸克只有上、下两味夸克,在几倍核物质密度下,它们的 Fermi 能可达到 500 MeV,超过奇异夸克的静止质量(大约 100 MeV). 夸克的味在弱相互作用下可以不守恒,部分上、下夸克通过弱相互作用能够转变成奇异夸克. 而在上、下两味夸克物质中引入新的奇异夸克自由度,可能会有效地降低系统的总能量. 由几乎等量的自由轻夸克组成的夸克-胶子等离子体,称为奇异夸克物质. Witten 猜测奇异夸克物质是最稳定的强相互作用体系. 他的这个猜想在一定程度得到了口袋模型计算的支持.

若 Witten 猜想成立,奇异星很可能是中子星的基态,超新星爆发残骸可能是奇异星而非较早先认为的中子星. 目前,地面重离子碰撞实验还没有得到夸克物质存在的直接证据,而奇异星却是得天独厚的夸克物质.

10.3.5　裸奇异星表面的电子

由于奇异夸克质量大于上(2~8 MeV)、下(5~15 MeV)夸克质量,处于弱作用平衡的奇异夸克物质中奇异夸克数目相对较少,而上、下夸克数目几乎相等. 因此,为了保持整体电中性,奇异夸克物质还含有少量电子. 因夸克是由强相互作用和电磁相互作用束缚的,而电子只由较弱的电磁相互作用束缚(其束缚能力远小于强相互作用),所以在夸克表面附近,电子的分布要比夸克弥散. 这样,在夸克表面就存在强电场. 下面用 Thomas-Fermi 模型来定量计算奇异夸克星表面的这个电场(见图 10.13).

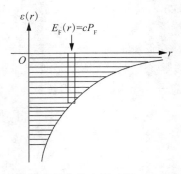

图 10.13　处于电场中的电子:Thomas-Fermi 模型.

考虑大量零温简并电子气,其在电势为 $\varphi(r)$ 的外电场中平衡. 当系统处于此稳定状态时,Fermi 面上的电子在外电场中改变位置 r 将不做功,即电子的总能量 ε(Fermi 动能与电势能之和)为常数,对于极端相对论情形,

$$\varepsilon(r) = cp_F(r) - e\varphi(r) = 常数. \tag{10.10}$$

一般正电荷存在于有限区域,电子在 $r \to \infty$ 处数密度为零(因而 $p_F = 0$). 取无穷远处电势为零,(10.10)式的常数就为零. 这样选择后,考虑到零温 Fermi 气模型,可得到电子数密度

$$n = \frac{V(r)^3}{3\pi^2(\hbar c)^3}. \tag{10.11}$$

其中 $V(r) = e\varphi(r)$ 为电势能. 利用静电学 Poisson 方程 $\nabla^2\varphi(r) = 4\pi en(r)$, 有

$$\nabla^2 V(r) = \frac{4\alpha}{3\pi(\hbar c)^2}V(r)^3. \tag{10.12}$$

此式即为描述极端相对论电子分布的 Thomas-Fermi 方程, 其中电磁耦合常数 $\alpha = e^2/(\hbar c)$.

在讨论奇异夸克星表面电子分布时, 可以做一维处理, 因为电子的分布区尺度(约 10^4 fm)远小于星体半径(约 10 km). 故选择新的坐标变量 z 为到夸克表面的距离, $z > (<)0$ 表征在表面以上(下). 另外, 我们还需要考虑三味轻夸克的电荷密度 $n_q(z)$. 假定 $n_q(z)$ 在奇异夸克物质以内为常数, 以外为零. 此时 Poisson 方程为 $\nabla^2 V(z) = 4\pi e[n(z) - n_q(z)]$, 于是

$$\frac{\mathrm{d}^2 V}{\mathrm{d}z^2} = \begin{cases} \dfrac{4\alpha}{3\pi(\hbar c)^2}(V^3 - V_q^3), & z \leqslant 0, \\[3mm] \dfrac{4\alpha}{3\pi(\hbar c)^2}V^3, & z > 0, \end{cases} \tag{10.13}$$

其中 $V_q(z)$ 类似于 (10.11) 式定义, $V_q(z) = (3\pi^2)^{1/3}\hbar c n_q(z)$. 对 (10.13) 式直接积分, 并考虑边条件 $\{z \to -\infty: V \to V_q, \mathrm{d}V/\mathrm{d}z \to 0; z \to +\infty: V \to 0, \mathrm{d}V/\mathrm{d}z \to 0\}$, 我们有

$$\frac{\mathrm{d}V}{\mathrm{d}z} = \begin{cases} -\dfrac{1}{\hbar c}\sqrt{\dfrac{2\alpha}{3\pi}}\sqrt{V^4 - 4V_q^3 V + 3V_q^4}, & z \leqslant 0, \\[3mm] -\dfrac{1}{\hbar c}\sqrt{\dfrac{2\alpha}{3\pi}}V^2, & z > 0. \end{cases} \tag{10.14}$$

上式在 $z = 0$ 点的 $\mathrm{d}V/\mathrm{d}z$ 连续性要求 $V(0) = 3V_q/4$. 以此 $V(0)$ 为边条件, 对 (10.14) 式的 $z > 0$ 区积分, 有

$$V = \frac{3V_q}{\sqrt{6\alpha/\pi V_q z/(\hbar c)} + 4}, \quad z > 0,$$

从而我们就得到了夸克表面的电场

$$E(z) = -\frac{\mathrm{d}V}{\mathrm{d}z} = \frac{7.2 \times 10^{18}}{(1.2z_{11} + 4)^2}\mathrm{V/cm}, \quad z > 0, \tag{10.15}$$

其中 $z_{11} = z/(10^{-11} \text{ cm})$, 上式数值计算中取典型值 $V_q = 20$ MeV. 从 (10.15) 式我们发现, 夸克表面存在约 5×10^{17} V/cm 的电场, 并在 $z_{11} = 1000(z = 10^5$ fm) 高处下降到约 10^{11} V/cm.

奇异夸克物质表面存在强电场, 因此, 若带正电粒子的动能远小于 Coulomb 势垒, 它将被电场支撑于夸克表面之上. 夸克表面以上的物质由原子核和电子组成, 它们的总和称为奇异星的壳层. 计算表明, 奇异星壳质量的最大值约为 $10^{-6} \sim$

$10^{-5}\,M_\odot$. 相对于带壳奇异星,奇异夸克物质表面暴露于星际的奇异星称为裸奇异星. 值得一提的是,壳层对于奇异星并不是必需的. 有两个因素非常不利于壳层的形成:(1) 形成奇异星的超新星爆发时的强辐射(其光度远超过 Eddington 光度);(2) 只要奇异星的质量不是太小(如质量超过 $10^{-3}\,M_\odot$),吸积重子至奇异星表面时从引力势能转化来的动能往往会超过 Coulomb 势垒,从而壳层不能稳定存在于夸克表面以外.

一个值得讨论的有趣问题是,自然界中存在的奇异星到底有没有壳层. 若奇异星拥有约 $10^{-6}\,M_\odot$ 的壳层,其表面特性将与中子星完全一样,这使得利用夸克表面特征鉴别奇异星成为不可能. 原先人们一直认为,若宇宙中存在奇异星,它往往是带壳层的. 然而近年来我们的研究表明,裸奇异星可能是普遍存在的,并且若干观测证据表明某些致密天体可能就是裸奇异星.

§10.4　如何观测鉴别中子星和夸克星

关于脉冲星类致密天体的本质,不外乎如下四种可能性:(1) 它们都是中子星;(2) 它们都是夸克星;(3) 它们中一部分是中子星,而另外一部分却是夸克星;(4) 它们中一部分甚至全部既非中子星,也非夸克星. 目前学术界持第 4 种观点的人数是可忽略的,因此我们下面着眼于如何观测鉴别中子星和夸克星.

观测证认中子星或夸克星在天文学和物理学研究中都具有关键意义. 在天文学上,这将会深化人们对致密天体的结构及其超新星爆发的形成过程的认识,理解与致密天体相关的若干高能过程. 在物理学上,这将有助于人们探索夸克之间基本相互作用,把握 QCD 相图的结构.

传统意义下的中子星跟夸克星有什么根本的区别呢? 我们可以归纳为两方面.

10.4.1　中子星是引力束缚体系,夸克星是自身强相互作用束缚的星体

中子星是引力束缚体系,在极限质量附近的夸克星引力束缚也不可忽略. 但是,一般情况下,特别是裸夸克星,是自身强相互作用束缚的星体. 这种特性会引起诸多后果:

(1) 忽略引力时夸克星的质量 M 与体积(或半径 R 的立方)成正比,而质量越大的中子星引力越强,半径也就越小(对于质量较低的中子星,$M \propto R^{-3}$).

(2) 原则上可以存在质量低至 $10^{-2}\,M_\odot$(甚至更低)的夸克星,而中子星质量不能太低,至少高于 $0.1\,M_\odot$.

(3) 裸夸克星表面束缚粒子的能力远比中子星强,而脉冲星磁层动力学过程

是与脉冲星表面粒子的束缚能有关的(见9.2.3节).

(4) 中子星表面一般存在由原子或离子为主构成的大气层,而裸夸克星却没有.

10.4.2 中子星物质与夸克物质状态方程的差异

当然一般而言,状态方程的描述是非常复杂的,但人们常常如下定性地刻画状态方程:随着密度的增加,压强增加得越快的状态方程称为越"硬"的,反之,为"软"的物态.直观地讲,一个硬的状态方程所提供的压力可以对抗极限质量高的脉冲星的引力场,而一个软的状态方程对应于低的极限质量.

一段时间以来,人们认为夸克物质状态方程普遍比核物质要软,因此发现质量较大的脉冲星会排除夸克星的存在.这个观点也是容易理解的.如果忽略夸克之间的相互作用,夸克物质可近似看作极端相对论 Fermi 气,每个夸克的动能 $E=(c^2p^2+m^2c^4)^{1/2}\approx cp$. 而费米子动量可用 Fermi 动量近似 $p\approx p_F \propto n^{1/3}$(由 Heisenberg 关系也可以得到类似关系). 因此,单位体积内粒子的动能为 $\varepsilon \propto p_F n \propto n^{4/3}$. 根据热力学关系,压强为[①] $P=n^2\partial(\varepsilon/n)/\partial n \propto n^{4/3} \propto \varepsilon$. 对于极端相对论夸克气,静质量可忽略,质量密度 ρ 与能量密度 ε 相当,故有 $P\propto \rho^\gamma$,其中 $\gamma=1$. 然而,即使忽略相互作用,若系统中存在非相对论性运动的粒子成分,都将使得状态方程变硬,表现在多方形式的状态方程中 $\gamma>1$. 一个直觉的例子是,极端相对论电子气白矮星物质的多方状态方程中 $\gamma=4/3$,就是因为白矮星物质中包含非相对论性运动的离子或原子核. 若一系统完全由非相对论运动的粒子组成,单个粒子动能 $E\propto p^2 \propto n^{2/3}$,$\varepsilon \propto p^2 n \propto n^{5/3}$,压强 $P\propto n^{5/3}$. 对于非相对论粒子系,质量密度正比于数密度,故有 $P\propto \rho^{5/3}$. 这样一种状态方程如此硬,以至于 Newton 引力下这种物质组成的星体不存在极限质量.[②]然而,考虑到广义相对论,Einstein 引力本质上要强于 Newton 引力,即使以不可压缩物质(可看作极端硬物态)组成的星体仍存在有限的极限质量.

实际上,将致密星中的夸克物质近似为完全理想的自由粒子系统太过分.但问题是:夸克之间的相互作用在几倍核物质密度下到底有多强? 此问题的回答依赖于非微扰量子色动力学难题. 不过,如果那里的夸克之间相互作用足够强可导致夸克成团,即形成类似于核子的奇子,而奇子的运动是非相对论性的,则可得到比核物质还硬的奇子物质状态. 这种奇子物态不会因奇异自由度的引入而软化,并且计算得到奇子星的极限质量很可能大于 $3M_\odot$.新发现的大质量脉冲星或是对奇子态的支持.进一步地,奇子之间也能存在剩余的色作用,并且其作用能很可能远高于

---

① 在计算物态方程时,一个常用的热力学关系是:$P=-\partial(\varepsilon/n)/\partial(1/n)=n^2\partial(\varepsilon/n)/\partial n$,其中 P 为压强,ε 为单位体积能量密度,n 为粒子数密度. 单个粒子的体积是 $1/n$,而能量为 ε/n.

② 这也是 Fowler 尽管指出白矮星为电子简并压主导,但并未发现其应该存在极限质量的原因. 1926 年 Fowler 采用了非相对论性能动量关系($E\propto p^2$)描述理想电子气.

脉冲星内部温度,这样奇子星就处于固体状态.值得一提的是,固态奇子星对于人们理解丰富的脉冲星类天体现象是有帮助的.

除此之外,中子星物质和夸克星物质的黏滞性也有助于区分不同的模型.王青德等研究表明,奇异夸克物质的体黏滞性可显著地高于核物质.郑小平等进一步研究了奇异夸克物质的体黏滞系数,并给出奇异星旋转模(r-mode)的不稳定窗口.这些理论研究给出的差别或可以反映在转动周期和表面温度等观测特征上.

第十一章 毫秒脉冲星及其应用

从 1967 年发现射电脉冲星到 1974 年发现射电脉冲双星,可以说是脉冲星研究的第一高潮. 1982 年毫秒脉冲星 PSR B1937＋214 的发现轰动世界,再次形成观测研究的高潮.毫秒脉冲星与之前发现的脉冲星的特性迥然不同,是新的一类脉冲星,被认为是从低质量 X 射线双星演化而来.它因吸积伴星的物质而加快自转,故又称为"再加速脉冲星".这类脉冲星大量存在于球状星团中,成为研究球状星团的探针.毫秒脉冲星行星系统的发现开创了寻找太阳系之外行星系统的先河.毫秒脉冲星因为周期极端稳定,可以与原子钟比美,有可能在时间标准和太空自主导航以及引力波检测等方面有实际应用.脉冲双星的观测已经间接地验证了引力波的存在.地面引力波探测设备也已直接接收到双黑洞和双中子星并合时发出的引力波.

§11.1 毫秒脉冲星的发现和基本特性

1982 年发现的毫秒脉冲星 PSR B1937＋214 是一颗自转周期仅 1.6 ms 的毫秒脉冲星.最近十几年脉冲星搜寻进展很大,发现的脉冲星数目已接近 3000 颗,其中毫秒脉冲星约 200 颗.毫秒脉冲星中,双星系统占很大的比例,大大丰富了射电脉冲双星的样本. 1974 年发现脉冲星双星系统开辟了应用射电脉冲双星检测引力辐射的研究领域.毫秒脉冲星极端稳定的周期特性在天文学、物理学,乃至实际应用上都有着重要的意义.

11.1.1 毫秒脉冲星的发现

与 1967 年发现第一颗脉冲星的情况不同,毫秒脉冲星的发现是天文学家有计划、有目标地观测研究的结果(Backer,et al.,1982),其过程非常艰辛,经历了好几年. 1977 年,一个名叫 4C21.53 的射电源引起人们的关注.经过几年的探索,人们确认在它的附近有一个名叫 B1937＋214 的射电源,它具有强偏振、幂律谱、致密等脉冲星所具有的特性.人们相信它就是一颗脉冲星.它处在 1974 年 Taylor 和 Hulse 用 Arecibo 射电望远镜进行的高灵敏度巡天的天区中,然而当时并没有发现这个脉冲星.在那时,Arecibo 巡天以及其他巡天,对周期小于 60 ms 的脉冲星是不敏感的,因此 B1937＋214 有可能是一颗短周期的脉冲星. 1982 年,几个国家的脉冲星研究小组对这个射电源进行了反复观测,其中包括脉冲星的发现者 Hewish

教授的课题组,但是都没有成功.确认这个射电源是否为脉冲星,一定要测出其辐射呈周期性的脉冲结构.其中观测之前要预设可能的最短周期,接收机终端系统对信号的累积时间(即时间常数)一定要短于信号的脉冲周期,否则周期性脉冲信号将被平滑掉.

在发现毫秒脉冲星之前发现的 300 多颗脉冲星中,只有三颗的周期小于 100 ms,周期最短的是蟹状星云脉冲星 PSR B0531+21 的 33 ms.搜寻者设想的最短周期是比 33 ms 要短很多的 3 ms,还是没有检测出这个射电源辐射的周期性结构.难道脉冲星的周期比 3 ms 还要短吗?他们不相信,就此罢手.机遇留给了美国的 Backer 教授和他的合作者,他们坚信,一颗快速自转的脉冲星隐藏在这射电源中,更短的周期是可能的,不对周期设限.他们采用世界上最大口径的 Arecibo 射电望远镜,并研制了消色散能力很强的接收机,特别是使接收系统具有可调的时间分辨率.1982 年 9 月末,他们在 1400 MHz 频率上,用 0.5 ms 的采样时间对这个射电源进行观测,发现了毫秒数量级的周期性结构.同年 11 月,他们将采样时间进一步调短到 $100 \mu s$,分析出 1.588 ms 的周期.又经过 4 个晚上的观测,他们用 10 s 的观测资料,按周期折叠获得了信噪比很高的平均脉冲轮廓,终于确认发现了毫秒脉冲星 PSR B1937+21.

图 11.1 是 PSR B1937+21 的平均脉冲轮廓,脉冲强弱相间,强的是主脉冲,弱的是中间脉冲.中间脉冲在两个主脉冲之间,中间脉冲与主脉冲恰好相距 180°,说明主、中脉冲是来自中子星两个磁极的辐射.

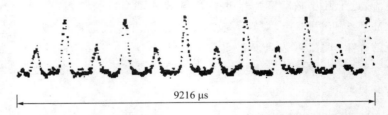

9216 μs

图 11.1　1982 年 11 月 14 日在 1412 MHz 观测的 PSR B1937+214 的平均脉冲轮廓,采样时间为 $6 \mu s$,每周期包含主脉冲(强)和中间脉冲(弱).(Backer,et al.,1982)

11.1.2　毫秒脉冲星的搜寻和"再加速"脉冲星的提出

在 1982 年发现毫秒脉冲星 PSR B1937+21 之后,第二年第二个毫秒脉冲星 PSR B1953+29 被发现了.它的周期是 6.133 ms,是一个双星,轨道周期是 120 天,伴星是具有 $0.3 M_\odot$ 的白矮星(Boriakoff,1983).从此在国际上掀起了旨在发现毫秒脉冲星的巡天狂潮,相继有 8 个重要的巡天,几乎覆盖了整个天区,但收获不大.

Arecibo 305 m 射电望远镜巡天的灵敏度最高,可检测小于 1 mJy 的脉冲星,但是覆盖天区有限.它共进行了 6 次巡天,发现 6 颗毫秒脉冲星,自转周期在 2.98 ms

至 4.81 ms 之间,其中 5 个是双星系统,PSR J1640+2224 的轨道周期最长,是 175
天,PSR J2317+1439 的轨道周期最短,是 2.46 天.

英国 Jodrell Bank 76m 直径的射电望远镜巡天发现一颗毫秒脉冲星 PSR
J1015+5307,周期为 5.26 ms,是一个双星,轨道周期为 0.6 天.令人失望的是,澳
大利亚 Molonglo 射电干涉仪进行巡天覆盖了大部分南天天区,但是一颗毫秒脉冲
星也没有发现,得出了银河系盘中毫秒脉冲星稀少的结论(D'Amico,et al.,1988).
美国 Green Bank 43m 直径射电望远镜巡天和英国 Cambridge 大学的 80 MHz 的
天线阵巡天,覆盖几乎整个北天天区,同样没有发现毫秒脉冲星.

毫秒脉冲星的特性不同寻常.按照已有的脉冲星观测和理论,短周期脉冲星都
是年轻、磁场强的中子星,它们的周期变化率比较大,周期不太稳定.而毫秒脉冲星
PSR B1937+21 却反其道而行之,它的周期比蟹状星云脉冲星要短 20 倍,但年龄
反而要高出 5 个数量级,达到 4×10^8 年,大约是典型脉冲星年龄的 100 倍.它的磁
场很低,约为 10^8 G,周期变化率为 1.049×10^{-19},分别比蟹状星云脉冲星低 4 个数量
级和 6 个数量级,周期的随机变化则比蟹状星云脉冲星低 2 个数量级.总之,不能用
已有的脉冲星理论来解释毫秒脉冲星的特性.可以断定毫秒脉冲星不可能是由普通
脉冲星演化而来的.天文学家得出结论:毫秒脉冲星是一种新类型的脉冲星.

在发现射电脉冲星双星系统 PSR B1913+16 以后,人们就注意到它与蟹状星
云脉冲星有很大的差别.B1913+16 自转周期为 59 ms,在当时已发现的脉冲星中
属于第二短的周期,但年龄大于 10^8 年,磁场很弱,只比 10^{10} G 多一点,属于年老、
磁场弱的脉冲星.而蟹状星云脉冲星的年龄仅 10^3 年,磁场高达 10^{13} G.当时有几位
学者提出,PSR B1913+16 之所以年老、磁场弱和周期短,是因为在这个双星的历
史上,有过中子星吸积伴星的物质使自转周期发生"再加速"的过程,就像在 X 射线
脉冲双星中观测到的那样.把这个历史性的"再加速"概念移植到毫秒脉冲星上是
再恰当不过的了.毫秒脉冲星的情况比 PSR B1913+16 更明显、更突出.这个看法
很快就得到公认.

§11.2 从 X 射线脉冲星得到的启示

X 射线脉冲星与射电脉冲星不是同一个种类.它们属于 X 射线双星,均由一个
中子星和一个光学伴星组成.伴星为年轻大质量恒星的称为大质量 X 射线双星,伴
星为老年小质量恒星的称为小质量 X 射线双星.毫秒脉冲星的发现,把射电脉冲星
和 X 射线双星联系起来,毫秒脉冲星被认为是从 X 射线双星演化而来的.在 X 射
线双星阶段,中子星接受来自伴星的物质,不仅辐射 X 射线,而且吸积物质带来的
角动量使中子星的自转不断加快.

11.2.1　X 射线脉冲星的周期特性

最早发现的半人马座 X3(Cen X-3)和武仙座 X1(Her X-1)的 X 射脉冲星分别具有 4.84 s 和 1.24 s 的周期结构.自转周期很短,说明辐射 X 射线脉冲的是中子星.如图 11.2 所示,X 射线脉冲星是由中子星和光学伴星组成的密近双星系统,伴星的物质流向中子星,在中子星赤道周围形成一个吸积盘.吸积盘内沿的物质可以沿中子星的磁力线落向磁极区.下落物质以 10 000 km/s 的速度撞击中子星的固体外壳,所释放的能量转变为 X 射线波段的辐射.由于这种辐射产生在磁极区,中子星自转一周才会扫过观测者一次,形成脉冲辐射.

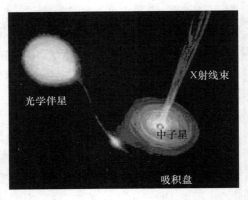

图 11.2　X 射线双星中的中子星及其伴星和吸积盘的示意图.

X 射线脉冲星的周期不稳定,很多时候呈现越来越短的趋势.如发现 Her X-1 和 Cen X-5 的周期有着越来越短的趋势,但也有变长的时段.船帆座 X-1 周期变化的起伏很大,时而周期变短,时而周期变长.总的来说,X 射线脉冲星的自转存在加速的过程.这是为什么呢?

11.2.2　X 射线脉冲双星的再加速过程

X 射线脉冲星自转加速是因为 X 射线双星系统的主星(中子星)吸积伴星物质,被吸积的物质带来的角动量使中子星自转加快.被吸积的等离子体由电子和质子组成,静电把它们联系在一起.向外的辐射流产生的辐射压主要作用在电子上,引力则主要作用在质子上.Eddington 给出了最大的吸积率和 X 射线光度的关系,即 Eddington 极限光度:如果光度小于 Eddington 极限 L_E,等离子体将可以被吸积,而

$$L_E = \frac{4\pi GM m_p c}{\sigma_T} = 1.3 \times 10^{38} \frac{M}{M_\odot} \mathrm{erg \cdot s^{-1}}, \tag{11.1}$$

式中 M 是恒星质量, $M_\odot$ 是太阳质量, m_p 是质子的质量, σ_T 是电子的 Thomson 散

射截面. Eddington 极限 L_E 由恒星的质量和太阳质量之比来决定.

在中子星磁层的某处有一个名叫 Alfvén 面的边界,在 Alfvén 面上,磁能和外来物质的动能相等. 被吸积的物质是电离的,当它们尚未到达中子星的磁层的 Alfvén 面时,中子星的磁场不能控制它们,它们也不会对中子星的自转有影响,这时它们以 Kepler 速度围绕中子星运动. 当从伴星来的等离子体物质到达 Alfvén 面以内时,等离子体只能沿磁力线流动而成为脉冲星的附加物. 这些等离子体物质带来的角动量使脉冲星自转加快. 脉冲星自转加速的程度由物质的吸积率和脉冲星的 Alfvén 面的半径决定.

中子星由于获得角动量而自转加快,持续进行,一直到和 Alfvén 面的 Kepler 角速度相同为止. 这导致自转加快有一个上限,自转周期值有一个下限,任何毫秒脉冲星都不能超越这个界线:

$$P_{\text{lim}} = 1.9(B_9)^{6/7} \left(\frac{\dot{M}}{\dot{M}_E} \right)^{-3/7} \text{ms}, \tag{11.2}$$

式中 B_9 是单位为 10^9 G 的磁场,$\dot{M}_E$ 为 Eddington 吸积率极限. 当吸积率和 Eddington 吸积率极限相等时,我们就得到周期下限和磁场的关系. 图 11.3 是毫秒脉冲星和脉冲双星在"磁场-周期"分布图上的位置,用圆和椭圆表示脉冲双星轨道的椭率. 图中的年龄线(实线)是根据特征年龄的公式给出的,自转加速上限线(spin-up limit)(虚线)则是假定吸积率与 Eddington 吸积率相同的情况下由(11.2)式给出的.

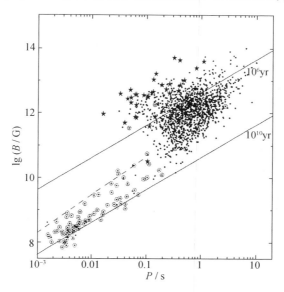

图 11.3 毫秒脉冲星和脉冲双星在"磁场-周期"分布图上的位置.(Lyne & Smith,2012)

11.2.3　吸积供能型 X 射线毫秒脉冲星及其与转动供能型射电毫秒脉冲星的关联

在毫秒脉冲星 PSR B1953＋29 发现以后,一个尖锐的问题提出来了:这颗脉冲星的伴星质量很低,中子星的自转周期为 6 ms,它既然能被加速到毫秒级,为什么在低质量 X 射线双星中没有发现毫秒级的周期现象呢? 这个想法促使人们对低质量 X 射线双星进行了大量的观测.

很长一段时间的观测没有发现表征中子星快速自转的、具有毫秒数量级的 X 射线脉动,但是却发现了一种准周期振荡现象.这种现象的振荡周期不准确,并和 X 射线的强度有关,周期随 X 射线强度的增加而变短.在天蝎座 X-1 和天鹅座 X-2 以及快速 X 射线暴中都观测到了.天蝎座 X-1 的准周期振荡的频率在 $6 \sim 30$ Hz 范围内变化.公认的解释是,低质量 X 射线双星中的中子星带有一个围绕它旋转的"吸积盘",这是由伴星输送来的物质形成的.吸积盘中的物质分布不均匀,呈团块结构,内边缘的团块以螺旋形式落入中子星的磁层,产生 X 射线辐射.辐射强度由单位时间落入中子星的物质的多少,也就是吸积率来决定,而吸积率的大小取决于团块所在的位置.中子星的自转和吸积盘的轨道运动的相互作用使 X 射线辐射受到调制.观测到的准周期振荡频率既不是团块的轨道运动 ν_k,也不是中子星自转频率 ν_0,而是这两个频率之差 $\nu_Q = \nu_k - \nu_0$.准周期振荡中包含了毫秒级的中子星自转周期.对天蝎座 X-1 来说,$\nu_Q = 30$ Hz,$\nu_k = 140$ Hz,$\nu_0 = 110$ Hz,也就是说,中子星的自转周期为 9.1 ms.

1998 年 4 月,NASA 的 Rossi X-ray Timing Explorer (RXTE)发现了一个名为 SAX J1808.4－3658 的 X 射线毫秒级脉动辐射,周期为 2.5 ms,每秒自转约 401 次,被定义为吸积型毫秒 X 射线脉冲星(AMXP),脉冲辐射仅在它处在暴发阶段时才观测到.这是首次直接观测到的 X 波段的毫秒脉冲星,属于低质量 X 射线双星,轨道周期为 2.01 h,伴星为 $0.043\,M_\odot$ 的褐矮星,处在演化到射电毫秒脉冲星之前的阶段 (Wijnands & van der Klis,1998).

SAX J1808.4－3658 在 2000 年、2002 年、2005 年、2008 年和 2011 年还发生过的暴发事件,暴发的时间总共约 $1.6 \sim 3.3$ 年.每次暴发的峰值不高,均在 10^{37} erg·s^{-1} 以下.第一个 AMXP 的发现证实了天文学家关于毫秒脉冲星是由 X 射线双星演化而来的猜想,由于吸积伴星物质才使中子星越转越快,使自转周期达到毫秒量级.

到 2013 年,人们已经发现了 15 个 AMXP,主要参数见表 11.1.相对于为数众多的低质量 X 射线双星来说,这仍然是一个成员很小的类别,但却是研究极端条件下物理学的无与伦比的天体物理实验室(Patruno & Watts,2013).

表 11.1　吸积型 X 射线毫秒脉冲星(AMXP)主要参数(选自 Patruno & Watts,2013)

AMXP	脉动频率 /Hz	轨道周期 /h	伴星质量 /$M_\odot$	伴星种类
SAX J1808.4−3658	401	2.01	0.043	BD
XTE J1751−305	435	0.71	0.014	He WD
XTE J0929−314	185	0.73	0.0083	C/O WD
XTE J807−294	190	0.67	0.0066	C/O WD
XTE J1814−338	314	4.27	0.17	MS
IGR J00291+5934	599	2.46	0.039	BD
HETE J1900.1−2455	377	1.39	0.016	BD
Swift 1756.9−2508	182	0.91	0.007	He WD
Aql X-1	550	18.95	0.6	MS
SAX J1748.9−2021	442	8.77	0.1	MS/SubG?
NGC6440 X-2	206	0.95	0.0067	He WD
IGR J17511−3057	245	3.47	0.13	MS
Swift J1749.4−2807	518	8.82	0.59	MS
IGR J17498−2921	401	3.84	0.17	MS
IGR J18245−2452	254	11.3	0.17	MS

伴星质量是假定中子星质量为 1.4$M_\odot$ 情况下计算得到的最小质量.伴星类别:WD 为白矮星;BD 为褐矮星;MS 为主序星;SubG 为亚巨星.

从表 11.1 可以看出,AMXP 具有如下 5 个特点:(1) 自转频率在 182～599 Hz 范围,均匀分布.这类脉冲星在约 700 Hz 处突然截断;(2) 暴发时的光度比较弱,表明吸积率比较低;(3) 有 40% 成员属于极端密近双星系统;(4) 伴星的质量比较小,几乎都小于 0.2$M_\odot$;(5) 轨道周期相对比较短,$P_b < 1$ 天,不能认为它们是轨道周期比较长的毫秒脉冲星所在的双星系统的前身.

在 2007 年以前的观测告诉我们,在 AMXP 暴发期间,一直有毫秒级的 X 射线脉冲辐射.但是,表 11.1 中的第 7 个源却表现出与众不同的特性:毫秒级 X 射线脉冲辐射是间歇式的时开时闭.HETE J1900.1−2455 在 2005 年的暴发的开头 20 天,观测到典型的毫秒级 X 射线脉冲,然后在后来的 2.5 年中就变为间歇式的,出现和消失交替.最后在 MJD 54 499 那天后就再也没有出现了.后来在 Aql X-1 和 SAX J1748.9−2021 的观测中也发现类似的间歇现象.AMXP 的间歇现象告诉我们,有可能在没有毫秒级 X 射线脉冲的 LMXB 和 AMXP 之间找到一些关联.

最令人兴奋的还应该属于表中第 15 个源,即球状星团 M28 中的 IGR J18245−2452 的发现.不仅在其处于暴发阶段观测到很强的 X 射线毫秒脉冲辐射,还证认了它和 M28 中的射电毫秒脉冲星 PSR J1824−2452I 是同一个源(Papitto1,et al.,2013).表 11.2 给出 IGR J18245−2452 和 PSR J1824−2452I 的自转和轨道参数.可以说,它们的位置、自转周期和轨道周期等参数是一模一样的.

表 11.2　IGR J18245－2452 和 PSR J1824－2452I 的自转和轨道参数

参数	IGR J18245－2452	PSR J1824－2452I
自转周期/ms	3.931 852 642(2)	3.931 85(1)
轨道周期/h	11.025 781(2)	11.0258(2)
投影半长轴/ls	0.765 91(1)	0.7658(1)
脉冲星质量函数/$M_\odot$	2.2831(1)	2.282(1)
最小伴星质量/$M_\odot$	0.174(3)	0.17(1)
中等伴星质量/$M_\odot$	0.204(3)	0.20(1)

在 1982 年毫秒脉冲星发现不久,就有人提出射电毫秒脉冲星是由低质量 X 射线双星演化而来的"recycled"模型.当时该模型只是一种推测,并没有直接的观测证据,但还是被天文学家所认可.后来又有人提出,在低质量 X 射线双星的演化过程中,当吸积率变得很低时,吸积供能的 X 射线毫秒脉冲星有可能临时变为自转供能的射电毫秒脉冲星.这种转变的直接证据至今已在几颗吸积供能的 X 射线毫秒脉冲星观测中找到.但最令人信服的还是对 IGR J18245－2452 的 X 射线和射电的观测(Papittol,et al.,2013).在过去的十年中,IGR J18245－2452 非常清楚地显示出它有时为自转供能型射电毫秒脉冲星,有时则为吸积供能的 X 射线毫秒脉冲星.这两种状态(自转供能和吸积供能)之间的转换在几天到几个月的时间尺度内完成,转换的时间尺度很短.像其他 X 射线暂现源一样,IGR J18245－2452 仅在几个月的暴发期间中有很高的 X 射线光度,达到 $L_X < 10^{36}$ erg·s^{-1},在这之外的几年中处在 X 射线宁静期,X 射线光度要低 4 个数量级.在宁静期的 IGR J18245－2452 质量吸积率不会大于 $\dot{M} < 10^{-14} M_\odot$/yr.在 X 射线辐射宁静期,射电毫秒脉冲有可能出现,转变为转动供能的阶段.但是在这个阶段,PSR J18245－2452 常常无规则地消失,这可能是因为伴星的物质来得比较多所造成的.当吸积率增加,吸积物质逐渐在中子星表面堆积时,双星的 X 射线暴发就会发生.当 X 射线暴发衰减,吸积率减小时,转动供能的射电脉冲就会再次活跃起来.

11.2.4　Fermi 毫秒脉冲星和其他目标中的毫秒脉冲星

目前已发现近 3000 多颗脉冲星,主要在银道面附近.毫秒脉冲星已发现约 200 颗,一半多一些在球状星团中.人们原来以为银道面附近的毫秒脉冲星很稀少,但近些年来的几个大规模巡天,特别是澳大利亚 Parkes 的多波束巡天,在银道面附近发现不少毫秒脉冲星.高能 γ 射线和 X 射线观测也陆续发现了毫秒脉冲星.目前人们仍在其他目标区域搜寻毫秒脉冲星.

1968 年发现的蟹状星云脉冲星 PSR B0531＋21,不仅在射电波段观测到脉冲,而且也在光学波段,X 射线波段乃至 γ 射线波段观测到脉冲. 脉冲周期为 33.3 ms. 这是人们所知的第一颗 γ 射线脉冲星. 在图 8.2 中给出 7 颗有 γ 射线脉冲的脉冲星,其中 Geminga 是一颗没有射电辐射的 γ 射线脉冲星(Thompson, 2004a).

Fermi γ 射线空间望远镜作为 Compton 天文台的后续设备,全称是 γ 射线大视场太空望远镜(Gamma-Ray Large Area Space Telescope),为纪念伟大的物理学家 Fermi 而改名. "Fermi"的亮点在于高能段 γ 射线波段的全天域连续成像观测. 该望远镜的主力设备是大视场望远镜(LAT),其能谱范围为 20 MeV～300 GeV. 而前任 Compton 天文台的高能探测器 Energetic Gamma-Ray Experiment(E-GRET)探测上限不过是 30 GeV,灵敏度还不到 LAT 的 1/30. "Fermi"的灵敏度和观测范围大大超过了"Compton".

"Fermi"在地球低轨道上运行. 每 95 min 绕地球一周,背对地球进行观测. 它以"摇摆"运动方式实现全天空覆盖,每 3 h 可扫过整个天空一次. "Fermi"发现脉冲星的能力特强,发现的第一颗 γ 射线脉冲星是在仙王座方向的超新星遗迹 CTA1 中,距地球 4600 ly,脉冲周期是 316.86 ms,年龄约一万年(Abdo, et al., 2008). 以前人们曾在超新星遗迹 CTA 1 中发现一个 X 射线和一个 γ 射线源,天文学家普遍认为是来自一颗脉冲星,但是所有观测都没有找到辐射的周期性脉冲结构. 这成为一个历史悬案,终于被"Fermi"破解了.

γ 射线源区域也是搜寻脉冲星的目标区. 由 EGRET 观测到的一个未经确认的源所处的区域被作为搜寻脉冲星的目标,在其中发现了 3 个新的脉冲双星 PSR J1614−2318,PSR J1614−2230 和 PSR J1744−3922. 并不清楚这 3 个脉冲星与 γ 射线源之间的关系. X 射线源是寻找年轻脉冲星富有成效的目标之一. Chandra X 射线望远镜和欧空局的 Newton X 射线望远镜(XMM Newton)发现的 X 射线点源,非洲纳米比亚的地面"高能立体视野望远镜"(HESS)发现的 TeV 源,都是令天文学家关注的搜寻目标.

Fermi γ 射线太空望远镜发现的 γ 脉冲星第二个源表,共有 117 颗 γ 射线脉冲星(2013),可以分为三类:毫秒脉冲星、年轻射电活跃脉冲星和年轻射电宁静脉冲星.

已经测量出 38 颗 γ 射线毫秒脉冲星的周期变化率,从而获得转动能损率(dE/dt)的数值,这个参数很重要. 中子星是在核能源耗尽的情况下引力坍缩的产物,它仍然具有很高的温度,热能将以黑体辐射的形式辐射出去,但是这种能量通过各种冷却过程耗散,不可能是脉冲星的主要能源. 如果脉冲星是双星系统的成员,而且伴星不是致密星,伴星的物质有可能被吸积到脉冲星上,这些物质的引力势能就会转化为别的能量形式而释放出去. 大多数脉冲星不是双星系统, 当然就没有这种形式的能量. 脉冲星快速自转表明它具有巨大的转动能. 观测发现所有的脉冲星的周期都缓慢地变长, 说明脉冲星的自转越来越慢, 它的转动能不断地被消耗掉. 转动能的一部分可以转化为辐射能和粒子加速所需要的能量. 转动能损率可以根据脉冲星的周期和周期变化率计算出来.

Fermi 卫星观测到许多 γ 射线脉冲星, 对脉冲星辐射理论提出了挑战. 第一, 之前发现的 γ 射线脉冲星都是普通脉冲星中年轻的脉冲星, 而现在"Fermi"发现了很多年老的 γ 射线毫秒脉冲星. 为什么年轻的普通脉冲星和年老的毫秒脉冲星都有很强的 γ 射线辐射呢? 第二, 射电脉冲星的平均脉冲轮廓较窄, 脉冲轮廓只占脉冲周期 3%～4%, 因此脉冲辐射产生于中子星磁极冠附近. 这个理论模型并不适用于解释毫秒脉冲星射电和 γ 射线辐射. Ravi 等(2010)提出, 它们大部分都产生于"临界磁力线"附近. Du 等(2013)提出, γ 射线辐射区是在环间隙中, 只有年轻脉冲星和毫秒脉冲星的环间隙中才能产生足够的加速电势, 提供 γ 射线辐射的能量来源. 他们认为, 不能用磁极冠模型来解释 γ 射线脉冲星的辐射, 也对外间隙提出挑战, 因为外间隙模型辐射区的边沿必须向内扩展. 这从 γ 射线毫秒脉冲星轮廓的拟合中可以得到证实.

§11.3　球状星团中的毫秒脉冲星

毫秒脉冲星发现后, 天文学家几乎动用了所有大型射电望远镜进行巡天以搜寻毫秒脉冲星, 收获比预想的要小, 发现的毫秒脉冲星的数量与巨大的观测时间和规模相比, 产出投入比实在太小. 研究脉冲星的学者们不得不认真考虑, 毫秒脉冲星是否真就非常稀少, 或者非常难以发现, 或者它们隐藏在我们尚不知晓的地方. 毫秒脉冲星究竟藏到了什么地方? 天文学家首先想到的是球状星团. 球状星团由成千上万甚至上百万颗恒星组成, 外貌呈球形, 越往中心恒星越密集. 球状星团里的恒星平均密度比太阳周围的恒星密度高数十倍, 而在它的中心附近则要大数万倍. 著名的 110 个 Messier 天体中, 有 29 个球状星团, 小型光学望远镜都可以观测到. 银河系中已发现的球状星团约 200 个. 球状星团中老年的、低质量的恒星居多. 质量较大的恒星已演化成白矮星、中子星或黑洞. 由于恒星密集, 恒星之间相互的接近和碰撞的机会比较多, 孤立的中子星有可能因为靠近其他恒星而找到一个伴侣, 形成双星. 这对伴侣也可能不终身相伴, 而是中途因为其他恒星的碰撞和靠近换了新的伴星. 观测表明, 星团内的低质量 X 射线双星几乎要比星团外的丰富度高出 10 倍. 辐射较强的低质量 X 射线双星中的 20% 处在球状星团中, 而球状星团中的恒星数目只占整个银盘中恒星数的 0.1%. 基于这一分析和 X 射线双星的观测,人们相信球状星团是毫秒脉冲星极好的产生地,它们核心足够大的恒星密度会促进交换的相互作用,因此可以形成双星,自然也容易形成毫秒脉冲星.脉冲星学者钟意于在球状星团中搜寻毫秒脉冲星是有道理的.

11.3.1 Jodrell Bank 射电天文台率先发现球状星团中的毫秒脉冲星

1987 年,Lyne 等首先把 76 m 射电望远镜对准球状星团 M28 中的具有幂律谱和强偏振的射电源,发现了周期为 3 ms 的脉冲星 PSR B1821－24(Lyne,et al.,1987).几个月后,他们又在球状星团 M4 中发现了 PSR B1620－26,周期为 11 ms(Lyne,et al.,1988).令人高兴的是,这是一个双星系统,轨道周期为 191 天,轨道基本是圆的.图 11.4 是球状星团 M28 及其毫秒脉冲星.

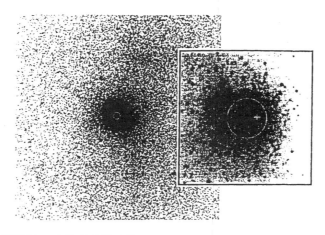

图 11.4　球状星团 M28 中的毫秒脉冲星 PSR B1812－25.圆圈的半径为 $20''$,"＋"代表脉冲星.(Lyne,et al.,1988)

从此以后,在球状星团中寻找毫秒脉冲星成为天文学家的追求,相继发现了一些毫秒脉冲星.在球状星团中搜寻毫秒脉冲星比较困难:一是色散量比较大;二是双星系统比较多,而且轨道周期很短,增加了发现的难度.不过,这两点难不倒天文学家.Parkes 64 m 口径射电望远镜多波束巡天使用了一个新的高消色散能力的终端设备,拥有多维编码搜索宽 DM 值的装置,还采用了特别的搜寻双星系统的资料处理软件,克服了搜寻毫秒脉冲星的困难.2001 年,人们在 4 个球状星团中发现 4 颗毫秒脉冲星,使球状星团中的毫秒脉冲星总数达到了 16 颗.后来的搜寻发现了更多毫秒脉冲星.

最近 10 年的发现更令人鼓舞.在 28 个球状星团中,人们已发现 144 颗脉冲星(http://www.naic.edu/~pfreire/GCpsr.html,2005).球状星团 Terzan 5 中发现的脉冲星数目最多,共有 34 颗,然后是杜鹃座 47 中有 23 颗,M28 有 12 颗,M15 有

8 颗等. 144 颗脉冲星中,周期小于 33 ms 的有 134 颗,小于 10 ms 的有 119 颗.球状星团中的射电脉冲双星系统比例较大,已确认为双星的有 88 个,其中还有一些毫秒脉冲星未能确认是单星还是双星.球状星团中 144 颗脉冲星的概况列在表 11.3 中.

表 11.3　28 个球状星团中发现的脉冲星数目

球状星团	距离/kpc	脉冲星数目	双星数	球状星团	距离/kpc	脉冲星数目	双星数
47 Tuc (NGC 104)	4.5	23 颗	13 个	NGC 6517	10.8	4 颗	1 个
NGC 1851	12.1	1 颗	1 个	NGC 6522	7.8	3 颗	0 个
M53 (NGC 5024)	17.8	1 颗	1 个	NGC 6539	8.4	1 颗	1 个
M3 (NGC 5272)	10.4	4 颗	2 个	NGC 6544	2.7	2 颗	2 个
M5 (NGC 5904)	7.5	5 颗	4 个	NGC 6624	7.9	6 颗	1 个
NGC 5986	10.4	1 颗	1 个	M28 (NGC 6626)	5.6	12 颗	8 个
M4 (NGC 6121)	2.2	1 颗	1 个	NGC 6652	10.0	1 颗	0 个
M13 (NGC 6205)	7.7	5 颗	2 个	M22 (NGC 6656)	3.2	2 颗	1 个
M62 (NGC 6266)	6.9	6 颗	6 个	NGC 6749	7.9	2 颗	1 个
NGC 6342	8.6	1 颗	1 个	NGC 6752	4.0	5 颗	1 个
NGC 6397	2.3	1 颗	1 个	NGC 6760	7.4	2 颗	1 个
Terzan 5	10.3	34 颗	18 个	M71 (NGC 6838)	4.0	1 颗	1 个
NGC 6440	8.4	6 颗	3 个	M15 (NGC 7078)	10.3	8 颗	1 个
NGC 6441	11.7	4 颗	2 个	M30 (NGC 7099)	8.0	2 颗	2 个

11.3.2　球状星团杜鹃座 47 中的毫秒脉冲星

在球状星团中,杜鹃座 47 是全天第二亮的球状星团,只比第一的 ω 星团稍逊一筹.其总星等为 4 等,角直径达 $30'$,包含约 100 万颗恒星.它靠南天极较近,在南半球常年可见. Parkes 射电望远镜的地理位置得天独厚,选择这个星团进行观测自然会得到很好的回报.果然,不负众望,人们陆续在这个星团中发现了 23 颗毫秒脉冲星. 1991 年的一篇论文发表了 10 颗毫秒脉冲星的观测结果(Manchester, et al., 1991),几乎是当时已发现的毫秒脉冲星的一半.这 10 颗毫秒脉冲星中一半多是双星系统,比当时已知的射电脉冲双星系统的 1/4 还多.其实,这时的观测能力还比较差,特别是对短轨道周期的射电脉冲双星的检测不够敏感. 20 世纪 90 年代后期, Parkes 再次观测这个星团,应用灵敏度很高、消色散能力更强的 20 cm 波段多波束接收系统的中心波束进行观测,又发现 9 个毫秒脉冲星,全部都是双星(Camilo, et al., 2000).发现这么多的双星,还得益于"加速搜寻"技术的应用.至今在该星团中共发现 23 颗脉冲星,周期处在 2~8 ms 之间.令人惊奇的是,没有发现一颗普通脉冲星.观测设备对长周期脉冲星具有足够的发现能力,这个观测事实不能归为观测的选择效应. 还有一个令人不解的问题是没有发现周期为 1～2 ms 的脉冲星. 从灵敏度考虑, 周期为 1～2 ms 的脉冲星完全可以观测到.

23 个脉冲星中有 16 个是双星系统, 占 70%, 其中双星系统 47 Tuc R 轨道周期仅有 95 min(Camilo, et al., 2000). 在 X 射线双星方面, 人们发现了轨道周期更短 (仅 11 min) 的 NGC 6624 (Stella, et al., 1987). 能否找到更多短轨道周期的射电脉冲双星或 X 射线双星是天文学家的追求, 很可能这两个双星系统仅是冰山一角.

23 颗毫秒脉冲星中有 16 颗测得周期变化率, 其中有 10 颗是负值 (dP/dt<0). 这是一种视加速现象, 是脉冲星在球状星团引力势中运动导致的, 而脉冲星自转并没有加快.

11.3.3　球状星团 Terzan 5 中的脉冲星

这个星团是法国天文学家 Terzan 发现的 6 个球状星团中的第 5 个, 故取名 Terzan 5. 它的视星等为 12.8, 绝对星等是 $M_V=-7.5$, 尺度为 2.7 ly, 是恒星密度最高的几个星团之一. 2009 年发现其中至少有两代恒星, 年龄分别为 120 亿年和 60 亿年, 金属含量也有些不同, 很可能是一个被破坏的矮星系的核, 而不是真正意义上的球状星团. 这是银河系中少有的几个由不同年龄恒星集团组成的星团. 星团中曾发现多个 X 射线暴和 50 个弱 X 射线源, 它们大多属于低质量 X 射线双星.

在 Terzan 5 中已发现 34 颗毫秒脉冲星, 其中第一颗毫秒脉冲星 PSR B1744－24A 是 1990 年发现的, 周期为 11.56 ms. 2000 年 Green Bank 望远镜(GBT)建成后, 在这个星团中发现了 30 颗脉冲星 (http://hera. phl. uni-koeln. de/～heintz-ma/PSR1/NRAO 3C58.htm), 使之成为银河系中脉冲星数目最多的球状星团. 最耀眼的发现是自转最快的脉冲星 PSR J1748－2446ad, 自转频率为 716 Hz, 周期是 1.39595 ms. 这是一个双星系统, 轨道周期是 1.1 天, 伴星为大于 0.14 $M_\odot$ 的白矮星, 轨道椭率很小, 但是掩食情况严重, 达 40%. 脉冲星的流量密度很低, 在频率 2 GHz 处为 80 μJy. 应用世界上口径最大的可动天线的 GBT, 并采用消色散能力很强的 Spigot 终端系统和极短的 82 μs 的采样时间等措施, 促成了这颗周期最短、流量密度极弱的毫秒脉冲星的发现.

Terzan 5 中的脉冲星家族与杜鹃座 47 中的脉冲星情况很不同. 第一个不同是自转周期范围不同, 杜鹃座 47 中的脉冲星周期在 2～8 ms 范围, 而 Terzan 5 中的脉冲星的周期在 1.4～80 ms 之间, 比较宽, 而且在已知脉冲星中占据周期最短的第一、第四和第五名. 第二个不同是双星的情况不同, Terzan 5 中的双星有 6 个椭率较大, 伴星均是白矮星, 而在杜鹃座 47 中没有这样的双星系统. 这些不同可能反映了不同的演化状态和两个星团的不同物理条件. Terzan 5 中心的恒星密度很特殊, 大约是杜鹃座 47 的 2 倍. 这可能说明, 恒星相互作用率的增加会破坏某些双星系统的再加速过程,导致周期范围比较宽,并且使双星系统具有比较大的椭率.

11.3.4　孤立毫秒脉冲星的由来

毫秒脉冲星来自 X 射线双星的演化,那么约 20%的孤立毫秒脉冲星是怎样产生的呢? 毫秒脉冲星之所以周期如此之短,是因为获得了伴星的物质及其角动量,所以必然是双星系统,那么为什么有 20%的孤立毫秒脉冲星呢? 它们的伴星到哪里去了? 比较合理的解释是,球状星团中的毫秒脉冲星,由于星团中恒星密集,恒星间的相互碰撞的机会比较多,碰撞可能使毫秒脉冲星的伴星离它而去.但银河系盘中孤立毫秒脉冲星就不能用碰撞的机制来解释.目前至少知道在银河系盘中有 12 颗孤立毫秒脉冲星,对它们的形成途径有两种看法:一是认为毫秒脉冲星强劲的星风烧蚀了伴星,使之变成了孤立的单星.二是在毫秒脉冲星的伴星发生超新星爆发时,双星系统遭到破坏.爆发时不可能完全各向同性,必然会在某个方向上产生一种力,狠狠地踢了新诞生的中子星一脚,即所谓的"kick"模型,这一脚踢的力度和方向决定了双星系统是否遭受破坏(Hills,1983)."踢一脚"的结果可能使双星系统瓦解,也可能使双星系统的轨道椭率变大.可以说孤立的毫秒脉冲星是双星瓦解的结果.

§11.4　毫秒脉冲星的应用

毫秒脉冲星的最大特点是周期极端稳定,可以与原子钟媲美,有可能用以监测和修正原子时的"长期稳定度",产生一种"脉冲星钟".通过对一批毫秒脉冲星计时的长期监测,有可能探测到宇宙极早期的引力事件.毫秒脉冲星还可以用于太空自主导航,以及用于获得太阳系星表,测量太阳系行星的质量等.

11.4.1　脉冲星计时和脉冲星钟

脉冲星具有非常稳定的周期,在宇宙天体中是绝无仅有的,而毫秒脉冲星的周期稳定性又远高于普通脉冲星.目前测得最准周期的是脉冲星 PSR J0437－4715,周期值为$(5.757\,451\,831\,072\,007\pm0.000\,000\,000\,000\,008)$ms,精确到$10^{-15}$ ms.毫秒脉冲星的周期随时间十分缓慢地增加,但比普通脉冲星约低 5 个数量级,周期变化率在10^{-19}到10^{-21}之间.变化最慢的是 PSR J2322＋2057,每秒变长 7.1×10^{-21} s.

除了有规律的周期变化外,还有一种称为时间噪声的变化.年轻脉冲星的时间噪声比较大,毫秒脉冲星的时间噪声要小得多.产生时间噪声的物理机制并不十分清楚,很可能与中子星内部的超流及温度变化有关,也可能与发生在磁层中的某些过程有关.老年脉冲星的时间噪声比较小是非常重要的发现,这意味着老年脉冲星的时间测量精度可以很高.毫秒脉冲星的时间噪声普遍很小,周期的长期稳定性非常高,一年以上的观测表明,周期稳定度优于 10^{-12}.优中选优,有近 20 颗毫秒脉冲星的周期稳定度约为 10^{-14},有 6 颗优于 10^{-14}.当然,这需要有优良的观测设备.很多研究小组在改进观测设备方面做了很大的努力,其目的之一就是想使毫秒脉冲星的时间稳定度达到可以与原子钟媲美的程度.

观测研究表明,一些毫秒脉冲星长期的时间稳定度优于原子钟.观测时间越长,周期稳定度越高.图 11.5 是 3 颗毫秒脉冲星多年的观测周期稳定度结果,以及与原子钟的稳定度的比较.其中,PSR B1855＋09 和 PSR B1937＋21(Matsakis,et al.,1997)和 PSR J0437－4715(Verbiest,et al.,2008)的时间稳定度都可以与原子钟媲美.PSR J0437－4715 的 5 年观测获得的稳定度达到 10^{-15},已经超过原子钟的长期稳定度.目前稳定度最好的铯原子钟是德国的 PTB 和美国的 USNO,达到 1.5×10^{-15}.PSR J0437－4715 观测 1 年所获得的稳定度就好于原子时 USNO 和 PTB.PSR B1855＋09 则在更长期(15 年)观测所获得的稳定度也高于 USNO 和 PTB.

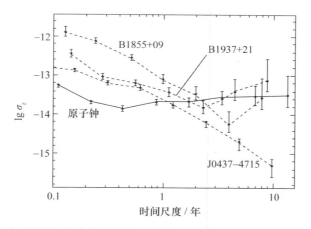

图 11.5 毫秒脉冲星的周期长期稳定性的观测结果与原子钟的比较.(Verbiest,et al.,2008)

毫秒脉冲星计时简称 MSPT.天文学家倾向于用多颗处在不同方向的、噪声很小的毫秒脉冲星组成一个"脉冲星钟",称为毫秒脉冲星计时阵(MSPTA),并对这一批毫秒脉冲星进行长期的观测,一般 2～3 周观测一次,坚持 5 年至 10 年.对资料进行分析得到的综合毫秒脉冲星时(EMSPT),其稳定度可与当今最稳定的铯原子频率基准钟相当.这种观测不仅要选择周期特性最稳定的毫秒脉冲星,还要采用接收面积非常大的天线或天线系统、特别灵敏的接收机系统和消色散能力特强的终端组成的大型射电望远镜阵.目前,这样的毫秒脉冲星计时阵已有不少,不仅为了进行"脉冲星钟"的实验,还为了检测引力波.本章的另一节将介绍国际上的几个脉冲星计时阵.

现代原子钟的主要特征是高准确性、高稳定性、高可靠性和高连续性. 某些毫秒脉冲星的特性基本上满足现代钟的要求,尤其在长期稳定性方面具有明显的优势. 由于脉冲星钟的短期稳定性不如原子钟,所以还不可能定义脉冲星钟时间的"秒"来代替原子钟定义的"秒". 特别是,在脉冲星钟的测量中,还要应用原子钟作为频率时间参考和守时钟. 但是,可以利用毫秒脉冲星钟的长期稳定度好的优点,补偿原子时在长期稳定度方面的缺陷,校正、改进原子时长期稳定度,使两种时间系统相互取长补短. 特别是在执行深空探测的宇宙飞船上,脉冲星钟将上升为主要角色. 我国有关课题组也在研究"脉冲星钟"(杨廷高,2007).

11.4.2　脉冲星自主导航

中国是利用天文导航最早的国家. 当今,应用脉冲星自主导航已成为各国争先恐后的热点研究课题. 所谓自主导航是指航天器发射升空以后,完全依靠航天器本身的设备来进行导航,不依赖于地面设备,无需地面人员的指挥和控制. 在所有天体中,只有脉冲星的辐射呈现周期性的窄脉冲形式. 观测毫秒脉冲星可以同时提供时间信号和空间位置坐标,比光学观测方法优越.

脉冲星自主导航是在空间航天器上观测脉冲星,进行脉冲到达时间的观测,在脉冲星位置已知的情况下,如果能够获得航天器位置的信息,就可以知道航天器是否偏离了计划设定的轨道,可以根据观测和计算的结果,发出指令修正飞行参数,达到自主导航的目的.

早在 1974 年,天文学家就开始讨论利用射电脉冲星进行自主导航的问题. 1981 年,就有人讨论利用 X 射线脉冲星实现航天器导航的方法(Chester, et al., 1981). 相比射电观测,X 射线观测脉冲星的设备体积小、重量轻,天文学家基本上都认为在航天器上观测 X 射线脉冲星来进行导航是较好的研究方向. 1999 年美国发射了 ARGOS 卫星,其上载有用来验证利用 X 射线源的自主导航的实验设备. 2004 年,美国国防部启动了 X 射线脉冲星自主导航(XNAV)研究项目(Jala, et al., 2004；Tether, et al., 2005；La, et al., 2007). 中国科学院于 2007 年正式启动脉冲星自主导航的研究,由新疆天文台、国家天文台北京总部、高能物理研究所和国家授时中心联合研究.

脉冲星导航的测量原理如图 11.6 所示,这是对一颗脉冲星观测的情形,显示了脉冲星、航天器和太阳系质心(SSB)位置的关系. 由于脉冲星离航天器特别遥远,它所发出的射电波到达太阳系时已经可以看成平行的射线.

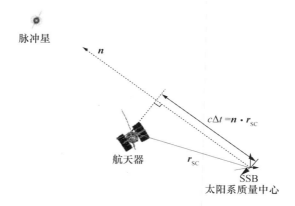

图 11.6 航天器上观测脉冲星的脉冲到达时间原理图.

从图上可以看出,同一个脉冲到达 SSB 比到达航天器多走了一段路程:$c\Delta t = \boldsymbol{n} \cdot \boldsymbol{r}_{\mathrm{SC}}$. 脉冲到达航天器的时间和脉冲到达 SSB 的时间的差值就描述了航天器到 SSB 的径矢在脉冲星视线方向上的投影. 脉冲到达质心和航天器的时间差为

$$t_{\mathrm{SSB}} - t_{\mathrm{SC}} = \frac{\boldsymbol{r}_{\mathrm{SC}} \cdot \boldsymbol{n}}{c}, \tag{11.3}$$

其中 t_{SSB} 是在太阳质心原点处脉冲到达时间,t_{SC} 是在航天器上脉冲达到时间,c 是光速,$\boldsymbol{n}$ 为脉冲星视线方向上的单位矢量,$\boldsymbol{r}_{\mathrm{SC}}$ 为航天器到太阳系质心的径矢. 脉冲星到 SSB 和到航天器的方向可以看成是相同的. 由于脉冲到达时间受到众多因素的影响,(11.3)式只能作为第一级近似. 要提高导航精度,必须考虑影响脉冲到达时间的各种因素对其加以修正,如进行星际介质色散及其变化影响的修正、时钟的相对论修正等,在第四章已经有过详细的讨论.

脉冲到达时间的差也可以用脉冲周期和相位来表示. 如果周期是准确不变的,脉冲到达航天器和太阳系质心的时间差可用走了多少个脉冲周期 $\Delta\Phi$ 表示,如果走了不是周期的整数,如 100 000.2 个周期,那么 0.2 周期用相位 $\Delta\phi$ 表示,

$$\Delta\Phi = nP + \Delta\phi. \tag{11.4}$$

脉冲星的周期并不是绝对不变的,已经知道是在逐渐变长,甚至还有高阶的变化,所以要采用合适的脉冲星自转模型来进行修正. 地面的脉冲星观测研究已经完成了这个任务. 在航天器上观测脉冲星可以获得相位 $\Delta\phi$ 的信息,但究竟有多少个周期并不容易测定. 这个待定的整数被认为是一个模糊点,采用多颗脉冲星观测的方法,有可能获得这个模糊点的信息(杨廷高,等,2005).

根据航天器接收到的脉冲到达时间的变化估计航天器的运行轨道,可以确定其是否与预定的轨道一致. 当然,仅观测一颗脉冲星不能完全确定航天器的位置和轨道,至少要同时观测 3 颗脉冲星. 图 11.7 是航天器同时观测 3 颗脉冲星的情形.

脉冲星发出的射电波是球面波,但到了航天器附近处已近似为平面波了.分析来自不同方向的脉冲到达航天器和太阳系质心的时间就可以估计出航天器的位置.所以航天器上要装置 4 台望远镜和一台原子钟,分别观测 4 颗脉冲星,3 颗的资料用来确定自主导航测量航天器的位置,另一颗毫秒脉冲星的观测资料用于对原子钟进行校准.

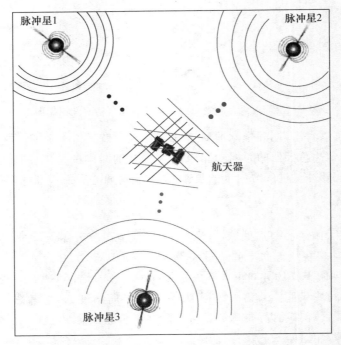

图 11.7　航天器同时观测 3 颗毫秒脉冲星的示意图.(Sheikh,2005)

　　适合自主导航的脉冲星必须满足如下几个条件:流量密度比较大,容易观测;周期极端稳定、时间噪声小、没有周期跃变;脉冲轮廓比较窄、没有轮廓模式变化.这样才能把脉冲到达时间测准了.只有部分毫秒脉冲星能满足上述条件.

　　地面射电望远镜观测脉冲星的能力很强,但是它们都很庞大,空间航天器无法携带.毫米波射电望远镜可以做得很小,但在毫米波上脉冲星的流量密度又特别小.因此目前倾向于携带 X 射线波段观测设备上天.好在至少有 8 颗射电毫秒脉冲星也具有 X 射线波段的脉冲辐射,还有一些 X 射线脉冲星可供选择.X 射线脉冲周期与射电脉冲的周期是相同的,但脉冲轮廓不尽相同,一般都比较宽.X 射线脉冲星样本比较少,周期的稳定性也要差一些.目前国际上提出的几个脉冲星自主导航的实验方案中携带 X 射线探测器的占多数.X 射线探测器可以做得比较小、比较轻.美国国防部 XNAV 计划使用的软 X 射线探测器口径仅 30 cm.

11.4.3　宇宙引力波的探测

1918 年 Einstein 在广义相对论基础上预言有引力波存在. 他认为, 任何具有质量的物体做加速运动都会产生引力波. 相比电磁辐射, 引力辐射要弱得多, 相隔 1 cm 的两个质子, 其引力作用只有静电力的 10^{37} 分之一. 因此, 引力辐射非常微弱. 只有特别大质量物体的加速运动才能产生可测量的引力波. 地球上物体包括地球本身的质量太小, 所能产生的引力波极其微弱, 根本测量不到. 科学家寄希望于捕捉发生在太空中天体事件所发出的引力波.

(1) 天体引力波源.

引力波的主要性质有: 在真空中以光速传播; 携带能量及与波源有关的信息; 是横波, 在离引力波源远的地方为平面波; 最低次为四极辐射; 辐射强度极弱; 物质对引力波吸收效率极低, 引力波穿透性极强, 地球对引力波几乎是透明的; 其偏振特性为两个独立的偏振态; 等等.

天体引力波主要有三种形式: 连续式引力波、暴发式引力波和引力波背景辐射. 连续式引力波主要由中子星、白矮星、黑洞与其他恒星组成的各种密近双星系统产生, 当然也包括双中子星系统、中子星-白矮星系统、双白矮星系统和中子星-黑洞系统, 以及其他种类的密近双星系统. 致密星在双星轨道上运行过程中不断辐射引力波. 星体的质量越大、密度越高、转速越快、相距越近, 引力波的辐射功率就越强. 即使自转的单个中子星也能产生周期性的引力波辐射, 因为中子星表面总有少许不对称, 它的高速自转就会产生引力波. 双中子星系统 PSR B1913＋16 的引力波光度并不弱, 达到 6.4×10^{24} W, 但由于距离遥远, 到达地球的能流密度只有 2.2×10^{-21} W/cm^2, 放置在地球上的探测器无法检测出来. 好在引力波辐射引起的双星系统轨道周期的变化是可以测量的. Taylor 等经过 20 年的努力测得的轨道周期变化与广义相对论理论计算的结果一致, 间接地验证了引力波的存在, 并因此获得了 1993 年度的诺贝尔物理学奖.

暴发式引力波主要由超新星爆发、天体坍缩、黑洞形成、双星并合等激烈的天体事件产生. 这类突发事件可能在比较短的时间里辐射大量的引力波, 频率比较高, 在 $1 \sim 10^4$ Hz 范围. 双中子星碰撞并合产生的引力波的频率属高频, 可达 10^4 Hz, 是目前地面引力波探测器的首选观测对象.

引力波背景辐射主要来自早期的宇宙过程, 包括宇宙大爆炸本身、暴胀和宇宙弦的信息. 宇宙大爆炸后产生的引力波至今仍在四散传播, 是有可能检测出来的. 大量的超大质量黑洞作为一个总体会产生一个引力波背景辐射, 这是脉冲星计时阵最有可能探测到的引力波源. 我们使用望远镜观测天体, 通过接收来自天体的电磁波来了解宇宙. 最远同时也是最早的电磁波要算宇宙微波背景辐射, 那时宇宙已经诞生 38 万年了. 要想找到这之前的信息, 唯一的途径就是检测大爆炸后辐射的引力波. 宇宙早期的引力波背景辐射的频段非常宽, 最低频率可达 $10^{-18}\sim10^{-15}$ Hz, 并延伸到 $10\sim10^3$ Hz 高频段. 目前, "脉冲星计时阵"的敏感频率能观测 $10^{-7}\sim10^{-9}$ Hz 这样的甚低频.

（2）探测引力波的设备.

正如电磁波引起接收天线电磁振荡一样, 引力波也使与其相遇的物质以一定方式振荡, 时空距离发生伸长或缩短. 如果探测器是一块固体物质, 当引力波穿过时该物体的不同部分就会沿不同方向有所移动, 即出现形变. 物体中两点间的间隔在引力波作用下发生的变动大小能给出引力波的振幅, 而引力波的振幅是其能量的直接量度. 与电磁波不同, 引力波并不被物质吸收, 因而来自遥远天体的引力波就能不损失任何携带的信息到达地球.

最早研制的引力波探测器是棒状结构的. 其原理是引力波通过时引起棒长度微小的变化, 测出这种变形也就检测出引力波了. 但是这种装置灵敏度比较差, 容易受外界干扰. 几十年过去了, 没有检测到任何引力波. 1990 年美国建成的激光干涉引力波天文台（LIGO）使引力波探测器的性能有了很大的改进. LIGO 观测站由两个直径超过 1 m 的像"L"字母形式放置的空心圆柱体组成（图 11.8）. 两圆柱体内将保持真空状态, 它们的长度达到 4000 m. 其敏感频率在 $10\sim500$ Hz 之间, 适合检测双中子星、双黑洞等并合时产生的引力波.

图 11.8　引力波激光干涉探测器 LIGO.（NSF/Caltech/LIGO Laboratory）

LIGO 每个圆柱体内部安放了激光干涉仪, 长臂的两端分别悬挂有高反光率的镜面, 激光在两个长臂中来回反射. 在无引力波存在时, 调整臂长使从互相垂直的两臂返回的两束相干光在分光镜处相干减弱, 输出端的光电二极管接收的是暗纹, 无输出信号. 引力波的到来会使一个臂伸长另一臂缩短, 使两束相干光有了光程差, 破坏了相干减弱的初始条件, 光电二极管有信号输出, 该信号的大小与引力波的强度成正比. 为了防止干扰, 设计人员把光路抽成真空并建造复杂的震动隔离系统,严格控制光路中各个装置的震动.

　　LIGO 分两个阶段建造,第一阶段称为"LIGO-Ⅰ",是为了进行实验,并不完善.第二阶段称为"Advanced LIGO",性能有很大的提高,有能力观测到引力辐射源.第二阶段有 3 点改进:在最灵敏的频段 100～200 Hz 处的噪声水平降低了 15倍;展宽了可观测的频段,达到 20～1000 Hz;在可观测的频段内,可根据需要调整噪声曲线的状况,使某些频率上噪声降低,有利于特殊的引力波源的观测.

　　LIGO 有两台探测器,分别放置在路易斯安那州和华盛顿州,相距 3002 km. 由于引力波不会衰减,如果引力波来临,两处的探测器应该都能接收到. 也就是说,必须两台探测器都接收到信号,才能确认是接收到引力波. 2016 年 2 月,LIGO 组宣布发现两颗恒星级黑洞合并时产生的引力波.

　　类似的比较大型的探测器还有 2003 年完成的法国和意大利合作建造的 VIR-GO,每个臂长 3000 m. 激光干涉引力波探测仪的灵敏度比共振棒高出 3～4 个量级,成为引力波探测仪的主流设备. 此外,还有澳大利亚的 AIGO、日本的 TAMA300、德国和美国合建的 GEO600 等类似设备.

　　欧洲空间局和美国宇航局合作曾启动激光干涉太空天线(LISA)项目,计划发射 3 个探测器上天,组成等边三角形,边长为 5×10^6 km. 它们处在地球后面以 20°的夹角一起绕太阳运行. 3 对探测器之间用激光测量距离. 如果有引力波传来,它会使 3 对探测器之间的距离发生微小的变化. 灵敏的激光测距可测出一个原子直径大小的位移. 由于它们所占的地域比地球上的探测器大得多,因而可能探测到更多的引力波源. 敏感频率下降到 3×10^{-5}～10^{-1} Hz 的频率范围,适合检测像 PSR B1913+16 和双脉冲星系统发出的引力波. 该项目本来计划于 2015 年发射上天,但由于经费缺乏,没有执行,现已改为 eLISA.

图 11.9　激光干涉太空天线(LISA)项目示意图. (http://commons.wikimedia.org/wiki/File:LISA-waves.jpg)

（3）震惊世界的 GW150914 引力波事件.

2016 年 2 月 11 日,激光干涉式引力波观测项目(LIGO)负责人宣布,检测到了取名为 GW150914 的引力波事件.经过半个多世纪艰苦卓绝的努力,这项研究终于取得了辉煌的成就.那是在 2015 年 9 月 14 日,当地时间早晨 5 点 51 分,引力波到达了列文斯顿观测站,7 ms 以后,又抵达了汉福德观测站.这次引力波事件科学意义重大,引起国内外学学术界极度重视和广泛评介(徐仁新,2016;朱宗宏,王运永,2016;Pretorius,2016;Abbott,et al.,2016).

相距 3000 km 的两台 LIGO 探测器都观测到了引力波,说明该事件来自于外太空.信号频率从 35 Hz 逐步增加到 250 Hz,其幅度达到最大值,随后幅度迅速衰减,表明是两个密度非常大的物体螺旋式地奔向对方,最终合二为一.根据信号频率及其随时间的导数可以得到双星系统的总质量,比两个中子星的质量大多了.而一个黑洞和一个中子星的双星系统的质量虽然可以很大,但引力波频率要低得多.LIGO 团队进行了几个月的艰巨计算,把观测到的信号与相对论数值模拟方法得到的波形进行比较后确认,这个引力波事件源于两个黑洞相撞.它们并合前的质量分别为 $29\,M_\odot$ 和 $36\,M_\odot$;并合的残骸是一个 $62\,M_\odot$ 的黑洞,大约 $3\,M_\odot$ 质能转变成了引力波能量.波源的距离约为 13 亿光年.

相互旋绕的致密双星是宇宙空间中最丰富的引力波源,这种双星主要包括中子星-中子星、中子星-黑洞、黑洞-黑洞.根据广义相对论计算可知,在两个黑洞相互接近绕转的过程中,系统的质量四极矩会随时间变化,因此会不断向外辐射引力波,而引力波的辐射会把两个黑洞之间的引力势能降低,损失系统的轨道能量,使两黑洞越来越靠近,这个过程被称为旋近阶段.随着两个黑洞的距离变小,它们之间相互绕转的频率会变得更高,所辐射的引力波的振幅也越来越大,最后两个黑洞相互碰撞进而合并在一起,这个过程被称为并合阶段.并合过程的引力辐射是剧烈的、暴发性的.当两个黑洞合并成高速旋转的 Kerr 黑洞时,其发射的引力波幅度逐渐衰减,类似于摇铃后铃声逐渐变小直至消失的情况,称为铃宕阶段.

经过反复检查,科学家们确认,LIGO 探测器记录的引力波信号跟广义相对论的预言毫无偏差,完全遵循 Einstein 所描述的黑洞碰撞.LIGO 和 Virgo 两个团队的研究人员根据广义相对论模拟,确定拟合观测信号的最佳波形,即"模板"(见图 11.10).他们发现,扣除模板后的数据(即残差信号)跟噪声一致.可以说,广义相对论的并合预言经受住了"所有"检验:双黑洞轨道的衰减、剧烈碰撞以及异常快速地过渡为一个稳态旋转黑洞,引力波在宇宙中的传播,最终这些波转变成 LIGO 探测器记录的一声哀鸣.鉴于信噪比高达 24,替代模型对 GW150914 的预测跟广义相对论结果相差最多 4%.

主要因为这一观测成果,2017 年的诺贝尔物理学奖授予了对接收到引力波做出杰出贡献的三位科学家.

2017 年 8 月 17 日,多家研究机构发现了来自双中子星并合产生的引力波和电磁波信号,我们将在第十六章的最后扼要介绍这个轰动世界的天文学成就.

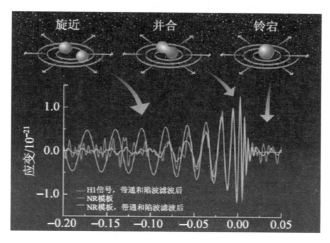

图 11.10　LIGO 位于华盛顿州汉福德探测器记录的信号(H1)跟数值相对论(NR)最佳拟合波形的对比.滤波后的 NR 波形显示原始波形如何被探测器响应,表明仪器对 GW150914 事件的旋近、并合和铃宕这三个阶段敏感.(徐仁新,2016)

(4) 脉冲星计时引力波探测.

引力波经过地球和脉冲星时会对脉冲星脉冲到达时间产生影响,留下引力波的信息.脉冲星计时引力波探测器就是根据这个原理提出来的.由多颗毫秒脉冲星组成的计时阵如图 11.11 所示.对没有引力波影响的平直空间而言,脉冲到达地球的时间是稳定的.脉冲星与地球之间的长度受到引力波影响时会发生变化,不同方向的脉冲星变化不同,通过脉冲到达时间的测量,可以观测到这种变化,从而测出引力波.这种探测方案与 LISA 的多个空间探测器相当,但臂长增加了好几个数量级,探测的敏感频率下降到 $10^{-7} \sim 10^{-9}$ Hz 的频率范围.在这个引力波范围内,引力波源是大质量双黑洞系统贡献的引力波背景.

脉冲星观测中最基本、最重要的观测就是脉冲到达时间的观测,包含非常丰富的信息,如脉冲星的位置、距离、自行、周期变化、双星运动等,当然也包括引力波的信息.在分离出这些信息之前,这些信息与脉冲星的自转不稳定导致的时间噪声是混合在一起的.天文学家对从脉冲的时间观测资料中提取脉冲星的位置、距离、自行、周期变化和双星运动的参数等已很有把握,但对如何提取引力波信息还在试探中.

脉冲星脉冲到达时间的测量受到众多因素的干扰,需要一一排除,或使其影响

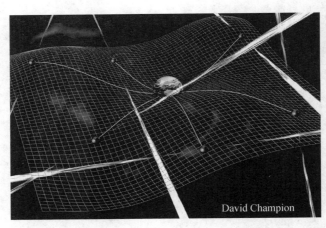

图 11.11　由多颗毫秒脉冲星组成的引力波探测器示意图.（David Champion 制图）

降低到最小. 噪声的主要来源是星际介质色散、色散量变化、闪烁、伴星星风、地球运动的扰动、地球绕太阳的轨道运动、太阳系参数的误差、时间尺度的误差、时间转换的误差等.

　　普通脉冲星的自转是很稳定的,但是还会存在一定的时间噪声,而由于引力波造成的影响极其微小,脉冲星的时间噪声往往会将其掩盖. 好在毫秒脉冲星的自转特别稳定,时间噪声非常小,这使从脉冲的时间的残差中检测出引力波造成的影响成为可能.

　　综上所述,要用脉冲星计时阵的观测检测引力波,必须选择周期极端稳定的毫秒脉冲星和非常好的能消除或减小各项干扰的处理观测资料的软件,还要有品质优良的大型射电望远镜,这样才能使脉冲到达时间的观测达到高精度. 观测所需的精度由下式决定（Rajagopal,et al.,1995）：

$$h \approx \frac{\delta t}{P_w}(N_{obs}\, T_{obs})^{-1/2}, \tag{11.5}$$

其中 h 是可检测的引力波幅度, $h = \Delta L/L$, L 为引力波探测器的臂长, ΔL 是引力波引起臂长的变化量, N_{obs} 是每年进行的脉冲到达时间观测次数, T_{obs} 是总的观测时间, P_w 是引力波的周期, δt 是典型的到达时间观测精度. 人们对 PSR J0437－4715 进行了 40 个月的观测,脉冲到达时间的精度达到 130 ns（Vivekanand,2001）. 使用更好的望远镜在更高的频率上观测,精度还能提高. 在高于 3 GHz 的高频段上观测,星际介质的传播效应的影响很小. 观测发现,标志脉冲星距离的色散量是变化着的,这对脉冲的时间测量精度影响很大,观测色散量变化及消除其影响成为检测引力波观测中的重要一环.

　　目前,最有名的探测引力波的毫秒脉冲星计时阵有三个.

第一个是欧洲的 EPTA,有多台大型射电望远镜参加,如德国的 100 m 射电望远镜、英国的 76 m 射电望远镜、荷兰的综合口径射电望远镜(等效为 94 m 口径天线)、法国南赛的分米波射电望远镜(等效口径为 93 m)和意大利的 64 m 射电望远镜等.各个望远镜可单独执行观测任务,有时也组成一个多望远镜系统进行观测,等效面积为 194 m 口径的天线.

Lazaridis(2010) 对 15 颗毫秒脉冲星进行了连续 5 年的有规律的观测,在 1.4 GHz 频段上脉冲的时间残差的均方根值小于 5 μs 的有 11 颗:PSR J0030+0451 是 3.8 μs;PSR J0613−0200 是 2.6 μs;PSR J0751+1807 是 4.3 μs;PSR J1012+5307 是 2.6 μs;PSR J1022+1001 是 3.1 μs;PSR J1024−0719 是 2.7 μs;PSR J1623−2631 是 3.9 μs;PSR J1640+2224 是 1.5 μs;PSR J1643−1224 是 3.8 μs;PSR J1744−1134 是 0.6 μs;PSR J2145−0750 是 2.5 μs.其中,PSR J1744−1134 的时间观测精度最高,达到 0.6 μs.观测时间长是其精度高的一个原因,他们采用 4 年的 Effelsberg 100 m 的观测资料和 7 年的 Jodrell Bank 76 m 的观测资料,导出了比较准确的周期参数和双星轨道参数,以及双星的相对论参数,进行有效的修正后,获得了很高的观测精度.

第二个是北美的毫秒脉冲星计时阵(NANOGrav),有 Arecibo 的 305 m 射电望远镜和 Green Bank 100 m 射电望远镜.该设备在 2005 到 2010 期间观测第一批 18 颗脉冲星,接收机系统(ASP)最大频带宽度为 64 MHz,其中 17 颗的资料作为这个脉冲星计时阵的第一个成果发表,给出了引力波随机背景辐射的上限.后来人们共观测了 36 颗毫秒脉冲星.我们从 McLaughlin(2013) 文章的表 1 中挑选出 17 颗脉冲星的观测结果列在表 11.4 中.这就是第一批发表的观测结果.表中,AO 为 Arecibo 305 m 射电望远镜,GBT 为 Green Bank 100 m 射电望远镜,RMS 是脉冲到达时间残差的均方根值,是应用 ASP 的观测结果.由于 ASP 的总带宽仅 64 MHz,比较窄,限制了观测精度的提高.后来,AO 和 GBT 所用的接收系统,总带宽展宽很多,如 Green Bank 的 GUPPI 的中心频率为 1500 MHz 的系统的总带宽可达 800 MHz,Arecibo 的中心频率为 1410 MHz 的系统的总带宽达到 700 MHz,灵敏度有很大提高.应用已改善的观测设备,加上对星际介质效应和脉冲幅度及相位抖动的修正等,观测的精度提高了 1～3.5 倍.RMS 值还可以再减小.

表 11.4　北美脉冲星计时阵(NANOGrav)17 颗毫秒脉冲星观测结果

PSR	周期/ms	望远镜	频率/MHz	RMS(ASP)/μs
J0030+0451	4.87	AO	430/1410	0.148
J0613−0200	3.06	GBT	820/1500	0.178
J0613−0200	3.06	GBT	820/1500	0.178
J1012+5307	5.26	GBT	820/1500	0.276

（续表）

PSR	周期/ms	望远镜	频率/MHz	RMS(ASP)/μs
J1455−3330	7.99	GBT	820/1500	0.787
J1600−3053	3.60	GBT	820/1500	0.163
J1640+2224	4.62	AO	430/1410	0.409
J1643−1224	4.62	GBT	820/1500	1.467
J1713+0747	4.57	AO	1410/2030	0.030
J1744−1134	4.07	GBT	820/1500	0.198
J1853+1303	4.09	AO	430/1410	0.255
B1855+09	5.36	AO	430/1410	0.111
J1909−3744	2.95	GBT	820/1500	0.038
J1910+1256	4.98	AO	1410/2030	0.708
J1918−0642	7.65	GBT	820/1500	0.203
B1953+29	6.13	AO	430/1410	1.437
J2145−0750	16.05	GBT	820/1500	0.202

　　第三个是澳大利亚 Parkes 64 m 射电望远镜的 PPTA,已于 2005 年启动（Manchester,2006）.PPTA 的观测项目共选择了 20 颗毫秒脉冲星,不仅要求它们的时间噪声小,还要求这 20 颗毫秒脉冲星空间分布比较均匀,各个方向上都有.PPTA 计划在 685 MHz,1400 MHz 和 3100 MHz 三个频率上进行观测,每 2～3 周观测一次,连续观测 5 到 10 年.目前,5 年的观测结果已经发表（Hobbs, et al., 2009）,我们选择在表 11.5 中列出观测的有关情况.表中 N_p 为观测总次数,T_s 为数据跨越的年数,σ 是时间残差的均方根值,σ_p 为现有观测设备可能达到的预期值.可以看出 20 颗毫秒脉冲星的时间残差的均方根值等于和小于 1 μs 的有 6 颗,但预期达到等于和小于 1 μs 的脉冲星则有 17 颗.目前情况最好的是 PSR J0437−4715,σ=0.2 μs.

　　除了这三个独立的脉冲星计时阵,这三个小组正积极策划一个新的项目:国际引力波计时阵（IPTA, International Pulsar Timing Array, Manchester,2013）.IPTA 的数据是综合三个独立脉冲星计时阵的数据,所以灵敏度会更高.

表 11.5　澳大利亚 PPTA 项目 20 颗毫秒脉冲星参数的观测值和预期值

PSR	N_p	T_s/年	σ/μs	σ_p/μs
J0437−4715	712	4.3	0.2	0.1
J0613−0200	432	5.5	1.1	0.5
J0711−6830	141	4.4	1.6	1.0
J1022+1001	515	5.5	2.2	0.5
J1024−0719	216	5.5	1.3	1.0

（续表）

PSR	N_p	T_s/年	$\sigma/\mu s$	$\sigma_p/\mu s$
J1045−4509	155	5.2	3.0	1.0
J1600−3053	567	5.5	1.0	0.3
J1603−7202	159	5.5	1.9	0.5
J1713+0747	303	5.5	0.5	0.1
J1730−2304	158	4.6	1.9	1.0
J1732−5049	188	5.5	3.5	1.0
J1744−1134	413	5.5	0.8	0.3
J1824−2452	169	3.1	1.7	1.0
J1857+0943	205	4.4	1.4	0.5
J1909−3744	1398	5.5	0.6	0.1
J1939+2134	45	4.3	0.3	0.1
J2124−3358	125	3.8	2.4	1.0
J2129−5721	189	5.5	1.2	1.0
J2145−0750	205	4.3	1.1	0.3

图 11.12 为引力波的频谱和三种探测器的探测对象及灵敏度,其中地面引力波探测器 LIGO 的探测频段最高,属于高频($10\sim14^4$ Hz),监测的引力波源是超新星的核心坍缩和双中子星并合发射的引力波. 空间探测器 LISA 适合检测双黑洞的并合以及银河系中未能分辨的双星系统,检测频段为 $3\times10^{-5}\sim10^{-1}$ Hz;澳大利亚的脉冲星计时阵 PPTA 的检测频段最低($10^{-9}\sim10^{-7}$ Hz),能够检测宇宙中的引力波背景(宇宙弦)和星系中的超大质量双黑洞.

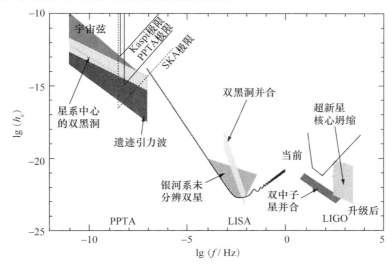

图 11.12　三种引力波探测器的敏感观测频段和能探测的引力波源. 横坐标为频率,纵坐标为灵敏度,h 为可检测的引力波幅度. (Hobbs, et al., 2009)

§11.5　展　　望

　　世界各国都对毫秒脉冲星的应用给予了相当大的关注,都在紧锣密鼓地进行实验.这无疑是值得关注和期待的研究工作.脉冲星钟和脉冲星自主导航的实用价值非常大,但目前还没有进入实际应用阶段.利用对毫秒脉冲星的脉冲到达时间的观测来检测宇宙引力波的存在意义更加重大,目前至少动用了世界上最强有力的射电望远镜,对 50 颗以上的毫秒脉冲星进行了有规律的观测,超过了 5 年.观测精度在不断地提高,但仍任重而道远.

　　第二个期待是发现由脉冲星和黑洞组成的双星系统.这将是一种更奇特的探测引力波的实验室.这样的系统很可能存在于银河系中心或球状星团中,虽然多个研究小组刻意搜寻,但至今没有收获.

　　第三个期待是发现亚毫秒脉冲星.目前周期最短的毫秒脉冲星是球状星团 Terzan 5 中的 PSR J1748−2446ad,周期为 1.4 ms.发现亚毫秒脉冲星的意义非凡,哪怕发现一颗,也会对致密物质的状态方程给以限制.在脉冲星是中子星还是夸克星的争论中,亚毫秒脉冲星也至关重要.有学者认为,如果能发现 0.5 ms 周期的脉冲星,那就是可以判定它是夸克星（Du,et al.,2008）.在搜寻亚毫秒脉冲星方面,天文学家已经做出很大的努力,望远镜的灵敏度是足够的,搜寻时间也是够长的,但就是没有发现.当然,这不会使天文学家停止这方面的努力.这将是陆续建成的特大型射电望远镜所关注的课题.我国随着射电望远镜的发展,也会有开展这项研究的机会.

　　脉冲星的观测研究历史告诉我们,出乎预料的发现总是不断发生着,可以期待观测到那些被认为不可能存在的事件.

第十二章　射电脉冲双星和广义相对论的验证

在银河系中,双星系统很平常,已知的恒星有近一半属于双星系统.但是在射电脉冲星发现以后,从 1967 年到 1974 年期间发现的 100 颗脉冲星,居然全部是孤立的单星.这并不是一种观测上的选择效应,其原因之一是双星系统中的一颗子星发生超新星爆发很可能导致双星系统的瓦解.因此银河系中的射电脉冲双星的数目与脉冲星总数之比较小.目前已发现近 3000 颗脉冲星,但双星系统仅约 160 个,双星系统中的脉冲星所拥有的伴星分别为较大质量、中小质量和行星量级天体.引力波是 Einstein 广义相对论的重要预言.在这一预言的半个多世纪后,射电脉冲双星的发现才间接地验证了引力波的存在,成为引力波天文学的开路先锋.因引力波辐射,双中子星轨道半径会逐渐衰减,并最终并合.2017 年 8 月 17 日,多种探测设备成功地观测到了这一并合事件.

§12.1　射电脉冲双星和轨道参数的确定

双星系统很多,其中有一部分属于密近双星.密近双星是指一个子星能够影响另一子星演化的相距很近的物理双星.射电脉冲双星是指一个脉冲星(即中子星)与另一子星(伴星)组成的系统.目前观测到的伴星的种类分别是中子星、白矮星和主序星.期望中的脉冲星和黑洞组成的双星系统还没有被观测到.在观测上,常把双星系统分为目视双星、食变双星和分光双星.目视双星是指能直接观测到两个子星的系统.食变双星是通过观测由轨道运动而发生的两个子星的相互遮掩所导致的光度变化来确定的双星.分光双星则是从光谱分析测得周期性频移来确定的双星系统.射电脉冲双星中也观测到"食"的现象,但更像分光双星,即由于轨道运动导致脉冲星自转周期的 Doppler 位移.密近双星中,有些轨道周期特别短的双星相对论效应特别明显,因此成为相对论双星.测量密近双星的轨道参数、相对论效应、中子星的质量等成为研究射电脉冲双星的重要课题.

12.1.1　射电脉冲双星和子星之间质量的转移

射电脉冲双星是由射电脉冲星与其他恒星组成的双星系统,主星是脉冲星,也就是中子星.与单星的演化不同,密近双星系统中的物质受力情况比单星复杂,任何地方的物质都会受到两颗星的引力作用,还会受到轨道运动所产生的离心力的作用. 在双星系统中形成的中子星往往具有不同的演化特征.

　　伴星物质向中子星转移的过程主要有两种方式:一是星风吸积,即演化阶段的早型星通过星风作用损失物质,部分物质被中子星引力场捕获而发生吸积. 二是 Roche 瓣溢流. 19 世纪中期,法国数学家 Roche 提出一种刻画双星周围的引力情况的方法,称为 Roche 瓣. 图 12.1 所示的横躺着的 8 字就是 Roche 瓣,唯有在交叉 L_1 点上的物质所受的力为零,两个子星只能通过这个点交换物质. 其他地方的物质则分别由两个子星的引力控制. 当一个子星膨胀至 Roche 瓣时,物质就通过交叉点陆续转移到另一个子星,物质不会跑出 Roche 瓣,所以 Roche 瓣被称为恒星的最大体积.

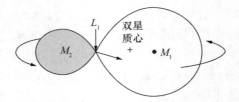

图 12.1　Roche 瓣溢流:伴星物质通过 Lagrange 点 L_1 溢出 Roche 瓣被中子星吸积. $M_1 > M_2$. (Frank,et al.,2002)

　　考虑由中子星(质量为 M_1)及其伴星(质量为 M_2)组成的双星系统,双星距离为 a. 根据 Kepler 定律,可以得到

$$4\pi^2 a^3 = GMP_b^2, \tag{12.1}$$

这里 $M = M_1 + M_2$, P_b 为双星的轨道周期.

　　通过数值计算给出的 Roche 势的近似解,可以给出伴星的 Roche 瓣半径公式 (Eggleton, 1983)

$$\frac{R_2}{a} = \frac{0.49 q^{2/3}}{0.6 q^{2/3} + \ln(1 + q^{1/3})}, \tag{12.2}$$

其中 q 为双星的质量比. 在 $0.1 \leqslant q \leqslant 0.8$ 的情况下,可以采用 Paczynski 的引力势, (12.2)式简化为

$$\frac{R_2}{a} = 0.462 \left(\frac{M_2}{M_1 + M_2} \right)^{1/3}. \tag{12.3}$$

伴星(M_2)的 Roche 瓣半径由两个子星的质量决定. 对于质量比 $q = M_2/M_1 \ll 1$ 的系统,由于主星引力的影响,伴星的表面往往呈现椭球形而并非球形. 这时,Roche 瓣内物质的运动受到星体引力的束缚作用. 但当伴星的包层充满其 Roche 瓣时,任意的微小扰动都会使得物质经由 Lagrange 点 L_1 进入主星的 Roche 瓣之内,并最终被主星捕获. 这种物质转移方式就被称为 Roche 瓣溢流. Roche 瓣溢流是一种非常有效的物质转移方式,质量转移会使得双星质量比 q 发生改变. 另外,伴随着质量转移而造成的角动量重新分布,会使得轨道周期 P_b 和双星距离 a 随之改变. 由

于 Roche 势的几何形状由 a 和 q 直接决定, 因而它们的变化对维持 Roche 瓣溢流的发生起到决定性的作用.

假定双星的角速度为 $\omega(\omega = 2\pi/P)$, 则系统的轨道角动量 J 可以表示为

$$J = (M_1 a_1^2 + M_2 a_2^2)\omega, \tag{12.4}$$

其中 $a_1 = (M_2/M)a$ 和 $a_2 = (M_1/M)a$ 分别为两颗星体的质心到系统质心的距离, $M = M_1 + M_2$.

$$J = M_1 M_2 \left(\frac{Ga}{M}\right)^{1/2}. \tag{12.5}$$

如果假定伴星损失的质量全部被主星吸积得到, 即 $\dot{M}_1 + \dot{M}_2 = 0$, $\dot{M}_2 < 0$, 则式 (12.5) 对时间的微分可以给出

$$\frac{\dot{a}}{a} = \frac{2\dot{J}}{J} + \frac{2(-\dot{M}_2)}{M_2}\left(1 - \frac{M_2}{M_1}\right). \tag{12.6}$$

假设角动量守恒($\dot{J} = 0$)和伴星的物质向主星转移($\dot{M}_2 < 0$), 可以得知当伴星质量小于主星质量($q < 1$)时, $\dot{a} > 0$, 双星轨道将会膨胀. Roche 瓣的大小会受到质量比和双星距离变化的影响, 对式 (12.3) 取对数并对时间微分, 可得

$$\frac{\dot{R}_2}{R_2} = \frac{2\dot{J}}{J} + \frac{2(-\dot{M}_2)}{M_2}\left(\frac{5}{6} - \frac{M_2}{M_1}\right). \tag{12.7}$$

当 $q > 5/6$ 时, 质量转移过程会使得伴星的 Roche 半径逐渐减小. 任何系统轨道角动量损失, 即 $\dot{J} < 0$ 时, 都会加剧这种趋势. 因而除非伴星半径急剧减小使得其小于 Roche 半径, 否则 Roche 瓣溢流将会非常激烈并且持续进行. 当 $q \approx 5/6$ 时, 质量转移会使得伴星的 Roche 半径增大. 如果伴星和双星轨道保持原状, 那么质量转移过程将会停止. 在伴星演化到巨星阶段时, 半径的膨胀将使得星体充满其 Roche 瓣. 系统轨道角动量损失也会使轨道收缩. 潮汐力对伴星的影响和短轨道系统的引力波辐射等作用都可能使双星的轨道角动量减小. 早型星的恒星风可以非常强烈, 其质量损失率可以达到 $10^{-6} \sim 10^{-5} M_\odot/\mathrm{yr}$, 星风速度可以远远超过声速, 星风物质中动能小于引力能的物质粒子就会被中子星引力场捕获而最终被中子星吸积得到.

现在我们研究的是射电脉冲双星, 其主星是中子星, 故先演化的恒星质量要大于 $8 M_\odot$, 经超新星爆发演化为中子星. 今后这个双星系统如何演化就要看伴星的质量如何以及演化过程中能否保持这个双星系统.

12.1.2　射电脉冲双星的 Kepler 参数

考虑一个双星系统, 如脉冲星与另一个中子星组成的双中子星系统或脉冲星与白矮星组成的双星系统, 两个子星都可以近似地看成质点, 它们的质量分别为

M_1 和 M_2,在 x-y 平面运行. 每个子星都绕共同的质量中心点转动.

如果轨道可以看成是圆的,两子星之间的距离为 a,子星到双星系统的质量中心的距离分别为 a_1 和 a_2,则有

$$a = a_1 + a_2, \tag{12.8}$$
$$M_1 a_1 = M_2 a_2. \tag{12.9}$$

轨道平面与视线的夹角为 i,主星 M_1 的轨道速度在视线方向的分量为

$$v_1 = \frac{2\pi}{P_b} a_1 \sin i, \tag{12.10}$$

式中 P_b 为轨道周期,脉冲星轨道运动导致观测到的自转周期发生周期性的变化,或自转频率产生 Doppler 位移. 由测出的 v_1 和 P_b 可计算出 $a_1 \sin i$. 图 12.2 是射电脉冲双星 PSR J0407+1607 的自转周期的 Doppler 曲线,显示有 699 天的周期性变化.

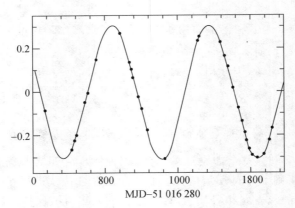

图 12.2　射电脉冲双星 PSR J0407+1607 视脉冲周期随时间的变化,可获得轨道周期.
(Lorimer,et al.,2005)

由 Kepler 第三定律,有

$$\frac{G(M_1 + M_2)}{a^3} = (2\pi/P_b)^2. \tag{12.11}$$

质量函数 f 的表达式为

$$f(M_1, M_2, i) \equiv \frac{(M_2 \sin i)^3}{(M_1 + M_2)^2} = \frac{P_b v_1^3}{2\pi G}, \tag{12.12}$$

式中 G 为引力常数,v_1 和 P_b 为观测量. 对于能同时观测到两个子星的系统,如双脉冲星 PSR J0737−3039A/B,则可以分别得到两个子星的质量函数. 定义子星的质量比为 $q = M_1/M_2$,主星的质量为

$$M_1 = f_1 q (1 + q)^2 / \sin^3 i. \tag{12.13}$$

很多双星的轨道是椭圆形的,需要增加几个参数才能描述双星轨道运动的情况.

如图 12.3 所示,轨道的几何要素有半长径 a 和偏心率 e,位置要素有轨道倾角 i 和近星点经度 ω,时间要素有轨道周期 P_b 和过近星点的时刻 T_0. 因此,双星轨道通常就由 P_b,T_0,e,ω 和轨道半长轴在视线方向投影长度 $a\sin i$ 这五个 Kepler 参数确定. 关键的问题就是通过脉冲星脉冲到达时间的观测,把这 5 个 Kepler 轨道参数测出来.

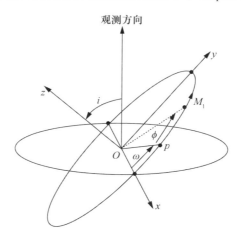

图 12.3　双星系统主星(M_1)的 Kepler 轨道. 其中 O 点是双星系统的质量中心, $x\text{-}y$ 是轨道平面, Ox 是节点线, OP 是近星点, i 是轨道倾角, ω 是近星点的经度, ϕ 是轨道相位.

在质心系中描述双星运动最为方便. 根据能量 E 守恒和角动量 J 守恒,有

$$E = -GM_1M_2/(2a), \tag{12.14}$$

$$J^2 = GM_1M_2a(1-e^2)/M, \tag{12.15}$$

$$M = M_1 + M_2. \tag{12.16}$$

观测得到的脉冲星自转周期由于其轨道运动而产生周期性的变化,其径向速度的 Kepler 效应对自转周期的调制作用可以表示为

$$P_{\text{spin}}^{\text{obs}}(t) = \left[P_{\text{spin}}(t_0) + \dot{P}_{\text{spin}}(t-t_0)\right]\sqrt{\frac{1+v_r/c}{1-v_r/c}}. \tag{12.17}$$

式(12.17)左边是 t 时刻观测到的脉冲星自转周期,右边的 $P_{\text{spin}}(t_0)$ 是 t_0 时刻的自转周期, $\dot{P}_{\text{spin}}(t-t_0)$ 是脉冲星的自转周期变率, v_r 是脉冲星轨道运动速度在视线方向上的分量,它又可以表示为

$$v_r = \frac{2\pi}{P_b}\frac{a\sin i}{\sqrt{(1-e^2)}}\left[\cos(\omega+\nu) + e\cos\omega\right], \tag{12.18}$$

其中 $a\sin i$ 是轨道半长轴视线方向投影长度, e 为轨道偏心率, ν 为脉冲星的真近点角,可以表示为

$$\tan\frac{\nu}{2} = \sqrt{\frac{1+e}{1-e}}\tan\frac{E}{2}, \tag{12.19}$$

$$E - e\sin E = \frac{2\pi}{P_b}(t - T_0). \tag{12.20}$$

由(12.17)式到(12.20)式的 4 个方程,可以确定脉冲星轨道运动的 5 个 Kepler 参数,即轨道周期 P_{orb},半长轴投影 $a\sin i$,轨道偏心率 e,近星点经度 ω 及通过近星点处时间 T_0.

12.1.3　双星轨道的后 Kepler 参数

有些脉冲双星系统,两个子星相距很近,轨道椭率比较大,脉冲星在轨道上的运动速度很大,而且经常变速,因此广义相对论效应特别明显.不少学者对相对论轨道演化进行了仔细研究 (Peters,1963).中子星强大的引力会导致时空弯曲和引力红移,曲率扰动会以引力波的形式向外辐射,由此将导致系统角动量和总能量的损失,使双星轨道发生缓慢变化.广义相对论效应所引起的现象用 5 个"后 Kepler 参数"描述.

第一个参数是近星点进动.考虑广义相对论效应后,进动比仅考虑 Newton 力学效应要大.第二个参数是引力红移.当脉冲星与伴星相距很近时,脉冲周期会由于时间延迟而变长.第三个参数是引力辐射损失能量导致的公转周期加快.第四和第五个参数是 Shapiro 延迟的程度和形状,这是脉冲星与伴星间相距较近时,由于时空曲率造成的脉冲延迟效应.

广义相对论理论给出的近星点的进动公式是

$$\dot{\omega} = 3\left[\frac{P_b}{2\pi}\right]^{-5/3}(T_\odot M)^{2/3}(1-e^2)^{-1}, \tag{12.21}$$

时间膨胀和引力红移参数为

$$\gamma = e\left[\frac{P_b}{2\pi}\right]^{1/3}T_\odot^{2/3}M^{-4/3}m_c(m_p + 2m_c), \tag{12.22}$$

由于引力辐射导致的轨道周期衰减是

$$\dot{P}_b = -\frac{192\pi}{5}\left[\frac{P_b}{2\pi}\right]^{-5/3}\left(1 + \frac{73}{24}e^2 + \frac{37}{96}e^4\right)(1-e^2)^{-7/2}T_\odot^{5/3}m_p m_c M^{-1/3}. \tag{12.23}$$

Shapiro 延迟的程度和形状参数分别为

$$r = T_\odot m_c, \tag{12.24}$$

$$s = x\left(\frac{P_b}{2\pi}\right)^{-2/3}T_\odot^{-1/3}M^{2/3}m_c^{-1}. \tag{12.25}$$

在上述五个公式中,所有的质量都是以太阳质量为单位,其中的 M, x, s 和 $T_\odot$ 由下列公式表示:

$$M \equiv m_p + m_c, \quad x \equiv a_p\sin i/c, \quad s \equiv \sin i, \tag{12.26}$$

$$T_\odot \equiv \frac{GM}{c^3} = 4.925490947\ \mu s. \tag{12.27}$$

　　五个 Kepler 参数是可以通过脉冲到达时间的观测测得的. 在五个后 Kepler 参数的公式中, 仅有两个子星的质量是未知量. 双星的两颗子星质量的测量比较麻烦. 可以通过 Kepler 参数的 x 和 P_b 的组合来获得质量函数, 但不能给出每颗子星的质量. 质量函数为

$$f_{\text{mass}} = \frac{4\pi^2}{G}\frac{x^3}{P_b^2} = \frac{(m_c \sin i)^3}{(m_p + m_c)^2}, \tag{12.28}$$

这里 G 是 Newton 引力常数, i 是轨道平面和天空平面的交角, 轨道侧立时为 $90°$. 一般情况下 i 值是不知道的. 通常认为倾角是随机分布, 在 90% 置信度情况下, 伴星倾角在 $26°$ 到 $90°$ 的范围内, 可以计算出 $i=26°$ 和 $i=90°$ 时的伴星质量, 作为质量函数的上限和下限.

　　如果我们能够测出两个后 Kepler 参数, 即可以联立求得两个子星的质量, 并通过质量函数公式求出倾角 i. 如果测出多于两个后 Kepler 参数, 则可以相互比照, 进一步验证广义相对论的正确性. 最完整的例子是 PSR J0737−3039A/B, 能观测得到五个后 Kepler 参数(见下节的图 12.12 及文中的说明).

§12.2　射电脉冲双中子星系统

　　在射电脉冲星中, 射电脉冲双星所占比例不到 10%, 双中子星系统在射电脉冲双星中的比例更小. 目前只确认了 9 个双中子星系统. 人类发现的第一个射电脉冲双星 PSR B1913+16 就是一个双中子星系统. 这个双星系统轨道周期的变化间接地验证了引力波的存在, 给广义相对论以很大的支持. 双中子星系统被认为是引力波理想的空间实验室.

12.2.1　射电双中子星 PSR B1913+16 的发现

　　1974 年美国天文学家 Taylor 执行了一个针对短周期、远距离脉冲星的巡天计划, 应用 Arecibo 硕大的 305 m 口径射电望远镜, 采用消色散技术, 研制了具有 32 个频率通道的接收机. 他的博士生 Hulse 长住 Arecibo, 完成了 140 平方度天区的观测和资料处理, 发现 40 颗新脉冲星, 其中包括了人类发现的第一个脉冲双星系统 PSR B1913+16, 自转周期 0.059 s, 色散量 169 pc·cm^{-3}, 轨道周期 7.8 h. 很快它就被确定为双中子星系统.

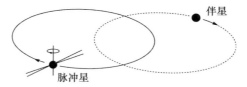

图 12.4　脉冲双星轨道运动示意图.

　　望远镜每秒接收到的脉冲数目称为脉冲重复频率,可以用来估计脉冲星在轨道上运动的径向速度.当脉冲星朝向我们运动时,每秒接收到的脉冲数目增加,也就是自转频率在增加,自转周期在减少,脉冲星的径向速度增加.当脉冲星远离我们的方向运动时,每秒接收到的脉冲数目就要减少,自转频率减少,自转周期增加,脉冲星的径向速度减小.图 12.5 给出 PSR B1913+16 的径向运动速度的变化曲线,给出了 7.75 h 的轨道周期.

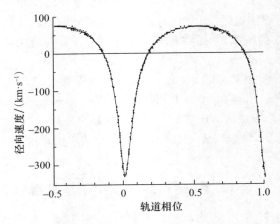

图 12.5　　PSR B1913+16 的径向速度随时间的变化,给出轨道周期为 7.75 h.(Weisberg,et al.,1981)

　　PSR B1913+16 的轨道周期很短,仅 7.75 h,两颗子星相距很近,轨道椭率很大,达到 0.617.每一个子星的运动都遵循 Kepler 定律.在近星点,脉冲星到质量中心的距离是 1.1 个太阳半径,在远星点,脉冲星到质量中心的距离是 4.8 个太阳半径.最大轨道速度达到 400 km/s,被称为相对论性双星,成为检验广义相对论的理想实验室.

　　根据广义相对论理论推算,这个双星系统的引力效应十分强.首先是近星点的进动很大,在 1σ 水平情况下,$\dot{\omega} = 4.226\,595(9)/(\deg \cdot yr^{-1})$,在 30 年中,进动轴转了 $125°$.水星轨道进动很有名,但是 100 年仅转动 $43''$.第二个描述时间膨胀和引力红移的后 Kepler 参数 γ 也测量出来了,$\gamma(1\sigma) = 0.004\,292 \pm 0.000\,001$.图 12.6 给出 4 个后 Kepler 参数 $(\dot{\omega}, e, P_b, a_1)$ 的演化曲线,可以看出两个子星将在 3×10^8 年后碰撞并合.

　　引力辐射使双星系统不断地损失能量,导致轨道周期明显变化,理论计算出的轨道周期变化率为 $\dot{P}_{GR} = (-2.402\,42 \pm 0.000\,02) \times 10^{-12}$ s/s.由于双中子星系统的子星间没有物质交流,可以认为轨道周期的变化完全是引力辐射引起的.由观测来确定轨道周期变化困难很大,因为这种变化实在太小,脉冲到达时间的测量必须

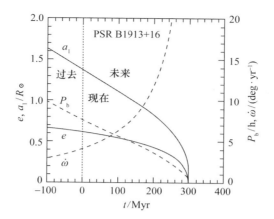

图 12.6 PSR B1913+16 的 4 个轨道参数的演化曲线. 根据理论外推至发现前的 10^8 年, 两个子星将在 3×10^8 年后碰撞并合.

极端的精密. Taylor 等坚持观测 20 多年, 测量精度不断提高, 1974 年的测量精度为 $300\,\mu s$, 到了 1981 年就达到了 $15\,\mu s$, 但与理论值的误差仍然过大. 继续改进, 后来测出的观测值为 $\dot{P}_{ob}=(-2.4056\pm0.0051)\times10^{-12}\,s/s$, 与理论预期值的误差仅 $0.13\pm0.21\%$, 证实了引力波的存在. 图 12.7 是射电脉冲双星 PSR B1913+16 轨道周期 33 年的观测结果和由理论计算得到的因引力辐射导致的轨道周期变化的理论曲线 (Weisberg, et al., 2004).

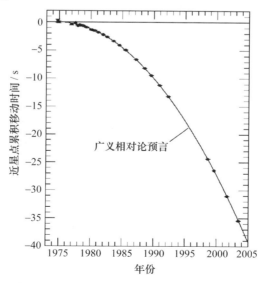

图 12.7 射电脉冲双星系统 PSR B1913+16 的近星点的累积移动时间观测数据与广义相对论理论计算曲线比较, 二者符合得很好. (Weisberg, et al., 2004)

由观测得到的后 Kepler 参数可以确定双脉冲星 PSR B1913＋16 及其伴星质量的情况,见图 12.8.脉冲星和伴星的质量分别为 $M_{PSR}=(1.4414\pm0.0002)M_\odot$ 和 $M=(1.3867\pm0.0002)M_\odot$.

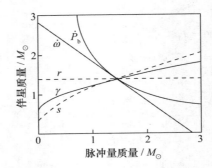

图 12.8　由后 Kepler 参数公式来确定双脉冲星 PSR B1913＋16 及其伴星的质量.

12.2.2　双脉冲星 PSR J0737－3039A/B

第一个双脉冲星系统 PSR J0737－3039A/B 的发现成为 2004 年世界十大科技突破之一.Parkes 64 m 射电望远镜多波束巡天发现了一大批脉冲星,包括这个双星系统.它首先发现了双星系统中的周期为 22 ms 的毫秒脉冲星(Burgay,et al.,2003),然后又发现了第二颗周期为 2.27 s 的普通脉冲星(Lyne,et al.,2004).从双星演化角度来看,毫秒脉冲星经过了漫长的自转再加速过程,必然年龄很大,磁场很弱.这之后,伴星演变到超新星爆发产生第二个中子星,自然比较年轻和具有极强的磁场.恰好,这次发现的双星(分别称为 A 星和 B 星)中,A 星年龄老、磁场弱,B 星年轻、磁场强.两颗脉冲星的质量都比太阳大,它们之间的距离比太阳直径还小.

从演化的角度来说,产生双中子星系统的概率比较小,双脉冲星系统更少.要形成双中子星系统,要求两颗恒星的质量都大于 8 $M_\odot$,这样才有可能演化为两颗中子星.每一颗星发生超新星爆发都有可能使双星系统瓦解,因此只有少数双星能够演化为双中子星系统.脉冲星的辐射束很窄,平均来说仅有一小部分脉冲星的辐射束扫过地球,所以双脉冲星系统更是少之又少.双脉冲星的发现具有重大的科学意义.

(1) 双脉冲星系统的观测为 Einstein 的广义相对论提供了迄今最严格的检验.这对双星的轨道周期仅为 2.4 h,轨道比较圆,椭率为 0.088,平均速度达到 0.1% 光速,两个脉冲星彼此距离比 PSR B1913＋16 更近,引力辐射更强,一年就可以观测到轨道明显的变化.对双脉冲星系统的初步观测已经测出广义相对论的 4 种效应,与理论值符合得很好(Kramer,et al.,2006).

这组双中子星系统的两个子星都能进行脉冲到达时间的观测,因此能给出各自的 Kepler 参数,进而估计出双星体系的质量比,在很大程度上独立于引力理论.观测得到的 4 个后 Kepler 参数与广义相对论理论的计算值很接近,如表 12.1 所示.

表 12.1　双脉冲星 PSR B0737−3039A/B 的后 Kepler 参数测量结果及与理论值的比较(Kramer, et al., 2006)

后 Kepler 参数	观测值	广义相对论理论值	观测值与理论值的比值
$\dot{P}_b$	1.252(17)	1.247 87(13)	1.003(14)
γ/ms	0.3856(26)	0.384 18(22)	1.0036(68)
s	0.999 74(−39, +16)	0.999 87(−48, +13)	0.999 87(50)
r/μs	6.21(33)	6.153(26)	1.009(55)

对长达三年的观测资料的分析结果与 Einstein 的广义相对论预言的由引力辐射引起的效应非常符合,误差在 0.05% 以内.这是目前为止对广义相对论最精确的检验.

(2)双脉冲星提供了一个理想的等离子体实验室.脉冲星的磁层是一个包含了极端相对论性带电粒子、超强的等离子体波和极强的磁场的奇异的混合物.这些条件不仅是其他天体所不具备的,而且,也是单脉冲星系统所不具备的.以往,我们只能从接收到的辐射信息中分析在磁层中发生的物理过程,而双脉冲星系统使我们可以利用伴星的脉冲辐射通过磁层的机会来直接研究磁层,开创了研究脉冲星磁层的新局面.

观测发现自转周期为 2.27 s 的 B 星在 2.4 h 的轨道周期中仅仅有 20 min 时间露面,如图 12.9 所示.这是 A 星对 B 星施加的影响,脉冲星在发出射电波段的辐射的同时,还有大量带电高能粒子外流,形成星风.A 星的带电高能粒子到达 B 星的磁层以后,必然与 B 星磁层中的带电粒子发生作用,导致辐射停止.当然,关于 A 星对 B 星的影响,如何使 B 星停止辐射等问题,还远远没有弄清楚,有待进一步研究.

这样的现象在其他射电脉冲双星中也有,如 PSR B1259−63,其伴星为质量大于 $12\,M_\odot$ 的 Be 型星,轨道轨道周期为 3.5 年,轨道椭率特别大,当中子星在靠近伴星的几个月中,受伴星的星风的掩食影响,观测不到射电脉冲,其余时间里则表现为一颗年轻的脉冲星.再如伴星为 $0.02\,M_\odot$ 的白矮星的 PSR B1957+20,轨道周期 9.168 h,在双星轨道的 1/10 时间里,由于伴星周围的等离子体云的影响而隐藏起来.也有的学者认为,受高能带电粒子不断轰击的伴星会被慢慢地蒸发或被瓦解.

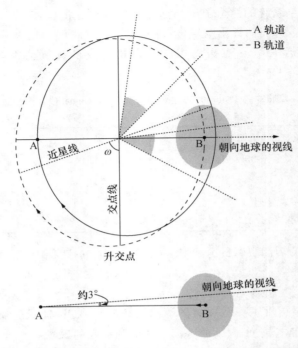

图 12.9　PSR J0737—3039A 星和 B 星的轨道运动情况以及 A 星的辐射通过 B 星磁层的示意图.(Lyne,et al.,2004)

　　光速圆柱半径和自转周期成正比($r_c=c/\Omega=Pc/2\pi$),由此可以计算出,A 星和 B 星的磁层比中子星半径大 100 倍和 1 万倍,因此 B 星的磁层范围比 A 星的大 100 倍.这样 A 星的辐射就有可能通过 B 星的磁层,成为研究 B 星磁层的探针.图 12.9 的下图是 A 星的辐射通过 B 星磁层的示意图,由于轨道倾角为 88°,我们处在双脉冲星的轨道的一端,正好可以观测 B 星掩食 A 星的现象.虽然 B 星的磁层比较大,但在一个轨道周期中仅有 30 s 的时间对 A 星有遮挡现象发生(见图 12.10).因此在这宝贵的 30 s 中,考察 A 星的辐射穿过 B 星的磁层以后如何变化的观测研究成为热点课题.

　　(3) 轨道进动和脉冲轮廓变化的研究.双脉冲星系统中,A 星和 B 星的轨道进动比 PSR B1913+16 大得多,分别为每年 75°和 71°.理论计算是否正确有待观测检验.由于轨道进动将会引起脉冲轮廓的变化,监测脉冲平均轮廓的变化就显得很有意义了.

　　脉冲星的辐射区是三维结构,我们观测到的脉冲轮廓形状仅是视线扫过辐射区某一部位所得到的形状.视线扫过辐射区不同的部位,脉冲轮廓形状有很大的不同,如单峰、双峰、三峰及其他形状.2005 年研究人员对 A 星进行了 11 个月的观测,如图 12.11 所示,没有发现平均脉冲轮廓有明显的变化.这成为一个待研究的课题.

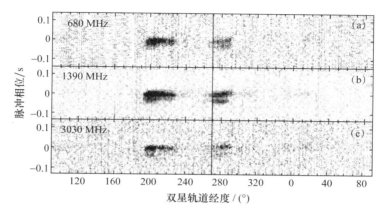

图 12.10　PSR J0737-3039B 的脉冲强度在一个轨道周期期间的变化,仅有两段(黑色部分)各 10 min 时间有辐射.(Lyne,et al.,2004)

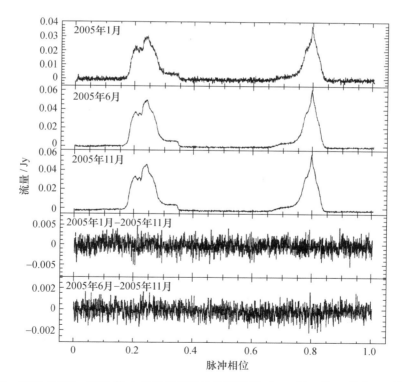

图 12.11　PSR J0737-3039 的 A 星的平均脉冲轮廓监测.2005 年 1 月、6 月和 11 月三次观测结果显示,轮廓并没有明显变化.(Kramer,et al.,2006)

（4）引力辐射导致双星系统并合的研究. 双脉冲星中的两颗中子星都有很强的引力辐射, 能量不断损失导致两颗中子星逐渐接近, 最后并合. 它们并合时将发出强烈的引力波, 地面或空间的引力波探测器将有可能探测到. 并合时间的准确公式由 Peters(1963)给出, 其近似公式为

$$\tau_g \approx 9.83 \times 10^6 \ \text{yr} \left(\frac{P_b}{h}\right)^{8/3} \left(\frac{m_1 + m_2}{M_\odot}\right)^{-2/3} \left(\frac{\mu}{M_\odot}\right)^{-1} (1 - e^2)^{7.2}, \quad (12.29)$$

式中 m_1 和 m_2 是两颗星的质量, $\mu = m_1 m_2 / (m_1 + m_2)$ 是约化质量, P_b 是双星轨道周期, e 是椭率. 这是一个近似公式. 按此公式计算, PSR J0737－3039A/B 的并合时间约为 8500 万年, 比宇宙年龄小许多, 估计会有中子星并合事件陆续发生, 值得期待. 果然, 2017 年 8 月 17 日, 美国和意大利的引力波干涉仪探测到了两颗中子星并合所发出的引力波(GW170817).

（5）双星系统子星质量的估计. 图 12.12 是 PSR J0737－3039A/B 双星系统的质量－质量关系图(Kramer, et al., 2006). 图中横坐标为 A 星的质量, 纵坐标为 B 星的质量, 由于五个后 Kepler 参数均是质量的函数, 它们与两个子星质量的关系都可以表示在图中, 两个参数的相交点可以确定两个子星的质量. 图中显示五个参数曲线基本上相交于一点, 证明了广义相对论理论的正确性. 直线 R 是两个子星质量的关系线, 右下的插图是中心部分的放大. 测量结果给出的两个子星的质量分别是 $m_A = (1.337 \pm 0.004) M_\odot$ 和 $m_B = (1.251 \pm 0.004) M_\odot$.

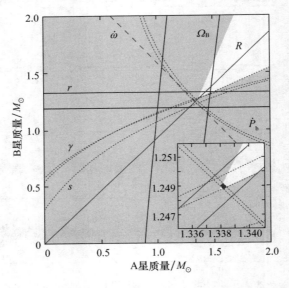

图 12.12　由后 Kepler 参数公式来确定双脉冲星 PSR J0737—3039A/B 的子星质量的情况. (Kramer, et al., 2006)

12.2.3 双中子星样本及对其质量的估计

到 2006 年,人们已发现 9 个双中子星系统,其中有 6 个系统属于特别密近的双星,轨道周期很短,在 2.4~10 h 范围,它们是 PSR J0737−3039A/B,B1534+12,B1913+16,B2127+11C,J1756−2251 和 J1906+0746. PSR J1518+4904,J1811−1736 和 J1829+2456 的轨道周期分别是 8.63 天、18.8 天和 1.176 天,子星之间的距离比较大. Haensel 等(2007)在其书中的表 9.3 中给出了 8 个双中子星系统的轨道参数,并在其书的表 9.4 中给出了 6 个双中子星系统子星的质量的数值.这里将进一步讨论 9 个双中子星系统的有关参数(见表 12.2).

(1) PSR J1518+4904. 这颗脉冲星的周期为 40.9 ms,轨道周期是 8.6 天.因为轨道半径很大,其近星点进动很小,轨道周期的变化也很小(Nice,et al.,1995). 利用欧洲脉冲星时间阵射电望远镜(EPTA)对这个双星系统的观测已超过 10 年. EPTA 有 5 台大型射电望远镜,观测灵敏度很高.利用 EPTA 的观测资料,加上美国 GBT 的观测数据,在 95.4% 置信度时,人们获得了两个子星的质量情况($M_p < 1.17\,M_\odot$ 和 $M_c < 1.55\,M_\odot$),并在 99% 置信度时,获得了轨道倾角小于 47° 的限度. 可以认为,这个系统中子星的质量是所有双中子星系统中最小的,伴星的质量却比较大.

(2) PSR J1811−1736. 这是一个老年脉冲星组成的双中子星系统,脉冲星的年龄约为 1.89×10^9 年,周期为 104 ms,轨道周期为 $P_b = 18.8$ 天,椭率很大,达到 0.828(Lyne,et al.,2001). 近星点进动很小,因为轨道半径很大.其伴星性质虽然还不能完全确定,但人们倾向于认为它是一颗中子星.由脉冲到达时间的观测得到系统总的质量为$(2.6 \pm 0.9)M_\odot$,伴星质量范围 $0.93\,M_\odot \leqslant M_c \leqslant 1.5\,M_\odot$,恰好在中子星质量的范围.

(3) PSR J1829+2456. 这个脉冲双星是 Arecibo 射电望远镜中纬度巡天时发现的,周期 41 ms,轨道周期 28 h,轨道的椭率不大(Champion,et al.,2004). 近星点的进动是每年 0.2919°,由此可以推导出双星系统的质量范围,当脉冲星的质量为 $1.38\,M_\odot$ 时,伴星质量范围应为 1.22~1.38 $M_\odot$. 这个双中子星系统的并合时间很长,约为 60×10^9 年.

(4) PSR J1756−2251. 它由 Parkes 多波束脉冲星巡天发现,周期是 28.5 ms,轨道周期 7.67 h,椭率 0.18(Manchester,et al.,2001). 近星点进动是每年 2.585°±0.002°. 由此估计出的系统总质量为$(2.574 \pm 0.003)M_\odot$. 这样的质量和比较大的轨道椭率告诉我们,这是个双中子星系统.人们测量出其引力红移(γ)和 Shapiro 延迟形状(s).伴星质量比较低,小于 1.25 $M_\odot$. 双星并合时间约为 1.7×10^9 年,比 Hubble 时间小一些.

(5) PSR B2127+11C. 这是在球状星团 M15 中的射电脉冲双星系统,脉冲星周期为 30.529 ms,轨道周期为 8 h,椭率为 0.68(Anderson,et al.,1990). 质量函数等于 0.15 $M_\odot$,假定脉冲星的质量为 1.4 $M_\odot$ 时,伴星的最小质量应为 0.94 $M_\odot$. 如果假定两个子星的质量都是 1.4 $M_\odot$,那么要求轨道倾角为 49°. 根据轨道参数,假设伴星的质量是 1 $M_\odot$,可以算出两个子星的距离为一个太阳半径,这就排除了伴星是主序星的可能. 进一步的观测已经确认 PSR B2127+11C 是双中子星系统,其质量分别为 $m_p = (1.358 \pm 0.010) M_\odot$ 和 $m_c = (1.354 \pm 0.010) M_\odot$.

(6) B1534+12. 脉冲星的周期为 37.9 ms,轨道周期是 0.421 天,椭率 0.274,轨道倾角约 77°(Wolszczan,et al.,1991). 这个双星的五个后 Kepler 参数都已测得,其值列在表 12.2 中. 脉冲星和伴星的质量分别为 $(1.3332 \pm 0.0020) M_\odot$ 和 $(1.3452 \pm 0.0020) M_\odot$. 广义相对论预言的岁差也被观测到. 这里的岁差是指脉冲星的自转轴因引力作用而发生的在空间中缓慢且连续的变化,这颗脉冲星的自转轴每年要移动 0.52°,每 690 年转一圈. 自转轴的移动必然影响视线扫过辐射区的部位,导致接收到的平均脉冲轮廓的形状和强度发生变化. 从 1999 年 5 月开始,应用 Arecibo 305 m 射电望远镜,人们在 1400 MHz 频率上进行了 8 年的观测,发现其主脉冲宽度和峰值都随时间在改变. PSR B1913+16 也观测到这个现象.

(7) PSR J1906+0746. 这颗脉冲是由 Arecibo 305 m 射电望远镜在 1.4 GHz 频率上巡天发现(Lorimer,et al.,2006). 随后在 Parkes 64 m 射电望远镜的多波束巡天的归档资料中检测到这颗脉冲星. 后来,人们又用 Arecibo 射电望远镜、Jodrell Bank 76m 射电望远镜、Green Bank 100 m 射电望远镜和 Parkes 64 m 射电望远镜进行了观测. 观测资料比较丰富,包括脉冲周期、周期变化率和双星轨道参数,以及频谱、脉冲轮廓和偏振特性等. 主星是一颗特征年龄为 0.11 Myr 的年轻脉冲星,周期为 144 ms,轨道周期 3.98 h,椭率 0.085,属于密近双星系统. 两子星预期在 3×10^8 年后并合. 由岁差造成的平均脉冲轮廓变化比较明显. 近星点的进动是每年 7.57° ± 0.03°,还测出引力红移. 由此推算脉冲星和伴星的质量分别为 1.25 $M_\odot$ 和 1.37 $M_\odot$. 人们曾经认为这是一个双脉冲星系统,对伴星进行了长期的监测,但没有发现其周期性的脉冲辐射. 一种可能的原因是射电辐射束没有扫过地球.

表 12.2　9 个双中子星系统的参数(Haensel,et al.,2007)

双星系统	P/ms	P_b/天	e	x_1/ls	i/(°)	$\dot{\omega}$/(°/yr)	其他 GR	$M_1/M_\odot$	$M_2/M_\odot$	并合时间 $\lg(\tau_g/yr)$
J0737−3039A	22.7	0.102	0.088	1.42	≈88	16.90	γ, s, r	1.3382 ±0.010	1.2489 ±0.0007	7.9
J1518+4904	40.9	8.63	0.249	20.0	<47	0.0114	$\dot{P}_b$	<1.17	>1.55	12.4
B1534+12	37.9	0.421	0.274	3.73	≈77	1.76	$\gamma, \dot{P}_b$ s, r	1.3332 ±0.0020	1.3452 ±0.0020	9.4

（续表）

双星 系统	P /ms	P_b /天	e	x_1 /ls	i /(°)	$\dot{\omega}$ / (°/yr)	其他 GR	$M_1/M_\odot$	$M_2/M_\odot$	并合时间 $\lg(\tau_\mathrm{g}/\mathrm{yr})$
J1756−2251	28.5	0.320	0.181	2.76	≈73	2.58	γ, S	$1.40^{+0.04}_{-0.06}$	$1.18^{+0.06}_{-0.04}$	10.2
J1811−1736	104.2	18.8	0.828	34.8	44∼50	0.009		>1.17	<1.5	13.0
J1829+2456	41.0	1.176	0.139	7.24		0.29		>1.26	<1.33	10.8
J1906+0746	144	0.166	0.085	1.42	42∼51	7.57	γ	1.17∼1.36	1.13∼1.46	8.5
B1913+16	59.0	0.323	0.617	2.34	≈47	4.22	$\gamma, \dot{P}_\mathrm{b}$	1.4398 ±0.0006	1.3886 ±0.0006	8.5
B2127+11C	30.5	0.335	0.681	2.52	≈50	4.46	γ	1.358 ±0.010	1.354 ±0.010	8.3

§12.3 其他射电脉冲星双星系统

射电脉冲星双星系统可分为双中子星系统、脉冲星和白矮星组成的系统、脉冲星与主序星组成的系统和脉冲星和行星组成的系统. 其中脉冲星和白矮星组成系统的数目最多, 可分为伴星质量为 $1 M_\odot$ 左右的白矮星和伴星为 $0.3 M_\odot$ 左右的白矮星两类. 在轨道周期方面, 有两个子星相距很近的密近双星系统, 也有彼此分开比较远的宽大轨道的双星系统. 从主星来说, 有年龄非常老的毫秒脉冲星与白矮星组成的双星系统, 也有年轻脉冲星和年老的白矮星组成的双星系统. 很显然, 这些双星系统的演化途径是不同的.

12.3.1 估计伴星白矮星质量的方法

中子星和白矮星都是致密星, 都可以近似地把它们看成一个质点. 早期脉冲的时间观测可以给出所有 Kepler 轨道参数, 特别是轨道周期 (P_b), 椭率 (e) 和轨道半长轴在视线方向上的投影值 ($x_1 = a_1 \sin i$) 三个参数. 为了测量质量, 需要加两个独立的关系. 对于一个足够紧密的双星系统, 可以测出脉冲星运动的相对论效应, 主要测出两个相对论参数, 就可以决定脉冲星和伴星的质量. 但是, 对于一个不太密近的双星系统, 相对论效应很弱, 只能决定一个相对论参数, 或者两个参数都不能确定.

有些白矮星可以用大型光学望远镜进行观测. 由于白矮星的质量与半径之间存在确定的关系, 可以先设法估计出白矮星的半径, 然后再估计出其质量, 或者先测量白矮星表面的引力, 通过比较观测到的白矮星的谱与理论大气模型的谱而获得其质量的信息.

但是, 最强有力的工具还是利用 P_b-M_2 关系来估计白矮星的质量. 这个关系对于包含毫秒脉冲星的非密近双星的几乎圆形的轨道情况有效, 此时假定这个双星系统是由中子星和一个低质量巨星演化而来,低质量巨星后来演化为白矮星.演化过程中,巨星的质量不断地向脉冲星输送,质量的传输使轨道越来越圆,并使脉冲星自转加速至毫秒级.根据恒星演化理论可以推出巨星的核与它的包层的半径之间的关系.在这个时期,轨道分开的程度(也就是轨道周期的长短程度)是巨星包层半径和核的半径的函数,核的半径就是后来演变为白矮星的半径,知道了白矮星的半径,就可以估计白矮星的质量.

12.3.2　毫秒脉冲星和白矮星组成的双星系统

毫秒脉冲星双星系统的伴星有很多是白矮星,分为小质量、中等质量和大质量白矮星三种情况.其中小质量白矮星伴星居多,其轨道基本上是圆的.中等质量和大质量白矮星为伴星的双星系统数量不多.这些伴星为不同质量白矮星的双星系统,演化路径有所不同.

(1) 伴星为大质量白矮星的脉冲星双星系统.

PSR J0621+1002 是 1995 年发现的.从 1995 年到 2001 年,人们应用 Arecibo 305 m 射电望远镜、Green Bank 100 m 射电望远镜和 Jodrell Bank 76 m 三台射电望远镜进行了总共 6 年的观测(Splaver,et al.,2002).脉冲星周期是 28.9 ms,轨道周期 8.32 天,轨道椭率为 0.002 457.由于轨道比较宽大,脉冲星运动的相对论效应比较弱.近星点的进动变化率比较小,$\dot{\omega}=0.0116$ deg/yr,由此得到双星系统总质量 $M=(2.8\pm0.3)M_{\odot}$.通过测量这个双星的拱线运动,即近星点和远星点连线的运动,并考虑到 Shapiro 延迟的下限和理论上对白矮星质量的限制,最后可获得伴星白矮星的质量.这是一项具有挑战性的创新的观测和估计伴星质量的新方法,得出的伴星质量 $M_2=0.97^{+0.27}_{-0.15}M_{\odot}$,进而得到脉冲星质量 $M_1=1.7^{+0.32}_{-0.20}M_{\odot}$.

PSR J1141−6545 是 2000 年发现的(Kaspi,et al.,2000),其周期为 394 ms,轨道周期仅 4.7 h,轨道椭率为 0.17.脉冲星在轨道上运动的相对论效应比较明显,测出近星点进动 $\dot{\omega}=5.3$ deg/yr.由此推算出双星系统的总质量为 $2.3 M_{\odot}$.为了得到两个子星各自的质量,对这颗脉冲星的星际闪烁进行了观测,发现了其轨道运动受闪烁调制的情况,并由此估计出轨道倾角值为 $i=76°\pm2.5°$.知道了轨道倾角后,脉冲星及其伴星的质量就知道了,它们分别是 $M_1(1\sigma)=(1.3\pm0.02)M_{\odot}$ 和 $M_2(1\sigma)=(0.99\pm0.02)M_{\odot}$.应用 Parkes 64 m 射电望远镜长期监测 PSR J1141−6545,对 9.3 年的观测资料进行分析后发现,平均脉冲宽度、形状以及偏振参数都随时间有明显的变化,其中脉冲宽度变化了 3 倍,被认为是由相对论进动所导致(Manchester,et al.,2010).

PSR B2303+46 是 1985 年发现的(Dewey,et al.,1985),其周期是 1.066 s,是

一颗普通脉冲星,轨道周期12.34天,轨道椭率为0.658.脉冲星运动的相对论效应比较小,近星点的进动 $\dot{\omega} = 0.0101$ deg/yr,由此估计出双星系统总质量约为 $2.64\,M_\odot$,伴星的最小质量为 $1.2\,M_\odot$.它曾被认为是一个双中子星系统(Lyne & Bailes,1990).人们后来用大型光学望远镜进行观测,发现伴星可能是大质量白矮星,否定了伴星是中子星的看法(van Kerkwijk & Kulkarni,1999).根据白矮星的质量理论上限,可获得伴星的质量范围 $M_2 = 1.20 \sim 1.44\,M_\odot$,进而获得脉冲星的质量范围 $M_1 = 1.24 \sim 1.44\,M_\odot$.

PSR J1141−6545 和 B2303+46 不是毫秒脉冲星,而是普通脉冲星,比较年轻.从演化过程讲,是伴星先变为白矮星,然后主星才经过超新星爆发演变为中子星.由于没有足够的时间使双星轨道变圆,所以它们的轨道椭率都比较大.

(2) 伴星为中等质量白矮星的脉冲星双星系统.

PSR J1909 − 3744 是 2003 年发现的(Jacoby, et al.,2003),周期很短,仅 2.95 ms,轨道周期也比较短,仅 1.53 天.伴星被确认是中等质量的热白矮星,表面温度达到 8500℃.轨道很圆,测不出 $\dot{\omega}$ 和 γ 参数.这颗脉冲星很特别,平均脉冲轮廓非常窄,约为 43 μs,因此脉冲到达时间的测量精度特别高,所获得的 Shapiro 延迟参数精度很高,进一步可获得轨道倾角值,几乎是 90°.因此测得了两个子星的质量,脉冲星和伴星的质量分别是 $M_1(1\sigma) = (1.438 \pm 0.024)M_\odot$ 和 $M_2(1\sigma) = (0.2038 \pm 0.0022)M_\odot$.它的自转周期稳定性很好,有可能被列入"脉冲星钟"的行列.

图 12.13 是 PSR J1909 − 3744 的 Shapiro 时间延迟的观测结果(Jacoby,2005).这是由光线经过大质量天体时发生弯曲而引起的时间延迟.脉冲星的脉冲辐射经过太阳附近会引起 Shapiro 延迟.图 12.13 的纵坐标是脉冲到达时间的残差,横坐标是轨道相位.上图是 Kepler 模型的最佳拟合,中图是对轨道参数进行了修正,但没有修正 Shapiro 延迟的观测结果.两张图中显示的 Shapiro 时间延迟现象非常明显,在轨道的某一段,脉冲到达时间的残差逐步增加,达到峰值后又逐渐减小.残差出现脉冲式的变化就是 Shapiro 时间延迟引起的.图中的实线是理论拟合曲线.下图是消除 Shapiro 延迟效应后的结果.

PSR J1614−2230 是一个由射电脉冲星和白矮星组成的双星系统.脉冲星的周期为 3.1 ms,轨道周期为 8.7 天,轨道椭率接近零,表明演化时间很长,导致轨道越来越圆.轨道比较宽大,脉冲星的相对论效应不太强.由于轨道倾角很大,达到 $i = 87.17°$,Shapiro 时间延迟非常明显,测量精度很高(Hessels, et al.,2005).由此可以给出比较精确的脉冲星和白矮星的质量,分别为 $M_1 = (1.97 \pm 0.04)M_\odot$ 和 $M_2 = (0.5 \pm 0.06)M_\odot$.这是迄今为止观测到的质量最大的脉冲星 (Demorest, et al., 2010).这对中子星形成理论的研究十分重要.一般认为,中子星形成时的质量为

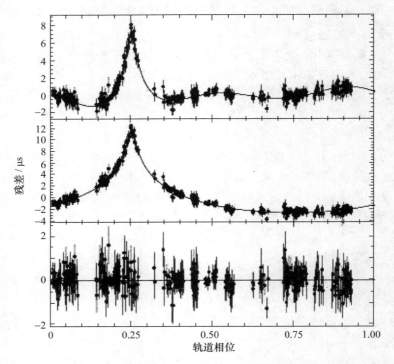

图 12.13　PSR J1909－3744 的 Shapiro 延迟的观测结果.(Jacoby,2005)

$1.4\,M_\odot$,那么这颗脉冲星是怎样达到 $1.9\,M_\odot$ 的呢? 中子星在经超新星爆发而诞生时的状态方程是怎么样的? 它们在 X 射线双星阶段质量交换有什么特点? 在 X 射线双星中也发现了类似的双星系统,如 Cyg-X2,其轨道周期是 9.8 天,中子星质量是 $1.8\,M_\odot$,伴星是 $0.6\,M_\odot$.

　　PSR B1802－03 是一个伴星为白矮星的双星系统,处在球状星团 NGC6539 之中.脉冲星周期为 23.1 ms,轨道周期为 2.62 天,轨道椭率为 0.21(D'Amico,et al.,1990).脉冲到达时间的观测所获得的近星点的进动变化率为 $\dot\omega=(0.06\pm0.01)°/\mathrm{yr}$. 如果把进动仅归因于相对论效应,那么可以求得系统总质量为 $M=(1.65\pm0.4)M_\odot$. 取中子星质量为 $1.4\,M_\odot$,白矮星质量应为 $0.3\,M_\odot$.大多数具有低质量伴星的脉冲双星系统的轨道都是非常圆的,但 PSR B1802－03 的轨道椭率比较大,这可能是此双星系统与球状星团中其他星体相互作用的影响,或者最初的轨道椭率非常大,后来的潮汐力没有能够把其轨道变得很圆(D'Amico,et al.,1993).

　　自从 1991 年 Compton γ 射线天文台上天以后,搜寻 γ 射线脉冲星便成为一个重要的观测课题.人们根据发表的 γ 射线源表去寻找,发现了毫秒脉冲星双星 PSR J0751＋1807.原先期望与 γ 射线源对应的是一颗年轻脉冲星,但找到的却是老年的毫秒脉冲星.但是在 EGRET 的最后源表中却没有包括这个 γ 射线源,因为信噪比比较差.然而,PSR J0751＋1807 却在毫秒脉冲星中占有重要位置,它是银盘中轨道周期最短的毫秒脉冲星双星系统(Lundgren,et al.,1995).

PSR J1012＋5307 是 1993 年由 Jodrell Bank 76 m 射电望远镜发现的(Nicastro,et al.,1995),周期很短,为 5.26 ms,轨道周期为 0.605 天,轨道基本上是圆的.J0751＋1807 和 J1012＋5307 都属于密近双星系统.脉冲星的运动有明显的相对论效应,可分别测出它们的后 Kepler 参数 $\dot{P}_b$ 和 Shapiro 参数,从而获得脉冲星和伴星的质量.J0751＋1807 的两颗星的质量是 $M_1(2\sigma)=2.1^{+0.4}_{-0.5}M_\odot$ 和 $M_2(2\sigma)=(0.19\pm0.03)M_\odot$.J1012＋5307 的两颗星的质量是 $M_1(2\sigma)=(1.7\pm1.0)M_\odot$ 和 $M_2(1\sigma)=(0.165\pm0.215)M_\odot$.

人们曾对这两颗毫秒脉冲星进行多次 X 射线观测,直到 2004 年才获得成功(Webb,et al.,2004).它们的频谱属于幂律谱,并且具有存在 X 射线脉动辐射的一些观测证据.

（3）伴星为小质量白矮星的脉冲双星系统.

1988 年应用 Arecibo 射电望远镜观测发现的一个轨道椭率很大的毫秒脉冲星双星系统 PSR B1957＋20(Fruchter,et al.,1988)被称为"黑寡妇脉冲星".它的自转周期很短,为 1.61 ms,周期变化率很小,只有 10^{-20} s/s.它的伴星是一颗白矮星,只有 $0.02M_\odot$.有关脉冲星和白矮星组成的双星系统的参数见表 12.3.它的轨道周期为 9.168 h.它时隐时现,在双星轨道的 1/10 时间里,由于伴星的作用而隐藏起来,相当于受到比太阳还要大 1.5 倍的盘状物所遮挡.这是一个特殊的食双星.它的轨道面恰好在视线方向,因此产生掩食现象.在掩食前后,脉冲星的色散量大大增加.色散量由脉冲星到观测者之间的平均电子密度和距离的乘积来表示.由于脉冲星发出的强劲的辐射和高能粒子的轰击,白矮星被逐步蒸发,从而产生了大量电离大气.当脉冲星的辐射经过伴星的电离气体时,色散量就增加了.这颗白矮星的寿命不长了,只能再存在几百万年,其残骸也可能成为围绕中子星运转的行星系统.黑寡妇是一种交尾后能吃掉雄性的有毒雌性黑蜘蛛,这里用来比喻脉冲星蚕食其伴星.

表 12.3　脉冲星和白矮星组成的双星系统参数

双星系统	周期 /ms	轨道周期 /天	椭率	轨道倾角 /(°)	$\dot{\omega}$ /(°/yr)	$M_1/M_\odot$	$M_2/M_\odot$
J0621＋1002	28.9	8.32	0.002 457	＜50	0.0116	$1.7^{+0.59}_{-0.63}$	$0.97^{+0.43}_{-0.24}$
J1141－6545	394	0.198	0.172	≈76	5.3	1.30 ± 0.02	0.99 ± 0.02
B2303＋46	1066	12.34	0.658		0.0101	1.24～1.44	1.2～1.4
J0437－4715	5.76	5.74	0.000 019	≈43		1.58 ± 0.18	0.254 ± 0.17

（续表）

双星系统	周期 /ms	轨道周期 /天	椭率	轨道倾角 /(°)	$\dot{\omega}$ /(°/yr)	$M_1/M_\odot$	$M_2/M_\odot$
J0751+1807	3.48	0.263	0.000003	65～85			0.191
J1012+5307	5.26	0.605	$<10^{-6}$	≈52		1.7±1.0	0.165～0.215
J1045−4509	7.47	4.08	$<10^{-5}$			<1.48	≈0.13
J1713+0747	4.75	67.83	0.000075	≈72		$1.53^{+0.08}_{-0.06}$	0.30～0.35
B1802−07	23.1	2.62	0.212	≥10	0.0578	$1.26^{+0.15}_{-0.67}$	$0.36^{+0.67}_{-0.15}$
J1804−2718	9.34	11.1	0.00004			<1.73	≈0.2
B1855+09	5.36	12.33	0.000022	≈87			0.27
J1909−3744	2.95	1.53	$≈10^{-7}$	86.6		1.438±0.024	0.2038±0.0022
J2019+2425	3.93	76.5	0.00011	≤70		<1.51	0.32～0.35

到了 21 世纪,借助 Chandra X 射线观测望远镜,人们在 B1957+20 脉冲星周围发现一个由高能粒子组成的特殊气囊. 根据 XMM-Newton 空间 X 射线望远镜的观测,研究人员发现 PSR B1957+20 的 X 射线辐射是很好的幂率谱,属于非热辐射,但没有发现清晰的 X 射线脉冲辐射(Huang,et al.,2007). X 射线大部分辐射来自轨道周期中很小的一段时间,而这段时间恰好是射电辐射被掩食的时候(见图 12.14). 这意味着,来自 PSR B1957+20 的 X 射线辐射是强劲的脉冲星星风与伴星的被烧蚀物质的相互作用引起的.

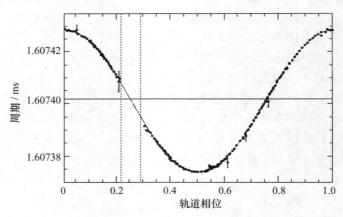

图 12.14 脉冲双星 PSR B1957+20 的轨道运动曲线,在相位 0.21～0.29 时脉冲星被遮挡,观测不到辐射.(Fruchter,et al.,1988)

12.3.3 毫秒脉冲星和主序星组成的双星系统

有几个射电脉冲星的双星系统,其伴星不是中子星,也不是白矮星,而是主序星. 第一个这样的双星系统 PSR B1259−63 是 1992 年发现的(Johnston,et al.,

1992),伴星是质量大于 $12\,M_\odot$ 的 Be 型星.射电脉冲星的周期为 $47.7\,\mathrm{ms}$,轨道周期为 3.5 年,轨道椭率特别大,达到 0.87.图 12.15 给出 PSR B1259−63 的部分轨道,纵坐标和横坐标分别表示与双星系统质量中心的距离,轨道上标出以天为单位的时间间隔.左上角的虚线小圆是 Be 伴星(SS 2883)的大小,实线椭圆是伴星的运动轨道.当中子星在靠近伴星的几个月中,即图左上角的粗线部分,受伴星星风的掩食影响,观测不到射电脉冲,其余时间里则表现为一颗年轻的脉冲星,年龄为 3×10^5 年,磁场较强,为 $3\times10^{11}\,\mathrm{G}$.这一双星系统有可能是 PSR B1913+16 那样的双中子星系统的前身星.它可被观测到掩食前后外流气体所导致的色散量、散射和旋转量的明显变化,因此可以研究恒星大气的电子密度和磁场.

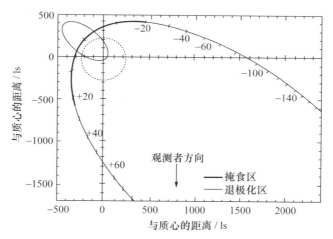

图 12.15　PSR B1259−63 的部分轨道和伴星的大小和轨道.纵坐标和横坐标分别表示离双星系统质量中心的距离.(Johnston,et al.,1992)

第二个脉冲星-主序星双星系统是 PSR J0045−7319 和一个 BIV 型主序星组成双星系统.这个双星系统处在小麦哲伦云中,是 1994 年发现的(Kaspi,et al.,1994).脉冲星周期为 $0.926\,\mathrm{s}$,轨道周期为 51.169 天,椭率为 0.808,质量函数为 $2.17\,M_\odot$.在近星点,脉冲星离伴星的距离仅 4 个伴星的半径.人们测到了光学伴星的径向速度,估计出两子星的质量比为 $M_2/M_1=6.3\pm1.2$.当脉冲星质量为 $1.4\,M_\odot$ 时,伴星质量为 $(8.8\pm1.8)M_\odot$,轨道倾角 $i=44°\pm5°$.由于中子星的质量上限是 $3\,M_\odot$,所以伴星不可能是中子星,要么是黑洞,要么是主序星,最后确认为 BIV 型星,其半径为 6.4 个太阳的半径.BIV 型主序星的典型质量为 $11\,M_\odot$.轨道周期的变化为 $|P_\mathrm{b}/\dot{P}_\mathrm{b}|=0.5\,\mathrm{Myr}$,比脉冲星的 3 Myr 年龄要小很多,变化还是明显的.没有发现掩食、色散量变化以及相互作用现象.

第三个例子是毫秒脉冲星 PSR J1740−5340,这是在球状星团 NGC6397 中发现的(D'Amico, et al., 2001a). 脉冲星周期为 3.6503 ms. 这个双星的轨道周期是 1.354 天, 椭率小于 10^{-4}, 非常接近圆轨道. 质量函数 $f_1 = 0.002\,644\,M_\odot$. 光学伴星是一颗正在演变中的恒星. 观测得到如下参数值: $i = 43.9°\pm2.1°$, $M_1(1\sigma) = (1.53\pm0.19)M_\odot$, $M_2(1\sigma) = (0.296\pm0.034)M_\odot$.

　　第四个例子是 PSR J1903＋0327. 这是一个具有 $1.67\,M_\odot$ 质量的毫秒脉冲星和一个主序星组成的双星系统. 2006 年, Arecibo 305 m 射电望远镜的多波束巡天发现这个脉冲星, 周期为 2.15 ms. 进一步观测发现这是一个双星系统, 轨道周期为 95 天, 椭率很大, 达到 0.44(Champion, et al., 2008). 根据近星点的进动和 Shapiro 延迟这两个参数的测量, 计算出脉冲星的质量是 $(1.74\pm0.04)M_\odot$, 伴星质量为 $(1.051\pm0.015)M_\odot$. 很长时间里, 这个双星一直被认为是毫秒脉冲星和白矮星组成的双星系统. 但是, 已有的由周期短于 10 ms 的脉冲星与白矮星组成的双星系统的轨道基本上都是圆的, 椭率 $e < 0.001$, 而 PSR J1903＋0327 的椭率却高达 0.44, 这究竟是什么原因? 后来人们应用欧南台的甚大望远镜(VLT)对这个双星系统进行了 3 段时间的观测, 并利用前人的部分资料进行分析(Khargharia, et al., 2012), 得出结论: 这是毫秒脉冲星与一个主序星组成的双星系统. 根据光学观测资料推出的轨道椭率与射电观测的结果一致, 同时还确定了伴星的谱型和两个子星的质量比($R = 1.56\pm0.15$)以及径向速度等参数.

12.3.4　毫秒脉冲星的行星系统

　　寻找太阳系之外的行星系统是天文学家梦寐以求的事. 从理论上估计, 银河系中上千亿颗恒星中约 10% 有行星系统, 其中有的还可能有智慧生命. 人们始料未及的是, 此类观测研究最先成功的例子却属于射电毫秒脉冲星 PSR B1257＋12 的观测(Wolszczan & Frail, 1992). 这颗脉冲星的周期飘忽不定, 如图 12.16 所示. 如果假定脉冲星有 2 个或 3 个围绕它运行的行星系统的话, 就能拟合出与观测结果符合得非常好的变化曲线. 最后人们确认它有三颗行星存在. 行星 A 离脉冲星最近, 平均距离为 0.19 天文单位, 质量约为月球的两倍, 公转周期为 25.262 天. 行星 B 的平均距离为 0.36 天文单位, 质量为地球的 4.3 倍, 公转周期为 66.5419 天. 行星 C 的平均距离为 0.46 天文单位, 质量为地球 3.9 倍, 其公转周期为 98.2114 天.

　　行星系统的轨道运动会使脉冲星的周期产生非常小的"晃动". 由于毫秒脉冲星的自转非常稳定, 周期噪声很小, 因此这种影响才有可能被检测出来. 毫秒脉冲星的行星系统很可能是它的伴星演变来的. 如果脉冲星的前身有行星系统, 超新星爆发时也会丧失殆尽. 这个脉冲星和行星组成的系统可能是脉冲星和小质量的白矮星组成的, 脉冲星强劲的辐射和高能粒子流会不断地把白矮星的物质剥蚀掉, 并使之瓦解, 形成行星. 毫秒脉冲星强劲的脉冲星星风的存在已得到证明. 已经观测到两颗毫秒脉冲星正在逐步地把它的伴星蒸发掉.当伴星损失了物质和角动量以后,它可能瓦解为碎块,并会向脉冲星靠得更近.

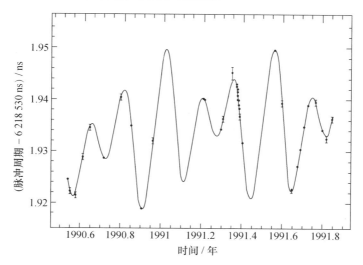

图 12.16 脉冲星 PSR B1257+12 脉冲到达时间的观测结果和理论拟合曲线.要求是至少有两颗行星的系统.(Wolszczan & Frail,1992)

第二个有行星的毫秒脉冲星是 PSR B1620-26,而且它是唯一的三星系统的脉冲星.它处在球状星团 M4 (NGC 6121) 的核心部分.这个球状星团很老,年龄已达 122 亿年,距离地球大约 5600 光年.1988 年发现时它被认为是一个毫秒脉冲星双星系统(Lyne,et al.,1988),主星是毫秒脉冲星,周期为 11.0757 ms,质量约为 $1.35\ M_\odot$,伴星是质量约为 $0.3\ M_\odot$ 的白矮星,轨道周期为 191 天.它直到 1993 年才被确认是三星系统(Backer,et al.,1993),第 3 个天体为 $0.01\ M_\odot$ 的行星.之后几年,人们测量了该行星轨道运动的相对论效应,从而获得了它的一些参数.该行星质量为 2.5 ± 1 个木星质量,轨道半长轴为 23 个天文单位,轨道周期约为 36 500 年,轨道椭率很小,轨道倾角 55°.

第三个有行星的毫秒脉冲星是 PSR J1807-24.它是应用 Parkes 64 m 射电望远镜在球状星团 NGC 6544 中发现的,具有一个质量为 10 个木星质量的伴星(D'Amico,et al.,2001b).这个伴星被认为是行星或者褐矮星.NGC 6544 很特殊,恒星非常稠密,但是搜寻其中的脉冲星却不顺利.PSR J1807-24 的平均流量密度很低,在 1374 MHz 上是 1.3 mJy.脉冲星周期为 3.06 ms,轨道周期为 1.7 h.由于不能确定轨道倾角,只能估计伴星最小质量,最小质量只有 $0.009\ M_\odot$ 或者 10 个木星的质量.

§12.4　射电脉冲双星的演化

射电脉冲双星是由常见的光学双星逐步演变来的. 就射电脉冲双星来说,有如下不同类别:中子星和高质量主序星组成的系统、双中子星系统、中子星和不同质量白矮星组成的系统、脉冲星和行星伴星系统. 这些不同类别的中子星双星系统是怎样形成和演化的呢?

12.4.1　射电脉冲双星演化概览

至今,关于射电脉冲双星的形成和演化问题,人们已经提出了不少理论模型(Bisnovatyi-Kogan,et al.,1974). 最为简单明了的模型如图 12.17 所示. 在形成射电脉冲双星以前的双星系统中,必须有一颗是质量大于 $8\,M_\odot$ 的 OB 型恒星,这样才保证有一颗可以演化为脉冲星. 在双星系统中,质量较大的恒星先演化为巨星,进而演变为超新星,形成中子星. 根据位力定律,忽略其他因素的情况下,如果爆发前的双星系统的质量在爆发中损失了一半多,那么双星系统将会被破坏. 实际上,双星系统能否继续存在还要看爆发时的情况. 如果爆发不是完全各向同性,将导致在某方向上对刚形成的中子星狠狠地"踢了一脚",这"踢一脚"的力度和方向决定了双星系统是否能够继续存在(Hills,1983). 普通脉冲星的双星系统非常少的原因就在于超新星爆发使部分双星系统瓦解了.

图 12.17 中,标号为"1"表示双星系统的最初状态,由两个主序星组成,其中至少有一个的质量超过 $8\,M_\odot$."2"表示双星系统中质量大的先演化为超新星,进而形成中子星."3"表示双星系统继续存在,成为由中子星和主序星组成的双星系统. 由于形成过程的"踢一脚"模型,导致双星系统的轨道椭率比较大. 如果双星系统因为超新星爆发而瓦解,就进入"6"的状态,分离为单个的中子星."4"为中子星和主序星组成的系统中,主序星演化为红巨星,充满 Roche 瓣,并源源不断地给中子星提供物质及角动量,伴星物质下落到中子星表面过程中引力势能转化为动能,通过摩擦加热,辐射 X 射线,形成了 X 射线双星,按照伴星的质量分为两类:高质量 X 射线双星和低质量 X 射线双星."5"为低质量 X 射线双星的情形,伴星最终演化为白矮星,形成由毫秒脉冲星和白矮星组成的双星系统."7"为高质量 X 射线双星的情形,伴星的质量大于 $8\,M_\odot$,伴星进入超新星爆发阶段,最终演化为中子星."8"为双星系统继续存在的情况,形成由毫秒脉冲星和普通脉冲星组成的系统."9"为双星系统因伴星超新星爆发而瓦解,形成单独的毫秒脉冲星和普通脉冲星.

前面介绍的各类射电脉冲双星在图 12.17 中都能找到:"3"为中子星和主序星组成的双星系统,存在于 X 射线双星状态之前,"8"为双中子星,"7"为中子星和白矮星组成的双星系统.毫秒脉冲星拥有行星系统也应归属于中子星和白矮星双星系统,行星很可能是因为中子星强大的星风和辐射不断剥蚀白矮星的物质,使之瓦解而形成的.

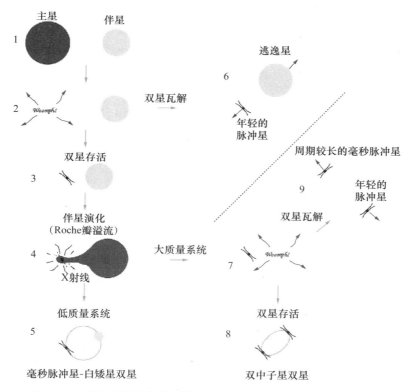

图 12.17 脉冲双星演化的各种过程(Lorimer,2008).详见文中说明.

12.4.2 X 射线双星和毫秒脉冲星双星系统的形成途径

现在已经公认,毫秒脉冲星是由 X 射线双星演化来的,因此需要对 X 射线双星的来龙去脉有所了解.X 射线双星是由中子星及其伴星组成的一个双星系统. 根据其伴星质量的不同,它们分为高质量 X 射线双星(HMXB,伴星质量$\geqslant 8\,M_\odot$)、中等质量 X 射线双星(IMXB,伴星质量为 $1\sim 8\,M_\odot$)以及低质量 X 射线双星(LMXB,伴星质量$\leqslant 1\,M_\odot$)三类.

低质量 X 射线双星的质量转移过程是通过 Roche 瓣溢流来实现的(见图 12.1),对于初始双星质量比 $q=M_2/M_1>1$ 的情况,即伴星的质量大于中子星时,当伴星充满 Roche 瓣,质量转移就可以发生. 此时,双星轨道将会收缩,使得 Roche 半径逐渐减小,加剧质量转移过程. 当双星质量比 $q\approx 5/6$ 时,质量转移会使得伴星的

Roche 半径增大. 在这种情况下, 除非系统轨道角动量损失造成的轨道收缩使得伴星重新充满其 Roche 瓣, 否则质量转移过程将会停止. 此后, 当伴星演化脱离主序而进入巨星阶段, 其半径将急剧扩大而重新开始 Roche 瓣溢流, 该双星系统将继续发出 X 射线辐射. 最终伴星将演化成为一颗白矮星, 因此低质量 X 射线双星系统将演化为中子星和白矮星组成的双星系统.

在质量转移过程中, 轨道上的 Roche 溢流物质具有较大的角速度, 吸积物质不能直接落入中子星表面而是形成吸积盘, 通过吸积盘内边界与中子星磁层的相互作用, 吸积物质的角动量传递给了中子星, 从而加速了中子星的自转. 对于低质量 X 射线双星, 脉冲星的吸积加速可以持续约 $10^8 \sim 10^9$ 年, 漫长的加速阶段把脉冲星的自转周期加速到毫秒量级. 这是毫秒脉冲星形成的标准途径. 与此同时, 由于吸积物质最终沿磁力线运动而灌入极冠区掩盖磁极, 中子星的磁场将从 10^{12} G 量级衰减到 10^9 G 量级.

图 12.17 中的 "4", 双星系统处于 X 射线双星阶段, 进一步演化就要看伴星的质量. 若伴星为高质量伴星, 则 "4" 要向 "7" 演化. 高质量 X 射线双星系统的演化轨迹与低质量 X 射线双星完全不同. 星风和 Roche 瓣溢流两种物质交流方式都有效. 大质量恒星的强烈星风在双星演化过程中的作用不可忽略.

在准守恒假设条件下, 即双星系统的角动量基本守恒, 初始的双星系统的质量比 $q = M_2/M_1 < 1$ 时, 质量大的恒星 (M_1) 率先演化为巨星, 并充满其 Roche 瓣, Roche 瓣溢流开始发生, 通过 Lagrange 点 L_1 向伴星 (M_2) 转移质量, 此时轨道收缩, 直至 $q \geqslant 1$ 时. 这个过程中发生的吸积作用使双星轨道膨胀, 而主星壳层物质由于洛希瓣溢流被剥落, 并因超新星爆发而形成中子星. 爆发的不对称性和喷出物质形成的踢出速度会导致双星轨道的偏心率很高. 而后, 伴星开始其演化阶段, 通过星风和 Roche 瓣溢流转移物质, 最终形成轨道偏心率较高的双中子星系统.

在非准恒假设条件下, 大质量恒星由于星风作用而损失质量, 此过程中轨道将膨胀. 此后大质量恒星率先进入巨星阶段发生膨胀, 至 Roche 瓣溢流发生而产生剧烈的物质转移, 双星轨道将急剧收缩. 之后, 系统将形成短周期的高质量 X 射线双星, 最终将演化成为双中子星系统. 目前认为最早发现的双中子星系统 PSR B1913+16 正是通过这种途径形成的.

双脉冲星 PSR J0737-3039A/B 也来自高质量 X 射线双星 (HMXB), 两个子星的质量都大于 $8 M_\odot$. 在第一个子星演变为中子星以后, 第二个子星演变为红巨星, 并使其包层增大到与中子星相碰, 其角动量转移使中子星的自转加速, 自转周期达到毫秒级, 这就是现在观测到的周期是 22.7 ms 的 A 星. 红巨星继续演化, 发生超新星爆发, 形成第二颗中子星, 双中子星系统也就形成了. 刚刚诞生的 B 星是一颗普通脉冲星, 与 A 星相比, 它的年龄要小得多, 周期要长得多, 磁场要强得多.

幸运的是,B 星的射电辐射束扫过地球,能被射电望远镜观测到,成为独一无二的双射电脉冲星系统.

若伴星为中、小质量伴星,则"4"要向"5"演化.质量约为 $1\,M_\odot$ 的伴星称为小质量伴星,当它逐渐演化为红巨星后便充满 Roche 瓣,并向中子星方面转移质量和角动量,把中子星的自转速度加速到毫秒级.最后伴星演变为小质量的白矮星,形成了毫秒脉冲星和小质量白矮星组成的双星系统.PSR J1713+0747 就属于这样的系统.当伴星质量约为 $5\,M_\odot$ 时,其演化路径与小质量伴星的路径有所不同.伴星演化为红巨星后,出现中子星和伴星的共同包层,中子星难以把吸积的物质转为自己的质量,而是出现不断的喷流消耗,只能使伴星不断减少质量,逐渐变成白矮星,最后形成毫秒脉冲星和质量较大的白矮星组成的双星系统.

第十三章 X射线双星

§13.1 X射线双星概述

13.1.1 致密天体双星的类别

X射线的观测对当代天文学起了极其重要的作用,在短短三十年的时间里就发现了一系列新天体、新现象,获得了大量光学、射电、红外等其他波段无法获得的重要信息,显示了巨大的威力. 太阳系外X射线天文学始于1962年. 1962年Giacconi及其同事利用安装在火箭上的X射线探测器,发现了第一个X射线天体Sco X-1(天空最强的X射线源)(Giacconi, et al., 1962),之后安装在火箭和气球上的X射线探测器测出了十几个类似的"X射线星".

观测表明,存在三种X射线双星(表13.1):激变变星(CV)、大质量X射线双星(HMXB)和小质量X射线双星(LMXB). 三类双星中发射X射线的天体分别为:激变变星中的白矮星,大质量X射线双星和小质量X射线双星中的中子星(占多数,如X射线脉冲星)或黑洞(少数). 此外,一些不含致密天体的"正常"密近双星也发射X射线,如星冕产生的软X射线辐射或X射线瞬变现象. 另一些X射线源有确定的脉动周期,周期值分布在350~4000 s之间. 这些源中发射X射线的天体可能是白矮星,属于激变变星的一个分支. 下面分别对X射线脉冲双星和X射线暴做一介绍.

表13.1 致密天体双星的类别(Tauris & van den Heuvel, 2003)

X射线双星		
主要类型	子型	观测事例
大质量伴星 $(M_{donor} \geqslant 10M_\odot)$	"标准"HMXB	Cen X-3, $P_{orb} = 2.087$ 天(NS)
		Cyg X-1, $P_{orb} = 5.60$ 天(BH)
	大轨道 HMXB	X Per, $P_{orb} = 250$ 天(NS)
	Be型星 HMXB	A0535+26, $P_{orb} = 104$ 天(NS)
小质量伴星 $(M_{donor} \leqslant 1M_\odot)$	银道面 LMXB	Sco X-1, $P_{orb} = 0.86$ 天(NS)
	软X射线瞬变源	A0620−00, $P_{orb} = 7.75$ h(BH)
	球状星团	X 1820−30, $P_{orb} = 11$ min(NS)
	X射线毫秒脉冲星	SAX J1808.4−36, $P_{orb} = 2.0$ 天(NS)

(续表)

X 射线双星

主要类型	子型	观测事例
中等质量伴星 $(1<M_{donor}/M_\odot<10)$		Her X-1, $P_{orb}=1.7$ 天(NS) Cyg X-2, $P_{orb}=9.8$ 天(NS) V 404 Cyg, $P_{orb}=6.5$ 天(BH)

射电脉冲双星

主要类型	子型	观测事例
大质量伴星 $(0.5\leqslant M_c/M_\odot\leqslant 1.4)$	NS+NS(double) NS+(OneMg)WD NS+(CO)WD	PSR B1913+16, $P_{orb}=7.75$ h PSR B1435−6100, $P_{orb}=1.35$ 天 PSR B2145−0750, $P_{orb}=6.84$ 天
小质量伴星 $(M_c<0.45M_\odot)$	NS+(He)WD	PSR B0437−4715, $P_{orb}=5.74$ 天 PSR B1640+2224, $P_{orb}=175$ 天
非再加速脉冲星	(CO)WD+NS	PSR B2303+46, $P_{orb}=12.3$ 天
未演化的伴星	B 型伴星 小质量伴星	PSR B1259−63, $P_{orb}=3.4$ 年 PSR B1820−11, $P_{orb}=357$ 天

激变变星类双星

主要类型	子型	观测事例
类新星系统	$(M_{donor}\leqslant M_{WD})$	DQ Her, $P_{orb}=4.7$ h SS Cyg, $P_{orb}=6.6$ h
超软 X 射线源	$(M_{donor}>M_{WD})$	CAL 83, $P_{orb}=1.04$ 天 CAL 87, $P_{orb}=10.6$ h
猎犬座 AM 变星(RLO)	(CO)WD+(He) WD	AM CV$_n$, $P_{orb}=22$ min
白矮星双星(非 RLO)	(CO)WD+(CO)WD	WD1204+450, $P_{orb}=1.6$ 天
亚矮型 B 型星系统(sdB)	(sdB)He 星+WD	KPD 0422+5421, $P_{orb}=2.16$ h

RLO:通过临界 Roche 面传送物质.

13.1.2　大质量 X 射线双星

观测已发现 100 多个 X 射线脉冲双星,几乎所有的情况下,光学子星(伴星)都是年轻($\leqslant 10^7$ 年)、大质量($10\sim 30 M_\odot$)的早型星(O,B 型). 在这类 X 射线双星中,我们既可以测出光学子星谱线的 Doppler 效应,也可测出 X 射线脉冲星的 Doppler 效应,是"双谱双星". 由掩食效应又可以定出轨道倾角,因此可以准确地定出两个子星的质量. 中子星的质量在 $1\sim 2 M_\odot$ 之间,与理论预期值符合得很好. 射电脉冲星是转动减速的,但 X 射线脉冲星是转动加速的. 吸积物质角动量传输被认为是中子星转动加速的原因. 详细的情况见图 13.1,图 13.2,图 13.3,表 13.2,表 13.3.

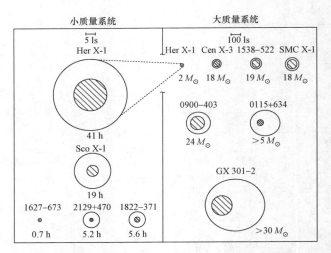

图 13.1　大质量 X 射线双星和小质量 X 射线双星的比较（较早期的定义）. 关于大小质量的双星系统也有不同的定义；大质量 X 射线双星光学子星的质量大于 $10\,M_\odot$；小质量 X 射线双星子星的质量小于 $1\,M_\odot$；介于大质量 X 射线双星和小质量 X 射线双星的称为中等质量的 X 射线双星（见表 13.1），Her X-1 是中等质量的 X 射线双星的典型代表.

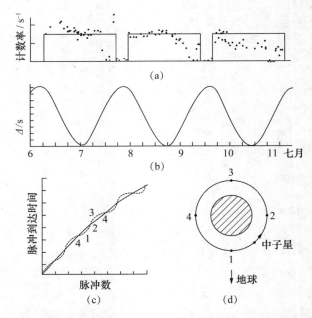

图 13.2　X 射线脉冲双星的观测事例. Her X-1：脉冲周期 $P = 1.24\,\mathrm{s}$，轨道周期 $P_{\mathrm{orb}} = 1.7$ 天，其中有 0.24 天中子星被掩食，观测不到 X 射线辐射.（a）是观测到的光子记数率随时间的变化，可以看出每个周期中有 0.24 天观测不到 X 射线.（b）是视向速度曲线.（c）是脉冲到达时间的变化.（d）的中间斜线部分是中子星的伴星，地球上的观测者可看到掩食和视向速度的变化.

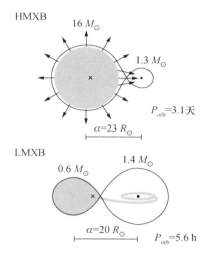

图 13.3 大质量 X 射线双星(HMXB)和小质量 X 射线双星(LMXB)的图示(Tauris & van den Heuvel,2003). HMXB 中的中子星吸积的物质由高速星风或由 Roche 瓣流出的物质提供. LMXB 中的中子星吸积物质由吸积盘提供,吸积盘由 Roche 瓣流出的物质形成. 观测表明有的 HMXB 和 LMXB 中的致密天体不是中子星,而是黑洞.图中"×"代表质心位置.

表 13.2 HMXB 和 LMXB 主要观测特征的比较(Tauris & van den Heuvel,2003)

	HMXB	LMXB
X 射线谱	$kT \geqslant 15$ keV(硬)	$kT \leqslant 10$ keV(软)
	规则 X 射线脉冲,无 X 射线暴	脉冲星很少,常见 X 射线暴
吸积过程	星风或临界 Roche 面吸积	Roche 瓣溢流
吸积时间尺度	10^5 年	$10^7 \sim 10^9$ 年
吸积致密星	强磁场中子星(或黑洞)	低磁场中子星(或黑洞)
空间分布	银道面	银心或散布于银道面
星体年龄	年轻,$< 10^7$ 年	年老,$> 10^9$ 年
伴星	明亮,$L_{opt}/L_x > 1$	昏暗,$L_{opt}/L_x \ll 0.1$
	早期类型 O(B)	偏蓝的光学对应体
	$> 10 M_\odot$(星族 I)	$\leqslant 1 M_\odot$(星族 I 与 II)

表 13.3 六颗 X 射线脉冲星导出的参数(引自 Nagase,1989)

源名称	K_c /(km·s^{-1})	θ_c /(°)	i /(°)	a /$R_\odot$	R_c /$R_\odot$	M_c /$M_\odot$	M_x /$M_\odot$
SMC X-1	19 ± 2	$26.5 \sim 29$	65^{+12}_{-9}	$27.1^{+2.1}_{-2.0}$	$16.3^{+3.4}_{-3.5}$	$16.8^{+4.2}_{-3.5}$	$1.06^{+0.33}_{-0.31}$
Her X-1	83 ± 3	$24.4 \sim 24.7$	80^{+8}_{-5}	$8.61^{+0.22}_{-0.25}$	$3.86^{-0.28}_{-0.34}$	$1.99^{+0.12}_{-0.14}$	0.98 ± 0.12

（续表）

源名称	K_c /(km·s^{-1})	θ_c /(°)	i /(°)	a /$R_\odot$	R_c /$R_\odot$	M_c /$M_\odot$	M_X /$M_\odot$
Cen X-3	24 ± 6	35～40	75^{+12}_{-13}	$18.9^{+1.3}_{-1.0}$	$12.2^{+2.0}_{-1.5}$	$19.8^{+4.5}_{-2.7}$	$1.06^{+0.56}_{-0.53}$
LMC X-4	38 ± 5	26～28	68^{+11}_{-9}	13.3 ± 1.1	7.57 ± 1.5	$14.7^{+3.8}_{-3.2}$	1.38 ± 0.5
船帆座 X-1	21.8 ± 1.2	33～36	38 ± 6	$52.9^{+0.9}_{-0.8}$	$34.0^{+1.1}_{-1.0}$	$23.0^{+1.2}_{-0.9}$	1.77 ± 0.21
4U 1538－52	33 ± 7	25～30	71^{+13}_{-11}	$26.8^{+2.6}_{-2.5}$	$15.2^{+3.1}_{-2.9}$	$16.9^{+5.4}_{-4.3}$	$1.79^{+0.96}_{-0.83}$

K_c, 伴星视向速度的振幅；θ_c, X 射线掩食半径(half-angle of the X-ray eclipse)；i, 轨道倾角；a, X 射线星与伴星的距离；R_c, 伴星的半径；M_c, 伴星的质量；M_X, 中子星的质量.

13.1.3　小质量 X 射线双星(LMXB)

小质量 X 射线双星由晚型小质量光学子星($M\leqslant1\,M_\odot$)和一个中子星(少数可能是黑洞)组成. 这类双星有 X 射线暴发源、球状星团 X 射线源、银河核球源、软 X 射线瞬变源等, 其中 X 射线暴发源约占一半. 小质量 X 射线双星(LMXB)在观测上主要表现为 X 射线暴. 它们绝大多数是银河核球源和星族Ⅱ源. 这是一类老年(10^9 年)天体. X 射线暴源有两种不同类型, Ⅰ型 X 射线暴和Ⅱ型 X 射线暴. Ⅰ型暴发的间隔时间为小时到几天, 暴发本身经历几秒至几分钟, 上升时间约 1～10 s. Ⅱ型暴发上升时间约 1 s, 暴发本身历时可由几秒到十分钟. 暴发的特点是在一定的暴发活动期间往往多次重复, 重复的时间间隔有时短到 10 s, 而且每次暴发后的间隔时间与暴发的积分强度相关. 快速Ⅰ型暴发只在Ⅱ型暴发活动期间才出现, 其间隔时间约 3～4 h. 图 13.4 为 MXB 1730－335 X 射线暴发(1976 年 3 月 2/3 日), 箭头所指的是Ⅰ型暴发, 其余为Ⅱ型暴发.

1984 年后, 人们在 10 个小质量 X 射线双星中发现一种准周期振荡(quasi-periodic oscillation, QPO)现象(Lewin & Joss, 1981; 陆埮, 1987; 乔国俊, 1990; 周体键, 乔国俊, 1991)(表 13.4). 这种振荡的中心频率为几十赫兹, 随辐射强度而增大. 振荡并非单频, 在功率图上显出一定的宽度, 同时往往伴随低频(≤10 Hz)和甚低频(≤0.1 Hz)的噪声. QPO 现象的理论模型较多, 其中差频模型受到重视. 这种模型的基本思路是吸积率的变化由吸积物质的 Kepler 频率与中子星自转频率之差决定. 其原因在于吸积盘中的物质呈团块状结构, 其内边缘的团块顺螺线落入中子星磁层时, 吸积率随团块与中子星吸积漏斗的相对位置而改变, 这种相对位置的变化频率正是中子星自转频率与 Kepler 频率之差.

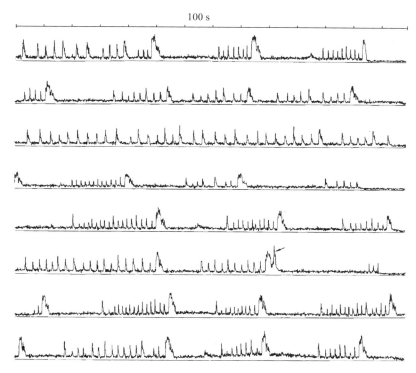

图 13.4　MXB 1730—335 的 Ⅰ 型和 Ⅱ 型 X 射线暴发.箭头所指的是 Ⅰ 型暴发,其余为 Ⅱ 型暴发.(Lewin & Joss,1981)

表 13.4　X 射线双星中观测到的准周期振荡(Shirakawa & Lai,2002)

源	自转频率/mHz	QPO 频率/mHz
4U 1907+09	2.27	55
XTE J1858+034	4.5	111
A 0535+26	9.71	27~72
EXO 2030+375	24	187~213
LMC X-4	74	0.65~1.35,2~20
4U 1626−67	130	1,48
Cen X-3	207	35
V 0332+53	229	51
4U 0115+63	277	2,62
Her X-1	807.9	8,12,43
SMC X-1	1410	60?
GRO 1744−28	2140	40 000

下面我们着重介绍 I 型 X 射线暴的观测与理论解释.

(1) 主要观测特征.

自 Grindlay & Gursky(1976)首先发现以来,已知的 I 型 X 射线暴现有几十个.

(i) 单个 X 射线暴上升时间约 1 s,衰减时间约 3~100 s,峰值光度约 10^{38} erg/s,总辐射能量约 10^{39} erg.

(ii) 谱型一般可以很好地与 3×10^7 K 的黑体谱拟合(图 13.5),极大后光谱软化,相当于黑体降温.

(iii) 暴发是相当规律的,但不是严格周期性的,其时标在小时至天($10^4 \sim 10^5$ s)的范围内.有些源观测到暴发的不活动期,可持续几个星期到几个月.有些源暴发之间也有 X 射线辐射,

$$\frac{\text{平均持续光度}}{\text{暴发的平均辐射光度}} \sim 10^{-2} \text{(在活动期间)}.$$

(iv) 许多观测特征表明 X 射线暴与双星系统成员这种概念是一致的,所有这些源都是密近双星系统,包括一个塌缩的天体(致密天体).辐射能量大小的时标起伏可以判断辐射产生于中子星.

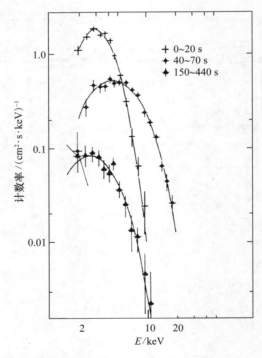

图 13.5　X B1724-30 三次 I 型 X 射线暴的平均谱,实线是黑体谱.可以看出,观测与黑体谱符合得很好.(Lewin & Joss,1981)

（2）理论解释.

（i）发射源大小的估计.

黑体 X 射线光度与有效温度之间的关系为 $4\pi R^2 \sigma T_{\text{eff}}^4 = L$，相当于中子星表面的发热. 取 $T_{\text{eff}} = 10^7$ K，$L_{\text{X}} = 10^{37}$ erg/s，可以得到 $R \approx 10$ km，与中子星表面的发热相符合.

（ii）热核闪烁模型. 吸积物质下落，会加热表面，使氢聚变为氦. 达到氦燃烧时，会快速地发生氦闪烁. 氦闪烁有下述特点：

（a）当吸积物质约 10^{21} g 时放出总能量约 10^{39} erg；

（b）吸积率 $\dot{M} \approx 10^{17}$ g/s 时，需要 10^4 s 时间才能有足够的吸积物质积累起来；

（c）峰值有效温度为 3×10^7 K 时，峰值光度达到 Eddington 极限，即约 10^{38} erg/s，上升时间约 0.1 s，衰减时间约 10 s，总能量约 10^{39} erg.

这几点刚好与观测符合（图 13.6）. 观测与理论符合得很好.

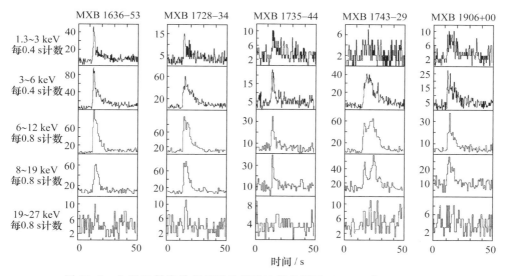

图 13.6　Ⅰ型 X 射线暴在不同 X 射线波段的剖面.（Lewin & Joss, 1981）

§13.2　X 射线脉冲星的主要观测特征及一些简单分析

最先发现的 X 射线脉冲星 Cen X-3 和 Her X-1 就十分清楚地表明，X 射线脉冲是由双星系统的一个成员——中子星发出的. X 射线脉冲星是中子星和光学子星（绝大多数是大质量早型星）构成的双星系统成员，其主要观测特征列在表 13.5 中. X 射线脉冲双星在银道坐标系中的分布见图 13.7.

表 13.5　X 射线脉冲星（Bhattacharya & van den Heuvel，1991）

名称[a]	自转周期 /s	轨道周期 /天	$a_r \sin i$ /ls	质量函数 $f(M)/M_\odot$	光度 L_X /(erg·s^{-1})	椭率	伴星类型[b]
A 0538−66	0.069	16.7	—	—	8×10^{38}	0.4	Be
SMC X-1	0.717	3.89	53.46	10.8	5×10^{38}	<0.007	MB
Her X-1	1.24	1.70	13.18	0.9	2×10^{37}	<0.003	LMXB
4U 0115+63	3.61	24.3	140.13	5	3×10^{37}	0.34	Be
V 0332+53	4.38	34.25	48	0.1	4×10^{35}	0.31	Be
Cen X-3	4.84	2.09	39.79	15.5	5×10^{37}	<0.0008	MB
1E 1048.1	6.44	—[c]	—	—	3×10^{34}		Be
1E 2259+59	6.98	0.03?	<0.2?		5×10^{35}		LMXB
4U 1627−67	7.68	0.0228	—		3×10^{37}		LMXB
2S 1553−54	9.30	30.6	164	5	—	0.09	Be
LMC X-4	13.5	1.41	26	15	7×10^{38}	<0.02	MB
2S 1417−67	17.6						Be?
GPS 1843+01	29.5						Tr
OAO 1653−40	38.2	—	—	—	1×10^{37}	—	TrBe?
EXO 2030	41.8	46.5～47.5	—	—	$\approx1\times10^{38}$	—	TrBe
GPS 2038+57	66						Tr
4U 1700−37	67.4?	3.4	—	—	3×10^{36}	—	MB
GPS 1843−02	94.8						Tr
A 0535+26	104	111	500	20	2×10^{37}	0.3	MB
Sct X-1	111.1	—	—	—	—	—	Tr
GX 1+4	122	304?	—	—	4×10^{37}	—	LMXB
4U 1230−61	191						Tr
GX 304−1	272	133	500	—	5×10^{35}	—	Be
4U 0900−40	283	8.96	112	20	2×10^{36}	0.09	MB
4U 1145−619	292	188	600	—	3×10^{35}	—	Be
1E 1145.1	297	5.65	—	—	3×10^{36}	—	
A 1118−61	405	—	—	—	5×10^{36}	—	Be
GPS 1722−36	414						Tr
4U 1907+09	438	8.38	80	9	4×10^{37}	0.22	MB
4U 1538−52	529	3.73	55	13	4×10^{36}	—	MB
GX 301−2	696	41.5	367	31	3×10^{36}	0.47	MB
4U 0352+30	835	580	—	—	4×10^{33}	—	Be

　　[a] 表中 X 射线脉冲星名字中字母表示发现该源的卫星名字的缩写，A：Aril5；S：SAS-3；U：UHURU；E：Einstein；GPS：Ginga；EXO：EXOSAT；V：Vela 卫星；GX：美国麻省理工学院气球发现的源. 符号 LMC 和 SMC 分别表示大、小麦哲伦云.

　　[b] MB：标准大质量双星；Be：光学子星为 B 型发射星；Tr：瞬变源；LMXB：小质量 X 射线双星.

　　[c] 表内"—"表示该项数据未测出来.

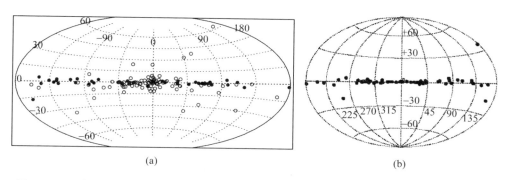

图 13.7 X 射线脉冲双星在银道坐标系中的分布.（a）中圆圈是小质量 X 射线双星（LMXB），黑色圆点是大质量 X 射线双星（HMXB）（Grimm, Gilfanov & Sunyaev, 2002）.（b）图是刘庆忠提供的银河系（不包括大小麦哲伦云）中大质量 X 射线双星在银河系中的分布，参见 Liu，Paradijs & Heuvel，2007.

13.2.1 脉冲轮廓

一些脉冲星的脉冲剖面有如下特点.

（1）脉冲宽度.

脉冲持续时间 τ 与脉冲周期 P 的比值的典型值为 $\tau/P \geqslant 50\%$（与之相比很多射电脉冲星的脉冲宽度要窄得多，典型值为 $\tau/P \approx 3\% \sim 4\%$）.

（2）脉冲调制度.

脉冲成分占总强度的比例（调制度）$\dfrac{I_0 - I}{I_0}$ 在 $10\% \sim 90\%$ 之间. 式中 I_0 为一个周期中 X 射线流量的最大值，I 为其最小值. 射电脉冲星脉冲成分的上述比值通常为 100%.

（3）脉冲形状.

脉冲形状有的对称，有的非常不对称，未发现脉冲形状与脉冲周期之间有什么相关性.

（4）脉冲剖面随 X 射线能量的变化.

一些 X 射线脉冲星脉冲剖面的形状随 X 射线能量有很大变化（如 A 0535＋26，4U 0900－40），另一些则在很宽的 X 射线能量范围内轮廓基本保持不变（如 Cen X-3）.

根据脉冲形状可将 X 射线脉冲星大致分为以下几类：

（i）脉冲形状为正弦形，每个周期中只有一个脉冲，随 X 射线能量变化很小（如 X Per，GX 304－1 等）.

（ii）脉冲形状类似于正弦形，每个周期中有 2 个脉冲，两个峰值通常不一样大,随 X 射线能变化不大(如 GX 304-2 等).

(iii) 脉冲形状是非对称的单峰(如 Cen X-3 等).

(iv) 在 X 射线高能段和低能段上为单峰,而在中等 X 射线能量上单峰分叉,呈靠近的双峰(如 Her X-1 等).

(v) 在 X 射线高能段上呈双峰结构,而在低能段上成为 5 峰(如船帆座 X-1). EXO 2030+375 在不同的光度(假定距离 $D=5$ kpc)上有不同的脉冲形状. 值得注意的是 2 个峰的强度在高光度和低光度时出现反转,这意味着脉冲形状与吸积率有关. 研究这些脉冲形状随 X 射线能量(即波长)和强度的变化,为理解中子星吸积的物理过程提供了更多、更直接的观测依据. 但目前对它的了解还很不够. 我们的问题依然是:X 射线脉冲星的辐射束是如何形成的,它与吸积率有什么关系?

一般认为,X 射线脉冲产生于强磁场中子星的极冠区,辐射由极冠区射出,受强磁场的限制,辐射的方向性很强. 当磁轴与自转轴不平行时,我们便观测到来自中子星的脉冲. 脉冲周期就是中子星的自转周期. 为理解观测到的脉冲剖面,还需要考虑中子星磁极附近吸积柱的结构及传输效应. 吸积柱的形状决定了辐射束的形状是"铅笔束"还是"扇形束". 由于强磁场中电子-光子散射的各向异性及强磁场中的谐振效应,散射截面跟 X 射线能量以及辐射方向与磁场方向间夹角有关. 在理解脉冲形状随 X 射线能量变化时,必须考虑这些因素. 一些研究者已经考虑了这种影响,但进一步的工作是需要的,以便定量地对各种脉冲形状给出自洽的解释. 由于散射截面与 X 射线能量和磁场强度有关,所以可以从自洽的拟合中得到磁场强度的数值.

13.2.2 脉冲周期

已知 X 射线脉冲星的轨道周期在 41 min 到 580 天之间,脉冲周期分布在 69 ms 到 1400 s 之间. 绝大多数射电脉冲星的脉冲周期随时间而变长,这可看作辐射能量是由转动能量转化而来的,周期变长是转动能量不断减少的结果. 对于 X 射线脉冲星,物质的吸积导致角动量迁移,可以增加转动能量,因而脉冲周期可以变短. 早期研究普遍认为转动加速是 X 射线脉冲星的一个特征. 一些 X 射线脉冲星的早期观测曾显示稳定的转动加速,但随后的研究发现它们有时会转动减速(如 Her X-1,Cen X-3,GX 1-4 等). HaKucho,Tenna,Ginga 等 X 射线卫星的研究表明,在已进行过长期精确检测的 16 个 X 射线脉冲星中,仅有两个是较稳定地长期转动加速的,它们是 SMC X-1 和 4U 1626-67,其加速率分别是 $\dot{P}/P=-6.0\times 10^{-14}$ yr^{-1} 和 $\dot{P}/P=-2.0\times 10^{-14}$ yr^{-1}. 大体上说,脉冲周期短的 X 射线脉冲星或多或少会呈现转动加速的趋势(16 个做过长期监测的脉冲星中有 7 个). 那些脉冲周期长的脉冲星($P>100$ s)的脉冲周期的变化没有规律,这些脉冲星多属于星风吸积.Be/X射线型脉冲星(伴星是Be型发射星的X射线脉冲星)介于两者之间.

由于吸积角动量的迁移,中子星可以不断加速.此时,脉冲周期P和周期对时间的一阶导数$\dot{P}$可写成(Rappaport & Joss,1983,1977):

$$\dot{P}/P = (-3 \times 10^{-5}) f \left(\frac{L_{\mathrm{X}}}{10^{37}\,\mathrm{erg} \cdot \mathrm{s}^{-1}}\right)^{6/7} \left(\frac{P}{1\mathrm{s}}\right) \mathrm{yr}^{-1}. \tag{13.1}$$

式中L_{X}是X射线光度,f是量级为1的参数.在仅考虑总趋势的情况下,对盘吸积的脉冲星而言,统计结果大体与上式一致.

上述转动加速是有限制的,中子星的转动角速度不能超过吸积盘内边缘的转动角速度.中子星达到这个转动周期时就不能再加速,该周期称为平衡的转动周期P_{eq},由下式表示(Bhattacharya & Heuvel,1991):

$$P_{\mathrm{eq}} = 2.4\,\mathrm{ms} B_9^{6/7} M_\odot^{-5/7} (\dot{M}/\dot{M}_{\mathrm{Edd}})^{-5/7} R_6^{16/7}. \tag{13.2}$$

式中B_9是以10^9G为单位的中子星表面磁场,M是以太阳质量为单位的中子星质量,R_6是以10^6cm为单位的中子星半径,$\dot{M}$为物质吸积率,$\dot{M}_{\mathrm{Edd}}$是Eddington吸积极限,$\dot{M}_{\mathrm{Edd}}=1.5\times10^{-8}R_6 M_\odot \cdot \mathrm{yr}^{-1}$.SMC X-1和Cen X-3虽然脉冲周期较短,但转动仍然加速,表明他们还没有达到平衡.A 0538-66的脉冲周期只有69 ms,仍然转动加速.在7个转动加速的源中,由光学、紫外、X射线的观测表明,有5个源存在吸积盘,它们是Her X-1,Cen X-3,LMC X-4,SMC X-1和4U 1626-67.部分脉冲轮廓见图13.8.前4个源与伴星充满临界Roche瓣时,通过第一Lagrange点的物质流一致.另外两个"转动加速"的源,脉冲周期较长,尚未明确观测到吸积盘

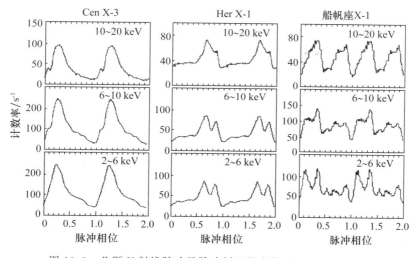

图13.8　几颗X射线脉冲星脉冲剖面的变化.(Nagase,1989)

的证据,这两个源是 GX 1＋4 和 OAO 1657－415. 一个值得注意的现象是,在对 Be/X 射线型脉冲星 EXO 2030＋375 的观测中,人们观测到脉冲剖面形状和脉冲周期变率 $\dot{P}$ 随 X 射线光度发生变化(见图 13.9),观测到 $-\dot{P} \propto L_X^{1.08 \sim 1.35}$,X 射线光度小的时候(吸积率小)甚至会转动减速. 这个观测事实,与 Ghosh 和 Lamb 的盘吸积理论一致,理论与观测给出的 X 射线光度(L_X)的指数略有不同(见图 13.10),理论值为 $-\dot{P} \propto L_X^{6/7}$. 这表明不仅对于盘吸积,一些情况下 Be/X 射线型 X 射线脉冲星也可以应用上述理论,并由此可以估计出中子星的磁场. X 射线脉冲星 EXO 2030 ＋375 的磁矩估计为 $(1.1 \sim 2.4) \times 10^{27}$ T·cm³.

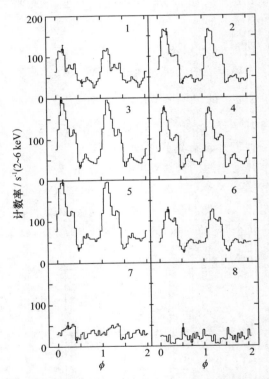

图 13.9 在 2～6 keV 波段上观测到的 Her X-1 脉冲平均剖面随轨道周期的变化. 图中的数目是 35 天周期中的"轨道日(Orbital Day)",Day1 相应于 35 天轨道周期的开始(Turn-on). (Joss,et al.,1978)

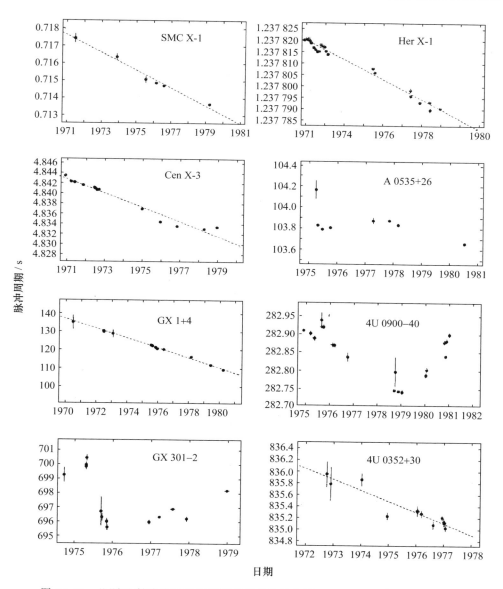

图 13.10　几颗 X 射线脉冲星周期随时间变化的曲线.（Rappaport & Joss,1983）

13.2.3   X 射线谱

（1）连续谱.

X 射线脉冲星的谱通常在 2～20 keV 的范围内近似为幂律谱（见图 13.11），在高频端和低频端，光子计数率迅速下降. 低能端光子计数率的下降是由星际介质或中子星附近物质的光电吸收引起的. 值得指出的是，其连续谱不能用简单的黑体谱、热轫致谱或幂律谱来描述，常用下述经验公式来描述：

$$N(E) = \begin{cases} N_0 E^{-\alpha}, & E \leqslant E_c, \\ N_0 E^{-\alpha} \exp[-(E - E_c)/E_f], & E \geqslant E_c. \end{cases} \tag{13.3}$$

式中 N 和 N_0 是光子计数率，E_c 表示截止能量（cut-off energy），E_f 表示折叠能量（folding energy），α 是谱指数. 对不同的脉冲星 α，E_c 和 E_f 有不同的值，它们的取值范围是 $0.8 \leqslant \alpha \leqslant 1.5$，$9 \text{ keV} \leqslant E_c \leqslant 20 \text{ keV}$，$6 \text{ keV} \leqslant E_f \leqslant 20 \text{ keV}$. 具体数值可参考 Leahy，Matsuoka & Kawai，1989 和 Nagase，1989.

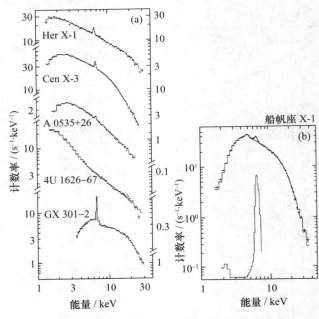

图 13.11　几颗 X 射线脉冲星的谱分布. 可以看出它们都有连续谱，除 4U 1626－67 外其他几颗 X 射线脉冲星有 6.4 keV 线谱，GX 301－2 还有 7.2 keV 的吸收线.（Nagase，1989）

（2）X 射线脉冲星铁元素谱线.

一些 X 射线脉冲星铁元素的发射线在观测的精度范围内，多数位于 6.4 keV 附近，与小质量 X 射线双星中观测到的 6.7 keV 不同，前者产生于相对冷的、电离不够充分的环境中,而后者则产生于相当热的星冕中.除了窄的发射线以外,有的脉冲是在发射线边缘 7.3 keV 附近观测到铁元素 K 层吸收.连续谱中 1～4 keV 软 X 射线的吸收,为密近双星中吸积物质的密度及其分布的研究提供了重要的线索.

(3)回旋吸收线.

X 射线脉冲星发现后,从理论上估计它产生于较年轻的,具有强磁场($10^{12} \sim 10^{13}$ G)的中子星.关于强磁场的一个比较直接的观测证据是由 Trümper 等(1986)给出的.他们发现 Her X-1 的 X 射线谱中存在 58 keV 的发射线,如解释为强磁场中 Landau 能级之间跃迁产生的回旋线,则可求出其磁场为 5×10^{12} G.现在认为更合理的解释是约 38 keV 的回旋吸收线,相应的磁场为 3×10^{12} G.

这种谱线来源于强磁场中电子能级的量子化.强磁场中电子沿磁场方向的运动是自由的,但在磁场的垂直方向上则是量子化的,称为 Landau 能级.强磁场中电子能量本征值可由下式表示(Bussard,1980):

$$E = mc^2 \left\{ \left(\frac{P_z}{mc} \right)^2 + \left[1 + (2n + s + 1) \frac{B}{B_q} \right] \right\}^{1/2}, \qquad (13.4)$$

式中 $B_q = 2\pi m^2 c^2 / (eh) = 4.414 \times 10^9$ T,称为临界磁场(电子回旋半径与 de Broglie 波长相等时的磁场值),m, e 分别是电子的质量与电荷,B 为磁场强度,P_z 是电子沿磁场方向的动量,s 代表电子的自旋,$s = \pm 1$ 分别表示电子自旋与磁场平行或反平行,$n = 0, 1, 2, \cdots$ 表示电子在与磁场垂直方向上的量子化能级.只有 $\{n = 0, s = -1\}$ 的态是单态,其余都是双重简并的.基态与 Landau 能级第一激发态之间的能量差为

$$E_0 = \frac{heB}{2\pi mc} = \frac{h}{2\pi} \omega_0 = 11.6 \text{ keV} B_{12}, \qquad (13.5)$$

式中 $\omega_0 = eB/mc$,$B_{12} = B/10^{12}$ G.

如果谱线产生于中子星表面附近,辐射离开中子星时受引力势的影响,能量会减少(红移),(13.5)式改写为

$$E \approx 10 \text{ keV} B_{12} \left(\frac{1.2}{1 + z} \right), \qquad (13.6)$$

式中 $z \approx \dfrac{GM}{Rc^2}$ 为红移值,R, M 分别是中子星的半径与质量.

已测得的几颗 X 射线脉冲星的回旋吸收线及相应磁场值为

Her X-1,$E \approx 38$ keV,76 keV,$B \approx 3 \times 10^{12}$ G;

4U 0115+63,$E \approx 11.5$ keV,23 keV,$B \approx 1 \times 10^{12}$ G;

1E 2259+586,$E \approx 7.3$ keV,$B \approx 5 \times 10^{12}$ G;

4U 1538−52,$E \approx (21.5 \pm 0.5)$keV,$B \approx 1.8 \times 10^{12}$ G.

这些观测对于强磁场的存在提供了虽然间接,但十分有利的观测证据,特别是

像 Her X-1,4U 0115＋63 等观测到两条和两条以上的吸收线,更有力地证明它产生于 Landau 能级之间的跃迁.强磁场的存在现已得到普遍承认,还没有其他解释与之竞争.注意,这里考虑的是电子 Landau 能级之间的跃迁,而非质子 Landau 能级之间的跃迁.(在研究反常 X 射线脉冲星 AXP 和软 γ 重复暴 SGR 时,为了说明磁场强,有人用质子 Landau 能级之间的跃迁求磁场.电子跃迁或者质子跃迁哪种起主导作用值得研究)

13.2.4　伴星、轨道周期、掩食

由表 13.1 可以看出,大多数 X 射线脉冲星的伴星是大质量、高光度的早型星,光谱型在 O 到 B2 之间.这些大质量 X 射线脉冲星可以分成两类:一类叫"标准"的大质量 X 射线脉冲星,伴星是早型大质量星;另一类是 Be/X 射线型脉冲星(见图 13.12),伴星是 O9Ve 到 B2Ve 的发射线星.两类脉冲星之间有以下不同:

(1)"标准"的大质量 X 射线脉冲星的光学伴星为 Of 或蓝巨星,大都充满临界 Roche 瓣,半径约 $10 \sim 30\,R_\odot$,光学光度大,$L_{opt} > L_\odot$,子星质量超过 $20\,M_\odot$.而 Be/X 射线脉冲星的光学伴星有的是 O9Ve 到 B2Ve 型星,有的是 III 或 IV 的蓝巨星,一般未充满临界 Roche 瓣,伴星的半径较小,通常小于 $5 \sim 10\,R_\odot$,光度小于 $3 \times 10^4\,L_\odot$,质量约 $8\,M_\odot$ 到 $20\,M_\odot$.

(2)"标准"的大质量 X 射线脉冲星轨道周期较短,在 $1.4 \sim 10$ 天之间(只有 X1223-62 例外),而 Be/X 射线脉冲星的轨道周期通常大于 15 天(见表 13.5).

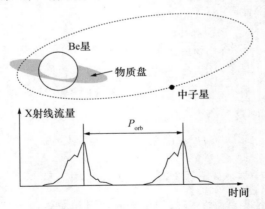

图 13.12　Be/X 射线双星示意图.中子星绕 Be 星在一个椭圆轨道上运动.当中子星运动到近星点附近时,吸积 Be 星周围的物质产生 X 射线辐射.(Tauris & van den Heuvel,2003)

(3)由于以上两个特点,"标准"的大质量 X 射线脉冲星在很多情况下表现出 X 射线的掩食,并因光学子星充满临界 Roche 瓣后呈"椭球"形状,可观测到周期性光变.这种系统中的物质传输是通过临界 Roche 瓣的内 Lagrange 点或接近充满临

界 Roche 瓣时的强星风进行的. 由于上面提到的特点, 在 Be/X 射线脉冲星中很难看到 X 射线的掩食和光学子星的光变, 表明 Be 型伴星未充满临界 Roche 瓣. 这排除了通过内 Lagrange 点进行物质交换和强星风吸积的可能性, 物质的传输只反映 Be 星的固有的物质损失特性.

（4）若不考虑像 Her X-1 的 35 天"开关"周期（周期性掩食）, "标准"的 X 射线脉冲星总是"可以观测到的", 而 Be/X 射线脉冲星常是"暂现"源, 在几个月到几年的时间内观测不到, 有时可观测到 X 射线辐射, 呈现出持续几个星期到几个月的"暂现"源现象.

Be 型星有两种物质损失形式, 一种是星风, 另一种是通过赤道区域的物质抛射, 后者在其光谱中会产生特征发射线. 由于 Be 星转动很快, 故赤道区域的物质抛射可能是由转动驱动的. 这种抛射无确定的时间, 是观测到 X 射线"暂现"的原因之一. X 射线脉冲星 V 0332＋53 在 1983—1984 年, 1973—1974 年处于"开"的状态, 其间 10 多年处于"关"的状态. 处于"开"的状态时, 利用脉冲周期（4.4 s）的 Doppler 效应测得其轨道周期为 34.2 天, 轨道偏心率为 $e \approx 0.31$, "开"的状态位于近星点附近, 同时光学子星红外亮度增加.

13.2.5 GRO J1744－28: 既有 X 射线暴发又有 X 射线脉冲

一般认为, X 射线脉冲产生于年轻的大质量 X 射线双星（HMXB）中, 由于 HMXB 中的中子星比较年轻, 磁场较强, 磁极冠区聚束的"灯塔"效应产生 X 射线脉冲. 但 X 射线暴发则起源于小质量 X 射线双星（LMXB）. 因 LMXB 中的中子星年龄较大, 磁场较弱, 吸积物质可落到整个中子星表面上（不只在磁极冠区）, 吸积物质聚集到一定程度会导致核聚变过程（先点燃氢, 再点燃氦）, 从而观测到 X 射线暴发. 然而, 1995 年 12 月 2 日 Compton γ 射线天文台（CGRO）发现的 GRO J1744－28 却既有 X 射线脉冲, 又有 X 射线暴发（Strickman, et al., 1996）.

这颗暴发型 X 射线脉冲星位于银心方向（银经 0.02, 银纬 0.3）, 脉冲周期 475 ms, 存在于轨道周期 11.8 天的双星系统中. 它是天文学家发现的第一颗既有脉冲又有暴发的样本. 起初约 3 min 暴发一次, 一个月内暴发频率降至每天只有约 30 次, 而在 1996 年 1 月 8 日至 18 日, 暴发频率又增至每天约 40 次. Compton 天文台从 1993 年 2 月 13 日至 12 月 24 日在 GRO J1744－28 天区, 20～60 keV 波段观测资料中, 未发现任何活动天体.

Strickman 等人从 1995 年 12 月至 1996 年 1 月在硬 X 射线波段（>35 keV）对 GRO J1744－28 进行了观测（Strickman, et al., 1996）. 采用类似于射电脉冲星周期折叠的技术, 他们发现在 35～90 keV 能量范围内, 这颗 X 射线脉冲星的持续相（非暴发相）的脉冲剖面可用正弦函数很好地拟合（见图 13.13）, 图中虚线为最佳拟合的正弦曲线. 通过对 36～57 keV 波段 104 个暴发的折叠, 我们可以看到暴发后持续辐射的下降, 并且暴发前、暴发期和暴发后的相位是不一致的.

　　GRO J1744－28 的持续相和暴发相有类似的能谱特征 (色温度均在 10 keV 左右, 与典型 X 射线脉冲星相同). 更进一步讲, 统计上发现 X 射线谱型与脉冲相无关 (即没有暴发后谱软化迹象). 另外, 目前还没有观测到任何发射线和吸收线. 甚大阵 (VLA) 从 1996 年 2 月 2—8 日在 8.4 MHz 上对这颗星所在天区进行观测, 发现一个射电变源, 其流量 6 天内从 170 μJy 增至 (540±30) μJy, 源的射电强度波动时标约 1 h. 目前还不清楚这个射电源是否就是 GRO J1744－28.

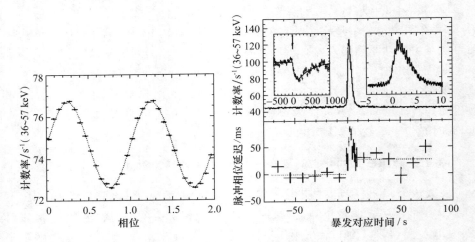

图 13.13　左图为 X 脉冲剖面的正弦函数拟合. 右图中间的曲线是 GRO J1744－28 在 36～57 keV 波段上观测到的 104 次暴发相位对齐的平均脉冲轮廓. 右图下面是正弦曲线拟合平均轮廓的相位差. 右图右上边方框图给出暴发的细节, 可以看出有 2.1 Hz 脉动. 右图左上边方框图显示较长时间暴发的行为: 暴发后流量下降, 箭头指示暴发时间. (Strickman, et al., 1996)

　　GRO J1744－28 的 X 射线辐射机制至今尚无定论. 一般认为 GRO J1744－28 是磁化中子星, 伴星 (巨星或亚巨星) 物质通过 Roche 瓣流入中子星, 中子星吸积产生 X 射线辐射. 脉冲 X 射线成分跟极区的强磁场有关, 它与吸积 X 射线脉冲星相比, 有接近的色温度, 很可能它们起源于同样的辐射机制. 然而, 对于 X 射线暴发成分的解释就比较困难了. 由于没有看到暴发相谱软化现象, 并且色温度很高, 几乎可以肯定 GRO J1744－28 的 X 射线暴发不是 I 型暴 (源于中子星表面热核反应). 从暴发形态来看, 它有点类似于快暴源 MX B1730－335 的 II 型暴, 因此, GRO J1744－28 的暴发可能源于某种吸积不稳定性. 然而, 并没有观测到暴发流量与距下次暴发的时间间隔间的近似线性统计关系 (这种关系在 II 型暴中是存在的), 这说明 GRO J1744－28 的暴发机制与 II 型暴是有差别的.

13.2.6　质量的测定

我们知道只有某些特殊双星系统才可以精确测量出两个子星的质量. X射线脉冲双星系统中,光学子星和X射线星都能测定其Doppler效应,是一个"典型"的双谱双星系统,能分别测量其质量函数. 如果这个双星系统同时又是一个食双星,则可通过掩食时间的长短求出其轨道倾角. 由此可以准确地求出两颗子星的质量,具体方法如下.

首先根据X射线脉冲星和光学子星谱线的Doppler效应测出视向速度曲线,由视向速度曲线分别求出X射线星和光学伴星视向速度的最大值K_X和K_c. 由K_X(或K_c)能求出质量函数$f(M)$:

$$f(M)_{X,c} = (1.0385 \times 10^{-7} M_\odot)(1-e^2)^{1/2} P_{orb}(d) K_{X,c}^3 (\mathrm{km \cdot s^{-1}}). \quad (13.7)$$

式中P_{orb}为轨道周期,以天为单位,K_X或K_c以$\mathrm{km \cdot s^{-1}}$为单位,都是实测量. e是轨道偏心率,可以由视向速度曲线的形状求出,也是可观测量. 所以$f(M)$是实测量,常在星表中列出.

双谱双星另一个重要观测量是质量比q,这里定义为X射线星和光学子星的质量比,即

$$q = M_X/M_c = K_c/K_X. \quad (13.8)$$

子星的质量可以分别表示为

$$\begin{cases} M_c = f(M)_X \dfrac{(1+q)^2}{\sin^3 i}, \\ M_X = f(M)_X \dfrac{(1+q)^2}{\sin^3 i} q. \end{cases} \quad (13.9)$$

通过视向速度曲线可分别求出X射线星和光学伴星视向速度的最大值K_X和K_c,再由式(13.7),(13.8)可求出质量函数$f(M)_X$,$f(M)_c$和质量比q. 由式(13.9)可以看出,只要求出轨道倾角i,就可以准确地求出2个子星的质量. 和普通的密近双星系统一样,轨道倾角i只能通过掩食求出,在这种情况下,可以写作

$$\sin i \approx [1 - \beta^2 (R_L/R_c)^2]^{1/2}/\cos\theta_e. \quad (13.10)$$

式中$\beta = R_c/R_L$, R_c和R_L分别为光学子星和临界Roche瓣的半径. R_L可以由质比q求出,R_c可以由掩食的半张角θ_e和轨道倾角i求出(见(13.11)式和(13.12)式). 通常$\beta \geqslant 0.9$, $\theta_e = \pi \dfrac{\tau}{P_{orb}}$, τ是X射线脉冲被掩的时间.

综上所述,P_{orb}, K_X, K_c, θ_e和e都是可以精确测定的,β和R_L也可以求出,虽然有一定误差,但也可以达到较好的精度,因而2颗子星的质量能比较精确测出(见图13.14). 6颗X射线脉冲星一些参数的实测值列于前面的表13.3. 恒星级黑洞的候选天体见表13.6. 值得指出的是,对中子星的质量这里提供了直接而精确

的实测数据,实测值都在理论预期值的范围内.射电脉冲双星能对中子星的质量提供更精确的实测结果(如 PSR B1913＋16, $M_p = (1.4414 \pm 0.0002)M_\odot$, $M_c = (1.3867 \pm 0.0002)M_\odot$,见 Weisberg & Taylor, 2004).

对于小质量 X 射线双星(LMXB),

$$F(M)_c = (M_X^3 \sin^3 i)/(M_c^2 + M_X^2) \leqslant M_X \sin^3 i \leqslant M_X,$$

所以在小质量 X 射线双星中更容易给出致密天体的质量下限.

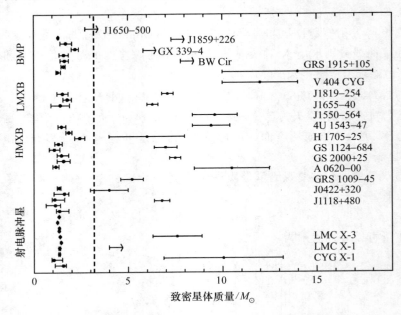

图 13.14　X 射线双星中质量的分布(Casares,2006).虚线表示中子星质量的上限,质量大的是黑洞候选天体.

表 13.6　双星系统中恒星级黑洞候选天体(张冰,等,1998;Casares,2006)

系统	P_{orb} /天	$f(M)$ /$M_\odot$		光学伴星 的光谱型	分类	$M_X/M_\odot$	
GRS 1915＋105	33.5	9.5	3.0	K/M Ⅲ	LMXB/瞬变	14	4
V404 Cyg	6.470	6.08	0.06	K0 Ⅳ		12	2
Cyg X-1	5.600	0.244	0.005	09.7 Ⅰ ab	HMXB/持续	10	3
LMC X-1	4.229	0.14	0.05	07 Ⅲ		>4	
XTE J1819−254	2.816	3.13	0.13	B9 Ⅲ	LMXB/瞬变	7.1	0.3
GRO J1655−40	2.620	2.73	0.09	F3/5 Ⅳ		6.3	0.3
BW Cir	2.545	5.75	0.30	G5 Ⅳ		>7.8	
GX 339−4	1.754	5.8	0.5	—			

(续表)

系统	P_{orb} /天	$f(M)$ /$M_\odot$		光学伴星 的光谱型	分类	$M_X/M_\odot$	
LMC X-3	1.704	2.3	0.3	B3 V	HMXB/持续	7.6	1.3
XTE J1550−564	1.542	6.86	0.71	G8/K8 IV	LMXB/瞬变	9.6	1.2
4U 1543−475	1.125	0.25	0.01	A2 V		9.4	1.0
H 1705−250	0.520	4.86	0.13	K3/7 V		6	2
GS 1124−684	0.433	3.01	0.15	K3/5 V		7.5	0.6
XTE J1859+226	0.382	7.4	1.1	—			
GS 2000+250	0.345	5.01	0.12	K3/7 V		7.5	0.3
A 0620−003	0.325	2.72	0.06	K4 V		11	2
XTE J1650−500	0.321	2.73	0.56	K4 V			
GRS 1009−45	0.283	3.17	0.12	K7/M0 V		5.2	0.6
GRO J0422+32	0.212	1.19	0.02	M2 V		4	1
XTE J1118+480	0.171	6.3	0.2	K5/M0 V		6.8	0.4

表 13.3 列出的 R_c 值可以由下式求得:
$$R_c = a\,(\cos^2 i + \sin^2 i\,\sin^2\theta_c)^{1/2}, \qquad (13.11)$$
式中 $a = a_X + a_c$ 是相对轨道半长轴. a_X 和 a_c 可由下式表示:
$$a_{X,c}\sin i = (1.375 \times 10^4\,\text{km})(1 - e^2)^{1/2} K_{X,c}(\text{km}) P_{orb}(\text{d}). \qquad (13.12)$$
式中 a_X 和 a_c 分别表示 X 射线星和光学子星的绝对轨道半长轴. 式中 $P_{orb}(\text{d})$ 是以天为单位的轨道周期.

§13.3   X 射线脉冲星的理论研究

天文学家了解"X 射线星"的本质是在 1970 年以后. Uhuru(自由号)卫星发射后在最初几个月中就发现了令人感兴趣的 X 射线源: Cen X-3 和 Her X-1. 它们都发射 X 射线脉冲, 脉冲周期分别为 4.84 s 和 1.24 s. 这是天文学家发现的整个一类新型天体"X 射线脉冲星"的第一批. 这些天体的观测特征为了解这类天体提供了关键性线索. 1967 年发现的射电脉冲星被认为是具有强磁场的中子星, 稍后人们又发现了蟹状星云脉冲星的 X 射线脉冲. 新发现的与"X 射线星"类似的脉冲现象意味着它们也与中子星有关. 另一个值得注意的特征是 Cen X-3 和 Her X-1 都要经历周期性的掩食, 发射 X 射线脉冲的天体因轨道运动周期性地被它的伴星所遮挡, 即有时能观测到 X 射线脉冲, 有时观测不到. 两者之间的过渡时标很短, 说明发射 X 射线脉冲的源是致密天体, 尺度很小. X 射线脉冲星发现后, 人们很快就提出了双星模型, 现已得到广泛承认.

对典型的 X 射线脉冲星而言, X 射线光度比太阳所有波段的光度还高 $10^3 \sim$

10^5 倍,这就需要一个十分有效的产能机制. X 射线脉冲星的轨道周期很短,说明双星中两颗子星间彼此距离很近,中子星能从伴星吸积物质. 致密天体的吸积是一个很有效的产能机制. 我们知道恒星内部的能源来自核聚变,1 g 氢聚变释放的能量相当于 2×10^{14} L 汽油燃烧所产生的能量,而中子星和黑洞的吸积产能率分别比氢聚变高出 14 倍和 60 倍. 下面将较详细地介绍大质量 X 射线双星的演化,也涉及它们的演化结局(如射电脉冲双星、黑洞及小质量 X 射线双星的形成). 和射电脉冲星(脉冲周期≤8.5 s)相比, X 射线脉冲星的脉冲周期要长得多(80% 大于 6 s,近半数大于 100 s). 周期长的原因还是一个未解决的问题,文献中常称之为"长周期问题". 这一点我们将在本章的最后进行讨论.

13.3.1　吸积、转动加速和减速

(1) 关于吸积的简单估计.

若 M_X 和 R 分别为中子星的质量和半径,物质吸积率为 $\dot{M}$,则 X 射线光度 L_X 可写为

$$L_X = \frac{GM_X \dot{M}}{R} \tag{13.13}$$

或

$$L_{37} = 1.33 \dot{M}_{17} m R_6^{-1}, \tag{13.14}$$

式中

$$L_{37} = L_X/(10^{37}\ \mathrm{erg \cdot s^{-1}}),$$

$$\dot{M}_{17} = \frac{\dot{M}}{10^{17}\ \mathrm{g \cdot s^{-1}}} = \frac{\dot{M}}{1.6\times10^{-9} M_\odot \cdot \mathrm{yr^{-1}}},$$

$$m = M_X/M_\odot,$$

$$R_6 = R/(10^6\ \mathrm{cm}).$$

式(13.13)表示吸积物质的势能全部转化为 X 射线能量. 和吸积物质的静止能量 Mc^2 相比,能量转化效率 ε 是

$$\varepsilon = L_X/(\dot{M}c^2) = \frac{GM_X}{Rc^2}. \tag{13.15}$$

对于 $M_X=1 M_\odot$, $R=10^6$ cm,的中子星来说,$\varepsilon\approx14\%$,远远高于氢聚变的产能率($\approx0.7\%$).

引力势能转化为热运动能量的效率为 α, X 射线产生于温度为 $T\sim10^7$ K 的热辐射,由下面的简单分析可以知道,只有中子星或者黑洞才能产生足够高的温度发射 X 射线. 引力势能转化为热运动能量可以写成

$$\frac{3}{2}kT = \alpha\frac{GM_{\mathrm{X}}m_{\mathrm{P}}}{R},\tag{13.16}$$

式中 m_{p} 为吸积物质中粒子的质量,这里取为质子质量,k 为 Bolzman 常数,其余符号同前. 由式(13.16)得

$$T = \frac{\alpha m_{\mathrm{p}}GM_{\mathrm{X}}}{kR} = (10^{7}\ \mathrm{K})\alpha\gamma,$$
$$\gamma = (M_{\mathrm{X}}/M_{\odot})/(R/R_{\odot}).\tag{13.17}$$

对于主序星 $\gamma<3$,红巨星 $\gamma<1$,白矮星 $\gamma\sim10^{2}$,中子星和黑洞 $\gamma\geqslant10^{5}$. 黏滞发热系数 $\alpha\sim10^{-5}\sim10^{-6}$,因此只有中子星或黑洞才能产生足够的温度发射 X 射线.

另外,利用黑体辐射公式 $L=4\pi R^{2}\sigma T_{\mathrm{ef}}^{4}$ 也可以直接求出星体半径 R. 式中 σ 为 Stefan-Boltzmann 常数,当取 $T_{\mathrm{ef}}=2\times10^{7}$ K 以及 $L=10^{38}$ erg/s 时(这是小质量 X 射线双星热核闪的典型值),立即得到 $R=10$ km. 这是中子星半径的典型值. 白矮星的半径比它大几百倍,因此 X 射线脉冲星不可能是白矮星或其他天体,只能是中子星或者黑洞.

下面讨论吸积率有两种吸积形式:一种是当伴星充满临界 Roche 瓣时通过第一 Lagrange 点的吸积,另一种是通过星风的吸积(见图 13.3). 前者在中子星附近容易形成吸积盘. 吸积率与光学子星的结构有关,也和光学子星充满临界 Roche 瓣的程度有关. 对于星风的吸积,可以做出如下一些定量的描述(Henrichs,1983).

若中子星沿双星轨道在具有声速的介质中运动,由引力势能和星风粒子的能量可以定义一个吸积半径

$$r_{\mathrm{ac}} = \frac{2GM_{\mathrm{X}}}{V_{\mathrm{rel}}^{2}+c_{\mathrm{s}}^{2}},\tag{13.18}$$

式中 $V_{\mathrm{rel}}^{2}=V_{\mathrm{orb}}^{2}+V_{\mathrm{w}}^{2}$,$V_{\mathrm{orb}}$ 是中子星轨道运动速度,$V_{\mathrm{orb}}^{2}=\dfrac{G(M_{\mathrm{X}}+M_{\mathrm{p}})}{a}$,$V_{\mathrm{w}}$ 是星风的速度,M_{X} 和 M_{p} 是 X 射线源和伴星的质量,c_{s} 是介质中的声速,a 是相对轨道半长轴. 仅当 $r\ll r_{\mathrm{ac}}$ 时,星风中的物质才能被中子星吸积. 通常相对于中子星的星风速度 V_{rel} 比 c_{s} 大,即 $V_{\mathrm{rel}}\gg c_{\mathrm{s}}$,由此可得

$$\frac{r_{\mathrm{ac}}}{a} = \frac{2}{1+M_{\mathrm{p}}/M_{\mathrm{X}}}\cdot\frac{1}{1+(V_{\mathrm{w}}/V_{\mathrm{orb}})^{2}} \ll 1.\tag{13.19}$$

若取中子星质量 $M_{\mathrm{X}}\approx1\,M_{\odot}$,$V_{\mathrm{rel}}=10^{3}$ km/s,可求得 $r_{\mathrm{ac}}\approx0.4\,R_{\odot}$. 仅当物质离中子星的距离小于 r_{ac} 才能被吸积,由此可求得吸积率

$$\dot{M} = \pi r_{\mathrm{ac}}^{2}\rho V_{\mathrm{rel}},\tag{13.20}$$

而光学子星的物质损失率

$$\dot{M}_{\mathrm{p}} = 4\pi a^{2}\rho V_{\mathrm{w}},\tag{13.21}$$

这里 ρ 为中子星附近的星风的物质密度. 由上述两式可得

$$\dot{M} = \frac{1}{(1 + M_\mathrm{p}/M_\mathrm{X})^2} \cdot \frac{1}{[1 + \alpha\,(V_\mathrm{orb}/V_\mathrm{w})^2]^{3/2}} \left(\frac{V_\mathrm{orb}}{V_\mathrm{w}}\right)^4 \dot{M}_\mathrm{p}, \qquad (13.22)$$

即

$$\dot{M}(t) \propto \dot{M}_\mathrm{p}(t) \cdot V_\mathrm{w}^{-4}(t). \qquad (13.23)$$

这就是说中子星的物质吸积率与光学子星的物质损失率成正比,与其风速的四次方成反比,风速愈高,吸积率愈低.式(13.22)中的因子 α 是因光学子星自转而引入的修正, $\alpha = [1 - (\Omega_\mathrm{p}/\Omega_\mathrm{or})(R_\mathrm{p}/a)^2]^2$, Ω_p 和 Ω_orb 分别表示光学子星和中子星轨道运动的角速度, R_p 为光学子星的半径.

（2）中子星的磁层半径和共转半径.

中子星磁层的半径 r_m 有时称为 Alfvén 半径.在磁层内部 $(r < r_\mathrm{m})$,等离子体的运动受磁场的控制,磁层与中子星共转.在考察中子星的吸积、中子星自转加速的极限等问题中, r_m 是一个很重要的参数.

先考虑星风吸积的情形,假定:

(i) 吸积物质的下落速度等于自由落体的速度.

(ii) 吸积是球形的.

这两个假定意味着吸积半径远大于磁层半径, $r_\mathrm{m} \ll r_\mathrm{ac}$.

(iii) 和下落物质冲击压及磁压相比,忽略等离子体的热运动压,磁层边界处磁压与下落物质的冲击压相平衡:

$$\frac{B^2(r)}{8\pi} = \rho(r)V_\mathrm{ff}^2(r), \qquad (13.24)$$

这里 $V_\mathrm{ff} = \left(\dfrac{2GM_\mathrm{X}}{r}\right)^{1/2}$ 为物质自由下落的速度.对于偶极磁场, $B = B_0 \left(\dfrac{R}{r}\right)^3$, $\mu = B_0 R^3$, B_0 是中子星的表面磁场.在球形吸积的情况下,吸积率为

$$\dot{M} = 4\pi\rho(r)\xi V_\mathrm{ff} r^2. \qquad (13.25)$$

由式(13.24)和式(13.25),取 $r = r_\mathrm{m}$,可求得

$$r_\mathrm{m} = \left(\frac{1}{2}\xi\right)^{2/7} \mu^{4/7}\,(2GM_\mathrm{X})^{-1/7}\,\dot{M}^{-2/7}. \qquad (13.26)$$

取自由下落的修正因子 $\xi = 1$ 时,可求得

$$r_\mathrm{m} = (2.7 \times 10^8\ \mathrm{cm})\mu_{30}^{4/7}\,m^{-1/7}\,\dot{M}_{17}^{-2/7}, \qquad (13.27)$$

或

$$r_\mathrm{m} = (2.9 \times 10^8\ \mathrm{cm})\mu_{30}^{4/7}\,m^{-1/7}\,R_6^{-2/7}\,L_{37}^{-2/7}. \qquad (13.28)$$

这里, $\mu_{30} = \mu/(10^{30}\ \mathrm{G \cdot cm^3})$, $m = M_\mathrm{X}/M_\odot$, $R_6 = R/(10^6\ \mathrm{cm})$, $L_{37} = L_\mathrm{X}/(10^{37}\ \mathrm{erg \cdot s^{-1}})$, $\dot{M}_{17} = \dot{M}/(10^{17}\ \mathrm{g \cdot s^{-1}})$.式(13.27)和(13.28)常常在文献中引用.

由于双星的轨道运动,中子星吸积的物质具有角动量,在中子星附近能形成吸积盘.吸积盘与磁层的相互作用,决定着中子星的转动加速或减速.在有吸积盘的

情况下,靠近吸积盘的磁层半径和上述球形吸积的磁层半径 r_{m} 差别不太大,例如有吸积盘的磁层半径约为 $0.2r_{\mathrm{m}}$. 强磁场中子星附近吸积盘的可能图像见图 13.15.

吸积盘中的物质以 Kepler 速度绕中子星旋转,角速度为 $\Omega_{\mathrm{K}}^2(r)=GM_{\mathrm{X}}/r^3$,当 $r\leqslant r_{\mathrm{co}}$ 时,$\Omega_{\mathrm{K}}=\Omega=2\pi/P$,盘物质与中子星共转,$P$ 为中子星自转周期,此时共转半径 $r_{\mathrm{co}}=(GM_{\mathrm{X}}/\Omega^2)^{1/3}$,或写成

$$r_{\mathrm{co}}=(1.5\times10^8\ \mathrm{cm})m^{1/3}P^{2/3}. \tag{13.29}$$

在详细研究吸积盘时,r_{co} 起着重要作用.

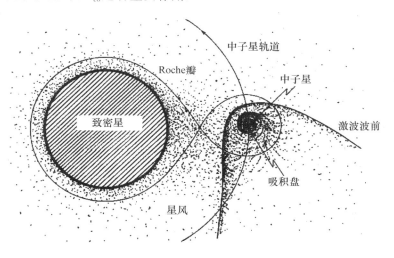

图 13.15　强磁场中子星附近吸积盘的可能图像.(Nagase,1989)

(3) 脉冲星有吸积盘时的角动量传输.

(i) 一般说明.

HerX-1 是一个典型的例子,光学、X 射线等多方面的观测都表明它有一个吸积盘.SMC X-1 和 Cen X-3 有类似的情况. Her X-1 的吸积盘可能还在进动(Qiao & Cheng,1989;Qiao & Peng,1989). 小质量 X 射线脉冲双星 GX-1＋4 和 4U 1626－67 也可能存在吸积盘,伴星的质量不大,不可能提供足够强的星风以产生观测到的较强的光度. 在较长的时间内,这些脉冲星表现出大致转动加速的趋势,与盘吸积对转动加速的解释一致. 吸积盘与磁层的作用可用 Ghos & Lamb 的模型(Ghosh & Lamb,1978;Henrichs,1983;Nagase,1989;Li & Wang,1999;乔国俊,徐仁新,1998)来理解(见图 13.16). 吸积盘与磁层的相互作用发生在一个很薄的(δ)边界层及较厚的(d)的过渡区中.过渡区外边缘的距离达到 $r_{\mathrm{s}}=r_{\mathrm{m}}+\delta+d$. 在过渡区中黏滞力为主,在边界层中,磁胀力为主.在吸积的过程中,中子星是被加速还是减速,由图 13.16 中(b)图可以清楚地看出.分两种情况:

(a) 对于转动较快的中子星,$r_{\mathrm{s}}>r_{\mathrm{co}}$,这时在 $r_{\mathrm{co}}<r<r_{\mathrm{s}}$ 内捕获物质的角速度

比中子星的角速度小(图 13.16(b)中 B 区),中子星转动减速,在 $r_{\mathrm{m}}<r<r_{\mathrm{co}}$ 内的磁力线捕获的物质的角速度比中子星的角速度大(图 13.16(b)中 A 区),使中子星转动加速.中子星是转动加速还是减速,由这两种贡献的平衡来决定.

(b) 对于转动慢的中子星 $r_{\mathrm{s}}<r_{\mathrm{co}}$,这种情况下 $r_{\mathrm{m}}<r_{\mathrm{co}}$,磁场在 $r_{\mathrm{m}}<r<r_{\mathrm{s}}<r_{\mathrm{co}}$ 之间捕获吸积盘中的物质.由于吸积盘的角速度大于中子星自转角速度,即 $\Omega_{\mathrm{K}}>\Omega$,所以中子星转动加速.

上面的讨论可以用一个表示转动快慢的参数 ω_{s} 来表示:

$$\omega_{\mathrm{s}} \equiv \frac{\Omega}{\Omega_{\mathrm{K}}(r_{\mathrm{m}})} = \left(\frac{r_{\mathrm{m}}}{r_{\mathrm{co}}}\right)^{3/2}. \tag{13.30}$$

该模型存在一个临界值 $\omega_{\mathrm{s,c}} \approx 0.35$,相应的 $r_{\mathrm{m}} \approx 0.5 r_{\mathrm{co}}$,当 $\omega_{\mathrm{s}}<\omega_{\mathrm{s,c}}$ 时可望转动加速.

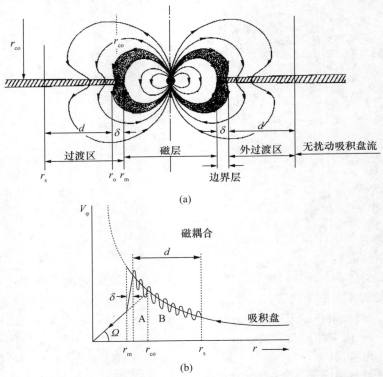

图 13.16　(a) 强磁场中子星附近吸积盘的图像(Nagase,1989). r_{s} 外面磁层不会受到扰动. r_{m} 至 r_{s} 的范围为过渡区. r_{m} 到 r_0 为边界层.(b) Ω 是中子星转动角频率($\Omega=2\pi/P$),P 是中子星转动周期,实线表示磁层中物质绕中子星的转动速度(Henrichs,1983).在区域 A 内,等离子体的转动速度大于中子星的转动速度,吸积物质使中子星转动加速.与之相反,在区域 B 内,吸积使中子星转动减速.中子星的转速将由上述两种贡献平衡.

(ii) 转动加速.

若 $I, \Omega, \dot{M}$ 分别为中子星的转动惯量、转动角速度和吸积率,L 为中子星吸积

物质的比角动量,由系统的角动量守恒可得

$$\frac{\mathrm{d}}{\mathrm{d}t}(I\Omega) = \dot{M}L - \alpha. \tag{13.31}$$

式中 α 表示因吸积物质逃离双星系统,或者磁力、黏滞力引起的角动量的迁移.上式可改写为

$$\frac{1}{\tau} = \frac{\dot{\Omega}}{\Omega} = \frac{\dot{M}L - \dot{I}\Omega - \alpha}{I\Omega}, \tag{13.32}$$

式中 $\tau = \Omega/\dot{\Omega}$. 若 $\dot{I} < I$,当忽略 α 时,可以得到

$$N_0 = I\dot{\Omega} = \dot{M}L. \tag{13.33}$$

N_0 表示引起转动加速或减速的力矩.为使问题简化,假定吸积盘内边缘具有 Kepler 速度 V_ϕ,即吸积盘未受磁场影响而又能吸积,这时 L 为

$$L = r_\mathrm{m}V_\phi(r_\mathrm{m}) = (GM_\mathrm{X}r_\mathrm{m})^{1/2}, \tag{13.34}$$

r_m 由式(13.28)给出.代入式(13.33),得到

$$\dot{\Omega} = K \cdot \dot{M}^{6/7}, \tag{13.35}$$

式中 K 为

$$K = 2^{-9/4}\mu^{2/7}(2GM_\mathrm{X})^{3/7}\dot{M}^{6/7}. \tag{13.36}$$

利用式(13.25),可求出 $\dot{M}$. 当 $\dot{M}$ 为常数时,对于典型值可得

$$\frac{\dot{P}}{P} = (-3\times10^{-5}\ \mathrm{yr}^{-1})f\left(\frac{P}{1\mathrm{s}}\right)L_{37}^{6/7}, \tag{13.37}$$

式中符号同前.对于中子星,(13.37)式中 f 是量级为 1 的常数,而对于白矮星 $f \sim 10^2$.对于 X 射线脉冲星,$\lg(\dot{P}/P) \propto \lg(PL^{6/7})$ 的统计结果与 $f \sim 1$ 相符合.

(iii)"平衡"周期.

根据上面的讨论会提出这样一个问题:因吸积自转加速,中子星会转得越来越快,它的自转周期会不会达到一个极限呢?

答案是肯定的.当中子星不再从吸积物质中获得角动量时,它的自转周期就会达到一个极限,称为"平衡"周期 P_{eq}.有关分析请见(13.1)和(13.2)式.

(iv)星风吸积:脉冲星角动量的迁移和吸积盘的形成.

在星风吸积的情况下,角动量迁移受多种因素的影响,一般角动量的迁移比盘吸积时要小.星风的速度和密度随时间有很大的变化.我们知道,早型星的星风在月到年的时标上有很大的变化.这可能与观测到的这类脉冲星脉冲周期的变化有关.对于瞬变的 X 射线脉冲星,仅在其暴发的时间内能观测到 X 射线脉冲,观测不到 X 射线脉冲的时候,它很可能是转动减速的.

在磁层半径 r_m 小于吸积半径 r_ac(见(13.18)式)和共转半径 r_co 的情况下,中子星可以从星风中捕获物质.捕获的物质被阻挡在磁层顶上,经由等离子体不稳定性

进入磁层,沿偶极磁场落向极区.吸积率可由(13.25)式给出.当 $r_{co}<r_m<r_{ac}$ 时,通过星风不再能捕获物质,磁层的转动速度超过吸积物质的 Kepler 速度,磁层会像螺旋桨一样把吸积物质甩出去.

大多数长周期的脉冲星被认为是通过星风吸的,例如船帆座 X-1,GX 301−2 等.很多观测迹象表明,像船帆座 X-1 这样的脉冲星是存在吸积盘的.当到达中子星两边的星风存在密度和速度差别时,中子星吸积的物质会含有角动量的迁移并能形成吸积盘.通过星风吸积形成吸积盘的二维数值模拟结果示于图 13.15.在激波波前的后面可以形成吸积盘.不过这种吸积盘是不稳定的,其结构含有偶然变化,这会导致吸积到中子星上的角动量有很大的起伏.

对 Be/X 射线脉冲星吸积特性的研究是很有意义的.这种系统中轨道偏心率大,Be 型伴星和中子星之间的距离有较大的变化,因而吸积过程也有很大变化.这种系统中观测到的脉冲周期变化与 X 射线流量有关.脉冲周期与轨道周期、近星点距离有关,吸积发生在近星点附近.这些事实说明,在这种系统内中子星处在准平衡状态下: $r_m \approx r_{co}$.当中子星在近星点附近经过 Be 型的壳层状的星风或吸积盘时,吸积率增加,中子星附近的吸积盘的内边缘向中子星方向移动,这时中子星转动加速.相反,当中子星离开近心点附近时,吸积率减少或停止.这期间吸积盘的内边缘向外移动到共转半径 r_{co} 附近或者更远.一旦 $r_m>r_{co}$,吸积物质就不再能进入中子星的磁层,中子星的磁层就会像一个螺旋桨那样把落下来的物质甩出去,表现为转动减速.

13.3.2　密近双星的演化

(1) 一般说明.

大质量 X 射线双星(HMXB)和小质量 X 射线双星(LMXB)系统中都包含一个中子星(少数可能是黑洞),所以它们是由大质量的双星系统演化而来的.在银河系中,HMXB 和 LMXB 的数目不相上下,但它们的寿命却相差甚远,分别为 $10^4 \sim 10^7$ 年和 $10^8 \sim 10^9$ 年.这说明 HMXB 的产生率要比 LMXB 高出 $10^2 \sim 10^3$ 倍.大质量双星系统中形成 HMXB 是一种比较普遍的现象,而 LMXB 的形成则需要一定的条件(质量比 $q \leqslant 0.15$,关于质量比见(13.8)式),是一种较为罕见的天象.

在轨道周期不是很大的双星系统中,质量较大的子星(以下简称主星)可演化到充满临界 Roche 瓣,与伴星发生物质交流,主星的部分质量和角动量会转移到伴星上,也可能逃离双星系统.这种演化到一定阶段,有相互作用的双星称为密近双星.

关于密近双星演化的计算已取得了很大的进展.在计算中通常假定系统的质量和角动量守恒.当然准守恒只出现在演化的某些阶段上,在另一些阶段,如超新星爆发时,质量和角动量会有很大损失.现在对质量和角动量的损失情况知之甚少,尚不能对演化的每一个阶段做出精确的计算.引进质量和角动量损失的一些合理假定,可以对 X 射线双星的起源和演化给出较清楚的说明.对于大质量 X 射线双星(HMXB)的产生,研究人员大多情况采用"准守恒"的假定,这种处理会省掉许多另外的假定,不确定性反而较少.而在形成小质量X射线双星(LMXB)的过程中大部分质量和角动量会损失掉(>90%),所以不确定性很大.

(2) 密近双星演化类型及其结局.

密近双星中两子星间相互作用取决于主星的演化状态和质量比q,通常分为三类:

A 型. 在主星的核心氢燃烧结束前,主星已充满临界 Roche 瓣,轨道周期P_{orb}≤1.9 天.

B 型. 在主星的核心氢燃烧结束后,但在氦点火之前主星充满临界 Roche 瓣,1.9 天≤P_{orb}≤394 天.

C 型. 在主星的核心氦点火后,但在碳开始燃烧前主星充满临界面,394 天≤P_{orb}≤800 天.

B 型和 C 型轨道周期分布范围很宽,是密近双星演化较普遍的形式.这两种情况下,系统的质量是否守恒对于演化的影响不太大.主星演化到充满临界 Roche 瓣后,大部分氢包层(占总量的 80%)转移到伴星上,主星仅留下氦核(C 型有更重元素).根据留下的氦星质量的大小,最后演化为白矮星、中子星或者黑洞.

物质交流后留下氦星的质量M_{1f}与主星的质量和化学成分有关.对于 B 型(或晚 A 型),$M_{1f}≈0.1(M_1/M_\odot)^{1.4}$.对于 C 型,在氦燃烧阶段氢壳层也要燃烧,所以$M_{1f}$还要大一些.当初始恒星的质量$M_1 = 15\ M_\odot$时,$M_{1f}≈3$—$4\ M_\odot$.不同的初始质量,不同的物质交流类型,留下的氦星的质量也不大一样.换句话说,对于相同质量的氦星,初始恒星的质量并不一样大.

由上面的讨论可以看出,双星系统中的恒星的演化结局和单星不一样.下面给出初始质量为M_1的主星在双星系统内的几种可能演化的结局:

(1) $4\ M_\odot ≤ M_1 ≤ (8±1) M_\odot$,主星演化为白矮星.

(2) $(8±1) M_\odot < M_1 < (10±2) M_\odot$,C 型;$(8±1) M_\odot < M_1 < (14±2) M_\odot$,B 型.主星演化为 0—Ne—Mg 白矮星,不会像单星那样演化为中子星.

(3) 主星演化为中子星的质量下限与物质交流类型有关.$M_1 > (10±2) M_\odot$,C 型;$M_1 > (14±2) M_\odot$,B 型.

13.3.3 大质量双星"准守恒"演化的例子

(1) 物质转移和轨道周期的变化.

主星演化到充满临界 Roche 瓣后,经过物质交流,两个子星的质量、轨道半径、轨道周期都会发生相应的变化.若M_1和M_2分别表示双星中两个子星的质量,双星系统的质量$M = M_1 + M_2$.轨道偏心率为零.双星系统的轨道角动量J_{orb}可写为

$$J_{orb} = \Omega a^2 (M_1 M_2 / M),\qquad(13.38)$$

这里a是相对轨道长半轴,Ω是轨道角速度$\Omega = 2\pi / P_{orb}$,P_{orb}是轨道周期.由 Kepler 定律$\Omega^2 = GM/a^3$.由角动量守恒$J_{orb}^0 = J_{orb}$,质量守恒$M = M_1 + M_2 = M_1^0 + M_2^0$,可以得到

$$\frac{\alpha}{\alpha_0} = \left(\frac{M_1^0 M_2^0}{M_1 M_2}\right)^2 = \left(\frac{(1+q)^2 q_0}{(1+q_0)^2 q}\right)^2. \tag{13.39}$$

这里上下标"0"表示物质交流前的参数. $q = M_2/M_1 = (M-M_1)/M_1$,轨道周期间的关系为

$$P_{\rm orb}/P_{\rm orb,0} = (\alpha/\alpha_0)^{3/2}. \tag{13.40}$$

（2）大质量双星"准守恒"演化的例子.

图 13.17 和图 13.18 给出经过物质交流进行演化的两个例子,初始质量分别是 $14.4\,M_\odot + 8\,M_\odot$ 和 $15\,M_\odot + 1.6\,M_\odot$,初始轨道周期分别是 100 天和 1500 天.第一对双星(图 13.17)演化为"标准的"大质量 X 射线双星(HMXB),最后演化成双中子星系统.第二对双星(图 13.18)演化为小质量 X 射线双星(LXMB),最后演化为毫秒脉冲星双星系统.

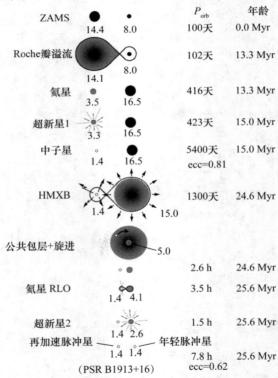

图 13.17 描述 Be 星/HMXB 系统的形成及最后形成双中子星的示意图.图中 ZAMS 为零龄主序星.这种系统经历两次超新星爆发演化成双中子星系统(Tauris & van den Heuvel, 2003).这种 NS-NS 双中子星系统由于引力波辐射轨道周期变短.通过轨道周期的变化,可以检验引力波的存在. PSR B1913+16 是天文学家发现的第一对脉冲双星,其轨道周期变化的观测数据与引力波理论值符合得很好.通过轨道周期的变化,人们间接探测到引力波,其发现者 Hulse 和 Taylor 因此获得了 1993 年诺贝尔物理学奖.由于轨道周期逐渐变短,最终两颗中子星会合并.

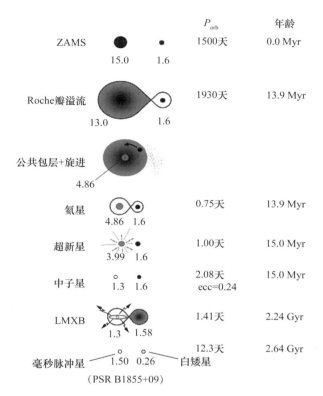

图 13.18　双星系统演化形成小质量 X 射线双星(LMXB),最后形成毫秒脉冲星的示意图
(Tauris & van den Heuvel,2003).图中 ZAMS 为零龄主序星.星体质量以太阳质量为单位.
关于中子星在小质量 X 射线双星(LMXB)中的演化请参考 Li & Wang,1996.

上面的"守恒"演化图像(见图 13.17)可以解释轨道周期较长的标准的大质量
X 射线双星(HMXB),例如 4U 0900−40,4U 1223−62.脉冲双星 PSR B1913+16
是经过 HMXB 演化后形成的双中子星系统,轨道周期 $P_{orb}=7.75$ h,两个中子星
的质量分别为 $M_p=(1.4414\pm0.0002)M_\odot$,$M_c=(1.3867\pm0.0002)M_\odot$,轨道偏
心率 $e=0.617$,双中子星合并的时标为 302 Myr.轨道周期变化的观测值与广义相
对论引力理论值符合得很好:$\dot{P}_{orb}/\dot{P}_{GR}=1.0013\pm0.0021$(Weisberg & Taylor,
2005).第一对双脉冲星(double pulsar)[1]PSR J3037−3039 的发现(Lyne,et al.,
2004)为引力波的探测和检验提供了新的,更为重要的观测对象,在短短的 2 年半的
时间内,就得到了比 PSR B1913+16(用 30 年的资料)更重要的信息(Kramer,et al.,
2006).例如 PSR J3037−3039 两个中子星质量分别为 $M_A=(1.3381\pm0.0007)M_\odot$,

———————————

① 注意,是第一对双脉冲星(两颗脉冲星组成的双星系统),而不是脉冲双星(binary pulsar).

$M_B = (1.2489 \pm 0.0007) M_\odot$. 近星点的进动, PSR B1913+16 为 $\dot{\omega} = 4.226\,595(9)$ (°/yr); PSR J3037−3039 脉冲星 A 近星点进动是 $\dot{\omega} = 16.899\,47(68)$ (°/yr). 作为比较, 对于弱引力场, 水星近星点的进动, 每一百年只有 $43''$.

13.3.4　大质量 X 射线双星演化的结局

下面考虑大质量 X 射线双星(HMXB)后续的演化. 中子星的伴星演化到主序星以后, 包层膨胀并充满临界 Roche 瓣, 通过内 Lagrange 点的物质在中子星附近形成吸积盘. 在 X 射线阶段, 随着伴星的膨胀, 吸积率逐渐增大, 最后达到约 10^{-3} $M_\odot$/yr. 由于 Eddington 光度的制约, 吸积到中子星上的物质受到限制, 只能达到 10^{-7} $M_\odot$/yr, 因此必定有相当多的下落物质被抛出, 辐射压对这种物质抛出起主要作用. Eddington 光度发生在吸积盘边缘, 从几何位形上考虑, 被抛出物质沿与吸积盘相垂直的方向运动. 这一过程可形成如 SS433 那样的喷流(见第 13.3.6 节). 当吸积盘有一定倾角时, 吸积盘会周期性进动, 这可能是 SS433 喷流进动的原因.

由于被抛出的物质带走很大的角动量, 双星的轨道会迅速变小, 当中子星的伴星演化到留下氦核心之前, 轨道周期会变成几个小时. 伴星物质留下的氦星爆发后, 可能有两种结局: 若爆发时整个系统有一半以上的物质被抛出, 这个系统就会瓦解, 形成两个空间速度高达每秒几千米的中子星. 当抛出的物质低于系统总质量的一半时, 系统就不会瓦解, 留下由两颗中子星组成的双星. 它的轨道偏心率较大, 轨道周期较小. 脉冲星 PSR B1913+16 正是这样一个系统.

Lipunov 等(1994)讨论了在密近双星的演化中形成射电脉冲星与黑洞组成的双星系统的可能性, 结论是在大约 700 个射电脉冲星中, 至少应当有一个脉冲星与黑洞组成的双星系统. 现已发现近 3000 颗脉冲星, 因而这类射电脉冲星-黑洞系统在不久的将来应当会被发现. 这种系统如果真的被发现, 将会对证明黑洞的存在起关键性作用, 这必定是天体物理中的重大事件. 脉冲星的脉冲周期十分稳定, 在双星中可用它精确测量出两子星的质量以及轨道周期变化率. 如前所述, 这一现象可用于强引力场效应的检验. 到 20 世纪 90 年代, 类似于 PSR B1913+16 的双中子星系统已发现了 5 对. Narayan 等(1991)由双星理论估计中子星-中子星系统应与中子星-黑洞系统的数目相当, 其结论也是这类中子星-黑洞系统应当在不久的将来被发现.

关于 Be/X 射线型大质量 X 射线脉冲星(HMXB). 在物质交流相以后, 由于交流的物质有很大的角动量, 通过吸盘进行吸积, 中子星的伴星将会自转得很快. 这种转动加速是物质交流的双星中普遍存在的现象, 可能是许多 Be 型星高速自转的原因. 由这种高速自转的 B 或 O 型星的赤道区域抛出的物质会产生发射线, 即形成发射线星. 由于轨道周期 P 较大, $P_{orb} \geqslant 10 \sim 15$ 天, 而伴星又处在主序阶段, 引潮力的减速作用可以忽略不计,因而伴星的自转不能与轨道周期相等,达不到所谓同步自转,所以 Be/X 射线双星中光学子星自转较快.值得注意的是,中子星变成 X 射线源之前,必须要经过一个减速过程,以使自转减慢到可使吸积物质落入中子星的磁层中.在伴星星风的作用下,这种减速的时标约为 $10^5 \sim 10^6$ 年.年轻的、尚未达到吸积的中子星,可表现为射电脉冲星.如果轨道偏心率很大,射电脉冲星就能避开伴星星风的掩食作用而被观测到.PSR B1259－63 就是这样的一个很好的例子(Johnston,et al.,1992).在这个系统中,射电脉冲周期为 47.7 ms,轨道周期 3.5 年,轨道偏心率 $e \approx 0.87$.伴星 SS2883 是 Be 型星,质量大于 $10\, M_\odot$,在近星点附近 $2 \sim 3$ 个月的时间内,受星风的掩食观测不到射电脉冲,其余的时间内表现为一个年轻的射电脉冲星:自转周期短、自转减速、磁场强(3×10^{11} G)、特征年龄小(3×10^5 年).

13.3.5　X射线脉冲星的长周期问题

已知射电脉冲星的脉冲周期分布在 1.4 ms～8.5 s 之间,X 射线脉冲星的脉冲周期在 69 ms～1400 s 之间,且近半数的 X 射线脉冲星的脉冲周期大于 100 s.一般认为新诞生的中子星的自转周期$\leqslant 0.1$ s,这说明在大质量密近双星中诞生的中子星在达到 X 射线脉冲辐射之前,必定经历过一个很强的自转减速过程.自转减速时标 t_{sd} 应比大质量伴星的寿命(10^7 年)短.在这样一个时标内要减速到几百秒的自转周期,从理论上讲尚有一定困难,文献中称为"长周期问题".发现长周期 X 射线脉冲星之前,Illarionov 和 Synyaev(1975)曾提出如下图像:大质量双星中新诞生的中子星的表现类似射电脉冲星,它的辐射能量由中子星自转减速来提供,称为脉冲星相.当伴星星风的压强超过脉冲星星风压强时,射电辐射停止,称为睡眠相.之后进入中子星磁层中的等离子体被高速自转的磁层甩出去,被甩出的物质带走中子星的角动量,中子星转动减速.这个过程像一个螺旋桨,称为螺旋桨相.在螺旋桨机制的作用下,中子星不断减速,中子星转速小到一定程度,吸积开始,形成 X 射线脉冲星.减速时标受大质量伴星寿命的限制,按上述理论估计出脉冲星的脉冲周期$\leqslant 10$ s.第一颗长周期 X 射线脉冲星(A 1118－61,脉冲周期 405 s)发现之后,许多人从不同角度研究了这个"长周期问题",例如弱吸积方案、超新星爆发前在引潮力作用下使双星的子星同步自转方案(Lea,1976)、长周期产生于吸积开始之后的方案(Elsner,et al.,1980)等.

射电脉冲星 PSR B1259－63 的发现 (Johnston,et al.,1992)说明,在大质量双星中诞生的中子星可表现为射电脉冲星,它发生在吸积产生 X 射线阶段之前,说明脉冲星相的确存在.但在一般情况下,由于伴星星风的自由-自由吸收,这时的射电脉冲星是观测不到的(除非偏心率大、轨道周期长).脉冲星星风在伴星星风中吹出一个空洞,不能产生吸积.因脉冲星辐射的能量来自中子星自转能量的损失,随着中子星自转能的减少,空洞也愈来愈小,最后空洞消失,射电辐射熄灭.射电辐射熄灭时的中子星自转周期对以后的转动减速有重要的影响.目前对脉冲星与星风作用还不能进行详细的观测分析.在脉冲星的研究中,光速圆柱是一个很重要的概念,那里的共转速度等于光速.光速圆柱的半径 $r_c = c/\Omega = cP/(2\pi)$,这里 P 是脉冲星的周期.下面利用 r_c 和磁层半径(Alfvén 半径)r_m,共转半径 r_{co}(在该半径处,吸积物质与中子星角速度相同,都具有 Kepler 速度)等的关系对各阶段加速和减速(即中子星自转周期的变化)进行一些讨论.

(1) 早期阶段:$r_c < r_m$.

这时中子星自转快、磁场强,中子星的磁层边界在光速圆柱的外边,不可能发生吸积.在吸积半径 $r_a \leqslant r_c$ 的条件下,发生吸积时中子星自转周期的下限是

$$P \geqslant (0.4 \text{ s}) \dot{M}_{17}^{-1/8} \mu_{30}^{1/3} V_3^{-5/8} (M/M_\odot)^{1/8}, \tag{13.41}$$

这里 $\dot{M}_{17} = \dot{M}/(10^{17} \text{ g} \cdot \text{s}^{-1})$ 为中子星的吸积率,$\mu_{30} = \mu/(10^{26} \text{ T} \cdot \text{cm}^3)$ 为中子星的磁矩,$V_3 = V/(10^3 \text{ km} \cdot \text{s}^{-1})$ 为伴星星风的速度,M 为中子星的质量.这就是说在"典型"参数的情况下,中子星的自转周期小于 0.4 s 是不可能发生吸积的.

(2) $r_{co} < r_m < r_c$.

$r_{co} < r_m$ 不能吸积,吸积物质留在磁层边界上,可有两种制动方式:

(i) 弱星风的电磁制动.

在 $r = r_m$ 处,吸积物质迫使磁力线弯曲,与磁层一起共转的中子星受到制动,由此估计出制动时标为(Bhattacharya & van den Heuvel,1991)

$$t_{sd} = 8\pi I \Omega_0^{1/13} B_0^{-14/13} R^{-42/13} (2GM)^{3/13} M^{-6/13}. \tag{13.42}$$

式中 I, B_0, R, M 分别是中子星的转动惯量、表面磁场、半径和质量.取"标准值",并假定 $\dot{M} = 3.4 \times 10^{-14} M_\odot \cdot \text{yr}^{-1}$,取中子星"初始"自转周期 $P_0 = 10^{-2}$ s 和 10^2 s,分别给出 $t_{sd} = 1.6 \times 10^7$ 年和 8×10^6 年.二维的数值模拟可使上述制动时标略有下降,但仍和伴星的演化时标相近.

(ii) 瞬时性吸积盘的制动.

Be/X 射线脉冲星瞬时暴发时观测到很快的转动加速,两次暴发之间又观测到转动减速.这说明在暴发时星风在中子星附近形成了瞬时的吸积盘,吸积盘的制动作用明显,时标估计为约 10^3 年.由于 Be 型星经历了多次暴发,中子星自转减速到秒级要经历 $10^5 \sim 10^6$ 年.

(iii) $r_m < r_{co}$.

经过约 $10^6 \sim 10^7$ 年的演化,伴星已演化到充满临界 Roche 瓣,通过内 Lagrange 点物质交流在中子星附近形成永久性的吸积盘.中子星吸积产生 X 射线,

并转动加速,使中子星自转周期重新减少,达到"平衡周期",$P = P_{eq}$.

值得指出的是,脉冲星能否达到几百秒的自转周期,理论上仍然是一个未解决的问题.要使伴星演化时标 t 比制动时标 t_{sd} 大,要么限制伴星的质量(增加寿命),要么"去掉"脉冲星相,或者对新诞生的中子星的自转周期值($\leqslant 0.1\ \mathrm{s}$)提出疑问(减少 t_{sd}),否则必须有更有效的制动机制.

13.3.6　同时有红移和蓝移的 X 射线双星:SS433

SS433 是在 Stephenson 和 Sanduleak 编制的 H_α 发射线星表中列出的 433 号天体,因此得名.

这是一颗视星等为 13.5 等的星,后被证认为 X 射线源,也是致密的射电源,而且处在超新星遗迹 W50 中.它在 X 射线和射电波段都有很大光度变化(1977 年已发现有很大射电光变).1978 年下半年,美国和意大利的天文学家发现这个天体同时有很大的红移和蓝移(红移最大值为 $4.8 \times 10^4\ \mathrm{km/s}$,蓝移最大值为 $3 \times 10^4\ \mathrm{km/s}$).这在天文学的观测历史上是前所未见的现象,而且是蓝移最大的天体.消息一公布就在天文学界引起了极大的轰动.

(1)观测特征.

SS433 的最奇特之处是三重谱线.

(i)红移:$1.1 \times 10^4 \sim 4.8 \times 10^4\ \mathrm{km/s}$.

(ii)蓝移:$0 \sim 3 \times 10^4\ \mathrm{km/s}$.各条谱线的位移相同,而且谱线很窄:$\frac{\Delta \lambda}{\lambda} = 1\%$.以后人们又发现另外有一个 162.5 天的周期

(iii)"不移动"的谱线:振幅为 $76\ \mathrm{km/s}$,周期 13 天.

是什么样的天体产生如此奇特的观测现象呢? 对此,天文学家提出了各种各样的模型,如黑洞模型,即黑洞吸积盘的红移和蓝移,以及喷流模型,即喷流产生的红移和蓝移.喷流的解释已被观测所证实.

(2)理论解释.

值得注意的是,在发现 SS433 的红移和蓝移初期,人们提出喷流模型(图 13.19)时,并未观测到如图 13.20 所示的周期变化.但进一步观测发现周期变化与喷流模型符合得很好.喷流的速度为 $V = 0.27c$,喷流以 162.5 天的周期进动,致密星与其伴星的轨道周期为 13 天.

在喷流模型中,假定喷流以速度 V 由一个致密天体向两极喷出,该喷流方向绕一进动轴进动.喷流与进动轴之间的夹角为 θ,观测者与进动轴之间的夹角为 i,这样喷流速度在观测者方向上的投影速度就会周期性地变化.将这变化与观测到的数据比较,可以得到喷流的速度为 $V = 0.27c$.

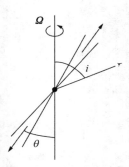

图 13.19   SS433 喷流模型.喷流向相反方向喷出,观测者能同时观测到喷流产生的红移和蓝移.喷流环绕 **Ω** 转动,观测到红移和蓝移周期性变化.

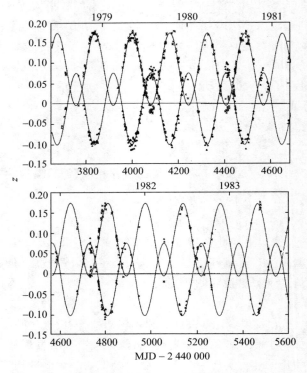

图 13.20   SS433 在 1978—1983 年间的 Doppler 移动(Margon,1984).z 表示红移.

各种观测(X 射线,射电等)都表明这一喷流确实存在.这是人类发现的第一个恒星级喷流.

下面我们看看喷流模型的具体计算.

Doppler 红移 z(蓝移 z')可表示为

$$1 + z = \sqrt{\frac{c + V_r}{c - V_r}} = \gamma\left(1 + \frac{V_r}{c}\right), \tag{13.43}$$

其中 V_r 是视向速度,即速度在视线方向的投影. 于是由球面三角或者矢量点乘,可得

$$l = n_r \cdot \frac{V_r}{V} = \sin i \sin\theta \cos\Omega t + \cos i \cos\theta$$

$$= a\cos\Omega t + b,$$

$$l' = -l = -a\cos\Omega t - b, \tag{13.44}$$

式中 n_r 是观测方向的单位矢量, l 为观测者 n_r 与喷流速度 V_r 之间的方向余弦, Ω 是进动周期,由观测给出,常数为

$$a = \sin i \sin\theta,$$

$$b = \cos i \cos\theta, \tag{13.45}$$

$$\Omega = 2\pi/162d.$$

$$\begin{cases} 1 + z = \gamma(1 + lV/c), \\ 1 + z' = \gamma(1 + l'V/c), \end{cases} \tag{13.46}$$

即

$$\begin{cases} 1 + z = \gamma\left(1 + \dfrac{V}{c}a\cos\Omega t + \dfrac{V}{c}b\right), \\ 1 + z' = \gamma\left(1 + \dfrac{V}{c}a\cos\Omega t - \dfrac{V}{c}b\right). \end{cases} \tag{13.47}$$

由观测给出

$$\begin{cases} \cos\Omega t = 0: 1 + z = 1.175, 1 + z' = 0.903; \\ \cos\Omega t = 1: 1 + z = 1.045, 1 + z' = 0.982. \end{cases} \tag{13.48}$$

于是

$$\frac{V}{c}a = 0.0765,$$

$$\frac{V}{c}b = 0.0544. \tag{13.49}$$

由此给出

$$V = 0.27c.$$

由式(13.45),有

$$(i, \theta) = (78°, 17°) \text{ 或} (17°, 78°).$$

INTEGRAL 光变曲线给出 SS433 双星质量比 $q(M_X/M_2) = 0.2$(Cherepash-chuk,et al.,2005),显示致密天体有大质量伴星,是早型 B 型星,所以 SS433 是一个 HMXB 系统(图 13.21),这已被光学等观测证实(Charles,et al.,2007).

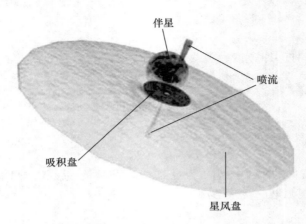

图 13.21　大质量 X 射线双星(HMXB)SS433 示意图.(Charles,et al.,2007)

　　这是一个双星系统,但是,在这个双星系统中心的致密天体是什么? 为什么会有这样高速度的喷流? 这还需要进一步研究.

　　Charles 等(2007)认为致密天体是黑洞.但黑洞为什么产生如此强大的喷流值得研究.Qiao,Li 和 Cheng (1992)提出,SS433 是一个三体系统,致密天体是两颗靠近的中子星,喷流是两颗中子星磁湮灭(annihilation)产生的(见图 13.22).该模型可以给出观测到的各种不同的周期 (见表 13.7).这里需要指出的是,考虑致密天体的进动,可以给出观测到的各种不同的周期,由此并不能完全检验致密天体的本质.

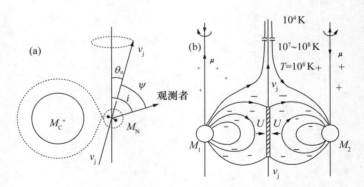

图 13.22　SS433 的三体模型.(Qiao,Li & Cheng,1992)

表 13.7　SS433 观测值与三体模型的比较（Qiao,Li & Cheng,1992）

观测	模型
1. 喷流功率 $P \geqslant 10^{39}$ erg/s	1. 喷流功率 $P \geqslant 10^{39}$ erg/s
2. 速度 $V_j = (0.2601 + 0.0014)c$	2. 速度 $V_j = 0.26c$
3. 张角 $\theta_0 = 19.80° + 0.18°$ 进动周期 $T_\omega = (162.532 + 0.062)$ 天	3. 张角 $\theta_0 = 19.8°$ 进动周期 $T_\omega = 162.55$ 天
4. 宽度 $W \leqslant 0.1$ rad	4. 宽度 $W \leqslant 0.1$ rad
5. 其他周期： 测光：6.05 天，6.56 天 光谱：6.06 天，6.29 天，5.83 天 光变：162.5 天	5. 其他周期： 6.06 天，6.54 天 5.83 天，6.29 天，81.28 天

§13.4　讨　　论

　　射电脉冲星的发现是 20 世纪 60 年代 4 个重大天文发现之一. 一般认为射电脉冲星是具有强磁场的快速自转的中子星. 对脉冲星的各种观测为人们了解中子星提供了重要线索. 不过对脉冲星本质的了解还很贫乏（例如,脉冲星是中子星还是夸克星、确切的辐射区域辐射机制等仍然有待研究）.

　　中子星由于吸积而表现出 X 射线波段脉冲辐射,大大开拓了认识中子星特性的眼界. 从 X 射线脉冲星观测研究而得到的质量、磁场等方面的信息是非常重要的,必将对中子星研究工作产生深远的影响.

　　X 射线脉冲星的研究为中子星吸积过程提供了重要的观测事实. 从理论上说,尽管已有了关于这一过程的总体框架,然而对于 X 射线产生和传播的细节还不完全清楚,需要进行大量的观测和理论研究.

　　X 射线脉冲星为密近双星的演化提供了重要的观测依据. 大质量密近双星有可能演化为中子星-中子星系统,其中部分也可能演化为中子星-黑洞系统. 第一对中子星-中子星系统的发现及随后的引力波间接验证,获得了 1993 年度诺贝尔物理学奖. 从理论上讲,中子星-黑洞系统也应在最近被发现. 如通过这一系统验证了黑洞的存在,这一系统的发现也将会成为诺贝尔物理学家奖的热门项目.

第十四章 X射线脉冲单星

§14.1 射电脉冲单星的 X 射线辐射

14.1.1 概述

人们在射电波段已经观测到 2000 多颗脉冲星(称为射电脉冲星),其中有 100 多颗观测到 X 射线辐射(Lorimer,2008),并且在 X 射线波段上还观测到暗 X 射线孤立中子星(X-ray dim isolated neutron stars,XDINS,或者 dim isolated neutron stars,DIN)、超新星遗迹中的中心致密天体(central compact objects,CCO)、反常 X 射线脉冲星(anomalous X-ray pulsars,AXP),和软 γ 射线重复暴(soft gamma-ray repeaters,SGR).在 γ 射线波段,人们已经观测到了一百多颗脉冲星(称为 γ 射线脉冲星),其中有射电脉冲和无射电的 γ 射线脉冲星大约各占一半,毫秒脉冲星占大约 30%(Smith,2011).在已知的脉冲星中,处于双星系统的约占 10%,其伴星可以是主序星(如 PSR J0045−7319),白矮星(如 PSR B1620−26)或中子星(如 PSR B1913+16).一般而言,脉冲双星与毫秒脉冲星有密切的关系.

自转能提供辐射的中子星(rotation-powered neutron stars,RPNS)或自转能提供辐射的脉冲星(rotation-powered pulsar,RPP)的软 X 射线以及各种热辐射、非热辐射包括(Becker & Trümper,1997):

(1)脉冲星磁层中被加速相对论性粒子产生的非热辐射.

(2)由冷却中子星表面温度较高的区域产生的辐射.随中子星自转可观测到低调制度辐射,包括修正的黑体辐射和平滑的热辐射.

(3)中子星极冠区被加速粒子的轰击产生的热辐射.

(4)由脉冲星驱动的同步辐射星云.

(5)由脉冲星相对论性星风或相对论性星风与星际介质作用产生的软 X 射线.有关 X 射线脉冲星的情况,请见图 14.1,图 14.2 和表 14.1.

14.1.2 脉冲星 X 射线辐射类型

(1)类蟹状星云脉冲星(Crab-like pulsars).

特征年龄小于 2000 年的年轻脉冲星,辐射由磁层主导.蟹状星云脉冲星 PSR B0531+21 至少有约 75% 的软 X 射线辐射来自磁层.PSR B1509−58 的 X 射线脉冲成分为 65%±4%.

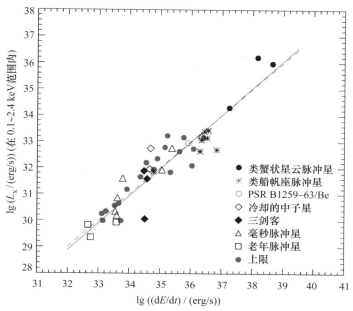

图 14.1 自转能提供能量的脉冲星的 X 射线光度-自转能损图. 图中的脉冲星取自 ROSAT (1996)观测数据,实线和虚线分别为 $L_\mathrm{X}(\dot{E}) \propto \dot{E}^{1.03}$ 和 $L_\mathrm{X}(\dot{E}) = 10^{-3} \times \dot{E}$. 三剑客指的是 Geminga,PSR B0656+14 和 B1055−52.(Becker & Trümpera,1997)

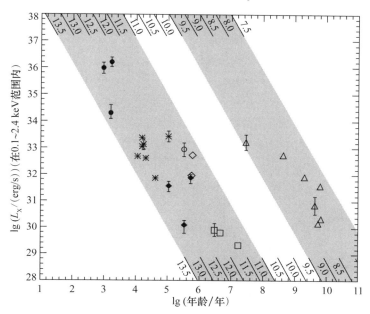

图 14.2 X 射线光度(0.1~2.4 keV)-脉冲星特征年龄图. 三角、方形等符号见图 14.1.(Becker & Trümpera,1997)

表 14.1　转动能提供能量脉冲星(RPP)的光学、X射线和 γ 射线
观测特性(Becker & Trümper,2007)

脉冲星	注释	观测特性						P /ms	P /(10^{-15} s/s)	D /kpc	$\lg(B_\perp/G)$
		R	O	X_s	X_h	γ_g	γ_h				
B0531+21	蟹状星云	p	p	p	p	p	p	33.40	420.96	2.00	12.58
B0833−45	船帆座	p	p	p	p	p	p	89.29	124.68	0.50	12.53
B0633+17	Geminga	?	d	p	—	—	p	237.09	10.97	0.16	12.21
B1706−44	G3−43.1−02.3	p	—	d	—	—	p	102.45	93.04	1.82	12.49
		R	O	X_s	X_h	γ_g	γ_h	ms	s·s^{-1}	kpc	Ganss
B1509−58	MSH 15−52	p	d	p	p	p	—	150.23	1540.19	4.30	13.19
B1951+32	CTB 80	p	—	d	—	—	p	39.53	5.85	2.50	11.69
B1046−58	船帆座型	p	—	d	—	—	?	123.65	95.92	2.98	12.54
B1259−63*	Be-star/bin	p	—	d	d	d	—	47.76	2.27	2.00	11.51
B1823−13	船帆座型	p	—	d	—	—	—	101.45	74.95	4.12	12.45
B1800−21	G8.7−0.1	p	—	d	—	—	—	133.61	134.32	3.94	12.63
B1929+10		p	d	p	—	—	—	226.51	1.16	0.17	11.71
J0437−47	毫秒脉冲星	p	—	p	—	—	—	5.75	2.0×10^{-5}	0.18	8.54
B1821−24	M28 中的毫秒脉冲星	p	—	p	p	—	—	3.05	1.6×10^{-5}	5.50	9.35
B0656+14	冷却中子星	p	p	p	—	—	?	384.87	55.03	0.76	12.67
B0540−69	LMC 中	p	p	p	—	—	—	50.37	479.06	49.4	12.70
J2124−33	毫秒脉冲星	p	—	p	—	—	—	4.93	1.08×10^{-5}	0.25	8.36
B1957+20	毫秒脉冲星	p	—	d	—	—	—	1.60	1.2×10^{-5}	1.53	8.14
B0950+08		p	?	d	—	—	—	253.06	0.23	0.12	11.39
B1610−50	ASCA	p	—	d	—	—	—	231.60	492.54	7.26	13.03
J0538+28	G180.0−1.7	p	—	d	—	—	—	143.15	3.66	1.50	11.87
J1012+53	毫秒脉冲星	p	—	d	—	—	—	5.25	1.4×10^{-5}	0.52	8.45
B1055−52	冷却中子星	p	d	p	—	—	p	197.10	5.83	1.53	12.03
B0355+54		p	—	d	—	—	—	156.38	1.39	2.07	11.92
B2334+61	G114.3+0.3	p	—	d	—	—	—	495.21	191.91	2.46	12.99
J0218+42	毫秒脉冲星	p	—	d	—	—	—	2.32	8.0×10^{-5}	5.70	8.63
B0823+26		p	—	d	—	—	—	530.66	1.72	0.38	11.99
J0751+18	毫秒脉冲星	p	—	d	—	—	—	3.47	8.0×10^{-6}	2.02	8.23

表中列出射电、光学、X射线和 γ 射线的观测情况. 表中符号:p,脉冲;d,未观测到脉冲;R,射电;O,光学;X_s,软 X 射线($E_\gamma \sim 1$ keV);X_h,硬 X 射线($E_\gamma \sim 10$ keV);γ_s,软 γ 射线($E_\gamma \sim 1$ MeV);γ_h,硬 γ 射线($E_\gamma > 100$ MeV);D,天体距离;$B_\perp$,磁场垂直分量.

（2）类船帆座脉冲星（Vela-type pulsars）.

这类脉冲星的特征年龄约 $10^4 \sim 10^5$ 年，如船帆座脉冲星，PSR B1706－44，PSR B1046－58，PSR B1800－21，PSR B1823－13 和 PSR B1951＋32. 这类脉冲星有同步辐射星云，靠强而稳定的脉冲星供能，在 $0.1 \sim 0.5$ keV 能段脉冲辐射成分很小，仅船帆座脉冲星有脉冲辐射.

（3）冷却的中子星.

中等年龄的脉冲星 Geminga（PSR B0633＋17），PSR B0656＋14 和 PSR B1055－52 的频谱由两部分构成，软 X 射线为黑体谱，硬 X 射线为热谱或幂率谱，软 X 射线和硬 X 射线脉冲轮廓为正弦曲线.

（4）老年脉冲星.

脉冲星 PSR B1929＋10，PSR B0950＋08 和 PSR B0823＋26 的年龄都较大（$(0.2 \sim 3) \times 10^7$ 年）、距离较近（$0.12 \sim 0.38$ kpc），但仅 PSR B1929＋10 检测到 X 射线脉冲辐射，单峰的 X 射线脉冲轮廓很宽.

（5）毫秒脉冲星.

毫秒脉冲星的 X 射线辐射由中子星极冠热辐射的脉冲成分和脉冲星星风的非热辐射组成.

§14.2　孤立 X 射线天体概述

X 射线望远镜开辟了重要的天文观测窗口，利用频谱、测时、成像等方面的功能为中子星的研究提供了丰富的资料. X 射线天文学在开始阶段就给出了年轻脉冲星的非热辐射，对脉冲星热辐射、中子星表面的冷却随年龄的变化等提供了大量观测信息. 特别需要指出的是，人们发现了多种新型天体：暗 X 射线孤立中子星、超新星遗迹中心致密天体、转动射电暂现源（RRAT）[①]、反常 X 射线脉冲星和软 γ 射线重复暴等. 这为我们提供了"标准"射电脉冲星无法观测到的多种现象. 到目前为止，人们观测到暗 X 射线孤立中子星约 9 颗，超新星遗迹中心致密天体约 11 颗. 部分暗 X 射线孤立中子星和超新星遗迹中心致密天体在 X 射线波段观测到了脉冲周期和周期对时间的导数，但未观测到射电脉冲.

现在已经发现 2000 多颗由转动能损提供能量的射电脉冲星（RPP），由于辐射的方向性的影响，这种天体大约有 10% 被观测到. 考虑射电观测的选择效应，银河系中的脉冲星总数大约有 10^6 个. 由于 γ 射线辐射束宽，γ 射线的观测使 RPP 有所增加. 大约一百颗转动能损提供能量的射电脉冲星观测到了 X 射线，包括年轻而有

---

① RRAT：中子星在短时间内（$2 \sim 30$ min）辐射射电脉冲，时间间隔为分到小时. 仅 PSR J1819－1458 监测到 X 射线辐射. X 射线辐射周期 4.26 s，光度约 $(2 \sim 5) \times 10^{33}$ erg·s^{-1}（Mereghetti, 2010）.

活力的脉冲星(如蟹状星云脉冲星),少数距离近的老年脉冲星(例如船帆座脉冲星和 Geminga)以及几十颗毫秒脉冲星(多数在球状星团中).上述几种 X 射线源示于图 14.3.暗 X 射线孤立中子星见图 14.4.孤立中子星分类见表 14.2.

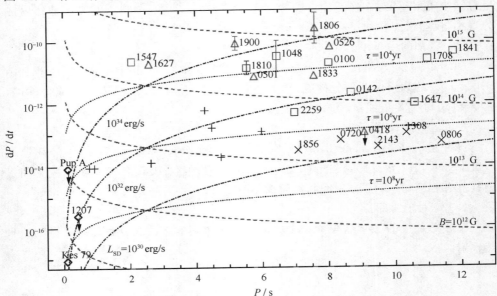

图 14.3　$P\text{-}\dot{P}$ 图给出不同类型的孤立中子星的分布.图中符号:暗 X 射线孤立中子星 XDINS(×),超新星遗迹中心致密天体 CCO(◇),反常 X 射线脉冲星 AXP(正方形),软 γ 射线重复暴 SGR(△),转动射电暂现源(十),磁场(虚线),特征年龄(点线),自转能损率(虚点线).引自 Mereghetti,2010.

图 14.4　暗 X 射线孤立中子星 XDINS RX J185635－3754 的光学图像(箭头指向天体).

表 14.2 孤立中子星几种类型的部分参数(Mereghetti,2010)

名称	P /s	$\dot{P}$ /(s·s⁻¹)	$D^{(a)}$ /kpc	成协	注
XDINS					
RX J0420.0−5022	3.45	—	0.345	—	
RX J0720.4−3125	8.39	7.01×10^{-14}	0.36	—	G?
RX J0806.4−4123	11.37	$(5.5\pm3.0)\times10^{-14}$	0.25	—	
RX J1308.3+2127	10.31	1.120×10^{-13}	0.5	—	RBS1223
RX J1605.3+3249	—	—	0.39	—	RBS1556
RX J1856.5−3754	7.06	$(2.97\pm0.07)\times10^{-14}$	0.16	—	
RX J2143.0+0654	9.43	$(4.1\pm1.8)\times10^{-14}$	0.43	—	RBS1774
2XMM J104608.7−594306	—	—	2	—	候选体
RX J1412.9+7922	—	—	3.6	候选体	Calvera
CCO					
RX J0822.0−4300	0.122	$<8\times10^{-15}$	2.2	Puppis A	
CXOU J085201.4−461753	—	—	1	G266.1−1.2	
1E 1207.4−5209	0.424	$<2.5\times10^{-16}$	2	G296.5+10.0	
CXOU J160103.1−513353	—	—	5	G330.2+0.1	
RX J1717.4−3949	—	—	1.3	G347.3−0.5	
CXOU J185238.6+004020	0.105	8.7×10^{-18}	7.1	Kes 79	
1E 161348−5055.1	—	—	3.3	RCW 103	T
CXOU J232327.8+584842	—	—	3.4	Cas A	
XMMU J172054.5−372652	—	—	4.5	G350.1−0.3	候选体
XMMU J173203.3−344518	—	—	3.2	G353.6−0.7	候选体
CXOU J181852.0−150213	—	—	8.5	G15.9+0.2	候选体
AXP 和 SGR					
CXOU J010043.1−721134	8.02	1.9×10^{-11}	60	SMC	AXP
4U 0142+61	8.69	2×10^{-12}	3.6	—	B,G?
1E 1048.1−5937	6.45	$(1\sim10)\times10^{-11}$	8	—	B,G
1E 1547.0−5408	2.07	2.3×10^{-11}	5	G327.2−0.1	T,B,R
PSR J1622−4950	4.33	1.7×10^{-11}	9	—	R[88]
CXOU J164710.2−455216	10.6	9.2×10^{-13}	3.9	Westerlund 1	T,B,R
IRXS J170849.0−400910	11.0	2.4×10^{-11}	5	—	G
XTE J1810−197	5.54	$(0.8\sim2.2)\times10^{-11}$	3.1	—	T,B,R
1E 1841−045	11.77	4.1×10^{-11}	8.5	Kcs 73	G
1E 2259+586	6.98	4.8×10^{-13}	4	CTB 109	B,G
AX J1844.8−0256	6.97	—	8.5	G29.6+0.1	候选体,T
SGR 0418+5729	9.1	$<1.1\times10^{-13}$	2	—	T,B
SGR 0501+4516	5.76	7.1×10^{-12}	1.5	—	T,B

（续表）

名称	P /s	$\dot{P}$ /(s·s^{-1})	$D^{(a)}$ /kpc	成协	注
AXP 和 SGR					
SGR 0526－66	8.05	6.5×10^{-11}	55	LMC, N49	B,GF
SGR 1627－41	2.59	1.9×10^{-11}	11	—	T,B
SGR 1806－20	7.6	$(8\sim80)\times10^{-11}$	8.7	星团	B,GF
SGR 1833－0832	7.6	7.4×10^{-12}	10	—	T,B
SGR 1900＋14	5.2	$(5\sim14)\times10^{-11}$	15	星团 B,GF,G?	

（a）在几种类型中距离测定有较大的不确定性,(b) B＝暴发，G＝星震，GF＝大暴发，R＝射电辐射，T＝瞬变源,取自 Mereghetti,2010.

14.2.1　暗 X 射线辐射孤立中子星（XDINS）

暗 X 射线辐射孤立中子星（XDINS）的热辐射谱很软（约 $40\sim110$ eV），X 射线光度 L_X 约 $10^{30}\sim10^{32}$ erg/s，自转周期在 $3\sim12$ s 之间.光学对应体很暗（V 星等＞25），X 射线流量与光学流量之比 $F_X/F_{opt}\approx10^4\sim10^5$，没有观测到射电辐射，周期导数为 $10^{-14}\sim10^{-13}$.如果取暗 X 射线辐射孤立中子星（XDINS）的年龄为 $10^5\sim10^6$ 年，并且考虑强磁场效应，其温度与中子星冷却曲线相符.因此人们普遍相信暗 X 射线辐射孤立中子星（XDINS）的辐射能量是由热能提供的.这种软谱 X 射线源只能在星际吸收小的情况下才能被观测到.

人们有过多种观测尝试,但在暗 X 射线辐射孤立中子星（XDINS）中未观测到射电辐射.在 1400 MHz 的频率上给出的上限为 $0.14\sim5$ Jy·kpc,远低于观测到的最暗的射电脉冲星.但考虑到辐射束与周期关系等因素,不能排除观测到射电辐射的可能性.

暗 X 射线辐射孤立中子星（XDINS）的光变曲线近似正弦形,脉冲调制度在 $1.5\%\sim20\%$ 范围内.RX J1308.6＋2127 观测到双峰,显示辐射来自星体表面的大部分.

暗 X 射线辐射孤立中子星（XDINS）的频谱在 $0.2\sim0.8$ keV 能量区间有宽吸收线.大约有半数源观测到谐振谱线,被解释为 H 或 He 原子跃迁产生的辐射由于强磁场的束缚而落在 X 射线区域,要求磁场 B 约为 $10^{13}\sim10^{14}$ G.这与 RX J0720.4－3125 和 RX J1308.6＋2127 由周期和周期导数求出的磁场（2.5×10^{13} G 和 3.4×10^{13} G）一致.RX J0720.4－3125 观测到流量、脉冲剖面和频谱的变化.这种变化可能是中子星（7.1 ± 0.5）年的进动.但新的观测与此不同,频谱变化的时标较短,可能与星震有关,而温度的变化可能与星震或吸积有关.其他的暗 X 射线辐射孤立中子星流量比较稳定,RX J1856.5－3754 例外,它比 RX J0720.4－3125 亮两倍,但没有关于其流量变化的报道,这是唯一没有观测到谱线而脉冲成分最小（约 1.5%）的暗 X 射线辐射孤立中子星.

14.2.2 超新星遗迹中心致密天体(CCO)

超新星遗迹中心致密天体(CCO)是位于超新星遗迹壳层中心的未观测到射电辐射的一种天体,X 射线流量与光学流量之比 F_X/F_{opt} 很高,处于超新星遗迹中,其年龄为几千年. 有三个超新星遗迹中心致密天体观测到 X 射线脉冲,周期在 $0.1\sim0.4$ s 之间,与年轻的中子星相符,但转动减速率很小. CXOU J185238.6+004020 的周期对时间的导数($\dot{P}$)很小,由此得到的偶极磁场只有 3.1×10^{10} G,而 1E 1207−5209 和 RX J0822.0−4300 的上限分别为 $B<3.3\times10^{11}$ G 和 $B<10^{12}$ G. 这三个超新星遗迹中心致密天体的特征年龄比相应超新星遗迹的年龄高出一个多数量级,意味着它们诞生时的周期就和现在差不多. 这三个源的 X 射线光度大于自转能损率,和"磁星"(magnetar)一样,但是磁场又很弱,被称为"反磁星"(anti-magnetar). 这三个反磁星有不同的脉冲剖面. CXOU J185238.6+004020 的脉冲成分大于 60%,是孤立中子星热辐射脉冲调制度最大的一个. 1E 1207−5209 的脉冲调制度比较标准,约小于 10%,有 0.7 keV,1.4 keV,2.1 keV 的吸收线. RX J0822.0−4300 在软 X 射线(<1.2 keV)和硬 X 射线波段有近似正弦的脉冲剖面.

大多数超新星遗迹中心致密天体有 $0.2\sim0.5$ keV 的黑体辐射,没有观测到非热成分. 上述三个超新星遗迹中心致密天体,由脉冲周期和周期导数求出的自转能损率太小,不能提供观测到的 X 射线辐射,辐射应当由中子星的冷却或者由残留的吸积盘的吸积提供.

频谱的拟合需要双黑体(黑体温度分别为 T_1 和 T_2),kT_1 在 $0.16\sim0.4$ keV 范围内,$kT_2\sim2kT_1$. 这可以理解为温度分布不均匀. 双黑体意味着 X 射线辐射区域分布在 $R_1\approx0.4\sim4$ km,$R_2\approx0.06\sim0.8$ km 范围内,对于弱磁场的中子星而言,这很难理解.

尚不清楚其他未测出周期的超新星遗迹中心致密天体(CCO)是否会有"反磁星"的表现. 没有观测到超新星遗迹中心致密天体脉冲星风、星云以及射电或 γ 射线辐射,表明这些超新星遗迹中心致密天体有小的自转减速光度 L_{SD}. 超新星遗迹中心致密天体是一类与众不同的天体.

14.2.3 孤立中子星 X 射线辐射产生机制

孤立中子星 X 射线的能量由中子星内部的热能、中子星转动能、吸积能量或者磁能提供. 这些能源与中子星的年龄及物理特性有关.

中子星诞生时内部温度可达 10^{11} K,随后下降到 10^9 K. 在随后的 $10^5\sim10^6$ 年内,中微子辐射主导其冷却,使表面温度降到 $10^5\sim10^6$ K,可产生软 X 射线. 中子星表面的温度差别导致可观测到的辐射调制. 在 $10^4\sim10^6$ 年内可以产生观测到的 X 射线. 老年中子星表面温度太低,而年轻的中子星非热辐射又过强,难以观测到热辐射.

中子星的非热辐射由磁层中被加速的高能粒子产生. 高能粒子的能量由中子星转动能损提供. 非热辐射呈幂率谱, 辐射的方向性强, 脉冲成分强, 脉冲剖面比非热辐射的窄, 有时为双峰, 很多情况呈正弦形状. 由转动能损提供能量的最亮的脉冲星是蟹状星云中的脉冲星和大麦哲伦星云中的脉冲星(有三颗光度超过 10^{38} erg/s).

X 射线双星辐射由吸积提供能量. 在没有伴星的情况下, 吸积物质由星际介质提供, 但星际介质密度低, 不能产生高光度的辐射. 在超新星爆发产生中子星时, 回落物质形成的回落盘可提供吸积物质. 不过孤立中子星由吸积提供能量的机制尚无较明确的观测证据.

用磁能提供辐射能量的探讨, 只是在发现反常 X 射线脉冲星(AXP)和软 γ 射线暴(SGR)之后才提出来的一种可能的机制. AXP 和 SGR 的 X 射线光度大于自转能损失率, 不能由自转能损失率给出观测到的能量, 与此同时, 由观测到的周期 P 和周期随时间的导数 $\dot{P}$ 求出的磁场又很强($B \approx 10^{14} \sim 10^{15}$ G), 所以人们提出辐射由磁能提供的解释, 并给这类脉冲星冠以磁星的名称. 该现象引起广泛的重视, 它如此"强"的磁场, 是研究磁能提供能量的一个机遇.

§14.3　反常 X 射线脉冲星和软 γ 射线重复暴

AXP 和 SGR 是当前国际学术界关注的热点之一, 它们和射电脉冲星最大的区别有两点. 首先是其辐射能量的来源: 普遍认为射电脉冲星辐射的能量由中子星自转能量提供, 所以射电脉冲星也称为转动为动力的脉冲星; 与之相反, AXP 和 SGR 在 X 射线波段辐射的能量远大于中子星自转能量的损失率, 所以无法通过中子星转动减速来提供其辐射需要的能量. 其次对于大部分 AXP 和 SGR, 由周期和周期对时间的导数求出的磁场比普通射电脉冲星的磁场强, 有 $10^{13} \sim 10^{15}$ G, 在周期和周期对时间的导数图上与射电脉冲星有明显的差别[①], 因此将它们称为"磁星". 那么 AXP 和 SGR 辐射的能量从何而来? 一种可能性是通过吸积提供, 另一种可能性是由磁能转换为辐射. 这里我们重点介绍磁星的有关情况.

14.3.1　基本观测事实

反常 X 射线脉冲星(AXP)和软 γ 射线重复暴(SGR)主要观测事实如下(Mereghetti, 2010):

(1) 反常 X 射线脉冲星(AXP).

(i) 已知 11 颗;

(ii) X 射线脉冲周期 $P = 2 \sim 12$ s;

---

① 新的观测发现有磁场 $B < 7.5 \times 10^{12}$ G 的"磁星", 也有磁场 $B = 9.4 \times 10^{13}$ G 的射电脉冲星, 使这种差别不再清晰, 见表 14.3.

（iii）自转减慢 $\dot{P}=10^{-13}\sim10^{-11}$ s/s；

（iv）X 射线光度大于自转能损失率，$L_X>\dot{E}=\mathrm{d}E_{\mathrm{rot}}/\mathrm{d}t$；

（v）测时噪音大，有星震，有暴发；

（vi）3 颗与超新星遗迹成协；

（vii）自转减速年龄为 $10^3\sim10^5$ 年.

（2）软 γ 射线重复暴（SGR）.

（i）超强暴发（super-outbursts 或 giant-flares），暴发的光度可达 $10^{44}\sim10^{46}$ erg/s，其余观测现象与 AXP 很类似，有可能与 AXP 是同一类天体；

（ii）已知 7 颗；

（iii）X 射线脉冲周期 $P=2\sim10$ s；

（iv）自转减慢 $\dot{P}=10^{-13}\sim10^{-11}$ s/s；

（v）X 射线光度大于自转能损失率，$L_X>\dot{E}=\mathrm{d}E_{\mathrm{rot}}/\mathrm{d}t$；

（vi）测时噪音大，有暴发；

（vii）1 颗与超新星遗迹成协；

（viii）自转减速年龄为 $10^3\sim10^5$ 年.

表 14.3　反常 X 射线脉冲星(AXP)和软 γ 射线重复暴(SGR)

名称	P/s	$\dot{P}/(\mathrm{s}\cdot\mathrm{s}^{-1})$	B_s/G	成协	注
CXOU J010043.1－721134	8.02	1.9×10^{-11}	4.0×10^{14}	SMC	AXP
4U 0142＋61	8.69	2×10^{-12}	1.3×10^{14}	—	B,IR,G?,O
1E 1048.1－5937	6.45	$(1\sim10)\times10^{-11}$	$(2.6\sim5.7)\times10^{14}$	—	B,IR,G,O
1E 1547.0－5408	2.07	2.3×10^{-11}	2.2×10^{14}	G327.2－0.1	T,B,IR,R
PSR J1622－4950	4.33	1.7×10^{-11}	2.8×10^{14}		R
CXOU J164710.2－455216	10.6	9.2×10^{-13}	1.0×10^{15}	Westerlund 1	T,B,G
IRXS J170849.0－400910	11.0	2.4×10^{-11}	5.2×10^{14}		G,IR?
XTE J1810－197	5.54	$(0.8\sim2.2)\times10^{-11}$	$(0.9\sim11)\times10^{14}$	—	T,B,IR,R
1E 1841－045	11.77	4.1×10^{-11}	7.0×10^{14}	Kes 73p	IR? G
1E 2259＋586	6.98	4.8×10^{-13}	5.9×10^{13}	CTB 109	B,G
AX J1844.8－0256	6.97	—		G29.6＋0.1	T
SGR 0418＋5729	9.1	$<6.0\times10^{-15}$	$<7.5\times10^{12}$	—	T,B
SGR 0501＋4516	5.76	7.1×10^{-12}	7.3×10^{14}	—	T,B,IR
SGR 0526－66	8.05	6.5×10^{-11}	7.3×10^{14}	LMC，N49	B,GF
SGR 1627－41	2.59	1.9×10^{-11}	2.3×10^{14}		T,B
SGR 1806－20	7.6	$(8\sim80)\times10^{-11}$	$(0.9\sim2.5)\times10^{15}$	星团	B,IR,GF
SGR 1900＋14	5.2	$(5\sim14)\times10^{-11}$	$(5.2\sim8.6)\times10^{14}$	星团	B,IR?,GF

选自 Mereghetti,2010；参见 Mereghetti,2013. 最后一栏的符号分别是：B,暴发（bursts）；G,星震（glitches）；GF,大暴发；R,射电辐射（radio emission）；T,瞬变源（transient）；IR,红外射线（infrared ray）；O,光学脉冲（optical pulsed）.

（3）脉冲剖面及脉冲周期随时间的变化

"磁星"的脉冲剖面以及周期随时间的变化与射电脉冲星、大质量 X 线脉冲星有相同也有不同之处：射电脉冲星的脉冲周期 P 在 0.0014 s 到 8.5 s 之间，而 $\mathrm{d}P/\mathrm{d}t$ 则在 10^{-12} s/s 到 10^{-21} s/s 之间，稳定得多. 对于大质量 X 射线脉冲星而言，$P=$ 69 ms ～1400 s，周期随时间的变化与 AXP，SGR 非常相似.

图 14.5 给出几颗反常 X 射线脉冲星（AXP）不同波段的脉冲剖面（Mereghetti，et al.，2002a）. 图 14.6 给出反常 X 射线脉冲星光学和 X 射线观测示例（Kaplan，2009）. 反常 X 射线脉冲星不同波段的脉冲剖面与大质量 X 射线脉冲星的脉冲剖面（见图 13.8）非常相似.

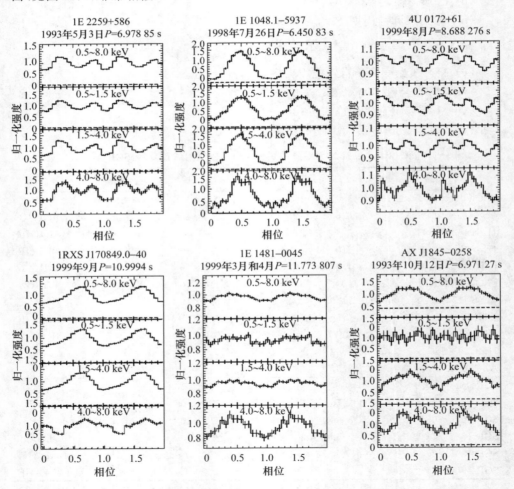

图 14.5　几颗反常 X 射线脉冲星（AXP）不同波段的脉冲剖面.（Mereghetti，et al.，2002a）

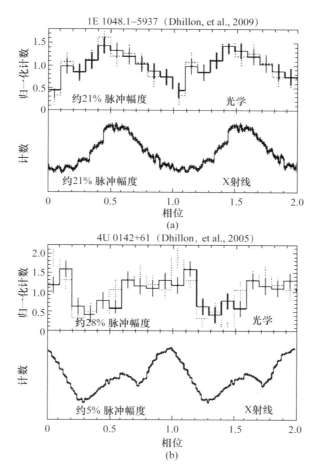

图 14.6　反常 X 射线脉冲星(AXP)光学和 X 射线观测示例. 光学的脉冲成分大于等于 X 射线的脉冲成分, 看来光学辐射不与 X 射线紧密关联. (Kaplan, 2009)

　　图 14.7 给出几颗反常 X 射线脉冲星脉冲周期随时间的变化(Mereghetti, et al., 2002b)图. 图 14.8 给出 X 射线双星周期随时间的变化(Nagase, 1989). 比较图 14.7 与图 14.8, 我们会看出除反常 X 射线脉冲星是转动减速、X 射线双星是转动加速的不同外, 其周期随时间的变化的稳定度很类似.

　　(4) X 射线光度大于自转能损失率.

　　射电脉冲星射电光度小于高能辐射的光度, 总光度小于自转能损率, 被公认为自转能提供能源的脉冲星. 与此相反, 反常 X 射线脉冲星(AXP)和软 γ 射线重复暴(SGR)的总光度大于自转能损率, 自转能无法提供辐射所需要的能量.

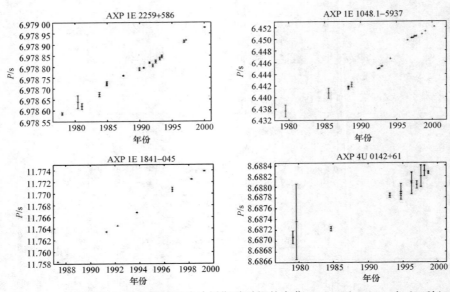

图 14.7　几颗反常 X 射线脉冲星脉冲周期随时间的变化.（Mereghetti, et al., 2002b）

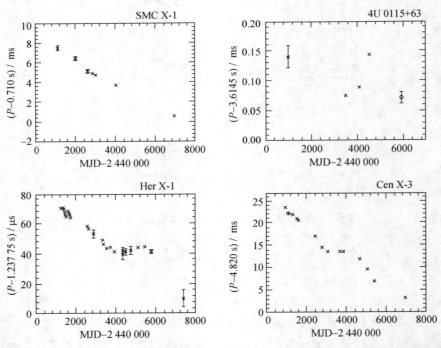

图 14.8　X 射线双星周期随时间的变化（Nagase, 1989）. 与图 14.7 反常 X 射线脉冲星周期随时间的变化（转动减速）相比, 除周期随时间减少（即转动加速）外, 其不稳定性很类似.

作为比较,表 14.4 列出部分射电脉冲星 X 射线光度. X 射线光度仅为自转能损率的 10^{-2} 到 10^{-5},而反常 X 射线脉冲星和软 γ 射线重复暴的 X 射线光度和自转能损率之比为 $10\sim10^3$. 显然,自转能损率无法给出反常 X 射线脉冲星和软 γ 射线重复暴的 X 射线光度.

表 14.4　部分射电脉冲星 X 射线光度

PSR J	τ/kyr	总 $L_X/(\mathrm{erg/s})$	脉冲 $L_X/(\mathrm{erg/s})$	$\dot{E}/(\mathrm{erg/s})$	$L_X/\dot{E}$
$0534-2200$	1.3	1×10^{36}	1×10^{36}	4×10^{38}	2.5×10^{-3}
$0540-6919$	1.7	1.6×10^{36}		1.6×10^{38}	1×10^{-2}
$1513-5908$	1.5	2×10^{34}	2×10^{34}	1.6×10^{37}	1.25×10^{-3}
$0835-4510$	11.2	4×10^{32}	4×10^{31}	6.3×10^{36}	6.3×10^{-5}
$1952+3252$	107.1	1.6×10^{33}	6.3×10^{32}	4×10^{36}	4×10^{-4}
$1709-4428$	17.4	1.6×10^{32}		3.2×10^{36}	5×10^{-5}
$2337+6151$	40.7	1.2×10^{33}		6.3×10^{34}	2×10^{-2}
$0659+1414$	109.6	6.3×10^{32}	1×10^{32}	4×10^{34}	0.016
$1803-2137$	15.8	1×10^{33}		2×10^{36}	0.5×10^{-3}
$2229+6114$	10.0	5×10^{33}		2×10^{37}	2.5×10^{-4}
$0953+0755$	1.7×10^4	7.9×10^{29}		5×10^{32}	1.58×10^{-3}
$0826+2637$	4.9×10^3	1×10^{30}		4×10^{32}	2.5×10^{-3}

(5) 反常 X 射线脉冲星(AXP)和软 γ 射线重复暴(SGR)的磁场.

假定中子星自转能损率等于磁偶极垂直分量的辐射,

$$\frac{\mathrm{d}E_\mu}{\mathrm{d}t} = \frac{\mathrm{d}E_{\mathrm{rot}}}{\mathrm{d}t}, \tag{14.1}$$

由周期 P 和周期的导数 $\mathrm{d}P/\mathrm{d}t$ 可求出磁场

$$B = \left(\frac{3Ic^3}{8\pi^2 R^6}\right)^{1/2}\left(P\frac{\mathrm{d}P}{\mathrm{d}t}\right)^{1/2} \approx 3.2\times10^{19}\,\mathrm{G}\left(P\frac{\mathrm{d}P}{\mathrm{d}t}\right)^{1/2}, \tag{14.2}$$

式中 I 是中子星转动惯量,R 是中子星的半径,c 是光速.

由(14.2)式求出的反常 X 射线脉冲星和软 γ 射线重复暴的磁场普遍很强,在 $10^{14}\sim10^{15}$ G 的范围内. 这一点,加上 X 射线光度大于自转能损率,将其冠以"磁星"称号是"很自然的". 这个观点,可以更清楚地显示在早期的 P-$\mathrm{d}P/\mathrm{d}t$ 图上. 但新的观测使电脉冲星、磁星的磁场在 P-$\mathrm{d}P/\mathrm{d}t$ 图上的位置互相交融(图 14.9),强磁场的独特性受到质疑. 进一步的观测发现射电脉冲星、磁星、孤立中子星的磁场对"磁星"的强磁场问题提出了尖锐的挑战. 对此,下面将做更多的讨论.

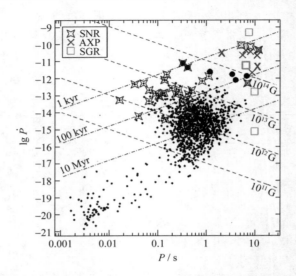

图 14.9　脉冲星周期-周期导数图(选自 Kaspi,2009,部分修改).图中黑点代表射电脉冲星,大的黑点是磁场大于临界磁场($B_c=4.414\times10^{13}$ G)的脉冲星.¤ 表示与超新星遗迹成协的脉冲星.叉号表示反常 X 射线脉冲星.方块表示软 γ 射线重复暴.早先的观测表明"磁星"位于强磁场区域,与其他脉冲星界限分明.进一步的观测发现有的射电脉冲星的磁场也很强,超过临界磁场 $B=4.414\times10^{13}$ G,而有的软 γ 射线重复暴的磁场反而"很"低,不到 7×10^{12} G.

（6）射电辐射.

目前已观测到几颗磁星(如 AXP XTE J1810－197,AXP 1E 1547.05408,PSR J1622－4950)的射电脉冲辐射.它们的共同特点是(见 Camilo,et al.,2007,见图 14.10,图 14.11,图 14.12):

（i）磁星的射电脉冲辐射仅在 X 射线暴发一段时间后,当 X 射线减少到一定程度时才能被观测到.射电脉冲辐射持续一段时间,然后逐渐消失(见图 14.13).图 14.14 给出了 XTE J1810－197 的 X 射线和射电观测表现.

（ii）脉冲剖面和射电流量随时间天天变化,强度减少,脉冲变宽.

（iii）射电辐射的谱很平,在大于 1.4 GHz 的频率上,其光度比多数射电脉冲星都大.

（iv）具有很强的线偏振成分,偏振位置角的变化与普通射电脉冲星十分相似.

下面我们先给出几颗"磁星"观测到的射电脉冲轮廓及偏振的图形,再举例给出射电辐射(包括强度、脉冲轮廓)随时间变化的观测结果.多波段观测特征见表 14.5.

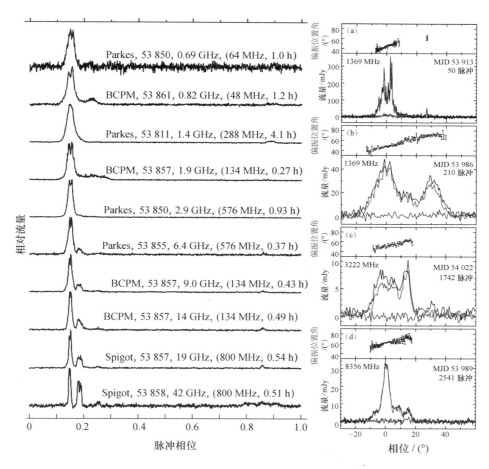

图 14.10　左图是反常 X 射线脉冲星 XTE J1810-197 观测到的多波段的射电辐射(Camilo，et al.，2006). 左图中每条曲线都依次给出：进行观测的望远镜(如 Parkes 是澳大利亚 64 m 望远镜)、观测日期(儒略日)、观测使用的频率以及在该频率观测时的带宽和观测占用的时间. 右图为 XTE J1810-197 的偏振观测图形.图中黑线、红线、蓝线分别表示总强度、线偏振和圆偏振.偏振位置角随相位的变化示于各个频率脉冲剖面图的上方(Camilo，et al.，2007a). 可以看出射电辐射信噪比高、脉冲宽度窄、线偏振度高的特点. 在 2003 年 X 射线暴发前没有射电辐射的迹象(普通的射电脉冲星任何时候都有射电辐射，辐射强度有变化，但脉冲轮廓通常不变). 当 XTE J1810-197 观测到射电辐射后，它最亮时，在大于 20GHz 高频射电波段上，是最亮的"脉冲星"(Camilo，et al.，2006). 但其辐射强度随时间逐渐削弱，最后在不到一年的时间里消失(见图 14.13).

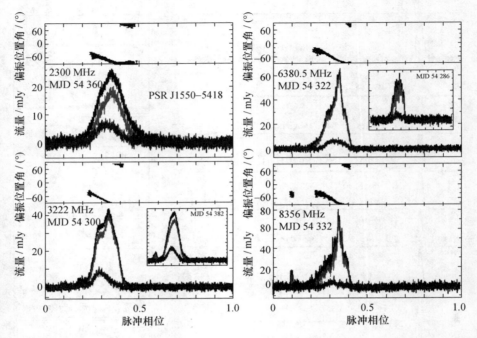

图 14.11　反常 X 射线脉冲星 1E 1547.0—5408(PSR J1550—5418)在 2.3 GHz 到 8.356 GHz 脉冲剖面.图中黑线、红线、蓝线分别表示总强度、线偏振和圆偏振.偏振位置角随相位的变化示于各个频率脉冲剖面图的上方.(Camilo,et al.,2008)

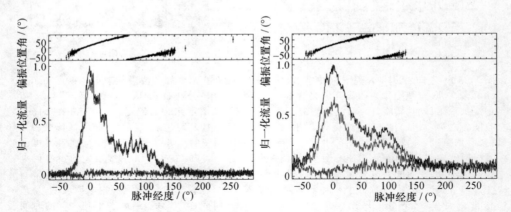

图 14.12　澳大利亚 Parkes 射电望远镜对反常 X 射线脉冲星 PSR J1622—4950 的观测.左图和右图分别为频率 3.1 GHz 和 1.4 GHz 脉冲剖面和偏振的观测.蓝线和红线表示圆偏振和线偏振,黑线表示总强度.每个图中的上部是偏振位置角随相位的变化.(Levin,et al.,2010)

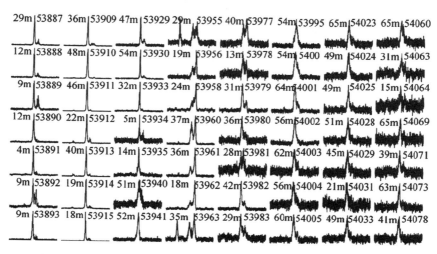

图 14.13 从 2006 年 6 月 1 日到 2007 年 1 月 27 日反常 X 射线脉冲星 XTE J1810−197 脉冲剖面随时间的变化(频率 1.4 GHz 带宽 64 MHz)(Camilo,et al.,2007b). 每个脉冲轮廓的左边给出以分钟计算的积分时间,脉冲轮廓的右边给出观测时间(MJD). 可以看出,随时间脉冲宽度、脉冲强度都在变化:脉冲信号逐渐消退.

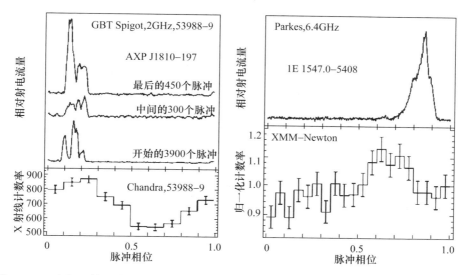

图 14.14 反常 X 射线脉冲星 XTE J1810−197(周期 $P = 5.540\,362$ s)射电和 X 射线(0.5～3.0 keV)脉冲剖面(Camilo,et al.,2007b). 美国 GBT 射电望远镜在 2G 频率上对 XTE J1810−197 进行了 6 h 的射电观测,发现不同时段脉冲轮廓要变化.图中起始相位相应于 MJD 539 89.0. 在一个连续观测的时段内,开始的脉冲轮廓(射电图中最下面的轮廓)、最后的脉冲轮廓(射电图中最上面的轮廓)以及介于中间的脉冲轮廓(射电图中间的轮廓)都不相同. 这种变化是积分时间的问题还是辐射本身的变化值得研究. 下图是 Chandra X 射线望远镜在同一时段内观测到的 X 射线(0.5～3.0 keV)脉冲.右图是 1E 1547.0−5428 的观测结果.

表 14.5　AXP 和 SGR X 射线、光学、红外及射电观测

	X 射线 >10 keV	X 射线 <10 keV	光学	近红外	中红外	射电	D /kpc	N_H /(cm^{-2})
1E 1048.1−5937	D?	P	P	D	—	—	9	6×10^{21}
1E 1547.0−5408	P	P,T	—	D	—	P	5	5×10^{22}
1E 1841−045	P	P	—	D?			8.5	2.3×10^{22}
1E 2259+586	—	P	—	D	D		3.2	10^{22}
1R XS J1708−4009	P	P	—	D?			3.8	1.4×10^{22}
4U 0142+61	P	P	P	D	D		3.6	5×10^{21}
CXO J0100−7211	—	P					61	6×10^{20}
CXO J1647−4552	—	P,T					3.9	1.3×10^{22}
CXO J1714−3810	—	P					13.2	2.5×10^{22}
PSR J1622−4950	—	D,T				P	9	5×10^{22}
SGR 0418+5729	—	P,T					2	1.1×10^{21}
SGR 0501+4516	P	P,T	P	P		T	1.5	9×10^{21}
SGR 0526−66	—	P					55	5×10^{21}
SGR 1627−41	—	P,T					11	9×10^{22}
SGR 1806−20	D	P				T	10	6×10^{22}
SGR 1833−0832	—	P,T					10	10^{23}
SGR 1900+14	D	P	—	D?		T	15	2×10^{22}
Swift J1822−1606	—	P,T					5	2×10^{21}
Swift J1834−0846	—	P,T					5	1.3×10^{21}
XTE J1810−197	—	P,T				P	3.1	6×10^{21}

参考文献见 Mereghetti,2013.P:脉冲;D:检查到;T:瞬变.

14.3.2　吸积模型

由上面的讨论可看出,关于反常 X 射线脉冲星(AXP)和软 γ 射线重复暴(SGR)的理论研究,首先关注的是其辐射的能量来源.

在 X 射线双星中,辐射能量来源于吸积,这已经成为共识,但在 AXP 和 SGR 周围也没有发现伴星.在没有伴星的情况下,吸积物质还可由星际介质提供.然而星际介质的密度低,也无法提供足够的光度.在超新星爆发形成中子星的过程中,回落物质形成的吸积盘有可能提供一定的物质,产生观测到的光度.由回落物质吸积盘与中子星偶极磁场的作用,可以推出 AXP 和 SGR 脉冲周期分布的合理解释(Ertan,et al.,2009,见图 14.15).但对于 AXP 和 SGR 的暴发光度,吸积物质需要超过 Eddington 光度极限,特别是吸积模型很难提供产生软 γ 射线重复暴的超强暴发(giant-flares)的能量,无法产生观测到的 X 射线光度.Li(1999)指出,吸积作为 AXP 能源是不利的.

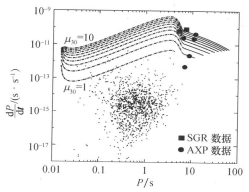

图 14.15 刚诞生的中子星在薄吸积盘的作用下的演化. 中子星诞生后, 旋转得很快, 如同快速旋转的螺旋桨, 薄吸积盘物质无法落入中子星, 不能产生观测到的 X 射线辐射, 中子星转速降到一定程度时可以观测到辐射. 这可以给出"磁星"周期分布区的合理解释. (Ekşi & Alpar, 2003)

14.3.3 "磁星"模型

对于反常 X 射线脉冲星 (AXP) 和软 γ 射线重复暴 (SGR), 由磁偶极辐射等于中子星自转能量损失率求出的磁场可达 $B \approx 10^{14} \sim 10^{15}$ G. 在脉冲周期–周期对时间导数 ($P\text{-}\dot{P}$) 图上, AXP 和 SGR 清楚地分布在强磁场区域, 称为"磁星"(Duncan & Thompson, 1992)"清楚而明确""理所当然". 磁星的辐射能量可由磁能提供, 尤其是磁能可提供软 γ 射线重复暴的超强暴发所需要的能量. 他们在脉冲星的研究中首次提出辐射能由磁能转化而来, 而且强磁场下的物理特性也引起了广泛关注. 但磁星模型无法给出脉冲周期分布的合理解释. 而且, 在超强磁场的情况下, 如何产生观测到的 X 射线波段的脉冲剖面这个基本问题, 依然存在相当大的争议. 近来新发现的许多观测现象, 特别是在一定的情况下可观测到射电脉冲辐射, 对"磁星"模型提出了新的置疑.

14.3.4 其他模型

关于 AXP 和 SGR 的其他模型, 主要是不同类型的夸克星模型, 如 Cheng 和 Dai(1998); Cheng 等 (1998); Xu, Tao 和 Yang(2006); Ouyed, Leahy 和 Niebergal(2008) 等提出的模型. 多数夸克星模型主要关注辐射能量的来源问题.

14.3.5 讨论

正如我们前面所述, 自脉冲星发现以来, 射电、光学、X 射线和 γ 射线的多波段观测, 特别是进入 21 世纪以来的观测, 为我们提供了丰富的观测信息, 对理论研究提供新了的视野, 也提出了严峻的挑战. 需要进一步了解的问题很多, 下面对主要的问题做一些讨论.

（1）磁场.

由周期和周期导数求磁场,是在垂直偶极磁场占主导地位的情况下得到的,当偶极磁场的平行成分起重要作用时,该方法就不能使用(Xu & Qiao,2001).Kramer等(2006)的观测表明,自转减速在有射电辐射的情况下比没有射电辐射时要大.所以由周期和周期导数求出的磁场,要视情况而定,不是对所有情况都适合.人们观测到了弱磁场的"磁星"和强磁场的射电脉冲星,这说明不能用磁场强弱区分"磁星"和普通的射电脉冲星."磁星"模型中的环向磁场是一个很强的假设,值得推敲.

（14.1）式有很强的前提条件,即必须是与自转轴相垂直的偶极磁场分量的低频(自转周期)辐射起主导作用.我们知道,平行的偶极磁场分量提供的单级感应电势可以加速粒子,带走自转能,自转能损率至少应当保留2项:

$$\dot{E} = -I\Omega\dot{\Omega} = \dot{E}_{\mathrm{p,r}} + \dot{E}_{\mu}. \tag{14.3}$$

当 $\dot{E}_{\mathrm{p,r}} \gg \dot{E}_{\mu}$ 时,由(14.2)式求出的磁场会产生误导.加速粒子带走自转能是共性,对普通射电脉冲星也有影响,只不过射电脉冲星粒子带走的能量不太大而已.Kramer等(2006)观测发现有射电辐射时与没有射电辐射时中子星自转减速率不同(见第六章的图6.7),表明脉冲星辐射会带走自转能量.

由表14.6可以看出,磁场强弱不能区分射电脉冲星和"磁星",也不能区分射电脉冲星与超新星遗迹中心致密天体.同样X射线光度的强弱也无法对这几种天体给出鉴别.

表 14.6　射电脉冲星、"磁星"和"反磁星"磁场的比较(Qiao, et al., 2010)

名称	P/s	$\dot{P}/(\mathrm{s \cdot s^{-1}})$	$B_{\mathrm{s}}/\mathrm{G}$	注
强磁场射电脉冲星				
PSR J1847-0130	6.7	1.3×10^{-12}	9.4×10^{13}	X射线宁静
PSR J1718-3718	3.3	1.5×10^{-12}	7.4×10^{13}	低X射线光度
PSR J1814-1733	4.0	7.4×10^{-13}	5.5×10^{13}	X射线宁静
磁星				
XTE J1810-197	5.5	2.3×10^{-11}	2.4×10^{14}	IR,射电
1E 1547.0-5408	2.1	1.2×10^{-11}	2.6×10^{14}	IR,射电
PSR J1622-4950	4.3	1.7×10^{-11}	2.8×10^{14}	射电
1E 2255+586	7.0	4.9×10^{-13}	5.9×10^{13}	射电宁静
SGR 0418+5729	9.1	$<6.0\times10^{-15}$	$<7.5\times10^{12}$	射电宁静
反磁星				
PSR J1846-0258	0.324	7.1×10^{-12}	4.9×10^{13}	$L_{\mathrm{X}}/\dot{E}_{\mathrm{rot}}=0.05$,射电宁静
PSR J1852+0040	0.105	8.7×10^{-18}	3.1×10^{10}	$L_{\mathrm{X}}/\dot{E}_{\mathrm{rot}}=17.7$,射电宁静

个别孤立中子星观测到 X 射线回旋吸收线(如图 14.16),由此可以通过计算 Landau 能级之间的跃迁"准确"地求出磁场,虽然该方法仍然存在很大争议,不确定观测到的是电子回旋线还是质子回旋线. 例如 1E 1207.4−5209 的 X 射线谱在 0.7 keV,1.4 keV 和 2.1 keV 以及可能的 2.8 keV 处存在吸收(图 14.16). 由回旋吸收线求磁的方法可由下式给出:

$$B_{12} = E(\text{keV})(1+z)(m/m_e)/11.6, \tag{14.4}$$

式中 $B_{12} = B/10^{12}$ G,E 是吸收的能量,$z \approx \dfrac{GM}{Rc^2}$ 为红移值,R,M 分别是中子星的半径与质量,m_e 是电子质量,m 是参与回旋吸收的粒子的质量.

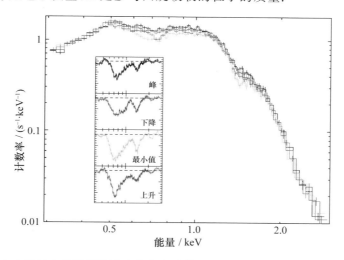

图 14.16   孤立中子星中超新星遗迹中心致密天体 1E 1207.4−5209 的回旋吸收线(Bignami,et al.,2003):0.7 keV,1.4 keV 和 2.1 keV 以及可能的 2.8 keV. 假定为电子回旋吸收,则磁场强度为 7×10^{10} G,若为质子回旋吸收,则磁场强度为 1.6×10^{14} G(Sanwal,et al.,2002).

若为电子吸收,$m = m_e$,取 $E = 0.7$ KeV,$z \approx 0.2$,磁场强度为 7×10^{10} G(Bignami,et al.,2003). 若为质子吸收,$m = m_p$,磁场强度为 1.6×10^{14} G(Sanwal,et al.,2002;Bignami,et al.,2003). 通过周期和周期导数求得 1E 1207.4−5209 的磁场为 3×10^{12} G(Bignami,et al.,2003). 可见,求出的磁场强度依然存在很大争议.

(2) X 射线光度和可能的演化.

X 射线光度大于自转能损率的某些天体,磁场有强有弱,其能量来源值得进一步研究,辐射能量来源不能用磁场强弱来判断. 吸积能量转化为辐射能、星震的能量转化为辐射能以及磁能转化为辐射能都需要进一步的研究,要经得起观测检验. 表 14.7 给出一种磁星模型与吸积模型的可能的比较. 在回落吸积盘的作用下,射电脉冲星可以演化到"磁星"的区域,见图 14.17(Liu,et al.,2014).

表 14.7 磁星模型和吸积模型的比较（Mereghetti,et al.,2002b）

观测项目	观测特征	磁星模型	吸积模型
周期分布	集中于 5～10 s	不支持	支持
制动率和年龄	$P/2\dot{P} \neq$ SNR 年龄	不支持	支持
制动指数	$\neq 3$	不支持	支持
制动噪声	大于脉冲星	??	支持
处于致密 ISM 中	与脉冲星相反	不支持	支持
吸积盘是否可见	机会较少	支持	??
源数目	～10	??	支持
通常暴发能量	～10^{41} erg	支持	支持
巨暴发能量	～10^{44} erg	支持	支持
暴发持续时间	～0.2 s	支持	支持
$\dot{P}$ 的突变	$\Delta\dot{P}/P \approx 1$	不支持	支持
脉冲轮廓改变	巨暴时简单	支持	??

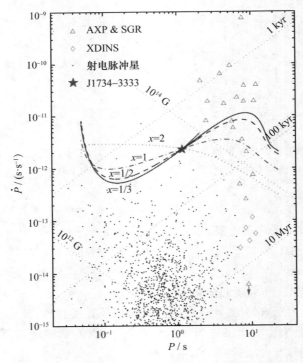

图 14.17 脉冲星 PSR J1734－3333 在回落吸积盘作用下可能的演化.（Liu,et al.,2014）

（3）"磁星"的射电辐射.

"磁星"的射电辐射机制对理论模型的鉴别有极其重要的作用.这有可能成为"磁星"研究的切入点.为什么仅仅在 X 射线暴发一段时间以后才能观测到射电辐射,持续一段时间后逐渐消失？Qiao 等（2013）提出了有"壳层"的夸克星模型来解释 AXP 的射电辐射,可以给出有射电到射电消失的图像.同样,Tong 等（2011）指出,如果 AXP 和 SGR 是"磁星",应当辐射高能 γ 射线,但 Fermi-LAT 在所有 AXP 和 SGR 中都没有观测到高能 γ 射线辐射,与理论计算不符.

（4）脉冲周期随时间的变化及脉冲剖面.

让我们对反常 X 射线脉冲星、软 γ 重复暴观测与射电脉冲星、大质量 X 射线脉冲星做一个比较.

（i）射电脉冲星的脉冲周期 P 在 $0.0014 \sim 8.5$ s 之间,周期对时间的导数 dP/dt 在 10^{-12} s/s 到 10^{-21} s/s 之间；反常 X 射线脉冲星、软 γ 重复暴周期对时间的导数 dP/dt 则为 $10^{-13} \sim 10^{-11}$ s/s.射电脉冲星的脉冲周期稳定得多.

（ii）对于大质量 X 射线脉冲星而言,脉冲周期 $P = 69$ ms ~ 1400 s,周期随时间的变化,与反常 X 射线脉冲星和软 γ 重复暴非常相似（见图 14.7,图 14.8）,值得思考.

（iii）X 射线射线脉冲剖面随相位的变化曲线（图 13.8）与"磁星"X 射线射线脉冲剖面随相位的变化曲线（图 14.5）很相似.

（5）特征年龄.

由周期和周期导数求出的特征年龄,无论是超新星遗迹中的中心致密天体还是反常 X 射线脉冲星和软 γ 重复暴都与成协的超新星遗迹的年龄相差甚远（Mereghetti, 2010；Qiao, Xu & Du, 2010）.如果相信超新星遗迹的年龄,那说明它们的周期和周期导数曾受过某种额外的影响.观测到的红外源对回落物质吸积盘的存在可能提供直接的观测证据.孤立中子星由其他方法估计出的年龄与特征年龄的比较见表 14.8.

表 14.8　孤立中子星由其他方法估计出的年龄与特征年龄的比较（Mereghetti, 2010）

源	特征年龄（τ_c）	估计年龄	方法
RX J0720.4−3125	1.9 Myr	$0.7^{+0.3}_{-0.2}$ Myr	自行
RX J1308.6+2127	1.5 Myr	$0.5 \sim 1.4$ Myr	自行
RX J1856.5−3754	3.8 Myr	0.4 Myr	自行
1E 1841−045	4.5 kyr	$0.5 \sim 1$ kyr	SNR 年龄
1E 2259+586	230 kyr	(11.7 ± 1.2) kyr	SNR 年龄
SGR 0526−66	2 kyr	5 kyr	SNR 年龄
CXOU J085201.4−461753	>240 kyr	3.7 kyr	SNR 年龄
1E 1207.4−5209	>27 Myr	7 kyr	SNR 年龄
CXOU J185238.6+004020	190 Myr	7 kyr	SNR 年龄

第十五章 脉冲星——星际介质的探针

银河系是由巨大的气体云演变而来的,气体云的一部分逐渐形成恒星,一部分则形成星云和星际介质.天文学家把比较稠密的气体云称为星云,稀薄的气体云称为星际物质.来自天体的辐射途经星际介质,包括一些星云,受到其中电离气体和磁场的影响而发生变化.脉冲星辐射的脉冲特性使这些变化能够被检测出来,反过来可探知星际介质的有关情况,如星际介质的电子密度及其不均匀性和变化、磁场和温度等.因此,脉冲星成为研究星际介质的有力工具,被誉为"星际介质的探针".

§15.1 星际介质

银河系中有数不清的恒星,恒星之间虽然空空荡荡,但仍然有着各种各样的物质.星际介质成分包括中性氢、电离氢、氦气、微量的轻元素原子和微小的固体粒子等.

15.1.1 星际介质的发现

人类认识到星际空间存在物质经历了漫长的过程.1785 年 Herschel 发现银河系时根本不知道有星际介质存在,没有考虑星际介质消光的作用,导致所估计的银河系尺度大大缩小.20 世纪初,Kapteyn 和 Shapley 给出了偏离实际的银河系模型(前者给出的银河系太小,后者给出的银河系太大)都是没有考虑星际介质消光的影响所致.

直到 1930 年,美国天文学家 Trumpler 的研究结果才肯定地告诉我们:星际空间存在物质.当时他并没有直接观测到星际物质,而是一种间接的推论.他对那时流行的一种看法,即"疏散星团越远,线直径越大"提出异议,认为这个结论是错误的,其原因是没有考虑星际介质消光作用,把距离估计远了.

直接证明星际介质存在的证据是观测到了发生在星际介质中的原子吸收线.恒星与观测者之间如果存在星际物质,恒星的光谱中就必然含有星际气体的吸收线.1904 年德国天文学家 Hartmann 在观测恒星的光谱时发现了星际气体的吸收线.后来,天文学家在许多恒星的光谱中观测到了星际原子的多条吸收线,有的多达 7 条,各条谱线的波长还稍有不同.这是因为同一颗恒星的光到达观测者的过程中曾经穿过多个星际原子云,星际云的视向速度不同会导致谱线波长的一些差异.

观测表明,在银道面附近 3260 ly 范围内,星光可能会遇上七八个星际云,每个云直径大都在 30~50 ly,尽管密度稀薄,但质量也有几百个太阳质量.

星际介质中大部分是中性氢和中性氦.人们通过观测中性氢原子 21 cm 发射线获得了中性氢分布的信息.由微小固体粒子组成的尘埃也是普遍存在的,它们对所有波长的辐射都有吸收和散射.电离气体的来源主要有两种情况,在表面温度很高的恒星附近,中性氢受到紫外线的照射而电离,从而形成了电离氢区.由电离氢区发射的辐射强度可以估计出电离气体中的电子密度的平均值.另一种电离方式是碰撞电离.当恒星以大于 1000 km/s 的速度抛射气体时,会产生一种可以把星际气体的运动温度加热到一百万度以上的激波.在这样高的温度下,原子和电子的碰撞可以使氢和氦电离.

15.1.2　中性氢云(H Ⅰ)

氢元素可以以分子、原子和离子三种形式存在,分别称为氢分子云、中性氢区和电离氢区.这与星际云的温度有关.当温度在 10~20 K 时,氢以分子的形式存在;当温度为 50~150 K 时,氢分子分解为原子状态;当温度达到 10 000 K 时,氢原子电离形成电离氢.

1944 年,荷兰天文学家 Vande Hulst 预言:中性氢原子可以产生波长 21 cm 的射电谱线.这是两个特殊能级之间跃迁产生的谱线.虽然跃迁概率极低,但氢原子非常多,它们产生的 21 cm 谱线仍然能够观测到.果然,1951 年天文学家成功地观测到了银河系一些天区的 21 cm 辐射.后来人们又在许多星系中观测到 21 cm 谱线,从此开创了射电天文谱线分支学科.在 1963 年以前,21 cm 氢谱线是观测到的唯一的射电天文谱线.

与太阳和恒星不同,星际物质基本上处在低温、低压、低密度状态,所以绝大部分原子、分子都处在最低能级的基态上.在这种条件下,它们几乎不可能辐射可见光.用光学手段研究星际区域是不可能的,而射电波段的 21 cm 的观测则大有可为.

氢原子云的温度比较高,达到 100 K,这是由于受到邻近恒星的照射.一个比较致密的气体星云,它的外部因吸收附近恒星的紫外辐射而变为氢原子云,但其内部保持着低温状态,仍然以氢分子的形式存在.

观测表明,氢确实是星际物质中最丰富的元素.中性氢云的观测给出了银河系的结构,特别是它的 4 条旋臂.人们在 21 cm 吸收谱线中观测到了谱线分裂,根据物理学的 Zeeman 效应的公式计算出的银河系星际空间的磁场约为 $5×10^{-6}$ G.

15.1.3　电离氢云(H Ⅱ)

在银河系中的电离氢云很多,猎户座分子云、行星状星云和发射星云都是有名的电离氢区. 只有波长短于 9120 nm 的短紫外线照射才能使氢原子电离, 因此只有当云中存在年轻的高温恒星(O 型或 B 型星)时才有可能形成电离氢云(也称为 HⅡ区). 氢原子被电离成为质子和自由电子, 自由电子可能被质子俘获, 形成处于激发态的中性氢原子, 继而发射光子回到基态, 接着又被电离. 这样的电离、复合、再电离的过程不断进行下去, 达到平衡, 形成了一种有效的辐射过程.

电离氢区本身大致呈球形, 大小约 650 ly. 由于电离氢区是 O 型星或 B 型星的短紫外辐射照射所致, 因此所有电离氢区的尺度都是差不多的. 电离氢区的这个性质很重要, 因为知道电离氢区的线尺度后, 只要测量它们的角尺度就可以估计电离氢区的距离. 这成为估计电离氢区以及它所在的星系的距离的一种有效方法.

电离氢区的密度比较大、温度比较高, 其内部的密度是中性氢的 1000 倍, 温度在 1000～10 000 K 范围. 电离氢区在红外、可见光、紫外和射电波段都有辐射. 由于温度比较高的尘埃本身的辐射在红外波段, 尘埃还使可见光和紫外波段的辐射转换为红外辐射, 因此电离氢区是很强的红外源. 另外, 电离氢区中的自由电子与磁场作用发出厘米波段和分米波段的连续谱辐射. 质子与自由电子碰撞的复合过程中也在射电波段有若干谱线的辐射.

电离氢云中还有其他元素, 如氧、氖、硫等. 在约 10 000 K 高温条件下, 一次电离的氢、氧、硫和两次电离的氧和氖比较丰富, 这些元素的谱线在光学波段, 因此电离氢云的色彩是非常丰富的.

§15.2 星际介质的色散、电子密度和脉冲星距离的确定

天体距离是天体物理学研究中最基本的参数之一, 如果不知道天体距离, 我们就不知道太阳系的尺度, 也不知道银河系及河外星系的存在. 如果不知道天体的距离, 就不知道它们辐射的能力, 不可能研究天体的辐射机制和过程. 近处的脉冲星可以与一般天体一样, 应用测周年视差的方法来决定距离. 远处脉冲星的距离就难以准确估计, 因为脉冲星不像造父变星那样存在光度与光变周期之间的关系. 不过, 星际介质色散给我们提供了一个独特而简易的方法来估计脉冲星的距离.

15.2.1 星际介质色散和 *DM* 测距法

第三章已经介绍了稀薄等离子体的色散效应及有关公式. 频率为 f 的脉冲到达射电望远镜的时间相对于真空中传播的延迟为(见式(3.9))

$$t = \frac{e^2}{2\pi mc} \frac{\int_0^d n_e \mathrm{d}l}{v^2} \equiv D \times \frac{DM}{v^2}.$$

两个频率的能量到达时间的差为

$$t_2 - t_1 = \frac{e^2}{2\pi mc}\left(\frac{1}{\omega_2^2} - \frac{1}{\omega_1^2}\right) \times DM, \tag{15.1}$$

其中

$$DM = \int_0^d n_e \mathrm{d}l. \tag{15.2}$$

DM 是脉冲星的色散量,单位是 pc·cm^{-3},由观测量 $t_2 - t_1$,ω_2,ω_1 决定. 如果知道脉冲星视线方向的平均电子密度,(15.2)式就变为计算距离的公式:

$$d = \frac{DM}{\langle n_e \rangle}. \tag{15.3}$$

为了获得 $\langle n_e \rangle$,需要选取一批能用其他方法估计出距离的脉冲星,由(15.3)式计算出每颗脉冲星方向上的平均电子密度,获得一个银河系星际空间的电子密度分布模型. 然后这一密度分布可用于其他脉冲星的距离测量.

中性氢 21 cm 吸收线测距法是最早估计脉冲星距离的方法之一. 银河系中的中性氢云集中在 4 条旋臂上,低银纬脉冲星的辐射会穿过旋臂上的中性氢区,其中的 21 cm 的辐射被中性氢吸收而形成吸收线. 射电望远镜接收脉冲星辐射的同时还会接收到方向瓣所指向空间的中性氢云的 21 cm 发射线,所叠加上去的 21 cm 吸收线只是一个小扰动,很难检测. 由于脉冲星辐射只占周期的很小部分,这时既观测到发射线,还有吸收线,在脉冲之外的大部分时间里,只观测到中性氢的 21 cm 发射线,两者的记录相减,就能够把吸收谱线检测出来. 为了提高灵敏度,需要把几千、几万甚至更多个脉冲周期累积起来,吸收线就相当明显了.

图 15.1 是 4 颗脉冲星的 21 cm 吸收线观测实例,下图是分离出来的 21 cm 吸收线. 吸收源的运动导致吸收线展宽和位移. 根据适当的银河系自转模型,可以计算出每条旋臂上的速度分布和距离. 由所测得的吸收线的谱线位移可以确认吸收源的速度,进而确定是哪一个旋臂,处在什么地方,由此确定吸收源的距离. 这个距离就是脉冲星的距离下限. 这种方法估计的距离简称为中性氢吸收线距离.

早期的脉冲星星表假定星际介质的电子密度分布是均匀的,如 Taylor 和 Manchester(1975)给出的 147 颗脉冲星星表中的距离是取 $\langle n_e \rangle = 0.03$ cm^{-3} 得到的.

根据 36 颗脉冲星的距离测量,研究人员获得了最早的银河系轴对称电子密度分布模型(MT81):

$$n_e = \left[0.025 + 0.015\exp(-|z|/h)\right] \times \left(\frac{2}{1 + R/R_{\mathrm{sun}}}\right) \mathrm{cm}^{-3}, \tag{15.4}$$

其中 z 为离银道面的距离(单位为 pc),h 为标高,取为 70 pc,R 为脉冲星离银心的距离(单位为 kpc),太阳到银心的距离 $R_{\mathrm{sun}} = 10$ kpc,后来国际天文学会确定 $R_{\mathrm{sun}} = 8.5$ kpc.

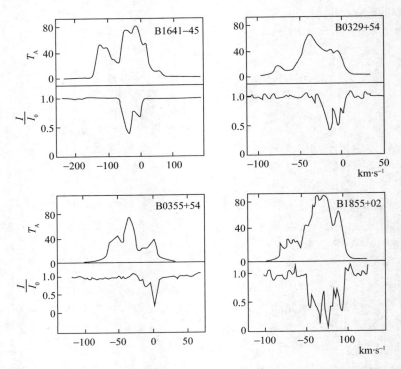

图 15.1　4 颗脉冲星中性氢吸收线的观测结果. (Caswell, et al., 1975)

1985 年 Lyne 等提出的电子密度分布模型,增加了电离氢云 Gum 对电子密度的贡献. Gum 星云的平均电子密度较大,约为 $0.28\,\mathrm{cm}^{-3}$. 它的银经是 260°,银纬为 0°,半径为 115 pc,离我们比较近,约 500 pc,故张角比较大,角直径约为 40°. 凡是经过 Gum 星云的脉冲星,其电子密度都要增加 $0.28\,\mathrm{cm}^{-3}$.

15.2.2　银河系电子密度分布模型的改进

MT81 和 LMT85 提出的电子密度分布模型基本上属于银河系轴对称模型. 后来人们陆续提出了一些更细致的电子密度分布模型.

(1) TC93 模型.

Taylor 和 Cordes(1993)根据前人给出的银河系旋臂结构,进行了有关太阳到银心距离的修正,并增加了有关电离氢区、中性氢区及射电连续辐射区的资料而构造了新的模型,这是一个综合了轴对称和不对称旋臂结构的模型(TC93)(见图 15.2). 由于物质,包括电离气体主要分布在旋臂上,电子密度的轴对称分布显然是不精确的.

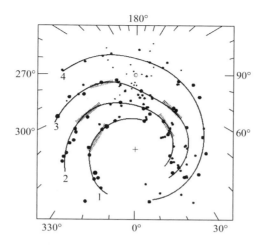

图 15.2　银河系旋臂结构模型. 小圆代表电离氢区（HⅡ）, 阴影区为射电热辐射和中性氢区辐射的极大方向.（TC93）

　　图 15.3 是 553 颗脉冲星的 DM 测量值对银经的分布图, 在银经 $l = 50° \sim 80°$ 范围里仅有一颗脉冲星的 DM 大于 260 pc·cm^{-3}, 而在银经 $l = 280° \sim 310°$ 范围里有 22 颗脉冲星的 DM 值比较大, 其值在 $260 \sim 715$ pc·cm^{-3} 范围. 特别需要指出的是, Arecibo 305 m 射电望远镜极高的灵敏度应该能观测到更远的脉冲星, 但是它所观测到的脉冲星的 DM 值却比较小, 这说明银河系中的电子密度分布很不均匀, 旋臂起了重要的作用. 根据这个统计结果, 人们对银河系电子密度分布模型的个别区域做了修正.

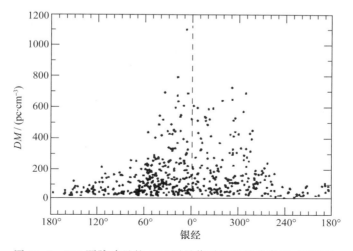

图 15.3　553 颗脉冲星的 DM 测量值对银经的分布图.（TC93）

TC93 的银河系电子密度分布为 4 个成分之和:

$$n_e(x,y,z) = n_1 g_1(r) \operatorname{sech}^2(z/h_1) + n_2 g_2(r) \operatorname{sech}^2(z/h_2)$$

$$+ n_a \operatorname{sech}^2(z/h_a) \sum_{j=1}^{4} f_j g_a(r,s_j) + n_G g_G(u), \tag{15.5}$$

式中等号右边第一和第二项分布分别是银河系内和外两个部分电子密度的分布,为轴对称,第三项为 4 条旋臂的贡献,第四项为 Gum 星云的贡献,$r = \sqrt{(x^2+y^2)}$ 是到银心的距离在银道面上的投影,x 轴指向 $l=90°$,y 轴指向 $l=180°$. 这个模型比较复杂,式中 4 个成分的有关参数的定义或所取的数值可参看文献 TC93.

为了对比 TC93 模型距离(d_m)和 MT81 距离(d_{MT}),图 15.4 给出了 452 颗脉冲星的两种距离之比 d_m/d_{MT} 与银经的关系图. 两种模型导出的距离差别比较大,并与它们的银经有关,在 $50° < l < 280°$ 范围内的脉冲星,由 TC93 计算出的距离比 MT81 的距离远多了.

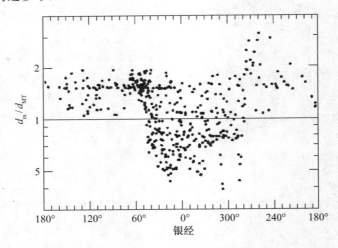

图 15.4　452 颗脉冲星两种距离之比 d_m/d_{MT} 与银经的关系图,其中 d_m 是 TC93 模型的距离,d_{MT} 是 MT81 模型的距离.(TC93)

（2）银河系电子密度分布的进一步研究.

目前公认 TC93 模型比较完善,应用很广. 但是后来人们又发现一些脉冲星的距离和由 TC93 模型估计的距离有较大的差别,因而该模型需要改进.

Gómez 等（2001）应用 109 颗脉冲星的具有其他独立于 DM 方法估计出距离的数据,获得了每颗脉冲星视线方向的平均电子密度,由此拟合出一个平滑、轴对称、两个银盘的银河系电子密度分布模型,其形式是

$$n_e(r,z) = n_0 \frac{f(r/r_0)}{f(r_{sun}/r_0)} f\left(\frac{z}{z_0}\right) + n_1 \frac{f(r/r_1)}{f(r_{sun})} f\left(\frac{z}{z_1}\right), \tag{15.6}$$

式中 $f(x)$ 是指数形式 $\exp(-x)$ 或 $\mathrm{sech}^2 x$,太阳到银心的距离 $r_{\mathrm{sun}}=8.5\,\mathrm{kpc}$. 两个成分在太阳周围的电子密度分别为 $2.03\times10^{-2}\,\mathrm{cm}^{-3}$ 和 $0.71\times10^{-2}\,\mathrm{cm}^{-3}$,标高分别为 $1.07\,\mathrm{kpc}$ 和 $0.053\,\mathrm{kpc}$. 厚成分显示只有非常小的径向变化,而第二成分的径向尺度只有几 kpc.

Guseinov 等(2004)指出,中性氢吸收线距离的误差比较大,超过 30%,而且随着距离的增加误差还要大,应该放弃使用. 他们给出 44 颗脉冲星的星表,这些脉冲星处在球状星团、超新星遗迹、大小麦哲伦云中,对距离的估计比较准,误差都小于 30%.

15.2.3 脉冲星周年视差距离

测量脉冲星的周年视差获得的距离是最准确的. 在 2002 年以前,应用甚长基线干涉仪网获得脉冲星周年视差资料的脉冲星仅有 7 颗. Brisken 等(2002)应用 VLBA 观测获得了 9 颗脉冲星的资料. Chatterjee 等(2009)使用 VLBA,在 $1.4\,\mathrm{GHz}$ 频率上观测得到了 14 颗脉冲星的周年视差,其中 2 颗的距离超过了 $5\,\mathrm{kpc}$,其精度优于 15%.

甚长基线干涉仪网主要设置在北半球,因此对北天脉冲星的观测居多. Deller 等(2009)应用澳大利亚甚长基线干涉仪阵在 $1.6\,\mathrm{GHz}$ 频率上对 8 颗脉冲星进行了两年的观测,获得了周年视差,其中 3 颗是双星系统 PSR J0437$-$4715,J0737$-$3039A/B 和 J2145$-$0750. 为了通过脉冲双星的观测检测广义相对论效应,需要有准确的距离数据. 值得指出的是,PSR J0630$-$2834 的距离比先前的距离短了不少,由此计算得到的 X 射线光度与转动能损率变换之比小于 1%,而先前的估计是 16%. 相反,PSR J0108$-$1431 的周年视差距离比先前估计的距离要大 2 倍. 由 VLBI 观测获得的脉冲星距离可以改善银河系电子密度分布模型.

图 15.5 是 14 颗脉冲星的 DM 距离和周年视差距离的比值与银纬绝对值 $|b|$(上图)及 DM 值(下图)的关系. 可以看到,几颗高银纬度脉冲星的 DM 距离明显比视差距离小很多,这表明电子密度分布模型(NE2001)给出的高纬度区域的电子密度分布不准确,需要予以修正. 其他脉冲星的 DM 距离与周年视差距离近似相等(见表 15.1),但总有些偏差,表明星际电子密度分布是不规则的.

中国学者也曾应用 VLBA 和 EVN 观测脉冲星的自行和视差. 对于 PSR B1257$+$12 这个拥有行星系统的毫秒脉冲星,他们分别应用 VLBA 和 EVN 在 $1.5\,\mathrm{GHz}$ 频率附近进行观测,两年中分别进行了 5 个和 4 个时段的观测,测得其距离为 $710^{+43}_{-38}\,\mathrm{pc}$(Yan,et al.,2013). 对于有很强 γ 射线辐射的毫秒脉冲星 PSR J0218$+$4232,有人应用 EVN 在 $1.6\,\mathrm{GHz}$ 频率上进行观测,获得了自行和视差,测得的距离为 $6.3^{+8.0}_{-2.3}\,\mathrm{kpc}$(Du,et al.,2014).

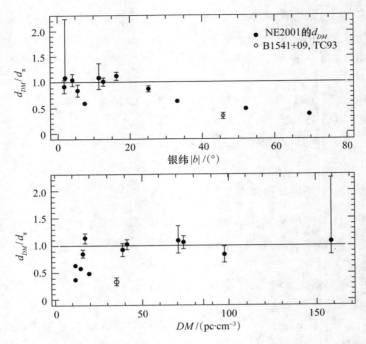

图 15.5　14 颗脉冲星的周年视差距离和 DM 距离的比值与银纬绝对值 |b| (上图)及 DM 值(下图)的关系.(Chatterjee,et al.,2009)

表 15.1　38 颗脉冲星周年视差距离和 DM 距离

PSR	d_{DM}/kpc	d_π/kpc	参考文献
B0329+54	$1.4^{+0.3}_{-0.5}$	$1.03^{+0.13}_{-0.12}$	1
B0809+74	$0.31^{+0.12}_{-0.13}$	$0.433^{+0.008}_{-0.008}$	1
B0950+08	$0.16^{+0.06}_{-0.07}$	$0.262^{+0.005}_{-0.005}$	1
B1133+16	$0.26^{+0.11}_{-0.11}$	$0.35^{+0.02}_{-0.02}$	1
B1237+25	$0.6^{+15.2}_{-0.5}$	$0.85^{+0.06}_{-0.06}$	1
B1929+10	$0.17^{+0.06}_{-0.07}$	$0.331^{+0.010}_{-0.010}$	1
B2016+28	$0.7^{+0.3}_{-0.3}$	$0.95^{+0.09}_{-0.09}$	1
B2020+28	$1.3^{+0.5}_{-0.6}$	$2.3^{+1.0}_{-0.6}$	1
B2021+51	$1.2^{+0.5}_{-0.5}$	$1.9^{+0.3}_{-0.2}$	1
J0437-4715	$0.14^{+0.05}_{-0.06}$	$0.17^{+0.03}_{-0.02}$	1
B0833-45	$0.61^{+1.20}_{-0.17}$	$0.28^{+0.06}_{-0.05}$	1
B0919-45	6^{+13}_{-3}	$1.15^{+0.21}_{-0.16}$	1
B1534+12	$0.7^{+12.0}_{-0.6}$	$1.08^{+0.16}_{-0.14}$	1
B1855+09	$0.7^{+0.3}_{-0.3}$	$0.79^{+0.29}_{-0.17}$	1
J1713+0747	$0.8^{+0.3}_{-0.3}$	$0.9^{+0.4}_{-0.2}$	1

（续表）

PSR	d_{DM}/kpc	d_{π}/kpc	参考文献
J1744$-$1134	$0.17^{+0.06}_{-0.07}$	$0.35^{+0.03}_{-0.02}$	1
B0031$-$07	0.41	$0.6^{+0.08}_{-0.09}$	2
B0136$+$57	2.8	$2.65^{+0.35}_{-0.26}$	2
B0450$-$18	2.4	$0.76^{+0.36}_{-0.60}$	2
B0450$+$55	0.7	$1.19^{+0.07}_{-0.06}$	2
J0538$+$2817	1.2	$1.30^{+0.22}_{-0.16}$	2
B0818$-$13	2.0	$1.96^{+0.17}_{-0.12}$	2
B1508$+$55	1.0	$2.1^{+0.13}_{-0.14}$	2
B1541$+$09	>35	$7.2^{+1.3}_{-1.1}$	2
J1713$+$0747	0.9	$1.05^{+0.06}_{-0.07}$	2
B1933$+$16	5.6	$5.2^{+1.5}_{-2.7}$	2
B2045$-$16	0.6	$0.95^{+0.02}_{-0.02}$	2
B2053$+$36	4.6	$5.5^{+1.2}_{-0.8}$	2
B2154$+$40	3.7	$3.4^{+0.9}_{-0.7}$	2
B2310$+$42	1.2	$1.06^{+0.08}_{-0.07}$	2
J0108$-$1431	0.13	0.18	3
J0437$-$4715	0.14	0.19	3
J0630$-$2834	2.15	1.45	3
J0737$-$3039A/B	0.57	0.57	3
J1559$-$4438	1.60	2.35	3
J2048$-$1616	0.64	0.56	3
J2144$-$3933	0.18	0.26	3
J2145$-$0750	0.50	0.57	3

参考文献 1：Brisken，et al.，2002；2：Chatterjee，et al.，2009；3：Deller，2009.

§15.3 脉冲星的空间分布

第三章介绍了脉冲星巡天观测的情况，已发现的脉冲星数目已接近 3000 颗．绝大部分脉冲星都是银河系中的天体，比较集中在银道面附近．巡天观测对短周期脉冲星，低光度、高色散量脉冲星的灵敏度比较低．射电望远镜的大小不同，巡天能力会有差异．天空背景强弱不同，也能导致巡天效果的差别很大．当我们讨论脉冲星真实的空间分布，以及银河系中脉冲星的总数和诞生率时，需要细致地考虑观测的选择效应．

15.3.1 普通脉冲星的空间分布

已发现的脉冲星中有大约 10％的毫秒脉冲星．由于毫秒脉冲星在周期、年龄、磁场和空间分布等方面具有与其他脉冲星不同的特点,我们把非毫秒脉冲星称为普通脉冲星或正常脉冲星.图 15.6 是 1600 颗普通脉冲星在银道坐标系中的空间分布,b 和 l 分别是银纬和银经.其中 Parkes 多波束巡天发现的脉冲星数目最多,大多数处在银纬比较低的区域.而 Arecibo 的深度巡天所发现的脉冲星则集中在银经 50°附近.

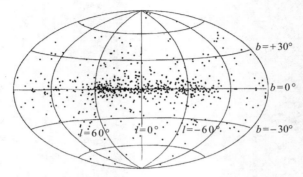

图 15.6　1600 颗普通脉冲星在银道坐标系中的空间分布.b 为银纬,l 为银经.(Lyne & Smith,2012)

　　绝大部分脉冲星的距离是由色散量(DM)测定的,知道距离后就可以将观测到的脉冲星的空间分布投影到银道面上.图 15.7 是低银纬普通脉冲星在银道面上的分布.可以看出,它们密集地分布在太阳周围,而银河系中心处则只有很少的脉冲星.这是一种观测效应,银心方向的脉冲星难以被观测发现.

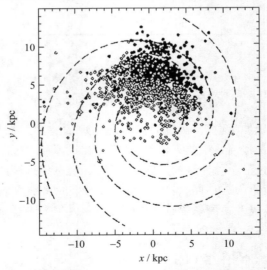

图 15.7　低银纬($|b|$<20°)普通脉冲星位置投影到银道面上的分布.图的中心点(0,0)为银河系中心,观测到的脉冲星围绕太阳(0 kpc,8.5 kpc)分布.(Lyne & Smith,2012)

　　用 z 代表脉冲星离开银道面的距离,图 15.8 给出脉冲星数目随 z 的变化的直方图.可以看出大部分脉冲星分布在银道面附近,随着 $|z|$ 的增大,脉冲星数目迅速减少,呈指数衰减.

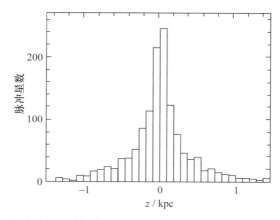

图 15.8　普通脉冲星数目随银道面距离(z)分布的直方图.(Lyne & Smith,2012)

　　上述脉冲星的分布图是观测到的视分布,而不是脉冲星的真正空间分布.由于各种观测效应的存在,还有大量的脉冲星没有观测到.

　　脉冲星来源于银盘中的 OB 星,诞生在超新星爆发中.超新星爆发使新诞生的中子星具有非常大的反冲速度,平均速度达到 $200\sim500$ km/s,最高速度则可达 $2000\sim3000$ km/s.中子星诞生后就迅速离开原来的地方.中子星的运动不仅与它们具有的最初速度有关,还受到银河系的引力势的影响.在引力势的作用下,中子星不停地运动着.因此所谓的离银道面距离 z 的分布和标高,径向距离 R 的分布也是随时间变化着的.

　　脉冲星在银河系中的再分布是一个令天文学家非常感兴趣的问题.Paczyński (1990)研究了老年中子星($10^9\sim10^{10}$ 年)的空间分布,试图寻找老年中子星与银河系中的 γ 暴的关系.他提出的银河系的引力势(P90)考虑了银盘、银晕和银核的贡献,被认为是比较完善的,常被后人应用.

　　Sun & Han(2004)采用 P90 的引力势,Wei 等(2005)采用 Peng 等(1978)的引力势,进行脉冲星分布的 3D Monte Carlo 模拟,研究了 z 分布的演化规律.尽管他们所采用的引力势不同,但却有着相同的模拟结果.他们发现,z 分布的标高起初随时间线性增加,达到峰值后,呈指数形式减小,最后达到稳定的渐近值,实现了动态平衡.

　　Wei 等(2010)采用 P90 的引力势研究了老年中子星($10^9\sim10^{10}$ 年)的空间分布,进行 3D Monte Corlo 模拟,发现在银晕中有不少老年中子星,可能成为研究银晕的探针.研究表明,当脉冲星初始速度采用 Faucher 和 Kaspi(2006)的分布时,只有 50% 的脉冲星留在银河系内($R < 25$ kpc). 当脉冲星初始速度采用 Hobbs 等 (2005) 的分布时, 仅有 40% 的脉冲星留在银河系内. 这是达到动态平衡的结果, 离开银河系的老年中子星并非真的逃离了银河系, 仅仅是运动范围非常大, 在统计时没有返回而已. 在 10^9 年后, 老年中子星的分布已经稳定, 进入动力学平衡阶段. 这时, 老年中子星进出银河系达到平衡, 因而遗留在银河系内的老年中子星的比率保持不变.

15.3.2　脉冲星的光度分布和空间分布

脉冲星的发现受多种观测选择效应的影响, 由观测到的脉冲星给出的空间分布只能是一种视分布, 必须进一步分析才能获得脉冲星真实的空间分布. Taylor 和 Manchester(1977) 比较详细地讨论了这个问题. 他们指出, 脉冲星的真实分布应该是脉冲星的光度(L)、周期(P)、银心距离(R)和银道面距离(z)的函数, 即 $\rho(L, P, R, z)$. 假定密度可以写成四个独立函数之积, 真实的分布密度则为

$$\rho(L, P, R, z) = \rho(L)\rho(P)\rho(R)\rho(z). \tag{15.7}$$

Lorimer 等 (2006) 应用 Parkes 20 cm 多波束巡天以及高银纬巡天发现的 1008 颗普通脉冲星作为分析样本, 分别统计了按银心径向距离(R)、银道面距离(z)、光度(L)和周期(P)分布的脉冲星数目的直方图和导出的理论分布曲线. 图 15.9 的 4 张图的上图为观测直方图, 下图为导出理论值和理论拟合曲线.

定义真实的分布函数分别为 $\rho_R(R), \rho_z(z), \rho_P(P)$ 和 $\rho_L(L)$, 如果它们彼此之间是独立的, 求解就变为可能了. 事实上, 它们之间多少有些相关, 只能说基本上彼此独立. 有了这个前提, 再假定真实分布的函数形式作为初始状态, 可以应用 Monte Carlo 方法来获得样本数足够大, 考虑了各种观测选择效应后的分布密度函数. 导出的分布密度函数要与观测的分布对比, 调整参数使拟合结果渐近地与观测分布一致. 图 15.9 中的 3 张图的下图就是这样得到的. 而 $\rho_P(P)$ 则用观测的分布来代替.

对于射电光度, 可选用一个非常简单的公式, 即 1.4 GHz 频率上观测到的流量密度与距离平方的乘积来表示:

$$L_{1.4} = S_{1.4} d^2. \tag{15.8}$$

绝大多数脉冲星的距离都是采用 DM 方法获得的, 误差比较大. 每一个巡天都有最低的流量密度, 对不同天区, 由于银河系天空背景的辐射不同, 会有不同的最低可检测流量密度. 对于 Lorimer 等 (2006) 所分析的样本, 相当于 $L_{1.4} \geqslant 0.1\,\mathrm{mJy \cdot kpc^2}$, 由此导出的脉冲星按径向距离($R$)分布的面密度函数为

$$\rho(R) = A(R/R_{\mathrm{sun}})^B \exp(-C[(R - R_{\mathrm{sun}})/R_{\mathrm{sun}}]), \tag{15.9}$$

其中 R_{sun} 是太阳到银心的距离, $A = 41(5)\,\mathrm{kpc}^{-2}$, $B = 1.9(3)$, $C = 5.0(6)$. 括号中

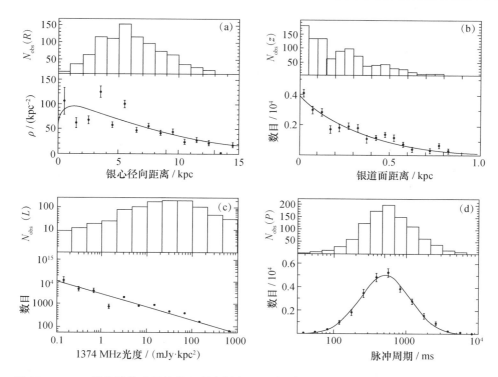

图 15.9　1008 颗普通脉冲星按银心径向距离(R)、银道面距离(z)、光度(L)和周期(P)的脉冲星数目的直方图分布示于图(a)、(b)、(c)和(d)的上图,这 4 张图的下图则是导出的理论拟合曲线(Lorimer,et al.,2006).为简明起见,此处删去了原图下图中的点线.

的数值是统计误差,可能还需要增加距离不准确导致的误差.

　　z 分布近似为标高 330 pc 的指数函数.不过所求得的标高对距离的误差非常敏感,DM 测距法依赖于对太阳附近环境的电子密度的估计,有的研究甚至给出了 180 pc 的标高.一般认为中子星来源于银河系中的星族 I,它们的标高仅有 50~100 pc.

　　脉冲星数目随光度的分布依赖于最低可检测的光度值,在 1.4 GHz 频率的光度大于 0.1 mJy·kpc^2 的情况下,可获得经验关系

$$\ln N = F \ln L + G, \tag{15.10}$$

式中 F=0.77(7),G=3.5(1).

15.3.3　银河系中脉冲星数目的估计

　　Lorimer 等(2006)根据上述分析给出的可观测脉冲星数目为 3 万颗,统计的精确度约为 40%.考虑到只有 20% 的脉冲星的辐射束可以扫过地球,即束因子为 5,银河系中应该有 15 万颗在光度阈值之上的脉冲星,考虑普通脉冲星的年龄,计算

得到诞生率为每百年 1.4 ± 0.2 个脉冲星.

毫秒脉冲星和射电脉冲双星的空间分布与一般脉冲星不同,处在球状星团之中的部分自然跟随着球状星团的分布,可是处在球状星团之外的毫秒脉冲星的空间分布并没有向银道面附近集中的倾向. Lyne 等(1998)研究得到毫秒脉冲星投影在银道面上的面密度为 $(28\pm12)\mathrm{kpc}^{-2}$,Lorimer(2008)的结果则为 $(38\pm16)\mathrm{kpc}^{-2}$. 400 MHz 频率的光度的低限为 $1.0\,\mathrm{mJy}\cdot\mathrm{kpc}^2$. Lyne 等(1998)估计银河系中可观测的毫秒脉冲星的数目为 3 万颗,这与 Lorimer 等(2006)给出的普通脉冲星的总数相同. 不过,后来的观测认为存在光度更低的毫秒脉冲星群,频率 400 MHz 的光度超过 $0.3\,\mathrm{mJy}\cdot\mathrm{kpc}^2$ 的毫秒脉冲星可能有 20 万颗,但是毫秒脉冲星的束因子很小,只 2,总数只有 40 万颗. 由于毫秒脉冲星的年龄很大,为 10^9 年的量级,因此计算得到的诞生率就非常小了.

早期观测样本中的脉冲星数目很少,但人们也进行了许多类似的研究,所获得的银河系中可观测的脉冲星数目很不相同,如表 15.2 所示,从 3600 到 500 000. 其中,Wu 和 Leahy(1989)使用的脉冲星样本、计算距离公式及电子密度等都与 Lyne 等(1985)基本相同,但采用了完全不同的方法,所得的脉冲星总数为 8.4×10^4,与 Lyne 等的 7.0×10^4 很接近. 其方法要点是:(1) 选择比较均匀分布的巡天样本,删去了 Arecibo 的样本;(2) 假定脉冲星投影到银道面上面密度 $\rho(R)$ 在相同的 $R+\Delta R$ 的环上是相同的;(3) 假定在距离太阳 1 kpc 以内,观测到的脉冲星样本是完全的. 这 3 个前提条件基本上是满足的,但观测得到的包括太阳 1 kpc 范围的 $R+\Delta R$ 环上的脉冲星分布面密度是很不相同的,随离太阳的距离增加而迅速减小. 人们把这种减小归为观测选择效应,由此计算出修正因子. 由于(3)并不能完全满足,如只观测到 90% 的脉冲星,这个方法估计的脉冲星总数只能理解为下限.

表 15.2　早期关于银河系中可观测脉冲星数目的估计

研究者	银河系中可观测的脉冲星数目
Large(1971)	5×10^5
Taylor 和 Manchester(1977)	1.3×10^5
Huang,Peng,Huo 和 Tong(1980)	1.8×10^4
Arnaud 和 Rothenflug(1980)	1.25×10^4
Morini(1981)	3.6×10^3
Lyne,Manchester 和 Taylor(1985)	7.0×10^4
Wu 和 Leahy(1989)	8.4×10^4

§15.4　脉冲星作为银河系星际磁场的探针

磁场在宇宙中无处不在. 脉冲星表面的磁场达到 $10^8 \sim 10^{14}\,\mathrm{G}$ 的量级, 是宇宙中磁场最强的已知天体. 早在脉冲星发现以前, 天文学家就致力于银河系星际介质磁场的观测和研究, 探知银河系星际介质中的磁场只有 $\mu\mathrm{G}$ 的量级. 在众多的测量星际介质磁场的方法中, 脉冲星成为最好的探测磁场的探针.

15.4.1　银河系磁场观测研究的多种方法

最早用来测量银河系星际磁场的方法是测量星光的偏振. 早在 20 世纪 50 年代前后, 银河系星际磁场就由观测恒星星光的偏振所发现 (Hall & Mikesell, 1950). 观测研究发现, 在离太阳 500 pc 以内, 星际磁场的方向指向 $l = 45°$, 在此之外到 2 kpc 处, 则指向 $l = 60°$ (Ellis & Axon, 1978).

现在约有 10 000 颗恒星的星光偏振资料, 大多数在离太阳 $2 \sim 3$ kpc 的范围内. 这些资料的分析表明, 局地磁场平行于银道面, 并沿着旋臂轴的方向. 这种方法很难探讨远于 $2 \sim 3$ kpc 的情况.

星光经过星际介质变成偏振波, 是由于遭受到星际空间中尘埃颗粒的各向异性的散射, 其偏振面的取向受磁场影响, 其长轴取向是垂直于银河系的磁场的. 这种观测能给出磁场方向的重要信息, 遗憾的是, 这种方法不能估计磁场强度.

银河系弥漫的射电辐射也被用来估计银河系的星际磁场. 人们在发现这种弥漫射电辐射时并不知道它们与星际磁场有关联, 直到苏联科学家认识到产生这种弥漫的射电辐射的机制是高能带电粒子在磁场中运动发出的同步辐射. 由观测到的弥漫的射电辐射可以推算出辐射区域的磁场, 估计磁场强度约为 $10\,\mu\mathrm{G}$.

Zeeman 效应谱线分裂是对星际磁场非常直接的测量. 在均匀磁场中, 原子辐射产生的某一发射线分裂为一系列的支线. 按照经典量子理论, 谱线 Zeeman 分裂和磁场 B 的关系式为

$$\Delta \lambda_{\mathrm{B}} = 4.67 \times 10^{-13} \lambda^2 g_{\mathrm{eff}} B, \tag{15.11}$$

式中 λ 为谱线中心波长, g_{eff} 为谱线的有效 Landé 因子, B 为磁场强度. Zeeman 分裂的支线都是偏振辐射, 可以由 Stokes 参量 I, Q, U, V 来描述. 测出 Stokes 参数的数值便能够推算出磁场强度. 这种方法可以测量星云的磁场强度以及视线方向上的磁场方向, 告诉我们磁场是离开或朝向我们.

中性氢 21 cm 波长的发射线经过星际介质. 受其磁场的影响, 这条谱线分裂为两条圆偏振方向相反的谱线, 每 $\mu\mathrm{G}$ 磁场使分裂的谱线彼此分离 2.8 Hz. 这种方法测量的磁场常常大于 $10\,\mu\mathrm{G}$, 所测得的实际上是星云的磁场, 不是通常我们要测的

星际介质的磁场.

　　还有一种方法是观测射电源的偏振面的 Faraday 旋转来估计星际磁场. 1845 年 Faraday 发现,当电磁波通过介质时与磁场相互作用,会使线偏振电磁波的偏振面产生旋转,这个现象称为 Faraday 旋转.线偏振位置角旋转 θ 由 RM 和 λ^2 决定:

$$\theta = RM\lambda^2 \text{ rad}, \tag{15.12}$$

$$RM = 0.81\int B_{\parallel}\, n_e \mathrm{d}l. \tag{15.13}$$

　　Gardner 和 Davies(1966)应用 Parkes 的 64 m 射电望远镜在多个波长上观测了 160 个河外射电源的线偏振位置角,其中有 49 个射电源在 3 个频率上获得了足够好的偏振位置角数据.对于每个源,将偏振位置角对波长的平方作图,获得的斜率便是 Faraday 旋转量 RM.图 15.10 是射电源 3C33 的线偏振位置角与波长平方的关系图,采用两种标尺,彼此相差 5 倍,拟合得到的斜率便是 Faraday 旋转量.表 15.3 是其中的 5 个射电源的 Faraday 旋转量的情况.

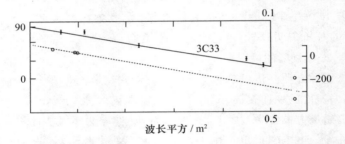

图 15.10　射电源 3C33 的偏振位置角与波长平方的关系图.纵坐标为位置角,横坐标为波长的平方.(Gardner & Davies,1966)

表 15.3　5 个射电源的 Faraday 旋转量

射电源	银经 /(°)	银纬 /(°)	RM /(rad/m²)	固有位置角 /(°)	观测波长 /cm
3C27	123	+6	−91±8	2±8	10,18,21
3C48	134	−28	−42±15	100±10	3,10,18,20
3C86	144	−1	−400±15	100±10	10,18,21
3C111	162	−9	−19±4	141±10	3,10,18,20
Cygnus	76	+6	−750	30	3,5,9

　　观测结果表明,射电源的旋转量与银纬有关,如图 15.11 所示,在高银纬处其值比较小,而在低银纬处,RM 有大有小,很弥散.

　　Gardner 等(1969)在 11 cm 和 20 cm 波长上观测了 355 个射电星系的偏振辐射,给出了线偏振旋转量的空间分布,得到银河系星际磁场是沿着旋臂的,近似指向银经 80°的结果.

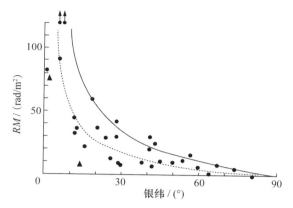

图 15.11 南天射电源 Faraday 旋转量与银纬的关系. 实线为 $RM = 20\cot b_{\parallel}$；虚线为 $RM = 10\cot b_{\parallel}$. (Gardner & Davies, 1966)

这个方法的优点是可供观测的射电星系非常多, 空间分布非常广, 在研究银河系磁场大尺度结构和磁场的晕结构时更显优越. Taylor 等 (2009) 利用 VLA 的巡天资料, 获得了 37 543 个射电源的 Faraday 旋转量. 这个方法的缺点是射电星系本身的旋转量很大, 测量得到的射电星系的 Faraday 旋转包括射电源本身、星系际空间的 Faraday 旋转、银河系的 Faraday 旋转, 以及地球电离层的 Faraday 旋转, 需要设法去掉除银河系星际介质贡献之外的其他贡献. 还有就是由 Faraday 旋转量估计磁场, 还需要知道电子密度的确切数值, 很难做到.

15.4.2 脉冲星线偏振 Faraday 旋转的测量

脉冲星辐射是强线偏振的, 偏振的观测给出 4 个 Stokes 参数, 并转换为流量密度总强度轮廓、线偏振强度轮廓、线偏振位置角的变化曲线和圆偏振变化曲线, 如图 15.12 所示.

脉冲星的辐射经过星际介质, 受其磁场的影响, 线偏振位置角会旋转一个角度:

$$\theta = RM\lambda^2 \quad (\text{单位为 rad/m}^2), \tag{15.14}$$

其中

$$RM = \frac{e^3}{2\pi m^2 c^4}\int_0^d n_e B_{\parallel}\,\mathrm{d}l = 0.81\int_0^d n_e B_{\parallel}\,\mathrm{d}l, \tag{15.15}$$

$$\frac{RM}{DM} = \frac{0.81\displaystyle\int_0^d n_e B_{\parallel}\,\mathrm{d}l}{\displaystyle\int_0^d n_e\,\mathrm{d}l} = 0.81\langle B_{\parallel}\rangle, \tag{15.16}$$

式中 RM 为旋转量, $DM = \displaystyle\int_0^d n_e\,\mathrm{d}l$ 为色散量, $B_{\parallel}$ 是磁场强度在视线方向的分量, n_e 是自由电子密度. 这个公式给出沿视线方向的平均磁场强度. 这一平均值有特殊的

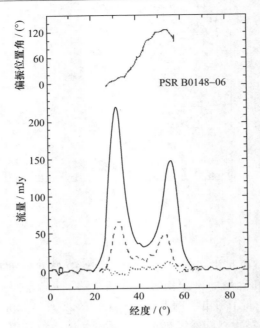

图 15.12   PSR B0148—06 的平均脉冲轮廓和偏振参数.下图中实线是总强度轮廓,虚线是线偏振强度曲线,点线是圆偏振强度曲线.上图是线偏振位置角的变化曲线.(Wu,et al.,1993)

含义,是按沿途电子密度加权的.

色散量 DM 是观测量,旋转量 RM 也是观测量,因此可直接给出视线方向上的平均磁场.由于旋转的角度是波长的函数,可在不同频率上同时观测同一个脉冲星,以获得两个频率上的位置角的差值,即

$$\Delta\theta = -2RM \left(\frac{c}{\nu}\right)^2 \frac{\Delta\nu}{\nu}. \tag{15.17}$$

$\Delta\theta, \Delta\nu, \nu$ 都是观测量,所以 RM 也是一个可以测量的量.在低频段旋转量大,测量相邻两个频率之间的旋转量的微小变化是很方便的,高频段则要用两个相隔较宽的频段的观测资料求得.

脉冲星 Faraday 旋转量测量的第一例是对 PSR B0950＋08 的观测(Smith,1968).这是一颗线偏振很强的脉冲星,色散量很小,测出的旋转量非常小,计算出的视线方向的平均磁场小于 1 μG.随着观测的脉冲星越来越多,得到的视线方向的平均磁场约为 2～3 μG.脉冲星磁场的典型数值是 10^{12} G,而它又测出弱到只有 10^{-6} G 的星际磁场,相差了 18 个数量级.

15.4.3   *RM* 天空和银河系星际磁场

观测脉冲星的 *RM* 来研究银河系星际磁场至少具有三个方面的优越性:一是

脉冲星在银河系里的空间分布是各处都有,有可能获得三维的磁场结构;二是脉冲星没有内禀的旋转量;三是脉冲星的观测不仅可以得到 RM,同时还能得到 DM,由这两个观测量的组合便能计算出视线方向的平均磁场.

Manchester(1974)观测得到 38 颗脉冲星的 Faraday 旋转量,首次给出了银河系星际磁场在银道坐标系上的分布.其明显的特征是,旋转量的正负值被分离开来,在 $180°\sim360°$ 半球的旋转量是正值,磁场方向朝向观测者,而在 $0°\sim180°$ 的半球是负值,磁场背向观测者.局地磁场朝向银经 $l=90°\pm11°$,强度约 $(2.2\pm0.4)\mu G$. Thomson 和 Nelson(1980)发现在距离为 $D_{rev}=(170\pm90)$ pc 处磁场的方向发生了改变,磁场朝向 $l=70°\pm10°$,$B_{rev}=(3.5\pm0.3)\mu G$,标高为 75 pc. Lyne 和 Smith(1989)分析了 185 颗脉冲星的 RM 观测结果,得出的结论与早期 Manchester (1974)由很少脉冲星的观测所得到的结果相同. Andreasyan 和 Makarov(1989)由对 185 颗脉冲星的 RM 资料的分析发现了"晕"成分.

至今至少有 550 颗脉冲星的 RM 的资料(Hamilton & Lyne,1987;Qiao,et al., 1995;Han,et al.,1999;Weisberg,et al.,2004;Han,et al.,2006).

Han 等(1994,1997)采用河外射电源和脉冲星的 RM 值来研究银河系星际磁场的结构.在 1997 年的论文中,他们选用中等银纬的脉冲星和河外射电源的 RM 测量值,做了必要的选择,获得了银河系磁场的结构,发现脉冲星的 RM 存在明显的反对称结构.图 15.13 是银纬 $|b|>8°$ 的脉冲星的 RM 分布.之所以选择 $|b|>8°$,是为了突出银河系厚盘结构和晕的情况.从图上可以看出,在 $l=0°\sim90°$ 区域,$b>0$ 时 RM 为正值,$b<0$ 时 RM 为负值.而在 $l=270°\sim360°$ 区域,$b>0$ 时 RM 为负值,$b<0$ 时 RM 为正值,呈现反对称结构.

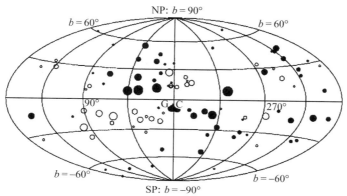

图 15.13 银道坐标系中脉冲星星际磁场(或 RM)的分布.实心圆圈为正值,空心圆圈为负值,它们的面积与 RM 的绝对值成正比,其取值范围为 $5\sim150$ rad·m^2.(Han,et al.,1997)

图 15.14 是 Han 等(1997)应用 554 个河外射电源的资料制成的统计图,所获得的结果与图 15.13 相似,磁场结构呈现反对称的特征.

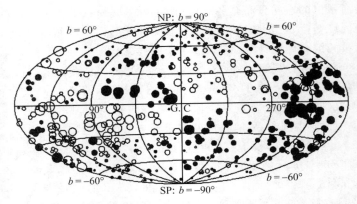

图 15.14　具有 RM 值的河外射电源的分布,其说明与 15.13 相同.(Han,et al.,1997)

　　银河系星际磁场结构与旋臂的关系是人们关注的重点之一. 人们认为,旋臂上物质密度比较高,磁场也会强一些. 图 15.15 是 223 颗脉冲星的 RM 测量给出星际磁场的分布及与旋臂的关系. 从图上可以清晰地看出,在银河系的旋臂上,磁场基本上是沿旋臂且逆时针方向的,而在旋臂之间,磁场基本上是顺时针方向的,存在磁场的反转. 在旋臂上的磁场强度大约在几个 μG,往银心方向有增强的趋势.

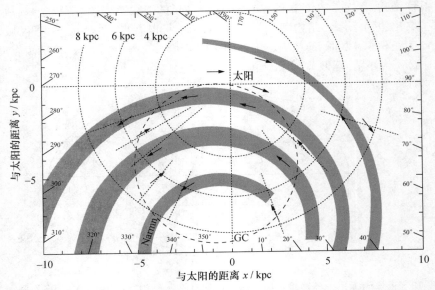

图 15.15　由脉冲星的 RM 和 DM 数据构成的磁场方向的图像.图中假定了在离太阳 3 kpc 范围以内的旋臂的大尺度磁场的方向.(Han,et al.,2006)

§15.5 星际闪烁和散射

脉冲星射电波段流量密度的变化可能是由内禀光度起伏造成的,也可能是由星际介质的传播效应造成的,或者是两者综合作用的结果(Stinebring & Condon,1990;Wu & Chian,1995).宽频带、大幅度的单个脉冲之间的流量密度变化被认为是脉冲星辐射机制引起的内禀变化.平均脉冲是将许多单个脉冲相加后形成的,平滑了单个脉冲之间的强度变化,但是平均脉冲的流量密度还存在不同时间尺度的变化,起因于不规则分布的星际等离子体对穿过其内的射电波的散射作用,产生了闪烁现象.

15.5.1 脉冲星星际闪烁的观测现象和散射模型

在发现脉冲星后不久,人们就发现脉冲星的流量密度有几分钟到几个月的时变,这很快就被确认为由星际介质散射引起的闪烁.脉冲星闪烁的观测现象包括流量密度的变化、脉冲轮廓的展宽和辐射频率的漂移.脉冲星星际闪烁产生的机制涉及星际介质薄屏、厚屏模型以及双成分模型,还涉及星际介质电子密度涨落谱的研究.

（1）星际闪烁观测现象和参数.

星际闪烁造成脉冲星辐射强度的变化,不同脉冲星的流量密度变化情况差别很大.图 15.16 是 4 颗脉冲星流量密度的 5 年监测结果.变化最大的是 PSR B0329+54,而 PSR B0736−40 的变化小于 5%,几乎可以看成常数.

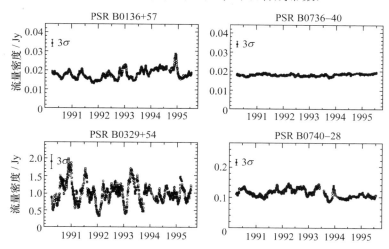

图 15.16   4 颗脉冲星在 610 MHz 频率上流量密度的 5 年监测结果,其中 PSR B0736−40 的流量密度基本不变.(Stinebring,et al.,2000)

星际闪烁导致脉冲星平均脉冲轮廓展宽.图 15.17 是船帆座脉冲星 5 个波段观测的平均脉冲轮廓展宽现象,频率越低越厉害,展宽的时间尺度与频率的 4 次方成反比,$\tau_0 = 2.2 \times \nu^{-4}$ ms,频率的单位是 MHz. 由于现代的脉冲星观测都采用消色散技术,所以这种展宽是星际介质散射造成的.

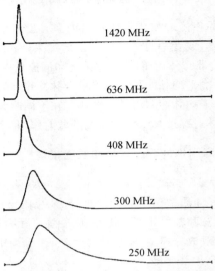

图 15.17   PSR B0833−45 在 5 个频率上观测到的脉冲展宽.(Ables, et al.,1973)

星际闪烁还会造成脉冲轮廓不规则变化. 人们曾经观测到 PSR B0531+21 的脉冲轮廓在几个星期里的不寻常展宽,在 408 MHz 频率上观测到 4 ms 的展宽,而在一般情况下,展宽仅 50 μs. 人们还观测到它的中间脉冲轮廓不规则的变化(图 15.18). 由于这颗脉冲星处在蟹状星云之中,这些不同寻常的脉冲展宽现象与

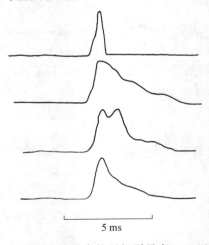

图 15.18   PSR B0531+21 的中间脉冲轮廓的不规则展宽(408 MHz 频率上的观测).(Lyne & Thorne,1975)

蟹状星云不无关系.

闪烁引起的脉冲轮廓展宽并不和色散量成正比. 色散量大意味着脉冲星和观测者之间的自由电子的总量多,但闪烁和自由电子总量无关,而是和其中自由电子密度的不均匀结构有关. Lyne(1971)给出实例:PSR B2002+30 和 PSR B1946+33 的色散量 DM 分别为 233 和 129,但在 408 MHz 的观测发现,DM 大的脉冲轮廓并没有展宽,而 DM 小的展宽很明显.

脉冲星闪烁现象的第三种现象就是动态频谱显示出有组织的结构和辐射频率有规律的漂移. 所谓动态频谱是脉冲星辐射强度随频率和时间变化的图像,图 15.19 是 PSR B0329+54 的观测结果.

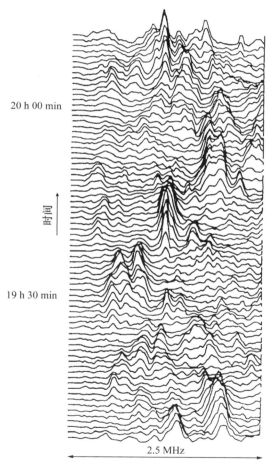

图 15.19　PSR B0329+54 闪烁图形漂移的观测结果,横坐标为频率,纵坐标为时间.(Lyne & Smith,1990)

　　图 15.19 显示,在任何一个频率上都可以看到强度随时间的随机变化,特征时间为 τ_d,在任何一个时刻都可以看到强度随频率的随机变化,特征频宽为 $\Delta\nu_d$,存在明显的干涉条纹和频率漂移.

　　脉冲星星际闪烁的特征时间 τ_d 和特征频宽 $\Delta\nu_d$ 可以通过对脉冲星动态频谱的自相关函数求得.图 15.20 是根据 PSR B0329+54 的动态频谱获得的自相关函数.

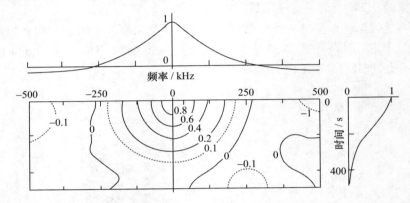

图 15.20　PSR B0329+54 动态谱(图 15.19 的资料)的自相关函数:主图为二维自相关函数,上图为一维(频率)的自相关函数,右图为一维(时间)自相关函数.(Lyne & Smith,1990)

　　自相关函数的定义为

$$F(\Delta\nu,\tau) = \sum_{\nu}\sum_{t}\Delta S(\nu,t)\Delta S(\nu+\Delta\nu,t+\tau),\tag{15.18}$$

式中 $\Delta S((\nu,t)=S(\nu,t)-\overline{S}(t))$,归一化的自相关函数为

$$\rho(\Delta\nu,\tau) = F(\Delta\nu,\tau)/F(0,0).\tag{15.19}$$

　　闪烁的特征时间 τ_d 可以从一维(时间)自相关函数求得,为峰值的 e^{-1}.特征频宽 $\Delta\nu_d$ 为一维(频率)自相关函数峰值的 50% 处的宽度.

　　(2) 散射屏模型.

　　脉冲星的星际闪烁归因于星际介质的散射,构造散射屏模型成为从理论上研究星际闪烁的重要的方法.Lyne 和 Smith(1990)对薄屏模型和厚屏做了很好的综述.

　　(i) 薄散射屏模型.

　　简单的脉冲星闪烁模型是如图 15.21 所示的薄屏模型.假设在脉冲星和观测者之间,在传播路径约一半的地方有一个不均匀的薄屏,由随机分布的折射率不均匀的团块组成,团块的典型大小为 a,厚度为 D,平均折射率接近于 1.脉冲星辐射经过薄屏的不同地方到达观测者,脉冲星的角径被扩大了,导致脉冲展宽现象.

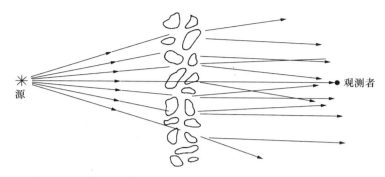

图 15.21 闪烁的散射屏模型的原理图.(Lyne & Smith,1990)

若折射率在长度 a 内变化 $\delta\mu$,会使相位改变 $\delta\phi=(2\pi/\lambda)a\delta\mu$,因为 μ 近于 1,所以有

$$\mu-1\approx\frac{n_\mathrm{e}e^2}{2\pi m\nu^2},\qquad(15.20)$$

其中 n_e 是电子密度.通过一个不均匀区之后波的相位变化为

$$\delta\phi=r_\mathrm{e}\Delta n_\mathrm{e}a\lambda,\qquad(15.21)$$

其中 r_e 是电子的经典半径(2.82×10^{-13} cm),而 Δn_e 是相应于 $\delta\mu$ 的电子密度起伏.通过整个屏的光线穿过了 D/a 个随机分布的不均匀区,所以相距大于 a 的波束的相位扰动之差为

$$\Delta\phi\approx\left(\frac{D}{a}\right)^{1/2}\delta\phi=D^{1/2}a^{1/2}r_\mathrm{e}\Delta n_\mathrm{e}\lambda,\qquad(15.22)$$

通过屏所看到的源的视角径为

$$\theta_\mathrm{scat}\approx\frac{\Delta\phi}{2\pi}\cdot\frac{\lambda}{a}=\frac{1}{2}\left(\frac{D}{a}\right)^{1/2}r_\mathrm{e}\Delta n_\mathrm{e}\lambda^2.\qquad(15.23)$$

射电波到达散射屏后,射向散射屏不同地方,经散射后的射电波从不同路径到达地球上的射电望远镜.离开屏的波前可以用衍射理论来处理,这些射电波将互相干涉,产生明显极大和极小强度的图样.脉冲星在散射屏后运动或者散射屏移动会导致观测者所看到的干涉图样不断地移动,强度在不断变化.

假定散射屏不动,根据所测量的衍射图样的移动可以测出脉冲星的运动速度.这个方法的优点是可以测量很远处的脉冲星的自行.用干涉仪办法测量只适用于近处的脉冲星.用脉冲到达时间的办法测自行则要求所测量的脉冲星的自转很稳定.

(ii) 厚散射屏模型.

迄今所用的薄屏分析并不严格依赖于屏的位置,只要它不很靠近射电源或观测者.星际介质实际上是连续地充满于观测者和脉冲星之间的星际空间的,应该是一个厚屏.Uscinski(1968)分析了厚屏内相继各层中产生的多重散射,未被散射的成分通过屏时做指数衰减,所以它的相对强度可表为 $\exp(-\beta z)$,其中 β 为全扩散系数,z 是所通过的介质的距离.β 由下式给出:

$$\beta = \pi^{1/2} r_e^2 (\Delta n_e)^2 a\lambda^2, \tag{15.24}$$

其中 Δn_e 是电子密度的均方根偏差,a 是屏内 Δn_e 的自相关函数下降到 $1/e$ 的径向距离.假定不均匀区为球对称 Gauss 分布,弱散射相当于 $\beta z \ll 1$,强散射相当于 $\beta z \gg 1$.通过厚度 z 所产生的平面波方向角分布谱的半宽 θ_s(即振幅降到 $1/e$ 处的半张角)为

$$\theta_s = \frac{\lambda}{\pi a}, \quad \text{对于 } \beta z \ll 1, \tag{15.25}$$

$$\theta_s = \frac{\lambda}{\pi} (\beta z)^{1/2}, \quad \text{对于 } \beta z \gg 1. \tag{15.26}$$

对于 $\beta z \gg 1$ 情况,厚屏和薄屏所得到的结果相近.Romani 等(1986 年)采用厚屏模型,假设在观测者与脉冲星之间有 n 个散射屏,每一个相当于一个散射薄屏,通过积分得到了厚屏时的流量密度变化的自相关函数和结构函数.

(3)星际介质电子密度涨落谱.

对脉冲星星际闪烁现象的观测研究可以揭示星际散射介质的性质,其中最重要的性质包括星际介质密度起伏空间功率谱的形状和银河系中散射等离子体的强度分布.目前认为,星际介质电子密度涨落谱符合幂率谱的形式:

$$P_{3n}(q) = C_n^2 q^{-\beta}. \tag{15.27}$$

式中 $P_{3n}(q)$ 是三维空间的涨落谱密度.$q = 2\pi/L$ 为波数,为扰动尺度 L 的倒数,$q_{out} \ll q \ll q_{in}$,q_{out} 和 q_{in} 分别是星际介质电子密度涨落谱的内、外截止波数.C_n^2 是沿视线方向上星际介质自由电子散射强度的一个量,$C_n^2 \propto \langle \Delta n_e^2 \rangle$ 表征平均扰动的参量,与电子密度扰动谱的统计平均值成正比.β 为幂率谱指数,其范围为 $3 < \beta < 5$.不同的幂率谱指数值所反映的星际介质的物理特性有很大的差别.$\beta = \frac{11}{3}$ 是 Kolmogorov 谱,意味着介质的湍动能量从大尺度到小尺度级联传递并最终耗散成热量.而较陡的谱,如 $\beta = 4$ 则可以由星际分子云集团非连续的重叠产生,如激波堆积,并不要求存在物理意义上的湍流(Lambert,2000).较陡的电子密度空间涨落谱描述了等离子体空间分布的不规则性.观测表明,多数情况下电子密度涨落谱为纯粹的 Kolmogorov 湍流谱,然而也有不少观测事实支持比较陡的涨落谱.

15.5.2   衍射式闪烁

发现脉冲星不久,人们就观测到脉冲星强度的不断变化和脉冲轮廓的展宽现象,以及存在强度的频率漂移.Rickett(1969)首先将这种流量起伏认定为产生于星

际介质小空间尺度($10^7 \sim 10^9$ m)上的电子密度涨落的衍射式闪烁. 星际介质等离子体对射电波的散射作用导致了脉冲轮廓的展宽, 形成散射角度谱. 从本质上说, 这种闪烁是散射角度谱的不同成分之间相互干涉而产生的衍射图案的变化.

(1) 薄屏模型情况下的结果.

对于薄屏, 在离地球 z_s 远处, 衍射式闪烁的消相关频宽为

$$\Delta\nu_d \propto \nu^{2\beta/(\beta-2)} z_s^{-\beta/(\beta-2)}, \tag{15.28}$$

式中 ν 为射电频率. 在 Kolmogorov 谱情况, 消相关频宽为

$$\Delta\nu_d \propto \nu^{\frac{22}{5}} z_s^{-\frac{11}{5}}. \tag{15.29}$$

对于 $\beta=4$ 情况,

$$\Delta\nu_d \propto \nu^{-4} z_s^{-2}. \tag{15.30}$$

由于脉冲星、散射屏和地球的运动, 闪烁图像也要移动, 其消相关的时间为

$$\tau_d \approx \nu^{2/(\beta-2)} z_s^{-1/(\beta-2)} V_s^{-1}, \tag{15.31}$$

式中 V_s 是散射屏相对于脉冲星与地球连线的运动, 因为脉冲星的速度比其他两个的速度大很多, 起主导作用, V_s 常取为脉冲星的速度.

在 Kolmogorov 谱情况, 消相关时间为

$$\tau_d \approx \frac{a}{\nu\Delta\phi} \propto \nu^{\frac{6}{5}} z_s^{-\frac{3}{5}}. \tag{15.32}$$

在 $\beta=4$ 的情况,

$$\tau_d \approx \frac{a}{\nu\Delta\phi} \propto \nu z_s^{-\frac{1}{2}}. \tag{15.33}$$

对于远处的脉冲星, 在低频观测时扰动的带宽很窄. 在 Kolmogorov 谱情况时,

$$C_n^2 = 0.002\nu^{11/3} D^{-11/6} \Delta\nu_d^{-5/6}, \tag{15.34}$$

式中 ν 的单位为 GHz, D 为脉冲星距离, 单位为 kpc, $\Delta\nu_d$ 的单位为 MHz.

衍射式闪烁的强度用衍射式闪烁指数 m_d 表征, 从观测来看 $m_d \approx 1$. 衍射式闪烁在时域和频域上的消相关尺度分别由 τ_d 和 $\Delta\nu_d$ 表示. 由于二维动态谱同时记录了脉冲星射电强度在时间和频率上的变化, 可以计算出 τ_d 和 $\Delta\nu_d$, 因而它们都是观测量. 衍射式闪烁是星际介质电子密度不均匀性引起的脉冲星流量的一种短时标变化, 这种快速变化是窄频带的. 到目前为止, 观测已经得到 200 多颗脉冲星的二维动态谱和相关的衍射式闪烁参数(Cordes, 1986; Taylor, et al., 1993; Johnston, et al., 1998; Wang, et al., 2001).

(2) 动态频谱观测.

Cordes 等(1985)研究了脉冲星在低频(400 MHz 频率附近)的星际闪烁观测, 给出了 36 颗脉冲星的观测参数和消相关频宽参数, 以及 4 颗脉冲星各具特点的动态谱. PSR B1737+13 的动态谱比较典型, 能清晰地看出闪烁引起的辐射强度的时

变和频率漂移. PSR B0823＋26 和 B1929＋10 的辐射强度极大约以 2 kHz/s 的速度漂移. PSR B2016＋28 动态谱的消相关时间很长, 几乎可以与观测时段的时间差不多, 频率结构显示有准周期性.

新疆天文台 25 m 射电望远镜在 1540 MHz 频率上对 7 颗脉冲星进行检测, 获得了动态谱(Wang, et al., 2001), 其中 PSR B0329＋54 的 3 次闪烁动态谱观测结果和它们的自相关函数示于图 15.22.

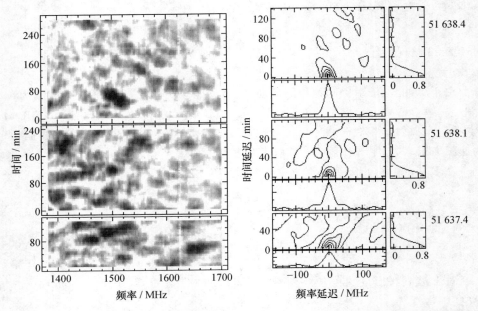

图 15.22　新疆天文台 25 m 射电望远镜观测的 PSR B0329＋54 的 3 次闪烁动态谱观测结果(左)和它们的自相关函数(右), 归一化的两维自相关函数及其时间 t 和频率 ν 的一维自相关函数.(Wang, et al., 2001)

从 PSR B0329＋54 的动态谱图上, 可以看出脉冲星辐射强的区域存在漂移现象, 而且 3 个相邻的观测时段的观测情况不同, 下图和上图的漂移方向相反. 这可能是衍射闪烁和折射闪烁组合的结果.

表 15.4 给出新疆天文台 25 m 射电望远镜在 1540 MHz 对 7 颗脉冲星观测得到的闪烁参数. 在这个频率上选取 $\beta=4$ 时获得的闪烁参数值与 Cordes(1986)选取 $\beta=11/3$ 的 400 MHz 结果全面一致.

表 15.4　7 颗脉冲星在 1540 MHz 衍射闪烁的消相关时间和频宽

PSR	名称	DM /(pc·cm^{-3})	τ_d /min	$\Delta\nu_d$ /MHz
J0332+5434	B0329+54	26.8	595(50)	13.1(1.2)
J0826+2637	B0823+26	19.5	390(90)	40(2)
J1136+1551	B1133+16	~4.8	420(90)	>80
J1645−0317	B1642−03	35.7	240(120)	40(2)
J1932+1059	B1929+10	~3.2	>800(130)	>80
J2022+2854	B2020+28	24.6	720(240)	50(1)
J2022+5154	B2021+51	22.6	1130(220)	36(5)

衍射闪烁观测给出了一种估计脉冲星速度的方法,脉冲星速度与消相关频宽、消相关时间和脉冲星距离的关系是

$$V_s = 3.85 \times 10^4 \frac{\sqrt{\Delta\nu_d D}}{\nu \tau_d}. \tag{15.35}$$

由脉冲星动态谱的观测可以获得有关闪烁参数,如果知道距离就可以计算出脉冲星的横向速度.表 15.5 为 7 颗脉冲星的情况,其中 V_{pm} 是自行速度,V_s^c 和 V_s^g 分别是 Gupta 等(1994)和 Cordes(1986)由低频闪烁观测获得的速度,V_s 是 Wang 等(2001)获得的横向速度.

表 15.5　由衍射闪烁观测得到的脉冲星横向速度

PSR 名称	距离 /kpc	z /pc	μ /(mas/yr)	V_{pm} /(km/s)	V_s^c /(km/s)	V_s^g /(km/s)	V_s /(km/s)	$\ln(C_n^2)$
B0329+54	1.43	−31	21	145	54	126	181	−3.2
B0823+26	0.37	197	108	196	67	241	248	−2.6
B1133+16	0.26	248	371	475	167	519	>274	−2.9
B1642−03	2.90	1270	48	660	238	562	1049	−4.2
B1929+10	0.17	−11	88	86	45	136	~82	−2.7
B2020+28	1.30	−106	16	97	47	142	280	−3.6
B2021+51	1.22	178	18	104	78	239	148	−3.5

15.5.3　脉冲星折射式闪烁

脉冲星流量密度从天到几个月的长时标的变化是折射式闪烁造成的结果,是由星际介质大空间尺度($10^{10} \sim 10^{12}$ m)电子密度不均匀性散射造成的(Sieber, 1982; Rickett, et al.,1984).折射闪烁效应在频域上通常表现为宽频带现象.

（1）脉冲星流量密度长期监测和结构函数.

折射式闪烁的观测主要是对脉冲星流量密度进行长期的监测,以获得脉冲星流量密度时变曲线以及它们的结构函数.目前进行长期监测流量密度的脉冲星为数不多,因此这类观测资料弥足珍贵,如 14 颗脉冲星在 610 MHz 监测 1 年以上的结果(Kaspi & Stinebring,1992),20 颗脉冲星在 430 MHz 上的 4 年监测结果(La-Brecque,et al.,1994),18 颗脉冲星在 327 MHz 上的为期 2 年的结果(Bhat,et al.,1999),21 颗脉冲星在 610 MHz 上的为期 5 年的监测结果(Stinebring,et al.,2000)等.

对脉冲星流量密度长期监测数据的分析常采用 Rickett 和 Lyne(1990)提出的方法来获得结构函数,流量密度的一阶结构函数为

$$D(\tau) = \frac{1}{\langle F \rangle^2} \sum_{j=1}^{n} \frac{(I_j - I_{j+\tau})^2}{W_\tau}, \tag{15.36}$$

其中$\langle F \rangle$为流量密度时间序列的平均值,W_τ是时间延迟为τ天的数据点的总数,I_j为第j天的流量密度值.

图 15.23 是结构函数的对数值与延迟时间的对数值的关系图,可以看出存在三个区域:小时延的噪声区(a)、具有线性斜率的结构区(b)和比较平缓的饱和区(c).对于时延远小于最短特征时标的随机过程,结构函数表现为噪声区;对于时延远大于特征时标的稳定随机过程,结构函数将达到饱和值 $D_\infty = S$.

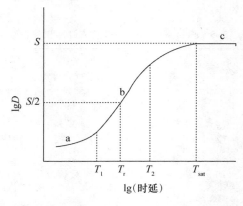

图 15.23   结构函数的三个特征区域:噪声区(a)、结构区(b)和饱和区(c).(Kaspi & Stinebring,1992)

Rickett 和 Lyne(1990)提出可以由结构函数计算观测闪烁参量的方法:由饱和值的一半($S/2$)的延迟时间作为折射闪烁时标(T_γ),定义为闪烁指数(m_γ).对于结构区的斜率 γ,Kaspi 和 Stinebring(1992)采用最小二乘法拟合图上从 T_1 到 T_2 这个区间的数据来求得斜率.

Stinebring 等(2000)给出的 21 颗脉冲星的流量密度变化的结构函数,只有 16 颗具有饱和区,2/3 的脉冲星的 γ 值在 0.4~1.0 的范围,1/3 的值在 1.4~1.6 范围,其中 13 颗脉冲星流量密度结构函数具有单一的对数斜率,6 颗具有 2 个斜率,还有 2 颗无法获得. 图 15.24 是 3 颗脉冲星的结构函数. 可以看出,它们的情况很不相同:一是饱和区的值差别很大,或调制指数差别很大;二是折射闪烁特征时间很不相同;三是 PSR B0531+21 结构区需要分两部分拟合,获得两个不同斜率.

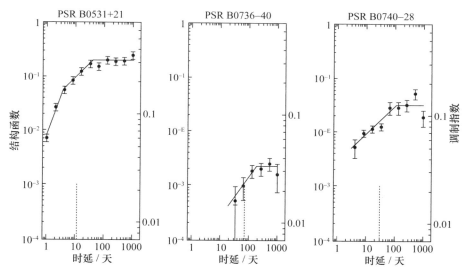

图 15.24　3 颗脉冲星的流量密度变化的结构函数,纵坐标为结构函数(左)和调制指数(右),由饱和区的 D 值可以推算出调制指数($D=2m^2$). 图中实线为结构区和饱和区观测数据的最小二乘拟合线,竖直虚线为折射闪烁特征时间 T_γ. (Stinebring,et al.,2000)

Esamdin 等(2004)应用新疆天文台 25 m 射电望远镜在 327 MHz 频率上对 PSR B0329＋54 和 B1508＋55 进行监测,获得了 460 天的流量密度资料(图 15.25). 分析得到的 PSR B0329＋54 的结构函数具有三个特征区,在 115 天时上升到极大,然后开始振荡进入饱和区. 结构函数饱和区的水平 $F(\infty)=0.15$,闪烁指数为 0.27 ± 0.07,折射闪烁特征时间 $T_\gamma=(31\pm14)$ 天,斜率为 0.7 ± 0.1. 但是,PSR B1508＋55 的结构函数仍处在噪声区,既没有结构区也没有饱和区,其原因可能是这颗脉冲星的折射闪烁特征时间太长,460 天的监测没有获得其折射闪烁的信息.

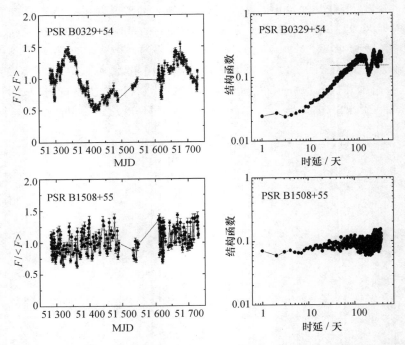

图 15.25　脉冲星 PSR B0329+54 和 B1508+55 在 327 MHz 频率上的流量密度时变图（左）和结构函数（右）.右上图的虚线表示结构函数达到饱和值的位置.(Esamdin,et al.,2004)

（2）厚屏模型的结构函数和对观测结构函数的拟合.

Blandford 等(1986)提出的 Riss 理论可以用来计算归一化的脉冲星辐射通过星际介质的流量密度起伏的结构函数.假定散射介质的密度属于连续分布（厚屏模型），介质的密度分布遵从 Gauss 分布,则有

$$\frac{\mathrm{d}Q_0}{\mathrm{d}z} = \frac{2Q_*}{\sqrt{\pi}H} \exp\left(\frac{L^2}{H^2}\right), \tag{15.37}$$

式中 Q_* 是厚屏总的散射强度,H 是厚屏分布的 $1/\mathrm{e}$ 宽度,L 是脉冲星的距离.

假定电子密度扰动谱是各向同性的功率谱,那么波前相位的扰动谱也是功率谱:

$$P(k) = \frac{\lambda^2}{(2\pi)^4} Q_* k^{-\beta}. \tag{15.38}$$

自相关函数 $F(\tau)$ 和结构函数 $D(\tau)$ 可以分别写为

$$F(\tau) = \langle \delta F(t) \delta F(t+\tau) \rangle_t, \tag{15.39}$$

$$D(\tau) = 2 \times [F(0) - F(\tau)], \tag{15.40}$$

式中 $\delta F(t)$ 代表归一化的流量密度扰动，τ 是时间延迟，角标 t 指在 t 时间内的平均. Qian 和 Zhang(1995)根据 Riss 理论导出厚屏模型的自相关函数：

$$F(\tau) = \frac{\left(\frac{\lambda}{2\pi}\right)^4 \Gamma(3-\beta/2)}{2^{\beta/2-1}\pi D^2} \int_0^D dz (D-z)^2 z^2 \frac{dQ_0}{dz}\delta^{\beta-6} M\left(\frac{6-\beta}{2}, 1, -\frac{V^2\tau^2}{2\delta^2}\left(\frac{z}{D}\right)^2\right),$$

$$(15.41)$$

式中 M 为合流超几何函数，D 和 V 分别为脉冲星的距离和相对于介质和观测者的速度，Γ 为伽马函数，λ 为观测波长，$\delta(z) = L\theta_s$ 为距离 L 处脉冲星的视角径.

厚屏总的散射强度 Q_* 和散射角径 θ_s 曾由 Romani 等(1986)给出：

(i) $\beta=11/3$ 情况下，

$$Q_* = 3.7 \times 10^{-18} DC_{-4} (\text{cm}^{-11/3}),\ \theta_s = 2.2 D^{0.6} C_{-4}^{0.6} \lambda^{22} (\text{mas}). \quad (15.42)$$

(ii) $\beta=4$ 情况下，

$$Q_* = 1.6 \times 10^{-21} DC_{-4} (\text{cm}^{-4}),\ \theta_s = 2.2 D^{0.5} C_{-4}^{0.6} \lambda^2 (\text{mas}). \quad (15.43)$$

其中 D 和 λ 的单位分别是 kpc 和 m，$C_{-4} = \bar{C}_N^2/10^{-4}$.

Zhou 等(2003a)根据(14.32)～(14.38)式推导得到了厚屏模型的结构函数公式，并将理论的结构函数与观测资料获得的结构函数进行拟合，获得了有关参数的最佳值. 在理论的结构函数中有 5 个参数：β, D, V, H 和 C_{-4}. 脉冲星的距离(D)和速度(V)有多种方法估计，可以作为已知量. 电子密度扰动功率谱 β 取 Kolmogorov 谱($\beta=11/3$)和 $\beta=4$ 两种情况. H 和 C_{-4} 则作为自由参数加以考察. H 是脉冲星到散射屏离观测者的位置，$C_{-4} = \bar{C}_N^2/10^{-4}$ 为表征平均扰动的参量，其中 $C_n^2 \propto \langle \Delta n_e^2 \rangle$，与电子密度扰动谱的统计平均值成正比.

图 15.26 是 PSR B0740-28 的理论结构函数对观测资料的拟合情况. 图中的实点是观测数据(stinebring, et al., 2000)，并取距离为 1.9 kpc(TC93)，自行速度为 240 km/s(Bajles, 1992). 3 张图分别为(a)：$\beta=11/3$(实线)和 $\beta=4$(虚线)时的最佳拟合. 对于 Kolmogorov 谱，理论结果与观测符合得很好，而 $\beta=4$ 时的拟合结果与观测资料差别很大. (b)：C_{-4} 作为自由参数，虚线、实线和点线分别代表 C_{-4} 为 200 $\text{m}^{20/3}$，100 $\text{m}^{20/3}$ 和 10 $\text{m}^{20/3}$ 时的拟合结果，C_{-4} 最好的拟合是与 DISS 的观测值相等. (c)：H 作为自由参数，虚线、实线和点线分别代表 H 为 1.5 kpc，0.95 kpc 和 0.5 kpc 情况时的拟合结果，最好拟合为 1.05 kpc 和 0.95 kpc，表明散射屏处在脉冲星和观测者之间的位置.

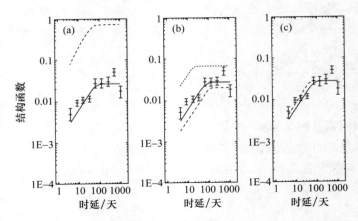

图 15.26　PSR B0740−28 理论结构函数和观测的对比,具体说明见正文.(Zhou, et al., 2003a)

Zhou 等(2003a,b,c)还对 PSR B1642−03, B0329+54, B0736−40, B0525+21, B2111+46 和 B0136+57 等进行类似的分析.分析得到的结论可归纳如下.

参数 β, D, V, H 和 C_{-4} 的调整对理论结构函数曲线都有影响.β 起着主导作用,当 $\beta=11/3$ 时,能把理论曲线调整到与观测资料符合得很好的状况,而取 $\beta=4$ 时,无论其他参数怎么调整,都不能导致与观测相符合的结构函数曲线.在 $\beta=11/3$ 的情况下,表征结构函数特征的三个重要变量:闪烁指数 m,对数斜率 p 和闪烁时标 τ 中,p 将仅由 β 决定,而与其他的四个参数无关,并且计算结果显示大致满足关系:$p=\beta-3$,这与 Shishov(1993)的结论一致.速度的改变不影响饱和值和对数斜率.闪烁指数 m 仅由 C_{-4} 决定,而且随着 C_{-4} 的增加 m 将减小.闪烁时标 τ 的确定与闪烁速度有较大的关系,速度越大,τ 越小.屏位置的改变对结构函数没有太大的影响.距离的误差对结构函数有一定影响,随着它的增大,结构函数整体平行向下移动,而它的误差对结构函数的对数斜率 p 则没有影响.不同研究者采用不同方法得到了不同速度值.他们调整速度的大小进行拟合,发现对结构区的斜率有影响,但对饱和区的拟合没有影响.

(3) 船帆座脉冲星视线方向双成分星际介质闪烁.

Cordes 等(1991)认为,星际介质是很不均匀的,大体由连续介质和局域性的"云"两种成分组成.Qian 和 Zhang(1996)利用 Romani(1986)等关于"厚屏散射"或"多屏散射"的处理,对于河外射电源,得到了 $\beta=4$ 情况下的双成分模型的流量密度自相关函数.

Zhou 等(2005,2010)认为,处在船帆座星云中的脉冲星 PSR B0833−45 采用双成分模型是合适的.一个成分为船帆座超新星遗迹,假设为一薄屏介质,距离船帆座脉冲星约为 0.4 kpc,另一个成分为连续散射介质.他们在前人研究的基础上

推导出双成分模型的结构函数公式,假设总散射强度分布由两部分组成,即薄屏的散射强度与连续介质的散射强度之和:

$$\frac{\mathrm{d}Q_0(z)}{\mathrm{d}z} = \frac{\mathrm{d}Q_s(z)}{\mathrm{d}z} + \frac{\mathrm{d}Q_m(z)}{\mathrm{d}z} = Q_{s0}\delta(z - z_s) + \frac{2Q_{m0}}{\sqrt{\pi}H}\exp\left(-\frac{L^2}{H^2}\right),$$

$$(15.44)$$

其中下标 s 和 m 分别表示薄屏散射介质和连续散射介质. 薄屏的散射强度分布用 δ 函数表示,而连续介质的散射强度的密度分布具有 Gauss 分布形式. Q_{s0} 和 Q_{m0} 分别为薄屏的总散射强度和连续介质的总散射强度,H 为分布函数的 $1/e$ 宽度,L 为观测者的距离,z_s 为脉冲星到薄屏的距离. 在双成分模型的结构函数中共有六个参数:$D, V, H, C_{-4,m}, C_{-4,s}$ 和 L_s.

PSR B0833$-$45 的距离 $D = 0.5$ kpc(TC93),自行速度 $V = 180$ km/s(Lyne,et al.,1982). 连续介质的等效散射屏一般位于观测者和脉冲星之间的中间位置,取 $H = 0.25$ kpc,而船帆座星云被认为嵌入在一被 Gum 星云限制的热气泡中,船帆座超新星遗迹被假设为一薄屏介质,距离船帆座脉冲星的距离非常近,薄屏到观测者的距离取为 0.4 kpc. 其他三个参数 $C_{-4,m}, C_{-4,s}$ 和 L_s 在计算的过程中作为自由参数来拟合,以获得最佳参数值.

图 15.27 是脉冲星 PSR B0833$-$45 流量密度理论结构函数及其与观测的比较. 结果表明,双成分模型对 PSR B0833$-$45 的流量密度变化的观测结果的拟合比用单一的厚屏的拟合结果好得多.

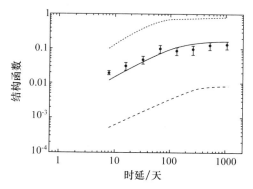

图 15.27 脉冲星 PSR B0833$-$45 流量密度理论结构函数及其与观测的比较. 实线对应双成分星际介质散射模型下的结构函数,而虚线和点线对应单纯连续介质模型下电子密度涨落谱分别为 $\beta = 11/3$ 和 $\beta = 4$ 时的结构函数.(Zhou,et al.,2005)

第十六章　脉冲星类天体研究进展与展望

如果将 1932 年 Landau 对具有原子核密度的恒星核心的探讨当作人类认识极致密物质的开始,那么至今已经有 80 多年了.自 Hewish 和 Bell 等发现射电脉冲星之后,中子星相关的研究(多波段观测、星际介质、时钟属性、强磁场物理、微观物态、引力检验及引力波探测等)全方位展开,成为天文学和物理学领域共同的焦点.近年来,随着探测能力的提升,人们发现了一些新的脉冲星类天体现象.它们不仅丰富了人们对中子星的认识,而且也对传统的理论框架赋予挑战.值得庆幸的是,国内外正在运行或筹建的若干高性能望远镜为人们深入研究脉冲星与中子星物理提供了契机.

在中国,随着经济实力的增强,国家也正启动两个与脉冲星研究紧密相关的大科学工程:"500 米口径球面射电望远镜"(简称 FAST)和"空间硬 X 射线调制望远镜"(简称 HXMT).这些大科学工程的建成无疑将进一步增强我国脉冲星研究领域的水平.另外,若我国能够参加 SKA(平方公里射电阵)、TMT(30 米光学望远镜)等国际项目,将为我国学者在相关研究领域的学术交流和同步发展提供难得的平台.

本章将总结近年来脉冲星的研究进展,并展望未来个别研究热点.

§16.1　脉冲星类天体新的观测表现

1967 年发现射电脉冲星后,人们很快意识到辐射的能量本质上主要来源于致密星体的自转动能.本书第八、九两章介绍了转动能如何转化为磁层相对论性粒子流及其辐射的能量.然而,1970 年代后,在 X 射线双星系统(第十三章)中发现的 X 射线脉冲星和 X 射线暴发现象使人们认识到:除了转动能外,吸积过程中释放的引力能也能维持中子星的辐射.最近几年,人们特别关注一些新的观测表现,包括反常 X 射线脉冲星(AXP,anomalous X-ray pulsar)与软 γ 射线重复暴发源(SGR,soft gamma-ray repeater),暗热中子星[①](DTN,dim thermal neutron star)与中心致密天体(CCO,central compact object),以及旋转射电暂现源(RRAT,rotating radio transient)等.这些天体的辐射能量究竟来源于转动能还是引力能(抑或某种

---

① 又称为暗 X 射线孤立中子星(XDINS, X-ray dim isolated neutron star).

其他形式的能源)? 它们的本质至今尚在争论之中,也是当今的研究热点.它们可能是以强子为主构成的中子星,也可能是体现夸克自由度的夸克星(第十章).不过,这些天体都应该是像脉冲星那样的致密天体,因而可姑且统称为"脉冲星类天体".下面我们简要回顾一下.

AXP 和 SGR 是当今研究的热点.它们具有如下共同特征:(1) 它们的 X 射线的光度一般高于自转能损率.(2) 没有明确证据表明它们处于双星系统中.(3) 它们往往表现出超 Eddington 光度的暴发现象,包括短暴发(持续约 0.1 s),中等暴发(几秒甚至几十秒)和巨耀斑(几百秒),其中巨耀斑峰值光度可达 Eddington 光度的 10^7 倍.(4) 它们的自转周期比较长(2~10 s 左右).起初 AXP 和 SGR 被当作两种不同类型的天体,因为前者 X 射线的脉冲调制显著些但未观测到暴发现象,后者则恰恰相反.但进一步的深入观测发现这两类天体其实都具有脉冲调制和暴发现象.因此,现在人们将 AXP 和 SGR 当作一类天体.目前流行的观点认为,AXP 和 SGR 是具有约 10^{14}~10^{16} G 超强磁场的中子星,它们的 X 射线辐射能量来源于磁能的释放(例如磁重联过程).所以,AXP 和 SGR 又被称为超磁星(magnetar; Kaspi,2010).

值得一提的是超磁星模型实际上有两个假设:极向偶极场和/或纬向多极场高于临界磁场 $B_q = 4.414 \times 10^{13}$ G.有证据表明个别超磁星的极向磁场其实比较低(目前已经发现三颗所谓的低极向磁场超磁星),只有 10^{12} G 量级,但还不能排除其表面附近具有非常强的多极场.不过,因一些理论预言未能被观测支持,超磁星模型也受到人们的质疑,他们认为 AXP 和 SGR 可能是周围存在遗迹吸积盘的夸克星(Tong & Xu,2014).

自 1995 年开始,人们从 ROSAT 卫星的观测结果中发现了一类温度较低的 X 射线源(热光子能量在 50~700 eV 之间).它们没有射电辐射,以热 X 射线辐射为主,且离我们较近.目前一般认为这类天体是一些已经死亡(不再发射射电脉冲)的脉冲星,其 X 射线热辐射或来源于残留的热辐射(依赖于星体的冷却机制),或因吸积星际介质而加热.这些源依据是否处于超新星遗迹中,又进一步分为两类:CCO 和 DTN.前者处于超新星遗迹中,X 射线光度 $L_X \sim 10^{33-34}$ erg/s,自转周期约 0.1 s;后者与超新星遗迹不成协,$L_X \sim 10^{32-33}$ erg/s,自转周期为几秒至十几秒.CCO 和 DTN 的磁层非常不活跃,因而也被称为"死亡脉冲星"(dead pulsar).这些死亡脉冲星因没有强的磁层辐射"污染",是人们通过热辐射研究脉冲星表面属性的理想客体.

第五章介绍了脉冲星射电辐射的轮廓及流量.对于一般脉冲星,尽管脉冲强度有变化,但每个周期都能探测到射电脉冲.但是有零脉冲现象的脉冲星以及有极端零脉冲现象的脉冲星(亦称间歇脉冲星)在若干周期内是不能测得射电脉冲的.

RRAT 则更为极端,它们在一般情况下测不到脉冲,只是偶尔某个周期内能探测到射电脉冲.RRAT 是人们利用独特的算法处理 Parkes 多波束脉冲星巡天数据后发现的.2006 年公布的第一个 RRATS 星表包括 11 颗源.对它们本质的探索无疑依赖于未来更灵敏的射电望远镜(如 FAST 和 SKA)和其他波段的观测进展.

图 4.12 展示了各类脉冲星类天体在周期–周期导数(P-$\dot{P}$)图上的分布,其中的等年龄线和等磁场线是在磁偶极辐射模型框架内给出的.

§16.2　两倍太阳质量脉冲星的发现及其对物态的限制

在自然界中,构成脉冲星物质的密度无疑是最高的.学者们对这种物质感兴趣的原因有两方面:(1) 认识与致密星相关的众多极端天文现象的本质;(2) 将脉冲星作为天体实验室来研究基本物理规律,特别是极高密度状态下物质的属性.这两个原因导致脉冲星类天体近八十年来在学术上持续受到关注.2010 年发现的两倍太阳质量脉冲星是一个里程碑(Demorest, et al., 2010.2013 年初通过另外一种方法又发现一颗两倍太阳质量脉冲星),必将影响未来相当一段时间内致密物态的研究.

因对较低能标下夸克之间相互作用认识的不足以及处理多体问题的困难,人们至今未能从第一性原理出发很好地把握几倍核物质密度下低温物质的状态(见第十章).因此,从天文观测上了解致密物质属性变得不可或缺.尽管如此,理论家们还是推测了若干可能的物态.除了主要由中子构成的核物质外,人们一度相信大质量脉冲星内部高密度的核心区应该会出现一些奇特的物质状态,例如富含奇异夸克的夸克物质、K 介子的 Bose-Einstain 凝聚态、相当一部分中子已转变成超子(带有奇异夸克的重子)的核物质等等.给定一种状态方程,与之相应存在一个致密星的最大质量 $M_{\max}$,质量高于 $M_{\max}$ 的星体不得不塌缩成黑洞.所以,若某一物态预言的 $M_{\max}$ 低于测量到的脉冲星的质量,这种物态即被观测排除.这种观测上限制物态的方式,需要人们发现质量尽可能大的脉冲星.

一般说来,精确测量脉冲星类天体的质量是比较困难的.对于单星,可能有两种方法:(1) 测得表面原子辐射谱线的红移和压力致宽,由此导出星体的半径和质量.(2) 测量背景光学恒星的微引力透镜现象,也可能得到单星的质量.不过这两种方法至今还没有成功地实现,而目前能够测量质量的脉冲星都是处于双星系统中的,人们根据双星轨道的 Kepler 参数或后 Kepler 参数来确定双星系统中脉冲星的质量.

双星系统中的射电脉冲星 J1614−2230 具有约 3 ms 自转周期,其伴星为一颗白矮星.Shapiro 指出光线经过大质量星体传播时由于广义相对论效应而延迟.这种 Shapiro 延迟定量上依赖于轨道倾角和光线所经过星体的质量. 2010 年, 利用 Green Bank 天文台 100 m 直径望远镜上新安装的脉冲星终端处理系统, Demorest 等高分辨率地测量了 J1614 的脉冲信号经过白矮星时的时间延迟, 并计算出白矮星的质量为 $0.5\,M_\odot$, 轨道倾角为 89°. 依据 Kepler 运动, 可以得到脉冲星 J1614 的质量约为 $2\,M_\odot$.

此前人们比较相信脉冲星的质量集中于 $1.4\,M_\odot$ 附近, 所以给出 $M_{max} \approx 1.5\,M_\odot$ 的状态方程是安全的. 新发现的两倍太阳质量脉冲星使得大多数曾经猜测的一些致密物质状态不可能正确. 某些奇特物质相(如超子相、自由夸克物质相、介子的 Bose 凝聚相等)的引入往往使得状态方程变软, 因只能预言比较小的 M_{max} 而被排除.

尽管由近乎自由的夸克组成的物质提供的压强不能抵抗两倍太阳质量脉冲星的引力, 但由较强耦合的夸克组成的致密星的最大质量 M_{max} 是可以高于 $2\,M_\odot$ 的. 其实, 完全理想的"自由"粒子系是不存在的, 但问题是: 夸克之间的相互作用在几倍核物质密度下到底有多强? 此问题的回答依赖于非微扰量子色动力学难题, 与克莱数学研究所列举的"世纪奖金问题"之一("Yang-Mills and Mass Gap")相关. 不过, 如果夸克之间作用足够强到可导致夸克成团, 则可得到比核物质还硬的奇子物质态. 这种奇子物质不会因奇异夸克自由度的引入而软化. 有研究表明(Lai & Xu, 2009), 由奇子物质组成的星体的极限质量可以大于两倍太阳质量, 甚至更高.

这里我们简要讨论一点脉冲星极限质量 M_{max} 在黑洞研究方面的意义. 单从物理学上考虑, 黑洞不仅不存在最大质量而且最小质量也可以非常小, 甚至低至普朗克质量($\sim 10^{16}$ TeV). 但是导致黑洞形成的天体物理过程并不容易发生, 因而实际存在黑洞的质量谱并不是那么宽广. 就大质量恒星演化晚期塌缩形成黑洞的过程而言, 一般只有质量高于 M_{max} 的黑洞才能形成. 所以, 在 X 射线双星系统中测到质量大于 M_{max} 的致密星就被认为是黑洞. 然而问题是, M_{max} 到底是多少是一个依赖致密物质物态的、至今未明确回答的问题. 目前观测上给出的中子星和黑洞的质量谱可能确实存在一个 $2\,M_\odot$ 至 $4\,M_\odot$ 的间隙. 这是否意味着 M_{max} 可能大于 $3\,M_\odot$? 总之, 未来明确地找到一颗大质量中子星或小质量黑洞都是很关键的, 那将使人们能够从观测上逐渐限制 M_{max} 值, 进而展现致密物质状态的珍贵信息.

§ 16.3　展　　望

脉冲星研究不但在基础科学研究领域具有极其重要的学术意义, 而且拥有珍贵的应用价值. 在基础研究方面, 脉冲星是集自然界四种基本相互作用于一身的一种"极端天体实验室".像脉冲星这样的天体是罕见的,对于人们认识自然的本质意义非浅.在应用研究方面,脉冲星因其自转周期的稳定性而被认为是一种非常重要的"战略资源",这主要体现在时间标准和航天器导航上.

值得强调的是,脉冲星的基础和应用研究紧密关联.尽管个别脉冲星的自转周期的长期稳定性已经赶上甚至超过了原子钟,但利用单颗脉冲星计时还是不现实的.未来要真正实现脉冲星时间标准,需要建立脉冲星计时阵.同样,脉冲星导航也离不开脉冲星阵.可见,脉冲星应用研究必须依赖脉冲星阵来实现.而利用脉冲星阵准确测量脉冲到达时间(即脉冲星自转周期)也将成就基础研究.这主要表现在以下三个方面.

16.3.1　脉冲星计时阵探测宇宙低频背景引力波

我们知道毫秒脉冲星具有比较稳定的自转周期.当银河系空间经过背景引力波时,时空度规的扰动将改变不同方向上测得的脉冲信号周期.不过,对于一颗确定的脉冲星而言,这种信号周期的改变太小,很难从该脉冲星自身内禀自转周期的不稳定性中区分.然而,如果考虑不同方向的多颗脉冲星(即脉冲星阵),背景引力波将导致这些脉冲到达时间的改变具有特定的角度关联.若能测出这种到达时间的关联,就可以反过来确定背景引力波的特征了.根据广义相对论,可以计算出这种关联函数 $C(\theta)$ 具有比较简单的形式(Lee,et al.,2008):

$$C(\theta) = \frac{3}{2}x\ln x - \frac{1}{4}x + \frac{1}{2}[1+\delta(x)],$$

这里 $x=(1-\cos\theta)/2$, θ 为两颗脉冲星方向之间的夹角.容易检验 $C(0°) = 1$.当 θ 在 $0°$ 或 $180°$ 附近时,到达时间的改变是正相关的,而 θ 在 $90°$ 附近时则是反相关的.这反映了广义相对论框架内引力波的偏振行为.国际上几个活跃的脉冲星研究小组都把利用脉冲星阵测量背景引力波当作核心课题.未来在这方面研究的突破是值得期待的.

16.3.2　通过脉冲星计时行为研究脉冲星物态与结构

"脉冲星辐射准确的时钟信号"只是一种粗糙的说法.实际上,脉冲星发出的自转周期本身就存在某种不确定因素导致的微小波动(称为"计时噪声").导致计时噪声的因素很多,部分因素与脉冲星物态与结构有关.与致密物态相关的脉冲星内部结构的变化将导致自转周期随时间而改变.因此,若能通过精确测量脉冲星自转周期而从计时噪声中分辨出与物态有关的特征信号,无疑有助于解决致密物态这一挑战性问题.

未来搜寻和发现若干特殊的脉冲星也将是非常有意义的,包括"脉冲星-黑洞"双星系统、银河系核球内围绕中心大质量黑洞运动的脉冲星、自转周期更接近甚至小于 1 ms 的"亚毫秒脉冲星"等等. 黑洞的物理特性丰富了人们认识极端弯曲时空的知识, 而来自黑洞周围的脉冲星规则信号无疑携带了珍贵的视界面附近信息. 传统中子星是引力束缚天体, 因广义相对论效应导致的旋转模不稳定性, 它们的自转频率很难接近 Kepler 频率. 然而夸克星的表面却是自束缚的, 其自转原则上不受 Kepler 频率的限制. 在一定的近似下, Einstein 引力束缚天体的 Kepler 频率跟 Newton 引力情形相差一个因子, 为 (Glendenning, 2000)

$$\Omega_K \approx \xi \sqrt{\frac{M/M_\odot}{(R/10\ \text{km})^2}},$$

其中 $\xi \approx 0.75 \times 10^4\ \text{s}^{-1}$ (Newton 引力时 $\xi \approx 1.2 \times 10^4\ \text{s}^{-1}$). 由于惯性系拖曳效应, 广义相对论导致 Kepler 频率降低. 相应的 Kepler 周期为 $P_K \approx 0.84\ \text{ms}[(M/M_\odot)/(R/10\ \text{km})^3]^{-1/2}$. 因此, 发现周期 1 ms 附近甚至亚毫秒的脉冲星, 有助于区分脉冲星到底是引力束缚还是自束缚的.

16.3.3　实现脉冲星基础和应用研究的目标需要越来越先进的观测设备

除了我国的 FAST 和 HXMT 等之外, 这里展望一下未来国际上与脉冲星紧密相关的几个大型设备.

(1) 平方公里阵 (square kilometre array, SKA). SKA 将是世界上最大、最灵敏的射电望远镜, 脉冲星研究是其关键科学目标之一. 它是由几千面口径 15 m 的射电天线组成的五臂阵列干涉仪, 从阵列核心到边缘的距离达 3000 km. 已经有多国家参与 SKA 的国际合作, 中国拟分阶段参加 SKA. 预计 2018 年 2022 年开始正式进行 SKA 第一阶段 (SKA1) 的建设, 2020 年后就可以开展一些早期科学研究. 2023 年至 2028 年将正式运行 SKA1 并启动关键科学问题的研究. 目前 SKA 采用双选台址方案, 位于南非和澳大利亚 (少许镜面位于新西兰) 境内. SKA1 频率覆盖 50 MHz 至 15 GHz, 巡天速度是目前望远镜的几十甚至百余倍.

(2) 低频射电阵 (low frequency array, LOFAR). LOFAR 着眼于打开宇宙的甚低频射电窗口 (10∼240 MHz), 建于荷兰的东北部. LOFAR 也是由小的射电天线组成的干涉仪, 完全建成后将包括 7000 个简易天线, 分布于 1500 km 的欧洲境内 (荷兰境内达 100 km). 它的建成将在技术和科学上支持 SKA. 2012 年 LOFAR 首次巡天.

(3) 核谱望远镜阵 (nuclear spectroscopic telescope array, NuSTAR). NuSTAR 空间望远镜能在硬 X 射线 (6∼79 keV) 波段成像. NuSTAR 由方向一致的两台掠射式望远镜组成, 实现 10 m 远的焦距. 两台望远镜的组合运用将提高空间和谱灵敏度, 达到先前 X 射线望远镜的 10 至 100 倍. 它由美国宇航局负责, 已于 2012 年 6 月 13 日发射升空.

（4）引力和极端磁场小探险者（gravity and extreme magnetism small explorer, GEMS）. 它也由美国宇航局 NASA 负责, 曾预期 2014 年 7 月发射, 但 2012 年上半年 NASA 取消了该项目. GEMS 利用一个气体电离室测量 X 射线的偏振. 因强磁场中子星和吸积黑洞的 X 射线辐射都是偏振态, 所以 GEMS 应该能够给出中子星和黑洞的重要信息.

不得不承认, 脉冲星科学研究的成果时常会比我们的展望更令人激动、惊奇. 就在本书付印之际, 一件轰动全球的事件发生了: 人类首次成功地协同观测到了中子星并合时产生的引力波和电磁波信号!

这一发现始于 2017 年 8 月 17 日（故编号为 GW170817, GW 为 gravitational wave 一词的缩写）. 那天, 经激光干涉引力波天文台 LIGO 发现引力波信号并定位以及 Fermi γ 射线空间望远镜快速认证之后, 七十余台地面和空间探测设备在 X 射线、可见光、红外、射电等波段捕获了该并合事件之后的电磁辐射. 此次联测是包括引力波在内的"多信使天文学"的首个成功案例. 该引力波信号持续达百秒, 位于距离地球 1.3 亿光年的星系 NGC 4993. 通过分析该引力波信号, 可给出每颗中子星的质量在 1.1 到 1.6 倍太阳质量之间.

GW170817 开启了人类步入引力波天文学时代后拟解决重大科学难题的新征程. Weiss, Barish 和 Thorne 因对 LIGO 的决定性贡献并最终导致引力波的发现而荣获 2017 年诺贝尔物理奖. 然而, 引力波天文窗口将会如何帮助人类认识自然之谜? 很可能, 跟低能非微扰量子色动力学（见 §10.4）紧密相关的致密物态（即脉冲星内部结构）疑难将会成为引力波天文学时代被解决的第一个基本问题. 引力波观测限制两颗中子星的无量纲潮汐形变参数（见 Abbott, et al., 2017）应该小于 800. 奇子星模型满足这一要求, 而通过该检验的中子星模型 APR4 和 SLy 均先验地认为不存在超子成分. 众所周知, 超子的引入将严重软化物态, 甚至难以维持极限质量达到两倍太阳质量. 让我们期待未来 LIGO 发现更多的双中子星并合事件并协同观测相应的千新星等电磁辐射, 从而彻底解决致密物态疑难, 拓展关于强相互作用物质的认识.

总之, 借助越来越多高性能望远镜的运行, 人们正逐渐揭开脉冲星的神秘面纱. 脉冲星定将在扮演其认识自然角色的同时服务于人类开拓自然的实践. 随着我国综合实力的提升, 可以期待国际脉冲星学术舞台上中国学者们的醒目表现.

参考文献

第一章

田文武，2004. 天文学进展，4：308.

Baade W and Zwicky F，1934. Phys. Rev.，45：138.

Bowyer S，et al.，1964. Science，146：912.

Bryan M G，et al.，2002. Neutron Stars in Supernova Remnants ASP Conference Series，Vol. 9999，Slane P O and Gaensler B M eds.

Bryan M G and Patrick O S，2006. Annual Review of A & Ap.，44：17.

Gold T，1968. Nature，218：731.

Helfand D J，et al.，2001. ApJ，556：380.

Hewish A，et al.，1968. Nature，217：709.

Hewish A and Okoye S E，1965. Nature，207：59.

Landau L D，1932. Phys. Z Sowjetunion，1：285.

Leahy D A and Wu X J，1989. PASP，101：607.

Lu F J，et al.，2002. ApJ，568：L49.

Lyne A and Smith F G，1990. Pulsar Astronomy. Cambridge University Press.

Manchester R N，2009. in Neutron Stars and Pulsar. ed. Becker W.

Manchester R N and Taylor J H，1977. Pulsars. Freeman & Company. （MT77）

Pacini F，1967. Nature，216：567.

Seward F D，et al.，1983. ApJ，267：698.

Stappers B W，et al.，2003. Science，299：1372.

Wang Z R，et al.，2006. ChJAA，16(5)：625.

Zeldovich Y B and Guseynov O H，1966. ApJ，144：840.

第二章

艾力·玉素甫，等，2001. 脉冲星观测与研究//2000 年喀纳斯湖脉冲星观测与研究学术讨论会文集. 张晋主编：43.

郑兴武，2010. 射电天文技术和方法讲座.

Backer D C，et al.，1982. Nature，300：615.

Brisken W F，et al.，2003. Astronomy Journal，126：3090.

Chatterjee S，et al.，2009. ApJ，698：250.

Guo L, et al., 2010. SCPMA, 53: 1559G.

Han J L, et al., 1997. A&A, 322: 98.

Hao L F, et al., 2010. IEEE, 1: 70.

Harrison P A, et al., 1993. MNRAS, 261: 113.

Hulse R A and Taylor J H, 1975. ApJ, 195: L51.

Klein B, et al., 2004. IAUS, 218: 133K.

Kramer M, et al., 1997. ApJ, 488: 364K.

Kuzmin A D, et al., 1978. MNRAS, 185: 441K.

Kuzmin A D, et al., 1999. Astronomy Reports, 43(5): 288.

Lyne A G, et al., 1987. Nature, 328: 399.

Manchester R N, et al., 2001. MNRAS, 328: 17M.

Nan R D, 2008. SPIE, 7012E: 48N.

Pilia M, et al., 2016. A&A, 585: A92.

Qiao G J, et al., 1995. MNRAS, 274: 572.

Ransonm S M, et al., 2005. Science, 307: 892.

van Leeuwen J, et al., 2010. A&A, 509: A7.

Wolszczan A and Frail D A, 1992. Nature, 355: 145.

Wu X J, et al., 1993. MNRAS, 261: 630.

Yan Z, et al., 2013. FAST Pulsar Symposium II (FPSII), Kunming: 48.

Yan Z, et al., 2015. ApJ, 814: 5.

Zhao R S, et al., 2017. ApJ, 845: 156.

第三章

艾力·伊, 2004. 博士论文. 北京大学物理学院天文系.

艾力·玉素甫, 等, 2001. 脉冲星观测与研究//2000年喀纳斯湖脉冲星观测与研究学术讨论会文集. 张晋主编: 43.

Ables J G, Komesaroff M M, and Hamilton P A, 1973. Astrophysical Letters, 6: 147.

Bates S D, et al., 2011. MNRAS, 411: 1575.

Bell J F, 1998. Elsevier Science, 21: 137.

Camilo F, 2003. in Radio Pulsars. ed. Bailes M, et al.: 145.

Cordes J M and Lazio T J W, 1997. ApJ, 475: 557.

Hampson G and Brown A, 2008. in A 1GHz Pulsar Digital Filter Bank and RFI Mitigation System, ATNF-CSIRO.

Hankins T H and Rickett B J, 1975. Methods in Computational Physics Volume 14-Radio Astronomy. New York: Academic Press.

Hulse R A, 1993. Nobel Lecture.

Jenet F A, et al., 1997. PASP, 109: 70.

Johnston S，et al.，2006. MNRAS，373：L6.

Kramer M，et al.，2001. in COBRA（PPT）：A Digital Receiver at Jodrell Bank.

Lorimer D R and Kramer M，2005. Handbook of Pulsar Astronomy. Cambridge：Cambridge University Press.

Lyne A G and Smith F G，1990. Pulsar Astronomy. Cambridge：Cambridge University Press.

Manchester R N，et al.，1978. MNRAS，185：409.

Manchester R N，et al.，1991. Nature，352：219.

Manchester R N，et al.，2006. ApJ，649：235.

Manchester R N，et al.，2009. in Neutron Stars and Pulsars. ed. Werner Becker. Berlin：Springer.

McLaughlin M A and Cordes J M，2003. ApJ，596：982.

Ransom S M，et al.，2005. Sci.，307：892R.

Ransom S M，et al.，2003. ApJ，589：911.

Taylor J H，1993. Nobel Lecture.

Taylor J H，et al.，1975. ApJ，195：513.

Taylor J H，et al.，1993. ApJ，88：529.

Taylor J H and Huguenin G R，1971. ApJS，167：273.

Wang N，et al.，2001. MNRAS，328：855.

Weinreb S，1963. 射电天文工具. 姜碧沩，译. 北京：北京师范大学出版社，2008.

Wolszczan A，1991. Nature，350：688.

Wolszczan A and Frail D A，1992. Nature，355：145.

第四章

艾力·伊，2004. 博士论文. 北京大学物理学院天文系.

Andersion P W and Itoh N，1975. Nature，256：25.

Arzoumanian Z，et al.，1994. ApJ，422：617.

Baym G，Pethick C，Pines D，and Ruderman M，1969. Nature，24：872.

Bayrn F，Pethick C，and Pines D，1969. Nature，224：673.

Bhattacharrya D，1992. in MSEMRP. ed. Hankins T H，Rankin J M，and Gil A J. Poland：Pedagogical University Press：27.

Boynton P E，et al.，1972. ApJ，175：217.

Candy B N and Blair D G，1986. ApJ，307：535.

Cordes J M，1979. SSRv，24：567.

Cordes J M，et al.，1988. ApJ，330：847C.

Cordes J M and Downs G S，1985. ApJS，59：343.

Cordes J M and Greenstein G，1981. ApJ，245：1060.

Espinoza C M, et al., 2011. MNRAS, 414: 1679.

Gavriil F P, Kaspi V M, and Woods P M, 2002. Nature, 410: 142.

Gullahorn G E and Rankin J M, 1977. BAAS, 9: 562G.

Gunn J E and Ostriker J P, 1970. ApJ, 160: 979.

Harrison P A, Lyne A G, and Anderson B, 1993. MNRAS, 261: 113.

Hobbs G, Edwards R T, and Manchester R N, 2006. MNRAS, 369: 655.

Hobbs G, et al., 2010. MNRAS, 402: 1027.

Israel G L, et al., 2007. ApJ, 664: 448I.

Jones P B, 1976. ApJ, 209: 602.

Kuzmin A D and Wu X J, 1992. ApSS, 190: 209.

Lamb F K, et al., 1978a. ApJ, 224: 969.

Lamb F K, et al., 1978b. ApJ, 225: 582.

Link B, Epstein R I, and Lattimer J M, 1999. Phy. Rev. Lett., 83: 3362.

Livingstone M A, et al., 2007. APSS, 308: 317.

Lorimer D R, 2008. Living Rew. Relativity, 11: 8.

Lyne A G, Anderson B, and Sater M J, 1982. MNRAS, 201: 502.

Lyne A G, et al., 1975. MNRAS, 171: 579.

Lyne A G and Manchester R N, 1988. MNRAS, 259: 280.

Lyne A G and Smith F G, 1990. Pulsar Astronomy. Cambridge: Cambridge University Press

Lyne A G, et al., 1988. MNRAS, 233: 667.

Lyne A G, et al., 1993. MNRAS, 265: 1003L.

Lyne A G, et al., 1996. Nature, 381: 497.

Lyne A G, et al., 2000. MNRAS, 315: 534.

Lyne A G, et al., 2010. Sci, 329: 408.

Manchester R N and Hobbs G, 2011. ApJ, 736: 31.

Matsakis D N, et al., 1997. A&A, 326: 924.

McCulloch P M, et al., 1983. Nature, 302: 319.

McKenna K and Lyne A G, 1990. Nature, 343: 349.

Middleditch J, et al., 2006. ApJ, 652: 1531.

Ostriker J P and Gunn J E, 1969. ApJ, 157: 1395.

Packard R E, 1972. PhRvL, 28: 1080.

Pines D, Shaham J, and Ruderman M, 1972. Nature, 237: 83.

Pines D and Shaham J, 1972. Nature, 235: 43.

Qiao G J, et al., 1985. Science Bulietin, 8: 1062.

Radhakrishnan V and Manchester R N, 1969. Nature, 222: 228.

Ruderman M, 1969. Nature, 223: 597.

Shabanova T V, 1998. A&A, 337: 723.

Shabanova T V, 2010. ApJ, 721: 251.

Shapiro I, 1964. PhRvL, 13: 789.

Shemar S L and Lyne A G, 1996. MNRAS, 282: 677.

Smith F G and Jordan C, 2003. ASPC, 302: 231.

Wang N, et al., 2000. MNRAS, 317: 843.

Wang N, et al., 2001. ChJAA, 1(3): 195.

Weltevrede P, et al., 2011. MNRAS, 411: 1917.

Wu X J, et al., 1982. Chin. Astron. Astrophys., 6: 216.

Wu X J, Kuzmin A D, and He L S, 1991. in Proceeding of Academica Sinica-Max Planck Society Meeting of High Energy Astrophysics.

Xu W and Wu X J, 1991. ApJ, 380: 550.

Yu M, et al., 2013. MNRAS, 429: 688.

Yuan J P, et al., 2010. MNRAS, 404: 289Y.

Zhang C M, Cheng K S, and Wu X J, 1998. A&A, 332: 569.

Zhang C M, et al., 1992. Gen. Rel. Grav., 24: 359.

Zou W Z, et al., 2004. MNRAS, 354: 811Z.

Zou W Z, et al., 2005. MNRAS, 362: 1189Z.

第五章

李好辰,吴鑫基,1999. 中国学术期刊文摘(科技快报), 5(7): 911.

Asseo E, 1993. MNRAS, 264: 940.

Benford G, 1977. MNRAS, 179: 311.

Biggs J D, et al., 1985. MNRAS, 215: 281.

Boriakoff V and Ferguson D C, 1981. IAU Symp., 95: 199.

Champion D J, 2005. MNRAS, 363: 929.

Cheng A F and Ruderman M A, 1977. ApJ, 212: 800.

Cognard I, et al., 1996. ApJ, 457L: 81C.

Cordes J M, 1981. in Proc. of IAU Symposium nr. 95: Pulsars, ed. Wielebinski R and Sieber W, p.115

Craft H D, et al.,1968. Nature, 218: 1122.

Drake F D and Craft H D, 1968. Nature, 220: 231.

Durdin J M, et al., 1979. MNRAS, 186: 39.

Ershov A A and Kuzmin A D, 2003. Astr. Lett., 29: 91.

Ershov A A and Kuzmin A D, 2005. A&A, 443: 593.

Esamdin A, et al., 2005. MNRAS, 356: 59.

Gil J A and Sendyk M, 2000. ApJ, 541: 351G.

Gupta Y, et al., 2004. A&A, 426: 229.

Hankins T H, 1971. ApJ, 169: 487.

Hankins T H, et al., 2003. Nature, 422: 141.

Hankins T H and Cordes J M,1981. ApJ, 249: 241.

Jessner A, et al., 2005. Adv. Space Res., 35: 1166.

Johnston S and Romani R W, 2003. ApJ, 590: L95.

Karastergioul A, 2001. A&A, 379: 270.

Karastergiou A, et al., 2002. A&A, 391: 247.

Kong L J, et al., 2008. CHJAA, 8: 3.

Knight H S, et al., 2005. ApJ, 625: 951.

Knight H S, et al., 2006. ApJ, 640: 941.

Kramer M, et al., 2003. A&A, 407: 655.

Kuzmin A D, et al., 2004. A&A, 427: 575.

Kuzmin A D and Ershov A A, 2006. Astronomy Letters, 32: 583K.

Lange C, et al., 1998. A&A, 332: 111.

Lyne A G and Smith F G, 1990. Pulsar Astronomy. Cambridge, Cambridge Unversity Press.

Manchester R N, 2009. in Neutron Stars and Pulsar. ed. Becker W, Popov M, et al., 2006. Astron. Lett., 50: 55.

Qiao G J, et al., 2004. ApJ, 616L: 127Q.

Rickett B J, et al., 1975. ApJ, 201: 425.

Roger W, et al., 2001. ApJ, 557: L93.

Soglasnov V A, 2004. ApJ, 616: 439S.

Taylor J H and Huguenin G R, 1971. ApJ Lett., 167: 273.

Taylor J H, et al., 1975. ApJ, 195: 513.

Van Horn H M, 1980. ApJ, 236: 899.

Weltevrede P, et al., 2006a. A&A, 445: 243.

Weltevrede P, et al., 2006b. ApJ, 645: L149.

第六章

Backer D C,1970. Nature, 228: 42.

Bartel N, et al., 1982. ApJ, 258: 776.

Biggs J D, 1992. ApJ, 394: 574.

Burgay M, et al., 2003. Nature 426: 531.

Burgay M, et al., 2006. MNRAS, 368: 283.

Camero-Arranz A, et al., 2013. MNRAS. 429: 2493.

Camilo, et al., 2012. ApJ, 746: 63C.

Deich W T S, et al., 1986. ApJ, 300: 540.

Deneva J, 2007. in Proceedings of the 363. Seminar on: Neutron Stars and Pulsars. ed. Becker W, Huang H H. MPE Report 291: 52.

Dhillon V S, et al., 2011. MNRAS, 414: 3627.

Durdin J M, et al., 1979. MNRAS, 186: 39P.

Esamdin A, et al., 2005. MNRAS, 356: 59.

Esamdin A, et al., 2008. MNRAS, 389: 1399.

Goldreich P and Julian W H, 1969. ApJ, 157: 869.

Harding A K, Contopoulos I, and Kazanas D, 1999. ApJ, 525: L125.

Hessels J W T, et al., 2007. (arXiv: 0710.1745)

Huguenin G R, et al., 1970. ApJ, 162: 727.

Kalogera, V., et al., 2004. ApJ, 601: L179.

Keane E F and McLaughlin M A, 2011. Bulletin of the Astronomical Society of India, 39: 333.

Kramer M, et al., 2006. Sci., 312: 549.

Kramer M, et al., 2006. Ann. Phys., 15: 34.

Lewandowski W, et al., 2004. ApJ, 600: 905.

Li J, et al., 2013. arXiv: 1312.1016L.

Li J, et al., 2014. ApJ, 788: 16.

Lorimer D R, et al., 2002. ApJ, 123: 1750.

Lorimer D R, et al., 2012. ApJ, 758: 141.

Lyne A G, 2009. in Neutron Stars and Pulsars. ed. Becker W. Berlin: Springer.

Lyne A G, et al., 2009. MNRAS, 400: 1439.

McLaughlin M A, 2009. in Neutron Stars and Pulsars. ed. Becker W. Berlin: Springer.

McLaughlin M A, et al., 2003. ApJ, 591: L135.

McLaughlin M A, et al., 2006. Nature, 439: 817.

McLaughlin M A, et al., 2007. ApJ, 670: 1307.

Michel F C, 1991. Theory of Neutron Star Magnetospheres. Chicago: University of Chicago Press.

Mottez F, et al., 2013. A&A, 555A: 125M.

Rankin J M, 1986. ApJ, 301: 901.

Rea N, et al., 2009. ApJ, 703: L41.

Redman S L, et al., 2005. MNRAS, 357: 859.

Ritchings R T, 1976. MNRAS, 176: 249.

Smith F G, 1973. MNRAS, 161: 9.

Stairs I H, et al., 2002. ApJ, 581: 501.

Stokes, et al., 1986. ApJ, 311: 694.

van Leeuwen A G J, et al., 2002. A&A, 387: 169.

Wang N, et al., 2007. MNRAS, 377: 1383.

Weisberg J M, et al., 1986. AJ, 92: 621.

第七章

李芳,吴鑫基,乔国俊, 1983. 北京天文台台刊, 5: 33.

徐轩彬,吴鑫基, 2002. 中国科学(A 辑). 32(12): 1134.

Backer D C, 1970. Nature, 228: 42.

Backer D C, 1976. ApJ, 209: 895.

Blaskiewicz M, Cordes J M, and Wasserman I, 1991. ApJ, 370: 643. (BCW91)

Candy B N and Blair D G, 1986. ApJ, 307: 535.

Esamdin A, Wu X J, and Zhang X Z, 2003. AcASn, 44S: 223E.

Esamdin A, et al., 2005. MNRAS, 356: 59.

Gil J, 1981. Acta phys. Polonical B: 12.

Gil J and Kizak J, 1993. A&A, 273: 563. (GK93)

Gold T, 1968. Nature, 218: 731.

Gould D M, 1994. Ph. D thesis. University of Manchester of UK.

Gould D M and Lyne A G, 1998. MNRAS, 301: 235.

Han J L and Manchester R N, 2001. MNRAS, 320: 35.

Izvekova V A, Kuzmin A D, Malofeev V M, and Shitov Iu P, 1981. ApSS, 78: 45.

Kazbeji A V, et al., 1988. Proc. Varenna Abastumani Workshop on Plasma Astrophysics, p. 271.

Kizak J and Gil J, 1998. MNRAS, 299: 855. (KG98)

Kramer M, 1994. A&A Supl., 107: 527.

Kramer M, et al., 1994. A&A Supl., 107: 515.

Kramer M and Xilouris K M, 1996. A&A, 306: 867.

Kramer M, Xilouris K M, and Lorimer D R, et al.,1998. ApJ, 501: 286.

Kramer M, Lange C, and Lorimer D R, et al., 1999. ApJ, 526: 957.

Krishnamohan S and Downs G S, 1983. ApJ, 265: 372.

Kuzmin A D, Dagkesamanskaya I M, and Pugachev V D, 1984. SvAL, 10: 854.

Kuzmin A D and Wu X J, 1992. ApSS, 190: 209.

Kuzmin A D and Izvekova V A, 1996. SvAL, 22(3): 394.

Kuzmin A D and Losovsky B Y, 1996. A&A, 308: 91.

Lorimer D R, Yates J A, Lyne A G, and Gould D M, 1995. MNRAS, 273: 411.

Lyne A G and Manchester R N, 1988. MNRAS, 234: 477. (LM88)

Lyne A G and Smith F G, 1968. Nature, 218: 124L.

Lyne A G and Smith G, 1990. Pulsar Astronomy. Cambridge: Cambridge University Press.

Ma C Y, Mao D Y, Wang D Y, and Wu X J, 1999. ApSS, 257: 201.

Malov I F, 1991. SvAL, 17: 254.

Malov I F and Malofeev V M, 1991. SvAL, 35: 178.

Malofeev V M, Gil J A, and Jessner A, 1994. A&A, 285: 201.

Malofeev V M, Malov O I, and Shchegoleva N V, 2000. ARep, 44: 436.

Manchester R N, 1971. ApJS, 23: 283.

Manchester R N, Taylor J H, and Huguenin G R, 1975. ApJ, 196: 83.

Manchester R N and Lyne A G, 1977. MNRAS, 181: 761.

Manchester R N and Taylor J H, 1977. Pulsars. Freeman & Company.

Manchester R N, 1995. J. Ap. Astr., 16: 107.

Manchester R N, Han J L, and Qiao G J, 1998. MNRAS, 295: 280.

Melrose D B, 1978. ApJ, 225: 557.

Morris D, Kramer M, and Thum C, et al., 1997. A&A, 322: 17.

Naneyan R and Vivekanand M, 1983. A&A, 122: 45.

Pan J and Wu X J, 1999. Chinese Physics Letters, 16(4): 307.

Phillps J A and Wolszczan A, 1992. ApJ, 385: 273. (Phi92)

Philip J A, 1992. ApJ, 385: 282.

Qiao G J, Manchester R N, Lyne A G, and Gould D M, 1995. MNRAS, 274: 572.

Radhakrishnan V and Cooke D J, 1969. ApJ Lett., 3: 225. (RC69)

Rankin J M, 1983. ApJ, 274: 333. (R83)

Rankin J M, 1990. ApJ, 352: 247.

Ruderman M A and Sutherland P G, 1975. ApJ, 196: 51. (RS75)

Seiradakis J H and Wielebinski R, 1994. AARev, 12: 239.

Taylor J H and Manchester R N, 1975. AJ, 80: 794.

Wang H X and Wu X J, 2003. ChJAA, 3(5): 469.

Wang D Y, Wu X J, and Chen H, 1989. ApSS, 116: 271.

Wielebinski R, Jessner A, Kramer M, and Gil J A, 1993. A&A, 272: 13.

Wielebinski R, 2000. in Proceedings of the 177th Colloquium of the IAU, Bonn, p. 205.

Wu X J, 1994. Progress in Natural Science, 4(2): 147.

Wu X J, Gao X Y, Rankin J M, Xu W, and Malofeev V M, 1998. AJ, 116: 1984.

Wu X J, Qiao G J, and Xia X Y, 1985. Chinese Science Bulletin, 30: 1597.

Wu X J, Qiao G J, Xia X Y, and Li F, 1986. ApSS, 119: 101.

Wu X J, Huang Z K, and Xu X B, 2002. CJAA, 2(5): 454.

Wu X J, Manchester R N, Lyne A G, and Qiao G J, 1993. MNRAS, 261: 630.

Wu X J, Xu W, and Rankin J M, 1992. in Proceeding of IAU colloquium 128, Poland, p. 172.

Wu X J, Yu K Y, Zhang C M, and Wen X S, 1999. Chinese Physics Letters, 16(1): 74.

Wu X J and Gil J, 1995. Chin. Astron. Astrophys., 19(2): 156.

Wu X J and Manchester R N, 1992. in Proceeding of IAU colloquium 128, Poland, p. 362.

Wu X J and Manchester R N, 1993. Science of China, 136(4): 468.

Wu X. J and Shen Z Q, 1989. Chinese Science Bulletin, 11: 69.

Xilouris K M, Kramer M, Jessner A, Wielebinski R, and Timofeev M, 1996. A&A, 309: 481.

Xu W and Wu X J, 1991. ApJ, 380: 550.

Zhu Y H, Mao D Y, Wang D Y, and Wu X J, 1994. A&A, 282: 467.

第八章

尤峻汉,1998. 天体物理中的辐射机制. 北京: 科学出版社.

张冰,乔国俊,1996. 天文学进展. 14(315): 332.

张力,郑广生,乔国俊,2014//陆埮. 现代天体物理(下). 北京: 北京大学出版社.

Abdo A A, et al., 2009. ApJ, 696: 1084.

Abdo A A, et al., 2011. arXiv: 1102.4192.

Abdo A A, et al., 2013. ApJS, 208: 17. (arXiv: 1305.4385)

Arons J, 1981. ApJ, 248: 1099.

Arons J and Scharlemann E T, 1979. ApJ, 231: 854.

Chen H H, Ruderman M A, and Sutherland P G, 1974. ApJ, 191: 473.

Cheng A F, Ruderman M A, and Sutherland P G, 1977. ApJ, 203: 209.

Cognard I, et al., 2011. ApJ, 732: 47.

Cordes J, 1979. SSRv, 24: 567.

Du Y J, Han J L, Qiao G J, and Chou C K, 2011. ApJ, 731: 2.

Flowers E G, et al., 1977. ApJ, 215: 291.

Gil J and Melikidze G I, 2002. ApJ, 577: 909.

Goldreich P and Julian W H, 1969. ApJ, 157: 869.

Holloway N J, 1975. MNRAS, 171: 619.

Horitani K and Shibata S, 2001. MNRAS, 325: 1228.

Kanbach G, 2002. Proceeding of "Neutron Stars, Pulsars and Supernova Remnants". ed. Becker W, Lesch H, and Trumper. p.91. (arXiv: astr-ph/0209021)

Miche F C, 1991. ApJ, 383: 808.

Michel F C, 1992. Proceedings of IAU Colloq. 128. ed. Hankins T H, Rankin J M, and Gil J A. Pedagogical Univ. Press, p.405.

Kössl D, Wolff R G, Miller E, and Hillebrandt W, 1988. A&A, 205: 347.

Qiao G J, Lee K J, Wang H G, Xu R X, and Han J L, 2004a. ApJ, 606: L49.

Qiao G J, Lee K J, Zhang B, Wang H G, and Xu R X, 2007. Chin. J. Astron. Astrophys, 4: 496.

Qiao G J, Lee K J, Zhang B, Xu R X, and Wang H G, 2004b. ApJ, 616: L127.

Rankin J M, 1983. ApJ, 274: 333.

Rankin J M, 1993. ApJ, 405: 285.

Ravi V, Manchester R N, and Hobbs G, 2010. ApJL, 716: L85.

Ruderman M A, 1972. Annual Review of Astronomy and Astrophysics, 10: 427.

Ruderman M A and Sutherland P G, 1975. ApJ, 196: 51.

Thompson D J, 2004a. ASSL, 304: 149. (arXiv: astro-ph/0312272)

Thompson D J, 2004b. IAUS, 218: 399. (arXiv: astro-ph/0310509)

Thompson D J, 2008. Reports on Progress in Physics, 71: 116901.

Wang H G, Qiao G J, Xu R X, and Liu Y, 2006. MNRAS, 366: 945.

Xu R X, Qiao G J, and Zhang B, 1999. ApJ, 522: L109.

Xu R X, Zhang B, and Qiao G J, 2001. Astropart. Phys., 15: 101.

Xu R X and Qiao G J, 2001. ApJ, 561: L85.

Zhang L, Cheng K S, Jiang Z L, and Leung P, 2004. ApJ, 604: 317.

第九章

张力, 郑广生, 乔国俊, 2014//陆埈. 现代天体物理(下). 北京: 北京大学出版社.

Abdo A A, et al., 2013. ApJS, 208: 17.

Arons J, 1981. ApJ, 248: 1099.

Arons J, 1983. ApJ, 266: 215.

Arons J and Scharlemann E T, 1979. ApJ, 231: 854.

Bai X N and Spitkovsky A, 2010. ApJ, 715: 1282.

Bednarek M, Cremonesi O, and Treves A, 1992. ApJ, 390: 469.

Blandford R D and Scharlemann E T, 1976. MNRAS, 174: 59.

Cheng A F, Ruderman M A, and Sutherland P G, 1974. ApJ, 191: 743.

Cheng A F, Ruderman M A, and Sutherland P G, 1977. ApJ, 203: 209.

Cheng A F and Ruderman M A, 1980. ApJ, 235: 576.

Cheng K S, Ho C, and Ruderman M, 1986. ApJ, 300: 500.

Cheng K S, Ruderman M, and Zhang L, 2000. ApJ, 537: 964.

Cheng K S and Zhang L, 1999. Fundamentals of Cosmic Physics, 20: 177.

Daugherty J K and Harding A K, 1982. ApJ, 252: 337.

Daugherty J K and Harding A K, 1989. ApJ, 336: 861.

Daugherty J K and Harding A K, 1996. ApJ, 458: 278.

Du Y J, Han J L, Qiao G J, and Chou C K, 2011. ApJ, 731: 2.

Du Y J, Qiao G J, and Chen D, 2013. ApJ, 763: 29.

Du Y J, Qiao G J, and Wang W, 2012. ApJ, 748: 84.

Du Y J, Qiao G J, Han J L, Lee K J, and Xu R X, 2010. MNRAS, 406: 2671.

Du Y J, Xu R X, Qiao G J, and Han J L, 2009. MNRAS, 399: 1587.

Dyks J and Rudak B, 2003. ApJ, 598: 1201.

Erber T, 1966. Rev. Mod. Phys., 38: 626.

Fang L Z, 1975. AcASn, 16: 19.

Fang L Z, Qu Q Y, Wang Z R, Lu T, and Luo L F, 1979. SciSn., 22: 187.

Fawley W M, Arons J, and Scharlemann E T, 1977. ApJ, 217: 227.

Flowers E G, Lee J F, Ruderman M A, Sutherland P G, Hillebrandt W, and Müler W, 1977. ApJ, 215: 291.

Gangadhara R T, 1997. A&A, 327: 155.

Goldreich P and Julian W H,1969. ApJ, 157: 869.

Han J L and Manchester R N, 2001. MNRAS, 320: L35.

Harding A K, 1981. ApJ, 245: 267.

Harding A K, 2007. arXiv: 0710.3517.

Harding A K, Stern J V, Dyks J, and Frackowiak M, 2008. ApJ, 680: 1378.

Harding A K and Muslimov A G, 1998. ApJ, 508: 328.

Harding A K and Muslimov A G, 2003. arXiv: astro-ph/0304121.

Herold H, 1979. Phys. Rev, D19: 2868.

Hirotani K, 2000. MNRAS, 317: 225.

Hirotani K, 2006. ApJ, 652: 1475.

Hirotani K and Shibata S, 1999. MNRAS, 308: 54.

Hirotani K and Shibata S, 2001. MNRAS, 325: 1228.

Holloway N J, 1973. Nature, 246: 6.

Holloway N J, 1975. MNRAS,171: 619.

Huang K L, Peng Q H, He X T, and Tong Y, 1980. AcASn, 21: 237.

Jones P B, 1985. PhRvL, 55: 1558.

Kössl D, Wolff R G, Miller E, and Hillebrandt W, 1988. A&A, 205: 347.

Kramer M, 1994. AAS, 107: 527.

Lyne A G and Machester R N, 1988. MNRAS, 234: 477.

Manchester R N, 1995. J. Astroph. Astr., 16: 107.

Manchester R N, Han J L, and Qiao G J, 1998. MNRAS, 295: 280.

Manchester R N, Taylor J H, Huguenin G R, 1975. ApJ, 196: 83.

McCulloch P M, 1992. Proceedings of IAU Colloq. 128, of the IAU. p. 410.

Mckinnon M M and Stinebring D R, 1998. ApJ, 502: 883.

Miche F C, 1991. ApJ, 383: 808.

Muslimov A G and Harding A K, 2003. ApJ, 588: 430.

Oster L and Sieber W, 1977. Astr. Ap., 58: 303.

Qiao G J, 1988a. Vistas in Astronomy, 31: 393.

Qiao G J, 1988b. in High Energy Astrophysics. ed. Borner G. New York: Springer-Verlag.

Qiao G J, 1992a. in The Magnetospheric Structure and Emission Mechanisms of Radio Pulsars. ed. Hankins T H, Rankin J M, and Gil J A.

Qiao G J, 1992b. Proceedings of Colloquium No.128 of the IAU. P. 238.

Qiao G J, Lee K J, Wang H G, Xu R X, and Han J L, 2004a. ApJ, 606: L49.

Qiao G J, Lee K J, Zhang B, Xu R X, and Wang H G, 2004b. ApJ, 616: L127.

Qiao G J, Lee K J, Zhang B, Wang H G, and Xu R X, 2007. CJAA, 7: 496.

Qiao G J, Liu J F, Zhang B, and Han J L, 2001. A&A, 377: 964.

Qiao G J and Lin W P, 1998. ApJ, 333: 172.

Qu Q Y, Wang Z R, Lu T, and Luo L F, 1977. AcASn, 18: 138.

Qu Q Y, Wang Z R, Lu T, and Luo L F, 1978. ChA, 2: 165.

Radhakrishnan V and Rankin J M,1990. ApJ, 352: 258.

Rankin J M and Gil J A, 1989. Communications in Astrophysics, 14: 1.

Rankin J M, 1983a. ApJ, 274: 333.

Rankin J M, 1983b. ApJ, 274: 359.

Rankin J M, 1988. ApJ, 325: 314.

Rankin J M, 1993. ApJ, 405: 285.

Ravi V, Manchester R N, and Hobbs G, 2010, ApJ, 716: L85.

Ruderman M A, 1971. Phys. Rev. Letters, 27: 1306.

Ruderman M A, 1972. Annual Review of Astronomy and Astrophysics, 10: 427.

Ruderman M A and Sutherland P G, 1975. ApJ, 196: 51.

Sieber W, Reinecke R, and Wielebiski R, 1975. A&A, 38: 169.

Stinebring D R, Cordes J M, Rankin J M, Weisberg J M, and Boriakoff V, 1984a. ApJS, 55: 247.

Stinebring D R, Cordes J M, Weisberg J M, Rankin J M, and Boriakoff V, 1984b. ApJS, 55: 279.

Sturrock P A, 1971. ApJ, 164: 529.

Thompson D J, 2008. Reports on Progress in Physics, 71: 116901.

Wang H G, Qiao G J, Xu R X, and Liu Y, 2006. MNRAS, 366: 945.

Wang Z R, Qu Q Y, Lu T, Luo L F, 1980. ChA, 4: 202.

Wu X J, Xu W and Rankin J M, 1992. Proceedings of Colloquium No. 128 of the IAU. p. 172.

Xia X Y, Qiao G J, Wu X J, and Hou Y Q, 1985. A&A, 152: 93.

Xu R X, Liu J F, Han J L, and Qiao G J, 2000. ApJ, 535: 354.

Xu R X, Qiao G J, and Han J L,1997. A&A, 323: 395.

Xu R X and Qiao G J, 2000. Science in China, Series A, 43: 439.

Zhang B, Qiao G J, and Han J L, 1997. ApJ, 498: 891.

Zhang H, Qiao G J, Han J L, Lee K J, and Wang H G, 2007. A&A, 465: 525.

Zhang B, Qiao G J, Lin W P, and Han J L, 1997. ApJ, 478: 313.

Zhang L, Cheng K S, 1997. ApJ, 487: 370.

Zhang, L, Cheng K S, 2000. A&A, 363: 575.

Zhang L, Cheng K S, Jiang Z J, Leung P, 2004. ApJ, 604: 317.

第十章

徐仁新，2013. 中国科学：物理学力学天文学，43：1288.

Alcock C，Farhi E，and Olinto A，1986. ApJ，310：261.

Dai Z G，Peng Q H，and Lu T，1995. ApJ，440：815.

Landau L，1932. Sov. Phys.，1：285.

Landau L，1938. Nature，141：333.

Li X D，Bombaci I，Dey M，Dey J，and van den Heuvel E P J，1999. Phys. Rev. Lett.，83：3776.

Wang Q D and Lu T，1984. Phys. Lett.，B148：211.

Weber F，2005. Progress in Particle and Nuclear Physics，54：193.

Zheng X P，Kang M，Liu X W，and Yang S H，2005. Phys Rev，C72：025809.

第十一章

徐仁新，2016. 物理，45(7)：463.

杨廷高，2007. 时间频率学报，30(2)：125.

杨廷高，等，2005. 全国时间频率学术交流会文集[C].

杨廷高，高玉平，等，2014. 一种普适性的脉冲星自主导航测量模型. 专利公开号：201410542106.

朱宗宏，王运永，2016. 物理，45(5)：300.

Abbott B P，et al.，2016. Phys. Rev. Lett.，116：061102.

Abdo A A，et al.，2008. Science，322：1218.

Backer D C，et al.，1982. Nature，300：615.

Boriakoff V，et al.，1983. Nature，304：417.

Camilo F，et al.，2000. ApJ，535：975.

Champion D J，et al.，2010. ApJ，720：L201.

Chester T J，et al.，1981. TDAPR，63：22.

D'Amico N，et al.，1988. MNRAS，234：437.

Du Y J，et al.，2008. MNRAS，399：1587—1596.

Du Y J，et al.，2013. ApJ，763：29—34. Fermi-LAT collaboration. arXiv：1305.4385.

Hills J G，1983. ApJ，267：322.

Hobbs G B，et al.，2009. PASA，26：103H.

Hobbs G B，et al.，2012. MNRAS，427：2780.

Jala J，et al.，2004. www.eas.int/gsp/ACT/doc.

La D and Wang N，2007. SPIE，6795E：105L.

Lazaridis K，2010. ASPC，424：394L.

Lyne A G，et al.，1987. Nature，328：399.

Lyne A G，et al.，1988. Nature，332：45.

Lyne A and Smith F G，2012. Pulsar Astronomy. Cambridge：Cambridge University Press.

Manchester R N，2006. Advances in Space Research，38：2709.

Manchester R N，2013. arXiv：1309. 7392.

Manchester R N，et al.，1991. Nature，352：219.

Matsakis D N，et al.，1997. A&A，326：924.

McLaughlin M A，2013. Class. Quantum Grav.，30：224008.

Patruno A and Watts A L，2013. arXiv：1206. 2727.

Pretorius F，2016. Physics，5：31.

Rajagopal M，et al.，1995. ApJ，446：543.

Ravi V，et al.，2010. ApJ，716：L85.

Shannon R M，et al.，2013. Science，342：334.

Sheikh S I，2005. Doctoral Dissertation. Department of Aerospace Engineering University of Maryland.

Stella L，et al.，1987. ApJ，312：L17.

Taylor J H，et al.，1997. A&A，326：924.

Tether T，et al.，2005. www. space. com/astronotes/.

Thompson D J，2004a. ASSL，304：149.（arXiv：astro-ph/0312272）

Thompson D J，2004b. IAUS，218：399.（arXiv：astro-ph/ 0310509）

Verbiest J P W，et al.，2008. ApJ，679：675.

Vivekanand M，2001. MNRAS，326L：33V.

Wijnands R and van der Klis M，1998. Nature，394：344.

第十二章

Anderson S B，et al.，1990. Nature，436：42.

Backer D C，et al.，1993. Nature，365：817.

Bisnovatyi K，et al.，1974. Sov. Astron.，18：217.

Burgay M，et al.，2003. Nature，426：531.

Champion G J，et al.，2004. MNRAS，350：L61.

D'Amico，et al.，2001a. ApJ，548：L171.

D'Amico，et al.，2001b. ApJ，518：L71.

Eggleton P P，1983. ApJ，268：368.

Frank J，et al.，2002. Accretion Power in Astrophysics. Third Edition. Cambridge：Cambridge University Press.

Fruchter A S，Stinebring D R，and Taylor J H，1988. Nature，333：237.

Haensel P，et al.，2007. Neutron Stars I，p. 473

Hills J G，1983. ApJ，267：322.

Johnston S, et al., 1992. ApJ, 387: L37.

Kaspi, et al., 1994. ApJ, 423: L43.

Khargharia J, et al., 2011. AAS, 21743404K.

Khargharia J, et al., 2012. ApJ, 744: 183.

Kramer M, et al., 2006. Ann. Phys., 15: 34.

Lorimer D R, et al., 2005. MNRAS, 359: 1524.

Lorimer D R, et al., 2006. ApJ, 640: 428l.

Lorimer D R, 2008. Binary and Millisecond Pulsars. Living Reviews in Relativity, 11: 8.

Lyne A G, et al., 1988. Nature, 332: 45.

Lyne A G, et al., 2001. MNRAS, 312: 698.

Lyne A G, et al., 2004. Science, 303: 1153.

Manchester R N, et al., 2001. MANAS, 328: 17.

Nice D J, et al., 1995. BAAS, 27: 879.

Peters P C, et al., 1963. Phys. Rev., 131: 435.

Weisberg J M and Taylor J H, 1981. Gen. Rel. Grav., 13: 1.

Weisberg J M and Taylor J H, 2004. Binary Radio Pulsars//Proceedings of the 2004 Aspen Winter Conference.

Wolszczan A, et al., 1991. Nature, 350: 688.

Wolszczan A and Frail D A, 1992. Nature, 355: 145.

第十三章

陆埮, 1987. 科学, 39: 261.

乔国俊, 1990. 天文学进展. 8: 20.

乔国俊, 徐仁新, 1998. 北京大学自然科学报, 34: 621.

张冰, 乔国俊, 韩金林, 1998. 天文学进展, 16(260): 274.

周体健, 乔国俊, 1991. 天文学进展, 9: 124.

Bhattacharya D, van den Heuvel E P J, 1991. Phys. Rep., 203: 1.

Bussard R W, 1980. ApJ, 237: 970.

Casares J, 2006. arXiv: astro-ph/0503071.

Charles P A, et al., 2007. IAUS, 238: 219.

Cherepashchuk A M, Sunyaev R A, Fabrika S N, et al., 2005, A&A, 437: 561.

Elsner R F, Ghosh P, and Lamb F K, 1980. ApJ, 241: L155.

Ghosh P and Lamb F K, 1978. ApJ, 223: L83.

Giacconi R, Gursky H, Paolini F R, and Rossi B B, 1962. PhRvL, 9: 439.

Grimm H J, Gilfanov M, and Sunyaev R, 2002. A&A, 391: 923.

Grindlay J, 1976. Comments Astrophus., 6: 165.

Grindlay J and Gursky H, 1976. Astrophys. J. Lett., 205: L131.

Henrichs H F，1983．Accretion-driven Stellar X-ray Sources．Cambridge：Cambridge University Press．

Illarionov A F and Sunyaev R A，1975．A&A，39：185．

Johnston S，Manchester R N，Lyne A G，Bailes M，Kaspi V M，Qiao G J，and D'Amico N，1992．ApJ，387：L3．

Joss P C，Fechner W B，Forman W，and Jones C，1978．ApJ，225：994．

Kramer M，et al.，2006．Science，314：97．

Lea S M，1976．ApJ，209：L69．

Leahy D A，Matsuoka M，and Kawai N，1989．Mon．Not．R．Astr．Soc.，236：603．

Lewin W H G and Joss P C，1981．Space Sci．Rew.，28：3．

Li X D and Wang Z R，1996．A&A，311：911．

Li X D and Wang Z R，1999．ApJ，513：485．

Liu Q Z，Paradijs J，van Heuvel E P J，2007．arXiv：astroph/0707.0549．

Lipunov V M，et al.，1994．ApJ，423：L121．

Lyne A G，et al.，2004．Science，303：1153．

Margon B，1984．Ann．Rev．Astro．Astrophys.，22：507．

Nagase F，1989．Publ．Astron．Soc．Japan，41：1．

Narayan R，Piran T，and Shemi A，1991．ApJ，379：L17．

Qiao G J，Li D P，and Cheng J H，1992．in Proc．Workshop of Supernovae and Their Remnants．ed．Li Q B，Ma E，and Li Z W．

Qiao G J and Cheng J H，1989．ApJ，340：503．

Qiao G J and Peng L，1989．Acta Astrophys．Sinica，9：107．

Rappaport S A and Joss P C，1977．Nature，266：683．

Rappaport S A and Joss P C，1983．in Accretion-driven Stellar X-ray Sources．ed．Walter L，et al.，Cambridge：Cambridge University Press．

Shirakawa A and Lai D，2002．ApJ，565：1134．

Strickman M S，et al.，1996．ApJ，464：L131．

Tauris T M and van den Heuvel E P J，2003．arXiv：astro-ph/0303456．

Trümper J，et al.，1986．ApJ，300：L63．

Weisberg J M and Taylor J H，2005．ASP Conference Series，328：25．

第十四章

Becker W and Trümpera J，1997．arXiv：stro-ph/9708169．

Bignami G F，Caraveo P A，De Luca A，and Mereghetti S，2003．Nature，423：725．

Camilo F，et al.，2006．Nature，442：892．

Camilo F，et al.，2007a．ApJL，659：37．

Camilo F，et al.，2007b．ApJ，663：497．

Camilo F, et al., 2008. ApJ, 679: 681.

Cheng K S, Dai Z G, Wei D M, and Lu T, 1998. Sci, 280: 07.

Cheng K S and Dai Z G, 1998. PhRvL, 80: 18.

Duncan R C and Thompson C, 1992. ApJ, 392L: 9.

Ekşi K Y and Alpar M A, 2003. ApJ, 599: 450.

Ertan Ü, et al., 2009. ApJ, 702: 1309.

Halpern J P, et al., 2008. ApJ, 676: 1178.

Kaplan D, 2009. HST proposal: 11564.

Kaspi V, 2009. in Defining the Neutron Star Crust: X-ray Bursts, Superbursts and Giant Flares, May18—21, 2009. Santa Fe, New Mexico.

Kramer M, et al., 2006. Sci, 314: 97.

Levin L, et al., 2010. arXiv: 1007.1025.

Li X D, 1999. ApJ, 520: 271.

Liu X W, Xu R X, Qiao G J, Han J L, and Tong H, 2014. RAA, 14: 85.

Lorimer D R, 2008. LRR, 11: 8.

Mereghetti S, et al., 2002a. arXiv: 0205122.

Mereghetti S, et al., 2002b. ApJ, 581: 1280.

Mereghetti S, et al., 2009. ApJ, 696: L74.

Mereghetti S, 2010. arXiv: 1008.2891.

Mereghetti S, 2013. arXiv: 1304.4825.

Nagase F, 1989. ESASP, 296: 45.

Qiao G J, Liu X W, Xu R X, Du Y J, Han J L, Tong H, and Wang H G, 2013. IAUS, 291: 474.

Qiao G J, Xu R X, and Du Y J, 2010. arXiv: 1005.3911.

Ouyed R, Leahy D, and Niebergal B, 2008. arXiv: 0809.4805.

Rea N, et al., 2010. Science, 330: 944.

Sanwal D, Pavlov G G, Zavlin V E, and Teter M A, 2002. ApJ, 574: L61.

Smith D A, 2011. 3rd Fermi Symposium. http:// fermi. gsfc. nasa. gov/ science/symposium/2011/.

Tong H, Song L M, and Xu R X, 2011. ApJ, 738: 31.

Xu R X and Qiao G J, 2001. ApJ, 561: L85.

Xu R X, Tao D J, and Yang Y, 2006. MNRAS, 373: L85.

Xu R X, Wang H G, and Qiao G J, 2003. Chinese Physics Letters, 20: 314.

第十五章

田文武, 2004. 天文学进展, 4: 308.

Ables J G, et al., 1973. ApJ Lett., 6: 147.

Andreasyan R R and Makarov A N, 1989. Af2, 31(2): 247.

Arnaud M and Rothenflug R, 1980. A&A, 87: 196.

Bhat N D R, et al., 1999. ApJ, 514: 272.

Blandford R, et al., 1986. ApJ, 301: L53.

Brisken W F, et al., 2002. ApJ, 571: 906B.

Caswell J L, et al., 1975. A&A, 45: 239.

Chatterjee S, 2009. ApJ, 698: 250.

Cordes J M and Lazio T J W, 2002. arXiv: astro-ph/0207156 (NE2001).

Cordes J M, et al., 1985. ApJ, 288: 221.

Cordes J M, et al., 1991. Nature, 354: 121.

Cordes J M, 1986. ApJ, 311: 183.

Deller A T, 2009. ApJ, 701: 123D.

Du Y J, et al., 2014. ApJ, 782L: 38D.

Ellis R S and Axon D J, 1978. ApSS, 54: 425.

Esamdin A, Zhou A Z, and Wu X J, 2004. A&A, 425: 949.

Faucher-Giguere C and Kaspi V M, 2006. ApJ, 643: 332.

Gardner F F and Davies R D, 1966. AuJPH, 19: 129G.

Gardner F F, et al., 1969. AuJPH, 22: 813G.

Gomez G C, et al., 2001. AJ, 122: 908G.

Gupta Y, et al., 1994. MNRAS, 269: 1035.

Guseinov O H, et al., 2004. A. A. Transactions, 23(4): 357.

Hall J and Mikesell A H, 1950. PUSNO, 17: 3H.

Hamilton P A and Lyne A G, 1987. MNRAS, 224: 1073.

Han J L, et al., 1999. MNRAS, 306: 371.

Han J L, et al., 2006. ApJ, 642: 868.

Han J L and Qiao G J, 1994. A&A, 288: 759.

Han J L, et al., 1997. A&A, 322: 98.

Hobbs G, Lorimer D R, Lyne A G, et al., 2005. MNRAS, 360: 974.

Huang K L, Peng Q H, Huo X T, and Tong Y, 1980. AcApS, 3: 237.

Johnston S, et al., 1998. MNRAS, 297: 108.

Kaspi V and Stinebring D, 1992. ApJ, 392: 530.

Labrecque D R, et al., 1994. AJ, 108: 1854.

Lambert H C and Rickett B J, 2000. ApJ, 531: 883.

Large P B, 1971. IAU Symposium No. 46: 165.

Lorimer D R, Faulkner A J, Lyne A G, et al., 2006. MNRAS, 372: 777.

Lorimer D R and Duncan R, 2008. LRR, 11: 8L.

Lyne A G, 1971. IAU Symposium No. 46: 182.

Lyne A G, Manchester R N, and Taylor J H, 1985. MNRAS, 213: 613. (LMT85)

Lyne A G, Manchester R N, Lorimer D R, et al.,1998. MNRAS, 295: 743.

Lyne A G and Smith F G, 1989. MNRAS, 237: 533.

Lyne A G and Thorne D J, 1975. MNRAS, 172: 97.

Lyne A G and Smith F G, 1990. Pulsar Astronomy. Cambridge University Press.

Lyne A G and Smith F G, 2012. Pulsar Astronomy. and Edition. Cambridge University Press.

Manchester, R. N. 1974. ApJ, 188: 637.

Manchester R N, et al., 2006. ApJ, 649, 235.

Manchester R N and Taylor J H, 1981. AJ, 86: 1953. (MT81)

Morini M, 1981. A&A, 104: 75.

Paczyński B, 1990. ApJ, 348: 485.

Peng Q C, et al., 1978. AcApS, 19: 182.

Qian S J, 1995. ChJA&A, 15: 233.

Qian S J and Zhang X Z, 1996. AcApS, 37: 421.

Qiao G J, et al., 1995. MNRAS, 274: 572.

Rickett B J, 1990. ARA&A, 28: 561.

Rickett B J, et al., 1984. A&A, 134: 390.

Romani R W, et al., 1986. MNRAS, 220: 19.

Shishov V I, 1993. Astron. Rep., 37: 378.

Sieber W, 1982. A&A, 113: 311.

Smith F G, 1968. Nature, 218: 325.

Stinebring D R, et al., 2000. ApJ, 539: 300.

Stinebring D R and Condon J J, 1990. ApJ, 352: 207S.

Sun X H and Han J L, 2004. MNRAS, 350: 232.

Taylor A R, et al., 2009. ApJ, 702: 1230.

Taylor J H and Corder J M, 1993. ApJ, 411: 674. (TC93)

Taylor J H and Manchester R N, 1975. AJ, 80: 794.

Taylor J H and Manchester R N, 1977. ApJ,15: 885.

Thomson R C and Nelson A H, 1980. MNRAS, 191: 863.

Uscinski B J, 1968. Proc. Roy. Soc. London A, 307: 471.

Wang N, et al., 2001. ChJAA, 1: 430.

Wei Y C, Wu X J, Peng Q H, et al., 2005. ChJAA, 5(6): 610.

Wei Y C, Zhang C M, Wu X J, Zhao Y H, et al., 2010. SCPMA, 53: 1939.

Weisberg J M, et al., 2004. ApJS, 150: 317.

Wu X J, Manchester R N, Lyne A G, and Qiao G J, 1993. MNRAS, 261: 630.

Yan Z, et al., 2013. MNRAS, 433: 162Y.

Wu X J and Leahy D, 1989. AcApS, 3: 232.

Wu X J and Chian A C L, 1995. ApJ, 443: 261.

Zhou A Z，Esamdin A，and Wu X J，2005. A&A，438：909.

Zhou A Z，Tan J Y，Esamdin A，and Wu X J，2010. ApSS，325：241Z.

Zhou A Z，Wu X J，and Esamdin A，2003a. A&A，403：1059.

Zhou A Z，Wu X J，and Esamdin A，2003b. Chin. Phys. Lett.，20：1405.

Zhou A Z，Wu X J，and Esamdin A，2003c. AcASn，44S：254.

第十六章

Abbott B P，et al.，2017. Phys. Rev. Lett.，119：161101.

Demorest P，et al.，2010. Nature，467：1081.

Glendenning N K，2000. Compact Stars. Second Edition. Springer.

Kaspi V，2010. PNAS，107：7147.

Lai X Y and Xu R X，2009. MNRAS，398：L31.

Lee K J，Jenet F A，and Price R H，2008. ApJ，685：1304.

Tong H，Xu R X，2014. Astronomische Nachrichten，335：757.

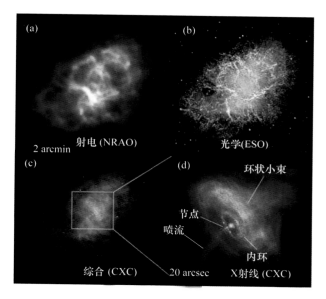

图 1.10　蟹状星云和它的脉冲星风云：(a) 射电观测（NRAO）；(b) 光学观测（ESO）；(c) 射电和 X 射线观测的合成照片；(d) X 射线观测得到的脉冲星风云．(Bryan & Patrick，2006)

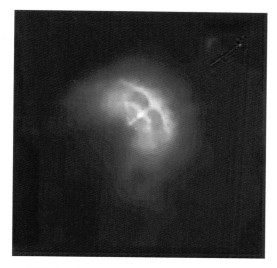

图 1.11　Chandra X 射线天文台观测的船帆座脉冲星风云图像．(Helfand，et al.，2001)

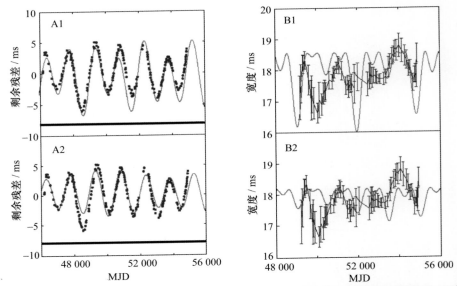

图 4.15　PSR B1540−06 的时间噪声(左图)和脉冲轮廓宽度变化(右图)的观测数据(蓝色)和理论拟合(红色)曲线. A1 和 B1 为双星质量比较大的情况, A2 和 B2 为双星质量比较小的情况.(Gong & Li, 2013)

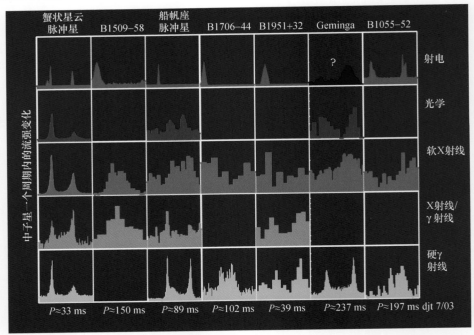

图 8.1　七颗 γ 射线脉冲星射电、光学、X 射线、γ 射线的光变曲线. 从左到右以特征年龄排序(Thompson, 2004a).横坐标上面是脉冲星的名称,下面是对应脉冲星的脉冲周期.

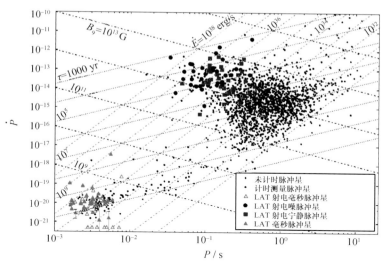

图 8.6 脉冲星周期导数-脉冲周期图.红色实心三角代表 40 颗 γ 射线毫秒脉冲星.蓝色正方形代表 35 颗年轻的"射电宁静"的 γ 射线脉冲星.绿点代表 42 颗年轻有射电脉冲的 γ 射线脉冲星.橙色空心三角代表在 LAT 源的位置上发现的射电毫秒脉冲星,但尚未找到 γ 射线脉冲.黑点代表 710 颗进行过 γ 射线搜寻未发现 γ 射线脉冲的射电脉冲星.灰色点代表未进行过 γ 射线搜寻、在球状星团外的 1337 颗射电脉冲星.绿色和蓝色虚线分别显示由脉冲周期和周期导数求出的表面磁场和特征年龄.(Abdo,et al.,2013)

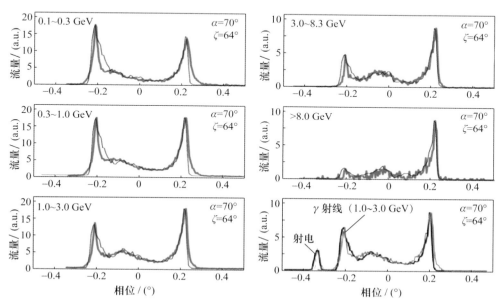

图 9.23 船帆座脉冲星多波段 γ 射线曲线的理论拟合(Du,et al.,2011).图中红线是观测值,黑线是理论值.环间隙理论显示,P1 和 P2 产生于环区,"桥"辐射产生于核区.

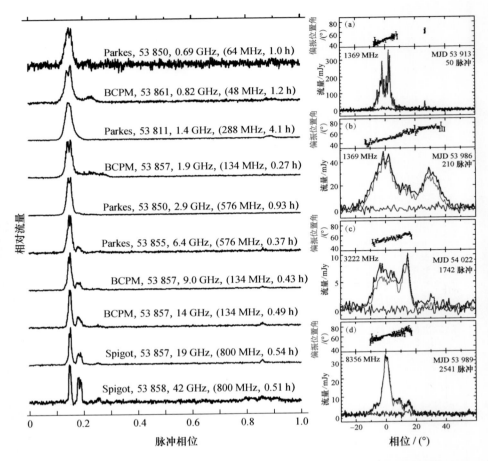

图 14.10　左图是反常 X 射线脉冲星 XTE J1810－197 观测到的多波段的射电辐射(Camilo, et al.,2006). 左图中每条曲线都依次给出:进行观测的望远镜(如 Parkes 是澳大利亚 64 m 望远镜)、观测日期(儒略日)、观测使用的频率以及在该频率观测时的带宽和观测占用的时间. 右图为 XTE J1810－197 的偏振观测图形. 图中黑线、红线、蓝线分别表示总强度、线偏振和圆偏振. 偏振位置角随相位的变化示于各个频率脉冲剖面图的上方(Camilo,et al.,2007a). 可以看出射电辐射信噪比高、脉冲宽度窄、线偏振度高的特点. 在 2003 年 X 射线暴发前没有射电辐射的迹象(普通的射电脉冲星任何时候都有射电辐射,辐射强度有变化,但脉冲轮廓通常不变). 当 XTE J1810－197 观测到射电辐射后,它最亮时,在大于 20GHz 高频射电波段上,是最亮的"脉冲星"(Camilo,et al.,2006). 但其辐射强度随时间逐渐削弱,最后在不到一年的时间里消失(见图 14.13).

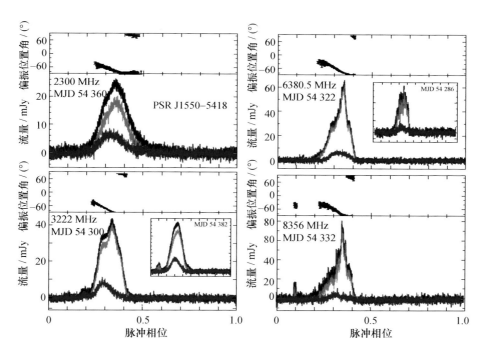

图 14.11 反常 X 射线脉冲星 1E 1547.0−5408(PSR J1550−5418)在 2.3 GHz 到 8.356 GHz
脉冲剖面. 图中黑线、红线、蓝线分别表示总强度、线偏振和圆偏振. 偏振位置角随相位的变化
示于各个频率脉冲剖面图的上方. (Camilo,et al.,2008)

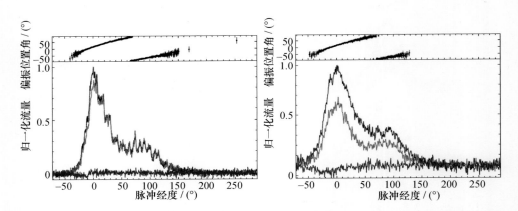

图 14.12　澳大利亚 Parkes 射电望远镜对反常 X 射线脉冲星 PSR J1622−4950 的观测. 左图和右图分别为频率 3.1 GHz 和 1.4 GHz 脉冲剖面和偏振的观测. 蓝线和红线表示圆偏振和线偏振, 黑线表示总强度. 每个图中的上部是偏振位置角随相位的变化. (Levin, et al., 2010)